ENCYCLOPÉDIE

TRAVAUX PUBLICS

M.-C. LECHALAS, Inspecteur général des Ponts et Chaussées

HYGIÈNE GÉNÉRALE

ET

HYGIÈNE INDUSTRIELLE

OUVRAGE RÉDIGÉ CONFORMÉMENT AU PROGRAMME
DU COURS D'HYGIÈNE INDUSTRIELLE DE L'ÉCOLE CENTRALE

LÉON DUCHESNE

Nombreuses figures intercalées dans le texte

PARIS
LIBRAIRIE POLYTECHNIQUE
BAUDRY ET Cie, LIBRAIRES-ÉDITEURS
MÊME MAISON A LIÈGE

ENCYCLOPÉDIE DES TRAVAUX PUBLICS

HYGIÈNE GÉNÉRALE & HYGIÈNE INDUSTRIELLE

ENCYCLOPÉDIE

DES

TRAVAUX PUBLICS

Fondée par M.-C. LECHALAS, Inspr génl des Ponts et Chaussées

Médaille d'or à l'Exposition universelle de 1889

HYGIÈNE GÉNÉRALE

ET

HYGIÈNE INDUSTRIELLE

OUVRAGE RÉDIGÉ CONFORMÉMENT AU PROGRAMME DU COURS D'HYGIÈNE INDUSTRIELLE DE L'ÉCOLE CENTRALE

PAR LE DOCTEUR

LÉON DUCHESNE

Ancien interne des hôpitaux de Paris

Ancien Président de la Société de médecine pratique de Paris

Nombreuses figures intercalées dans le texte.

PARIS

LIBRAIRIE POLYTECHNIQUE

BAUDRY ET Cie, LIBRAIRES-ÉDITEURS

15, RUE DES SAINTS-PÈRES,

MÊME MAISON A LIÈGE

1896

TABLE DES MATIÈRES

CHAPITRE VII

Vêtements.

CHAPITRE VIII

Aliments.

CHAPITRE IX

Exercice. Travail.

CHAPITRE X

Tabac.

CHAPITRE XI

Hygiène des professions.

CHAPITRE XII

Industries mécaniques.

Accidents. Blessures.

CHAPITRE XIII

Professions sédentaires.

CHAPITRE XIV

Températures élevées.

Professions où l'on y est exposé.

CHAPITRE XV

Brulûres.

Premiers soins à donner.

CHAPITRE XVI

Professions exposant à l'humidité.

CHAPITRE XVII

Intoxication par le plomb.

CHAPITRE XVIII

Hydrargirisme.

CHAPITRE XIX

Phosphorisme.

CHAPITRE XX

Empoisonnement par l'arsenic.

CHAPITRE XXI

Empoisonnement par le sulfure de carbone.

CHAPITRE XXII

Animaux et matières animales.

CHAPITRE XXIII

Matières végétales.

Professions qui s'y rapportent.

CHAPITRE XXIV

CHAPITRE XXV

CHAPITRE XXVI

CHAPITRE XXVII

Distribution d'eau et de gaz.

CHAPITRE XXVIII

Voitures, tramways, chemins de fer.

CHAPITRE XXIX

CHAPITRE XXX

Ecoles. Casernes.

CHAPIRTE XXXI

Hôpitaux et hospices.

CHAPITRE XXXII

CHAPITRE XXXIII

Epidémies et épizooties.

CHAPITRE XXXIV

Hygiène publique internationale.

CHAPITRE XXXV

Qualité des aliments mis en vente.

CHAPITRE XXXVI

Etablissements d'eaux minérales.

CHAPITRE XXXVII

Hygiène. Assainissement.

TEXTES :

ANNEXE :

CHAPITRE PREMIER

HYGIÈNE GÉNÉRALE

Sujet de l'hygiène. — L'homme. — Matière de l'hygiène.

1. Généralités. — L'hygiène est la science la plus ancienne et, en même temps, la plus vaste de toutes les sciences humaines.

Elle résume la lutte de la créature contre toutes les influences qui l'environnent.

Son champ d'observation est illimité, comme sont innombrables les conditions dans lesquelles le sujet dont elle s'occupe, c'est-à-dire l'homme, peut être placé. Tantôt elle l'étudie isolé et cherche à préciser les conditions les meilleures pour que ses organes soient dans un état d'équilibre parfait; tantôt, au contraire, c'est l'homme réuni à ses semblables et vivant en société qui fait l'objet de ses recherches; elle s'efforce alors de déterminer comment peuvent être efficacement combattues les influences nuisibles qui résultent, pour l'être humain, du voisinage de son semblable.

Les moyens qu'elle emploie, pour arriver à ses divers buts, sont aussi vastes que la science humaine puisqu'elle applique et utilise toutes les branches de nos connaissances.

Les résultats auxquels elle est arrivée, pour être péniblement acquis, n'en sont pas moins sérieux.

Dans la lutte contre la maladie et contre la mort, elle est, à la fois, un guide et un soutien ; et, bien que l'homme soit d'avance vaincu par les lois inéluctables de la nature, elle lui donne la satisfaction d'une victoire relative et lui permet souvent de les tenir, pendant un certain temps, en échec.

Les hygiénistes ne sont-ils pas parvenus, en effet, par des soins incessants, par un genre de vie approprié, à modifier profondément la santé générale d'êtres faibles qui semblaient voués à une mort prochaine ?

Ne voit-on pas, tous les jours, des enfants pâles, chétifs, malingres, devenir forts, vigoureux et bien portants, sous l'influence de moyens hygiéniques scientifiquement dirigés.

Dans certaines de nos professions, les conditions du travail n'ont-elles pas été modifiées par les hygiénistes au point de rendre possibles des industries autrefois regardées comme homicides ?

A quel résultat n'arriverait-on pas, dans cet ordre d'idées, si l'homme était à la fois intelligent et plein de bonne volonté ? s'il savait *s'aider*, selon l'expression d'un de nos plus grands hygiénistes, pour prolonger sa vie et pour en jouir, car, d'après l'aphorisme ancien, il faut : *non solum vivere, sed valere vita*.

Malheureusement, trop souvent, l'homme ignore et ne s'aide pas. Feuchtersleu et après lui Fonssagrives qui, tous deux, ont si bien étudié les conditions de l'existence, ne sont pas même aussi ambitieux pour lui, ils ne lui demandent qu'une chose : ne pas abréger, ne pas raccourcir son existence.

Ce serait à leurs yeux déjà très beau ; mais nous, hygiénistes modernes, nous sommes en droit de lui réclamer davantage et nous lui demandons de *savoir* et de *s'aider*.

Depuis ces dernières années, l'étude de l'hygiène est entrée, pour une certaine part, dans les préoccupations de tous. Les savants, quelles que fussent leurs spécialités, s'en sont occupés et lui ont fait, à juste titre, une large part dans leur enseignement.

Les notions indispensables de l'hygiène sont, depuis quelque temps, publiquement enseignées partout, et la vulgarisation qui en résulte est un bienfait pour l'humanité tout entière.

L'homme isolé ne saurait négliger ces enseignements, l'homme appelé à être utile à son semblable, à diriger sa pensée comme sa force physique, à utiliser son labeur, ne peut pas l'ignorer non plus. Son utilité s'impose à tous et plus particulièrement à tous les dirigeants, à tous ceux qui commandent, à tous ceux qui font exécuter des travaux, aux ministres des cultes, aux administrateurs et surtout aux ingénieurs qui mènent à bien des entreprises si variées et si différentes par les conditions, plus ou moins salubres, dans lesquelles elles s'exécutent.

Ce n'est donc pas une science réservée aux seuls médecins, mais c'est une de celles qu'ils doivent le mieux connaître. Leurs études spéciales, leurs connaissances en physiologie et en pathologie, leur permettent de la perfectionner et de l'enseigner avec plus d'autorité et de compétence, mais c'est aussi l'une de celles que tout homme instruit doit apprendre et dont il n'est pas permis d'ignorer les notions.

C'est enfin l'une de celles qu'il faut le plus largement répandre et vulgariser. Et, s'il était besoin de démontrer qu'elle a, de tout temps, fait le sujet des méditations de toutes les intelligences d'élite, nous n'aurions qu'à invoquer, ici, les leçons de l'histoire.

Les premiers hygiénistes n'ont-ils pas été les prêtres, les prophètes, les fondateurs de toutes les religions, les législateurs de toutes les républiques ?

Un grand nombre des prescriptions des livres saints, du Coran, des lois spartiates pour ne parler que des plus connues, ne sont pas autre chose que des recommandations hygiéniques encore utilisables de nos jours ?

L'homme produit par son travail, manuel ou intellectuel, un rendement positif ; il est donc comparable à un capital. Lorsqu'il vient à disparaître avant d'avoir donné tout ce qu'on est en droit d'en attendre, c'est une perte qui peut s'évaluer et se chiffrer. Rochard, dans d'inoubliables pages d'hygiène, a démontré de la manière la plus péremptoire que l'existence humaine constituait une véritable richesse pour la société.

Cette richesse qui donc doit en être plus économe que l'ingénieur appelé à s'en servir et à s'en servir utilement et avec discernement ?

Allonger l'existence de l'homme, multiplier les années qu'il a à vivre, n'est pas seulement faire une œuvre humanitaire, c'est servir à la fois la famille et le pays.

Au cours de cette étude nous aurons plusieurs fois à revenir sur ce sujet ; voyons maintenant quels sont les résultats auxquels les hygiénistes sont arrivés, ils sont des plus encourageants. En 1780 la vie humaine n'avait guère qu'une durée moyenne de 28 ans 9 mois ; depuis, ce chiffre s'est élevé à 36 ans 7 mois en 1862, et il est aujourd'hui de plus de 41 ans.

Ce sont là des chiffres indiscutables et dont l'importance ne saurait échapper. Mais l'homme ne vit pas encore le nombre d'années qu'il pourrait vivre ou mieux qu'il *devrait vivre*, comme le dit si bien Fonssagrives. Il se suicide, d'une certaine manière, et aujourd'hui, comme du temps de Sénèque, la mort naturelle, la mort sénile, est une rare exception. Et si le philosophe latin revenait parmi nous, il pourrait écrire comme autrefois, en guise d'épigraphe à ses entretiens : « Nous n'avons pas reçu une vie courte, nous l'avons faite telle. »

L'étude de l'hygiène nous aidera à modifier ces conditions et rien ne peut nous empêcher d'avoir foi dans le succès. Buffon, et après lui Flourens, ont démontré que l'existence de l'homme était relativement bien plus courte que celle de tous les animaux.

Ainsi, alors que tous les êtres qui respirent à la surface de la terre mettent, pour arriver à leur complet développement, un nombre d'années égal au cinquième de leur existence totale, celui qui s'intitule, à juste titre, le roi de la création, ne jouit pas d'une pareille longévité, car s'ils se trouvait dans les mêmes conditions, n'étant complètement formé que vers 23 à 25 ans, il devrait vivre, en moyenne, environ 115 ans, âge que peu d'hommes ont atteint puisqu'on ne cite que quelques exemples fort rares d'une aussi grande longévité ; et encore ces exemples cités sont-ils souvent contestés par les savants, qui affirment que, sur onze cents enfants, il n'y en a guère qu'un qui devienne centenaire. Mais ce qu'il faut bien dire, avant toute chose, c'est que les règles de l'hygiène ne sont pas faites de précautions difficiles à comprendre, plus ou moins vexatoires ; toutes, elles sont basées sur des données scientifiques sérieuses et savamment étudiées ; elles résultent d'analyses et de connaissances précises et elles forment, selon l'heureuse expression de Fonssagrives, un art essentiellement pratique et qui répugne aux abstractions.

Le domaine des spéculations, des routines et des théories n'est pas le sien, elle cherche à connaître la nature des obstacles qu'elle est appelée à combattre pour les vaincre avec certitude.

2. Races. — L'examen le plus superficiel démontre que l'homme n'est pas sur tous les points du globe semblable à lui-même.

Cependant quelques auteurs ont soutenu, avec le plus grand éclat, la thèse de l'unité d'origine de l'espèce humaine.

Ils ont prétendu, appuyés du reste sur les livres saints, que, issus des mêmes premiers parents, nous ne différions les uns des autres que par des modifications plus ou moins profondes dues à l'influence des climats, de l'alimentation, des nécessités de l'existence, des habitudes, etc., et ils se sont appliqués à démontrer par quelles transformations successives avaient passé nos organes.

D'autres, au contraire, ont soutenu que les premières familles avaient été nombreuses et que les races présentaient encore des caractères distinctifs sur lesquels les influences multiples, dont nous venons de parler, n'avaient eu que peu ou point de prise.

Quelqu'intéressante que soit pareille question, elle est loin d'être élucidée et ne le sera pas de longtemps ; dans tous les cas, elle ne nous arrêtera pas dans un livre comme celui-ci.

Mais que l'on soit partisan de l'origine unique ou de l'origine multiple de l'espèce humaine, il suffit de considérer les divers peuples qui vivent à la surface de la terre pour s'apercevoir des différences physiques qui existent entre eux.

La plupart des naturalistes, guidés par leurs observations, ont depuis de longues années divisé les humains en quatre grandes races, qui sont : 1° *la race blanche ou caucasique*, 2° *la race jaune ou mongolique*, 3° *la race noire ou éthiopienne*, 4° *la race rouge ou américaine*.

A. La première, la *race blanche ou caucasique*, quelquefois désignée aussi sous le nom de *race aryenne ou indo-européenne*, a été divisée par quelques ethnologistes en deux rameaux principaux (Européen et Asiatique) ; par d'autres en trois rameaux, l'Araméen, l'Indien et le Tartare.

Le premier ou araméen, comprenant les Chaldéens, les Assyriens, les Arabes et les Egyptiens.

Le second ou indien, comprenant les Hindoustans, les Pélages, les Goths et enfin les Slaves.

Ce second rameau est celui qui doit nous arrêter le plus longtemps, les Pélages étant les ancêtres des Grecs, des Latins et de tous les peuples qui habitent le midi de l'Europe, de même que les Goths ont peuplé l'Angleterre, le Danemark, l'Allemand la Hollande et en un mot tout le Nord-Ouest de l'Europe, et que les Esclavons et les Slaves ont peuplé la Pologne, la Russie, la Bohême et le Nord-Est de l'Europe.

Le troisième des rameaux, le rameau tartare, s'est répandu dans les vastes plaines du Nord et de l'Ouest de l'Asie.

Les individus qui composent la race caucasique sont de beaucoup les plus cultivés et les plus civilisés. Le pays qu'ils habitent se distingue par la douceur du climat et par la richesse du sol.

Ils ont, en général, le front large et haut, le visage ovale et régulier, l'angle facial plus obtus (de 85 degrés environ), le nez long et droit souvent aquilin ; les yeux sont droits, bleus ou noirs, fendus horizontalement, les lèvres et les dents sont perpendiculaires à la machoire et peu saillantes. La peau du corps est généralement blanche ou brune, mais plus ou moins transparente et rosée, les cheveux sont fins, blonds, noirs ou châtains, la barbe est souple et fournie.

B. La *race jaune ou mongolique*, la plus nombreuse et la plus étendue du globe, peuple les parties septentrionales de l'ancien et du nouveau continent, la Chine, le Japon, l'Annam, le Tonkin, Siam, la Birmanie, le Cambodge, etc. Elle se subdivise en quatre rameaux qui sont les suivants : 1° Le *Rameau tongouse* ou *mandchou* qui occupe la Sibérie orientale et la Mandchourie ; 2° le *Rameau sinique* qui, lui-même, se subdivise en variétés *chinoise*, *japonaise*, *coréenne*, *thibétaine* ; 3° le *Rameau hyperboréen* qui englobe les Lapons, les Esquimaux, les Samoyèdes, etc. ; enfin 4° le *Rameau malais* qui peuple la Polynésie, les îles Moluques, Sumatra, Bornéo, l'Australie, l'Archipel de Taïti, les îles Sandwich, les Philippines, la Nouvelle-Guinée, la Nouvelle-Zélande, etc.

Les caractères distinctifs de cette race sont les suivants : le visage est large et plat, l'angle facial de 75 à 80 degrés, les pommettes saillantes ; le nez épaté, les narines découvertes, les yeux étroits, longs et fendus, la peau brune ou plutôt olivâtre, les cheveux droits, noirs et denses, la barbe rare et grêle, le corps trapu et la taille courte.

C. La *race noire ou africaine*, ou encore *éthiopienne*, habite le Soudan, la Nigritie, le Congo, la Sénégambie et d'autres parties de l'Afrique ; enfin l'Océanie. Elle se divise en sept rameaux dont les trois premiers sont seuls importants : Ce sont les Éthiopiens, les Cafres et les Hottentots.

Les individus qui composent cette race ont généralement la peau noire et luisante, le crâne aplati, le visage allongé et rétréci, le nez large et épaté, la bouche grande, les lèvres épaisses, relevées par des dents obliques en avant et longues. L'angle facial, plus aigu que dans les races dont nous nous sommes précédemment occupés, est de 72 à 77 degrés : les cheveux sont courts et laineux, les membres supérieurs grêles, les pieds plats.

D. Enfin, la *race américaine* ou *rouge* comprend onze rameaux dont huit habitent l'Amérique du Nord, trois l'Amérique du Sud.

Les individus qui la composent ont, en général, le crâne plus régulièrement conformé que chez les peuples que nous avons jusqu'ici étudiés ; ils ont la peau plus ou moins rouge et cuivrée, ou bien brune ou olivâtre, leurs cheveux sont noirs et plats, leur visage plus régulier, leurs yeux grands et obliques, l'angle facial plus ouvert.

Ces classifications sont loin d'être assez tranchées pour être universellement et absolument adoptées, et beaucoup d'anthropologistes ne reconnaissent que trois grandes familles dans l'espèce humaine : la *race caucasique* ou *blanche*, la *race jaune* ou *mongolique* et la *race nègre* ou *éthiopienne*.

Gratiolet a distingué des unes des autres ces diverses familles humaines en se basant sur la forme de leur crâne. Pour lui la race blanche mérite le nom de frontale, à cause de la protubérance plus grande de l'os frontal ; la race jaune ou mongolique a été appelée par lui la race pariétale, à cause du développement des côtés de la tête, et enfin la race éthiopienne a reçu le nom d'occipitale à cause de la grandeur relative de la partie postérieure du crâne.

Cette forme de la tête est en rapport, d'une façon générale, avec l'activité cérébrale de chacune de ces races, qui toutes diffèrent entre elles, non seulement par la valeur intellectuelle, mais encore par l'activité musculaire, et enfin par l'aptitude différente à contracter les maladies.

La race *blanche* ou *frontale* est de toutes la plus intelligente, même dans les pays où elle est transportée, où elle n'est pas acclimatée. Elle est, en général, indispensable chaque fois qu'il s'agit de concevoir de grands travaux et d'en surveiller l'exécution. A Panama il a fallu des ingénieurs européens pour diriger le personnel d'ouvriers hindous et chinois. Au Sénégal, de même, des ingénieurs ont été nécessaires pour exécuter les grands travaux de chemins de fer, mais les manœuvres étaient des indigènes, mieux acclimatés et moins impressionnables par les miasmes du sol.

Nous reviendrons sur ces questions au moment où nous traiterons des climats. Nous verrons alors en détail quelles sont les modifications profondes que les températures extrêmes peuvent produire sur l'organisme. Disons seulement ici que, d'une manière générale, les Hindous sont de bons travailleurs lorsque le travail est facile et simple, comme le terrassement par exemple; que les Chinois ne peuvent guère s'astreindre qu'à des travaux de mécanique et que les nègres ont très peu de force de résistance malgré leur apparence de vigueur; en général un noir ne produit pas le tiers du travail d'un Européen.

Au point de vue de l'énergie musculaire, bien qu'ils soient toujours représentés avec des apparences d'athlètes, les sauvages sont le plus souvent bien inférieurs aux habitants de nos contrées. Les Hindous ont les bras et les jambes plus longs et moins musclés que les Européens.

Les naturels de la Nouvelle-Hollande n'ont pu faire avancer l'aiguille du dynamomètre que jusque vers 60 degrés, et en moyenne à 50 kilos 6 dixièmes ; tandis que les Européens font moyennement environ 80 et vont quelquefois au delà de 89. D'après Mackensie, Lewis et Clarke, les indigènes de l'Amérique présentent une infériorité analogue. C'est là un fait important à connaître ; il ne faut pas demander à un homme de couleur la même somme de travail que l'on peut exiger d'un Européen et il y a lieu, chez le premier, de redouter bien plus facilement les effets du surmenage.

Au point de vue de la résistance aux variations atmosphériques, le blanc est encore celui qui s'accommode le plus facilement des variations de température, parce que les pays qu'il habite sont les plus tempérés. Le fait est très facile à démontrer, et il nous suffit d'observer ce qui se passe autour de nous. Les peuples nés dans la partie septentrionale de l'Europe s'acclimatent plus difficilement dans les contrées à température élevée ; par contre les habitants du midi, transportés en Algérie, montrent une beaucoup plus grande résistance à la chaleur. Bertillon a observé que tandis que des méridionaux, des Espagnols par exemple, transportés en Afrique donnaient pour 1000 sujets 46 naissances et 30 décès, les habitants du Nord, des Allemands, placés dans les mêmes conditions, ne donnaient que 31 naissances et 56 décès. Rouis et Laveran ont établi que les Français du nord étaient deux fois plus prédisposés aux abcès du foie que les méridionaux, et de Semallé a démontré que les soldats du nord étaient beaucoup plus souvent que les autres frappés d'insolations. Enfin des observations de Boudin, de Broca, de Boddée il résulte que, de nos jours, comme du temps de Tacite et de Tite-Live, les descendants des Germains sont fort peu aptes à s'acclimater et à faire souche dans les pays chauds. Les Anglais dans l'Inde ne peuvent pas se reproduire au-delà de deux générations.

Il y a là une question de climat, sur laquelle nous aurons maintes fois à revenir dans ce livre, mais il y a aussi une question de race et ce que nous venons de dire se rapporte aussi bien à celles que nous connaissons le mieux, la race blanche, qu'à celles qui ont été, et pour cause, beaucoup moins bien étudiées.

Mais ces faits ont à d'autres points de vue une réelle importance; il y aura toujours avantage à n'employer dans les pays à température élevée que des ouvriers nés dans les régions chaudes. Quelquefois même ils y seront seuls possibles. C'est ainsi par exemple que les chauffeurs des bâtiments qui franchissent le canal de Suez doivent être forcément choisis parmi les méridionaux et plus particulièrement parmi les indigènes des bords de la mer Rouge, car la température qui règne dans les chambres de chauffe des bâtiments, jointe à celle de l'air extérieur, est si élevée que peu de blancs peuvent la supporter impunément. Mais par contre, que ces mêmes hommes soient amenés dans le nord de l'Europe, et chez eux ne tarderont pas à se développer toutes les affections qu'engendre généralement le froid.

Presque tous les nègres conduits dans nos pays succombent à la tuberculose, de même que l'Européen résiste difficilement aux endémies des pays intertropicaux.

La race blanche est en général de taille moyenne. Certaines peuplades de la Patagonie atteignant une hauteur de 1,80 à 1,90 tandis, que celle des habitants de nos pays sont d'environ 1 m.62 et celle des Esquimaux et des Boschimans de 1,30.

Au point de vue de la longévité, c'est encore la race

caucasique qui a l'avantage. Virey a démontré que la moyenne de la vie humaine est chez elle plus considérable que chez les autres peuples. En Asie, les Indous, les Arabes, les Perses et les Turcs sont ceux qui poussent le plus loin leur carrière. En Afrique, les Egyptiens et les Marocains atteignent un âge plus avancé que les habitants de la Guinée, du Congo et de Mozambique.

La nation française, fraction de la race blanche, est issue d'éléments très divers. Les auteurs anciens, César et Pline en particulier, distinguaient les habitants de la Gaule en trois familles distinctes : les Celtes, les Ibères ou Aquitains, les Gaëls ou Belges. Ces peuples habitaient, les premiers les pays compris entre la Garonne, la Seine et la Marne, les seconds entre les Pyrénées et la Garonne, les derniers enfin les bords de la Seine et de la Marne jusqu'à l'Escaut.

D'une manière générale, ces trois peuples présentaient des différences appréciables au point de vue physique, différences tenant surtout à la dissemblance de leurs climats. Elles se sont plus ou moins perpétuées chez leurs descendants. Tandis que les Belges ou Gaëls, par exemple, sont grands et élancés, les Aquitains sont plutôt petits et trapus. Les premiers sont plus forts que les seconds, mais moins vifs, moins brillants, moins producteurs ; leur imagination est plus calme, plus réfléchie; celle des méridionaux plus vive et plus ardente. Ils sont aussi plus résistants au froid.

A ces trois races sont venues s'adjoindre de nombreuses populations étrangères, qui se sont établies dans notre pays lors des diverses invasions qu'il a eu à subir : les Romains, les Sarrasins, les Espagnols, les Phéniciens, les Phocéens, etc., au Midi : les Vandales, les Saxons, les Anglo-Saxons et surtout les Francs, au Nord et à l'Est. Ces derniers ont exercé une influence très notable sur la population française. Peuples de soldats, de conquérants habitués à une vie rude et active, ainsi qu'à tous les exercices du corps, ils ont donné à leurs descendants une force et une vigueur bien supérieure à celle des peuples d'origine latine.

3. Ages. — Les physiologistes s'accordent à reconnaître dans la vie humaine trois périodes bien distinctes.

Dans la première, l'homme grandit, se fortifie au physique, se développe au moral ; son poids, qui n'était guère que de trois kilogrammes, progresse et arrive à 60 en moyenne ; sa taille passe de 45 centimètres à 1 m. 60, atteint même beaucoup plus ; ses organes physiques se perfectionnent ; son intelligence grandit ; c'est, en un mot, la phase de l'existence que les physiologistes appellent la *période d'accroissement*.

Dans la seconde, le poids, s'il augmente encore, ne varie plus que dans des limites restreintes, la taille reste stationnaire : les pertes de l'organisme sont, à peu de choses près, compensées par les apports. C'est, en un mot, la *période d'état*. Mais c'est le moment de la plus grande valeur physique et morale de l'homme, celui pendant lequel, le plus souvent, il produit les œuvres qui lui permettront de se survivre à lui-même.

Enfin l'homme décline, son poids diminue, sa taille s'affaisse, ses fonctions se ralentissent, son squelette devient plus faible, plus friable et plus cassant, ses sens s'émoussent, l'intelligence baisse, c'est la *période de déclin*.

Si cette manière d'envisager la vie de l'homme a le réel avantage de donner une idée exacte du cycle parcouru, elle ne saurait satisfaire ni l'hygiéniste ni le physiologiste.

Longet divisait la vie humaine de la manière suivante: En premier lieu, l'enfance bientôt suivie de la jeunesse; en second lieu, l'adolescence, puis la maturité; en troisième lieu, la vieillesse et la décrépitude.

Il disait qu'il était difficile de bien exactement délimiter les étapes parcourues par l'espèce humaine, mais de cette façon il rappelait les trois périodes dont nous parlions plus haut : l'enfance et la jeunesse étaient la période de la croissance ; l'adolescence et la maturité la seconde, ou période d'état ; enfin la vieillesse et la décrépitude la période de déclin.

Hallé a proposé une division de l'existence qui comprend cinq époques distinctes : la première, dite de la première enfance, s'étend de 1 à 7 ans et porte le nom d'*infantia* ; la seconde, dite de deuxième enfance, désignée sous le nom de *pueritia*, comprend les années entre 8 et 15 ans environ ; la troisième, dite de la puberté, s'étend chez les femmes de 13 à 21 ans, et chez les hommes de 15 à 25.

Pendant la quatrième, l'homme et la femme sont en possession de toute leur force physique et morale ; elle est différente selon les sexes: chez la femme, de 21 à 45 ans, chez l'homme de 25 à 60 ; enfin survient, en cinquième lieu, la vieillesse qui se termine par la mort.

Mais Hallé lui-même sentait combien était fictive cette division, et il l'avait modifiée en scindant la troisième en deux sous-périodes, dites l'une de virilité croissante, l'autre de virilité confirmée.

Daubenton admettait, lui, cinq périodes : 1° l'enfance étendue de la naissance à la puberté ; 2° l'adolescence depuis la puberté jusqu'à 30 et même 35 ans ; 3° l'âge viril de 35 à 45 ; 4° l'âge de retour de 45 à 60 ans environ, et 5° la vieillesse.

Les anciens, on le sait, faisaient jouer au nombre sept un rôle prépondérant dans l'existence humaine ; ils partageaient la vie de l'homme de la manière suivante :

D'abord la première enfance de 1 à 7 ans, c'est-à-dire de la naissance à la deuxième dentition ; puis la deuxième enfance jusqu'à deux fois sept ans ou 14 ans, moment de la puberté ; puis l'adolescence jusqu'à trois fois sept ans ou 21, époque de l'apparition de la barbe. Venait ensuite la longue période de l'âge mûr, qui se prolongeait pendant cinq fois sept ans ou trente-cinq ans, et se terminant à 56 ans (8 × 7 ans), moment où, d'après eux, commençait la vieillesse.

Il est à peu près inutile de faire remarquer combien sont mal définies et mal délimitées ces diverses périodes : aussi les hygiénistes modernes ont-ils cherché à en établir d'autres.

Proust, dans son remarquable traité d'hygiène, propose la classification suivante : 1° vie fœtale ou intra-utérine ; 2° première enfance, comprenant l'espace de temps qui s'écoule depuis la naissance jusqu'à l'apparition des premières dents et par suite jusqu'au sevrage, soit jusque vers l'âge de 2 ans ; 3° l'enfance, qui s'étend depuis deux ans jusqu'à 7 ans, c'est-à-dire jusqu'au moment de la chute des dents de lait ; 4° l'adolescence de 7 à 14 ans, période pendant laquelle se fait la deuxième dentition ; 5° la puberté qui s'étend de 14 à 20, époque où l'homme commence à pouvoir reproduire son espèce ; 6° l'âge adulte, de 20 à 30 ans ; 7° l'âge de la maturité, de 30 à 45 ; 8° l'âge de retour de 45 à 60 ; et enfin la vieillesse qui va de 60 ans à la mort.

Cette classification nous paraîtrait aussi parfaite que possible si elle divisait en deux la seconde de ses périodes. Entre l'enfant qui vient de naître et l'enfant qui a déjà parcouru la première année de sa carrière, il y a une différence considérable ; aussi croyons-nous que Proust aurait sagement fait d'admettre, avec quelques auteurs, une seconde période dite *de la naissance*. Cette période a une durée d'environ sept jours ; elle est marquée par des phénomènes très importants : nous voulons parler de la chute du cordon ombilical, de la fermeture du trou de Botal et du commencement de la disparition d'un organe sur les fonctions duquel nous ne sommes pas encore bien fixés, mais dont l'utilité est incontestable : le thymus. Cet organe, très développé chez le fœtus, commence à disparaitre à la naissance et l'on n'en trouve plus de traces chez l'adulte. Proust lui-même écrit que la mortalité pendant les sept premiers jours est considérable, qu'elle peut dépasser 900 pour mille et qu'un enfant qui nait a moins de chances qu'un homme de 90 ans de vivre une semaine.

Si on veut bien réfléchir aux phénomènes qui se passent pendant les sept premiers jours de l'existence, on comprendra les raisons de cette grande mortalité.

Ajoutons que c'est au début de la vie que l'activité de la nutrition est la plus grande, et qu'il n'y a rien d'extraordinaire à ce que ce soit celle qui présente les accidents les plus redoutables.

Si donc on adopte la classification de Proust ainsi modifiée, on arrive au résultat suivant : 1° période de la vie intra-utérine ; 2° période de la naissance, de un à sept jours, moment de la chute du cordon ombilical ; 3° période de la première enfance, de 7 jours jusqu'à l'époque du sevrage ; 4° période de la deuxième enfance depuis le sevrage jusqu'à la deuxième dentition ; 5° période de l'adolescence depuis le début de la deuxième dentition jusqu'au moment où apparaissent les premiers phénomènes de la puberté, vers 14 ans ; 6° période de la puberté de

14 à 20 ans, moment où chez l'homme commence l'évolution des organes qui, lorsqu'ils auront atteint leur entier développement, lui permettront de reproduire son espèce ; 7° âge adulte ou de virilité croissante de 20 à 30 ans ; 8° âge de maturité ou de virilité confirmée, de 30 à 45 ; 9° âge de retour ou de virilité décroissante, de 45 à 60 ; et enfin 10° période de la vieillesse.

La première des périodes que nous venons de mentionner nous arrêtera peu. L'hygiène du fœtus pendant la vie intra-utérine se confond très intimement avec celle de la mère et doit faire l'objet des études de ceux qui s'occupent de la femme et de ses affections spéciales ; disons toutefois que la mère peut transmettre à son enfant toutes les maladies dont elle est elle-même atteinte.

Au moment même de la naissance commence la deuxième période. Le cordon ombilical coupé, l'enfant est définitivement séparé de sa mère et va vivre désormais de sa vie propre. Au premier contact de l'air sur sa surface cutanée, il commence à respirer, mais il faut que cette peau soit l'objet de soins spéciaux. Elle est, au début de l'existence de l'enfant, couverte d'un enduit sébacé abondant, insoluble dans l'eau, qu'il faut rendre facilement soluble par l'adjonction d'un corps gras. Puis l'enfant doit être plongé dans un bain très court qui le nettoie, et enfin bien séché, car la moindre trace d'humidité produirait une évaporation et amènerait un refroidissement qui ne serait pas sans danger.

L'enfant, bien séché, est immédiatement habillé. Le vêtement doit le protéger sans le comprimer, ni gêner ses mouvements ; dans cet ordre d'idées, le maillot serré de certaines de nos provinces doit être sévèrement proscrit et remplacé par des camisoles, des brassières et des langes suffisamment chauds et peu serrés. Nous ne croyons pas que ce soit ici le lieu de les décrire longuement, mais ce qu'il est bon de répéter, c'est que l'enfant a besoin d'être maintenu dans la plus grande propreté; chaque fois que son linge est souillé, il faut le changer et laver son corps aussi complètement que possible. Nous ne conseillons pas d'employer l'eau froide qui ne fortifie pas véritablement les forts et peut nuire très sérieusement aux faibles, mais nous voulons que la peau fonctionne régulièrement, dans toutes ses parties, surtout celles où les sécrétions sont les plus actives et en particulier le cuir chevelu. Sur la tête de l'enfant s'accumulent en effet des poussières qui, agglutinées par les sécrétions sébacées du crâne, forment des croûtes qui irritent la peau, produisent des ulcérations souvent causes, consécutivement, d'adénites cervicales qui suppurent et laissent d'impérissables cicatrices.

L'enfant, une fois habillé, est placé dans son berceau et s'endort généralement. Dans une autre partie de cet ouvrage nous étudierons ce que doit être le couchage de l'enfant; disons pour le moment que le point important, pendant le sommeil du petit être, est de le protéger contre les variations de la température, qui lui sont très nuisibles, meurtrières même, car tout ce qu'un enfant n'emploie pas à faire de la chaleur lui sert pour grandir et se fortifier.

Pendant les premiers jours qui suivent son apparition dans le monde, l'enfant bien portant ne fait que téter et dormir. Chercher à le réveiller, à l'exciter est plus qu'inutile. Si on l'examine à ce moment, complètement en repos, on voit que sa circulation est plus active que celle de l'adulte. Pendant le 1er et le 2e mois il a 140 pulsations artérielles, sa respiration est de 30 à 40 (celle de l'adulte étant de 15 à 17).

Lorsque pour la première fois il se réveille, on le met au sein. Le lait maternel a, au début, toutes les qualités qui peuvent lui être vraiment utiles, il est très aqueux, très légèrement laxatif, contient peu de caséine et de beurre et une certaine quantité d'albumine. On l'appelle *colostrum*, à cause de sa différence de composition avec le lait proprement dit. Plus tard, il se transformera, deviendra plus dense, plus coloré, et se chargera de principes nutritifs, à mesure que l'enfant en aura besoin. En général, pendant les cinq premiers jours, il faut lui faire prendre dix fois le sein en vingt-quatre heures à des intervalles réguliers, car il importe dès le début de régler ses digestions; la quantité de lait est de trois grammes par tétée pendant les premières vingt-quatre heures, soit en tout trente grammes environ; le second jour elle est de cent cinquante grammes; le troisième de quatre cents; le quatrième de cinq cent cinquante; soit successivement trente grammes, cent cinquante, quatre cents, et cinq cent cinquante. A partir du cinquième jour et pendant toute la durée du premier mois, on ne donne plus le sein que neuf fois par jour; dans ces neuf fois l'enfant prend environ 650 grammes. Puis on diminue encore le nombre des tétées pour arriver à les restreindre au chiffre de 6 ou 7 et on fait prendre ainsi 700, 800 jusqu'à 950 grammes environ de lait pendant les vingt-quatre heures. Il ne faudrait pas croire cependant que dès le début de l'alimentation l'enfant augmente de poids, il diminue au contraire immédiatement après la naissance, il perd en effet des quantités considérables de méconium contenues dans son gros intestin et devient par suite, pendant quelques jours, moins lourd. Mais dès le troisième jour ce phénomène n'a plus d'influence et le poids de l'enfant suit une marche progressive, de telle sorte que les garçons, qui, d'après Quetelet, pesaient, en moyenne, à la naissance, 3250 grammes, arrivent au bout du premier mois à peser 4000 grammes, et au bout des douze premiers mois environ 8950. Les filles, qui pesaient 2950, pèsent après trente jours d'existence 3700 et après douze mois environ 8650.

Ces données ont une grande importance; l'examen de l'accroissement journalier de l'enfant est le plus précieux indice de l'état de sa santé. Tout enfant qui n'augmente pas, dans cette période de la vie, souffre; il faut s'en inquiéter.

L'allaitement par la mère est de beaucoup le plus normal, le plus rationnel, le plus moral et celui qui est, en tout point, préférable pour l'enfant; nous l'avons dit, le lait maternel devient de plus en plus nutritif à mesure que le petit être en a besoin. Mais si, pour des raisons majeures, on est forcé d'y renoncer, c'est à une bonne nourrice qu'il faut avoir recours, en ayant soin de la choisir bien portante, exempte de tares physiques, surtout de maladies transmissibles et possédant un lait qui ne soit pas trop âgé pour le nouveau né.

Si, enfin, pour d'autres raisons encore, on est forcé d'employer l'allaitement artificiel, c'est-à-dire *le biberon*, il faut s'entourer de précautions si sérieuses et si nombreuses que ce dernier mode de nourriture est, le plus souvent, bien plus fatigant, bien plus pénible, bien plus assujettissant que la nourriture au sein. C'est ce qu'on ne peut trop répéter aux jeunes mères qui l'adoptent sans absolue nécessité. Ces précautions, qui ne nous paraissent pas devoir prendre place dans un livre comme celui-ci, concernent l'instrument employé, qui doit être d'une propreté excessive, toujours maintenu dans l'eau quand il ne sert pas, et très fréquemment nettoyé, concernent l'animal appelé à fournir le lait (qui doit toujours être le même), la température, la quantité du liquide, etc.

Vers le sixième mois commence la première dentition. La sortie des dents est souvent marquée par un état de malaise qu'il est bon de surveiller : elles apparaissent dans l'ordre suivant : les incisives de la mâchoire inférieures les premières ; un mois environ après, les incisives supérieures, puis successivement les incisives latérales, puis les molaires externes de la mâchoire inférieure, bientôt suivies des molaires externes inférieures ; puis viennent les canines, et enfin les deux dernières molaires d'en bas et d'en haut complètent les vingt dents qui composent la première dentition. Jusqu'au huitième mois au moins, l'enfant doit être successivement nourri de lait donné dans les conditions que nous venons de voir et à des intervalles réguliers.

A mesure que se fait la dentition, l'enfant devient de plus en plus apte à s'alimenter autrement. Déjà, vers le huitième mois, si l'état de la mère ou de la nourrice l'exige, on peut joindre aux tétées une certaine quantité de lait de vache ou de chèvre plus ou moins coupé ou même pur.

Dès que l'enfant a quatre dents on peut aussi ajouter à son alimentation quelques aliments végétaux et même, de temps à autre, des œufs. Mais il faut se garder, avant la deuxième année, de lui donner de la viande et du vin. Quelques auteurs ont accusé, non sans raison, un régime carné trop hâtivement donné à l'enfant, d'être cause de rachitisme.

A ce moment la circulation et la respiration de l'enfant se sont déjà régularisées et rapprochées un peu de celle de l'adulte ; le cœur ne bat plus qu'environ 128 fois au sixième mois et 120 au douzième, la respiration est aussi moins fréquente.

Voilà l'enfant arrivé à la fin de sa première année. Sur 1000 naissances, combien va-t-il en rester? en France environ 795, en Angleterre 826, en Autriche 700, dans le grand-duché de Bade 676, etc. Et comme il meurt dans notre pays pendant cette période environ 117 garçons pour 100 filles, au bout des douze premiers mois, le nombre des représentants des deux sexes se trouvera à peu près égalisé, car chacun sait que les naissances masculines sont plus nombreuses que les naissances féminines.

Si on se préoccupe de la saison pendant laquelle la mortalité est à son apogée, on s'aperçoit rapidement que les conditions varient selon que l'on s'occupe des enfants qui n'ont que quelques jours ou de ceux qui ont déjà vécu quelques mois. Les premiers succombent en grand nombre pendant les mois d'hiver et ce fait, à lui tout seul, suffirait à montrer de quelle importance sont, au début de l'existence, les variations de température. Pour les autres, le maximum de mortalité est en août, commence à décliner en septembre, décline réellement en octobre, pour continuer à s'atténuer en novembre, et présenter un deuxième minimum en décembre; puis, en janvier, la mortalité augmente, mais dans des limites beaucoup plus faibles, s'accentue en février, pour atteindre son maximum en mars, diminuer ensuite et commencer à croître de nouveau en juillet. De telle sorte que si les saisons froides sont plus pernicieuses pour l'enfant en bas âge, ce sont les fortes chaleurs qu'il faut redouter pour l'enfant de six à douze mois.

L'effrayante mortalité dont nous venons de parler était bien plus grande encore dans les premières années de ce siècle, ainsi que Broca l'a fait voir. Elle sévit d'une manière très sérieuse sur les enfants illégitimes, chez ceux qui sont élevés au biberon et chez ceux qui sont confiés à des nourrices mercenaires, et dans les centres industriels où les enfants sont souvent plus ou moins abandonnés. Enfin elle exerçait ses ravages chez les enfants non surveillés avant la loi tutélaire et bienfaisante à laquelle restera attaché le nom de M. le docteur Théophile Roussel; cette loi oblige les municipalités à veiller de très près sur les enfants placés en nourrice dans les communes et a amené la création d'un personnel spécial dont les membres ont reçu le titre d'inspecteurs des enfants en bas âge. Les bienfaits de cette loi tutélaire ont été en outre augmentés par la fondation des crèches, sur le fonctionnement et sur l'utilité desquelles nous reviendrons ultérieurement.

Au moment du sevrage commence la quatrième période : celle de la deuxième enfance.

L'enfant, nous l'avons vu, est en état de mastiquer des aliments et, comme si la nature avait voulu bien démontrer que désormais l'enfant serait dans les meilleures conditions pour s'alimenter autrement qu'avec du lait, elle a fait débuter, vers l'âge où se fait d'ordinaire le sevrage (18 mois ou deux ans), un travail d'accroissement des glandes salivaires. Les dents poussant toujours deux par deux, il ne faut jamais sevrer un enfant qui en a un nombre impair; on serait sûr de se trouver au milieu d'une période de dentition.

Les phénomènes qui dominent à ce moment de l'existence sont encore des phénomènes d'assimilation. Le petit être s'accroît, grandit, se fortifie : il faut lui fournir une nourriture abondante, mais surtout saine, qui doit être très sérieusement dosée et donnée à des intervalles très réguliers. Il faut aussi le placer dans de bonnes conditions au point de vue de la respiration, et lui fournir de l'air aussi pur que possible et en suffisante quantité, se souvenant que ses facultés d'assimilation sont tellement actives qu'il absorbe, avec une excessive facilité tous les miasmes, et contracte, beaucoup plus rapidement que l'adulte, toutes les maladies.

L'enfant qui, pendant sa première année, avait gagné en taille environ 20 centimètres, pendant la deuxième environ 10 centimètres, 7 pendant la troisième, atteint vers l'âge de 3 ans 1/2 la moitié de la taille qu'il aura un jour.

Mais de nouvelles fonctions prennent, à cette époque, un grand développement, ce sont les fonctions cérébrales : l'intelligence, la mémoire, etc. De là une prédisposition aux affections du cerveau et de ses enveloppes très marquée chez les enfants et qui oblige à surveiller leur éducation, afin d'éviter la fatigue.

Vers 4, 5 ou 6 ans apparaissent quatre nouvelles molaires qui portent le nombre des dents de lait à vingt-quatre. Ces quatre dents seront permanentes.

Enfin à 7 ans commence la deuxième dentition. Les dents de lait tombent à peu près dans l'ordre de leur apparition et sont successivement remplacées par des dents nouvelles au nombre de vingt-huit. Ce n'est que beaucoup plus tard que viendront les quatre dernières.

Cette deuxième dentition ne s'accompagne en général d'aucune perturbation dans la santé de l'enfant, bien différente en cela de la première, qui est, à juste titre, si redoutée des mères et des médecins.

A ce moment de la vie, l'enfant fait agir avec activité son système musculaire et développe le plus son intelligence, mais il le fait pour ainsi dire sans s'en apercevoir ; il semble même que le travail lui soit utile pour le bon fonctionnement des organes, mais il faut redouter l'abus qui ne tarde pas à amener le surmenage, état de l'organisme qui peut ouvrir la porte à toutes les maladies infectieuses et en particulier à la fièvre typhoïde si fréquente à cet âge et à l'âge suivant. Avec la cinquième période, qui s'étend de la deuxième dentition à la puberté, de 7 à 14 ans, ainsi que nous l'avons vu, commence la période de travail pour l'enfant. C'est le moment du début de ses études, s'il se destine à une profession intellectuelle, ou bien il est mis en apprentissage s'il doit travailler manuellement.

Déjà, en 1841, une loi très sage avait réglé les conditions du travail des enfants dans l'industrie ; elle a été complétée par la loi du 14 mai 1874. Les principales prescriptions portent que les enfants devront avoir au moins 8 ans. De huit à douze, ils ne pourront être employés plus de huit heures sur vingt-quatre, avec des repos, et après 16 ans, ils ne pourront travailler que douze heures sur vingt-quatre avec des repos. Le travail ne pourra ni commencer avant cinq heures du matin ni se terminer après neuf heures du soir.

Jusqu'à 12 ans, les enfants devront fréquenter une école de la localité et même après cet âge, jusqu'à ce qu'ils produisent un certificat attestant qu'ils possèdent une instruction élémentaire suffisante.

La loi du 2 novembre 1892 porte que l'âge minimum est élevée à 12 ans pour les enfants munis du certificat d'études et à 13 ans pour les autres ; il est à souhaiter que ces prescriptions soient sévèrement exécutées.

Qu'on nous permette de dire que c'est pendant cette période de la vie qu'il faut dispenser avec le plus de discernement les exercices physiques et le travail intellectuel : c'est surtout à elles que Montaigne faisait allusion quand il conseillait de « roidir l'âme en même temps que le corps ».

La période de la vie qui vient ensuite est celle de l'adolescence ou de la puberté : elle dure depuis l'âge de 15 ans environ jusqu'au moment de la croissance complète qui n'est guère terminée que vers 23 à 25 ans. Elle est marquée par des phénomènes très importants, dont nous nous occuperons surtout dans le chapitre des sexes ; ils sont chez l'homme le développement des organes de la génération ; chez la femme, l'établissement de la menstruation. C'est le moment où l'homme devient plus résistant, l'adolescent est beaucoup moins que l'enfant, moins que l'adulte, impressionnable par les agents extérieurs. Son accroissement continue, ses organes se perfectionnent, son squelette achève de s'ossifier complètement. Ce fait a une réelle importance et marque la fin de la période de développement.

Après l'adolescence vient la maturité, longue période dont les limites sont aussi mal tracées que possible, et que la plupart des auteurs font durer de 25 à 60 ans. Comme cela a été dit précédemment, c'est, à proprement parler, la période d'état, ou bien encore la période de la virilité ; mais il y a lieu de la diviser, comme nous l'avons fait, en virilité croissante jusque vers 30 ans, en virilité confirmée de 30 à 45, et enfin en virilité décroissante de 45 à 60.

Pendant cette période, la taille reste stationnaire ; elle est en moyenne de 1 m. 65 à 1 m. 70 en France.

Son poids, s'il augmente encore jusque vers 40, ne se meut plus que dans des limites bien plus restreintes. De plus, l'augmentation ne tient plus autant à l'accroissement du système osseux et musculaire qu'à l'adjonction dans le tissu cellulaire d'une grande quantité de graisse, prédominant surtout chez certains sujets ; quand l'exercice physique est trop limité, ils deviennent obèses.

Enfin survient la vieillesse, que les auteurs font commencer entre 55 et 60 ans et dont le terme est la mort. C'est la période de déclin et on peut dire que tous les organes participent à cette déchéance de l'économie.

Le système osseux devient plus friable et s'affaisse, d'où abaissement de la taille ; la nutrition se ralentit, d'où affaiblissement général ; la circulation devient moins active par détérioration du cœur et par épaississement des artères (atheromes) ; la respiration est amoindrie et la quantité d'acide carbonique exhalée réduite à son minimum. Les organes des sens et le système nerveux participent à cette déchéance, et peu à peu s'affaiblissent ou même disparaissent.

La moindre maladie peut prendre chez le vieillard une importance des plus grandes et une excessive gravité ; de là la nécessité d'éviter les variations brusques de température, les émotions morales vives, les travaux intellectuels très prolongés, les écarts de régime, les fatigues physiques. Mais de là à lui interdire tout exercice, il y a loin, et ce serait commettre une faute grossière. Le vieillard a besoin de mouvement, de distractions ; le point important c'est qu'il n'en abuse pas.

L'homme peut succomber par les seuls progrès de l'âge, pas une sorte d'épuisement des forces, c'est à coup sûr la mort la plus enviable, mais c'est aussi la plus rare.

Benoiston de Chateauneuf, en examinant ses tables de décès comprenant plus de 15 millions d'individus, est arrivé au résultat suivant : à 30 ans 40 0/0 ont déjà succombé ; à 60 ans : 55 0/0 ; à 70 : 67 0/0 ; à 80 : 88 0/0; à 90 : 98 0/0 ; à 100 il ne reste plus que quelques rares survivants.

4. Sexes. — Les hommes naissent plus nombreux que

les femmes ; mais, comme nous l'avons vu, au bout de la première année, les premiers ayant succombé en plus grand nombre, l'équilibre se rétablit. Il y a, plus tard, à l'époque de la vieillesse, plus de femmes que d'hommes, parce qu'elles vivent plus longtemps. Les moralistes, d'accord avec les hygiénistes, disent, non sans raison, qu'elles usent moins leur vie. Jusqu'à l'époque de la puberté, les causes de maladies et de mort sont à peu près les mêmes ; mais, pendant la période d'activité sexuelle, marquée par la menstruation et qui dure environ 30 ans, elles subissent des assauts fréquents, la menstruation, les accouchements, les allaitements, la ménopause, etc. De là, pendant la vie moyenne de la femme, une mortalité supérieure à celle des hommes ; mais ces mauvaises conditions sont bien compensées par la durée de la vie de la femme après l'âge critique.

La femme a besoin de moins d'aliments que l'homme et elle endure mieux la faim ; la respiration est aussi moins active et la quantité d'acide carbonique exhalée moins considérable.

La force musculaire de la femme est moindre que celle de l'homme. Mesurée au dynamomètre, elle fournit les chiffres suivants : à 10 ans, la force moyenne des deux mains est, pour le sexe masculin, de 9 kilos 100 grammes ; pour le sexe féminin 5 k. 200 grammes. A vingt ans différence analogue, 38 kilos 250 pour le premier et 20 k. 700 pour le second. A cinquante ans, 34 k. 700 et 21 k. 600. De là la nécessité de ne pas astreindre la femme aux mêmes travaux que l'homme, et cette simple donnée fait comprendre pourquoi la loi a réglementé les efforts qu'on peut exiger d'elle.

Tout le monde sait que, pour les professions où elle est associée à l'homme, la femme fournit un grand contingent de mortalité. Le résultat est, en partie, dû à la différence des salaires, mais il faut tenir grand compte aussi du défaut de résistance physique et des diverses causes d'affaiblissement périodiques ou accidentelles dont nous avons parlé plus haut.

L'hygiéniste doit étudier avec soin les conditions du travail de la femme, car elles ont une grande importance au point de vue de la dépopulation du pays.

5. Constitutions. Tempéraments.—*Constitutions* : La plupart des auteurs ont insisté sur la réelle difficulté que l'on éprouve à bien définir le mot constitution. Nous dirons, nous : tout individu dont les organes sont sains et vigoureux, dont les fonctions physiologiques s'effectuent régulièrement, qui présente une force physique moyenne et possède une certaine résistance vitale lui permettant de résister aux causes de maladies, est un individu *fort* ou doué d'une bonne *constitution*.

Il en porte avec lui les attributs : ses organes, au point de vue physique, sont tous harmonieusement développés, son pouls bat régulièrement, sa respiration s'effectue bien, sa cage thoracique se dilate normalement, le cœur bat exactement un peu au-dessous du mamelon gauche, en un mot il y a un ensemble de santé qu'un examen attentif fait facilement reconnaître.

Tout individu mal proportionné, dont les muscles sont débiles, dont les organes sont faibles, dont les fonctions physiologiques sont lentes et irrégulières, qui est chétif et malingre, incapable d'un travail soutenu sans effort violent, pour une tâche relativement moyenne, qui présente une aptitude spéciale à contracter les maladies, est un individu *faible* ou de *mauvaise constitution*.

En un mot, la constitution assignée à un individu est

basée sur la comparaison des humains entre eux. Les uns *sont forts ou de bonne constitution*, les autres *faibles ou de mauvaise constitution*.

De deux individus de constitution différente, soumis aux mêmes influences climatériques, bromatologiques, hygiéniques, l'un les supportera très facilement; l'autre, au contraire, sera influencé par les causes les plus légères; tenu à des précautions nombreuses, forcé, à tout instant, d'interrompre son travail, il deviendra rapidement une non-valeur. De là l'examen que l'on fait subir dans l'industrie et surtout dans les administrations aux candidats qui se présentent, de là l'utilité des conseils de révision et des commissions d'examen des diverses compagnies de chemin de fer, qui éloignent toutes les constitutions faibles et tous les hommes incapables de rendre de réels services.

Tempéraments. — L'homme naît avec la constitution qui lui est propre; le tempérament, au contraire, ainsi que nous allons le voir, peut résulter des conditions dans lesquelles l'homme se trouve placé, de son genre de vie, des circonstances qui ont présidé à ses premières années, etc. La constitution est primitive, et il est impossible de la modifier, le tempérament est essentiellement modifiable par des soins hygiéniques.

Le tempérament a été défini par les auteurs une modification imposée à l'économie par la prédominance de telle ou telle grande fonction.

Un individu de bonne constitution et ayant des organes dans un état de perfection absolue est chose extrêmement rare; presque toujours, même chez les forts, il y a une fonction qui imprime à l'organe une manière d'être spéciale, absolument compatible avec la santé, c'est le tempérament.

Les anciens auteurs reconnaissaient un grand nombre de tempéraments, aujourd'hui les hygiénistes les plus autorisés en décrivent quatre. Le sanguin, le nerveux, le lymphatique, le bilieux ; mais il n'est pas rare de rencontrer des sujets qui sont à la fois bilieux et sanguins, d'autres bilieux et lymphatiques ; de là des sous-divisions qui n'ont qu'une importance secondaire et qui intéressent les seuls médecins.

Le tempérament sanguin est commun chez les habitants des pays froids, les montagnards. En général, les individus qui en sont porteurs ont de belles apparences de santé, ils sont aptes à de durs travaux, ont une imagination ardente et des passions vives. Ils ont besoin d'un air pur et souvent renouvelé, ils doivent éviter les locaux surchauffés et mal ventilés qu'ils supportent difficilement. Il y a lieu de veiller à ce que ce tempérament ne s'accentue pas davantage, car il amènerait la pléthore, richesse exagérée du sang, qui prédispose aux phlegmasies, aux hémorrhagies et aux congestions cérébrales. Leur alimentation sera saine, pas trop abondante et non excitante ; ils n'useront, qu'avec grande modération, du café, du thé, des boissons alcooliques. Les sanguins feront avec grand avantage un exercice régulier, qui pour eux sera une dépense utile.

Il semble au premier abord que l'atténuation d'un pareil état de choses soit la saignée, néanmoins il y a lieu de ne l'employer qu'avec réserve et modération, si on ne veut pas être obligé d'y recourir trop souvent et quelquefois à des moments où elle peut devenir nuisible.

Tempéraments nerveux. Les individus qui présentent les attributs du tempérament nerveux sont, en général, secs et maigres, ils ont les membres grêles, les muscles peu développés, la physionomie mobile et intelligente ;

les impressions qu'ils ressentent sont soudaines et rapides, leurs mouvements sont brusques et saccadés et leur force musculaire est très faible. De là un état de malaise relatif qu'éprouvent tous les nerveux. La femme le présente plus souvent que l'homme. Tout ce qui affaiblit l'organisme produit et augmente ce malaise ; il faut donc éviter chez l'individu nerveux tous les excitants et les débilitants, fortifier autant que possible l'organisme, faire faire un exercice tonique et peu fatigant, exercer les muscles, s'abstenir de vins excitants et de café, etc. Ce tempérament est fréquent chez les Orientaux, les artistes, les lettrés, les gens dont l'intelligence est toujours en éveil.

Tempérament lymphatique. — Les lymphatiques présentent une pâleur spéciale des tissus, qui ont l'air infiltrés de liquides blancs ; c'est le tempérament qu'il est le plus facile d'acquérir, mais aussi de modifier : nous verrons qu'un individu, quelle que soit sa santé antérieure, peut devenir lymphatique si on le place dans de mauvaises conditions d'aération, ou si on le prive de lumière. Les peuples qui vivent dans des atmosphères humides et brumeuses, en présentent les attributs ; c'est le cas des Anglais, des Irlandais, des Hollandais, entre autres.

En général les lymphatiques sont blonds, leurs visages sont pâles et roses, leur peau est fine et blanche, les chairs molles, les lèvres épaisses, les dents altérées, les mains et les pieds volumineux ; ils ont une certaine tendance à l'embonpoint. Les lymphatiques sont quelquefois très difficiles à différencier des scrofuleux qui, comme eux, présentent un faible degré de résistance aux agents morbifiques et une prédisposition aux inflammations de la peau et des muqueuses, affections qui prennent facilement chez eux le type chronique.

Comme nous l'avons déjà dit, tous les toniques réussissent très bien chez les lymphatiques et en particulier les toniques hygiéniques, l'air pur et souvent renouvelé, le séjour à la campagne, les exercices du corps, une alimentation saine, une excessive régularité d'existence.

Reste le *tempérament bilieux* des anciens. Beaucoup d'auteurs pensent que cette manière d'être de l'organisme n'existe pas et que les individus placés dans cette catégorie ne sont que des nervoso-bilieux. Quelle que soit la manière de voir que l'on adopte à ce sujet, qu'on décrive un tempérament bilieux proprement dit ou un tempérament nervoso-bilieux, nous dirons que le tempérament bilieux a des caractères très tranchés. Les bilieux ont la peau foncée, quelquefois jaunâtre, les cheveux sont raides, les yeux noirs ou foncés; ils sont assez gros et bien musclés, leur santé serait relativement bonne si leur foie n'était pas congestionné, et si par suite il n'y avait pas de fréquents troubles gastriques. Au point de vue intellectuel, les bilieux sont portés aux idées tristes, ils ont des passions vives, beaucoup de fermeté dans le caractère, beaucoup de ténacité et de persévérance. C'est aussi un tempérament modifiable jusqu'à un certain point ; tout ce qui peut décongestionner le foie, et rendre plus faciles les fonctions de cet organe, doit être tenté dans ce but.

Ainsi que nous l'avons déjà dit, on peut être à la fois lymphatique et nerveux, et on a ainsi un tempérament mou mais facilement surexcitable, ou bien un tempérament nervoso-sanguin, un tempérament bilioso-nerveux, etc., etc. Nous ne reviendrons pas sur ces faits qui n'ont qu'une importance secondaire et sont bien connus.

6. Dispositions héréditaires. — Tout être est doué de la faculté de reproduire un être semblable à lui-même. Animaux et végétaux sont soumis à cette loi. Placée dans un terrain qui lui est favorable, la graine donnera toujours, si on ne modifie pas les conditions de sa germination, une plante semblable à celle dont elle est issue. Mais Littré et Robin sont allés plus loin, ils ont dit : « Tous les éléments anatomiques du corps ont la propriété de donner naissance directement à des éléments semblables à eux-mêmes ».

Si donc ces éléments sont dans de bonnes conditions de fonctionnement et de perfection physique, ils reproduiront des éléments *forts*, dont la *constitution sera bonne*; si au contraire ils sont dans des conditions défectueuses, ils ne donneront naissance qu'à des éléments affaiblis : la constitution s'en ressentira, elle sera *faible*.

C'est donc avec raison qu'on a dit : l'origine de la constitution est l'hérédité.

Les parents transmettent aux enfants leurs imperfections physiques, comme leurs imperfections morales, modifiables, il est vrai, les unes et les autres, soit par l'hygiène, soit par l'éducation. Il y a donc lieu, dans la vie, d'étudier dans quelles conditions physiques et morales les enfants viennent au monde; les parents doivent tâcher de se rendre compte de ce qui peut dans leur santé être défectueux, de ce qui, dans leurs facultés cérébrales, laisse à désirer, afin de modifier la constitution des enfants. Un exemple peut faire comprendre notre pensée : un père, dont le système musculaire est faible, peut par une gymnastique appropriée, donner à son fils une vigueur parfaite. Il en est de même des fonctions intellectuelles. Tel père dont la mémoire laisse à désirer donnera cette faculté si précieuse, à son enfant, par un travail assidu et par l'exercice.

L'influence des parents sur leur descendance n'a pas besoin d'être longuement démontrée. Tous les traités d'hygiène rappellent qu'un nègre uni à une blanche donne naissance à un mulâtre. Si ce dernier épouse de nouveau une blanche, c'est un quarteron qui résulte de cette union; si celui-ci à son tour a des enfants d'une blanche, il donne naissance à un octavon qui est encore brun et porte les attributs de son trisaïeul, mais ne présente plus de notable différence avec les individus blancs. Supposons que les choses se passent en sens inverse : si cet octavon au lieu d'épouser une blanche épouse une négresse et que le produit de cette nouvelle union soit un fils, c'est un quarteron ; que ce dernier ait encore pour femme une négresse, ainsi que leurs enfants et ainsi de suite, au bout de la quatrième génération l'enfant qui naîtra sera un nègre.

Il y a plus, tout le monde connaît les expériences de Backwell, qui par d'habiles croisements obtint des animaux de boucherie, de bœufs sauvages; on sait aussi que des éleveurs anglais et normands créent ou perfectionnent les races de chevaux, etc., etc. Des expériences du même genre ont été faites sur presque tous les animaux et en particulier sur les lapins, dont on peut par des accouplements successifs changer le poids et la grosseur, etc. Mais il y a plus encore, des défectuosités physiques accidentelles ont pu se transmettre héréditairement. On a vu des amputés donner naissance à des enfants à qui il manquait un membre, etc. Au point de vue intellectuel, l'hérédité s'exerce de la même manière ; c'est ainsi qu'un individu qui a une profession voit souvent son fils devenir dans sa carrière plus habile que lui, car ce fils profite des prédispositions léguées par l'hérédité, jointes à son propre travail. Sans doute, le fait n'est pas absolu et la loi de transmission peut souvent souffrir, à ce point de vue, des exceptions, mais elle se vérifie fréquemment.

On a dit que les conditions dans lesquelles vivent parents et enfants étaient la principale cause de ces ressemblances et que l'hérédité n'arrivait qu'en seconde ligne ; nous ne le pensons pas. Il est certain que deux organismes soumis aux mêmes influences de milieu auront beaucoup de tendance, tous deux, à s'harmoniser avec ce milieu ; il faut toujours chercher à faire la part de ce qui revient à l'action continue du même genre de vie, de la même alimentation, de la même habitation, circonstances qui toutes agissent de la même manière sur les deux sujets et finissent par modifier profondément les constitutions et les facultés cérébrales ; mais lorsqu'on transporte l'un des sujets loin de ces conditions identiques et qu'on voit la ressemblance et les aptitudes se perpétuer, on est bien autorisé à admettre l'influence prédominante de l'hérédité. Quelquefois cependant les similitudes physiques ou intellectuelles ne sont pas immédiatement appréciables et ne se font voir que plus tard, lorsque le descendant est assez avancé en âge ; quelquefois encore elles sautent une génération. Mais l'hérédité joue un rôle considérable dans la vie des individus, qu'elle soit directe, c'est-à-dire qu'elle vienne du père et de la mère du sujet observé, ou qu'elle remonte à travers les générations jusqu'à ses aïeux et porte alors plus particulièrement le nom d'*atavisme*.

Malheureusement, non seulement nos parents nous transmettent leurs ressemblances physiques et morales, leurs chances de longévité, leurs forces physiques, leur constitution, leur tempérament, mais ils nous transmettent aussi leur aptitude à contracter les maladies. Il y a dans certaines familles des maladies héréditaires, auxquelles semblent fatalement voués leurs membres. A mesure que la pathologie progresse, ces maladies deviennent moins fréquentes et on peut dire que depuis les progrès le l'hygiène, on a pu en combattre un certain nombre. C'est là surtout qu'un médecin qui connaît depuis longtemps les familles peut, par de sages conseils, amoindrir les prédispositions morbides héréditaires.

Que conclure de ce que nous avons dit de l'hérédité, sinon qu'il ne faut jamais marier deux personnes ayant les mêmes prédispositions morbides, et que les alliances entre les sujets ayant les mêmes tares organiques ne peuvent qu'exagérer les imperfections dans le produit. De là le danger réel des mariages entre proches parents.

7. Dispositions individuelles. — A côté des caractères qui peuvent se retrouver chez les parents il en est qui sont particuliers aux individus, qui leur appartiennent en propre, l'examen le plus attentif ne faisant rien reconnaître d'identique dans les ascendants. Ces caractères sont dits *innés* par les uns, sont par les autres réunis sous le nom d'*idiosyncrasies*. Ce sont par exemple des répugnances invincibles ou au contraire des inclinations irraisonnées allant jusqu'à un état presque maladif que les sujets peuvent combattre, mais dont ils ne peuvent triompher complètement. Nous ne saurions les décrire tous ici à cause de leur grand nombre, mais y il a lieu, pour le médecin et pour l'hygiéniste, pour tout homme appelé à en diriger d'autres, à en tenir compte dans un grand nombre de circonstances.

8. Habitudes. — Un acte quelconque exige, pour se produire, un effort ; mais à mesure que cet acte se fait plus souvent, l'effort s'atténue : on arrive même, plus ou moins rapidement, à ne plus s'apercevoir qu'on l'exécute. Tel est l'effet de l'habitude. Elle rend facile ce qui de prime abord était plus ou moins pénible. Il arrive quelquefois que l'organisme peut ensuite reproduire l'acte primitif sans l'intervention même de la volonté.

L'un des premiers effets de cette répétition successive est de perfectionner l'exécution de ces actes.

Tous les systèmes de l'économie subissent l'influence favorable de l'habitude ; elle les améliore tous.

Pour n'en citer que quelques exemples, notre oreille, au début plus ou moins irritée par certains bruits, finit par s'y habituer, et elle peut ensuite en percevoir d'autres simultanés plus faibles. Certains ouvriers ne sentent plus certaines odeurs quelquefois fort désagréables (les mégissiers, les tanneurs), ils ne sont plus incommodés par les émanations des fosses où pourrissent les peaux ; de même les étudiants en médecine deviennent indifférents aux odeurs de l'amphithéâtre.

D'autres supportent très facilement les vapeurs irritantes, telles que l'acide acétique, le chlore, l'ammoniaque, etc.; ainsi que nous le verrons dans l'étude des professions; c'est par la puissance de l'habitude que l'homme discipline ses organes et qu'il arrive à se plier aux nécessités les plus variées. C'est grâce à elle qu'il peut augmenter sa force physique et effectuer de pénibles travaux, qui souvent seraient inexécutables sans un entraînement préalable (longues étapes du soldat obligé à des marches forcées, allure rapide du cheval de course).

L'habitude réglementant l'alimentation et la nutrition, il est bon de donner à l'enfant, sous ce rapport, dès sa naissance même, une excessive régularité de repas et d'évacuations.

C'est elle aussi qui affine les sens et les perfectionne, c'est ainsi qu'elle permet à l'œil de voir à de grandes distances, à l'oreille de percevoir des bruits très éloignés.

Les dégustateurs de profession acquièrent, à la longue, une sensibilité gustative telle qu'ils peuvent, sans se tromper, dire non seulement le nom d'un vin mais encore l'âge et le cru.

Elle arrive quelquefois même à vaincre des idiosyncrasies individuelles et des états physiques plus ou moins pénibles : à force de naviguer, le marin finit par ne plus sentir les atteintes du mal de mer.

Il ne faut pas confondre, comme cela arrive fréquemment, l'habitude avec l'abus. C'est ce que font, en général, tous ceux qui contractent des *habitudes* qui deviennent impérieuses. Il faut alors lutter contre elles et le faire avec persévérance et courage ; dans un grand nombre de cas, on peut être certain du succès. Si l'usage du tabac et des boissons alcooliques, par exemple, est quelquefois permis et toléré, il faut réagir si l'on s'aperçoit qu'il devient une impérieuse nécessité, car il confine alors à l'abus. Pour n'en citer qu'un exemple : dans certains détachements de l'armée du Nord, en 1870, le tabac vint à manquer pendant un jour ou deux ; on vit des officiers et des soldats, qui auraient été très surpris si on leur avait dit qu'ils abusaient du tabac, souffrir beaucoup de cette privation.

Modifications physiques produites par l'habitude. — Nous avons dit que tous les organes pouvaient éprouver les effets de l'habitude ; ces effets sont de deux sortes, utiles ou au contraire mauvais, surtout s'il y a abus. Le danseur voit les muscles des jambes se fortifier, le boulanger voit ses biceps se développer. Ce sont là, circonstances favorables ; mais le tailleur assis, accroupi toute la journée, se déforme les jambes et souvent la taille ; le cordonnier, en appuyant sa forme contre le sternum, enfonce cet os de manière à lui faire présenter une concavité des plus accentuées. Ce qui est vrai pour les systèmes osseux et musculaire l'est aussi pour les viscères : l'abus de l'alcool entraine des lésions du foie, des reins et du cerveau qui deviennent permanentes, et ne permettent plus de supprimer l'alcool sans un danger réel. De même pour le morphinomane, auquel on ne peut sans péril supprimer la morphine.

Que conclure de ce qui précède, sinon (avec le moraliste) qu'il n'est qu'une seule habitude qu'il soit bon de contracter : celle de la régularité en toute chose. Elle rend la vie facile, le travail utile et préserve de l'abus.

CHAPITRE II.

L'ATMOSPHÈRE.

9. Conditions physiques. — Dès l'instant où il vient au monde, l'homme subit l'action de l'air atmosphérique qui l'entoure de toute part. Non-seulement ce dernier agit sur la surface du corps, mais il s'introduit dans les poumons et, respiré par le nouveau-né, il ne tarde pas à devenir un aliment, d'où le nom de *pabulum vitæ* que lui avaient donné les anciens.

Mais cet air atmosphérique peut être modifié de différentes manières ; tantôt les changements qu'il subit sont simplement physiques, c'est-à-dire n'altèrent en rien sa composition ; tantôt, au contraire, les éléments qui le forment ne sont plus dans leurs rapports normaux et l'air n'a plus chimiquement la même composition ; tantôt, enfin, il est le véhicule d'éléments divers plus ou moins faciles à reconnaître et à retrouver par nos appareils de laboratoires, éléments dont les effets sur l'homme ne sauraient être mis en doute.

L'étude de l'air atmosphérique a donc une réelle importance.

Occupons-nous d'abord de ce gaz à l'état normal, n'ayant subi aucune altération chimique.

10. Chaleur naturelle. Chaleur artificielle. — L'air est incessamment traversé par des rayons solaires et leur emprunte du calorique. Il devient donc un véritable agent calorifique, dont nous allons étudier l'influence sur l'organisme.

Action du calorique sur l'organisme. — Disons tout d'abord que, quelle que soit la source de chaleur, qu'elle soit naturelle ou artificielle, qu'elle provienne du soleil ou de nos foyers, elle agit sur l'homme d'une manière absolument identique, ainsi que nous le verrons plus loin.

Rôle du soleil dans la chaleur atmosphérique. — Nous avons déjà dit plus haut que les rayons solaires, en traversant l'atmosphère, lui abandonnent une partie de leur calorique, partie considérable puisqu'elle pourrait, d'après Pouillet, si elle était uniformément versée à la surface, fondre chaque année une couche de glace d'environ 31 mètres d'épaisseur. Mais cette quantité est loin d'être uniformément répartie, elle est dans la dépendance de la position du soleil par rapport à la terre : plus les rayons sont obliques, moins la quantité de chaleur reçue est considérable.

Quelques auteurs ont pensé que la terre, dont la partie centrale est en fusion, a une température très élevée (fait démontré par l'élévation de chaleur d'autant plus grande que l'on s'enfonce davantage vers le centre de la terre et par la présence de sources thermales) pouvait être elle-même une source de chaleur atmosphérique ; il n'en est rien, cependant, ainsi que nous le verrons plus loin.

Les observations météorologiques faites dans nos pays démontrent que la température moyenne est à son minimum en janvier, qu'en général elle commence à croître vers la fin de ce mois, atteint son maximum vers la fin de juillet, pour commencer à baisser dans les premiers jours d'août.

Cependant c'est vers le 22 juin que les rayons du soleil versent sur la terre leur plus grande somme de calorique. C'est donc à ce moment que devrait exister la température la plus élevée. Mais pendant l'été la terre emmagasine de la chaleur, qu'elle cède ensuite peu à peu à l'atmosphère, et la température ne devient très froide que lorsque le sol, qui n'en reçoit plus du soleil, n'a plus à en donner à l'extérieur.

Si la situation du soleil par rapport à la terre était le seul élément qui réglât la température, c'est vers la fin de juin et vers la fin de décembre qu'on observerait le maximum et le minimum. La part qui revient à la terre dans la détermination de la température est donc réelle, mais elle ne fournit pas de chaleur propre, elle ne fait que rendre ce qu'elle a emmagasiné.

Variations diurnes et nocturnes de la température. — Un phénomène identique règle les variations diurnes et nocturnes de la température. Les observateurs nous ont appris que le moment le plus froid de la journée est celui qui précède le lever du soleil, tandis que le plus chaud tombe entre deux et trois heures de l'après-midi. Il y a là un phénomène analogue à ce que nous venons de voir plus haut. En effet, pendant la journée, la terre ayant emmagasiné une certaine quantité de chaleur, ne la cède que petit à petit et successivement à l'air atmosphérique, et la température ne devient plus froide que lorsque la terre est refroidie à son tour, c'est-à-dire vers le lever du jour. Nous verrons plus tard que l'abaissement à ce moment-là est encore augmenté par l'évaporation rapide qui se fait à la surface du sol sous l'influence des premiers rayons solaires. Nous verrons aussi, en étudiant les climats, quelles sont les différences qui existent à ce point de vue entre les divers pays du globe.

Températures extrêmes. — Les écarts entre les températures maxima et minima peuvent être très grands même pour les contrées situées dans la zone tempérée. La plus haute température constatée à l'ombre a été enregistrée à Esnée, dans la haute Egypte ; elle est de + 47° 4. La plus basse dans les mêmes conditions est de — 56°7, constatée par le capitaine Back dans l'Amérique du Nord ; différence 104°. A Paris, la température maxima à l'ombre a été de + 38°4, supportée par les Parisiens le 8 juillet 1893, et le thermomètre est descendu à — 25°5 le 26 décembre 1778. En 1879, il est tombé à 24°5 à l'Observatoire de Montsouris. En Sibérie, à Irkoulok, Lezerow note une température de — 59°5. Mac Clure a vu, dans la baie de Mercy, le thermomètre descendre à — 54° et une température moyenne au mois de janvier 1853 de — 42°. On n'a enregistré que deux fois, à Vienne en Autriche, — 33° ; c'est la plus basse température observée dans nos contrées.

Températures moyennes. — La température moyenne de Paris est d'environ + 10° 84. C'est du reste, ainsi que nous le verrons plus loin, celle des climats tempérés. La température moyenne dans un même lieu résulte d'un ensemble de conditions dont nous allons nous occuper. D'abord de la *latitude*, ou situation géographique.

Les contrées qui reçoivent le plus normalement les rayons du soleil ont une température bien plus élevée que les autres ; or, on sait que l'obliquité est à son minimum sur cette ligne fictive, idéale, qui partage pour les géographes le globe terrestre, et qui a reçu le nom d'équateur. A mesure que l'on s'éloigne de cette ligne pour se rapprocher des pôles, la température décroît et il suffit de 180 kilomètres pour la voir diminuer d'un degré. La température moyenne de Paris est, nous l'avons dit, de 10°84 ; celle de Marseille de + 14°10. La différence tient surtout aux 850 kilomètres qui séparent ces deux villes.

En second lieu, la température moyenne d'un lieu est soumise à l'influence de l'altitude. Plus l'air est dense, plus les rayons calorifiques l'échauffent ; de là une diminution de chaleur dans les lieux élevés, et l'on admet que lorsqu'on s'élève de 170 mètres la température baisse de un degré environ. Exemple les hautes montagnes où règnent des neiges éternelles et les observations des aéronautes et en particulier de de Saussure, de Humboldt, de Gay-Lussac, etc.

En troisième lieu, la nature du sol d'un pays influe d'une manière certaine sur la température moyenne.

Nous avons dit que la chaleur centrale n'avait aucune influence sur la température de l'air, le fait est démontré par l'existence de ce que l'on appelle la couche invariable, dont la profondeur au-dessous de la surface du sol varie suivant les latitudes. Dans nos climats, elle est environ à 24 ou 26 mètres et il faut la dépasser pour voir la température s'élever lorsqu'on s'enfonce vers le centre de la terre. D'une manière générale, plus on s'approche de l'équateur, plus la couche invariable est près de la surface du sol.

La quatrième circonstance agissant sur la température de l'air dans un lieu donné est le voisinage de surfaces liquides importantes. On sait qu'un litre d'eau donne par évaporation environ 1700 litres de vapeur, il en résulte que les pays avoisinant les grandes surfaces liquides présentent une élévation de l'état hygrométrique considérable, si on les compare à d'autres situés à la même altitude. De là, pendant l'été, une température moins élevée en raison des vents résultant de l'évaporation, et pendant l'hiver une élévation par suite de la condensation des brouillards qui, en se congelant, restituent à l'air une partie de leur calorique latent.

Enfin la cinquième cause qui agit sur la température est le vent, elle fera l'objet d'une étude spéciale lorsque nous traiterons des mouvements de l'atmosphère.

Les corps inertes soumis aux températures dont nous avons parlé plus haut subissent tous leurs changements sans en être modifiés ; les *corps organisés,* au contraire, peuvent être plus ou moins atteints par les variations que nous avons signalées. C'est ainsi, par exemple, que les végétaux sont facilement congelés par le froid et que, lors du grand hiver de 1879, on a vu des espèces végétales complétement détruites. Mais les animaux, eux, doivent, à ce point de vue, être classés de la façon suivante : les uns ont toujours exactement la même température, les autres subissent plus ou moins les variations atmosphériques et se rapprochent à cet égard des végétaux. Les premiers sont les mammifères et les oiseaux ; les autres les poissons, les reptiles et les invertébrés, et l'on peut dire que plus un animal est élevé dans l'échelle des êtres, moins sa température se modifie sous l'influence des causes atmosphériques. Il faut donc, à l'exemple de Gavarret et rejetant l'ancienne appellation d'animaux à sang chaud et d'animaux à sang froid, dire que les uns ont une température constante et les autres une température variable, que les uns peuvent braver soit les abaissements, soit les élévations de température, que les autres au contraire en subissent dans certaines limites les effets.

L'homme est le type des animaux à température constante. Il vit au milieu de toutes les vicissitudes atmosphériques et sa température propre ne se modifie pas sensiblement : elle reste environ à 37° au-dessus de 0. Dans les voyages des navigateurs au pôle nord, où des températures de 46° ont été observées, comme à l'équateur où le thermomètre marque communément des températures élevées, elles sont restées constantes à 37°. C'est que, dans le premier cas, l'homme est lui-même un foyer de calorique et qu'il suffit de lui donner des aliments appropriés pour qu'il les transforme en chaleur, et que, dans le second, il porte en lui la possibilité de lutter contre l'élévation de la température.

La respiration de l'homme est une véritable combustion. Le carbone et l'hydrogène que contiennent nos aliments se combinent à l'oxygène de l'air atmosphérique introduit dans l'organisme par la respiration, sont brûlés et transformés en eau et en acide carbonique, ainsi que cela se passe dans nos foyers avec les substances combustibles que nous y plaçons. Nous savons, en effet, que la capacité calorifique du carbone est de 8000 calories, celle de l'hydrogène de 34000 ce qui permet d'évaluer la quantité de chaleur produite par le corps de l'homme. D'après les auteurs les plus autorisés, cette quantité serait en 24 heures de 2700 calories, soit 1,87 par minute, le corps étant en repos.

Dans un milieu froid, l'homme absorbe une plus grande quantité d'oxygène sous un même volume, puisque l'air est plus dense ; si on lui donne alors des substances contenant beaucoup de charbon et d'hydrogène, il les transformera facilement en chaleur.

Voilà la grande cause de la température constante de l'homme : mais ce n'est pas la seule. Nous verrons plus loin que le fonctionnement des muscles, du système nerveux, des glandes, produit, lui aussi, une certaine somme de calorique, qui vient défendre l'homme contre le refroidissement que pourraient amener les milieux dans lesquels il est placé.

Plus difficiles à saisir, mais non moins réelles, les causes qui permettent à l'homme de conserver sa température propre quand il est placé dans une atmosphère surchauffée.

L'homme perd bien une certaine partie de sa chaleur par rayonnement lorsque le milieu dans lequel il est placé est à une température inférieure à la sienne, mais la grande cause de refroidissement est l'évaporation cutanée et pulmonaire. La preuve de ce fait est facile à fournir par l'observation. On voit, en effet, que plus une atmosphère est sèche, plus l'homme peut supporter des températures élevées. Il éprouve au contraire plus de gêne lorsque l'air est chargé de vapeurs d'eau.

Un physiologiste, Berger, a pu supporter pendant sept minutes une température de 109° 47. Blayden a pu rester huit minutes dans une température de 127° 7, et une jeune fille d'Arles passait dix minutes dans un four à 137°, où cuisaient divers aliments, parce que la chaleur était sèche et non humide et l'évaporation cutanée et pulmonaire facile. A côté de ces faits, on a vu des expérimentateurs ne pouvant résister à des bains de vapeur à 45° lorsque l'atmosphère de ce bain était saturée de vapeur d'eau. On peut donc dire, avec Gavarret, que plus un milieu est saturé de vapeur, moins l'homme y supporte de hautes températures. A côté de l'évaporation cutanée, la grande cause de régularisation de la chaleur humaine est l'évaporation pulmonaire. Kuss et Mathias Duval nous fournissent, à cet égard, des chiffres qui sont des plus probants. « Tandis, disent-ils, que dix mètres cubes d'air aspirés par vingt-quatre heures ne contiennent que 50 à 60 grammes de vapeur d'eau, l'air expiré, au contraire, en renferme 300 à 400 grammes et souvent plus. Or, le calcul démontre que nous perdons facilement

2 à 300 calories employées à mettre cette eau à l'état de vapeur d'eau, à 35 ou 38°, température de l'air expiré. Cette déperdition de calorique peut être portée beaucoup plus loin. On conçoit dès lors que la perte de calorique subie par l'organisme peut à elle seule rétablir l'équilibre et maintenir la température animale à son chiffre normal. Toutes les causes qui rendent plus actives l'évaporation cutanée et pulmonaire agiront de la même manière.

Action de l'air froid sur l'organisme. — L'air peut être froid et sec, ou froid et humide. Dans l'un et l'autre cas il n'agit pas de la même manière sur les animaux. Le *froid sec* est en général bien supporté si l'abaissement de la température n'est pas trop considérable. Nous l'avons dit plus haut : l'oxgyène de l'air atmosphérique est plus dense à basse température, de là une activité très grande dans les combustions, et augmentation de l'appétit qui doit fournir par sa digestion une plus grande quantité de matériaux. Tous les physiologistes sont d'accord sur ce point, et les expériences de M. Raoul Pictet avec le grand refroidissement qu'il obtient, ont une fois de plus démontré le fait dernièrement, mais ne nous ont rien appris de nouveau. Appliqué à la périphérie du corps comme dans les diverses pratiques médicales, il stimule les organes internes et produit des effets toniques très sérieux.

Le froid *sec* est donc un stimulant ; son action est vivifiante, il accélère la respiration, excite l'appétit et rend plus active la digestion.

Le froid accompagné d'humidité de l'atmosphère est au contraire difficilement supporté. La quantité de vapeur d'eau qu'il introduit dans le poumon, en même temps que l'air, rend le fonctionnement de cet organe moins actif, l'évaporation pulmonaire et cutanée se trouve réduite à son minimum, et après la chaleur humide, c'est le plus déprimant des états de l'atmosphère.

Action de l'air chaud sur l'organisme. — Nous venons de voir que plus la température est basse, plus l'air introduit dans les poumons est, pour un même volume, excitant et tonique. Par suite, plus l'air sera dilaté, moins la quantité d'oxygène, pour un même volume, sera forte; il en résulte que l'air chaud est moins utile à nos organes que l'air froid, et que lorsque la température sera élevée, nous éprouverons un amoindrissement de nos facultés nerveuses et vitales, une atonie générale, une diminution de l'appétit, un affaiblissement de l'activité de l'estomac et de l'intestin, etc. Si la sécheresse de l'air vient rendre très active l'évaporation cutanée, l'élévation de la température est facilement supportée; si au contraire l'air est en même temps chaud et humide, l'animal souffre d'autant plus que la quantité de vapeur d'eau contenue dans l'air est plus grande. Nous avons montré plus haut combien sont difficilement supportés les bains de vapeur.

Effets d'une température trop élevée ou trop basse sur l'organisme. — L'action continue de la chaleur sur l'homme amène donc un certain degré d'anémie, bien connu des navigateurs qui ont habité les pays chauds. Cet effet tient surtout à ce que le besoin de faire de la chaleur étant peu considérable, l'appétit et le besoin de prendre de la nourriture sont diminués, de là une hématose moins active. A ces causes s'ajoute la diminution des sécrétions intestinales, la congestion du foie et la constipation qui est habituelle dans les pays chauds, tant que les organes fonctionnent régulièrement. De plus, la soif est considérablement accrue par suite de la nécessité de fournir des éléments liquides à la respiration cutanée et pulmonaire.

Mais si l'individu qui habite les pays chauds ne prend pas les précautions nécessaires que nous allons indiquer, quitte à y revenir lorsque nous parlerons des climats, il ne tarde pas à tomber malade et cela d'autant plus rapidement que l'anémie est la règle. L'usage fréquent des aliments et des boissons excitantes détermine des affections de l'estomac et de l'intestin (diarrhée et dyssenterie des pays chauds); le foie stimulé par la chaleur et obligé d'aider à la digestion de ces aliments, ne tarde pas à s'enflammer (hépatite et abcès du foie) ; la peau, fonctionnant considérablement, afin de permettre l'équilibre de température par la respiration cutanée et pulmonaire, devient le siège d'éruptions diverses. Enfin, grâce à la température, les microbes ou ferments morbides, qui ont besoin pour acquérir leur plus grande virulence d'une certaine quantité de chaleur, se trouvent dans les conditions les meilleures de prolifération ; de là l'apparition de maladies infectieuses (telles que le choléra, la fièvre jaune), sur la production et la marche desquelles nous aurons à revenir.

L'homme appelé à habiter les pays chauds devra donc éviter l'action directe du soleil. Les Arabes, avec leurs turbans blancs, nous donnent les meilleures indications sur les précautions à prendre ; on peut cependant les remplacer avec avantage, vu leur poids, par des chapeaux de paille recouverts d'étoffe blanche et plus particulièrement de flanelle blanche. Il faut éviter de sortir à l'heure de la grande chaleur, et en particulier en Algérie : du mois de juin au mois de septembre, les troupes sont consignées dans les casernes de dix heures du matin à deux heures de l'après-midi.

L'usage de la sieste (sommeil pendant la journée) est en général très utile.

Les vêtements devront être larges, légers et en laine fine, la couleur qui leur convient le mieux est le blanc à cause de son faible pouvoir absorbant.

Mais c'est surtout sur l'alimentation que doit porter l'attention de l'hygiéniste, dans les pays chauds. D'une manière générale, une très petite quantité d'aliments est nécessaire, mais il les faut de facile digestion ; les excitants, au moyen desquels on se figure relever l'appétit, les condiments trop épicés n'ont qu'un effet très court, très momentané et fatiguent rapidement le foie et l'intestin. Si quelques condiments sont utiles, il faut se souvenir que l'écueil est là très près de l'usage. Mais c'est surtout dans les boissons qu'il faut apporter la plus grande sobriété, et cela d'autant plus que la soif est très vive. Les diverses boissons alcooliques doivent être presque complètement proscrites, et remplacées par le thé et par des boissons gazeuses. Du reste nous reviendrons sur ces faits en faisant l'histoire des climats. Disons encore que la tendance à se découvrir, à se placer dans les courants d'air, est ce qu'il y a de plus pernicieux, qu'elle peut amener des refroidissements et diverses maladies des organes respiratoires et de l'intestin.

Effets d'une température trop élevée sur l'organisme. — Ces effets peuvent être brusques ou au contraire n'influencer l'organisme que lentement.

L'action rapide du soleil sur l'organisme porte, plus spécialement, le nom d'insolation, lorsque l'homme reçoit directement les rayons calorifiques, et celui de coup de chaleur lorsqu'il est seulement soumis à l'action de la chaleur diffuse.

L'insolation présente des degrés très divers, depuis le simple érythème, c'est-à-dire depuis la légère rougeur de la peau, jusqu'à la décomposition de cet organe et la formation de phlyctènes. Elle peut même aller plus loin et amener des congestions vers tous les organes et en particulier vers les centres nerveux, congestions qui peuvent être ou subitement mortelles, témoins des faits rapportés par Franklin qui a vu succomber brusquement des moissonneurs dans les champs, ou suivies de lésions quelquefois très graves, telles que des méningites, apoplexies, troubles cardiaques, etc.

Le coup de chaleur est tout autre. L'homme ne peut supporter une température de 35 à 40 degrés que lorsqu'elle n'est ni trop brusque ni trop prolongée. Soumis à de hautes températures, il peut succomber de plusieurs manières différentes.

En premier lieu par élévation rapide de la température du sang. Claude Bernard a démontré que si, au début, la chaleur excite le fonctionnement des organes, lorsqu'elle est prolongée elle agit comme un véritable poison. On sait que lorsque l'organisme est malade la température s'élève. Dans les affections fébriles, on peut observer des accroissements qui vont quelquefois jusqu'à 42°, et même 42°5. Traube et Wunderlich ont affirmé que lorsque la température de l'organisme atteignait 43° centigrades la mort était fatale. Il résulte des expériences de Vallin, de Urbain et Mathieu que l'animal succombe toujours lorsque sa température s'élève brusquement à 45° et que la mort est le résultat des oxydations considérables, de l'acidité lactique qui se produit dans les muscles et de l'altération des éléments musculaires ; le cœur et le diaphragme ont toujours été trouvés en état de rigidité.

En second lieu, l'homme peut succomber par échauffement graduel plus ou moins lent de tout le corps.

Pour M. Vallin, lorsque la température du sang ne

s'élève que lentement, la mort a pour cause un trouble profond de l'innervation et consécutivement le ralentissement de la respiration, l'accumulation de l'acide carbonique et l'arrêt du cœur.

Enfin la mort peut survenir par l'échauffement des centres nerveux. Claude Bernard a prouvé que l'insensibilité générale peut survenir chez une grenouille si on lui plonge la tête dans l'eau chaude. M. Vallin a démontré que si, au moyen d'un appareil, on place la tête d'un animal dans une atmosphère chaude on peut déterminer chez lui une méningite aiguë superficielle. Les faits expliquent les accidents qui surviennent lorsque, la coiffure, étant dans de mauvaises conditions, la chaleur devient très intense sur le cuir chevelu, c'est ainsi par exemple que M. Vallin a observé sous son chapeau de soie noire une température de 42 à 46° ; il est facile d'admettre que, dans certains climats et dans certaines conditions, cette température peut être portée beaucoup plus haut et déterminer des lésions des enveloppes du cerveau.

Dans l'exercice de sa profession, l'homme peut se trouver soumis aux conditions que nous venons d'énumérer; les chauffeurs à bord des paquebots supportent parfois plus de 70 degrés ; les boulangers et les cuisiniers, les ouvriers employés au gazage des fils, les brasseurs, vivent dans des atmosphères qui sont à des températures très élevées.

Les symptômes que produit la chaleur ont été bien étudiés par M. Lacassagne, qui a très nettement différencié le coup de soleil ou insolation du coup de chaleur proprement dit. Cet auteur a admis trois degrés dans le coup de chaleur ; dans ces trois degrés, au début, les phénomènes sont identiques : céphalalgie, faiblesses, difficulté visuelle, etc.; mais bientôt surviennent des accidents qui sont propres à chacun de ces degrés. Dans le premier, il y a d'abord une faiblesse très marquée des membres inférieurs, puis douleurs dans la poitrine avec dyspnée plus ou moins intense, l'individu sent qu'il étouffe et présente une congestion de la face, une turgescence de la peau (forme asphyxique); souvent il tombe à terre brusquement au milieu même d'une conversation, éprouvant une douleur à la base de la poitrine et présentant une pâleur intense de la face (forme syncopale), etc.

D'autres fois enfin il présente à la fois de l'oppression et un état vague, indéfinissable de faiblesse générale qui ne tarde pas à amener la perte de connaissance (forme mixte). Ces phénomènes peuvent être passagers ou bien être prolongés et quelquefois durables.

Action du froid intense. — Le froid intense peut agir sur l'organisme de quatre manières différentes suivant son intensité. Ou bien, dans le premier degré, il n'amène à la surface de la peau qu'une rétraction plus ou moins vive, accompagnée d'un sentiment de cuisson plus ou moins intense; ou bien il y a une véritable diminution de la circulation capillaire, le sang, sous l'influence de la contraction des vaisseaux produite par le froid, abandonne la périphérie du corps pour se porter vers les organes. Il se produit alors, vers les poumons, le cerveau, de véritables congestions qui s'accompagnent de douleurs de tête, de troubles divers plus ou moins intenses. C'est le second degré.

Si l'action persiste (troisième degré), on ne tarde pas à voir survenir des mortifications de tissus. Sous l'influence de l'arrêt de la circulation, ces mortifications, lorsqu'elles sont très limitées et locales, portent le nom d'engelures; mais si elles affectent des vaisseaux capillaires plus importants, il peut se produire des congélations de membres entiers.

Pour bien comprendre comment se font ces congélations, il faut se souvenir que Magendie a démontré que dans un membre artificiellement refroidi la circulation est ralentie, par suite de la contraction des capillaires. De là formation d'arrêts circulatoires qui ne tardent pas à empêcher l'arrivée, dans la partie, du sang artériel et amènent une gangrène consécutive. En présence d'un membre congelé, il ne faut pas perdre tout espoir. La vie résiste longtemps au froid, et quelle que soit la coloration, il faut chercher à y ramener la chaleur vitale. Pour cela, un seul précepte : frotter la partie avec de la neige ou de l'eau très froide d'abord et n'échauffer l'eau dont on se servira pour frictionner que petit à petit, lorsque le membre lui-même commencera à se réchauffer et à revenir à la vie. Agir autrement, comme on est souvent porté à le faire, frictionner avec des corps chauds, c'est s'exposer à produire une réaction trop vive qui ne tarderait pas à amener la gangrène, et il ne resterait d'autre ressource que l'amputation.

Enfin, le froid intense porte son action sur l'organisme tout entier. C'est le quatrième degré. Dans ce cas, la mort survient en général par l'apoplexie. A l'autopsie on trouve un engorgement considérable dans les poumons et dans les ventricules du cœur, du cœur droit surtout, une congestion très intense des vaisseaux cérébraux qui se rompent et laissent le sang s'extravaser dans la substance cérébrale. C'est surtout en 1812, pendant la retraite de Russie, et en général pendant les hivers rigoureux, que ces faits ont été observés sur une vaste échelle. Larrey les a très bien décrits. La mort de ces infortunés, dit-il, était devancée et annoncée par la pâleur du visage, par une sorte d'idiotisme, une difficulté de parler, une faiblesse de la vue ou même une cécité qui ne trompait plus leurs compagnons. Dans cet état, quelques-uns marchaient encore plus ou moins longtemps, conduits par leurs camarades. Puis, petit à petit, l'action musculaire s'affaiblissait de plus en plus, ils chancelaient, pris d'un irrésistible besoin de sommeil. » Plus loin il ajoute : « Tous ceux qui s'arrêtaient s'asseyaient, tous ceux qui s'asseyaient s'endormaient, et tous ceux qui s'endormaient ne s'éveillaient plus. » Quelques auteurs ont avancé que la température du corps est encore, au moment où la mort survient, de 30° environ.

Quand le froid règne d'une manière continue et que l'homme en subit les atteintes d'une manière un peu prolongée, il faut redouter pour lui les phlegmasies des organes respiratoires, et, si le froid est en même temps humide, les affections rhumatismales. On observe en outre chez les Lapons des gerçures de la peau, une tendance au lymphatisme, à la scrofule qui, étant donné aussi l'état d'irritation répété des organes respiratoires, ne tarde pas à ouvrir la porte à la tuberculose, excessivement fréquente aux environs du pôle.

Néanmoins il est plus facile de s'acclimater aux pays froids qu'aux pays chauds, comme il est plus facile de se défendre du froid que de la chaleur. L'homme peut lutter avec avantage contre les basses températures par ses vêtements, par son alimentation, par l'exercice.

Ses vêtements seront, avant tout, mauvais conducteurs de la chaleur, afin de réduire au minimum l'échange entre son organisme et l'air atmosphérique et de lui conserver sa chaleur propre (vêtements de peau et de plumes), son alimentation sera hydro-carburée afin qu'il ait en suffisante quantité les matériaux combustibles que brûlera l'oxygène condensé qu'il introduira dans ses poumons par la respiration ; enfin il fera de l'exercice musculaire, car chaque fois qu'un muscle se contracte il développe une certaine quantité de chaleur.

Chaleur artificielle. — L'homme exposé à de hautes températures, soit accidentellement, soit d'une manière plus ou moins continue dans l'exercice de sa profession, subira les mêmes influences que s'il s'agissait de la chaleur solaire. La chaleur artificielle, une fois développée, peut lui arriver par rayonnement, par reflexion, ou par échauffement de l'atmosphère ; mais, quelle que soit la manière dont il la reçoit, son organisme est impressionné comme si c'était par la chaleur naturelle ; il n'y a donc pas lieu de s'en occuper d'une manière spéciale.

11. Lumière. — Les sources de lumière qui peuvent impressionner l'homme sont de deux espèces : la lumière naturelle ou la lumière artificielle.

La source de lumière naturelle vient des rayons solaires qui traversent l'atmosphère ; l'autre est produite par divers corps combustibles que nous utilisons dans ce but.

Lumière naturelle. — Disons de suite que la lumière naturelle a une importance considérable en hygiène. Un proverbe italien dit que là où la lumière solaire ne pénètre pas, la maladie entre.

Certaines affections comme l'étiolement, l'anémie, le lymphatisme et la scrofule sont plus particulièrement produites par l'absence ou l'insuffisance de la lumière ; il a suffi d'ouvrir de larges voies aérées et éclairées à Paris pour faire diminuer dans de notables proportions les maladies que nous venons de citer, et qui autrefois étaient très fréquentes.

Il se passe pour l'organisme humain ce qui a lieu pour certains végétaux. Pour rendre certaines espèces, primitivement dures et ligneuses, plus tendres et plus comestibles, il suffit de les faire pousser à l'abri de la lumière. Elles se gorgent alors de suc, blanchissent, deviennent en un mot lymphatiques et peuvent être utilisées pour l'alimentation. C'est ainsi que l'on blanchit, d'après le terme consacré, certaines salades comme la chicorée ; on la transforme par ce procédé en barbe de capucin, dans des caves à l'abri de la lumière.

Les animaux s'étiolent à la façon des plantes. Les Romains, pour engraisser certains oiseaux, leur cousaient les paupières ; de nos jours, c'est dans l'obscurité que l'on obtient l'engraissement lymphatique de certaines volailles.

Le soleil favorise donc et active les échanges nutritifs ; les phénomènes d'assimilation et de désassimilation sont sous son influence beaucoup plus considérables et l'organisme y gagne force et vigueur.

Les expériences de W. Edwards, de Bert et de Béclard sont là pour le démontrer. Ne citons que l'une d'entre elles. Edwards ayant placé dans deux vases, l'un transparent et l'autre opaque, des œufs de grenouilles, vit ceux qui étaient contenus dans le premier se développer normalement ; ceux qui au contraire étaient dans l'autre ne produisirent que des animaux petits, chétifs, peu développés et dont la plupart succombèrent. La lumière a une action incontestable sur le pelage et les plumes des animaux.

C'est pour cette raison que le pelage du dos des mammifères qui nous donnent leurs fourrures est beaucoup plus beau que le ventre. Mais elle agit aussi très vivement sur la peau de l'homme ; sous l'influence des rayons lumineux, le tégument externe prend une coloration de plus en plus foncée, depuis le simple hâle (coup de soleil) jusqu'à la couleur noire. On a beaucoup discuté pour savoir si certains érythèmes que l'on observe chez les individus qui s'exposent au grand soleil étaient des insolations légères ou s'ils provenaient de la lumière trop intense que subissent dans certains cas nos téguments, mais si on réfléchit qu'on ne les rencontre pas chez des ouvriers qui vivent à des températures beaucoup plus élevés, tels que les chauffeurs, les verriers, etc., on est bien obligé d'admettre l'influence des rayons lumineux.

Parmi ces derniers, ceux qui paraissent les plus actifs à ce point de vue sont les rayons violets et ultra violets du spectre. Mais l'organe sur lequel la lumière agit le plus est l'œil et par celui-ci sur les centres nerveux.

Une lumière insuffisante, en forçant la pupille à se dilater autre mesure et le cristallin à augmenter sa courbure, amène de la céphalalgie, de la douleur de tête, de la tendance au sommeil, de la tristesse et à la longue une myopie spéciale qui s'acquiert par suite de la nécessité où l'on se trouve de rapprocher outre mesure l'objet de l'œil ; cette myopie est fréquente dans nos écoles, ainsi que nous le verrons bientôt.

Une lumière trop intense est un excitant trop actif du système nerveux, qui devient plus alerte, plus vif, mais qui se fatigue rapidement et peut même devenir très malade par surmenage et amener des lésions graves des milieux de l'œil. Aussi, est-il toujours préférable de ne pas recevoir directement dans l'œil les rayons lumineux, mais d'éclairer seulement les objets que l'on veut observer. Ajoutons que, d'après quelques auteurs, les rayons solaires auraient pour effet de détruire d'une manière très salutaire certains micro-organismes répandus dans l'atmosphère.

Enfin les rayons différemment colorés seraient, d'après

les aliénistes, un moyen des plus efficaces pour agir sur les malheureux atteints de maladies mentales. Mais les essais faits à ce point de vue ne sont ni assez multipliés ni assez probants.

Lumière artificielle. — Nous verrons plus loin, lorsque nous nous occuperons de l'éclairage des habitations, quels sont les corps dont on se sert pour produire la lumière artificielle.

Disons cependant qu'ils seront d'autant meilleurs, qu'ils brûleront plus complètement sans répandre dans l'atmosphère de particules de charbon et de gaz combustibles, qu'ils consommeront moins d'oxygène dont nos poumons ont besoin et qu'ils produiront moins de chaleur, qui tendrait à congestionner la tête et les yeux.

Trop vive, la lumière agit sur l'organe de la vision, qui peut s'enflammer : c'est ainsi que l'on observe de la fatigue des paupières, des opthalmies graves, des amauroses par congestion qui n'ont pas d'autre cause. Le précepte le meilleur que l'on puisse donner est d'éclairer à la lumière artificielle l'objet que l'on veut observer et de ne jamais recevoir les rayons lumineux directement dans l'organe.

Trop faible, la lumière oblige à une attention soutenue qui ne tarde pas à amener de la congestion du fond de l'œil, de l'irritation de la rétine, de la myopie et même à la longue de la cécité.

Parmi les affections que la lumière trop vive peut produire, il en est une bizarre qui porte le nom d'héméralogie ; elle paraît être le résultat de l'action des rayons solaires sur la rétine et consiste en une véritable cécité arrivant brusquement sans cause appréciable et disparaissant de même au bout d'un temps plus ou moins long ; on l'observe dans les pays ensoleillés et particulièrement en

Algérie et en Italie, mais on l'a aussi observée en France et en particulier dans l'armée lorsque le soleil vient frapper les murs blancs des casernes.

Le meilleur remède à cette affection est l'internement du malade dans une chambre obscure. Mais le moyen de l'éviter est, comme cela se pratique en Italie, de revêtir les murs des maisons de couleurs diverses.

L'homme placé dans l'obscurité s'étiole ; mais le sens de la vue peut acquérir chez lui une accuité et une perfection des plus remarquables. Le moindre rayon de lumière l'éblouit alors, le fatigue et peut même donner lieu à des douleurs dans les organes de la vision.

12. Électricité, ozone. — L'électricité atmosphérique est produite par une infinité de conditions dont les principales sont : le frottement des masses d'air les unes contre les autres, l'évaporation de l'eau, les combustions, les phénomènes chimiques de la végétation, etc.

La quantité d'électricité contenue dans l'atmosphère n'est pas la même à tous les moments de la journée ; vers 6 à 7 heures du matin, en été, et de 10 heures à midi en hiver, elle présente un premier maximun, elle faiblit ensuite pour arriver à un minimum entre 5 et 6 heures du soir en été, vers trois heures de l'après-midi en hiver, enfin elle est de nouveau à son maximum au moment du coucher du soleil, pour décroître pendant la nuit et ne recommencer à grandir que lorsque le soleil se lève.

En hiver, elle est à son maximum, et à son minimum pendant la saison chaude.

Tant qu'elle se maintient dans de certaines limites, elle n'influence guère l'organisme ; mais lorsqu'elle est très considérable, soit en quantité, soit en tension, elle peut produire des troubles que l'on a coutume d'observer chez les rhumatisants, les nerveux pendant les orages et qui consistent surtout dans l'aggravation des douleurs qu'ils subissent, dans un état de malaise, d'agitation, de pesanteur musculaire et même de prostration, dans des accès de dyspnée, surtout chez les malades atteints d'affections cardiaques, et enfin dans les troubles plus ou moins marqués du système nerveux.

L'électricité atmosphérique est généralement positive, celle du sol négative. Lorsqu'elles se combinent sous l'influence de causes diverses, on observe ce que l'on appelle l'éclair, qui s'accompagne en général d'orage.

Orages. — On distingue deux espèces d'orages, les uns, qui surviennent principalement en hiver, sont dus à la rencontre dans l'atmosphère de deux courants d'air qui dans leur marche se sont chargés d'électricités de noms contraires ; les autres, dits d'été, viennent de la condensation dans l'atmosphère de vapeur d'eau, condensation qui ne saurait se produire sans un dégagement d'électricité.

Pendant l'orage, les effets de l'électricité atmosphérique sont portés à leur maximum. Les troubles nerveux, musculaires et cardiaques sont très intenses, et même dans certains cas peuvent produire la mort sans que la foudre ait besoin de frapper le sujet. Chez les convalescents, les ægrotants en particulier, les effets de l'orage sont quelquefois très à redouter. Mais, pendant l'orage, ce qu'il faut craindre surtout c'est la foudre.

La foudre n'est que la combinaison, chacun le sait, des deux électricités de noms contraires. Elle s'accompagne de dégagement de bruit, de lumière et de chaleur.

Pendant l'orage, et de crainte de la foudre, il faut éviter de se placer sous des arbres ou dans des clochers qui par leur pointe attirent l'électricité. Il ne faut pas non plus sonner les cloches, comme on le fait trop souvent, car tout courant d'air intense l'attire; il ne faut pas, pour le même motif, se mettre à courir pour chercher un abri. Le voisinage des métaux, de glaces étamées, de cheminées non ramonées, la suie étant bonne conductrice de l'électricité, sont autant de conditions mauvaises. Il est bon, au contraire, de se placer à l'abri, au moyen des corps mauvais conducteurs; de trois prêtres se trouvant au même autel d'une église de village, le seul qui n'ait pas été foudroyé était celui qui était revêtu de ses ornements sacerdotaux en soie. La mort par la foudre, relativement rare, si on en croit les recherches d'Arago, peut survenir par commotion du système nerveux, par asphyxie, par brûlure, par syncope.

Mais la foudre ne tue pas infailliblement; elle peut produire des accidents plus ou moins graves, des paralysies de tel ou tel membre ou des organes des sens, cécité, surdité, etc., des brûlures plus ou moins étendues. Dans bien des cas, ces infirmités sont passagères et peuvent guérir; dans d'autres cas, au contraire, elles sont persistantes.

Le meilleur moyen de se prémunir contre les effets de la foudre est l'emploi des paratonnerres dont nous n'avons pas à nous occuper ici et dont l'usage général dans les grandes villes suffit à éloigner la foudre des monuments et des habitations.

Ozone. — L'air électrisé ou ozone jouit de propriétés oxydantes très énergiques et exerce une action désinfectante considérable sur les matières animales en putréfaction. On a cherché par des expériences multiples à déterminer quelle pouvait être son action sur l'homme, mais on n'est pas encore très fixé à cet égard. Chez les animaux, on a démontré que l'air chargé d'ozone agissait très vigoureusement sur le système nerveux et sur la respiration. De là à conclure que ce gaz serait cause de certaines affections catarrhales des bronches, de la grippe en particulier, il n'y avait qu'un pas. Malheureusement cette hypothèse est loin d'être scientifiquement confirmée, l'ozonomètre ioduré ayant tour à tour donné des résultats différents pendant les dernières épidémies. Quelques auteurs ont cru que la diminution de l'ozone dans l'air amenait le développement des maladies miasmatiques provenant de la décomposition des matières animales. Bœckel et Simonin, en particulier, ont cru remarquer que les épidémies de choléra suivaient une marche inverse à la quantité d'ozone contenue dans l'air, mais cela n'a pas été démontré non plus. Ce qui est probable, c'est que l'ozone empêche la production des miasmes, et c'est de là, vraisemblablement, que vient la croyance populaire qui a attribué aux orages une influence favorable sur la pureté de l'atmosphère.

La présence de l'ozone dans l'air est dénoncée par l'odeur spéciale de ce gaz. Dans certaines localités, le voisinage de certaines essences d'arbres fait que l'atmosphère y est plus chargée d'oxygène électrisé que dans d'autres. En particulier, Arcachon doit à ses pins la grande quantité d'ozone que l'on y observe, et qui serait, d'après quelques auteurs, la cause de l'influence fortifiante et curative que cette station d'hiver exerce sur l'organisme.

13. Pression atmosphérique. — Chacun sait que le poids de la colonne d'air qui pèse sur un centimètre carré de la surface terrestre est d'environ 1033 grammes; or la surface du corps de l'homme étant sensiblement de deux mètres carrés, cette pression est pour lui, en chiffres ronds, d'environ 20.000 kilogrammes. L'être humain supporte ce poids considérable sans en être incommodé parce que s'exerçant dans tous les sens, il se neutralise et qu'en second lieu les liquides de l'organisme étant incompressibles, il se trouve réparti d'une manière uniforme. Il y a plus, la pression atmosphérique est absolument utile au bon fonctionnement de nos articulations, ainsi que le démontrèrent les frères Weber sur l'articulation de la hanche. Ces physiologistes, en effet, étudiant le mouvement des membres, pensèrent que la tête du fémur n'était en grande partie retenue dans sa cavité cotyloïde que par la pression atmosphérique.

Pour le démontrer, il leur suffit de faire entrer de l'air dans l'articulation. Il existe à l'état normal un vide parfait, et ils virent alors le membre tomber aussitôt, ce qui démontrait le bien fondé de leur opinion. Les variations de pression sont, tout le monde le sait, démontrées et mesurées par le baromètre; elles peuvent être plus ou moins considérables et varient plusieurs fois dans une même journée. Les météorologistes admettent qu'il y a en vingt-quatre heures deux maximums, l'un vers dix heures du matin, l'autre vers la même heure de la nuit, et deux minimums, l'un à quatre heures du matin, et l'autre douze heures après. D'après Dove, ces variations tiendraient surtout à l'influence de la température et à la plus grande quantité de vapeur d'eau contenue dans l'atmosphère.

Les oscillations du baromètre vont en diminuant du pôle à l'équateur. Dans les régions équatoriales, elles sont presque nulles et la plus légère baisse est le signe d'une tempête. On a mesuré l'amplitude moyenne des oscillations barométriques mensuelles et voici les chiffres auxquels on est arrivé: A Batavia, 2 mm. 7; à Rome,

10,2 ; à Paris, 17,2 ; à Bruxelles, 18,9 ; à Pétersbourg, 20 ; à Calcutta, 8 ; à Marseille, 17.

Mais ces oscillations ne sont que des moyennes mensuelles ; les variations extrêmes pour un même lieu sont aussi fort intéressantes à étudier : c'est ainsi qu'à Paris, où la hauteur moyenne est de 756, les différences extrêmes observées sont de près de 70 millimètres. En 1821, le baromètre s'est élevé à 782, et en 1822 il est tombé à 713.

14. Diminution de pression. — L'influence de la diminution de pression est importante à étudier, qu'elle s'exerce sur un point limité de l'organisme, ou au contraire sur le corps entier.

Localement, les gaz du sang restant à la pression normale, font affluer le liquide sur le point où la pression est moindre, de là une extravasation sanguine dont l'exemple le plus facile à saisir est la ventouse. Lorsque la diminution de pression s'exerce sur le corps tout entier, il se produit un malaise plus ou moins accusé dont l'expression la plus accusée est ce qu'on est convenu d'appeler le *mal des montagnes*.

En effet, lorsqu'on monte sur des cimes ou bien lorsque l'on fait une ascension aérostatique, on subit une pression barométrique d'autant moins considérable qu'on s'élève davantage, le nombre des couches d'air étant de moins en moins considérable et le poids sur l'organisme, par suite, de moins en moins fort.

Mais il y a plus, l'oxygène de l'air est de moins en moins dense, suivant que le nombre de couches dont il supporte le poids est de moins en moins grand. Nous avons vu que l'air se raréfie à mesure qu'on s'élève. De là, d'après Bert et Gavarret la cause du malaise de plus en plus accentué à mesure que la pression baisse.

Dans l'état normal, l'animal brûle les matériaux organiques de son sang. Les produits de cette combustion sont la formation d'acide carbonique et d'eau, et son effet est de maintenir sa température propre. S'il accomplit un travail quelconque, s'il gravit une montagne, l'intensité respiratoire augmente à mesure qu'il dépense plus de force ; il en résulte une combustion correspondante dont la conséquence est une production plus grande d'acide carbonique dans l'économie. Celle-ci ne peut s'en débarrasser, bien que les mouvements respiratoires soient plus fréquents et plus accélérés. Il y a donc une véritable intoxication par l'acide carbonique, intoxication qui serait, d'après Gavarret, la véritable cause du mal des montagnes. Paul Bert a fait des expériences qui confirment pleinement cette manière de voir.

Ajoutons que les articulations étant maintenues par la pression atmosphérique, ainsi que le démontre l'expérience de Weber dont nous venons de parler, les mouvements sont d'autant plus difficiles que l'air pèse moins et les maintient moins en place ; de là un travail plus considérable, travail qui est, lui aussi, une cause d'accumulation d'acide carbonique dans le sang.

15. Mal des altitudes. — Le mal des altitudes est connu depuis longtemps.

M. Castel a communiqué en 1845 une note sur les phénomènes physiologiques observés par des voyageurs dans leur ascension au sommet des hautes montagnes. Ces phénomènes sont, suivant lui, le produit de la diminution de la pression de l'atmosphère : ce n'est pas que cette pression soit, comme on l'a avancé, l'agent immédiat de la circulation dans les vaisseaux capillaires et dans les veines, mais elle exerce une influence directe et incessante sur la contractilité, de laquelle le mouvement des liqueurs animales n'est jamais indépendant. Les modifications de l'une doivent donc amener les anomalies de l'autre. La contractilité est d'autant plus en échec que la pression de l'atmosphère a subi une diminution plus considérable. C'est dans ces rapprochements qu'il faut chercher l'explication des phénomènes qui ont été exposés devant l'Académie des Sciences, par M. Lepileur. Il n'en est aucun qui ne doive être attribué à l'embarras, au trouble de la circulation. Ce trouble, cet embarras, dans leur succession, leur incession et leur progrès, ont été la suite de divers degrés dans la raréfaction de l'air.

— C'est ainsi qu'à une hauteur comprise entre 3.000 et 3.500 mètres on a éprouvé de la fatigue, des vertiges, des nausées, trois signes caractéristiques d'un commencement d'atonie.

Entre 3.500 et 4.000 mètres, il est survenu des étouffements, de la somnolence, de l'accablement, des coliques, des défaillances, des syncopes. Qui ne reconnaîtra dans ces symptômes la dilatation des extrémités vasculaires par la stase du sang, dit M. Castel? D'abord l'irritation et ensuite la compression d'une portion du système nerveux.

Entre 4.000 et 4.500 mètres, douleurs dans les membres, anhélation, épuisement, lassitude extrême dans les membres. Pourquoi? C'est que la distension des vaisseaux n'a presque plus de frein. L'anhélation en est la conséquence la plus notable, parce que les organes de la respiration sont les plus vasculaires de tous. L'impuissance du système musculaire atteste la diminution toujours croissante de la contractilité. Cette impuissance des muscles n'est-elle pas aussi, dans les diverses fièvres, un des symptômes les plus redoutables? Alors aussi elle est le résultat d'une grande diminution de la contractilité.

Enfin, à la hauteur de 5.000 mètres, la dilatation des vaisseaux et la lenteur de la circulation s'étendent jusqu'aux gros troncs veineux et jusqu'au cœur même. Cette dernière période est caractérisée par le développement des phénomènes déjà signalés : par des palpitations, par l'accélération du pouls, qui, en général, devient d'autant plus fréquent qu'il est plus faible, comme il arrive aux approches de la mort. La plénitude des vaisseaux et l'absence de tout frein amènent souvent la rupture non seulement des extrémités artérielles ou veineuses, mais encore celle des gros vaisseaux.

Le *Journal des savants* a cité, il y a un grand nombre d'années, la mort d'un M. Plantade, ingénieur géographe, qui périt d'hémorrhagie au sommet des Pyrénées. On sait que les régions élevées ne conviennent point aux poitrines faibles. Les mêmes causes peuvent provoquer l'apoplexie. Les vaisseaux de l'encéphale ne sont-ils pas, comme ceux des autres grandes cavités, sujets à l'expansion et à l'engorgement par la raréfaction de l'air. Est-il besoin de dire que celle-ci est en raison directe de la hauteur des lieux et *vice versa*.

M. Amonten, a prouvé par des calculs exacts que si l'on pouvait augmenter à volonté la hauteur d'une colonne d'air atmosphérique, ses dernières couches auraient la densité du mercure. N'est-ce point sur les rapports de densité et de pression que la nature a établi les différences de volume et la puissance des principaux appareils de la respiration et de la circulation dans les diverses classes du règne animal. Dans les oiseaux, le volume du cœur, relativement à la masse du corps est dans le rapport de 1 à 168. Dans les quadrupèdes, il est de 1 à 263. Dans les poissons, il est dans le rapport de 1 à 1.360. Mesurez maintenant la densité respective des milieux dans lesquels ces animaux vivent et l'influence de chacun de ces milieux sur la contractilité qui, disons-le en passant, est le mobile trivial de toute fonction.

Telles sont les données par lesquelles la physiologie doit rendre raison de tout ce qu'on éprouve quand on s'élève sur les montagnes. Si les phénomènes sont divers, leur cause est uniforme ou ne diffère que par le plus ou moins d'intensité. Aussi la distinction proposée par M. Lepileur entre ceux qui sont dus à la raréfaction de l'air et ceux qu'il attribue au mouvement musculaire, nous paraît-elle sans fondement. S'ils laissent voir moins de violence dans le cavalier que dans le piéton, c'est que dans l'un l'action de la plus grande partie des muscles ne s'exerce point, tandis que dans l'autre elle est assujettie à de continuels efforts.

M. H. Kronecker a donné une relation complète du mal des altitudes (1).

Une société, dit Vallin, a décidé la création d'un chemin de fer s'élevant jusqu'au sommet de la Jungfrau, à 4.150 mètres d'altitude. Le comité directeur fit faire des expériences sous une cloche où l'air était raréfié à la pression de 450 millimètres, équivalente à celle du sommet de la Jungfrau, pour rechercher s'il y avait quelque inconvénient pour la santé à soumettre en quinze à vingt-cinq minutes les voyageurs à de si grands changements de pression : la cloche était établie au Schœrdeck, à une altitude où la pression est de 705 millimètres.

Vingt-trois expériences ont été faites sur 15 personnes de tout âge ; M. Kronecker, de Berne, fut chargé de suivre ces observations qu'il résume de la manière suivante :

On constate chez la plupart des personnes séjournant

(1) *Revue scientifique*, 20 janvier 1895 p. 97.

dans la cloche une accélération du pouls et de la respiration. Chez beaucoup celle-ci devenait pénible ; l'oppression s'accompagnait de chaleur à la tête et de rougeur du visage; la tension du tympan était douloureuse avec bourdonnements d'oreilles ; chez quelques sujets, faiblesse allant jusqu'à l'évanouissement. En somme, des manifestations assez banales. M. Kronecker, après un premier séjour sous la cloche, éprouva pendant deux jours de la fièvre et des étourdissements ; mais après plusieurs expériences il ne ressentit plus rien.

Le séjour momentané dans une atmosphère raréfiée à 450 de pression peut donc, chez certaines personnes, produire des accidents analogues au mal de montagnes ; mais le transport passif et rapide jusqu'au haut de la Jungfrau n'a aucun inconvénient pour la santé. Les ascensionnistes du nouveau genre n'ont donc rien à craindre ; ils graviront aussi facilement et sans plus de peine les sommets glacés de la Jungfrau que le cratère fumant du Vésuve.

M. Kronecker fait une narration intéressante de plusieurs ascensions (Zermatt, Schwarzhorn, Balmhorn, etc.) où lui et ses compagnons, tous hardis alpinistes, eurent à souffrir du mal de montagnes. Il raconte ses impressions et celles des autres, en particulier celles de plusieurs compagnons de M. Janssen, au Mont-Blanc, en 1891.

Les conclusions de M. Egli-Sainclair (Mont-Blanc) étaient les suivantes :

1° Le mal de montagnes existe réellement;

2° Il prend naissance à une altitude de 4.000 mètres, par suite du manque d'oxygène. La maladie n'est pas due à l'ascension même, mais elle se trouve aggravée par les facteurs que celle-ci met en jeu : efforts, etc. ;

3° La maladie consiste dans une diminution de l'hémoglobine du sang.

Dans cette même ascension, M. Imfeld, qui resta trois semaines consécutives dans la cabane Vallot, au Mont Blanc, supporta assez bien ce séjour, quoiqu'il eût peu de sommeil, peu d'appétit, peu de courage au travail. Mais dix jours après son retour, ses jambes se paralysèrent progressivement, la paralysie gagna le bras et même la langue ; la respiration et la déglutition devinrent très difficiles. M. Imfeld ne se rétablit qu'au bout de trois ans.

Le mal de montagne est singulièrement aggravé par l'effort et la fatigue ; M. Janssen, qui se faisait porter par douze hommes, sur un traineau au sommet du Mont-Blanc, et qui passa quatre jours dans la cabane des Bosses, n'éprouva aucune espèce de malaise : son appétit resta excellent et ses facultés intellectuelles étaient intactes, même surexcitées, mais il ne pouvait se livrer à aucun travail corporel.

A un certain passage (les Grandes-Bosses) il lui fallut faire quelques pas, il tomba dans la neige, la face en avant, malgré des efforts surhumains, dit-il ; il reprit haleine et voulut continuer la montée, mais ce fut en vain, il fallut le hisser sur le traineau. Chez d'autres, le mal de montagne se produit malgré un repos absolu, par exemple après une nuit passée dans une cabane sur un haut sommet. M. A. Egli-Sainclair, dans ces conditions de repos, éprouva des maux de tête, des battements de cœur, une anhélation progressive, à tel point qu'il ne pouvait mettre son pardessus sans éprouver des battements de cœur et des suffocations.

Afin d'étudier le processus et la pathogénie du mal de montagne, M. Kronecker et sept autres personnes entreprirent une ascension de Zermatt sur le Breithorn : il s'agissait de savoir si ce mal frappe les personnes qui franchissent sans effort personnel la limite des neiges éternelles. Les sept voyageurs furent portés en civière à 3.750 mètres. A la condition de rester tranquille, personne ne se sentait malade, bien que les pulsations du pouls fussent plus nombreuses et que l'amplitude respiratoire eut augmenté. Mais une vingtaine de pas sur une pente douce produisait une accélération marquée du pouls ; il devenait pénible de se baisser et le moindre travail nécessitant quelque attention (dépaquetage ou empaquetage des photographies) était absolument fatigant.

D'après l'auteur, le mal de montagne est dû à des troubles de la circulation du sang : les malades donnent l'impression de personnes atteintes d'affections cardiaques. Le mal provient de ce que, par la réduction de la pression de l'air, les vaisseaux pulmonaires se gonflent ; la stagnation du sang provoque la dilatation du cœur droit. Le système veineux général est distendu, la pression artérielle tombe, il y a anémie cérébrale (envie de dormir, faiblesse). Le travail musculaire augmente cette distension veineuse. La diminution de l'hémoglobine est réelle, mais ne joue qu'un rôle secondaire, car les malaises apparaissent avec une rapidité beaucoup trop grande pour que les éléments du sang aient pu se transformer ou se modifier en un si court intervalle.

M. Kronecker conclut ainsi : Le mal de montagne se manifeste à des altitudes variables d'une personne à l'autre. Au-delà de 3,000 mètres, il se produit chez tous les hommes dès qu'ils se livrent à de grands efforts, chez certains, le moindre travail cause des attaques sérieuses. Des personnes en bonne santé peuvent supporter sans inconvénient le transport passif jusqu'à environ 4.000 mètres ; mais le moindre exercice amène des symptômes désagréables. Il convient de ne pas rester plus de deux à trois heures à la station du sommet.

Les travailleurs ne doivent être engagés qu'après avoir été mis à l'épreuve au point de vue du mal de montagne et après acclimatation.

Les symptômes du mal de montagne ou de l'effet de la diminution de pression sur le corps humain sont les suivants : d'après Paul Bert et les auteurs, d'abord fatigue extrême puis céphalalgie, difficulté de se mouvoir, puis nausées, vomissement, hémorrhagies par les muqueuses, la bouche et les bronches, syncopes quelquefois plus ou moins graves et qui peuvent même être à redouter lorsque le sujet dont il s'agit est plus ou moins atteint d'affection cardiaque au début. Il y a quelques mois un jeune médecin qui n'avait jamais eu de troubles cardiaques bien nets, mais qui se plaignait de temps à autre d'essoufflements, voulut faire l'ascension du Mont-Blanc et succomba subitement à une syncope avant même d'être arrivé à une grande altitude. Pour Paul Bert, en vertu même de ce qui précède, le remède au mal des montagnes serait l'emploi des ballons d'oxygène et il va même jusqu'à penser que Croce-Spinelli et Sivel n'auraient pas succombé dans la catastrophe du *Zenith* s'ils avaient pu respirer de l'oxygène.

Comment concilier la notion du mal des montagnes avec l'action tonique exercée sur l'organisme par certaines altitudes, action démontrée par l'augmentation des globules sanguins et par une suractivité vitale très réelle.

Si on observe ce qui se passe à une certaine altitude, on voit que pour compenser la moins grande quantité d'oxygène que l'on respire à certaines altitudes, l'homme fait des efforts respiratoires plus fréquents et plus profonds ; de là suractivité circulatoire, augmentation des oxydations physiologiques qui deviennent plus intenses ; de là, pendant un certain temps, une action vitale plus grande, une augmentation de l'appétit, une rénovation des tissus et comme conséquence une richesse plus considérable des globules sanguins et d'hémoglobine. Il faut signaler aussi la pureté de l'atmosphère qui est d'autant plus grande qu'on s'élève plus haut. Mais la tonification de l'organisme n'est réelle que lorsque l'altitude n'est pas surélevée, elle peut alors persister et être réellement utile au malade, c'est ce qu'a démontré Lombard de Genève, pour qui les altitudes vraiment toniques ne dépassent pas mille mètres : à cette hauteur la raréfaction de l'oxygène est largement compensée par l'excitation de l'organisme, mais plus haut, au bout de peu de temps, les combustions deviennent moins vives, les facultés vitales diminuent, il se produit une anémie que Jourdanet désigne sous le nom d'anoxyhémie. Dans les pays où on l'observe, on rencontre chez les habitants une faiblesse musculaire très marquée, une difficulté de travail et une impossibilité de lutter contre les causes morbifiques.

Néanmoins les êtres humains, non seulement peuvent s'élever à de grandes hauteurs, mais encore ils peuvent y demeurer. Sans parler des aéronautes qui, comme Gay-Lussac, sont montés à 7.000 mètres, les religieux du Mont Saint-Bernard habitent à 2.500 mètres au-dessus du niveau de la mer, les villes de Quito et de Potosi sont à 3.500 et 3.800 mètres au dessus du niveau de la mer. Mais l'habitant de la plaine, quand il y est transporté à un âge où l'organisme peut encore se modifier facilement, voit sa cage thoracique s'agrandir et se développer, se transformer de manière à l'approprier aux difficultés nouvelles qu'il va rencontrer.

Ajoutons que dans ces altitudes élevées, l'une des causes qui rendent le mal des montagnes difficile à supporter est la réfrigération de l'atmosphère ; elle force l'homme à produire une grande quantité de chaleur.

En général, l'air raréfié et moins tonique des hautes montagnes expose à l'aggravation de toutes les affections des voies respiratoires et du cœur; néanmoins, depuis quelques années, la cure de certaines maladies du poumon et en particulier de la phthisie se fait à certaines altitudes. Sans nier les bons résultats que cette pratique peut avoir pour un certain nombre de tuberculeux, nous croyons que ce nombre est malheureusement restreint et que les bons effets obtenus doivent être surtout attribués à la pureté exceptionnelle de l'air de ces régions; exempt de microbes, cet air a une action tonique momentanée sur ces malades; l'air pur est le facteur important, et non l'altitude. La pureté de l'air à certaines hauteurs a été démontrée par des analyses nombreuses et par des travaux récents très sérieux; c'est ainsi que tandis que Miquel trouvait 750 bactéries par mètre cube dans l'air libre et 16.000 dans l'air d'une salle de la Pitié, de Freudenrich n'en trouvait qu'une seule dans l'air recueilli sur le glacier du Mont-Blanc près du Mont-Auver, et il déclarait qu'à deux mille mètres il n'y en avait plus du tout. Cette pureté de l'air à certaines altitudes a une autre conséquence. Dans les pays chauds et marécageux, en s'élevant sur les montagnes on voit diminuer la fièvre et la malaria.

Casper avait prétendu que la mortalité augmentait avec la pression. Il est loin d'en être ainsi, car à New-York, par exemple, on a constaté que les cas d'hémorrhagie cérébrale, sont d'autant plus fréquents que la pression atmosphérique diminue davantage.

16. Augmentation de pression. — Plus on s'élève dans l'atmosphère, plus le nombre des couches d'air diminue, moins l'homme supporte de pression. Mais lorsqu'on s'enfonce dans le sol, le poids de l'air est plus considérable et l'homme est soumis à une pesanteur atmosphérique plus grande. C'est ce qui arrive aussi pour les ouvriers de certaines professions qui s'exercent dans l'air comprimé.

Lorsque la pression atmosphérique est augmentée, l'homme, au lieu d'éprouver les divers malaises que nous venons de relater, voit au contraire ses mouvements devenir très libres et très faciles; il respire mieux et éprouve un sentiment de bien-être général. Ses articulations sont mieux maintenues, son sang plus chargé d'oxygène est vivifié, ses échanges organiques sont augmentés et ses fonctions s'exécuteront avec une grande énergie. Les effets des pressions augmentées ont été très sérieusement étudiées depuis quelques années, ils intéressent à la fois les ingénieurs et les médecins. Ces derniers emploient l'air comprimé dans beaucoup de maladies des bronches, dans l'emphysème pulmonaire, dans la pneumonie chronique, etc.

Les ingénieurs sont quelquefois obligés de soumettre les ouvriers a des pressions plus fortes que celle de 76 centimètres de mercure. Dans le percement des puits à houille et surtout lors de l'établissement des piles des ponts, dans l'emploi des cloches à plongeurs, etc.

Voici quels sont les phénomènes qu'on observe dans ces cas-là. A leur entrée dans la cloche, les ouvriers éprouvent une vive douleur dans l'oreille, due à la pression de l'air comprimé contre la membrane du tympan. Celle-ci, en effet, est tendue par suite de la différence de pression entre l'air extérieur qui entre par le conduit auditif externe et l'air intérieur contenu dans une des cavités de l'oreille qui communique avec la trompe d'Eustache, chargée de conduire l'air dans cette cavité.

L'air comprimé venant de l'extérieur pousse vigoureusement le tympan vers l'intérieur, de là la sensation de douleur éprouvée par les ouvriers. Mais cette douleur cesse dès que l'air contenu dans l'oreille moyenne est à égalité de pression, ce qui ne tarde pas à s'établir. En dehors de cette sensation désagréable, un sentiment de bien-être et de force est ressenti par l'ouvrier, son pouls diminue de quelques pulsations, le nombre de ses inspirations devient moins considérable, mais leur amplitude est augmentée. Ces phénomènes s'observent surtout lorsque la pression n'est pas très grande, à 1.100 millimètres de mercure, par exemple, soit une atmosphère et demie. Poussée plus loin, à deux atmosphères, par exemple, la douleur d'oreilles est plus forte, mais tout se passe comme dans le premier cas. A trois atmosphères la voix se modifie, l'ouvrier parle du nez et il lui est impossible de siffler, quelquefois on observe de la surdité. Les mouvements sont plus faciles et plus énergiques, les échanges plus actifs, l'urine est émise en plus grande quantité, la faim se développe, le cerveau est excité, etc. Il peut vivre sans danger dans ce milieu, et même avec un réel bien-être.

Mais au moment de la sortie, ces conditions changent et la plus grande prudence est indispensable ; il faut, chose qui n'est pas toujours facile, opérer la décompression aussi graduellement que l'on peut, car le danger est réel. Si l'ouvrier quitte trop vite une atmosphère comprimée, il peut mourir subitement. Le plus souvent, les accidents qu'il éprouve n'ont pas cette gravité, mais on observe communément, en dehors de la vive douleur d'oreilles qui reparaît, (l'air de l'oreille interne refoulant le tympan vers l'extérieur jusqu'à ce que l'équilibre soit rétabli), on observe, disons-nous, des douleurs musculaires vives d'une durée plus ou moins longue et pouvant même aller jusqu'à la paralysie, des congestions cérébrales et pulmonaires, des hémoptysies, et au bout d'un certain temps un amaigrissement et un affaiblissement des plus appréciables. L'un d'entre nous a eu un crachement de sang en sortant de la cloche, lors de la réparation du pont d'Austerlitz, et cependant la décompression avait été faite par l'ingénieur lui-même.

Mais le phénomène le plus curieux est la reproduction dans les muscles de petites tumeurs circonscrites et douloureuses baptisées par les ouvriers de *puce* ou *mouton*, suivant qu'elles siègent sous la peau ou au niveau des articulations ; elles sont formées par des accumulations de gaz dans le tissu cellulaire sous-cutané, provenant par transsudation des gaz du sang.

Le professeur Rameaux, de Strasbourg, qui s'est beaucoup occupé de ces questions lors de la construction du pont de Kehl, suppose avec raison que le sang, ayant sous ces hautes pressions une grande quantité de gaz, les laisse échapper lors de la décompression, de là encombrement des vaisseaux et accidents comparables à ceux que Bérard a étudiés lors de l'entrée de l'air dans les veines. L'hypothèse de M. Rameaux a été confirmée par les travaux de Paul Bert. Il y a quelques années, les accidents étaient très fréquents, et l'on raconte qu'une compagnie anglaise a perdu dix plongeurs sur vingt-quatre ; trois sont morts subitement, sept autres ont succombé à des paralysies.

Pour les chiens, à cinq atmosphères on peut sans inconvénient faire la décompression en deux ou trois minutes : mais à partir de six atmosphères, plus la pression est forte, plus la décompression doit être lente : au moins douze minutes par atmosphère.

Pour l'homme, on est tenu à la plus grande prudence, il faut insister pour que l'éclusement ou sortie ait lieu très lentement, et que le travail ne soit pas trop prolongé. Ainsi, pour les ouvriers soumis à vingt millimètres en sus de la pression atmosphérique, deux heures de travail continu suffiront, une heure si la pression est portée à 30 millimètres, une demi-heure à 40 millimètres. De plus, il faut se préoccuper de choisir avec soin les ouvriers, ne pas accepter ceux qui sont atteints d'affections cardiaques, d'asthme, ni ceux qui ont un tempérament sanguin. Enfin il faut refuser ceux qui sont alcooliques ou trop âgés. De préférence prendre des hommes de 20 à 30 ans, de tempérament lymphatique ; enfin ne les laisser pénétrer dans les atmosphères comprimées que dans l'intervalle des repas.

Les ouvriers de certains chantiers, bien qu'on leur recommande la p[illegible] grande prudence, font brusquement la décompression et sortent d'un coup de la cloche à l'air extérieur. Nous n'avons pas appris qu'il arrive beaucoup d'accidents, grâce peut-être à leur accoutumance.

17. Scaphandres. — La partie principale des appareils actuels, dit Paul Bert, consiste en un lourd casque de métal, percé de hublots de verre, dont le plongeur charge sa tête, un tuyau qui communique avec une pompe foulante placée sur le rivage ou sur le pont du bateau lui envoie de l'air comprimé, qui s'échappe par des orifices ménagés dans ce but. La pression à laquelle est soumis l'air que le plongeur respire est donc sensiblement égale à celle que l'eau exerce sur le reste de son corps.

Dans l'appareil de MM. Rouquayrol et Denayrouse le plongeur revêtu du scaphandre ne respire pas directement l'air que lui envoie la pompe : sur son dos se trouve un réservoir métallique où l'air comprimé est nécessairement emmagasiné, pour n'en sortir, grâce à un très ingénieux mécanisme, que suivant les besoins du plongeur et à la pression rigoureusement nécessaire par la profondeur atteinte. Quand le réservoir est plein, le plongeur peut détacher le tuyau qui va à la pompe, et se mouvoir librement pendant un certain temps. Enfin il peut même, pour les travaux de peu de durée, supprimer le casque et prendre directement à la bouche le tuyau qui vient du régulateur.

Les scaphandres sont très employés dans les ports de mer : les profondeurs atteintes ne dépassent pas en général 20 mètres. On s'en sert beaucoup dans les mers de l'Archipel pour la pêche des éponges. Ici les fonds atteignent 40 mètres, la pression totale est dans ce cas de 5,8 atmosphères. Ces appareils seraient plus de 300 et les cas de mort s'élèveraient à une trentaine par an.

C'est Leroy de Méricourt qui le premier en 1869 a fait connaître les accidents redoutables occasionnés par ces appareils, accidents qu'il attribue à des hémorrhagies médullaires.

La décompression brusque, c'est-à-dire faite en une ou deux minutes, est la cause habituelle de la mort. M. Denayrouse estime qu'il faut la faire en quinze minutes sous peine d'accidents graves allant jusqu'à la mort. Il cite l'observation de cinq plongeurs qui ont succombé après avoir subi une décompression brusque. Un médecin qui avait fait en 1868 une campagne à bord d'un bateau destiné à la pêche des éponges sur la côte de Turquie, Alphonse Gal, a subi devant la faculté de Montpellier en 1872 sa thèse sur cet intéressant sujet (1).

1. *Des dangers du travail dans l'air comprimé et des moyens de les prévenir.*

Les troubles observés par lui l'ont été du côté de la respiration, de la circulation.

Il cite d'abord les puces, maladie qui disparait sans aucun traitement et se termine quand apparait une hypersécrétion sudorale. Puis viennent les douleurs musculaires, les arthrites, les otalgies, les otites, la paraplégie.

Le docteur Charpentier a présenté à la société de médecine publique et d'hygiène professionnelle l'observation d'un scaphandrier qui avait éprouvé à la sortie de l'appareil tous les symptômes de l'ataxie locomotrice, douleurs fulgurantes des extrémités inférieures avec incoordination motrice des mêmes régions, rachialgie, douleur en ceinture, crises viscérales gastriques et intestinales, sensation de constriction thoracique.

Cet individu était à peine descendu dans un scaphandre anglais pour élinguer un chaland à charbon lorsqu'il éprouva subitement une sensation d'étranglement autour du cou et perdit connaissance. Il était asphyxié, la face gonflée, noire, avait le délire et on avait été obligé de le sonder pour le faire uriner.

On constata que le scaphandre était déchiré à la collerette, à l'endroit où elle est prise par les boulons, ce qui explique bien la sensation d'étranglement autour du cou.

Cet ouvrier resta trois semaines sans connaissance et sa maladie se termina par une myélite aiguë.

18. Vents. — Les vents sont produits, on le démontre en physique, par l'inégale température des couches d'air de l'atmosphère.

Ils agissent sur l'homme par leur force, par les phénomènes généraux qu'ils favorisent ou qu'ils font naître, et enfin comme véhicules de miasmes ou comme purificateurs de l'atmosphère.

Nous avons vu de quelle importance est, pour l'homme, l'évaporation qui se fait à la surface du corps, phénomène qui nous a permis d'expliquer la température constante ; mais si cette évaporation est trop intense, le corps étant en transpiration, ou si les vêtements sont humides, le courant d'air produit à la surface du corps peut amener des phlegmasies plus ou moins graves telles qu'angines, bronchites aiguës, pleurésies, pneumonies, rhumatismes articulaires. Se soustraire aux courants d'air qui exagèrent la perspiration cutanée, est en hygiène un précepte des plus importants. Mais dans ce cas, cependant, la vitesse du vent est faible, or ce n'est pas toujours le cas; quand le vent est modéré il parcourt environ 2 mètres à la seconde; fort, de 8 à 10 mètres, ainsi de suite jusqu'au vent qui accompagne certaines tempêtes et peut alors parcourir de 250 à 300 mètres à la seconde. Dans ces cas on conçoit qu'il puisse congestionner la peau en la frappant et, pour peu qu'il entraîne avec lui des grains de poussière, contusionner vigoureusement le visage et les parties découvertes. Puis, lorsqu'il souffle en tempête, il peut être cause de chutes et de contusions multiples, enfin il est l'élément le plus à redouter dans les divers cyclônes. Mais son action est surtout marquée comme agent d'évaporation à la surface cutanée ; dans ce cas, il faut, avant tout, tenir compte de sa température et de la quantité de vapeur d'eau qu'il contient.

Les vents chauds ont l'inconvénient de faire respirer un air où l'oxygène est raréfié ; ils produisent par suite un peu de dyspnée et de malaise, de plus ils ne soufflent guère que lorsque l'atmosphère est chargée d'électricité.

Le type du vent chaud est le simoun, ou vent du désert : lorsqu'il souffle, l'organisme éprouve un véritable malaise, d'autant plus que généralement il entraîne avec lui des poussières qui rendent la respiration très pénible, et on voit souffrir beaucoup les malheureux surpris par ce vent dans les sables. Les Arabes ont l'habitude de se préserver en se couvrant la bouche et les yeux. Ce dernier organe peut s'enflammer par la présence entre les paupières de sable fin chauffé et des ophthalmies graves ont été la conséquence d'un manque de précautions sous ce rapport. Disons qu'il souffle quelquefois avec une telle impétuosité qu'il peut ensevelir des caravanes entières sous les rafales de sable qu'il soulève.

Le siroco, qui souffle en général en Italie et surtout en Algérie, est aussi un vent dangereux ; il est asphyxiant et la dyspnée qu'on éprouve lorsqu'il est intense a été comparée, non sans raison, à la sensation pénible que l'on ressent lorsqu'on entre dans un bain de vapeur sèche. En général, il est bon de s'abstenir de sortir lorsque le siroco souffle et l'Arabe a l'habitude de rester sous sa tente.

A un moindre degré les vents chauds et secs de nos climats fatiguent par l'activité imprimée à l'évaporation, ils augmentent la soif, ralentissent l'appétit et donnent lieu à une sensation de lassitude plus ou moins pénible. Les vents chauds et humides sont encore plus difficilement supportés et en général ont une influence des plus fâcheuses sur les maladies de l'appareil pulmonaire.

Les vents froids sont ceux qui nous viennent du Nord et de l'Est ou qui ont passé sur des cimes couvertes de neiges. Ainsi le mistral, vent froid, véritable fléau de la vallée du Rhône, est celui qui passe sur les sommets neigeux des Alpes, quelquefois même après avoir franchi les Cévennes. L'action des vents froids est loin d'être la même, selon qu'ils sont secs ou humides. Secs, ils amènent de la congestion des bronches et sont en général causes de bronchites, de pleurésies, etc. Humides, ils déterminent du coryza, des bronchites, des grippes, ils pénètrent l'organisme et sont le plus souvent causes de rhumatismes. Mais les vents peuvent être aussi les véhicules des miasmes et germes de toute espèce, comme ils peuvent, en brassant l'atmosphère, être une des principales causes de sa pureté. C'est ainsi que les localités exposées au vent des marais voient souvent se développer la fièvre intermittente, bien que le foyer d'intoxication soit quelquefois situé fort loin. Ceci est facile à observer : mais un fait qui peut le démontrer d'une manière plus complète encore est le suivant. Le meilleur moyen de défendre un pays situé sous le vent d'un marais est d'interposer entre lui et le foyer marécageux, soit un mur élevé, soit un rideau d'arbres assez denses et assez serrés les uns contre les autres pour empêcher l'air de les traverser facilement. C'est ainsi que lorsqu'une montagne est interposée entre un marais et une localité, en général cette dernière ne subit pas l'influence du paludisme.

On a souvent dit que le vent avait une importance considérable sur la marche des épidémies, mais on ne l'a pas encore péremptoirement démontré ; une seule fois en 1854, à Paris, on a vu le choléra sévir plus cruellement chaque fois que le vent venait du Nord-Est.

Il est toujours indiqué d'abriter son habitation des vents qui règnent dans la contrée où elle est située, à cause des miasmes que ces vents peuvent transporter.

Le vent dominant en France, à Paris notamment, est le S.S.O. De là ce fait que toutes les villes ont une tendance marquée à s'étendre vers l'Ouest. De là aussi l'insalubrité de Belleville, si on compare ce quartier à Auteuil, car le premier reçoit tous les miasmes de la grande ville chaque fois que souffle le vent d'Ouest. Nous reviendrons sur ce sujet lorsque nous nous occuperons de l'habitation.

Il nous paraît inutile de parler des vents permanents de l'équateur, des alizés et des contre-alizés, dont nous aurons à nous occuper lorsque nous étudierons les climats, ni des vents moussons, brises de mer qui règnent plus spécialement sous les tropiques : disons que pour la France les vents qui soufflent le plus souvent, dans la région atlantique, sont le N.E. et le S.O. ; pour le bassin du Rhône, c'est le N. et le N.-E. ; pour la région méditerranéenne, c'est le N.O., et enfin dans la région Pyrénéenne souffle le N.O. et l'O.

Ces divers vents peuvent n'avoir pas toujours la même température, ni le même degré d'humidité, selon la saison et surtout selon les conditions des modifications qu'une même saison peut subir suivant les années.

L'étude des vents régnants a une certaine importance au point de vue de l'établissement des usines. Il faut éviter qu'ils puissent porter dans des pays habités les produits gazeux ou les émanations que certaines industries produisent. Notons que sous l'influence de certains vents des quartiers de Paris sont incommodés par les odeurs des usines de Saint-Denis.

Les vents froids sont sous ce rapport moins redoutables que les vents chauds, car les germes morbides, les divers microbes que peut transporter l'atmosphère se développent moins pendant le froid que pendant la chaleur.

10. Degré hygrométrique. Son rapport avec la température. — L'air contient toujours une certaine quantité de vapeur d'eau. Alors même que cette dernière échappe à nos sens, il est fort aisé de la déceler au moyen d'un corps plus froid introduit dans l'espace où est contenu l'air; immédiatement il se forme sur le corps froid une couche plus ou moins épaisse de buée qui n'est que de la vapeur d'eau condensée à sa surface.

Mais il arrive souvent que cette humidité est apparente, les gouttelettes dont elle est formée obstruant l'atmosphère et donnant lieu au phénomène du brouillard. Plus un air est chaud, plus il peut contenir d'humidité, sans que celle-ci soit apparente. Ainsi à 20° il suffit de 1 gramme 2 décigrammes par mètre cube pour qu'on s'aperçoive de sa présence; à 0°, 4 gr. 8 par mètre cube; à 10°, 9 gr. 3; à 20°, 17 gr.; à 30°, 30 gr., etc.

En décembre et en janvier, l'humidité est à son maximum. Vers huit heures du matin en hiver, de meilleure heure en été, quelque temps après le lever du soleil, il y a un premier maximum, puis l'humidité de l'atmosphère décroît jusque vers deux heures, pour remonter et atteindre un second maximum le soir, quelque temps après le coucher du soleil.

Ces deux phénomènes sont inverses l'un de l'autre. Le matin, sous l'influence des rayons solaires, il y a une évaporation rapide qui se fait de la terre vers l'atmosphère; elle contribue au refroidissement dont nous avons parlé et se produit au lever du jour. Le soir, au contraire, il y a une condensation relative de l'humidité de l'atmosphère sous l'influence du refroidissement, lorsque le soleil n'est plus sur l'horizon.

L'humidité de l'atmosphère agit de deux manières différentes sur l'organisme, par excès ou par défaut.

Dans le premier cas, elle peut être ou chaude ou froide.

L'humidité chaude est la plus difficile à supporter. En dilatant l'air, elle entrave la respiration, et en introduisant dans les poumons une certaine quantité de vapeur d'eau, elle rend la perspiration pulmonaire aussi faible que possible. Elle est donc nuisible à tous les individus atteints d'affections pulmonaires ou cardiaques, aux tuberculeux et aux emphysémateux. Enfin elle réduit aussi au minimum la sueur et l'évaporation cutanée, de là un sentiment de chaleur qui est pénible. Les produits de la digestion étant incomplètement brûlés, l'appétit est nul, le système musculaire et nerveux languissant et sans réaction.

Dans l'humidité froide, bien qu'elle soit mieux supportée que l'humidité chaude, il y a aussi un état de malaise réel, surtout marqué chez les rhumatisants, mais l'appétit est conservé et même a besoin d'être très augmenté, afin de fournir les matériaux qui, digérés, permettent à l'homme de faire de la chaleur. Elle expose aux phlegmasies aiguës des bronches, du poumon, du larynx, et lorsque son action se prolonge, elle peut les rendre chroniques. Elle amène des affections rhumatismales, des congestions rénales et consécutivement de l'albumine ; elle est aussi déprimante, et a semblé aux médecins militaires une des principales causes ayant amené le scorbut en Crimée.

Lorsque son action est brusque et rapide, elle constitue ce que l'on est convenu d'appeler le refroidissement, qui prédispose aux congestions internes par le mécanisme suivant : les vaisseaux de la peau, soumis brusquement à l'influence du froid, se contractent vigoureusement et chassent le sang de la périphérie aux organes internes. De là congestion de ces derniers et phlegmasie consécutive. Mais modérée et sagement administrée, comme dans l'hydrothérapie, elle peut être un moyen curatif des plus puissants en excitant la circulation des viscères.

Les causes les plus importantes de l'humidité de l'air sont les évaporations qui se font à la surface du sol, les brouillards, les nuages et la pluie. Les théories physiques de ces phénomènes n'ont pas une grande importance pour le médecin. Il nous faudra du reste y revenir quand nous parlerons des climats : c'est à ce moment que nous renvoyons le lecteur désireux de savoir ce qui se rapporte à l'influence de la pluie sur l'organisme. Notons cependant que l'humidité chaude favorise la putréfaction des matières organiques, d'où l'action plus prononcée des miasmes paludéens aux époques humides et chaudes de l'année, c'est-à-dire vers la fin de l'été et pendant l'automne.

Nous avons dit que l'air trop sec pouvait aussi être difficilement supporté par l'organisme ; non seulement il détermine des manifestations du côté des muqueuses, sécheresse de la bouche, de la gorge et des narines, mais il produit une véritable gène respiratoire, du malaise et de la céphalalgie. Ces conditions ne se rencontrent d'une manière assez marquée que dans les appartements et surtout dans les pièces chauffées avec des poêles, mais elles peuvent être modifiées en plaçant dans la pièce un récipient plein d'eau qui s'évapore au fur et à mesure que l'air se dessèche. A un moindre degré, si les climats secs sont sans influence sur les individus bien portants, il ne faut pas oublier qu'ils peuvent affecter les personnes qui ont des maladies des bronches, il faudra donc ne pas envoyer dans les climats où l'état hygrométrique de l'air n'est pas moyennement suffisant, les malades atteints de laryngite, d'emphysème, de bronchite chronique et surtout de phthisie, sous peine de voir la toux augmenter, l'irritation des muqueuses devenir plus intense et quelquefois des crachements de sang en être la conséquence. D'après Humbold le plus faible degré d'humidité relative serait de 23 0/0 ; l'air est très sec lorsque l'humidité relative ne dépasse pas 55 0/0, moyennement sec de 55 à

75, moyennement humide de 75 à 90 et enfin très humide de 90 à 100.

20. Poussières atmosphériques. — L'air tient sans cesse en suspension des poussières de toute sortes, minérales, végétales et animales.

Elles s'accumulent à la surface de la peau, où elles sont retenues par l'enduit sébacé gras incessamment sécrété par cet organe, et où elles peuvent s'accumuler plus ou moins si des soins de propreté ne les enlèvent pas; de même à toutes les ouvertures naturelles et sur les muqueuses, en particulier sur la muqueuse oculaire. Elles peuvent agir par leur seule présence ou par leurs propriétés plus ou moins irritantes et toxiques.

Parmi les plus inoffensives, il faut citer le charbon que l'on rencontre chez les ouvriers des mines, les chauffeurs mécaniciens et les cuisiniers; il détermine d'abord des expectorations noires, puis l'accumulation dans les bronches et produit une maladie spéciale, l'anthracose.

Puis viennent les particules plus ou moins ténues de carbonate de chaux, de silicate d'alumine, de sels calcaires, de quelques sels de fer.

Parmi les poussières que Bouchardat désignait sous le nom de poussières minérales toxiques, citons celles de plomb, de mercure, d'arsenic et de phosphore, qui toutes proviennent de l'exercice de professions industrielles, et donnent lieu à des accidents que l'on décrira lorsqu'on étudiera les diverses professions.

Parmi les poussières végétales, on rencontre des fragments de plantes, du pollen, des fibres végétales et en particulier du coton, des semences ailées, des fibres textiles et de fines particules d'amidon, des sporules, des champignons, etc., etc. Enfin des animaux infiniment petits du genre infusoire et des vibrions, des parcelles de poils, de laine, etc., germes qui feront plus loin l'objet d'une étude approfondie, flottent aussi dans l'atmosphère. Il résulte des expériences de Tissandier qu'un mètre cube d'air peut renfermer 6 milligrammes de parties solides, dont 66 à 75 0/0 sont inorganiques et le reste seulement organique.

Les poussières viennent quelquefois de fort loin, transportées par le vent et les orages; c'est ainsi qu'on a trouvé dans l'air le pollen de certaines plantes qui vivaient à de grandes distances de l'endroit où il a été recueilli.

Enfin il est probable que certaines maladies épidémiques n'ont d'autre origine que certains germes transportés par les vents et que nous étudierons lorsque nous nous occuperons de la prophylaxie des affections contagieuses. Mais si l'air atmosphérique libre est à ce point chargé de corpuscules étrangers, on doit penser ce qu'est l'air d'un appartement, d'un atelier, d'un hôpital.

Ainsi que nous le verrons, le meilleur moyen pour purifier l'air contenu dans un espace clos est la ventilation, que nous nous étudierons lorsque nous traiterons de l'habitation.

Disons cependant maintenant que les poussières ont une importance considérable dans les professions, qu'il est quelquefois très difficile de défendre contre elles les ouvriers et que l'on doit quelquefois faire diverses opérations industrielles en vases clos et même brûler les résidus pour en détruire le plus possible, afin qu'ils soient moins nuisibles aux travailleurs.

21. Conditions chimiques de l'atmosphère. — L'air se compose de deux gaz : l'oxygène et l'azote, plus une certaine quantité de vapeur d'eau excessivement variable et un peu d'acide carbonique.

Composition normale de l'atmosphère, variations locales.— L'oxygène est dans la proportion de 20,9 pour cent; l'azote de 79 : la vapeur d'eau de 5 à 16 millièmes et l'acide carbonique de 3 à 6 dix millièmes. Il y a en outre des traces d'acide nitrique, de nitrites et nitrates, des sels, de l'ozone, des poussières et enfin des corps organisés qui intéressent particulièrement l'hygiéniste, car ils sont la cause principale des carbures d'hydrogène, que l'on rencontre aussi quand on analyse l'air atmosphérique.

Un nouveau corps, l'argon, d'une importance considérable, vient d'être décelé dans l'atmosphère, par lord Rayleigh et le professeur W. Ramsay.

L'oxygène est le gaz le plus actif, c'est lui seul qui sert à la respiration, l'azote ne jouant qu'un rôle de modérateur. On a dit, avec juste raison, que la respiration était une combustion, c'est-à-dire une combinaison de l'oxygène de l'air avec les corps comburants contenus dans notre sang, le carbone et l'hydrogène. Rien n'est plus exact, car 1° les produits qui en résultent sont, comme dans les autres combustions, de l'acide carbonique et de l'eau; 2° cette combustion s'accompagne d'une certaine quantité de chaleur produite et est la principale cause de la chaleur animale.

C'est dans son passage dans les poumons que le sang se charge d'oxygène, qu'il transporte dans toutes les parties de l'économie pour l'utiliser plus tard au fur et à mesure des besoins.

Les vésicules pulmonaires très fines laissent transsuder l'oxygène qui passe par endosmose dans les vaisseaux si nombreux qui les entourent; puis ce gaz est transporté dans les différents tissus où il est enfin utilisé.

La composition atmosphérique n'est pas toujours la

même, la proportion d'oxygène peut même varier dans des limites assez étendues. D'après Morren, l'air recueilli à la surface des eaux qui sont recouvertes de végétations peut contenir 23,67 0/0 d'oxygène. Nous verrons que ce fait s'explique par la respiration des végétaux. On sait en effet que pendant le jour, sous l'influence des rayons solaires, les végétaux absorbent de l'acide carbonique, fixent le carbone pour faire leurs fibres ligneuses et mettent l'oxygène en liberté. On sait aussi que la respiration des plantes se fait en sens inverse pendant la nuit. Dans le cas de Morren, ce sont les végétaux vivant à la surface des eaux qui augmenteraient la proportion d'oxygène. Moyle et Leblanc ont fait des recherches sur l'air des mines et ils ont constaté : le premier que l'atmosphère des galeries contenait 14,53 0/0 seulement d'oxygène ; et le second que cette quantité pouvait descendre à 9,6 0/0. D'après Leblanc, cette faible proportion serait due à diverses conditions, en particulier à la combustion des poudres dont on se sert pour extraire les minerais et surtout à l'absorption de l'oxygène par les pyrites.

Si la quantité d'oxygène contenu dans l'atmosphère s'abaisse à 15 0/0, l'air est péniblement supporté ; si elle va à 7,5 0/0, les respirations deviennent fréquentes, rapides et une sorte d'angoisse arrive ; à 3 0/0 l'asphyxie se produit.

Mais des faits malheureux sont venus montrer que ces proportions, dans certains cas, n'ont pas besoin d'être atteintes. Saint-Pierre a relaté le cas d'asphyxie d'individus entrés dans de grandes cuves vides où il n'a constaté la présence d'aucun gaz capable de produire des accidents, mais où il a trouvé de l'air dont la composition était la suivante : oxygène 11,85 0/0, azote 88,15 0/0. Dans ces récipients, l'oxygène paraît avoir été absorbé par les micro-organismes qui revêtent quelquefois les parois des foudres ayant contenu du vin. Renard et Fasquez ont relaté aussi la mort de deux personnes entrées dans une citerne à huile abandonnée depuis de longues années et dont l'atmosphère avait la composition suivante : oxygène 7, azote 80 environ, et acide carbonique 13. Mais ce dernier, existant à la partie inférieure, ne saurait être incriminé, les deux personnes dont il s'agit n'ayant pas pénétré très profondément. Leur mort doit être bien plutôt attribuée à l'insuffisance de la quantité d'oxygène contenue dans cette atmosphère.

21. Altération de l'air par la respiration de l'homme dans un espace restreint. — L'acide carbonique agit-il sur l'organisme à la manière d'un gaz toxique comme l'oxyde de carbone, ou bien est-ce simplement par la raréfaction relative d'oxygène ? Cette question, longuement discutée, paraît résolue aujourd'hui. On croit généralement que l'acide carbonique n'a pas d'action toxique.

Les recherches de M. Leblanc nous ont donné la proportion d'acide carbonique contenu dans divers locaux, il a trouvé entr'autres dans l'air d'une salle d'asile, au lieu de 0,0004 à 0,0006 contenu dans l'air normal, une proportion de 0,003 : dans une salle de spectacle, 0,004 ; dans une salle de la Salpêtrière, 0,006 à 0,007 ; dans une salle de la Pitié, 0,003 ; dans une salle de la Sorbonne, 0,010, bien que les portes fussent ouvertes. A Londres, des expériences semblables ont été faites et ont donné des résultats analogues. Dans l'air d'un tunnel du Métropolitain, 0,0145 ; dans un théâtre, 0,00252 ; dans une brasserie, 0,00238 ; dans un amphithéâtre, 0,00806. On ne sait, d'après des travaux de

Morache et de Pettenkoffer, qu'un air contenant un centième d'acide carbonique provenant de la respiration est intolérable et qu'à 2,5 0/0 il est asphyxiant.

L'acide carbonique n'est pas le seul élément que dégage la respiration ainsi que la perspiration cutanée. Il y a en outre environ 750 à 1.200 grammes de vapeur d'eau et une certaine quantité de matières organiques, remarquables à leur odeur quand elles sont en assez grande quantité ; ce sont elles qui donnent aux locaux où ont vécu plusieurs individus cette odeur spéciale qu'on est convenu d'appeler l'odeur de renfermé.

Or la proportion de ces matières organiques (débris épidermiques, graisse, organismes inférieurs, matière spéciale de la bouche et des poumons), sont presque constamment en quantité parallèle avec la proportion d'acide carbonique, de telle sorte que l'on peut mesurer l'impureté de l'air à tous les points de vue par la proportion d'acide carbonique qui y est contenue.

L'homme exécute 18 inspirations par minute et à chacune d'elles il introduit dans ses poumons un demi litre d'air ; il en résulte qu'il utilise en une heure environ 500 litres d'air, d'autre part l'air qui sort des poumons contient 4,3 0/0 d'acide carbonique, donc l'homme enfermé pendant une heure dans une chambre qui ne contiendrait que 500 litres d'air vicierait cet air de telle sorte qu'il le rendrait complètement irrespirable. En prenant pour base les chiffres précédents on arrive à voir qu'il faut à l'homme environ 10 mètres cubes, par heure, d'air respirable, soit 240 mètres pour 24 heures, soit pour les 8 heures que l'on passe en général dans les chambres à coucher 80 mètres cubes, ce qui constitue des pièces qui doivent avoir par exemple 5 mètres d'élévation sur 4 de chaque côté. Mais des locaux de pareilles dimensions ne pouvant pas, au point de vue économique, être bien nombreux, on a cherché dans quelles conditions la ventilation, qui a toujours lieu par les ouvertures naturelles, pouvait modifier ces chiffres, et quelle était le volume d'air indispensable pour les chambres à coucher et on s'est arrêté au chiffre de 20 mètres cubes, quantité facile à obtenir dans presque toutes les chambres à coucher. On peut rencontrer accidentellement dans l'air divers principes gazeux, plus ou moins nuisibles à l'organisme.

Nous allons les passer successivement en revue.

92. Altérations diverses dans les établissements industriels. — En premier lieu l'ammoniaque que respirent les individus qui préparent en grand ce gaz au moyen de la décomposition des sels ammoniacaux qui en contiennent et qui produit des irritations vives de toutes les muqueuses et en particulier de la muqueuse du nez, des yeux et des bronches, etc. Il est si pénible à respirer qu'en général on ne peut en absorber une grande quantité et qu'il donne rarement lieu à des accidents généraux. Il provient aussi souvent de la décomposition des matières animales azotées et en particulier de l'urine.

Après l'ammoniaque, l'oxyde de carbone. Ce gaz est plus vénéneux qu'irritant. Il se produit chaque fois que la combustion n'est pas complète dans nos foyers et il est la principale cause du danger que présentent les cheminées à mauvais tirage, les braseros, les chaufferettes et tous les appareils dans lesquels la fumée ne s'échappe pas facilement au dehors Il est d'autant plus dangereux que rien n'avertit de sa présence et qu'il n'a aucune odeur. On observe des accidents dus à ce gaz dans tous les ateliers où on utilise le charbon sans tirage, dans les blanchisseries où les ouvrières repasseuses se servent de fourneaux à charbon de bois pour leurs fers, dans les voitures chauffées avec des chaufferettes à briquettes, dans les hauts fourneaux où l'oxyde de carbone se dégage pendant le nettoyage des fours, chez les nettoyeurs de chaudières, chez les pâtissiers, les cuisiniers, les ouvriers du gaz de l'éclairage; enfin il est une profession qui en serait très incommodée si elle ne s'exerçait en plein air, c'est celle des charbonniers fabriquant du charbon de bois, puisque cette fabrication est basée sur la combustion incomplète du bois.

On a observé souvent ces derniers temps des accidents par l'oxyde de carbone par suite de l'emploi des poêles roulants. Nous reviendrons sur ces faits en traitant du chauffage des habitations.

L'oxyde de carbone, qui tue avec rapidité, agit sur les nerfs excito-moteurs du cœur, et les paralyse plus ou moins; mais il a aussi une action très spéciale sur les globules sanguins qu'il rend incapables d'absorber l'oxygène de l'air, ainsi que l'a démontré Claude Bernard.

Les vapeurs nitreuses qui peuvent se rencontrer dans l'air viennent le plus souvent de l'exercice de diverses professions; c'est ainsi que les joailliers, les orfèvres et les décapeurs respirent souvent des vapeurs d'acide hypoazotique, mais dans la fabrication de l'ammoniaque, de l'acide sulfurique et du celluloïd (matière spéciale dure produite par l'action de l'acide nitrique sur la cellulose), c'est aux vapeurs d'acide azotique seules que sont dus les accidents. Très irritantes, elles provoquent la toux et peuvent même amener des pneumonies, des congestions avec hémoptysies et même la mort; localement elles irritent les muqueuses, en particulier la muqueuse du nez et celle des yeux, etc.

Les vapeurs sulfureuses se trouvent dans les fosses d'aisances et constituaient une des raisons rendant le métier de vidangeur l'un des plus insalubres qu'on puisse exercer; ce sont elles qui forment une grande partie des gaz que l'on respire dans les égouts. Les individus qui y sont exposés, et en particulier les vidangeurs et les égoutiers ont désigné l'effet produit par les gaz sur l'organisme par le nom de plomb, voulant dépeindre ainsi le sentiment de compression excessive qu'ils ressentent.

Aujourd'hui, grâce aux précautions hygiéniques employées, les accidents sont rares et ces professions moins meurtrières. Autrefois il n'en était pas ainsi, car ces gaz sulfureux sont toxiques et produisent des effets très rapides. Les carbures d'hydrogène, le proto-carbure ou gaz des marais et le bicarbure ou gaz de l'éclairage, ne sont pas toxiques mais irrespirables, leur présence, dans un volume donné d'air diminue la quantité d'oxygène. On est surtout exposé à les respirer dans les mines et les houillères où se trouvent des matières animales en décomposition, dans les gisements de bitumes, mais aussi chez les ouvriers employés à la fabrication du gaz d'éclairage, ou dans le cas d'accidents arrivés aux tuyaux d'éclairage de nos habitations. C'est même là le cas le plus fréquent, mais il est facile de s'en garantir, une odeur spéciale avertissant en général de la présence du gaz.

Les vapeurs d'acide sulfureux se produisent dans certaines professions, c'est ainsi que les fabricants de chapeaux de paille, les ouvriers qui blanchissent la soie, la laine et les plumes, les fabricants de mèches souffrées et ceux qui les emploient, les fabricants d'allumettes et enfin les fabricants d'acide sulfurique sont très exposés à l'action des vapeurs sulfureuses. D'après Hirt, quand l'air ne renferme que de 1 à 4 0/0 d'acide sulfureux, il ne détermine pas fatalement des accidents, bien qu'on observe dans ces proportions des coryzas, des éternuments et de la salivation; à plus haute dose il y a des troubles du côté des organes digestifs, anorexie, constipation, etc.; à plus haute dose encore surviennent des bronchites accompagnées de toux quinteuse, des pneumonies et des irritations diverses du côté des muqueuses.

Les vapeurs de chlore et d'acide chlorhydrique sont de toutes les plus irritantes. Les ouvriers qui y sont les plus exposés sont ceux qui fabriquent le chlorure de chaux, les blanchisseurs de coton (qui ne vivent en moyenne que 56 à 58 ans), etc. Ces vapeurs amènent facilement de la toux, des hémoptysies, des accès de suffocation et la mort par irritation des bronches.

Très irritantes, aussi, sont les vapeurs d'iode qui peuvent amener en sus des irritations locales un état général connu sous le nom d'iodisme.

En résumé, des vapeurs et des gaz que peut contenir l'atmosphère, les uns n'ont aucune action ; ils n'agissent qu'en diminuant la quantité d'oxygène contenue dans le volume d'air atmosphérique, tels par exemple l'acide carbonique, les hydrogènes carburés, etc. ; les autres sont irritants, telles par exemple les vapeurs nitreuses, sulfureuses, chlorhydriques, etc.

D'autres encore sont irritants et toxiques à la fois, les vapeurs iodiques, sulfhydriques, phosphorées, arséniées.

D'autres enfin sont toxiques sans produire d'irritation des muqueuses, par exemple l'oxyde de carbone, les vapeurs plombiques, hydrargyriques, etc. Les questions qui se rattachent spécialement à chacune de ces catégories de gaz et de vapeur seront traitées au moment où on s'occupera des professions dans l'exercice desquelles elles se produisent. Mais il est de toute évidence qu'on doit chercher à les détruire ou à les neutraliser. Pour cela divers moyens industriels ont été tentés : En ce qui concerne les vapeurs carbonées, on a cherché à brûler une seconde fois la fumée, et on y est parvenu pour les petits foyers, mais pour les grands le problème n'est pas résolu et ne le sera pas vraisemblement de longtemps encore ; le meilleur moyen de garantir l'ouvrier des gaz et des vapeurs, des poussières qui rendent certaines professions si dangéreuses est la ventilation dont nous parlerons longuement lorsque nous nous occuperons des ateliers.

En ce qui concerne les produits acides ou basiques, lorsque leur neutralisation sera possible par les alcalis : dans le premier cas, par les acides dans le second, il sera bon de la tenter ; c'est ainsi qu'il est quelquefois possible de neutraliser les acides, soit en les dissolvant dans l'eau, soit en les faisant passer sur des bases, et en particulier sur de la chaux, afin de former des sels insolubles et par suite inoffensifs.

21. Empoisonnement par les gaz. Asphyxie. Suffocation. — Les accidents dûs aux gaz et aux vapeurs sont de trois sortes, l'asphyxie, la suffocation et l'empoisonnement par absorption des principes toxiques de ces gaz.

L'asphyxie proprement dite s'observe lorsqu'on fait respirer à un individu un gaz autre que l'air atmosphérique, car lui seul contient la quantité d'oxygène utile à notre organisme et à plus forte raison un gaz qui n'en contient pas du tout, comme les hydrogènes carburés. Elle s'observe aussi lorsque la quantité d'oxygène de l'air est diminuée, et en particulier lorsqu'il est remplacé par de l'acide carbonique. Si on se rappelle les chiffres précédemment donnés, on voit qu'un litre d'air expiré, mélangé à de l'air normal, peut suffire pour rendre difficile à supporter quarante litres du mélange. Cependant Claude Bernard a démontré que lorsque la viciation de l'air est graduelle, l'organisme acquiert une certaine tolérance et peut continuer à fonctionner dans un milieu qui tuerait immédiatement un autre organisme subitement introduit. Ainsi, par exemple, si on fait entrer sous une cloche où respire depuis deux ou trois heures un oiseau, un second oiseau, ce dernier est pris de convulsions et tombe foudroyé, tandis que le premier continue à vivre. Cette expérience explique les brusques phénomènes observés parfois chez l'homme.

Il explique aussi comment certains organismes vivent d'une vie atténuée et supportent quelquefois de très mauvaises conditions hygiéniques, au point que quelques auteurs ont décrit une asphyxie progressive et lente qui atteint les individus habitant les locaux mal ventilés et qui se traduit surtout par une dégénérescence générale de l'économie.

Mais l'asphyxie dont nous voulons nous occuper actuellement est celle qui survient rapidement lorsqu'on pénètre dans un milieu rempli de gaz irrespirables. Dans quelles conditions l'observe-t-on surtout? Dans les galeries de mines après l'absorption d'une certaine quantité de l'oxygène de l'air par les pyrites. Dans les puits, sous des tunnels de chemins de fer, dans des grottes naturelles, telles que celle du Chien aux environs de Naples, etc.

Lorsqu'on est appelé à pénétrer soit dans un puits, soit dans une cavité close depuis quelque temps, il faut s'assurer qu'il n'y a pas de danger d'asphyxie : le meilleur moyen pour cela est d'essayer de faire brûler dans ces espaces un corps en ignition. S'il s'éteint, c'est qu'il n'y a pas assez d'oxygène ; comme la respiration n'est qu'une combustion, il faut s'abstenir d'y pénétrer. De là, la précaution, chaque fois qu'on veut explorer un local fermé depuis longtemps, de placer une bougie au bout d'un bâton et de la porter devant soi à mesure qu'on s'engage vers le fond de ce local. Dès qu'elle s'éteint ou même dès qu'on s'aperçoit que la combustion ne se fait pas très bien, il faut immédiatement revenir sur ses pas. Avant de s'engager dans les grottes où l'acide carbonique est en grande quantité, on y fait pénétrer un chien ; l'acide carbonique étant plus lourd que l'air reste à la partie inférieure et l'animal étant plus petit que l'homme, il respire plus facilement. L'asphyxie par privation d'oxygène est l'accident auquel succombent les noyés. Tout ce que nous allons dire des symptômes de l'asphyxie et des moyens à l'aide desquels on la combat s'applique donc aussi à la submersion, comme à toute cause mécanique empêchant l'air d'entrer dans les poumons (suspension, strangulation, oblitération des bronches par des corps étrangers, etc.).

Les premiers symptômes qui surviennent sont caractérisés par des troubles du côté des organes des sens, bourdonnements d'oreilles, troubles de la vision, efforts de respiration, anxiété vive, vertige, perte de connaissance ; le pouls se ralentit, puis devient petit et irrégulier, la sensibilité disparaît, les réservoirs naturels laissent échapper les produits d'excrétion par suite de la contraction des muscles abdominaux, la face devient turgescente, etc. Enfin le pouls cesse, la résolution de tout le système musculaire devient complète. Mais le patient n'a pas pour cela succombé encore, car il s'écoule un temps relativement assez long entre la perte de connaissance, la cessation de la respiration et la disparition absolue des battements du cœur et la mort confirmée. Il ne faut donc pas désespérer trop facilement du retour à la vie, il faut au contraire lutter le plus longtemps possible, surtout si la cornée conserve quelqu'apparence de sensibilité, c'est en effet la dernière qui s'éteint.

93. Premiers soins à donner. — La première chose à fair en pareil cas est de rendre au patient de l'air pur, éviter tout ce qui peut gêner sa respiration surtout dans le transport, le débarrasser de tout ce qui peut entraver les mouvements de la cage thoracique et comprimer les poumons, et ne pas souffrir qu'il soit entouré par un trop grand nombre de personnes.

Si en donnant de l'air pur au malade on ne voit pas se produire de mouvement respiratoire, il faut faire pénétrer de l'air dans les bronches par l'insufflation et provoquer les mouvements de la cage thoracique. L'insufflation se fait de deux manières, soit de bouche à bouche, soit au moyen d'une sonde et d'un soufflet. Des deux, ce dernier moyen est le préférable si on a un soufflet.

Dans tous les cas, ce qu'il y a de plus important, c'est de provoquer des mouvements de la cage thoracique qui puissent imiter ceux de la respiration normale. Dans l'inspiration nous élevons les côtes et le sternum au moyen des muscles qui s'insèrent sur les épaules et qui ont pour fonction de dilater la cage thoracique, c'est ce qu'il faut chercher à faire artificiellement. Dans ce but après avoir nettoyé la bouche et les narines afin de permettre la libre entrée de l'air, et placé le patient sur le dos, les épaules soulevées et soutenues par un vêtement replié, on saisit ses bras et on les élève des deux côtés de la tête ; dans ce mouvement les côtes sont soulevées, la cage thoracique aggrandie il se produit un appel d'air, on abaisse ensuite les bras et on les presse graduellement mais vigoureusement le long de la cage thoracique ; ce mouvement détermine une aspiration forcée. En répétant un certain nombre de fois cet exercice, on arrivera, s'il reste encore un peu de vie, à provoquer des mouvements respiratoires comparables à ceux qui sont normaux. Il ne faut pas négliger non plus de frictionner les membres depuis les extrémités jusqu'au cœur, de projeter un peu d'eau sur la figure du patient, enfin de le rechauffer si c'est chose nécessaire. Immédiatement après, dès qu'il est un peu revenu à la vie, il faut lui faire avaler quelques gorgées de liquide chaud et excitant, du thé par exemple, ou des cordiaux.

Il est quelquefois utile de placer sous le nez un flacon d'ammoniaque, qui irritant la muqueuse, peut par action reflexe produire des inspirations, ou bien on peut si on a sous la main des ballons d'oxygène en administrer au patient. En général le dernier moyen est d'une efficacité qu'il n'est pas nécessaire d'expliquer.

Comme excitant général, on peut aussi recourir à des injections sous-cutanées d'éther qui ont une action très vive sur le système nerveux, aux lavements irritants, aigres et salés, etc.

25. Instructions officielles. — Le 24 juillet 1891, le conseil d'hygiène publique et de salubrité du département de la Seine a adopté une Instruction dont nous reproduisons la partie qui concerne l'asphyxie par les gaz méphitiques ou autres.

I. — Asphyxiés par la vapeur du charbon, par les gaz d'éclairage, par les émanations des fours à chaux, des cuves à vin, à bière, à cidre. (Les gaz produits sont de l'acide carbonique mélangé ou non d'oxyde de carbone.)

Le traitement qui convient dans ces circonstances est le suivant :

1° Le malade doit être retiré le plus tôt possible du lieu méphytisé, exposé au grand air et débarrassé de ses vêtements.

2° Si le malade ne respire pas, on pratiquera immédiatement la respiration artificielle. Ces manœuvres seront continuées très longtemps. On les interrompra quand la respiration spontanée paraîtra se rétablir, pour les reprendre dès que celle-ci cessera de nouveau. Si le malade respire, mais reste sans connaissance, il sera très utile de lui faire faire des inhalations d'oxygène, si l'on peut s'en procurer. — 3° Quand le malade est sans connaissance il faut dès le début lui appliquer des sinapismes et lui faire une ou plusieurs piqûres d'éther ; on pourra aussi lui jeter à plusieurs reprises de l'eau froide à la face. 4° Lorsque la respiration sera rétablie, il faudra, après avoir bien essuyé le malade, le coucher dans un lit bassiné, la tête maintenue élevée, et lui faire avaler des boissons chaudes : thé, café ou grog ; — 5° Dès le début il faut se hâter d'envoyer chercher un médecin qui, seul, pourra donner au malade les soins divers et parfois très prolongés que nécessite son état.

— II. — Asphyxiés par fosses d'aisances, puisards, égouts et citernes. (Les produits sont de l'acide sulfurique plus ou moins chargé de sulfhydrate d'ammoniaque, ou de l'azote.) — 1° Tout sauveteur qui descend dans une fosse d'aisances est exposé à perdre rapidement connaissance par suite de l'action des gaz méphytiques. Il devra donc s'efforcer de rester très peu de temps dans la fosse, de retenir sa respiration le plus possible, tout le temps qu'il s'y trouva et de n'y redescendre qu'après s'être fait attacher à une corde à l'aide de laquelle on le remonterait en cas de besoin (1). 2° Dès que l'asphyxié est retiré du lieu métyphisé, on l'expose au grand air et à l'abri de toute émanation méphytique. On le débarrasse rapidement de ses vêtements et on le lave largement avec de l'eau chlorurée (2) ou mieux avec une solution de sulfate de cuivre (3) ou de sulfate de fer. On désinfectera de la même façon les vêtements. 3° S'il fait quelques efforts pour vomir, il faut les favoriser, en chatouillant l'arrière-gorge avec les barbes d'une plume. 4° Les soins qu'on lui donnera ensuite sont les mêmes que ceux qui ont été indiqués dans le chapitre précédent.

1. Lorsque l'agent méphytique est de *l'acide sulfhydrique ou du sulfhydrate d'ammoniaque*, comme cela a lieu dans les fosses d'aisances, le sauveteur peut se servir avec avantage d'un sachet contenant une certaine quantité de chlorure de chaux, humecté d'eau et placé devant la bouche.

2. On peut faire usage du chlorure de chaux sec (une cuillerée comble) délayée dans un litre d'eau.

3. Les commissaires de police de Paris tiennent gratuitement à la disposition du public des paquets de sulfate de cuivre.

III. — Asphyxiés par les gaz impropres à la respiration (caves renfermant de la drèche, air confiné ou non renouvelé) :

Il suffit en général d'exposer le malade au grand air, d'enlever tout lien autour du cou et de chercher à rétablir la respiration par les moyens artificiels.

IV. — Asphyxiés par le gaz de l'éclairage. Le traitement qui convient est celui qui a été indiqué pour les malades asphyxiés par la vapeur du charbon. On placera le malade au grand air et on usera des moyens les mieux appropriés pour ramener chez lui la respiration.

Dans cette instruction il est souvent question de la respiration artificielle. Nous allons donner ici la méthode Sylvester, celle qui est journellement employée pour ramener à la vie les noyés.

Etendre le patient sur une surface autant que possible légèrement inclinée et à la hauteur d'une table ; faire saillir un peu la poitrine en avant, au moyen d'un coussin de vêtements roulés : se placer à la tête du patient, lui saisir les bras à la hauteur des coudes, les tirer vers soi doucement en les écartant l'un de l'autre les tenir étendus en haut pendant deux secondes puis les ramener le long du tronc en comprimant latéralement la poitrine en même temps qu'une autre personne la pressera d'avant en arrière. Par l'élévation des bras, on fait entrer dans la poitrine le plus d'air possible et on l'en fait sortir par leur abaissement et par la pression. Cette double manœuvre a pour but d'imiter les deux mouvements de la respiration. On répétera cette manœuvre alternativement quinze fois environ par minute, jusqu'à ce qu'on aperçoive un effort du patient pour respirer.

On peut même, à de longs intervalles, imprimer des secousses brusques à la poitrine, avec les mains largement étendues sur les côtés de cette cavité. Mais ce moyen ne peut être mis en pratique que par une personne habituée à l'administration des secours.

A la suite de communications répétées faites à l'Académie de médecine par l'un de ses membres, le Dr Laborde, chef du laboratoire de physiologie à la Faculté, sur la traction rhythmée de la langue, le Conseil d'hygiène publique et de salubrité du département de la Seine a fait en 1894 une instruction au sujet de ce procédé : en voici le texte.

1° Coucher l'individu sur le dos, la tête légèrement tournée sur le côté ; 2° ouvrir les mâchoires, en les forçant si elles sont serrées ; 3° saisir la langue avec la main droite entre le pouce et l'index, avec un mouchoir ou un linge quelconque, à la rigueur avec les doigts nus ; 4° tirer fortement la langue hors de la bouche, environ vingt fois par minute ; ne pas craindre de tirer très fort ; il faut qu'à chaque traction, les mâchoires étant largement ouvertes, la langue sorte complètement de la bouche ; 5° Les manœuvres de traction de la langue devraient être continuées avec persistance pendant une heure au moins ; 6° s'il s'agit d'un noyé, en même temps qu'on commence les tractions, il faut introduire l'index de la main gauche jusque dans l'arrière-gorge, pour provoquer le vomissement et, au besoin, faire sortir les corps étrangers.

Si l'opérateur est embarrassé par le nombre des tractions à opérer, il pourra se régler sur sa propre respiration et exercer sur la langue de l'asphyxié une traction à chaque inspiration. L'apparition du hoquet ou du vomissement est un signe favorable, et s'il se produit il faudra continuer longtemps encore les tractions de la langue.

Enfin les médecins appelés à donner des secours aux asphyxiés pourront faire usage du marteau de Mayor. Son application, faite cinq ou six fois au niveau des dernières côtes, ne devra durer que quelques secondes.

20. Gaz toxiques. — Si après avoir étudié, comme nous venons de le faire, les gaz non respirables, qui asphyxient par diminution de la quantité d'oxygène, nous passons aux gaz irritants, nous voyons que ces derniers produisent dans l'organisme des effets bien plus brusques et bien plus sensibles. C'est en congestionnant la gorge, les bronches et les poumons qu'ils agissent et ils déterminent une dyspnée violente, quelquefois paroxystique, connue plus particulièrement sous le nom de suffocation. Cet état, toujours très pénible, peut quelquefois devenir dangereux et dans un certain nombre de cas peut se terminer par la mort. Les gaz irritants qui peuvent se mélanger à l'air sont, comme nous l'avons vu, l'ammoniaque, le chlore, l'acide chlorhydrique, l'acide sulfureux et les composés oxygénés de l'azote (deutoxyde d'azote et acide hypoazotique en particulier). Ils sont dangereux par la congestion et l'irritation qu'ils déterminent dans les bronches, le larynx, le parenchyme pulmonaire. Il faut donc, avant tout, les faire disparaître de l'atmosphère, soit en les neutralisant, soit en les décomposant. C'est ainsi que dans une pièce où se sera accumulé l'ammoniaque, base énergique, il suffira de projeter une solution acide formant avec cette base un sel insoluble pour faire cesser l'irritation que le gaz peut produire sur les muqueuses. Janin avait proposé le vinaigre et cet acide qu'on a presque toujours sous la main mérite être essayé. D'autres ont proposé le chlore à l'état de chlorure de chaux, car on sait que le chlore par son avidité pour l'hydrogène décompose toutes les matières qui en contiennent. Les acides nous semblent préférables. Ceux-ci, lorsqu'ils sont cause des accidents, peuvent être neutralisés par des bases et en particulier par une solution aqueuse d'ammoniaque. Mais il faut aussi se préoccuper de l'action caustique produite sur les muqueuses et dans ce but administrer à l'intérieur du lait, de l'eau albumineuse et toutes les substances capables de diminuer l'irritation.

Le précepte de tous le plus important consiste à donner au malade qui a respiré des gaz irritants une grande quantité d'air atmosphérique dans de bonnes conditions, et de le lui faire absorber en excitant sa respiration et en faisant vigoureusement fonctionner sa peau (sinapismes, ventouses, etc., etc.). Dans ce cas aussi il faut se souvenir que la mort peut n'être qu'apparente pendant un certain temps et que tout espoir ne peut pas être abandonné avant que la cornée ne soit plus du tout sensible.

La troisième classe de gaz comprend les gaz toxiques, c'est-à-dire ceux qui amènent la mort en modifiant l'état du sang. Nous avons vu que le plus important de ces derniers était l'oxyde de carbone, dont l'action sur les globules sanguins rend ceux-ci inaptes à absorber l'oxygène de l'air.

L'oxyde de carbone est d'autant plus dangereux qu'il n'a aucune odeur, que rien ne révèle sa présence, qu'il prend naissance dans nos foyers, et il compte à lui seul la plus grande partie des décès dus aux divers gaz délétères. Nous verrons dans un instant comment il agit.

A côté de l'oxyde de carbone, il faut citer l'hydrogène sulfuré, l'hydrogène arseniqué, l'hydrogène phosphoré, etc., etc. Nous avons vu dans quelles conditions se produisaient ces différents gaz. Rappelons cependant que l'hydrogène sulfuré se rencontre dans les fosses d'aisances et qu'il est le principal des poisons qui s'en dégagent. Le plus souvent il se trouve associé à l'ammoniaque et le sulfhydrate d'ammoniaque. C'est son absorption qui donne lieu à la sensation de plomb que les ouvriers décrivent et qui est le début des accidents si sérieux qu'ils ont à subir, nous en parlerons plus longuement lorsque nous étudierons les professions.

Les gaz toxiques agissent en général si rapidement qu'il n'y a pas moyen le plus souvent de les neutraliser, le principe le plus utile est de faire vigoureusement fonctionner la respiration et de mettre le malade dans de l'air aussi pur que possible. Ces gaz peuvent produire des accidents immédiats ou au contraire tardifs, on voit quelquefois des paralysies plus ou moins complètes des membres, ou au contraire des affaiblissements fonctionnels et intellectuels succéder à des empoisonnements produits par les gaz toxiques. Il faut donc après avoir forcé le malade à respirer vigoureusement, à absorber par les poumons une grande quantité d'oxygène, ne négliger aucune révulsion cutanée ni aucune des pratiques que nous avons indiquées plus haut.

Il faut en outre se souvenir que le malade intoxiqué par ces gaz non seulement les respire, mais encore en avale une certaine quantité, que ces gaz introduits dans l'estomac peuvent être absorbés et devenir par suite une nouvelle cause d'infection ; de là, le précepte si judicieusement donné de faire vomir le malade. Cette pratique a un double avantage, non seulement elle débarrasse l'estomac, mais encore elle facilite les mouvements respiratoires.

On sait qu'il suffit le plus souvent pour amener le vomissement de titiller la base de la langue au moyen d'une barbe de plume ou avec le bout du doigt : dans le cas où le moyen reste impuissant, on peut administrer des vomitifs. L'oxyde de carbone, comme nous l'avons déjà dit, est le plus important à étudier ; il amène chez les malheureux qui sont soumis à son action les phénomènes suivants. C'est d'abord de la pesanteur de tête, un sentiment de compression des tempes, du vertige, des tintements d'oreilles, un engourdissement général. Puis survient un notable ralentissement de la respiration, une accélération, des battements du cœur, un degré de plus et la dyspnée apparaîtra : le pouls se mettra à battre lentement mais avec force, une sensation de fatigue, d'anéantissement, et le coma surviendra, précédant la mort d'un laps de temps suffisant pour qu'il soit encore possible et même facile d'intervenir, circonstance qu'il ne faut pas perdre de vue.

Quelquefois, aux phénomènes de l'asphyxie succèdent des accidents plus ou moins sérieux, des hémorrhagies nasales, bronchiques ou pulmonaires, des phénomènes d'inflammation du poumon qui peuvent quelquefois devenir mortelles.

Les enfants succombent plus vite et plus facilement que les adultes, et les hommes paraissent résister moins que les femmes. On a cherché à se rendre compte du temps que l'oxyde de carbone mettait à tuer les individus. Il semble démontré que ce temps est très variable, il dépend de la force de résistance du sujet, de la fermeture plus ou moins hermétique de la pièce, de la combustion plus ou moins complète du charbon, etc. Enfin il faut se souvenir, lorsqu'on est appelé à secourir un individu intoxiqué par l'oxyde de carbone, qu'un des premiers effets de cette intoxication est un ralentissement des fonctions de l'estomac, et qu'il sera bon de provoquer le plus complètement et le plus rapidement possible la déplétion de cet organe dès que la respiration commencera à s'effectuer dans de bonnes conditions.

CHAPITRE III

MICROBIOLOGIE

28. Conditions microbiologiques. — Germes contenus dans l'atmosphère. — Leurs effets multiples. — Tyndall a démontré que dans le vide, ou lorsqu'il traverse un gaz absolument pur, tout rayon lumineux est complètement invisible; il ne devient perceptible pour notre vue que lorsque le gaz contient des poussières sur lesquelles il se réfracte.

Si on recueille ces poussières au moyen de la glycérine, on voit qu'un mètre cube d'air renferme en moyenne six milligrammes de particules solides dont 66 à 75 pour cent de poussières inorganiques et 34 à 25 0/0 de matières organiques. Ces dernières poussières sont variables à l'excès, mais toutes combustibles.

Nous avons déjà dit que ces matières organiques peuvent être végétales ou animales. Déjà en parlant des impuretés de l'air nous avons donné une nomenclature de ces diverses poussières.

29. Preuves de leur existence. — Mais pour bien démontrer leur présence et pour faire ressortir leur importance il nous suffira de rappeler les faits suivants.

Prenons un morceau de pain, desséchons-le au four afin de faire disparaître les micro-organismes qu'il pourrait avoir à sa surface, puis humectons-le avec de l'eau distillée exempte de germes et plaçons-le dans un ballon, nous ne tarderons pas à voir apparaître à sa surface une couche de moisissures, composées d'un végétal particulier : le *Penicillium glaucum*. Mais il est possible de s'opposer à cette prolifération de moisissures ; il est même facile d'empêcher tout changement : il suffit pour cela de filtrer l'air passant à sa surface afin de priver ce gaz des germes qu'il contient, ou bien encore de faire traverser à cet air un tube chauffé à une haute température ; dans ce dernier cas les germes sont détruits et brûlés.

Il en est de même du vin ; tout le monde sait qu'une bouteille de vin en vidange s'altère rapidement, il se produit à la surface du liquide une couche blanchâtre formée de végétaux inférieurs, qui agissent sur le vin pour l'aigrir d'abord, puis pour lui faire subir la fermentation acétique et le transformer en vinaigre. Une précaution bien simple suffit pour empêcher cette transformation : c'est de boucher la bouteille au moyen d'un tampon d'ouate qui opère la filtration de l'air.

L'expérience qui fut le point de départ des travaux de Pasteur démontre ces faits de la manière la plus nette.

Pasteur introduisit dans un ballon de verre préalablement purifié un liquide fermentescible. Le col effilé du ballon communiquait avec un tube de platine chauffé au rouge. Il fit bouillir le contenu de ce flacon pendant deux à trois minutes. il le laissa refroidir complètement. L'air rentra pendant ce refroidissement après avoir traversé le tube en platine chauffé au rouge où les micro-organismes furent détruits, puis l'appareil fut fermé à la lampe. Le liquide ainsi stérilisé se conserva pur indéfiniment, mais quand on vint à casser le col et qu'on laissa pénétrer l'air, on ne tarda pas à voir s'altérer le contenu, par l'action des germes de l'atmosphère du flacon. L'air qui y était entré avait apporté les germes de l'atmosphère. Pasteur a, quelques années plus tard, modifié cette expérience fondamentale et démontré qu'il n'était pas nécessaire de détruire les germes de l'air en leur faisant traverser un tube chauffé au rouge, qu'il suffisait de faire suivre à l'air une série de sinuosités ou même d'interposer une couche d'ouate qui sert de filtre. Ce dernier moyen est devenu classique en bactériologie.

Depuis cette expérience mémorable, des résultats fort intéressants ont été obtenus. On a compté les microbes contenus dans un volume donné d'air et on a étudié leur répartition dans la nature.

Le nombre des germes de l'atmosphère varie dans des proportions considérables, suivant les lieux d'observation et suivant les conditions météorologiques. L'air libre contient à peu près 750 micro-organismes en moyenne par mètre cube. L'air des campagnes est moins riche que celui des villes. Pasteur a vu dans le Jura s'altérer la moitié seulement du bouillon de culture qu'il a mis en contact avec l'air extérieur. Plus l'altitude est considérable plus les bactéries sont rares ; de Freudenreich n'en a constaté qu'une seule par mètre cube au Montanver, près de la mer de Glace ; en pleine mer, il n'y en a point du tout. A une certaine distance des côtes l'atmosphère est d'une pureté absolue, mais en revanche dans les maisons habitées le nombre de bactéries est considérable ; dans une chambre de la rue Monge, Miquel en a trouvé plus de 14.000 par mètre cube et dans une salle de la Pitié près de 10.000.

Si l'air est en repos, ces micro-organismes tombent sur le sol ou sur les parois de la chambre.

D'après Miquel aussi, le nombre des germes contenus dans l'atmosphère serait faible en hiver, augmenterait au printemps, resterait très élevé en été et en automne pour ne décroître qu'à la fin de cette dernière saison.

Ils seraient rares pendant les saisons pluvieuses et très abondants pendant les périodes de sécheresse. Toutes les formes microscopiques sont représentées dans l'air, vibrions, bactéries, bacilles, etc. La plupart paraissent être des microbes saprophytes absolument inoffensifs tels que le *bacillus subtilis* fort abondant, le *bacterium termo*, etc. Ullmann a établi que les salles de pathologie et d'autopsie contiennent presque toujours des staphylocoques pathogènes. Eiselsberg, Emmerich, Babes ont isolé au milieu des hôpitaux des streptocoques. Cornet, dans les mêmes conditions a observé le bacille de la tuberculose. L'air de nos villes, d'après Franckel, l'air de la rue d'après Uffelmann et Paulowsky, seraient fréquemment contaminés par les agents de la suppuration.

Comment agissent ces germes si abondamment répandus dans la nature. La réponse, si on devait se contenter d'une dénomination, serait facile et simple, ils déterminent les « fermentations ».

Mais que doit-on entendre par ce mot et qu'est-ce qu'une fermentation ?

Lorsqu'on abandonne à une température propice du moût de raisin, on voit au bout d'un certain temps s'élever dans le sein du liquide de petites bulles gazeuses qui deviennent bientôt de plus en plus nombreuses et simulent une effervescence et une ébullition ; ces phénomènes étaient connus depuis longues années et la théorie qui cherchait à les expliquer disait : sous l'influence de l'oxygène de l'air, il se produit un ébranlement moléculaire des matières azotées qui s'altèrent, se décomposent et par un mouvement communiqué modifient les substances fermentées, celles avec lesquelles elles se trouvent en contact. Gay-Lussac avait fait à ce sujet une expérience qui semblait probante : dans deux éprouvettes remplies de mercure on avait placé un grain de raisin écrasé, puis dans l'une d'elles on avait fait arriver de l'air atmosphérique tandis que l'autre restait hermétiquement close. Or, dans la première, une fermentation ne tardait pas à se produire et on n'observait rien de semblable dans la seconde. Conclusion qui semblait légitime : le raisin a besoin, pour fermenter, de l'oxygène de l'air.

Berzélius et Mitscherlisch croyaient à une force catalytique ou de présence qui ne prenait rien et ne cédait rien à la matière fermentescible et n'agissait que par le contact. Mais Pasteur démontra que les germes-ferments étaient tous créés dans l'atmosphère et que la fermentation était due, pour chaque corps, à des micro-organismes dont la pullulation est considérable et qui agissent en altérant profondément les substances fermentescibles au milieu desquelles on les place.

Les expériences de Pasteur, qu'il serait à la fois trop long et hors de propos de rappeler toutes ici et sur lesquelles nous aurons à revenir, démontrent surabondamment que les ferments sont comparables à des êtres vivants, faciles à isoler, cultivables et avec lesquelles on peut reproduire les phénomènes de la fermentation.

Les maladies virulentes ne sont pas autre chose que des fermentations dues à des germes pathogènes, elles sont sous la dépendance de micro-organismes possédant une spécificité spéciale.

Etudions maintenant où et comment naissent ces infiniment petits si puissants sur l'organisme.

En premier lieu, la putréfaction, qui n'est à proprement parler qu'une fermentation en vertu du principe même de Pasteur. Toutes les fois, a dit cet éminent maître, qu'une matière albuminoïde, soit solide, soit liquide, renferme plusieurs corps fermentescibles, les germes de ces ferments tendent tous à se propager à la fois et le plus ordinairement leur développement simultané se présente, à moins que l'un d'eux n'envahisse le terrain plus promptement que les autres. C'est ce qui arrive pour l'économie animale.

Et ce n'est pas seulement à ces ferments difficiles à percevoir que les corps doivent leur rapide transformation. Dans des conditions d'aération convenables, certains insectes viennent déposer leurs œufs, toute une génération d'animaux se développe aux dépens de ces corps et facilite encore l'action des ferments. Les produits de cette fermentation ou putréfaction sont de plusieurs espèces : solides, liquides, et gazeux. En général ces derniers ont une odeur infecte et altèrent profondément l'atmosphère. On a donné plus spécialement le nom de miasmes aux émanations putrides d'origine animale et celui d'effluves aux émanations putrides d'origine végétale.

30. Putréfaction des matières animales. Miasmes. — Les miasmes ont été divisés en miasmes proprement dits provenant des corps vivants et miasmes ou émanations putrides provenant des matières animales en décomposition. Nous avons déjà dit que l'acte respiratoire modifie non seulement les qualités chimiques de l'air mais qu'il donne naissance aussi à des exhalations spéciales venant des bronches et du poumon ; ces exhalations ne sont pas les seules que l'homme bien portant répand autour de lui dans l'atmosphère. La peau elle aussi secrète non seulement de l'eau facilement réduite à l'état de vapeur qui tient, elle aussi, en dissolution de la matière animale, encore indéterminée il est vrai, mais que l'on sait être soluble dans l'eau, posséder une odeur particulière et jouir de la propriété de se décomposer avec une facilité singulière et d'altérer aussi la composition de l'air. Nous l'avons déjà dit, c'est à cette matière lorsqu'elle se putréfie, ou pour mieux dire lorsqu'elle fermente, qu'est due l'odeur que l'on rencontre dans tous les endroits où sont agglomérés un certain nombre d'individus. Nous étudierons les effets de l'encombrement en nous occupant des habitations.

Mais en dehors de ces substances organiques mal définies, on rencontre encore en grand nombre des corpuscules organisés qui sont les véritables causes de la propagation des maladies. Tantôt la propagation se fait entre habitants de la même chambre ou du même immeuble; une fois né, le miasme peut se reproduire et se propager sans qu'il soit toujours possible de le suivre d'une manière exacte.

Du reste il peut se propager par des intermédiaires qui n'ont nul besoin d'être affectés eux-mêmes. Mais ce qui est démontré, c'est que le sujet qui prend la maladie présentait un état spécial qui lui permettait de devenir un facile terrain de culture, ou pour parler un langage plus scientifique, il était dans un état de receptivité spécial. Le jeune âge, le sexe féminin, la constitution faible, le tempérament lymphatique et aussi l'état de fatigue ou de surmenage de l'individu rendent facile l'absorption des miasmes, créent un état de receptivité qui facilite l'éclosion de la maladie. Ces miasmes peuvent aussi persister pendant de longues années et même résister à la putréfaction. Divers fossoyeurs ont été malades pour avoir exhumé des personnes ayant succombé à des maladies contagieuses; c'est à des miasmes produits ou développés par l'organisme que sont dues les maladies pestilentielles, en particulier le choléra, la peste, le typhus des camps, la fièvre jaune, la variole, la scarlatine, etc., etc.

L'organisme semble s'acclimater à certains miasmes; il est démontré, par exemple, que les gens qui vivent dans les pays où règne la fièvre jaune, la contractent beaucoup moins que les nouveaux arrivants; certaines prédispositions résultent de la race. La fièvre jaune attaque surtout les blancs; la peste la race noire, etc., etc.

A côté des accidents produits par l'être vivant, il y a lieu d'étudier l'influence des émanations putrides cadavériques sur l'organisme.

Les éléments divers qui constituent le corps des animaux, immédiatement après la mort, se transforment de manière à former des composés solides, liquides, ou gazeux. C'est la putréfaction proprement dite. Les gaz sont des gaz azotés, de l'ammoniaque par exemple, des gaz carbonés, des gaz sulfhydriques et acétiques, un peu d'hydrogène phosphoré, et enfin des matières animales volatiles qui donnent à la putréfaction son odeur spéciale.

Les matières solides sont surtout des matières grasses, dites gras de cadavre.

Les conditions indispensables pour que la putréfaction se produise sont : 1° la présence de l'oxygène de l'air et la facilité plus ou moins grande de son renouvellement; 2° un certain degré d'humidité; 3° surtout une température d'environ 30 degrés; et enfin 4° un agent ou ferment.

Tous les êtres humains ne subissent pas dans les mêmes conditions la putréfaction; elle semble plus active chez les sujets du sexe féminin, chez ceux qui ont un tempérament gras et lymphatique, enfin chez les individus qui ont succombé à de longues suppurations, ou bien qui sont morts après un surmenage plus ou moins grand. C'est à l'air libre qu'elle s'opère le plus vite, plus lentement dans l'eau, plus lentement encore dans la terre. La putréfaction passe par quatre périodes : la première du début est marquée par un ramollissement de toutes les parties molles, la peau prend une teinte rosée, puis bleuâtre, puis verdâtre; les humeurs de l'œil deviennent couleur bistre, la cornée commence à se ramollir. L'abdomen prend quelques teintes verdâtres; il n'y a pas encore, à proprement parler, d'odeur particulière.

A la deuxième période, le ramollissement s'accentue, il y a déjà une odeur qui devient de plus en plus infecte.

A la troisième, les tissus sont transformés en une bouillie noirâtre qui répand une odeur nauséeuse et ammoniacale ; enfin la décomposition est achevée, l'odeur s'affaiblit, il n'y a plus aucune forme primitive, et les tissus sont transformés en une espèce de terreau noirâtre qui se confond souvent avec l'humus qui l'environne.

D'après Parent du Chatelet, les professions qui s'occupent des cadavres en putréfaction ne sont exposées à aucune maladie, c'est ainsi que les bouchers, les chandeliers, les tanneurs, les corroyeurs, les mégissiers, les vidangeurs et les charcutiers ne seraient atteints d'aucun accident spécial. Cette opinion est trop optimiste, on a vu des fossoyeurs tomber malades après des exhumations et il est démontré aujourd'hui que les dégagements de gaz putrides peuvent amener des dysenteries, de la diarrhée et même, si l'exposition est prolongée, du typhus. D'après Parizet, la peste d'Orient serait presque exclusivement due à la grande quantité de matières putrides répandues dans les villes. Michel Lévy a attribué aux matières fécales répandues à proximité des camps, les dysentéries qu'il a observées dans l'armée de Crimée.

Ces matières putrides sont donc, malgré l'avis de quelques auteurs, loin d'être inoffensives, il faut s'en garantir ; de là, les précautions que l'on prend pour l'entretien des fosses d'aisances, des cimetières, des abattoirs, des tanneries, des fonderies de suif, des fabriques de savons, de bougies, etc., qui sont soumis à une législation spéciale ; tous ces établissements rentrent dans la catégorie des professions insalubres. En général, dans ce cas, la porte d'entrée de l'infection est la voie respiratoire.

Les maladies que déterminent les miasmes animaux ont été divisées en trois classes: 1° Les maladies pestilentielles, c'est-à-dire n'ayant aucun siège anatomique nettement caractérisé, ce sont le choléra, la peste d'Orient, le typhus, qui résulte en général de l'encombrement, et la fièvre jaune ; 2° les maladies miasmatiques avec siège constant, comme la fièvre typhoïde, dont la lésion est toujours dans l'intestin grêle; la variole, la suette miliaire, dont la lésion est à la peau ; la scarlatine, la rougeole qui siègent à la fois sur la peau et dans les organes respiratoires ; 3° les maladies *miasmatiques* accidentellement *épidémiques* suivant les conditions atmosphériques, la réceptivité des individus, l'intensité de l'infection miasmatique. Telles sont, par exemple, la grippe, la méningite cérébrospinale épidémique, les érysypèles, la dysentérie, les angines, la coqueluche, etc.

Nous venons d'étudier l'influence sur l'homme des miasmes produits par les matières animales en décomposition. étudions maintenant l'action sur l'organisme des effluves résultant des altérations subies par les matières végétales.

31. Putréfaction des matières végétales. Effluves. Fièvre intermittente. Cachexie paludéenne. Malaria. — Les marais, les étangs sont les lieux où cette putréfaction des matières végétales s'opère avec le plus de facilité. Sous l'influence de la chaleur et des conditions favorables, il se produit, au moment où les fermentations ont le plus d'activité, une certaine quantité d'effluves qui déterminent chez l'homme une maladie spéciale désignée généralement sous le nom de fièvre paludéenne.

Cette affection, très sérieuse par les conséquences qu'elle peut avoir sur l'individu qui en est atteint, est caractérisée par deux manifestations bien spéciales. En premier lieu des accès plus ou moins nettement séparés et périodiques ; 2° par un état général plus ou moins sérieux, désigné sous le nom de cachexie et déterminant parfois une altération profonde de l'organisme.

Les accès sont caractérisés par trois périodes distinctes, l'une pendant laquelle le malade se sent envahi par un refroidissement plus ou moins intense accompagné généralement de frissons. A cette sensation de froid, succède bientôt une période de chaleur pénible qui ne prend fin que lorsque survient la troisième période dite de transpiration ou sueur. Pendant toute la durée de l'accès, même pendant le frisson, le thermomètre qui note la température du malade annonce une élévation notable et le pouls bat beaucoup plus fréquemment ; aussi la chaleur corporelle de 37° cent. peut monter à 41,5 et même 42 pendant l'accès, le pouls, de 68 en moyenne, peut s'élever à 150.

Mais après la période de chaleur les accidents se calment et le malade peut retrouver un repos relatif. De là, le nom de fièvre intermittente donné à cette maladie.

Ce que nous venons de décrire est l'accès intermittent type et quotidien, venant régulièrement et journellement à la même heure, mais il s'en faut de beaucoup que toute fièvre intermittente soit aussi nettement caractérisée. Il arrive parfois que l'accès ne revient que tous les deux jours : dans ce cas la fièvre est dite intermittente tierce ; que tous les trois jours, elle porte alors le nom de quarte, etc. Quelquefois encore, la période de bien-être du malade n'est pas franche, et le deuxième accès commence avant que le premier soit complètement terminé ; la fièvre est alors subintrante. Enfin les accès de fièvre paludéenne peuvent quelquefois être si violents que leur apparition est très grave et qu'ils sont de nature à amener la mort avec une grande rapidité : ce sont les accès dits pernicieux qui s'observent rarement en France, mais qui sont fréquents dans les climats à température très élevée. Les accès pernicieux ont ceci de particulier, qu'en général, il y a toujours une des périodes de l'accès plus ou moins prolongée, c'est ainsi que l'une des formes de l'accès pernicieux est caractérisée par un frisson beaucoup plus long que dans les accès ordinaires et constitue à lui seul une complication de la maladie, qui porte alors le nom de fièvre algide. En général si l'on n'intervient pas dans le cas de fièvre pernicieuse, le malade succombe au plus tard lors de son troisième accès.

La fièvre intermittente, d'origine paludéenne, règne dans tous les pays où se trouvent réunies les trois conditions suivantes : Eaux stagnantes, matières organiques en décomposition et température élevée : elle a causé des ravages considérables dans certaines contrées, telles que la Sologne, le Midi de la France, la campagne de Rome, divers pays de l'Italie et en particulier en Algérie, où elle a été un sérieux obstacle à la conquête.

Pour s'en prémunir, il faut : 1° fuir autant que possible le voisinage des marais, les lieux bas et humides, ceux dans lesquels l'écoulement des eaux ne se fait pas facilement ; éviter de se trouver en plein air au lever et au coucher du soleil, au coucher surtout, et particulièrement à l'époque où la fermentation est très active à la surface du sol, c'est-à-dire au printemps et à l'automne : Suivre rigoureusement les lois de l'hygiène, prendre une alimentation tonique et reconstituante, éviter les excès en tous genres et certaines boissons toniques, mais surtout l'alcool.

Si malgré ces précautions hygiéniques on contracte la fièvre, il faut avoir recours à la quinine, prise suivant des règles aujourd'hui bien établies, et dont l'utilité est actuellement démontrée par les merveilleux résultats obtenus par Maillot sur l'armée d'Afrique, résultats qui ont facilité de la manière la plus sérieuse la conquête de l'Algérie. Mais la quinine doit être administrée par le médecin : le sel autrefois employé à l'exclusion de tout autre était le sulfate de quinine ; aujourd'hui on lui a substitué avec avantage le bromhydrate ou mieux le chlorhydrate de quinine, qui sont plus actifs et contiennent, pour un même poids, beaucoup plus de quinine.

Ce n'est pas seulement comme agent curatif de la fièvre paludéenne qu'on emploie le chlorhydrate de quinine, mais encore comme agent préservatif.

C'est ce qu'a indiqué la Société de thérapeutique, qui, appelée à se prononcer sur le sel à employer et sur la forme la plus commode pour l'administrer aux soldats partant pour l'expédition de Madagascar, a choisi le chlorhydrate de quinine.

Dans la cachexie, ou affaiblissement général qui succède si fréquemment à la fièvre intermittente, c'est surtout aux toniques généraux qu'il faut avoir recours et en particulier aux amers, au quinquina, à l'arsenic, et à divers médicaments agissant surtout de manière à atténuer la facilité d'empoisonnement de l'organisme.

39. Maladies des êtres vivants dites microbiennes ou infectieuses. — *Microbiologie.* — Les micro-organismes que les savants étudient à l'heure actuelle et qui jouent un si grand rôle en hygiène et en pathologie, peuvent être divisés, au point de vue de leur forme, en plusieurs classes distinctes : Un microbe constitué par une cellule isolée, globuleuse et ronde, porte le nom générique de croccus ou de micro-coccus ; lorsqu'au contraire il a une forme allongée, celui de bactérie ; quand il est constitué par des bâtonnets juxtaposés bout à bout, celui de bacille ; par des cellules plus ou moins en spirale, celui de vibrions.

Ce sont ces organismes inférieurs qui sont les causes d'un certain nombre de maladies spéciales.

La première que Pasteur étudia fut le charbon, maladie transmissible à l'homme et qui portait des noms différents suivant l'espèce à laquelle elle s'attaquait. C'est ainsi que chez les moutons elles s'appelait le sang de rate ; chez la vache la maladie du sang ; chez le cheval, la fièvre charbonneuse ; chez l'homme la pustule maligne ou œdème malin.

En 1850 déjà, Davaine et Rayer avaient démontré que dans le sang des animaux qui meurent du charbon, il existait des petits corps filiformes ayant environ le double en longueur des globules sanguins. Diverses expériences entreprises par ces auteurs et par d'autres, Delafond, Pollender et Barthelemy, en particulier, permirent d'établir que ces corpuscules reproduisaient la maladie charbonneuse, et en 1877 Pasteur démontra le fait de la manière la plus péremptoire. Le microbe du charbon désigné par Davaine sous le nom de bactéridie est un bacille, il se présente sous trois formes différentes, suivant le milieu où il s'est développé. Dans le sang de l'homme ou des animaux, ce sont des bâtonnets cylindriques transparents, homogènes, plus courts chez l'homme et chez le bœuf que chez la souris. Cette bactérie peut se développer dans les bouillons de culture : elle prend alors l'apparence de petits grumeaux qui nagent dans un liquide clair. Les bactéries absorbent l'oxygène du sang, ce qui donne à ce liquide l'aspect noir qui a frappé tous ceux qui se sont occupés du charbon.

Le charbon ne s'observe pas partout de la même manière. En France il sévit dans la Brie, la Champagne, la Bourgogne, le Dauphiné, la Charente et surtout la Beauce. Dans cette dernière contrée, la maladie charbonneuse peut frapper 20 0/0 de la population ovine et amène une perte annuelle de 7 à 8 millions de francs ; on l'observe aussi en Allemagne, en Bavière, en Hongrie, dans la Saxe et en Autriche, mais c'est la Russie qui paie à cette infection le plus lourd tribut, même chez l'homme. Pasteur a démontré que les spores charbonneuses présentaient une résistance considérable aux divers agents physiques et chimiques. Pendant un certain temps les spores déposées sur la terre ou dans l'eau conservent leur virulence ; on a cité le fait d'un bœuf mort du charbon qui empoisonna deux personnes qui se nourrirent de sa chair; quelques mois plus tard le sellier qui manipule sa peau est à son tour pris du charbon et succombe ; un troupeau de moutons qui boit dans la mare où cette peau a macéré périt en grande partie, enfin deux chevaux qui avaient servi à transporter cette peau succombent à leur tour. Cette observation très authentique est intéressante à de nombreux points de vue : elle démontre la gravité d'une pareille maladie et la survie considérable des spores.

Dans certains pays, en Beauce par exemple, on sait très bien qu'il est des champs désignés sous le nom de champs maudits, parce qu'ils sont particulièrement dangereux. M. Pasteur réussit à trouver les spores charbonneuses dans les terres infectantes qui recouvraient ou entouraient les fosses où l'on avait enfoui quelques années auparavant les animaux charbonneux. Souvent même la terre avait été travaillée et ensemencée de nouveau sans que la virulence eût disparu. Pasteur admet que c'étaient les vers de terre qui reportent les spores à la surface du sol ; ils avalent la terre contaminée, la déposent à la surface du sol avec les excréments qu'ils rendent. C'est au milieu de ceux-ci que Pasteur retrouva des spores capables de reproduire le charbon. Bollinger, dans les Alpes, a été témoin des mêmes faits. Il en est de même des limaces, des escargots, des mouches, qui transportent très facilement les spores infectieuses. Enfin les pluies transportent souvent les germes vers les mares où les troupeaux vont boire.

Parmi les animaux capables de contracter le charbon il faut placer le mouton, qui possède le triste privilège de voir la maladie charbonneuse se développer chez lui avec la plus grande facilité. Mais tous les moutons ne sont pas dans le même cas. Chauveau a démontré que les moutons algériens sont refractaires au charbon, et que c'était là une question de race, car les moutons français transportés en Algérie restent capables de contracter la maladie. Les cobayes et les souris viennent à peu près sur la même ligne. Les lapins sont plus résistants, de même les bœufs, les chevaux, etc. Les carnassiers jouissent d'une immunité assez sérieuse, c'est ainsi que les chiens peuvent quelquefois impunément manger de la viande d'animaux charbonneux, lorsqu'ils ne sont pas trop jeunes, car les animaux sont d'autant moins capables de contracter la maladie charbonneuse qu'ils sont dans la force de l'âge, fait qui démontre que l'organisme a besoin d'être dans un état de réceptivité spécial pour contracter les maladies virulentes. Le jeûne et le surmenage, ainsi que toutes les affections qui altèrent la force de résistance des sujets, les rend plus aptes à contracter le charbon.

L'homme n'échappe pas à ces conditions, bien qu'il ne soit pas très sensible à l'infection charbonneuse : aussi le plus souvent la maladie reste-t-elle pendant assez longtemps cantonnée au point d'inoculation. Cette inoculation a toujours lieu sur un point du tégument externe dépourvu de son épiderme. Elle peut se présenter chez tous les individus qui manipulent des cuirs, chez les garçons d'amphithéâtre, les trieurs de laine, les chiffonniers; mais en général elle provient d'une mouche spéciale, d'après Mégnin, mouche dont la trompe rigide et résistante peut inoculer le virus sous l'épiderme. On s'est demandé si les viandes contaminées ne pourraient pas produire l'infection chez l'homme lorsqu'elles sont ingérées, et toutes les opinions ont été émises sur cette question. Il semble démontré que si des viandes charbonneuses ont pu être mangées sans danger, il est certain que c'est la cuisson qui, pénétrant jusqu'à l'intérieur de ces viandes et élevant leur température à un degré suffisant pour détruire les spores, qui a permis d'employer ces viandes pour l'alimentation ; mais elles n'en doivent pas moins être rejetées, car avant la cuisson diverses personnes sont appelées à les manipuler et elles peuvent, par suite, être dangereuses pour elles. Enfin il n'est pas toujours certain que la température s'élèvera, dans le centre du morceau de viande, à un degré suffisant pour détruire les germes. On s'est aussi demandé si les divers procédés de conservation des viandes, et en particulier la salaison, pouvaient détruire la virulence et rendre comestibles des viandes d'animaux charbonneux ; il est démontré aujourd'hui, par des expériences très précises, qu'il vaut mieux encore s'abstenir. Enfin il faut se rappeler que Chambrelent et Moussons ont démontré que le lait des vaches charbonneuses peut infecter ceux qui le boivent.

La seconde des maladies virulentes dont Pasteur s'est occupé est le choléra des poules. Les gallinacées sont réfractaires au charbon. Pasteur avait démontré que le microbe de cette maladie ne se cultive plus à une température de 44 degrés centigrades. Il y avait donc lieu de penser que la température du sang des oiseaux qui est voisine de 44° ne permettait pas l'inoculation de la bactérie charbonneuse. Mais les poules peuvent être atteintes d'une autre affection qui décime les poulaillers et qui porte le nom de choléra des poules. Les principaux symptômes de cette affection sont une faiblesse générale, un sommeil invincible, une résolution absolue des forces, et enfin une diarrhée séro-muqueuse à laquelle les animaux succombent très vite. Pasteur pensa avoir à faire dans ce cas à une maladie microbienne et le démontra en cultivant le micrococcus qui, isolé, reproduisit la maladie, non seulement chez les gallinacées, mais encore chez le lapin.

Les microbes ont besoin, pour se développer, d'un milieu qui leur soit favorable ; c'est ainsi que les uns ont, comme milieu de culture, le sang, d'autres au contraire les muscles, d'autres le tissu cellulaire. Les uns vivent dans l'eau, d'autres au contact de l'oxygène, et succombent dès que ce gaz est enlevé au milieu dans lequel ils se trouvent ; il en est pour qui ce gaz est, au contraire, nuisible. Enfin on peut artificiellement créer des milieux où la prolifération des microbes se fait avec une excessive facilité. Ce sont les milieux dits bouillons de culture ; nous avons vu que le microbe du choléra des poules n'était cultivable que dans la gélatine ou dans des décoctions de muscles de gallinacées. Ces bouillons de culture, ainsi préparés, ont servi à démontrer l'extrême virulence de certains micro-organismes. C'est ainsi que prenant une goutte de sang d'un animal ayant succombé au charbon et la plaçant dans un bouillon de culture convenable, Pasteur a vu la bactérie charbonneuse se multiplier avec une excessive rapidité. Il en a été de même d'une troisième culture, et ainsi de suite jusqu'à la vingtième qu'il a alors inoculée à un mouton, et cet animal n'a pas tardé à succomber. Ce fait démontre l'excessive prolifération de ces bactéries.

La lumière exerce sur les bactéries une action des plus importantes. Duclaux a démontré que les rayons directs du soleil agissent 50 fois plus activement pour tuer les bactéries qu'une température élevée avec lumière diffuse. Arloing est parvenu à des résultats qu'on peut rapprocher de ceux-ci : en exposant au soleil des cultures au mois de juillet, il a reconnu que les spores avaient perdu leur faculté de germination au bout de 120 minutes.

A l'état de dessiccation, les bactéries pourvues de spores auraient, suivant Duclaux, une résistance beaucoup plus considérable. Quoi qu'il en soit, le soleil est, à coup sûr, un des grands purificateurs de l'organisme.

L'électricité atmosphérique n'a pas une grande importance, mais la chaleur est beaucoup plus utile pour la destruction des microbes ; vers 100 degrés environ tous les microbes sont tués. L'oxygène de l'air est aussi un élément puissant de purification et dans ce gaz, à une certaine pression, les bactéries du charbon, du rouget et du choléra des poules peuvent être atténuées. Le froid dans des proportions considérables, bien inférieur à zéro, diminue la vitalité des germes. On sait que la glace et les grelons peuvent contenir des germes pathogènes et que l'hiver n'arrête en rien les épidémies. Mais le froid rend la prolifération moins active, car pour que les germes pullulent dans de bonnes conditions il faut une certaine chaleur, ainsi que nous le verrons en étudiant les fermentations.

La pression atmosphérique, pour être nuisible à l'accroissement et à la multiplication des micro-organismes, doit arriver, ainsi que l'a démontré Chauveau, à neuf atmosphères au moins. Le rôle de l'ozone, celui de l'acide carbonique et du vide, ne paraissent pas encore bien démontrés pour diminuer ou augmenter la vitalité des bactéries.

Certains germes, lorsqu'ils sont desséchés, perdent en partie leur virulence ; ainsi le bacille virgule du choléra. Mais il en est beaucoup d'autres qui résistent, et qui, même après avoir été desséchés, reprennent avec une excessive rapidité toute leur puissance.

Les micro-organismes dont nous nous occupons se reproduisent par gemmiparité ou bourgeonnement. Chacun d'eux est formé d'une membrane contenant une matière appelée protoplasma, comparable à celle que contiennent les végétaux. Ce protoplasma possède les réactions de l'albumine et de la nucléine, et se colore en jaune par l'iode, ce qui est l'indice de la présence d'une petite quantité d'amidon.

Certaines bactéries sont douées de mouvement ; d'autres, au contraire, sont immobiles, enfin il en est qui sont tantôt mobiles, tantôt immobiles ; les mouvements de ces corpuscules rentrent dans ce que l'on est convenu d'appeler le mouvement brownien.

Mais ce mouvement est loin d'être aveugle : il répond

à une nécessité vitale de la bactérie. Si on prend en effet un de ces micro-organismes avides d'oxygène, on ne tarde pas à le voir se rapprocher des bords de la préparation, afin de se mettre en contact avec ce gaz; si au contraire des bactéries sont de celles pour lesquelles l'oxygène est nuisible, c'est au contraire au centre de la préparation qu'on les voit se grouper.

Les apparences morphologiques des bactéries peuvent se réduire à un très petit nombre de formes : ronde, en bâtonnet, en spirale.

Les formes rondes portent le nom générique de coccus ou de micrococcus. Si des éléments sont isolés, ce sont des monococcus ; s'ils sont réunis ce sont des diplococcus (quelquefois appelés aussi des coccus en 8 de chiffre) ; si ces cellules rondes sont juxtaposées de manière à former une sorte de chapelet, on les appelle des streptococcus. S'il forment des espèces de zooglées ou grappes, on les nomme staphylococcus, etc.

La seconde forme est celle en bâtonnets qui porte plus spécialement le nom de bacilles. Certaines espèces de bacilles, celle du charbon, par exemple, placées dans un milieu approprié, s'allongent en filaments tenus, comparables à un véritable chevelu de racines.

Enfin de toutes la plus rare est la forme en spirale. Elle présente deux variétés principales : les spirilles et les spirochœtes. Le bacille en virgule ou en forme de croissant ne serait, d'après quelques auteurs, qu'un fragment de spirille en voie de prolifération.

Voilà les formes sous lesquelles se présentent le plus souvent les bactéries. On a beaucoup discuté pour savoir si ces formes sont caractéristiques ou si les mutations que l'on observe ne sont que des transformations que subissent les bactéries : on est loin d'être fixé sous ce rapport.

Lorsque les bactéries sont placées dans un milieu favorable à leur développement, elles pullulent d'une manière à la fois considérable et très rapide, on a même calculé qu'un même bâtonnet peut en trois jours se reproduire au nombre de plusieurs milliards. Comme nous l'avons dit, cette multiplication se fait par gemmiparité ou bourgeonnement. Si on prend sous le foyer d'un microscope un micrococcus, on ne tarde pas à voir sur un point de sa surface un petit bourgeon qui va en grossissant jusqu'à ce qu'il ait atteint le même volume que la cellule d'où il émane. A ce moment il peut se présenter deux phénomènes différents : ou bien les deux cellules se séparent, ou bien elles restent accolées et chacune d'elles se met à bourgeonner à son tour, de manière à donner l'aspect d'une chaînette.

Si le milieu s'appauvrit et n'est plus dans de bonnes conditions pour sa prolifération, il se produira alors des organismes moins gros, moins vigoureux et des spores, c'est-à-dire de petites cellules se sépareront de la bactérie principale, sans avoir atteint le développement de la cellule adulte. Mais ces spores placées dans un milieu propice deviennent grandes à leur tour et capables de reproduire les phénomènes qui sont le propre de la cellule adulte. On conçoit très bien que les sporules puissent, par exemple, reproduire le charbon.

Chez certains bacilles, tels que l'anthracis ou le bacillus subtilis, le phénomène se produit avec une très grande rapidité. Si on place quelques échantillons de ces micro-organismes dans un bouillon de culture, on voit la prolifération d'abord exagérée s'arrêter tout à coup et les spores se produire, sous forme de point brillant en premier lieu, puis petit à petit sous forme d'un petit corps qui finit par se détacher et gagner le fond du vase.

Lorsque ces spores sont placées de nouveau dans un bon terrain, elles germent et peuvent reproduire les phénomènes que nous avons étudiés.

22. Travaux de Pasteur. — Nous avons vu en particulier que ce sont les spores charbonneuses qui, transportées par les vers de terre, pouvaient reproduire le charbon. Pasteur se reportant à ce fait que la maladie virulente, la variole, ne récidivait que rarement, se demanda si pour les autres maladies de même espèce il ne serait pas possible de trouver des vaccins analogues au vaccin Jennérien. C'est la culture de la bactérie du choléra des poules qui lui permit de résoudre cette question. Il remarqua en étudiant les cultures de cette bactérie que lorsqu'on laisse ces cultures pendant un certain temps avant de les faire repulluler, elles s'atténuent de plus en plus. Ainsi, si prenant une goutte d'une culture on la place dans un milieu favorable, elle repullule avec une excessive vigueur et la nouvelle culture a une toxicité très grande ; mais si au lieu de prendre cette goutte de matière peu de temps après qu'elle a commencé à se reproduire, on laisse s'écouler un intervalle plus ou moins long, de plusieurs semaines ou de plusieurs mois, la virulence des cultures qu'on obtient ainsi va en s'affaiblissant d'autant plus que le temps écoulé entre les cultures est plus prolongé. En inoculant des gallinacés avec ce dernier virus, ceux-ci sont encore malades mais le plus souvent ne succombent plus. Ils ne succombent même plus si on pratique une nouvelle inoculation avec du virus non atténué et possédant toute sa toxicité. Ce fait est démontré et Pasteur avait fini par vacciner des poules contre le choléra comme on vaccine comme la variole. Ce premier point obtenu, Pasteur voulut s'occuper du charbon ; mais, nous l'avons vu, la bactérie du charbon se reproduit par spores qui conservent très longtemps leur virulence. Il y avait là une difficulté qui ne fut vaincue que par des recherches nouvelles de Pasteur : il vit en effet que, chauffé vers 40 à 45°, le bacille du charbon ne donne plus de spores, il était donc facile en faisant agir la chaleur, de modifier la virulence de ce bacille et de l'atténuer dans une certaine limite. Peu de temps après cette découverte, Pasteur tenta sa fameuse expérience de Pouilly-le-Fort sur soixante moutons : vingt-cinq devaient être vaccinés deux fois à 12 ou 15 jours d'intervalle, puis quelques jours après ces vingt-cinq moutons et vingt-cinq autres devaient recevoir une inoculation de virus très toxiques, les dix derniers servant de témoins. Sur dix vaches, six furent vaccinées, quatre ne le furent pas dans les mêmes conditions. Deux jours après l'inoculation virulente, vingt-et-un moutons non vaccinés et une chèvre non vaccinée étaient morts, les vaches étaient malades, tandis que les animaux vaccinés étaient en bonne santé.

Depuis les expériences se sont multipliées et, grâce à la vaccination, la mortalité des troupeaux a beaucoup diminué : mais il faut fréquemment renouveler ces inoculations qui ne préservent guère les animaux de l'espèce ovine que pendant une année environ. Dans tous les cas, la pustule maligne, résultat chez l'homme de l'inoculation charbonneuse, s'observe beaucoup plus rarement. Nous l'avons déjà dit pour que l'inoculation ait lieu chez l'homme il faut que la peau ait une solution de continuité, écorchure, piqure acidentelle, etc. Sur 1077 cas de pustule maligne, 100 fois elle siégeait à la face et à la tête ; 370 fois aux membres supérieurs, 115 fois au cou ;

et 61 fois seulement sur le tronc et les membres inférieurs. La pustule maligne n'est pas douloureuse, il n'existe à son niveau qu'un simple engourdissement et une certaine sensibilité à la pression.

Ce n'est que vers le 4e ou 5e jour, si l'on n'intervient pas, que les phénomènes généraux apparaissent : ce sont d'abord des courbatures, un état général fébrile, mais encore indéterminé qui dure lui-même trois ou quatre jours chez les sujets résistants. Puis les symptômes graves se montrent, le malade prend un aspect cholériforme, la température, élevée pendant un certain temps, tombe rapidement, des sueurs profuses apparaissent et le malade meurt avec des accidents tétaniformes ou épileptiformes, ou bien encore dans le coma. La pustule maligne est donc toujours grave et il faut la soigner avec vigueur : autrefois, dès qu'elle se montrait on détruisait l'escharre au moyen du bistouri ou bien encore au moyen des caustiques et en particulier du fer rouge, aujourd'hui on tend à se servir des antiseptiques et en particulier de l'iode que Davaine employa le premier et qui donnèrent depuis lui de très grands succès entre les mains de plusieurs chirurgiens ; mais il faut aussi avoir recours au traitement général qui sera surtout tonique et reconstituant, en vertu de ce principe qu'il ne faut jamais perdre de vue que plus un malade est débilité, plus il est facilement intoxiqué par les virus.

La maladie que Pasteur a ensuite étudiée est la rage, affection inoculable, ancienne comme le monde, dont Hippocrate ne parle pas, mais dont Aristote, Celse, Dioscoride, Pline, Galien, Serapion et Rhazer nous ont laissé des descriptions.

Elle sévit dans tous les pays du monde ; le plus souvent elle attaque le chien, mais on l'observe souvent chez le chat, le bœuf, le cheval, le mouton, le loup, et plus rarement le renard et le cheval. Elle est rare chez le porc, protégé qu'est cet animal par son épais panicule graisseux peu favorable à l'absorption des virus. Le lapin et le cobaye, différents oiseaux, peuvent aussi la contracter, mais le plus souvent quand on l'observe chez ces animaux, c'est qu'elle leur a été transmise expérimentalement.

D'après la statistique de l'institut Pasteur, plus de 92 fois sur 100 la rage serait transmise à l'homme par le chien et 6 à 7 fois par le chat. On sait en outre que la salive de l'homme appliquée sur une solution de continuité de la peau est capable de transmettre la rage aux animaux ; il n'y a pas d'observation bien authentique de la transmission à l'homme. On admet généralement que la rage est plus fréquente en été qu'en hiver, mais rien n'est démontré à ce point de vue : d'après les statistiques de l'institut Pasteur le maximum s'observerait en mars, avril et mai, le minimum en septembre, octobre et novembre.

Le plus souvent la rage se transmet par morsure, l'infection est d'autant plus probable que la morsure est plus profonde : à ce point de vue les chats et les loups sont plus redoutables à cause de leurs canines fines et acérées. L'infection peut se produire quand un animal lèche et dépose sa bave sur une solution de continuité de la peau. Les morsures d'animaux ne sont pas toujours suivies d'infection, elles sont en général d'autant plus graves qu'elles sont plus nombreuses : d'après Vulpian qui a résumé les différentes statistiques faites avant lui, la mortalité serait à peine de 20 0/0 des individus mordus. Les morsures faites dans des parties du corps découvertes ou dans celles où siègent de nombreux vaisseaux (voies d'absorption toujours ouvertes) sont beaucoup plus souvent suivies d'accidents.

Les hommes, par la nature de leurs travaux et leur contact beaucoup plus fréquent avec la race canine, ont fourni un contingent beaucoup plus nombreux que les femmes; tous les âges sontégalement exposés : néanmoins les enfants paraissent résister davantage. Les anciens pensaient que des individus simplement furieux pouvaient inoculer la rage, mais aujourd'hui, grâce à la connaissance des affections infectieuses que nous ont donnée des travaux récents, on peut affirmer que tout animal ayant donné la rage était lui-même atteint de la maladie. En étudiant si, en dehors de la salive, diverses parties du corps d'un animal enragé pouvaient reproduire la maladie, Pasteur démontra que l'inoculation d'une partie de la moelle épinière, appelée bulbe rachidien, était celle qui introduite sous les enveloppes du cerveau d'un animal déterminait le plus sûrement et le plus rapidement la rage. Si on fait cette expérience sur un lapin, au bout de 12 à 15 jours ils succombe infailliblement, à moins d'une de ces immunités individuelles dont l'histoire des virus offre quelques exemples.

Mais si, prenant un morceau de moelle de ce premier lapin, on l'inocule à un second et qu'on continue ensuite à faire ainsi des inoculations successives de lapins à lapins, on verra la période d'incubation diminuer de plus en plus, et au bout de 100 passages environ, elle ne sera plus que de 6 à 7 jours. A partir de ce moment il n'y aura plus de variation et la rage éclatera toujours à la même époque.

La salive du chien peut contenir le virus rabique trois mois au moins avant que les manifestations ne se produisent chez lui, de là l'obligation d'observer pendant un certain temps les chiens qui en ont mordu d'autres, ou qui ont mordu des individus.

Il faut savoir aussi qu'entre le moment de la morsure et les manifestations rabiques il s'écoule un laps de temps quelquefois très considérable ; dans la statistique de l'institut Pasteur on trouve l'histoire d'un homme mordu au niveau du crâne et de la paupière qui fut pris d'accidents quatorze jours après la morsûre et succomba le dix-huitième. C'est à coup sûr l'un des cas authentiques dans lesquels l'incubation a été la plus courte. Les statistiques de Brouardel, de Proust démontrent que c'est à la fin du premier mois et dans les premiers jours du second que se déclarent généralement les accidents : on a cité des faits d'incubation prolongée. Cadet de Gassicourt a rapporté une observation dans laquelle elle avait duré un an, Cisser une dans laquelle elle aurait duré 18 mois ; Segond dit Féréol et Garnot une de deux ans : enfin Léon Colin une de 4 ans et 10 mois. Sans contester de pareilles observations qui ont été faites par des hommes du premier mérite, on peut craindre que bien des circonstances ne soient venues rendre difficile le diagnostic après un laps de temps aussi prolongé.

On peut donc dire que l'incubation de la rage varie entre 20 et 60 jours, qu'elle dépasse rarement trois mois et est tout à fait exceptionnelle après six mois.

La rage chez l'homme présente généralement trois périodes. La première dite *prodromique*, la seconde d'*excitation* et enfin la troisième dite *paralytique* et se terminant par la mort.

La première, caractérisée surtout par des troubles nerveux, de l'inquiétude, de la tristesse, de l'indifférence à tout ce qui l'entoure, de l'agitation pendant le sommeil, des cauchemars, des visions terribles, etc., peut faire complètement défaut, ou passer pour ainsi dire inaperçue. La seconde période est généralement marquée par des accès ou crises que la moindre cause fait naître et qui sont surtout marqués par des spasmes divers et en particulier par le spasme hydrophobique, par une irritabilité spéciale de tout le système nerveux, par des troubles violents de presque tous les muscles, en particulier de la respiration, par un délire qui peut revêtir différentes formes et par une abondante sécrétion de bave, qui tourmente beaucoup le malade. Cette seconde phase a une durée variable : on l'a vue se prolonger pendant deux ou trois jours.

Puis le malade tombe dans le collapsus, et alors commence la troisième période dite paralytique ; l'intelligence disparaît, la voix est abolie, le pouls est filiforme, le corps recouvert d'une sueur visqueuse, la bouche se remplit d'écume et la mort vient délivrer le patient de ses souffrances.

La durée totale de la rage confirmée est de 3 ou 4 jours ; exceptionnellement on l'a vue évoluer en 48 heures, quelquefois elle se prolonge 7, 8 ou même 9 jours ; mais ces derniers cas sont rares.

Il serait très important de pouvoir reconnaître avec certitude la rage chez les animaux ; cela permettrait généralement de prévenir toute transmission : mais il est quelquefois très difficile, même à l'autopsie, de reconnaître si un animal est ou a été enragé. D'abord il y a deux formes de rage, la forme *furieuse* et la forme mue ou *paralytique*.

Chez le chien, il y a une période prodromique pendant laquelle les symptômes sont quelquefois très vagues et très incertains, c'est la tristesse de l'animal ou au contraire sa tendresse exagérée qui semblent les premiers signes de son mauvais état de santé. Puis survient une période d'agitation, caractérisée par des accès de fureur, pendant lesquels l'animal parcourt la campagne, mord tout ce qu'il rencontre et est en proie à des hallucinations qui le font se précipiter sur des ennemis imaginaires, enfin survient comme chez l'homme de la difficulté de déglutition, et l'animal se met à pousser des cris plaintifs qui sont quelquefois le symptôme le plus caractéristique, car ils sont tout-à-fait spéciaux. Puis survient la période paralytique qui peut aussi éclater d'emblée, être générale ou au contraire n'affecter que quelques muscles. Enfin la maladie se termine en quelques jours, rarement plus de 10, plus rarement encore en moins de 48 heures. A l'autopsie, les lésions sont aussi fort difficiles à reconnaître et l'embarras était grand pour les vétérinaires, il y a quelques années, lorsqu'ils avaient à se prononcer sur la cause de la mort de certains chiens.

Aujourd'hui, grâce aux inoculations de moëlle rabique qu'on peut pratiquer sur divers animaux, le lapin par exemple, on a un degré de certitude qui faisait défaut il y a quelques années.

Il ne faut pas oublier que la rage inspire une telle terreur qu'elle peut provoquer des accidents nerveux qui la simulent. Il n'est pas rare de voir des individus mordus qui sont pris de phénomènes très graves et même par ébranlement du système nerveux, alors que les animaux, causes de la morsure, ne sont nullement enragés. Un grand nombre d'auteurs ont cité des faits de ce genre et en général le meilleur moyen pour calmer les accidents est de démontrer l'existence du chien et son bon état de santé.

Diverses circonstances influent sur le pouvoir qu'a la moëlle d'un animal enragé de reproduire la maladie.

C'est ainsi que si l'on place de la moëlle de lapin douée d'une réelle puissance infectieuse dans de l'air à l'abri de la putréfaction, on constate qu'au bout de 14 à 15 jours elle n'est plus capable d'inoculer la rage. Si elle est en couche très mince ce pouvoir disparait plus rapidement encore ; dans l'eau elle résiste pendant 20 à 40 jours, etc. Le froid ne parait pas avoir de réelle influence, mais il n'en est pas de même de la chaleur. Exposée pendant une heure à une température de 50 degrés ou pendant 24 heures à une de 45, son action pathogène est absolument anihilée. Une pression de 7 à 8 atmosphères exercée sur elle pendant soixante heures n'a aucune action. Mais la lumière a sur les éléments pathogènes de la rage une influence analogue à celle qu'elle possède sur les autres microbes qu'elle fait périr très rapidement, de là la salubrité relative des pays bien ensoleillés.

Diverses substances chimiques, le carbonate de soude, l'acide acétique, le sublimé, le permanganate de potasse, l'alcool à 25°, l'acide phénique à 5 0/0, tuent le virus en 30 minutes ; de même le crésyl à 1 0/0, le sulfate de cuivre, l'acide salicylique, etc.

C'est en se basant sur la possibilité d'atténuer le virus rabique qu'est venue l'idée de la vaccination.

34. Vaccination antirabique. — La première tentative est due à M. Galtier. Dans une note à l'Institut de janvier 1881, il affirma que l'injection de salive rabique dans les veines du mouton ne donne pas la rage, mais confère l'immunité.

Dès la même année, Pasteur et ses collaborateurs eurent l'idée de substituer à la salive rabique l'émulsion de moëlle d'animaux enragés qu'on injectait sous les méninges ; sur trois animaux ainsi traités, deux moururent ; l'un survécut, et ce dernier était absolument réfractaire à la rage. Il ne put plus jamais devenir enragé bien qu'on l'eut fait mordre à diverses reprises par des chiens manifestement malades. Mais c'était là une expérience dangereuse, puisque deux inoculés sur trois avaient péri ; Pasteur eut alors l'idée de transporter la rage du chien à d'autres animaux, au singe par exemple, et il remarqua que par des inoculations successives à des animaux différents, le virus s'atténuait. Il le transporta du chien au singe et du singe au lapin ; il vit en outre que si on prend des moelles de plus en plus virulentes, en commençant par les plus atténuées, et qu'on les inocule à un même animal, il arrive un moment où cet animal devient complètement réfractaire à la rage. Ce fait, bien étudié, fut confirmé de la manière la plus nette devant une commission compétente de l'Académie des sciences.

Mais se souvenant du fait dont il a été question, il n'y a qu'un instant, à savoir que les moelles rabiques perdent leur virulence quand on les soumet à la dessiccation, Pasteur tenta de nouvelles expériences avec les moelles desséchées, et peu de temps après il annonça qu'il avait par ce procédé rendu cinquante chiens réfractaires. C'est à cette époque que fut mordu le jeune Joseph Meister, dont le nom prendra place certainement dans l'histoire de la rage. Cruellement mordu et très profondément, cet enfant semblait voué à une mort certaine. Pasteur eut l'idée de l'inoculer avec des moelles desséchées et d'atténuer ainsi chez lui les effets de la rage. Tout le monde sait aujourd'hui que le succès le plus complet fut obtenu, et que Joseph Meister d'une part, et la nommée Jupille qui vint après lui, sont, actuellement, absolument bien portants.

Telle est, dans ses traits principaux et en dehors des détails d'exécution, la méthode de Pasteur. L'utilité du traitement de la rage, par la méthode de la vaccination, est aujourd'hui généralement admise et étayée par des faits très probants.

Si on admet que 16 0/0 des morsures sont suivies de mort, ce qui semble résulter des observations de Leblanc, on ne tarde pas à mesurer le progrès accompli, en consultant les tableaux de l'institut Pasteur : la mortalité atteint à peine aujourd'hui un pour cent et elle s'abaisse à mesure que la méthode se perfectionne.

En 1890, par exemple, le traitement a été appliqué à 1.546 personnes : cinq ont succombé pendant les vaccinations, six autres ont été prises de la rage dans les quinze jours qui ont suivi les inoculations, et enfin cinq sont mortes plus tard. La mortalité, prise en bloc, a été de 0,97 0/0. Le docteur Dujardin-Beaumetz a démontré, dans des rapports au Conseil d'hygiène, que la mortalité était onze fois plus grande chez les personnes non inoculées. Mais le fait est plus sensible si on examine les gens mordus par des animaux dont la morsure est plus redoutable encore que celle du chien : le loup, le chat, etc. Il est aujourd'hui démontré que la vaccination est, dans ce cas, encore plus efficace. En résumé, dit le professeur Bouchard, quand on a été mordu par un chien enragé, on a une chance de mourir sur six ; quand on se fait inoculer, on n'a pas une chance de mourir sur cent.

Les maladies transmissibles par voie d'infection sont donc comparables à des fermentations. Comme pour ces dernières, il faut un agent spécial, ferment ou microbe, isolable, cultivable, se reproduisant avec une activité spéciale, et attaquant l'organisme selon que celui-ci est plus ou moins préparé à se laisser envahir. Toutes les causes, nous l'avons vu, qui amènent des perturbations, rendent plus facile et plus rapide l'invasion par les microbes et lui donnent une activité toxique plus considérable.

Les travaux de Pasteur ayant prouvé qu'on peut entrevoir le moment où la virulence des microbes sera atténuée par les vaccinations, on ne peut que désirer que ce moment soit le plus prochain possible. Les microbes, en effet, ont pour porte d'entrée presque tous les tissus et tous les organes du corps humain.

Par la digestion nous pouvons absorber de la viande d'animaux charbonneux, tuberculeux, morveux, etc.; par l'eau, nous pouvons ingurgiter des bacilles de la fièvre typhoïde, du choléra, du typhus ; par la respiration nous absorbons divers autres microbes tels que les particules de crachats tuberculeux, etc.; sur la peau peuvent se développer les germes de l'érésypèle et de diverses affections cutanées ; enfin, dans l'atmosphère se trouvent des microbes capables de produire, d'entretenir les suppurations, la fièvre puerpérale, la pourriture d'hôpital, etc.

De là la nécessité de combattre ces causes d'infection : pour cela trois moyens principaux : il faut en premier lieu fermer la porte d'entrée des germes et des miasmes. En général dans les maladies infectieuses il est nécessaire, pour que la contamination ait lieu, de mettre le germe en contact avec une portion dénudée de l'épiderme. Nous avons vu que la salive rabique placée sur une solution de continuité de la peau produisait presque infailliblement la transmission de la maladie. Mais pour les plaies le problème était plus difficile à résoudre, néanmoins on y était parvenu. Persuadé que l'une des causes principales de la suppuration, sinon la principale, était la présence dans le pus d'une grande quantité de petits germes pullulant très rapidement, Alphonse Guérin eut l'idée de son pansement ouaté qui filtrait l'air, de la même manière que la ouate placée dans le tube de Pasteur. Dans ce but, il entoura les plaies d'épaisses couches de ouate et il ne tarda pas à voir que la suppuration était de beaucoup diminuée, les complications moins nombreuses et la guérison plus rapide. A la même époque, Listocquoy d'Arras avait, dans le but de détruire les germes des plaies, imaginé le pansement à l'alcool, destiné surtout à détuire les bactéries pyogènes. Depuis, Lister, chirurgien anglais, vint préconiser et faire adopter un mode de pansement spécial qui a pour effet de filtrer l'air et de détruire les germes qu'il peut contenir au moyen de substances antiseptiques. Pour arriver à ce but, Lister emploie deux solutions d'acide phénique, corps doué d'un certain pouvoir microbicide que nous étudierons plus loin, qui est peu soluble l'eau, mais très soluble dans l'alcool, la glycérine et l'huile, ce qui fait qu'il suffit de le dissoudre dans la glycérine et d'ajouter l'eau ensuite. Donc Lister fait deux solutions, l'une faible à 2,50 0/0, l'autre forte à 5 0/0. Il faut se souvenir que l'acide phénique est caustique à l'extérieur et toxique à l'intérieur : au moyen de la solution forte, on lave la peau du malade, les mains de l'opérateur, les instruments et les éponges ; la seconde sert à laver la plaie elle-même et à tremper les compresses appliquées dessus : on place ensuite sur la plaie une pièce d'étoffe de soie très mince destinée à protéger la plaie ; par-dessus huit feuilles de gaze imprégnées de résine et de paraffine phéniquée, puis du macintosch, toile imperméable rose, et le tout est fixé par des bandes de gaze.

L'utilité de ce pansement n'est plus à démontrer : généralement adopté dans tous ses détails, il s'est tout d'abord imposé par les services qu'il a rendus à la chirurgie. C'est à lui que l'on doit la possibilité de pratiquer les grandes opérations qui sont une des gloires de notre époque et permettent de sauver des existences fatalement condamnées autrefois.

Le second mode de procéder consiste à détruire les

germes. Pour cela deux méthodes différentes : la chaleur, les substances microbicides ou antiseptiques. Le premier procédé est le meilleur quand il peut être pratiqué. Déjà nous avons vu que certains germes perdaient leur virulence à 45°, mais d'une part c'est l'exception et de plus ils ne sont pas détruits ; il faut aller, si on veut les détruire, à une température beaucoup plus élevée, qui doit être, pour que l'on n'ait rien à redouter, d'environ 120 degrés. C'est cette dernière température qui a été adoptée pour les étuves à désinfection de nos laboratoires et aussi pour les étuves à désinfection de la ville de Paris que nous étudierons plus loin.

Enfin viennent les désinfectants dont il faut bien faire usage chaque fois que la chaleur est impossible à appliquer ; mais qui, il faut le dire, ne peuvent pas avoir autant de valeur, car il est bien difficile de les mettre en contact direct avec les microbes.

Les antiseptiques peuvent se ranger sous trois rubriques différentes. Les uns sont absorbants et désodorants : ils fixent les produits de la décomposition des corps et en particulier les gaz, ce sont le charbon, le sulfate de fer, le chlorure de zinc, la chaux, etc.; les autres retardent ou arrêtent la décomposition : le chlore, l'acide sulfureux, les acides phénique, thymique, salicylique, etc. Enfin d'autres sont anti-virulents, c'est-à-dire détruisent ou neutralisent les virus, en dehors de la chaleur, ce sont tous les acides forts (sulfurique et sulfureux), nitrique, etc., le bichlorure de mercure ou sublimé, le permanganate de potasse, le naphthol, le salol, l'iodoforme, le crésyl et nombre de corps étudiés ces temps derniers et pour la plupart extraits du goudron de houille.

Employées sous la direction du médecin, ces substances rendent de très réels services : lorsque les précautions hygiéniques et antiseptiques sont judicieusement et sévèrement employées, on peut arriver à des résultats dont l'annonce eût bien surpris les chirurgiens du commencement de ce siècle. Il est en effet des maladies graves épidémiques, virulentes, qui, il y a seulement trente ans, désolaient nos hôpitaux et en décimaient les malades et qui aujourd'hui ont presque complètement disparu. Pour n'en citer qu'une, la fièvre puerpérale ou septicémie puerpérale, si meurtrière autrefois, est devenue très rare dans nos hôpitaux de femmes en couches, sous l'influence des précautions antiseptiques raisonnées qui y sont en usage depuis ces dernières années.

Mais il faut bien savoir qu'un pareil résultat ne s'obtient que par des soins méticuleux de tous les instants, et que tous ceux qui approchent le malade, chirurgiens, médecins, élèves, infirmiers, domestiques, doivent savoir qu'il faut désinfecter tout ce qui lui touche, instruments, linges, appareils, etc., etc. Combien n'a-t-on pas vu de fois le doigt du chirurgien porter un germe mortel chez un de ses malades. La plus grande propreté et la plus exacte désinfection doivent donc être exigées. A ce prix seul, on arrivera à sauver des existences menacées par les germes qui nous entourent.

CHAPITRE IV

LE SOL

La nature du sol sur lequel nous habitons a une grande importance au point de vue de l'hygiène. C'est là un des éléments constituants des climats et des saisons.

35. Influences hygiéniques de la configuration du sol. — On a dit que les inégalités du sol formaient autant de climats spéciaux, et que les montagnes devaient être étudiées à ce point de vue, puisque sur le sommet de certaines d'entre elles, situées dans les pays les plus chauds, on pouvait retrouver les plantes du pôle et de la Laponie.

Il est certain que dans les grandes plaines la température s'élève très haut pendant le jour, pour s'abaisser considérablement pendant la nuit. Martins a fait à ce sujet des observations très intéressantes ; il a vu que le froid diminue à mesure qu'on s'élève au-dessus du sol jusqu'à une certaine hauteur, particulièrement lorsque les nuits sont sereines. C'est ce qui explique le phénomène des brouillards qui couvrent le sol dans les plaines et que l'on aperçoit pour peu que l'on soit élevé ; c'est ce qui explique aussi pourquoi les étages des maisons et des hôpitaux sont plus secs et plus sains que les rez-de-chaussée. Au-delà d'une certaine hauteur, le froid devient au contraire de plus en plus vif.

L'humidité d'une nappe d'eau ne s'élève pas à plus de trente mètres environ ; il faut donc mettre son habitation à mi-côte si l'on veut être à peu près certain de se prémunir contre l'excès de vapeur d'eau.

Les pays de montagnes ou même de collines sont sujets à des variations brusques de température qui proviennent de l'échauffement inégal de leurs surfaces, car les rayons solaires n'arrivent pas avec la même obliquité à la surface des montagnes, et par suite la quantité de chaleur qu'ils donnent n'est pas partout la même. De là, la production de vents locaux, qui s'accompagnent de modifications plus ou moins brusques de la température.

Si dans un grand nombre de cas, les montagnes arrêtent les vents et protègent les pays qui sont situés à leurs pieds, il peut se faire aussi que les vents locaux aient une grande influence sur la température des lieux. Quand le vent arrive sur une montagne chargé d'humidité, il se produit une condensation rapide grâce à la basse température qui règne sur les sommets, de là un refroidissement considérable qui rend le climat sec et dur, sous le vent.

Les hauteurs où l'homme habite sont quelquefois considérables. Les religieux du Saint-Bernard ont leur couvent à 2.500 mètres au dessus du niveau de la mer; les villes de Quito et de Potosi sont à 3.000 et 3.800 mètres.

En général, l'air est très pur à cette élévation; ainsi que nous l'avons dit en traitant des altitudes, on sait que les fièvres paludéennes, les affections miasmatiques ne s'observent pas à ces hauteurs. Mais il est bon de citer quelques exemples qui le démontrent. Au Caire, par exemple, pendant les épidémies de peste, la citadelle située sur le point le plus élevé de la ville en a toujours été exempte. On sait aussi que la ferme de l'Encerro, située à 928 mètres au-dessus de la Vera-Cruz, est la limite de la fièvre jaune dans cette contrée. C'est-là une des raisons qui ont fait recommander les altitudes dans certaines maladies.

36. Exposition du sol — D'une manière générale, on peut dire que l'exposition du sol a une influence considérable sur la température. La France occidentale, exposée à l'Ouest, est relativement plus chaude que la côte orientale des États-Unis exposée à l'Est. La Suède doit être plus froide que la Norwège. Il peut se faire que l'exposition locale diffère de l'exposition régionale, ce qui amène une différence dans la température ; la vallée de l'Allier, en France, est exposée au Nord, et plus froide que la vallée de la Saône exposée au Sud. En général, l'exposition Sud-Ouest est la plus chaude dans l'hémisphère boréal, et l'exposition Nord-Est la plus froide.

Les Alpes protègent l'Italie contre les vents du Nord et du Nord-Est, mais la Russie centrale et la Russie méridionale, quoiqu'exposées au Sud, ne sont garanties par aucune élévation suffisante contre les vents glacés du Nord. La Sibérie, qui est toute entière exposée au Nord, sans aucune barrière, est l'un des climats les plus froids du globe. Dans les vallées étroites, profondes, l'air ne circule pas et l'humidité est pour ainsi dire permanente : même quand la chaleur y est insupportable, elles sont très humides, et c'est là une des causes les plus sérieuses d'insalubrité.

37. État de la surface du sol. Sa composition. Nature du sous-sol. — La constitution géologique du sol a une grande importance. C'est ainsi que Fonssagrives divise les localités en cinq catégories : rocheuses, sablonneuses, argileuses et alluvionnaires, assises sur des terrains artificiels, et enfin localités construites sur pilotis.

Sur les roches granitiques les eaux s'écoulent facilement ; il y a une certaine végétation, l'air est sec, le sol salubre. Sur les schistes ardoisiers, les conditions sont à peu près les mêmes, l'eau est potable. Les terrains calcaires sont inclinés généralement, mais ils se laissent facilement imprégner par les eaux, ce qui dans certaines circonstances amène la formation de marais. L'eau, dans ce cas, est moins bonne et calcaire.

Les sables sont des terrains très salubres, à moins qu'ils ne contiennent trop de matières organiques et qu'ils n'aient point de profondeur. Dans les Landes, par exemple, la couche dite *alios* est formée de sables siliceux entourés d'une gangue de matières organiques.

Les terrains argileux, les masses agglomérées, les terrains d'alluvions doivent être *a priori* regardés comme insalubres, les eaux s'écoulent difficilement et n'y pénètront point, les marais s'y forment facilement. Dans les terrains d'alluvion, on rencontre fréquemment des couches alternantes de sables agglomérés et d'argile contenant une forte proportion de matières organiques.

Comme on le voit, la grande insalubrité du sol tient surtout à la présence des matières organiques qui se putréfient au contact de l'eau dormante et donnent lieu à des miasmes, il faut donc combattre ces mauvaises conditions ; on y arrive par le drainage qui facilite l'écoulement de l'eau et par des plantations dont les racines vont chercher dans le sol l'humidité qui peut s'y trouver. Par son rapide développement et par les conditions de sa végétation, l'eucalyptus donne les meilleurs résultats. Il est très employé en Algérie et dans les pays marécageux du sud de la France et a considérablement amélioré ces contrées.

Les expériences de Frankland ont fait connaître certains rapports qui existent entre la nature de la surface du sol et l'action solaire. La neige donne la surface la plus réfléchissante, puis vient le sol de couleur claire, l'herbe desséchée, les pierres grises, l'herbe verte, etc.

Le pouvoir absorbant du sol est en raison inverse de son pouvoir rayonnant. Plus la couleur du sol se rapproche du blanc, plus la chaleur solaire est grande ; plus il se rapproche du sombre, plus l'air est chaud et moins grande est la chaleur produite par le rayonnement.

Le pouvoir absorbant pour l'humidité est encore plus variable selon la nature du sol. D'après Elliott, la tourbe absorbe plus de deux fois son propre poids d'eau, l'argile sèche un poids égal, le terreau sec la moitié de son poids, le sable sec pas beaucoup plus d'un tiers ; c'est ce qui explique pourquoi le sable sèche si vite. Une autre influence résulte du drainage : Le froid traverse bien plus facilement les terres non drainées ; les terres drainées perdent moins de chaleur quand la température de l'air est plus élevée que celle du sol, enfin le sol drainé se débarrasse bien plus aisément de son humidité. Bowditch, Buchanam attribuent à ces propriétés du sol la diminution de la phtisie dans des pays où l'on a procédé au drainage du sol.

Lorsque la terre est couverte de végétation, les rayons solaires ne peuvent arriver jusqu'au sol ; de plus les plantes, par suite de l'évaporation qui a lieu à leur surface, sont modératrices de la chaleur. L'influence des forêts est bien connue depuis les observations de Fautrol et d'Erlenmayer. Le sol des forêts présente une température inférieure à celle des prairies, jusqu'à une profondeur de 1m20. L'écart est plus prononcé en été qu'en hiver.

L'air de la forêt se maintient à une température moyenne inférieure à celle de la prairie. Les variations de température sont moins brusques que dans la plaine, le climat y est plus constant. Les jours y sont plus frais, les nuits plus chaudes. L'humidité de l'air est plus considérable qu'en plaine, aussi les pluies y sont-elles fréquentes et abondantes. Elles peuvent en outre arrêter les vents ; certains pays sont protégés des vents froids par le voisinage des forêts.

La nature des végétaux qui croissent à la surface du sol de certains pays permet de savoir quel est son climat. Dans les pays sains et salubres, la végétation est belle comme dans nos climats. Mais dans certaines contrées où l'ardeur du soleil est très intense, on ne trouve de belle végétation que dans les localités où le sol est humide et capable par conséquent de donner les maladies miasmatiques redoutables dont nous avons parlé.

CHAPITRE V

LES CLIMATS

38. Généralités. — Le climat, ainsi que l'a défini Hippocrate, est l'ensemble des circonstances physiques attachées à chaque localité, envisagées dans leurs rapports avec les êtres organisés.

Humboldt dit que : le climat est l'ensemble des variations atmosphériques qui affectent les organes d'une manière sensible.

En résumé, le climat est la constitution générale de l'atmosphère d'un lieu.

Cette constitution est sous la dépendance de la latitude, de l'altitude, de la température, des vents régnants, de l'état hygrométrique, du voisinage ou de l'éloignement de la mer, des qualités du sol, et enfin du degré de culture intellectuelle et physique de la population.

Mais la condition la plus importante est la température. C'est elle, ainsi que nous le verrons dans ce qui va suivre, qui a servi à classer définitivement les climats.

La situation géographique d'un lieu a, au point de vue de la température, une grande importance. On sait que l'obliquité des rayons solaires augmente de l'équateur vers les pôles et qu'à mesure que l'on s'éloigne de l'équateur la température moyenne baisse d'un demi degré centigrade par chaque degré de latitude.

On a pu partager la surface du globe en cinq zônes géographiques correspondant à des indications générales sur la température :

1° La zône torride est limitée par des parallèles, dits *tropiques*, situés de part et d'autre de l'équateur à la latitude de 23° 28' ; elle a pour caractère une température très uniforme, mais très élevée.

2° Les deux zônes tempérées s'étendant de la latitude de 23° 28' à celle de 66° 52'. Au fur et à mesure qu'on s'éloigne des tropiques, la température est de plus en plus variable pendant la durée de l'année, en même temps qu'elle devient de plus en plus basse en moyenne.

3° Enfin les deux zône polaires.

C'est la zône tempérée septentrionale qui nous intéresse le plus spécialement. La zône des climats tempérés de l'hémisphère nord renferme en Europe les Iles-Britanniques, la presqu'île Scandinave, le Danemark, la Belgique, la France, l'Italie, l'Allemagne, la Suisse, la Russie méridionale et la Turquie d'Europe. En Asie, la Mongolie, la Chine septentrionale, le Japon, etc., etc. En Amérique, les États du Nord.

La France réunit toutes les variétés de température. C'est d'après Martins la cause réelle de sa richesse et le secret de sa puissance.

Elle comprend cinq régions climatologiques : au Nord-Est, entre le Rhin et la Côte-d'Or, le climat Vosgien dont la température moyenne est de 9° 6. Les hivers y sont plus froids et les étés plus chauds que dans l'ouest à latitude égale. La différence moyenne entre les deux saisons est de 18°. Le nombre des jours de gelées est de 70 par an, année commune ; celui des jours de pluie de 137. La quantité d'eau de 669 mm. Les vents du sud-ouest et du nord-est y dominent.

2° Le climat séquanien, ou du Nord-Ouest, comprend toute la frontière du Nord depuis Mézières jusqu'à la mer d'un côté et de l'autre le cours de la Loire et du Cher jusqu'à Auxerre. La température moyenne de l'année est de 10° 9. La différence entre celle de l'été ou de l'hiver est de 13° 6, moindre par conséquent que dans la région précédente. Le nombre de jours de gelée est de 50. La quantité annuelle de pluie est de 548 m.m. et le vent de Sud-Ouest y souffle un tiers de l'année.

3° Le climat girondin ou de sud-ouest s'étend de la Loire et du Cher jusqu'au Pyrénées. Il a pour moyenne 12° 7. La différence entre l'été et l'hiver et de 15° 7. Il tombe en moyenne 586 m.m. d'eau et le vent du sud-ouest y domine.

4° Le climat Rhodanien, qui comprend toute la vallée de la Saône et du Rhône, a une température moyenne de 11°, avec une différence de 18° 8 entre l'été et l'hiver. Il y tombe 946 m.m. d'eau. Les vents du nord et du sud y dominent.

5° Le climat méditerranéen ou provençal est le plus chaud de la France. La moyenne annuelle est de 14° 8 avec une différence entre l'été et l'hiver de 16° 1. La quantité d'eau est de 651 m.m. Le vent du nord-ouest domine et porte dans ces régions le nom de mistral. L'altitude, à latitude égale, a une importance considérable au point de vue de la détermination des climats. On estime que dans la zone tempérée on a un abaissement de température de 1° pour une élévation de 180^{m}. Cette diminution est dûe : 1° à la raréfaction de l'air dont le pouvoir absorbant pour la chaleur devient moindre, 2° à l'éloignement du sol, 3° à diverses causes moins importantes.

Nous avons vu précédemment que la chaleur solaire était la principale cause de l'élévation de la température.

La température à l'ombre est le résultat de la propagation à l'air de la chaleur absorbée par le sol et en partie de celle qu'apportent les vents.

L'air fortement échauffé sur la zône équatoriale s'élève en masse vers les hautes régions de l'atmosphère. Parvenue à une certaine hauteur, la nappe ascendante se divise en deux parties qui s'étalent dans la direction des pôles.

Ces vents exercent une influence considérable sur le climat de l'Europe occidentale ; ils viennent, en s'abaissant, atteindre la surface du globe à des distances variables de leur point de départ, mais avant d'arriver sur notre continent ils ont en outre passé sur une partie de l'Océan Atlantique. traversé par le Gulf-Stream courant d'eau chaude venant du golfe de Mexique, et qui a une importance considérable sur les côtes qu'il baigne.

Les vents dits alizés, vents des pôles à l'équateur, les vents contre-alizés, au contraire, de l'équateur vers les pôles, ont une grande influence sur les climats. Diverses circonstances locales viennent encore modifier la température des lieux, en particulier les vents dits de mer et de terre. Sur les côtes, peu après le lever du soleil, la brise souffle de la mer vers la terre. Le soir, au contraire, elle souffle de la terre vers la mer. L'explication de ces faits n'est pas difficile à saisir : pendant le jour l'échauffement de la terre détermine une ascension de l'air sur les hautes régions ; le soir, au contraire, l'air de mer étant plus léger à la surface de l'eau, moins bonne conductrice, détermine un courant de la mer vers la terre.

Il en est de même du vent des montagnes qui obéissent à l'influence de causes identiques, l'échauffement des vallées au milieu du jour et le refroidissement vers le soir.

Les autres vents importants à étudier sont le simoun, vent très chaud et sec qui vient de l'Arabie et des pays voisins, du siroco venant du Sahara. Celui-ci, lorsqu'il souffle en France, s'est chargé à son passage sur la Méditerranée d'une certaine quantité de vapeur d'eau, en sorte que, primitivement très sec, il devient dans nos régions un vent humide et pluvieux.

En Suisse, le fœhn, qui règne dans les cantons du Nord-Est, est un vent relativement chaud et sec ; mais il devient pluvieux dans les lieux où il arrive après avoir passé sur de grands lacs ou sur des glaciers.

Le bora, vent de l'Adriatique est sec et froid.

On sait que la proportion d'eau contenue dans un volume donné d'air dépend de la température. Il faut donc distinguer entre l'humidité absolue et l'humidité relative. La première est la quantité de vapeur d'eau renfermée dans un certain volume d'air, la seconde indique le rapport entre cette quantité de vapeur et celle que l'air contiendrait s'il était saturé. L'humidité absolue varie avec les saisons, et suit jusqu'à un certain point les fluctuations de la température. Elle est plus élevée en été qu'en hiver. Les variations dans l'humidité relative ont presque toujours une marche opposée. D'après Humboldt le plus faible degré d'humidité relative serait de 23 0/0. L'air est très sec lorsque cette humidité ne dépasse pas 55 0/0. Moyennement sec, de 55 à 75 ; moyennement humide, de 75 à 90 ; et très humide, de 90 à 100.

Généralement l'humidité atteint son maximum au lever du soleil, et son plus faible degré vers les premières heures de l'après-midi.

Elle est aussi essentielle à la vie des êtres organisés que l'oxygène lui-même. C'est elle, en effet, qui détermine la distribution de la chaleur à la surface de la terre, et qui empêche les couches ascendantes d'air chaud d'arriver dans les régions supérieures de l'atmosphère sans avoir eu le temps d'être influencé par les rayons solaires. Les climats humides offrent par suite l'avantage de présenter des variations thermiques relativement faibles entre le jour et la nuit, par conséquent d'être plus constants. On se rappelle qu'un litre d'eau donne 1.700 litres de vapeur. La grande masse des eaux de la mer fournit donc une prodigieuse quantité de vapeur qui, par sa dispersion sur les contrées voisines, égalise les températures, fonde les saisons entre elles, nivelle leurs différences et élève la moyenne annuelle.

« La température d'une contrée, dit Rochard, est d'autant plus uniforme que l'influence de la mer s'y fait plus librement sentir. L'Europe et l'Asie offrent, sous ce rapport, des contrastes frappants. En pleine mer, on ne connaît ni les grands froids, ni les grandes chaleurs.

De tout ce qui précède, il résulte que les climats sont sous l'influence d'agents multiples; il serait très difficile d'établir une classification si on voulait faire entrer en ligne de compte toutes les conditions dont nous venons de parler, surtout si on avait égard à l'influence du sol et aux conditions diverses que nous avons étudiées.

On s'est donc contenté, pour classer les climats, d'étudiés les trois conditions fondamentales suivantes :

1° La température moyenne de l'année.

2° Les variations qu'éprouve la température des jours, des mois et des saisons.

3° Les températures estivales et hivernales extrêmes.

C'est en se fondant sur ces données et en étudiant les lignes et les zones isothermes, c'est-à-dire celles que réunissent les points ayant la même température moyenne annuelle, les lignes isochimènes correspondant aux températures moyennes de l'hiver, et les lignes isothères ou à égale température de l'été, que l'on est arrivé à établir une classification des climats.

Cette dernière comprend sept climats différents, savoir :

1° Climats brûlants, température moyenne de 27°5 à 25°.
2° Climats chauds de 25° à 20°.
3° Climats doux de 20° à 15°.
4° Climats tempérés de 15° à 10°.
5° Climats froids de 10° à 5°.
6° Climats très froids de 5° à 0°.
7° Climats glacés, au dessous de 0°.

Enfin quelques auteurs ont voulu faire entrer en ligne de compte les variations de température qu'on a observées dans les divers climats; c'est ainsi qu'ils ont admis des climats constants, c'est-à-dire ceux dans lesquels la température maxima et la température minima présentaient peu de différence: les seconds, dans lesquels la température moyenne présentait des différences plus considérables et enfin des climats excesssifs dans lesquels les différences étaient énormes.

Au point de vue qui nous intéresse, il nous suffira de diviser les climats en trois grandes classes : les climats chauds, les climats tempérés et les climats froids. Les climats chauds s'étendent de l'équateur aux tropiques et des tropiques au 30ème ou 35ème degré de latitude australe et boréale.

Ils comprennent l'Afrique, les îles qui l'environnent, la Syrie, la Perse, l'Arabie, le Sud de la Chine, la Cochinchine, l'Inde, la Perse, de nombreuses îles de l'Océanie, le Sud de l'Amérique du Nord, la Colombie, le Paraguay, les Antilles.

La température du jour et celle de la nuit présentent une différence considérable qui peut aller jusqu'à 20° et qui est dûe à la pureté de l'atmosphère. La sérénité du ciel n'est pas en effet sans exercer une influence favorable sur toutes les fonctions de l'organisme humain.

Sous ces climats on observe en général deux saisons, la

saison d'été et la saison d'hiver. Cette dernière est bien plus pluvieuse que froide : c'est la période des grands orages, des vents violents, des cyclones. L'action de la chaleur sur l'organisme humain a été précédemment étudiée dans les climats chauds : suractivité des exhalations pulmonaire et cutanée, nécessité d'une moindre production de chaleur animale (le carbone des aliments incomplètement brûlé doit être éliminé par le foie, de là congestion de cet organe et augmentation de la secrétion biliaire). Les autres sécrétions sont plus ou moins diminuées, surtout les urines, une partie des liquides de l'organisme disparaissent par l'exhalation cutanée à l'état de sueur : affaiblissement général de tout l'organisme, qui amène un tempérament lymphatique ou lymphatico-bilieux ou bilieux.

La mortalité est en général considérable dans les pays chauds ; ainsi à Bombay il y a une mort sur 20 habitants, ce qui est à peu près le double de la proportion observée en France. Motard, en étudiant la différence qui existe à ce point de vue entre les départements les plus chauds et les plus froids de France, a trouvé les chiffres suivants : 100 décès sur 3795 habitants dans les dix départements les plus chauds et 100 décès sur 4144 habitants dans les départements les plus froids. Enfin, une rareté relative des centenaires dans les premiers.

Rien de bien précis et de bien particulier à noter sous le rapport de la taille, de la fécondité, de la force, car dans ces questions il faut tenir grand compte de la race et des conditions d'existence. Disons cependant que la force physique paraît moins développée chez les peuples du Midi, qui sont en général assez paresseux et nonchalants ; mais leur imagination est vive, impressionnable, susceptible de grand dévouement et possède de réelles qualités artistiques. C'est dans ces climats qu'on observe un grand nombre d'affections cutanées, la lèpre, l'éléphantiasis, le pian, une affection prurigineuse qu'on appelle la gale bedouine et qui est très fréquente dans notre colonie algérienne ; du côté du foie et du système nerveux on constate toutes les affections pouvant résulter d'une suractivité excessive. L'estomac du méridional, en général paresseux, n'exécute le plus souvent ses fonctions qu'au moyen d'excitants, qui ne tardent pas à l'éprouver sensiblement.

La haute température, la différence notable qui existe entre le jour et la nuit agissent vigoureusement sur l'intestin et déterminent des diarrhées et de la dysenterie. Ajoutons que la phtisie pulmonaire, loin d'être inconnue dans les pays chauds, comme quelques auteurs l'ont prétendu, y sévit avec une fréquence qui, pour être moins grande que dans les autres climats, n'en est pas moins très réelle.

Enfin, la cachexie paludéenne atteint un grand nombre d'habitants vivant dans ces régions.

Les climats tempérés ont des saisons mieux tranchées que celles des climats dont nous venons de parler. Ce sont ceux que nous habitons ; en hiver les indigènes de ces pays sont exposés aux affections inflammatoires et aux phlegmasies. Au printemps, persistance de ces diverses affections ; en été maladies du tube digestif et maladies du système nerveux ; en automne, maladies résultant surtout d'un empoisonnement tellurique et miasmatique.

Benoiston de Chateauneuf a fait voir que, pour les soldats, les maladies sont plus fréquentes en automne et en été, plus rares qu'en hiver et au printemps.

Enfin, dans les climats froids, la température baissant à mesure qu'on s'avance vers le pôle, les fonctions de la peau sont réduites à leur minimum, de même les fonctions de la bile.

Il faut aux gens qui habitent le nord une alimentation qui leur permette de lutter avec les causes de refroidissement qui les environnent. La digestion est active, puissante, énergique chez eux ; leur force musculaire est développée; leur lutte continuelle évite le refroidissement et les rend forts, vigoureux, robustes ; ils supportent bien la fatigue et sont en général de tempérament sanguin. Leur intelligence, le plus souvent lente et paresseuse, ne perçoit pas d'une façon bien vive le rapport des objets ; il y a absence de vivacité sous tous les rapports.

Les maladies que l'on observe plus fréquemment dans le nord sont des phlegmasies des organes respiratoires, des affections cutanées par congélation, et enfin diverses maladies générales comme la scrofule et le rachitisme. La nécessité de se nourrir d'aliments gras et fortement féculents prédispose aux rhumatismes, au scorbut, à la fièvre typhoïde, etc.

39. Acclimatement. — Il y a lieu de ne pas confondre l'acclimatement et l'acclimatation.

Le premier de ces deux termes exprime l'ensemble des phénomènes par lesquels passe forcément un individu pour devenir apte à vivre dans un pays différent du sien.

Le second suppose l'intervention de l'art et peut, dans un certain nombre de cas, être absolument illusoire.

Quant au mot indigénisation, il ne peut s'appliquer qu'à quelques individus qui, petit à petit, à l'aide de croisements répétés, ne tardent pas à s'assimiler complètement comme caractères, mœurs et physique, aux populations dans le contact desquelles ils ont vécu pendant un certain temps.

Les expériences d'acclimatement ont été très fréquentes. En général, les peuples des climats tempérés de l'Europe sont dans de meilleures conditions pour vivre sous toutes les latitudes, car ce sont ceux qui ont, dans leur pays, les conditions climatériques les *moins* différentes des autres.

En général, l'âge adulte est plus favorable à l'émigration. Inutile de rappeler l'effrayante mortalité qui frappe les enfants transportés.

Il existe une hygiène propre à chaque climat, car chacun d'eux entraine des modifications physiologiques et pathologiques qui ont une réelle importance, de là l'action tout à fait spéciale sur l'organisme des changements de climat. Michel Lévy a dit « changer de climat, c'est naître à une nouvelle vie ».

Mais les transitions doivent être ménagées. Il est imprudent de passer trop brusquement de la zone polaire dans la zone torride.

L'homme supporte les changements de climat mieux que les animaux et les plantes, parce que, doué d'intelligence, il peut modifier son hygiène suivant les besoins. Il transforme son habitation, son vêtement, son régime, d'après les nouvelles conditions dans lesquelles il se trouve. Mais il peut aussi transformer un pays à climat dangereux en un pays salubre.

Plusieurs villes de notre conquête d'Algérie sont là pour démontrer que, grâce aux modifications du sol, grâce au reboisement, grâce aussi à des travaux publics considérables, on peut vivre aujourd'hui dans de bonnes conditions dans des contrées réputées autrefois comme absolument insalubres.

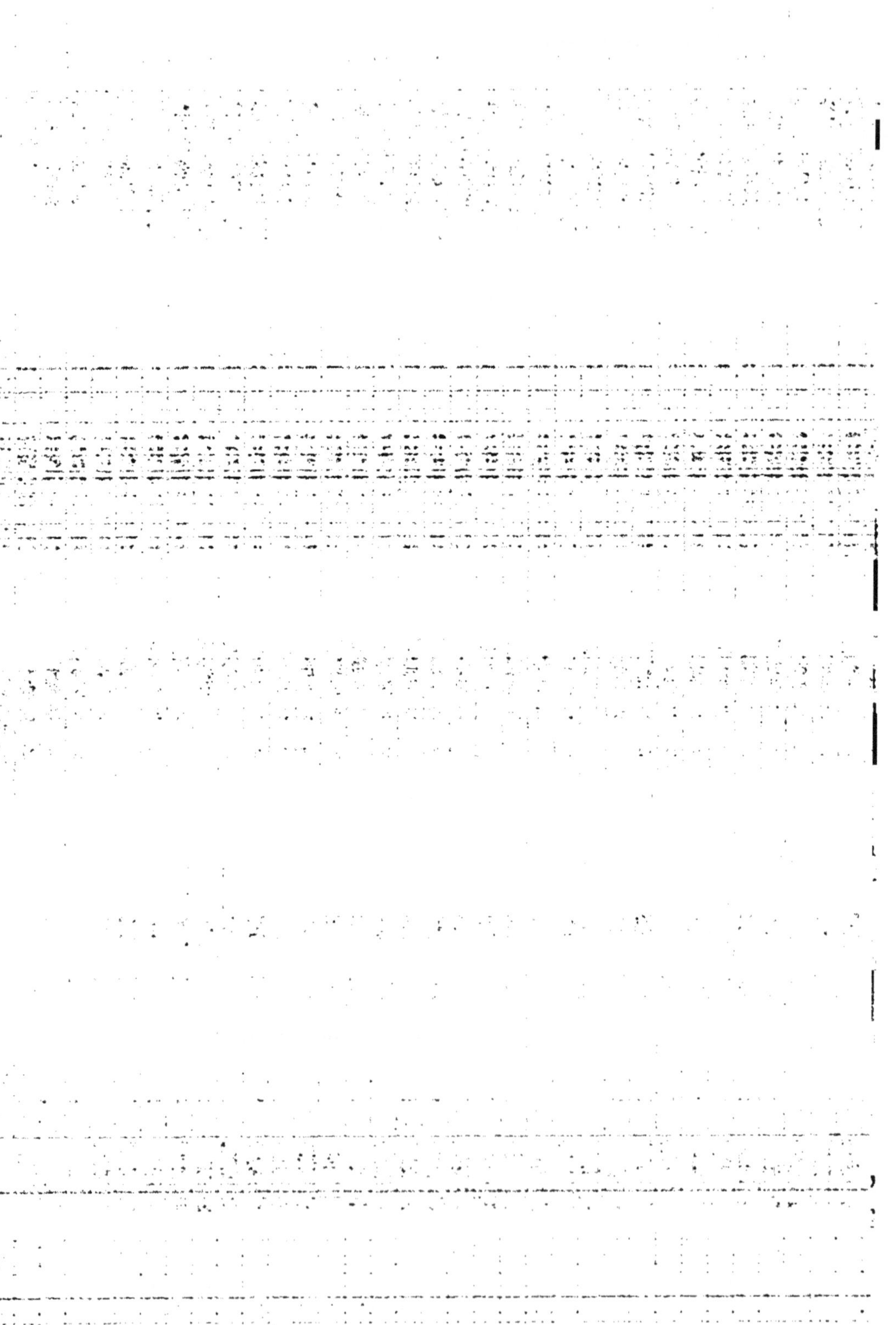

CHAPITRE VI

LES HABITATIONS

Tout le monde a pu voir à l'Exposition Universelle de 1889 une maison insalubre et à côté une maison remplissant les meilleurs conditions hygiéniques. C'était pour le public une excellente leçon de choses.

C'est en effet dans l'habitation que se passe la plus grande partie de notre existence. Il importe donc qu'elle soit construite selon les règles les plus strictes de l'hygiène.

Quelles sont ces règles ? C'est ce que nous allons examiner en détail.

40. Conditions hygiéniques relatives à leur emplacement. — Lorsqu'on aura le choix de l'emplacement, on choisira un lieu moyennement élevé, afin d'avoir un air plus vif et plus sain.

L'exposition variera avec le pays où on construira : dans le Midi, afin d'éviter la chaleur, on exposera la maison au Nord, et au contraire, dans les climats froids, au Midi.

Il faut éviter de construire dans le fond des vallées étroites, car il y règne une humidité qu'il faut éviter à tout prix. De plus une altitude moyenne est tonique et exerce une action stimulante sur toutes les fonctions.

Il faudra veiller à ce que le vent dominant n'y apporte aucune effluve, car la meilleure exposition ne peut lutter contre la présence d'eau stagnante, d'un marécage, etc., etc. Ce fait, rare dans une élévation modérée, est fréquent dans la plaine et dans les vallées. Ces dernières ne sont pas insalubres lorsque l'air peut s'y renouveler facilement.

L'habitation réunira de bonnes conditions si elle est placée près d'une forêt, à cause de la quantité d'oxygène que donnent les arbres, mais il faudra se garder de la mettre au milieu d'un bois très touffu. Elle serait forcément humide.

Il faut rejeter les terrains marécageux et les terrains argileux, à cause de l'humidité que retiennent ces deux natures de sol. Quant aux terrains sablonneux, si la couche de sable est doublée au-dessous d'argile, et que l'écoulement des eaux soit difficile, on doit les rejeter également.

La salubrité d'une maison dépend d'une manière absolue de la qualité de l'air que l'on y respire : tout ce qui vicie l'atmosphère exerce une influence fâcheuse sur la santé des habitants. Rien dans la construction d'une maison ne doit être négligé sous ce rapport ; les épidémies sont d'autant plus meurtrières dans un quartier ou dans un pays que les habitations sont dans de moins bonnes conditions ordinaires de salubrité.

11. Choix des matériaux. — M. E. Trélat, directeur de l'école d'architecture de Paris, disait au Congrès d'hygiène tenu à Genève en 1882 que la porosité paraît désirable pour les murs exposés extérieurement à l'air atmosphérique, et tout à fait mauvaise pour les murs intérieurs. Pettenkofer a montré que la diffusion et le passage des gaz variaient beaucoup avec la différence de température de l'enceinte et de l'air extérieur, avec la direction des vents, la pluie et l'humectation des parois.

Au congrès international d'hygiène de Londres, tenu en 1891, le même M. Trélat a fait une communication des plus intéressantes, que nous allons résumer, sur la constitution hygiénique des murs d'habitations, M. E. Trélat constate que, la conservation d'une atmosphère intérieure saine demande des parois composées de *matériaux imperméables à l'eau.*

Au point de vue des variations thermiques, il conclut qu'on pourrait doubler la capacité d'isolement des murs avec un revêtement intérieur *en bois* de 0m07 pour les murs de calcaire, de 0m035 pour les murs de briques; avec un revêtement intérieur en *étoffe de laine* de 0m05 pour les murs de calcaire, de 0m025 pour les murs de briques.

Ces doublures isolantes sont des remèdes coûteux et destinés à rester des applications de luxe, mais on pourrait, dit M. Trélat, lambrisser en bois tous les murs de façade. On obtiendrait ainsi, sur les parois exposées aux intempéries, une garantie très efficace qui rendrait beaucoup moins pénible l'habitation d'été et beaucoup plus facile l'entretien pendant l'hiver de la température des salles. M. le docteur Vallin a fait observer avec juste raison que le bois serait un réceptacle des miasmes contagieux. Enfin au point de vue de la composition des matériaux, au point de vue hygiénique, M. E. Trélat, dit que les meilleures parois sont les moins composées de matériaux perméables à l'air et imperméables à l'eau, et que leur type est le calcaire tendre.

M. Dessoliers, ingénieur des arts et manufactures, a, dans un grand ouvrage sur l'habitation dans les pays chauds, exposé le problème difficile de construire, dans ces pays, des maisons où l'on puisse trouver la fraîcheur, après le travail du jour au dehors. Il utilise pour cela le chlorure de calcium, qui a donné de si beaux résultats pour refroidir la salle d'exposition et les caveaux de la Morgue de Paris ; on obtient à la fois l'abaissement de la température et la sécheresse de l'air. La glace et la neige lui fournissent aussi des ressources dans les localités où l'air est brûlant et humide. Ailleurs, loin du littoral, quand la fraction de saturation de l'air est faible, il se contente du froid produit par l'évaporation rapide de l'eau, comme on l'a fait au Parlement anglais et au Conservatoire des arts et métiers de Paris. Il transforme les chambres en alcarazas, en doublant chaque mur de façade de cloisons mouillées sur leur face externe formant espace isolant, ou de cheminées dans lesquelles il installe de longues et larges bandes de toile qu'on humidifie par un filet d'eau constante. L'air refroidi par une évaporation rapide de ces surfaces maintiendra une agréable fraîcheur dans les appartements, d'autant plus que les murs ainsi protégés par un matelas d'air frais, n'accumuleront plus la chaleur du soleil.

42. Les constructions à Paris. — La hauteur des maisons, les combles et les lucarnes ont été l'objet du décret suivant, en date du 23 juillet 1884.

Règlement sur la hauteur des maisons, les combles et les lucarnes, dans la ville de Paris.

(23 juillet 1884).

Le Président de la République française,

Décrète :

TITRE PREMIER. — DE LA HAUTEUR DES BATIMENTS.

1re SECTION. — *De la hauteur des bâtiments bordant les voies publiques.*

ARTICLE PREMIER. — La hauteur des bâtiments bordant les voies publiques dans la ville de Paris est déterminée par la largeur légale de ces voies publiques pour les bâtiments alignés, et par la largeur effective pour les bâtiments retranchables.

Cette hauteur, mesurée du trottoir ou du revers pavé au pied de la façade de bâtiment, et prise au point le plus élevé du sol, ne peut excéder, y compris les entablements, attiques et toutes les constructions à plomb des murs de face, savoir :

Douze mètres (12 m.) pour les voies publiques au-dessous de sept mètres quatre-vingts centimètres (7m,80) de largeur ;

Quinze mètres (15 m.) pour les voies publiques de sept mètres quatre-vingts centimètres (7m,80) à neuf mètres soixante-quatorze centimètres (9m,74) de largeur ;

Dix-huit mètres (18 m.) pour les voies publiques de neuf mètres soixante-quatorze centimètres (9m,74) à vingt mètres (20 m.) de largeur ;

Vingt mètres (20 m.) pour les voies publiques (places, carrefours, rues, quais, boulevards, etc.) de vingt mètres (20 m.) de largeur et au-dessus.

Le mode de mesurage indiqué au paragraphe 2 du présent article ne sera applicable pour les constructions en bordure des voies en pente que pour les bâtiments dont la longueur n'excède pas 30 mètres ; au delà de cette longueur, les bâtiments seront abaissés suivant la déclivité du sol.

Si le constructeur établit plusieurs maisons distinctes, la hauteur sera mesurée séparément pour chacune de ces maisons suivant les règles énoncées ci-dessus.

Art. 2. — Les bâtiments dont les façades seront construites partie à l'alignement, partie en arrière de l'alignement, soit par suite du retrait à n'importe quel niveau d'une partie du mur de face, soit à fruit ou de toute autre manière, devront être renfermés dans le même périmètre que les bâtiments construits entièrement à l'alignement.

Art. 3. — Tout bâtiment situé à l'angle de voies publiques d'inégale largeur peut être élevé sur les voies les plus étroites jusqu'à la hauteur fixée pour la plus large, sans que toutefois la longueur de la partie de la façade ainsi élevée sur les voies les plus étroites puisse excéder deux fois et demie la largeur légale de ces voies.

Cette disposition ne peut être invoquée que pour les bâtiments construits à l'alignement déterminé par ces voies publiques.

Si ces voies communiquant entre elles sont placées à des niveaux différents, la cote qui servira à déterminer la hauteur de la construction sera la moyenne des cotes prises au point le plus élevé sur chaque voie, à la condition qu'en aucun point la hauteur réelle de la façade ne dépasse de plus de 2 mètres la hauteur légale.

Art. 4. — Pour les bâtiments autres que ceux dont il est parlé en l'article précédent et qui occupent tout l'espace compris entre des voies d'inégales largeurs ou de niveaux différents, chacune des façades ne peut dépasser la hauteur fixée en raison de la largeur ou du niveau de la voie publique sur laquelle elle est située.

Toutefois lorsque la plus grande distance entre les deux façades d'un même bâtiment n'excède pas 15 mètres, la façade bordant la voie publique la moins large ou du niveau le plus bas peut-être élevée à la hauteur fixée pour la voie la plus large du niveau le plus élevé.

2e Section. — *De la hauteur des bâtiments ne bordant pas la voie publique.*

Art. 5. — Les bâtiments dont toute la façade est établie en retrait des voies publiques pourront être élevés, soit à la hauteur de quinze mètres (15 m.), soit à celle de dix-huit mètres (18 m.), soit à celle de vingt mètres (20 m.), mesurée du pied de la construction, à la condition que le retrait sur l'alignement, ajouté à la largeur de la voie, donnera au moins une largeur de 7m,80 dans le premier cas, de 9m,74 dans le second cas, et de 20 mètres dans le troisième cas.

Les bâtiments situés en retrait de l'alignement dans les voies publiques de 20 mètres ne pourront pas être élevés à une hauteur supérieure à 20 mètres.

Art. 6. — Les hauteurs des bâtiments établis en bordure des voies privées, des passages, impasses, cités et autres espaces intérieurs, seront déterminées d'après la largeur de ces voies ou espaces, conformément aux règles fixées à l'article premier pour les bâtiments en bordure des voies publiques.

3e Section. — *Du nombre et de la hauteur des étages.*

Art. 7. — Dans les bâtiments, de quelque nature qu'ils soient il ne pourra, en aucun cas, être toléré plus de sept étages au dessus du rez-de-chaussée, entresol compris, tant dans la hauteur du mur de face que dans celle du comble, telles que ces hauteurs sont déterminées par les art. 1, 9, 10 et 11.

Art. 8. — Dans les bâtiments, de quelque nature qu'ils soient, la hauteur du rez-de-chaussée ne pourra jamais être inférieure à 2m,80, mesurés sous plafond. La hauteur des sous-sols et des autres étages ne devra pas être inférieure à 2m,60, mesurés sous plafond. Pour les étages dans les combles, cette hauteur de 2m,60 s'applique à la partie la plus élevée du rampant.

TITRE II. — DES COMBLES AU-DESSUS DES FAÇADES.

ART. 9. — Pour les bâtiments construits en bordure des voies publiques, le profil du comble, tant sur les façades que sur les ailes, ne peut dépasser un arc de cercle dont le rayon sera égal à la moitié de la largeur légale ou effective de la voie publique, ainsi qu'il est dit à l'article premier, sans toutefois que ce rayon puisse être jamais supérieur à huit mètres cinquante centimètres (8m,50). Si la largeur de la voie est inférieure à 10 mètres, le constructeur aura cependant droit à un rayon minimum de 5 mètres. Quelles que soient la forme et la hauteur du comble, toutes les saillies qu'il pourrait présenter devront être renfermées dans l'arc de cercle considéré comme un gabarit dont on ne devra pas sortir.

Le point de départ de l'arc de cercle sera placé à l'aplomb de l'alignement des murs de face et le centre à la hauteur légale du bâtiment, telle qu'elle est déterminée par l'article premier.

ART. 10. — Les dispositions de l'article 9, sauf en ce qui concerne la détermination du rayon du comble, sont applicables :

1° Aux bâtiments construits en retrait des voies publiques, ainsi qu'il est dit à l'article 5 ;

2° Aux bâtiments situés en bordure des voies privées, des passages, impasses, cités et autres espaces intérieurs.

Dans ces cas, le rayon du comble sera calculé d'après la largeur moyenne de l'espace libre au droit de la façade du bâtiment et égal à la moitié de cette largeur dans les conditions déterminées par l'article 9.

Toutefois, les cages d'escaliers pratiquées sur les cours pourront sortir du périmètre indiqué ci-dessus de manière à pouvoir s'élever jusqu'au plafond du dernier étage desservi par lesdits escaliers.

ART. 11. — Pour les constructions situées à l'angle des voies publiques d'inégales largeurs, dont il est parlé à l'article 3, le comble pour bâtiment en façade sur la voie publique la plus large sera déterminé d'après les bases indiquées à l'article 9, et pourra être retourné avec les mêmes dimensions sur toute la partie du bâtiment en façade sur la voie la plus étroite dans les limites déterminées par l'article 3.

Art. 12. — Les murs de dossier et les tuyaux de cheminée ne pourront percer la ligne rampante du comble qu'à un mètre cinquante centimètres (1m,50), mesurés horizontalement du parement extérieur du mur de face à sa base, ni s'élever à plus de soixante centimètres (0m,60) au-dessus de la hauteur légale du sommet du comble.

Art. 13. — La face extérieure des lucarnes et œils-de-bœuf peut être placée à l'aplomb du parement extérieur du mur de face donnant sur la voie publique, mais jamais en saillie.

Le couronnement des lucarnes ou œils-de-bœufs établis soit en premier, soit en second rang, ne pourra faire saillie de plus de cinquante centimètres (0m,50) sur le périmètre légal, mesurés suivant le rayon dudit périmètre.

L'ensemble produit par les largeurs cumulées des faces de lucarnes d'un bâtiment ne pourra pas excéder les deux tiers de la longueur de face de ce bâtiment.

Art. 14. — Les constructeurs qui n'élèvent pas leurs bâtiments à toute la hauteur permise jouiront de la faculté d'établir les autres parties de leurs bâtiments suivant leur convenance, sans pouvoir toutefois sortir du périmètre légal, tel qu'il est déterminé, tant pour les façades que pour les combles, par les dispositions des 1re et 2e sections du titre Ier et du titre II.

Art. 15. — Les dispositions du présent titre sont applicables à tous les bâtiments situés ou non en bordure des voies publiques.

TITRE III. — DES COURS ET COURETTES.

Art. 16. — Dans les bâtiments, de quelque nature qu'ils soient, dont la hauteur ne dépasserait pas 18 mètres, les cours sur lesquelles prendront jour et air des pièces pouvant servir à l'habitation n'auront pas moins de 30 mètres de surface, avec une largeur moyenne qui ne pourra être inférieure à 5 mètres.

Art. 17. — Dans les bâtiments élevés sur la voie publique à une hauteur supérieure à 18 mètres, mais dont les ailes ne dépasseraient pas cette hauteur, les cours devront avoir une surface minima de 40 mètres, avec une largeur moyenne qui ne pourra être inférieure à 5 mètres.

Lorsque les ailes de ces bâtiments auront également une hauteur supérieure à 18 mètres, les cours n'auront pas moins de 60 mètres de surface, avec une largeur moyenne qui ne pourra être inférieure à 6 mètres.

Art. 18. — La cour de 40 mètres ne sera pas exigée pour les constructions établies sur les terrains prenant façade sur plusieurs voies, et d'une dimension telle qu'il ne puisse y être élevé qu'un corps de bâtiment occupant tout l'espace compris entre ces voies.

Art. 19. — Toute courette qui servira à éclairer et aérer des cuisines devra avoir au moins neuf mètres (9 m.) de surface, et la largeur moyenne ne pourra être inférieure à un mètre quatre-vingts centimètres ($1^{m},80$).

Art. 20. — Toute courette sur laquelle seront exclusivement éclairés et aérés des cabinets d'aisances, vestibules ou couloirs devra avoir au moins quatre mètres (4 m.) de surface, avec une largeur qui ne pourra en aucun point être moindre de $1^{m},60$.

Art. 21. — Au dernier étage des corps de logis, on pourra tolérer que des pièces servant à l'habitation prennent jour et air sur les courettes, à la condition que les dites courettes aient une surface de 5 mètres au moins.

Art. 22. — Il est interdit d'établir des combles vitrés dans les cours ou courettes, au-dessus des parties sur lesquelles sont aérés et éclairés, soit des pièces pouvant servir à l'habitation, soit des cuisines, soit des cabinets d'aisances, à moins qu'ils ne soient munis d'un châssis ventilateur à faces verticales dont le vide aura au moins le tiers de la surface de la cour ou courette et quarante centimètres ($0^{m},40$) au minimum de hauteur, et qu'il ne soit établi à la partie inférieure des orifices, prenant l'air dans les sous-sols ou caves, et ayant au moins..... décimètres carrés de surface.

Le châssis ventilateur ne sera pas exigé pour les cours et courettes sur lesquelles ne seront aérés ni éclairés, soit des pièces pouvant servir à l'habitation, soit des cuisines, soit des cabinets d'aisances, mais les courettes dont la partie inférieure ne sera pas en communication avec l'extérieur devront être ventilées.

Art. 23. — Lorsque plusieurs propriétaires auront pris, par acte notarié, l'engagement envers la ville de Paris de maintenir à perpétuité leurs cours communes, et que ces cours auront ensemble une fois et demie la surface réglementaire, les propriétaires pourront être autorisés à élever leurs constructions à la hauteur correspondant à ladite surface réglementaire.

En cas de réunion de plusieurs cours, la hauteur des clôtures ne pourra excéder cinq mètres (5 mètres).

Art. 24. — Dans aucun cas les surfaces des courettes ne pourront être réunies pour former soit une courette, soit une cour d'une dimension réglementaire.

Art. 25. — Toutes les mesures des cours et courettes seront prises dans œuvre.

TITRE IV. — DISPOSITIONS DIVERSES.

Art. 26. — Les dispositions qui précèdent ne sont pas applicables aux édifices publics.

L'administration pourra, pour les constructions privées ayant un caractère monumental ou pour des besoins d'art, de science ou d'industrie, autoriser des modifications aux dispositions relatives à la hauteur des bâtiments après avis du Conseil général des bâtiments civils et avec l'approbation du Ministre de l'intérieur.

Art. 27. — Les décrets des 27 juillet 1830 et 18 juin 1872 sont rapportés.

Arrêté du préfet de police concernant la sécurité des habitants.

Novembre 1883.

A l'avenir, le faîtage des constructions devra présenter un chemin plat d'au moins 70 cent. de largeur et parfaitement praticable, tant pour les ouvriers, en cas de réparations, que pour les sapeurs-pompiers, habitants ou sauveteurs en cas d'incendie. Ce chemin sera bordé d'un côté d'une lisse en fer, placée à 30 cent. de hauteur; il sera installé, en outre, un garde corps fixe en fer avec montants et traverses, dont les intervalles seront grillagés fortement pour arrêter la chute des sapeurs-pompiers, des ouvriers ou des matériaux, en cas de réparations. La hauteur de ce garde-corps ne pourra être moindre de 80 centimètres; il pourra être formé d'ornements ajourés, mais toujours être pourvu à son sommet d'une lisse à main-courante.

Au long des murs mitoyens et de ceux de refend perpendiculaires aux façades sur rues, cours et jardins, il devra être scellé des échelons en fer formant escaliers, avec support et main-courante; le tout indépendant et sans point d'appui sur le comble. Il sera prévu une sortie facile sur le comble, soit par une lucarne, soit par une trappe dans le comble même, de manière à permettre d'atteindre aisément les échelons en fer des murs mitoyens et de refend.

Relevons encore, parmi les nouvelles mesures de ce règlement, attendu depuis si longtemps, l'établissement de deux escaliers offrant une double issue, surtout aux étages supérieurs.

Dans le cas où il serait impossible d'établir un second escalier, il y sera suppléé au moyen d'échelons en fer placés sur toute la hauteur de la façade sur cour.

Un décret du 26 mars 1852 porte à l'article 5 :

« Les façades des maisons seront constamment tenues en bon état de propreté. Elles seront grattées, repeintes ou badigeonnées au moins une fois tous les dix ans, en vertu de l'injonction qui sera faite au propriétaire par l'autorité municipale. Les contrevenants seront passibles d'une amende qui ne pourra excéder cent francs. »

13. Salubrité des maisons. — Maintenant que nous avons donné le texte du décret que régit la ville de Paris et même la France, nous devons noter en détail toutes les meilleures conditions d'hygiène que doivent, pour être salubres, remplir les habitations.

En France on a beaucoup écrit sur ce sujet, mais on n'a pas condensé en un ouvrage tous ces matériaux comme l'ont fait deux frères, M. le docteur Putzeys, professeur d'hygiène à l'Université de Liège et M. E. Putzeys, ingénieur ; ces messieurs se sont, pour ce travail, inspirés de ce qui a été fait chez nous, mais ils ont eu le mérite d'en réunir les faisceaux épars en y ajoutant leurs études personnelles.

Nous leur ferons de fréquents emprunts.

Chaleur solaire. — Lors de la création de nouveaux quartiers, il conviendrait, d'après Vogt, de tracer des voies principales du Nord au Sud, en proportionnant leur largeur à la hauteur des maisons, la chaleur solaire serait ainsi également partagée entre les habitations des deux côtés : les voies transversales ou équatoriales seraient très courtes et très larges, l'ampleur à leur donner étant calculée au moyen de la formule de l'auteur. Cette formule est trop technique pour figurer ici.

Avant de passer en revue les différentes parties d'une habitation, disons que d'après Schwabe la mortalité annuelle se répartit, suivant les étages, de la manière suivante :

Souterrains	25.3 p. mille
Rez-de-chaussée	22
1er Etage	21.6
2e —	21.0
3e —	22.6
4e dessus	28.2

Le docteur Lagneau a fait à l'Académie de médecine une intéressante communication sur le « surpeuplement » de l'habitation.

On a remarqué depuis longtemps, dit-il, que la morbidité et la mortalité s'accroissent dans les arrondissements ou quartiers où la population est dense, où la population spécifique est élevée. A Paris, dans le IIIe arrondissement (Temple), où il y a 764 habitants par hectare, la mortalité annuelle est de 21 sur 1.000 habitants; dans le VIIIe (Élysée), où il y a 280 habitants par hectare, la mortalité annuelle n'est que de 13 sur 1.000 habitants.

L'encombrement de l'habitation est non moins redoutable. Au dernier recensement, M. Bertillon fit relever le nombre d'habitants occupant chaque logement, et le nombre de pièces composant ce logement : il considère comme *surpeuplé* tout logement dont le nombre d'habitants est supérieur au double du nombre des pièces et a reconnu que certains arrondissements, quoique ayant une population spécifique peu élevée, possèdent un grand nombre de logements surpeuplés et subissent une forte mortalité. Le XXe (Ménilmontant), par exemple, qui n'a que 265 habitants par hectare, mais dont sur 1.000 habitants 270 sont plus de 2 par pièce de logement, donne annuellement 31 décès généraux et 5,5 décès phtisiques, en particulier, tandis que dans le VIIIe (Elysée), dont la population spécifique de 280 habitants par hectare, diffère peu de celle de Ménilmontant, mais dont sur 1.000 habitants, il n'y en a que 48 qui sont plus de 2 par pièce de logement, la mortalité générale annuelle n'est que de 13 et celle par phtisie de 1,7.

Sous-sols. — Les sous-sols sont des lieux d'habitation essentiellement défectueux et ne doivent servir que pour des cuisines ou des ateliers.

En effet ces locaux sont généralement humides, soustraits qu'ils sont à la lumière et à la chaleur solaires, l'éclairage en est insuffisant, car les fenêtres en sont basses et souvent grillagées.

Si on voulait quand même en faire un lieu d'habitation, il faudrait qu'ils eussent au minimum 2^{m}60 de hauteur, que les fenêtres s'élevassent à 1^m au moins au-dessus du niveau du sol voisin et que les murs fussent cimentés et peints à l'huile.

Le sol serait recouvert d'une couche isolante d'asphalte et recouvert par un parquet ou un plancher moins froids que le dallage ou le carrelage.

C'est surtout dans les *mansardes* que les alternatives de froid et de chaud se font trop sentir pour qu'on puisse les regarder comme des logements vraiment salubres. La température y est torride en été et glaciale en hiver.

La hauteur ne devra jamais être moindre de 2^{m}50.

En règle générale, aucune pièce dans une maison ne devrait avoir moins de 3^{m}50 à cause du cubage d'air, ni plus de 4m50 à cause de la difficulté du chauffage. Si l'on veut se mettre à l'abri des variations de température on devra recourir à l'emploi des doubles fenêtres ; une couche d'air est en effet emprisonnée entre elles et à l'abri de l'action de convection.

Les doubles fenêtres sont à recommander contre le froid, dans nos climats, et à la fois contre le chaud et le froid extérieurs dans certaines zones.

Il est nécessaire que, dans l'intérêt de l'hygiène, les architectes cherchent, dans la construction des pièces, à arrondir les angles, tant aux points d'intersection des murs, qu'au voisinage des plafonds.

Les alcôves doivent disparaître. L'air n'y circule pas. Fermées quelquefois pendant le jour, elles ne permettent pas aux personnes qui utilisent leur emploi de respirer un air sans cesse renouvelé.

On reproche constamment aux maisons neuves de n'avoir plus d'armoires.

Elles étaient évidemment d'une précieuse ressource pour les ménagères qui y entassaient une foule d'objets, de linge, etc., mais au point de vue de l'hygiène, le seul que nous ayons à envisager ici, elles étaient absolument défectueuses, car l'air ne s'y renouvelait pas, ce qui était une source de dangers.

Les corridors doivent être salubres, car c'est sur eux que les appartements prennent une grande partie de leur air.

Les escaliers seront clairs, construits en pierre plutôt qu'en bois, tant au point de vue de la solidité qu'à celui de la sûreté des habitants, en cas d'incendie.

La toiture peut se faire en tuiles, ardoise, zinc, plomb et tôle.

L'ardoise, compacte, solide, peu altérable à l'air, laisse facilement couler l'eau.

Les tuyaux de décharge seront placés à 5 — 8 de distance du mur.

Les parquets seront parfaitement joints, de façon que dans leurs interstices ne se logent et ne s'accumulent pas les débris et poussières organiques.

Ils seront cirés ou peints.

Les cuisines souterraines sont défectueuses en ce sens qu'il y règne de l'humidité, que les personnes qui y sont employées ne jouissent que d'un jour et d'un air limités. Enfin elles surchauffent les appartements sus-jacents et répandent une odeur rendant souvent ceux-ci inhabitables. Elles devront être de préférence construites au rez-de-chaussée, être spacieuses et bien éclairées ; si l'éclairage latéral n'est pas possible, on aura un éclairage par en haut à l'aide d'une toiture vitrée qui pourra être faite de verres dépolis ou d'un lanterneau à parois mobiles ; généralement on placera, quand faire se pourra, les fenêtres au nord ou au nord-est et s'élevant jusqu'au niveau du plafond. Des briques perforées, encastrées aux parties supérieures et inférieures des murs, assureront la circulation de l'air. La cheminée sera pourvue d'un manteau. Le tuyau de fumée sera entouré d'un manteau de maçonnerie qui en sera écarté de 0^m25 environ. Le foyer lui-même (ou la cuisinière) sera recouvert d'une hotte en tôle de fer distante du sol de 2^m. Sous la hotte une ouverture de 0^m4 sera pratiqué dans le manteau de la cheminée.

Le sol sera parfaitement dallé, asphalté ou cimenté. Les lavages seront fréquents. Les murailles seront garnies jusqu'à 1^m50 de carreaux en faïence émaillée, d'ardoises ou de *petit granit*.

La buanderie sera très ventilée, le sol dallé, cimenté

ou asphalté ; une pente légère sera établie pour conduire les eaux dans un évier spécial.

La salle de bains sera dallée. Les murs seront recouverts jusqu'à 1^m50 d'ardoise simple ou émaillée, de petit granit, de carreaux émaillés.

Les cabinets d'aisance seront, autant que possible, séparés de l'habitation. Les murs et les plafonds seront en stuc, en ciment de Paros ou en ciment anglais. Le sol sera dallé, le siège peint à l'huile ou verni. Les fenêtres seront larges et ouvertes à la partie supérieure.

Les écuries seront placées dans un bâtiment isolé. Le sol sera fait en pavé résistant, imperméable, facile à nettoyer et surtout pas glissant à cause des chevaux.

Il recevra d'abord une couche de béton de 6 pouces d'épaisseur sur laquelle on posera des pierres artificielles de même épaisseur, séparées les unes des autres par des sillons tranchants offrant un point d'appui aux pieds des chevaux.

De fréquents lavages à l'eau ordinaire, d'abord, et ensuite avec un liquide composé de une cuillerée à soupe de Crésyl-Jeyes pour un litre d'eau.

Le purin s'écoulera directement dans l'égoût. La largeur allouée à chaque cheval doit être de 1^m45. La capacité des écuries, dit M. Morin, doit être de 30 mètres cubes par tête d'animal, c'est la proportion adoptée depuis 1841 par le ministre de la guerre pour les chevaux de cavalerie.

Le fumier sera mis dans des trous bien étanches ou dans des trous sous forme de boîtes en tôle de fer. Il devra être enlevé tous les jours pendant l'été et tous les deux jours le restant de l'année.

Pour les cours, il faut se rapporter à l'arrêté préfectoral cité plus haut.

11. Chauffage. — MM. Emile Trélat et Somasco ont fait au congrès d'hygiène de 1880 un rapport sur le chauffage des habitations. M. Trélat, qui fait table rase de tous les systèmes de chauffage sans exception, préconise un système différent qui consiste à chauffer les parois du local qu'on doit habiter, et à ventiler en faisant entrer directement l'air extérieur froid, de façon que les habitants respirent cet air froid qui s'échauffe au contact des murs, tout en recevant la quantité de chaleur qui leur est nécessaire par le rayonnement des murs chauds.

Selon nous, les vues de MM. E. Trélat et Somasco ne sont pas encore assez pratiques.

Jusqu'à ce qu'on ait trouvé un mode de chauffage idéal, il faut se contenter de ceux actuellement en usage.

Le chauffage au moyen du bois est de tous le plus sain, mais aussi celui qui procure le moins de chaleur, outre qu'il est le plus dispendieux. Il doit être préféré pour les chambres des malades.

Le charbon de terre et le coke sont également employés.

Il est un mode de chauffage que l'on doit énergiquement bannir des chambres où l'on couche, c'est celui des poêles mobiles.

Le conseil d'hygiène publique et de salubrité du département de la Seine a, le 20 mars 1880, adopté, sur le rapport de M. Michel Lévy, l'instruction ci-après sur le chauffage des habitations :

1° Les combustibles destinés au chauffage et à la cuisson des aliments ne doivent être brûlés que dans des cheminées, poêles ou fourneaux, qui ont une communication directe avec l'air extérieur, même lorsque cette combustion ne donne pas de fumée. Le coke, la braise et les diverses sortes de charbon qui se trouvent dans ce dernier cas sont considérés à tort, par beaucoup de personnes, comme pouvant être brûlés impunément à découvert dans une chambre habitée. C'est là un des préjugés les plus fâcheux ; il donne lieu, tous les jours, aux accidents les plus graves ; quelquefois même il devient cause de mort. Aussi doit-on proscrire l'usage des braseros, des poêles et des calorifères portatifs de tout genre qui n'ont pas de tuyau d'échappement au dehors. Les gaz qui sont produits pendant la combustion par ces moyens de chauffage et qui se répandent dans l'appartement sont beaucoup plus nuisibles que la fumée de bois.

2° On ne saurait trop s'élever contre la pratique dangereuse de fermer complètement la clef d'un poêle ou la trappe intérieure d'une cheminée qui contient encore de la braise allumée. C'est là une des causes d'asphyxie les plus communes. On conserve, il est vrai, la chaleur dans la chambre, mais c'est au dépens de la santé, quelquefois même de la vie.

3° Il y a lieu de proscrire formellement l'emploi des appareils et poêles économiques à faible tirage, dit « poêles mobiles », dans les chambres à coucher et dans les pièces adjacentes.

4° L'emploi de ces appareils est dangereux dans toutes les pièces dans lesquelles des personnes se tiennent d'une façon permanente et dont la ventilation n'est pas largement assurée par des orifices constamment et directement ouverts à l'air libre.

5° Dans tous les cas, le tirage doit être convenablement garanti par des tuyaux et cheminées d'une section utile et d'une hauteur suffisante, complètement étanches, ne présentant aucune fissure ou communication avec les appartements contigus et débouchant au-dessus des fenêtres voisines. Il est inutile que ces cheminées ou tuyaux soient munis d'appareils sensibles indiquant que le tirage s'effectue dans le sens normal.

6° Il ne suffit pas que les poêles portatifs soient munis d'un bout de tuyau destiné à être simplement engagé sous la cheminée de la pièce à chauffer. Il faut que cette cheminée ait un tirage convenable.

7° Il importe, pour l'emploi de semblables appareils, de vérifier préalablement l'état de ce tirage, par exemple à l'aide de papier enflammé. Si l'ouverture momentanée d'une communication avec l'extérieur ne lui donne pas l'activité nécessaire, on fera directement un peu de feu dans la cheminée, avant d'y adapter le poêle, ou tout au moins avant d'abandonner ce poêle à lui-même. Il sera bon, d'ailleurs, dans le même cas, de tenir le poêle un certain temps en grande marche avec la plus grande ouverture du régulateur.

8° On prendra scrupuleusement ces précautions chaque fois que l'on déplacera un poêle mobile.

9° On se tiendra en garde, principalement dans le cas où le poêle est en petite marche, contre les perturbations atmosphériques qui pourraient venir paralyser le tirage, et même déterminer un refroidissement des gaz à l'intérieur de la pièce.

10° Les orifices de chargement doivent être clos d'une façon hermétique, et il est nécessaire de ventiler largement le local chaque fois qu'il vient d'être procédé à un chargement de combustible.

45. Éclairage. — Depuis l'introduction de l'essence et du pétrole dans l'éclairage, le suif n'est plus guère employé que dans les campagnes.

La bougie et l'huile constituent avec le gaz et le pétrole les moyens les plus employés d'éclairage.

L'huile à brûler donne une lumière plus douce et doit être préférée par les personnes qui travaillent. Celles-ci ont en effet la tête moins échauffée par le voisinage d'une lampe à huile que par celui d'une lampe à pétrole; sa lumière est moins blanche, partant moins fatiguante pour la vue.

Le pétrole est très employé aujourd'hui à cause de son bon marché.

Il présente des dangers au point de vue de l'incendie.

Le gaz, qui a été extrêmement employé, tend à être remplacé par l'électricité. En tout cas on ne devra jamais établir de becs de gaz dans une chambre à coucher, trop nombreux sont les cas de mort de personnes asphyxiées par le gaz s'échappant par un bec fermant mal.

La lumière électrique fatigue la vue quand elle arrive directement à l'œil. Enfin les lampes à incandescence, qu'emploient ceux qui écrivent, tremblent, vacillent quelquefois et fatiguent la vue.

En dehors de cet inconvénient, l'électricité est un éclairage extrêmement commode; c'est l'éclairage de l'avenir.

10. Ameublement, décoration. — Si, dit M. le docteur Putzeys, on se plaçait au seul point de vue de l'hygiène, on rejeterait peut-être d'une manière absolue l'emploi des papiers peints, comme revêtement interne. En effet, ils absorbent l'humidité, s'imprègnent des produits volatifs, des excrétions pulmonaires et cutanées, et peuvent, dans certaines circonstances, devenir le réceptacle de germes de maladies.

L'industrie des papiers peints, qui a fait l'objet d'un travail de MM. les docteurs L. Duchesne et Ed. Michel, fabrique des papiers, qui non seulement sont nuisibles pour la santé des ouvriers qui les préparent, mais encore, quoique à un moindre degré, pour les personnes qui habitent une pièce tendue avec ces papiers.

Ceux qui sont particulièrement nuisibles sont les suivants : le papier au chromate de plomb jaune, celui au minium, celui à la céruse et surtout ceux fabriqués avec le vert de Scheele et le vert de Schweinfurth.

L'arrachage des anciens papiers pour les remplacer par du papier neuf produit une poussière nuisible pour la santé des ouvriers et des personnes qui habitent les appartements.

Vallin (1) a observé des accidents aigus chez une personne logée dans un appartement dont on changeait les papiers. L'air des chambres avait une odeur infecte qui provenait des papiers de tenture appliqués les jours précédents : la colle dont on avait fait usage était en pleine putréfaction. Cet hygiéniste distingué proposa ce qui suit :

1° Les architectes et les personnes intéressées pourraient veiller à ce que les peintres n'emploient pas de liquides corrompus pour fixer les papiers, comme cela a trop souvent lieu en été par suite de négligence et par l'effet de la chaleur.

2° Pour prévenir l'altération, soit immédiate, soit *ultérieure*, de la matière employée, on ferait usage de borate de soude ou mieux d'acide borique qui serait ajouté à la colle dans la proportion de 15 grammes par kilog. L'acide salicylique est encore très efficace, mais malheureusement plus cher que l'acide borique.

Dans les couleurs en détrempe, l'arsenic se montre fréquemment : la présence de la colle peut donner lieu à un dégagement d'hydrogène arsénié, si les murs sont humides. Il serait à désirer que dans toutes les couleurs

(1) *Revue d'hygiène*, t. II, p. 481.

à la gélatine ou à la colle de Flandre on introduisit une substance antiseptique, et particulièrement l'acide salicylique (2 gr. par litre), ce qui ne présenterait aucune difficulté et permettrait d'éviter l'odeur infecte que prend en été cette solution de gélatine lorsqu'elle n'est plus récente.

Enfin on devra dans les couleurs substituer toujours le blanc de zinc au blanc du plomb.

Les tapis que l'on place sur les planchers, s'ils ont l'avantage d'amortir le bruit des pas, constituent un foyer de poussières.

Ils doivent être absolument bannis des chambres de malades, ainsi que les rideaux de lit et les grands rideaux de fenêtres.

Il faut enfin exiger que l'on fixe pour les chambres à coucher un minimum d'espace, par exemple 15 mètres cubes par tête ; la moitié pour les enfants.

47. Organisation des vidanges. — La question de l'organisation des vidanges a été résolue par la loi du 10 juillet 1894, qui a décrété pour la France l'obligation du tout à l'égoût. Nous allons donner le texte de l'arrêté préfectoral.

Nous en profiterons pour protester de toutes nos forces contre ce système absolument irréalisable à Paris, où les égouts sont incapables d'évacuer au fur et à mesure les matières qu'ils recevront, parce qu'ils n'ont pas la pente voulue et surtout par le manque d'eau.

C'est surtout ce dernier facteur qui est le plus important. Alors que la ville de Paris est une de celles où l'habitant a le moins d'eau à sa disposition, où on est obligé de substituer chaque été l'eau de Seine à l'eau de source, malgré l'adduction que l'on fait en ce moment, il va falloir se servir d'eau de source pour le tout à l'égout.

Il faut en effet que l'on sache bien que dans la plupart des quartiers de Paris ce sera avec l'eau de source exclusivement que l'on devra remplir le réservoir devant exister dans chaque cabinet d'aisances, de manière que chaque fois qu'un locataire ira au water closet, il y ait une chasse de dix mètres d'eau au minimum pour entrainer les matières.

On voit que pratiquement la chasse est matériellement impossible. L'avenir le prouvera : de plus l'eau du réservoir gèlera pendant l'hiver et le nettoyage des cuvettes et des tuyaux deviendra impossible.

Arrêté préfectoral fixant les conditions du règlement relatif à l'assainissement de Paris.

TITRE PREMIER

Cabinets d'aisances.

Article 1er. — Dans toute maison à construire il devra y avoir un cabinet d'aisances par appartement, par logement, ou par série de trois chambres louées séparément. Ce cabinet devra toujours être placé soit dans l'appartement ou le logement, soit à proximité du logement ou des chambres desservies, et, dans ce cas, fermé à clef.

Dans les magasins, hôtels, théâtres, usines, ateliers, bureaux, écoles et établissements analogues, le nombre des cabinets d'aisances sera déterminé par l'administration, dans la permission de construire, en prenant pour base le nombre de personnes appelées à faire usage de ces cabinets.

Dans les immeubles indiqués au paragraphe précédent, le propriétaire ou le principal locataire sera responsable de l'entretien en bon état de propreté des cabinets à usage commun.

Art. 2. — Tout cabinet d'aisances devra être muni de réservoir ou d'appareil branché sur la canalisation, permettant de fournir dans ce cabinet une quantité d'eau suffisante pour assurer le lavage complet des appareils à évacuation et entraîner rapidement les matières jusqu'à l'égout public.

Art. 3. — L'eau ainsi livrée dans les cabinets d'aisances devra arriver dans les cuvettes de manière à former une chasse vigoureuse. Les systèmes d'appareils et leurs dispositions générales seront soumis au Conseil municipal avant que leur emploi par les propriétaires soit autorisé.

Ils seront examinés et reçus par le service de l'Assainissement de Paris avant la mise en service.

Art. 4. — Toute cuvette de cabinets d'aisances sera munie d'un appareil formant fermeture hydraulique et permanente.

Néanmoins l'administrateur pourra tolérer le maintien des installations, lorsque celles-ci le permettront, à la condition qu'il soit établi à la base de chaque tuyau de chute un réservoir de chasse automatique convenablement alimenté.

Titre II.

Eaux ménagères et pluviales.

Art. 5. — Il sera placé une inflexion siphoïde formant fermeture hydraulique permanente à l'origine supérieure de chacun des tuyaux d'eau ménagère.

Art. 6. — Les tuyaux de descente des eaux pluviales seront munis également d'obturateurs à fermeture hydraulique permanente interceptant toute communication directe avec l'atmosphère de l'égout.

Art. 7. — Les tuyaux devront être aérés d'une manière continue.

TITRE III.

Tuyaux de chute et conduites d'eaux ménagères et pluviales.

Art. 8. — Les descentes d'eaux pluviales et ménagères et les tuyaux de chute destinés aux matières de vidange ne pourront avoir un diamètre inférieur à 8 centimètres et supérieur à 10 centimètres.

Art. 9. — Les chutes des cabinets d'aisances avec leurs branchements ne pourront être placées sous un angle supérieur à 45° avec la verticale.

A l'origine supérieure de chacune de ces chutes devra toujours être placé une inflexion siphoïde formant fermeture hydraulique permanente, sous réserve de la tolérance prévue à l'article 4. Chaque tuyau de chute sera prolongé au-dessus du toit jusqu'au faitage et librement ouvert à sa partie supérieure.

Art. 10. — La projection des corps solides, débris de cuisine, de vaisselle, etc., dans les conduits d'eaux ménagères et pluviales, ainsi que dans les cuvettes des cabinets d'aisances, est formellement interdite.

Art. 11. — Les descentes des eaux pluviales et ménagères et les tuyaux de chute seront plongés jusqu'à la conduite générale d'évacuation, au moyen de canalisations secondaires dont le tracé devra être formé de parties rectilignes raccordées par des courbes.

A chaque changement de pente ou de direction il sera ménagé un regard de visite fermé par un autoclave étanche et facilement accessible.

TITRE IV.

Evacuation des matières de vidange des eaux ménagères et des eaux pluviales.

Art. 12. — L'évacuation des matières de vidange sera

faite directement à l'égout public avec les eaux pluviales et ménagères dans les voies désignées par arrêtés préfectoraux après avis conforme du Conseil municipal au moyen de canalisations parfaitement étanches, ventilées et prolongées dans le branchement particulier jusqu'à l'aplomb de l'égout public.

Art. 13. — Les canalisations auront une pente minimum de 3 centimètres par mètre. Dans les cas exceptionnels où cette pente serait impossible ou difficile à réaliser, l'Administration aura la faculté d'autoriser des pentes plus faibles avec addition de réservoir de chasse et autres moyens d'expulsion à établir aux frais et pour le compte des propriétaires.

Art. 14. — Leur diamètre sera fixé, sur la proposition des intéressés, en raison de la pente disponible et du cube à évacuer.

Il ne sera en aucun cas inférieur à 12 centimètres.

Art. 15. — Chaque tuyau d'évacuation sera muni, avant sa sortie de la maison, d'un siphon dont la plongée ne pourra être inférieure à 7 centimètres, afin d'assurer l'occlusion hermétique et permanente entre la canalisation intérieure et l'égout public.

Chaque siphon sera muni d'une tubulure de visite avec fermeture étanche placée en amont de l'inflexion siphoïde.

Les modèles de ces siphons et appareils seront soumis à l'administration et acceptés par elle.

Art. 16. — Les tuyaux d'évacuation et les siphons seront en grès vernissé ou autres produits admis par l'Administration. Les joints devront être étanches et exécutés avec le plus grand soin sans bavure ni saillie intérieure.

La partie inférieure de la canalisation devra résister à une pression d'eau intérieure de 1 kilogramme par centimètre carré.

Art. 17. — Dans toute maison à construire le branchement particulier d'égout devra être mis en communication avec l'intérieur de l'immeuble, et ce branchement devra être fermé par un mur pignon, au droit même de l'égout public.

En ce qui concerne les maisons existantes, les propriétaires pourront être autorisés sur leur demande à mettre en communication avec l'intérieur de leur immeuble leur branchement particulier, et à y installer le siphon hydraulique obturateur du conduit d'évacuation, ainsi que le compteur de leur distribution d'eau ou tout autre appareil destiné à l'évacuation, sous réserve de l'établissement au droit même de l'égout, d'un mur pignon fermant ce branchement.

Dans cet arrêté, le Conseil municipal et le Préfet de la Seine commentent la loi d'une façon tellement arbitraire que la chambre syndicale des propriétaires de Paris a porté l'affaire devant le Conseil d'État.

48. Habitations privées. — Ce que nous venons de dire de l'hygiène en général s'applique aux habitations privées. Dans ces maisons, dans les hôtels principalement, que n'habite en général qu'une seule famille, le chauffage est fait par un calorifère placé dans la cave, des bouches de chaleur existent dans chaque pièce, ce qui permet d'avoir une température uniforme dans toute la maison.

49. Édifices publics. — Parmi ceux-ci, les églises, en raison même de leur hauteur, sont en général très froides. Il faut donc y parer au moyen de puissants calorifères établis dans les caves. Ceux-ci devront être construits dans des conditions telles que l'accident d'explosion arrivé il y a quelques années dans l'église Saint-Sulpice ne puisse se renouveler.

80. Ateliers. — Au Congrès de l'exposition générale allemande pour la préservation des accidents, tenu à Berlin, Albrecht constate, comme tous les hygiénistes qui s'occupent de ce sujet, que l'on n'est pas d'accord sur les chiffres du cube d'air qu'il faut pour chaque ouvrier dans les locaux industriels.

A la cristallerie de Joseph Juwald, à Prague, les ouvriers disposent de 3m à 6m25 de surface.

La teinturerie de W. Spindler fournit à ses ouvriers des locaux de 4m68 à 5m de hauteur au rez-de-chaussée, 4m40 au premier et au second étages, 3m90 aux combles. La surface de fenêtres y est, pour 1.000 mètres carrés de sol, de 217 mètres carrés au rez-de-chaussée, 190 mètres carrés au premier étage, 111 mètres carrés au second.

Pour la ventilation on peut à volonté en ouvrir la moitié, les deux tiers ou le tout, sans compter des tuyaux d'accès ou d'issue d'air de 0m35 de section par 1.000 mètres cubes d'espace. Dans cet espace de 1.000 mètres on n'admet pas plus de 32 personnes. Quatorze thermomètres, consultés quatre fois par jour, servent d'indicateurs pour la ventilation. Dans les bâtiments qui sont chauffés à la vapeur, les ouvertures de ventilation sont portées à une surface de 43 mètres carrés par 1.000 mètres cubes d'espace. L'éclairage artificiel est assuré par 2.000 becs de gaz et 62 lampes électriques. Le chauffage est obtenu au moyen de poêles à vapeur, alimentés par la vapeur venant des machines ou par des conduites de vapeur.

Latrines des ateliers. — A Berlin, là où il n'est pas possible de recourir aux chasses d'eau, il est de rigueur d'établir une aspiration sous la cuvette des latrines.

CHAPITRE VII

VÊTEMENTS

51. Considérations hygiéniques relatives à leurs substances, à leurs formes, à leur couleur. — La définition du vêtement telle qu'elle a été donnée par les auteurs est la suivante : on appelle vêtement toute substance appliquée sur le corps de l'homme, pour le garantir des impressions extérieures et le protéger contre l'influence des variations atmosphériques.

La surface cutanée est, en général, à une température supérieure à celle de l'atmosphère. Si rien ne venait la garantir, il pourrait se produire plus ou moins brusquement des variations qui pourraient être nuisibles à l'équilibre de l'organisme.

Les substances qui servent à fabriquer les vêtements viennent du règne végétal ou du règne animal.

Dans les premières, citons le coton, le lin. Parmi les secondes la laine, la soie, le crin, les poils, la plume.

Pour bien comprendre comment ces substances peuvent remplir le but, il faut savoir que leur valeur comme vêtement dépend essentiellement :

1° De leur pouvoir conducteur;

2° De leur couleur ;

3° De leur forme ;

4° De leurs propriétés hygrométriques.

La moins conductrice de toutes, celle qui nous permet de perdre le moins de chaleur quand nous avons besoin d'en conserver, celle qui nous permet d'en recevoir la plus petite quantité quand il est utile que nous n'en prenions pas à l'extérieur, est la laine.

Après elle vient la soie, puis le coton, puis le lin.

Le drap et le mérinos, essentiellement constitués par de la laine, seront donc moins bons conducteurs que les étoffes de soie. Celles-ci, à leur tour, moins que le calicot et que l'indienne qui sont fabriqués avec du coton, et ces derniers moins que les batistes et les toiles ; mais de tous les corps, le plus mauvais conducteur de la chaleur est l'air atmosphérique ; aussi suffit-il d'en emprisonner une certaine quantité dans ses vêtements pour qu'ils deviennent très chauds, ainsi les fourrures, ainsi les tissus épais, bien que légers, à mailles larges, conservent la chaleur infiniment mieux que les tissus minces à mailles serrées.

Leur couleur n'est pas non plus indifférente. Coulier, au Val-de-Grâce, a fait des expériences qui ont été pleinement vérifiées par Stark, d'Edimbourg.

Déjà, en physique, on avait démontré que la couleur noire absorbait les rayons du soleil ; qu'au contraire le blanc avait le plus grand pouvoir émissif.

Supposons qu'on place successivement sur de la neige des morceaux d'étoffe diversement colorées en noir, en vert, en rouge et en blanc.

Au bout d'un certain temps on verra que la substance noire a fait fondre autour d'elle la plus grande quantité de neige, puis ce sera la verte, puis la rouge et enfin la blanche.

C'est que l'étoffe noire absorbe plus vite et conserve plus longtemps les rayons de chaleur.

La blanche, au contraire, a le pouvoir absorbant le plus faible, et le pouvoir émissif le plus considérable.

L'expérience peut se faire aussi autrement. Si on entoure la boule d'un thermomètre de morceaux d'étoffes diversement colorées et qu'on l'expose à une même source de chaleur, on voit le mercure monter avec une grande facilité quand l'étoffe est noire, moins vite si elle est de couleur verte, et enfin très lentement si elle est blanche.

Une substance qui conduit bien la chaleur la perd facilement. Au contraire, celle qui a un faible pouvoir conducteur la conserve plus longtemps. Si on veut se préserver du froid, on donnera la préférence aux vêtements formés d'une substance qui conserve la chaleur animale, car d'une part dans l'air froid elle garde la chaleur naturelle; d'autre part, dans l'air très chaud, elle ne permet pas que la température extérieure vienne augmenter celle du corps.

Plus un tissu est apte à absorber l'humidité, moins il est chaud et cela à cause de l'évaporation dont il est le siège.

Coulier a démontré que l'eau qui pénètre dans un tissu se partage en deux portions distinctes : l'une peut être absorbée sans qu'il soit possible au toucher d'apprécier un changement physique dans l'étoffe, l'autre en modifie complètement les propriétés physiques, peut être extraite par la pression, et donne au toucher une sensation d'humidité.

La première des deux a été appelée eau hygrométrique ; la seconde eau d'interposition.

Le coton a le moindre pouvoir absorbant de l'humidité ; vient ensuite la toile faite avec les fibres textiles du chanvre ; et enfin la laine, corps qui absorbe la plus grande quantité d'eau.

Dès que les fibres de coton et de chanvre ont absorbé une certaine quantité de liquide, elles s'accollent les unes aux autres, par suite du gonflement, les intervalles disparaissent et la quantité d'eau d'interposition est à son maximum. Il faudra donc préférer les étoffes de laine pour tous les individus qui se livrent aux exercices violents et dont le corps se couvre facilement de sueur. Cette circonstance permettra aussi à l'organisme de ne pas se refroidir par évaporation, la quantité d'eau retenue par les tissus étant assez considérable pour ne pas produire d'évaporation brusque et par suite, même dans un courant d'air, d'évaporation rapide. Ajoutons que les tissus de laine un peu serrés peuvent être considérés aussi comme des filtres analogues à ceux que Pasteur employait dans les expériences dont il a été parlé plus haut, et qui tamisaient l'air entrant dans les locaux de culture. Ces matières vestimentaires filtrent l'air qui sert à la respiration cutanée. Il est vrai qu'ils peuvent aussi retenir certains germes et devenir par suite des moyens de propagation de certaines maladies infectieuses, ainsi que l'a démontré Michel Lévy, de là la nécessité pour eux d'être nettoyés et battus fréquemment.

Mis en contact avec la peau, les vêtements exercent sur elle une action mécanique et une action chimique. La première est due aux inégalités plus ou moins considérables des étoffes qui viennent frotter l'épiderme, activer la circulation et amener les produits de la perspiration cutanée.

La laine est de toutes les substances vestimentaires celle qui possède au plus haut degré la propriété d'agir mécaniquement sur l'épiderme ; le coton est moins rude ; puis vient le linge fait avec des fibres, du chanvre et du lin ; enfin la soie.

A cette action mécanique, d'après Michel Lévy, il faut joindre une action électrique qui viendrait exagérer la première, et que la laine développerait au maximum.

La seconde action, action chimique, proviendrait des produits cutanés acides ou alcalins que le manque de soins laisserait s'y accumuler. C'est une question sur laquelle nous reviendrons en parlant du linge de corps : nous verrons, en effet, que l'usage de ce dernier a fait disparaître certaines affections, qui autrefois causaient de grands ravages.

Les vêtements imperméables, quelle que soit leur utilité pour nous garantir contre l'humidité de l'atmosphère et contre la pluie, sont dangereux parce qu'ils troublent les échanges dont la peau est le siège. Le docteur Lardrier rapporte le cas de chasseurs qui, couverts de vêtements imperméables et s'étant livrés à des exercices violents, périrent asphyxiés, les échanges de la surface cutanée n'ayant pu se faire d'une façon suffisamment complète.

L'homme, à mesure qu'il s'éloigne davantage de l'époque moyenne de la vie, fait par lui-même une moins grande somme de calorique. L'enfant et le vieillard sont dans ce cas : chez le premier une partie des matériaux de la digestion sert à l'accroissement de l'individu ; chez le vieillard toutes les fonctions étant ralenties, la quantité de calorique et insuffisante. De là l'indication de protéger les individus par des vêtements appropriés aux deux périodes extrêmes de la vie.

Pendant l'adolescence et l'âge mur, les vêtements seront harmonisés avec la quantité d'exercice faite par le sujet. Plus un adulte travaillera musculairement, plus il produira de chaleur, moins il aura besoin de se vêtir chaudement.

Le sexe a une importance analogue. Les femmes ont besoin de se couvrir plus que les hommes, mais ce qu'il est nécessaire de leur persuader, c'est qu'elles produisent d'autant moins de chaleur qu'elles sont plus serrées dans leurs vêtements, et que les mouvements respiratoires et musculaires s'effectuent d'une manière moins incomplète. Cela est surtout vrai pour la jeune fille, dont le développement exige une grande liberté dans les mouvements.

Si on étudie les différentes parties du vêtement, nous voyons que la coiffure doit protéger efficacement la tête sans comprimer le front. Il faut qu'elle soit suffisamment élevée pour l'aération du dessus de la tête, et qu'elle protège les oreilles et surtout les yeux.

La coiffure généralement portée par les hommes, actuellement, ne répond que très imparfaitement aux conditions générales que nous venons d'énoncer; mais elle nous semble au point de vue hygiénique, bien supérieure, cependant, à la coiffure des femmes. Celle-ci ne protège rien, et serait en tout point digne d'être critiquée si l'abondante chevelure des femmes ne venait remplir une partie des desiderata que nous signalons.

L'enfant doit avoir la tête couverte et surtout il doit l'avoir bien protégée, car l'absence de dureté des os du crâne, l'incertitude de la marche, la facilité avec laquelle il se laisse tomber, rendent nécessaire l'emploi d'une coiffure suffisamment rigide. A ce point de vue le bourrelet rend les plus grands services. A mesure que l'enfant avance en âge, la coiffure doit être plus légère. Dans aucun cas elle ne doit congestionner le cerveau ni comprimer la tête : il est bon d'habituer l'enfant à être nu-tête le jour dans l'intérieur de nos habitations. Chez lui, comme chez l'adulte, une calvitie précoce ou une trop grande irritabilité du cuir chevelu peuvent seuls autoriser l'usage d'une calotte ou d'un bonnet de nuit. Chez le vieillard seul un bonnet de coton peut être employé.

Il faut user le moins possible de perruques, généralement trop chaudes et qui peuvent, étant données les altérations que subissent, même longtemps après avoir été coupés, les cheveux avec lesquels elles sont faites, devenir cause d'affections plus ou moins graves du cuir chevelu.

Dans nos pays, la face n'est pas couverte, seuls les peuples qui vivent dans les pays très chauds ou très froids ont besoin de la protéger.

Le cou a été jusqu'au siècle dernier laissé complètement à nu et, s'il faut en croire quelques auteurs, cette coutume ne rendait pas plus fréquentes les angines. Les hygiénistes expliquent ce fait en disant que la chaleur entretenue à la surface du larynx le rend plus susceptible et plus impressionnable aux variations atmosphériques. De là, l'indication de ne pas porter de cravate trop épaisses. Il faut aussi savoir qu'elle doit être souple, se prêtant facilement à tous les mouvements du cou, et que les cols rigides ont de graves inconvénients, ainsi que l'a démontré le baron Larrey. Ce chirurgien éminent a fait voir qu'à l'ancien col militaire, dur et difficile à ployer, devait être attribué le gonflement des ganglions du cou autrefois si fréquent dans l'armée, et qui a complètement disparu depuis qu'on fait usage de cols d'uniforme souples et plus commodes.

Le tronc est recouvert par le linge du corps, en particulier par la chemise, faite en toile de lin, de chanvre ou de coton. Il faut que ce vêtement soit léger et non rude.

En raison des tissus qui la forment, la chemise est en général meilleure conductrice de la chaleur que les vêtements qui la recouvrent, mais elle a sur eux l'avantage de l'excessive souplesse. Son utilité principale est l'absorption des produits de sécrétion de la peau, à mesure qu'ils se forment à la surface du corps. La facilité avec laquelle elle se lave et se nettoie rend son usage des plus utiles. Il nous suffirait pour le démontrer de dire que c'est à l'usage de ce vêtement que certains hygiénistes attribuent la disparition de la lèpre, maladie cutanée répugnante, considérée autrefois comme incurable, qui régnait en Asie-Mineure, en Egypte, en Syrie, et que les Romains connaissaient à peine, à cause de l'usage fréquent qu'ils faisaient, des bains et des ablutions.

Si le linge de corps bien lavé a donc une utilité incontestable et de premier ordre, il faut se souvenir qu'il peut devenir, à son tour, la cause d'affections cutanées, si par exemple il n'est pas suffisamment renouvelé et surtout s'il est lavé avec des substances irritantes qui, appliquées à la surface de la peau, peuvent y amener, par contact, des éruptions diverses. Depuis de longues années l'usage de linge différent, pour le jour et la nuit, est entré dans les mœurs (au moins pour les hommes) et on peut souhaiter que cette pratique soit de plus en plus répandue.

La question du lavage du linge de corps, est si importante qu'elle a préoccupé à juste titre les médecins et les pouvoirs publics. L'établissement de lavoirs municipaux a été un des plus grands progrès réalisés dans ces dernières années.

Beaucoup de personnes joignent à l'emploi de la chemise celui de la flanelle, tissu de laine, destiné à stimuler la peau et à absorber les produits de la perspiration cutanée. L'excitation de la surface de l'épiderme par les inégalités du tissu de laine, qu'on appelle la flanelle, entretient une légère congestion locale qui détermine un fonctionnement plus actif des glandes, mais de plus, grâce à la propriété bien connue de la laine d'absorber facilement les produits liquides de la sueur, la flanelle empêche la surface cutanée d'être aussi facilement influencée par l'évaporation. De là, moins de refroidissements et conséquemment moins d'affections pulmonaires et rhumatismales, si à redouter pour certains tempéraments et à certains âges, surtout chez les convalescents, les enfants, les jeunes gens débiles, les individus rhumatisants, goutteux, lymphatiques et névralgiques. L'emploi de la flanelle est indipensable aux ouvriers soumis à de brusques variations de températures, à ceux qui exécutent des travaux pénibles, aux jeunes filles délicates et à certains individus qui ont une tendance spéciale à transpirer facilement. Mais autant ce vêtement est utile, s'il est proprement entretenu, si on en change aussi souvent que cela est nécessaire, autant il peut devenir nuisible, si au contraire on le laisse s'imprégner de produits de la sécrétion cutanée ; par leur accumulation et la transformation acide qu'ils subissent, ceux-ci peuvent devenir une cause d'irritation de la peau.

Le seul inconvénient que l'on puisse reprocher à l'usage de la flanelle est la nécessité une fois l'habitude prise de ne pouvoir plus s'en passer, mais exprimée ainsi la proposition n'est pas tout à fait exacte. Il serait plus vrai de dire que lorsqu'on est habitué à la flanelle, il ne faut pas la quitter sans précautions, et qu'il y a lieu de ne le faire qu'en demandant l'avis du médecin, seul juge du moment et des moyens.

Le linge de corps étudié, ainsi que nous venons de le faire, voyons à quelles considérations hygiéniques peuvent donner lieu les autres parties du vêtement.

En premier lieu le gilet. C'est un bon moyen de protection qui garantit la poitrine et le dos : il faut avoir soin seulement qu'il soit suffisamment ample, qu'il ne gêne en rien les mouvements respiratoires, les aisselles ni la taille, afin de laisser facile la circulation abdominale.

L'habit porte des noms différents suivant les pays et

les caprices de la mode; mais sous forme de redingote, par exemple, il est d'une commodité incontestable, défend des variations atmosphériques aussi bien la poitrine que l'abdomen, et mérite d'être considéré par les hygiénistes comme un très bon vêtement.

L'habit proprement dit ne protège pas suffisamment l'abdomen, et un hygiéniste français s'est élevé avec juste raison contre son emploi.

La tunique a les avantages de la redingote, mais elle est souvent serrée à la taille ; elle peut être difficile à supporter pour certains individus, et dans tous les cas il faut veiller à ce qu'elle ne soit ni trop dure ni trop rembourrée.

Le veston et le smoking sont trop écourtés pour être des vêtements d'hiver et ne peuvent être employés pendant cette saison.

Les manteaux et pardessus sont surtout utiles lorsqu'on passe d'un milieu chaud dans une atmosphère plus froide. Ils ont une importance réelle à cause de la facilité qu'on a de les quitter rapidement, ou au contraire de les remettre à la moindre sensation de froid. Chez la femme, ces divers vêtements sont remplacés par des camisoles et des corsages qui jouent dans la toilette le même rôle que le gilet chez l'homme.

Nous ne nous arrêterons pas à la robe, par trop sujette aux caprices de la mode. Disons cependant que la quantité d'air, mauvais conducteur, emprisonnée par les jupes, rend ce vêtement très chaud.

Occupons-nous maintenant du corset. Peu de sujets ont donné lieu à des opinions plus diverses, et cela grâce à la négligence qu'on a eue de ne pas préciser la question : oui, le corset est nuisible, très nuisible même s'il est employé avant quinze ans, s'il comprime le thorax, s'il empêche la respiration et la circulation abdominale, s'il déforme la taille, s'il gêne les fonctions du foie, s'il produit, en un mot, dans les organes internes et dans le squelette, des lésions irrémédiables comme tout médecin en a observé dans sa carrière ; mais si, formé de pièces souples, il ne comprime aucun organe, s'il ne fait que venir en aide aux hanches, sur lesquelles les jupons et les pièces d'habillement ne pourraient sans lui s'appuyer efficacement, il est bon d'en recommander l'emploi.

C'est encore au médecin de voir si la femme qu'il soupçonne d'être trop serrée dans son corset, souffre de l'estomac, ne respire que difficilement, a des douleurs abdominales et ne peut marcher sans être essoufflée ; dans ce cas-là il fera bien d'en déconseiller l'usage, ou tout au moins d'en modifier la forme.

Les bras sont protégés par le linge de corps et les manches des divers habits dont nous nous sommes occupés.

Les mains ont besoin de gants qui ménagent la souplesse de la peau et les protègent pendant la saison froide contre les engelures, les crevasses, etc.

Dans certaines professions, les gants sont un moyen de protection efficace pour éviter les durillons, les brûlures et divers accidents.

Aux membres inférieurs, les caleçons, les pantalons dont l'usage ne devrait pas être soumis au caprice de la mode, car un pantalon trop large permet un trop grand renouvellement d'air et peut, par suite, être un moyen de protection inefficace. S'il est trop serré au contraire, il peut gêner les mouvements et occasionner des douleurs dans l'articulation du genou.

La culotte, aujourd'hui généralement abandonnée, avait l'inconvénient de comprimer l'abdomen, de serrer les genoux et d'entraver ainsi la circulation de retour des membres inférieurs vers l'abdomen.

C'est pour une raison analogue qu'il y a lieu de faire usage de bretelles, un pantalon qui ne tient que par la compression de l'abdomen pouvant être cause de congestions abdominales.

Les bas protègent non seulement les jambes et les pieds contre les variations atmosphériques, mais encore jouent le rôle de linge de corps, c'est-à-dire qu'ils absorbent les produits cutanés si abondants aux extrémités inférieures. Ils sont faits en laine, coton, fil, soie, et présentent les propriétés de ces diverses substances. Si on les maintient avec des jarretières, il faut se souvenir que celles-ci doivent être toujours placées au-dessus du genou, que là seulement elles ne compriment aucun vaisseau, ceux-ci étant protégés par les masses musculaires au milieu desquelles ils passent ; qu'au-dessous du genou, au contraire, elles compriment forcément les veines de la jambe et peuvent être une cause fréquente de varices, légère infirmité qui, si elle n'altère en rien l'existence, peut cependant être souvent fort pénible. La persistance de certains ulcères des membres inférieurs, n'a souvent pas d'autre cause.

Les chaussures destinées à protéger les pieds contre les violences qu'ils peuvent subir ont besoin d'être solides, mais en même temps souples; ni trop courtes, ni trop étroites : sans cela elles ne tarderaient pas à déterminer des érosions, des écorchures, des cors, des durillons, petits accidents quelquefois très difficiles à faire disparaître. Il faut se souvenir que les extrémités inférieures sont en contact pour ainsi dire permanent avec l'humidité du sol et que les chaussures dont on fait usage sont le meilleur mode de protection contre cette cause active de refroidissement. Le froid aux pieds expose aux bronchites, aux laryngites, aux angines. A ce point de vue là, la chaussure trop fine des femmes les met dans un état réel d'infériorité.

Le lit est le vêtement de nuit de l'homme à l'état de santé. C'est dans notre lit que nous passons un quart, sinon un tiers de notre existence. Lorsque nous nous livrons au sommeil, toutes les fonctions se ralentissent et nous devenons moins aptes à supporter les variations de température, surtout celle qui se produit tous les matins au lever du soleil. Le lit est donc un appareil protecteur, mais il faut qu'il soit de la plus grande propreté, afin que, d'après l'expression de Lacassagne, « il ne se transforme pas en un milieu miasmatique et infectieux où viennent s'entasser, couver et germer tous les produits morbides qui se trouvent dans le voisinage. »

Dans le lit, le corps est en contact direct avec les draps qui jouent le rôle de linge et absorbent le produit de l'exhalation cutanée. Il faut les changer souvent. Pour nous protéger contre les variations de la température, nous faisons usage de couvertures en laine et en coton, destinées à s'opposer à la déperdition du calorique et qui doivent varier suivant le climat, la saison, l'âge et le sexe. Mais en général on s'habitue facilement à se couvrir d'une manière exagérée, circonstance qui amène souvent la transpiration et l'affaiblissement général consécutif. Les matelas sont remplis de laine, de crin, de varech, de balle d'avoine, etc. Le crin s'imprègne moins de sueur et des divers produits cutanés que les autres substances, mais il est froid et d'un contact désagréable. Les meilleurs matelas sont ceux qu'on fait avec un mélange de crin et de laine ; ceux qui contiennent exclusivement de la plume, comme on en voit trop dans certaines provinces de France, sont très chauds, auraient besoin d'être souvent renouvelés à cause de la sueur dont ils s'imprègnent et ne sauraient être recommandés par les hygiénistes.

La tête repose sur un traversin et des oreillers qui doivent être constitués de telle sorte qu'ils ne déterminent aucune chaleur à la tête. D'après Lacassagne, trop de chaleur à la tête serait la cause fréquente d'accès d'asthme et d'attaques convulsives observés fréquemment la nuit. Chez l'enfant il y a lieu d'employer de préférence les oreillers de crin, afin de ne pas déterminer des congestions actives vers le cerveau, congestions qui pourraient devenir le point de départ de méningites, maladies fréquentes et très redoutables à cet âge.

A quelle place mettrons-nous le lit?

Loin de réserver des places où ne pénètre ni jour, ni lumière, où le renouvellement de l'air se fait avec beaucoup de difficulté, il faut, au contraire, le placer dans des conditions telles que l'air et la lumière circulent très facilement autour de lui. L'usage si répandu des rideaux doit être aussi l'objet de recommandations spéciales. Dans aucun cas, il ne faut les fermer hermétiquement. Il est bon au contraire de les éloigner un peu du lit, de façon à permettre la libre circulation de l'air.

Disons qu'un coucher trop chaud énerve et fatigue, prolonge le sommeil, affaiblit le système musculaire, arrête la digestion, la rend languissante et pénible. Seuls le vieillard et l'enfant peuvent être un peu plus couverts pendant la nuit, sans inconvénient notable.

Les peuples qui habitent les pays chauds ont l'habitude de se couvrir la tête afin de la protéger contre les rayons solaires; dans nos climats, nous nous couvrons peu la tête, nous laissons l'air circuler librement à sa surface.

Les indigènes des pays froids font usage de fourrures, tissus qui emprisonnent une certaine quantité d'air et s'opposent par suite à la déperdition de calorique.

Les ouvriers exposés à de hautes températures peuvent,

sans inconvénient notable, se découvrir pendant que leur corps est plongé dans un milieu très chaud, mais lorsqu'ils le quittent ils doivent, sous peine d'être très sérieusement impressionnés par le froid, se vêtir très chaudement.

Ceux au contraire dont les professions s'exercent dans des pays froids devront avoir des vêtements très chauds, peu hygrométriques et de nature à les protéger efficacement.

Le vieillard se couvrira de même de laine, afin de conserver tout le calorique qui lui reste.

Enfin certains organismes débilités peuvent, par le seul fait du vêtement, modifier considérablement leur constitution et lutter avec avantage contre les différentes causes de maladies.

CHAPITRE VIII

ALIMENTS

Étude générale des aliments et de l'alimentation.

52. Généralités. — L'homme, nous l'avons vu précédemment, absorbe pendant l'acte respiratoire une certaine partie de l'oxygène de l'air, et exhale de l'acide carbonique.

Le carbone de ce nouveau gaz est puisé dans l'organisme, c'est donc une perte réelle que subit l'homme par le fait de la respiration. Mais ce n'est ni la seule, ni la plus importante. L'être humain perd encore dans les 24 h. : 1° par les voies urinaires de 800 à 1500 grammes d'urine renfermant environ 30 g. 52 de matériaux solides ; 2° par l'exhalation pulmonaire environ 400 grammes d'eau ; 3° par l'extrémité inférieure du tube digestif de 200 à 250 gr. de matériaux solides, résidus de la digestion ; enfin 4° par la peau environ 1700 gr. de sueur et de produits de la sécrétion cutanée.

Cet ensemble de phénomènes porte le nom de désassimilation : Si rien ne venait compenser ces pertes, l'organisme ne tarderait pas à diminuer de poids et à succomber. Toute substance introduite dans le tube digestif capable d'enrayer le mouvement de désassimilation, de réparer les pertes physiologiques dont nous venons de parler, d'entretenir la chaleur animale, de fournir les éléments nécessaires au travail musculaire et enfin d'aider à l'accroissement de nos organes, est un aliment.

De cette définition il résulte que certains de ces aliments doivent avoir une composition chimique sensiblement identique à celle des éléments dont notre corps est formé, que d'autres, au contraire, doivent être facilement combustibles, c'est-à-dire capables de se combiner avec l'oxygène pour produire de la chaleur et de l'acide carbonique. Les premiers, ceux qui ont une certaine analogie de composition avec nos tissus, portent plus spécialement le nom d'aliments plastiques, du mot grec πλάζω je forme. Les autres, au contraire, sont dits aliments respiratoires ou calorigènes, à cause de la propriété qu'ils possèdent de faire de la chaleur, en se combinant à l'oxygène de l'air.

Il est un aliment qui, à lui tout seul, suffit pendant un temps assez long, pendant des mois entiers, pour entretenir l'existence, c'est le lait. Quand l'enfant vient au monde et pendant quinze à dix-huit mois environ, il n'a guère d'autre nourriture, et ce liquide peut, non seulement réparer ses pertes, produire la chaleur animale dont il a besoin pour lutter contre les variations de température, mais encore lui permettre de gagner en poids environ de 25 à 30 grammes par jour.

Que contient donc le lait au point de vue alimentaire? 1° une substance qui sert à fabriquer le fromage, la caséine, du nom de *caseum*, fromage ; 2° de l'albumine, substance analogue au blanc d'œuf ; 3° une substance sucrée, le sucre de lait ; 4° une substance grasse, le beurre ; 5° divers sels.

En analysant chacun de ces corps au point de vue chimique, on voit que l'albumine, la caséine, etc. sont essentiellement constituées par quatre éléments chimiques, le carbone, l'hydrogène, l'oxygène et l'azote, et pour cette raison sont nommés corps ou substances quaternaires.

Le sucre de lait et le beurre ne contiennent plus, eux,

que trois éléments : le carbone, l'hydrogène et l'oxygène, et sont appelés ternaires.

Poursuivant encore cette analyse, on voit qu'en dehors de l'eau il y a dans le lait un certain nombre de sels.

Alors si on veut résumer la composition chimique des corps que nous venons d'énumérer, on trouve quatre métalloïdes, le carbone, l'hydrogène, l'oxygène et l'azote, et des sels qui sont des composés de chlore, d'iode, de brôme, de fer, de potassium, de phosphore, de magnésium, de manganèse, de sodium et de soufre.

Voilà les éléments que contiennent nos aliments.

Le carbone se rencontre dans tous, comme l'hydrogène et l'oxygène.

Un seul des quatre métalloïdes dont nous venons de parler, l'azote, fait défaut quelquefois.

De là une première division entre les corps azotés et les non azotés.

Nos tissus contenant presque tous de l'azote, nos aliments azotés peuvent avec juste raison être rangés parmi les aliments plastiques ; les autres sont plus particulièrement appelés aliments respiratoires.

Le lait, nous l'avons vu, contient à la fois des aliments plastiques et des aliments respiratoires.

C'est donc un aliment complet, capable d'entretenir la vie pendant un temps plus ou moins prolongé. La viande est dans les mêmes conditions. Les fibres musculaires sont l'élément plastique type, la graisse l'aliment respiratoire.

Dans le règne végétal, lorsqu'on analyse les divers aliments que ce règne nous fournit, on observe des faits analogues. Les végétaux contiennent des corps azotés et des corps non azotés, mais ces derniers dans des proportions telles qu'il y a lieu de recourir au régime mixte qui consiste à faire manger à la fois de la viande et des légumes, si on ne veut pas voir dépérir les individus. Tiedmann et Gmelin ont démontré qu'il fallait à tous les animaux un *régime mixte*, sous peine de les voir succomber rapidement.

Les sels minéraux que nous avons à étudier sont plus particulièrement le chlorure de sodium, le phosphate et le carbonate de chaux, etc., qui servent surtout au squelette et aux cartilages.

Dans toutes les matières qui servent à notre alimentation, une partie est influencée par la digestion, passe dans le torrent circulatoire, se combine dans les vaisseaux capillaires avec l'oxygène de l'air et vient ensuite former nos tissus. C'est la partie utile ou nutritive.

Une autre partie, de beaucoup moins importante, traverse le tube digestif sans être altérée et paraît jouer dans la digestion un rôle purement mécanique. Dans cette partie, citons la cellulose des végétaux, certaines gélatines, la légumine, la gomme, la chlorophyle.

La digestion est la fonction physiologique qui transforme les substances alimentaires, les rend facilement absorbables et susceptibles d'être portées par le torrent circulatoire dans tous nos organes en contribuant ainsi au développement complet de l'individu.

Cette fonction s'accomplit dans les différentes parties du tube digestif. C'est ainsi, pour procéder anatomiquement, que les substances quaternaires sucrées, dont le type a été pour nous tout à l'heure le sucre de lait, sont digérées, au contact de la salive, dans la bouche ; il en est de même des substances féculentes susceptibles de se transformer facilement en sucre et qui abondent dans les végétaux. Sous l'influence de la salive et du principe organique actif de ce liquide, la diastase salivaire, toute substance contenant du sucre devient extrêmement soluble, est dissoute par les liquides et passe très facilement dans le torrent circulatoire.

Inutile de rappeler que cette substance est ternaire et sera par conséquent un aliment respiratoire.

Dans l'estomac, la deuxième cavité du tube digestif, sont digérées les substances quaternaires ou azotées. C'est sous l'influence d'un suc spécial, appelé suc gastrique, qui est acide, que se produit ce phénomène.

On a beaucoup discuté quel était cet acide, mais les recherches de ces dernières années ont démontré que le suc gastrique contient de l'acide chlorhydrique; c'est lui qui est le principal agent des matières albuminoïdes ou protéiques, ce qui est synonyme.

L'aliment, dont le sucre, les matières protéiques et les sels sont déjà dissous dans l'eau, passe ensuite dans l'intestin qui se divise en deux parties, l'intestin grêle et le gros intestin.

L'intestin grêle est aussi une sorte d'estomac où sont modifiées et rendues aptes à être absorbées toutes les matières grasses au contact de deux liquides: la bile d'une part, le suc pancréatique d'autre part.

Enfin, toutes les parties de cet aliment qui auraient pu échapper à l'action des divers modificateurs dont nous venons de parler sont devenues solubles dans l'eau.

Nous n'avons parlé jusqu'ici que de la caséine et de l'albumine, qui dominent dans le lait, mais il en est d'autres qui constituent la chair musculaire en particulier et qui sont: la fibrine, la gélatine, la mucine, etc.

Toutes ces substances se rencontrent dans la viande, quelles que soient les différences qu'elle présente; qu'elle soit rouge, qu'elle soit blanche, elle a sensiblement toujours la même composition, et contient en outre de la graisse, de l'acide lactique ou sucre de lait et des sels.

Les viandes de boucherie ont sur toutes les autres une grande supériorité, pourvu que l'animal soit encore jeune et qu'il n'ait pas succombé dans de mauvaises conditions d'alimentation et de travail; nous verrons plus loin que la viande d'animaux surmenés peut devenir toxique.

Le mouton, le bœuf, le veau, le porc sont les animaux dont la chair musculaire est le plus souvent utilisée. L'ordre dans lequel nous venons de les énoncer est aussi celui de leur digestibilité.

De toutes les viandes, le porc, dont la fibre est dense et serrée, est la plus difficilement attaquable par le suc gastrique. Les viandes blanches, qui sont fournies par les oiseaux et les poissons, sont très facilement digestibles. Le gibier, même lorsqu'il n'est pas faisandé, ce qui, nous le verrons, est une mauvaise condition, est quelquefois lourd à l'estomac.

Les poissons ont une viande blanche, molle, presque dépourvue d'arôme, qu'il faut en général beaucoup assaisonner, riche en principes aqueux, mais relativement pauvre en matières grasses; les crustacés, tels que le homard, l'écrevisse, la langouste, ont une chair dure, compacte, très difficilement attaquée par le suc gastrique; les mollusques, tels que les huitres, les escargots, les moules se digèrent assez facilement.

Les divers viscères des animaux, qui sont quelquefois une précieuse ressource pour l'alimentation, ne valent pas la chair musculaire, mais peuvent, dans un certain nombre de cas, rendre des services.

53. Œufs. — On consomme actuellement de grandes quantités d'œufs venant de diverses espèces d'animaux domestiques et sauvages.

La coquille, formée de carbonate et de phosphate de chaux, de carbonate de magnésie et d'une matière albuminoïde, n'a aucune espèce d'importance au point de vue de l'alimentation.

Il en est de même de la membrane enveloppante qui sépare la coquille du contenu blanc et jaune constituant les deux matières alimentaires. Le jaune contient de la vitelline, de la margarine, de l'oléine, de la cholestérine, de l'acide lactique et des sels.

Le blanc, essentiellement formé d'albumine, contient en outre des traces de carbonate de chaux, de la glycose, de l'urée, etc.

Le poids moyen d'un œuf est de 24 grammes, celui du jaune de 15 grammes.

Les œufs ne sont comestibles que quand ils sont suffisamment frais. Pour constater cette fraîcheur, il suffit de plonger l'œuf dans de l'eau contenant 10 0/0 de son poids de sel marin. S'il est frais, il ira immédiatement au fond du vase ; si, au contraire, il a déjà subi un commencement de putréfaction et qu'il se soit formé des gaz dans son intérieur, il surnagera.

L'œuf est d'une digestion facile. C'est un très bon aliment, lorsque le blanc n'est pas complètement coagulé. Si l'albumine est compacte, il faut un temps plus long de contact du suc gastrique pour arriver à la digestion complète.

54. Aliments d'origine végétale. — Le règne végétal nous fournit une grande quantité d'aliments. Tous contiennent une petite quantité d'azote, de telle sorte qu'on peut les comparer aux principes nutritifs du règne animal. C'est ainsi qu'il y a une albumine végétale, une fibrine végétale qui porte plus spécialement le nom de *gluten*, une caséine végétale analogue à celle du lait (qui s'appelle *légumine*), etc. ; mais ce qui distingue essentiellement les aliments des deux règnes, c'est que la quantité d'azote est très minime par rapport à la masse générale dans le règne végétal. Les principes ternaires, au contraire, occupent dans les plantes une place considérable : parmi ceux qui sont assimilables, citons l'amidon, le sucre, et divers corps gras. Ceux qui ne sont pas assimilables, avant tout la cellulose qui forme les fibres dures et les utricules des plantes, traversent le tube digestif sans être modifiés, et rendent certains végétaux de digestion difficile. Les corps gras qui font aussi partie, comme les aliments sucrés, des composés ternaires, ont les mêmes propriétés chimiques que les graisses que nous avons étudiées dans le règne animal.

Céréales. — Les premiers végétaux dont nous avons à nous occuper sont les céréales. Ils ont, au point de vue de l'alimentation, une importance considérable. Ce sont le blé, l'orge, l'avoine, le seigle, le *maïs* ou blé de Turquie, le riz, le millet, le sarrasin.

Blé. — On cultive plusieurs espèces de blé, mais la plus commune dans nos pays est le *triticum vulgare*, dont il y a deux variétés : le blé dur et le blé tendre. Le blé varie beaucoup dans sa composition suivant la saison, le climat et le sol, mais généralement celui des pays méridionaux est plus riche en fibrine végétale ou gluten et d'une contexture plus dure que celui des climats froids. La structure du grain de blé est semblable à celle de toutes les céréales : il y a une enveloppe extérieure, siliceuse et ligneuse, tout à fait sans valeur comme aliment, puis une couche de matière riche en azote, et enfin à l'intérieur la fleur qui forme la plus grande partie du grain ; la farine doit ses propriétés nutritives au gluten. Le froment ou blé est de toutes les céréales celle qui en renferme la plus grande proportion, environ 20 0/0, tandis que la farine d'avoine n'en contient que six, celle de riz cinq, celle de pois trois.

Le blé écrasé par la meule donne un résidu essentiellement formé de farine et de son. C'était autrefois ce mélange qui était la nourriture ordinaire de nos ancêtres. Aujourd'hui on blute le blé, c'est-à-dire qu'on sépare la farine du son. Cette pratique s'exécute au moyen de tamis qui séparent l'enveloppe du son de la farine proprement dite, le premier n'étant, en définitive, que de la cellulose, corps réfractaire aux divers agents digestifs.

D'une façon générale, 100 kilogrammes de froment donnent de 78 à 80 parties de bonne farine, puis deux parties de farine de seconde qualité, deux à trois parties de farine de troisième, enfin de la recoupe et du son.

Poggiale a démontré que le son était presque toujours indigeste, pouvait être irritant et déterminait un état spécial des voies digestives, qui rendait difficile l'absorption des aliments.

M. Meige-Mouriès a inventé un procédé qui permet d'obtenir de 86 à 88 0/0 de farine. En général la farine contient 11 0/0 de gluten, mais la proportion peut aller jusqu'à 15 0/0. La proportion d'amidon et de sucre peut aller jusqu'à 70 5 0/0, celle de la matière grasse à 1,7.

Une farine est bonne lorsqu'elle est douce au toucher, sans odeur acide, sans odeur de moisi. Le point important pour connaître sa valeur nutritive est d'employer le procédé de Beccaria. On fait avec de la farine une pâte épaisse pesant environ 30 grammes, et on lave dans un courant d'eau cette petite masse; quand on a bien dissous toutes les substances amylacées et sucrées, il ne reste plus que le gluten, lequel doit peser, bien desséché, environ 10 0/0 de la quantité de farine employée.

De toutes les préparations de la farine, la plus importante est le pain. Voici le procédé employé pour la fabrication : on prend une certaine quantité de farine et on la mélange avec une proportion donnée d'eau. Cette opération porte le nom de pétrissage, exige une force considérable et un temps prolongé. Dans un certain nombre de cas, on est même obligé, pour l'exécuter, de recourir à des appareils plus ou moins perfectionnés ; quand le pétrissage est terminé on mélange à la pâte une certaine quantité de levûre de bière. Sous l'influence de ce ferment, les matières féculentes de la farine se dédoublent et forment du sucre d'une part et de l'acide carbonique d'autre part. Les bulles de gaz traversent la pâte dans tous les sens, lui donnent une grande légèreté, la rendent perméable, la boursouflent et permettent la cuisson complète de cette pâte qui est ensuite placée dans un four, chauffé à environ 200°, où elle cuit pendant plusieurs heures.

Quand cette cuisson est terminée, le pain est essentiellement composé de deux parties, la croûte à l'extérieur, la mie au contraire à l'intérieur. Il est alors très facilement digestible, et constitue un aliment précieux dont l'emploi est général dans presque toutes les nations d'Europe.

Dans la pratique, 100 livres de farine doivent donner 133 à 137 livres de pain. Une bonne moyenne est 134, de sorte qu'un sac de 276 livres doit fournir 95 pains de 4 livres, mais le boulanger s'ingénie à augmenter cette quantité et il y arrive en durcissant le gluten par l'action d'un peu d'alun, ou en introduisant dans le pain une préparation gommeuse de riz qui rend le pain aqueux et mou ; il est facile de reconnaître cette manipulation en se souvenant des caractères que doit présenter un bon pain et qui sont les suivants :

Un bon pain ne doit être ni mou, ni sec, ni floconneux ; sa saveur et son odeur doivent être agréables. Il ne faut en faire usage que lorsqu'il est complètement refroidi.

Divers auteurs ont conseillé, avec juste raison, de ne faire usage du pain que le lendemain du jour où il a été cuit. Trop frais il est difficile à mâcher, plus difficile encore à digérer. Le pain de blé est généralement préféré à toutes les variétés de pain, à cause de son bon goût. C'est un aliment complet, car il contient à la fois des aliments azotés plastiques, le gluten, la légumine, etc, et des aliments respiratoires, l'amidon, les graisses et des sels.

Les principes nutritifs y sont dans la même proportion que dans le blé, et 2 kilogs 500 de pain donnent la quantité d'aliments respiratoires nécessaires à la conservation de la vie. On fait encore avec la farine de blé des bouillies souvent administrées aux enfants, ou des pâtes alimentaires telles que la semoule, le tapioca, les pâtes dites d'Italie, le macaroni et diverses pâtisseries dont nous aurons à nous occuper.

La farine d'orge est le principal aliment de nombreuses populations du Nord de l'Europe, en particulier du pays de Galles, de l'Ecosse et de l'Irlande. Au temps de Charles Ier, les 9/10 de la population ne connaissaient pas d'autre pain. Le grain de l'orge donne une farine qui a beaucoup de ressemblance avec de la farine de froment, mais qui renferme infiniment moins de gluten. Ce pain est lourd, compacte, n'a pas une valeur nutritive aussi considérable que celui de froment.

La farine d'avoine et celle de seigle sont riches en gluten, elles ne sont pas aussi blanches que celle du froment. Elles possèdent une saveur douce d'abord, puis âpre et amère. Elles font un pain spongieux plus difficile à digérer que celui du froment et servant surtout en Angleterre à préparer des galettes, dont la confection exige des manipulations spéciales dans lesquelles nous n'avons pas à entrer ici.

Enfin il est bon de savoir que le seigle est le terrain où peut se développer un parasite appelé ergot de seigle, dont la présence peut agir très vigoureusement sur l'organisme et déterminer l'éclosion d'une maladie spéciale fréquente dans les pays qui consomment beaucoup de farine de seigle lorsque l'hiver a été pluvieux. Cette maladie nommée la *pellagre* a été très sérieusement étudiée dans ces dernières années.

La farine d'avoine contient en outre quelques sels et en particulier des phosphates, ce qui a permis de l'administrer à titre d'aliment à certains enfants menacés de lésions du côté du système osseux. On emploie en général dans ce cas-là la farine d'avoine d'Ecosse. La valeur nutritive de la farine d'avoine et de seigle est moindre que celle du blé : la matière azotée y est à la matière carbonée dans le rapport de 1 à 9.

Le maïs ne sert guère à faire que des galettes et est employé surtout à l'alimentation des peuples de l'Italie, de la Corse, de l'Algérie et de l'Espagne.

Le riz est la nourriture principale des peuples orientaux. On le cultive dans l'Inde, dans la Chine, dans l'Amérique du Sud. Les espèces les plus estimées sont celles de la Caroline et de Patna.

La proportion du gluten contenu est environ de 6,30 0/0 ; c'est donc un des corps les moins azotés de toutes les céréales et nous sommes loin de l'opinion autrefois émise par quelques auteurs qui pensaient que le riz pourrait remplacer la viande. Le rapport de la matière azotée à la matière carbonée est comme 1 à 12.

Conservation du pain. — Quelle que soit la céréale qui ait servi à faire le pain, il faut, pour le conserver, le placer dans un endroit qui ne soit ni trop sec, ni trop humide. Trop sec il deviendrait rapidement impropre à l'alimentation, trop humide il ne tarderait pas à se recouvrir d'un champignon spécial, le *penicillium glaucum*, sorte de moisissure qui a pu provoquer des accidents. Nous reviendrons sur ce fait lorsque nous traiterons de la conservation des aliments.

Quelques produits nous sont encore fournis par des céréales exotiques, le *marantha arundinacea* qui nous donne l'arrow-root des Bermudes et de la Jamaïque, le *curcuma* qui nous donne l'arrow-root des Indes orientales, le *jatropa manio* qui nous donne l'arrow-root du Brésil, le tapioca, le sagou, etc., etc.

55. Aliments féculents. — Le principal de tous les aliments féculents est la pomme de terre. Apportée d'Amérique par Parmentier, vers la fin du siècle dernier, elle est devenue un article presque universel d'alimentation. Elle est d'une culture aisée, d'une conservation facile, se prépare de mille façons diverses, est savoureuse et forme à la fois un aliment très digestible et très agréable.

En Irlande, par exemple, on remarque que la ration d'un adulte est de plus de 1.500 grammes. La valeur nutritive de la pomme de terre n'est pas extraordinairement grande : elle ne contient environ que 25 0/0 de matières solides et 2,1 0/0 de matières azotées. Il faut, de plus, ajouter dans la plupart des préparations des matières grasses, mais c'est un merveilleux assaisonnement pour toutes sortes de viande, pour le poisson, etc., etc.

Les variétés farineuses se digèrent mieux que celles qui sont compactes et grasses. Dès 1781, sir Gilbert Blanc, dans son traité des maladies de la flotte, faisait allusion à l'action bienfaisante de la pomme de terre dans le scorbut. Le docteur Baly, dans ses recherches sur les maladies des prisonniers, faisait observer que le scorbut est à peu près inconnu partout où on nourrit les détenus avec des pommes de terre.

Les qualités de la pomme de terre diffèrent non seulement suivant les diverses variétés de cette plante, mais encore suivant le sol, les engrais. On reconnaît que la pomme de terre est de bonne qualité si les tranches minces que l'on coupe sont peu translucides, si, après les avoir soumises pendant une heure ou deux à la cuisson ordinaire à une température de 100 degrés dans de l'eau ou dans de la vapeur, toute la masse interne jusqu'au centre est devenue farineuse. Dans les grosses variétés la partie farineuse et la meilleure, est au-dessous de l'épiderme, jusqu'à une épaisseur d'environ un millimètre, tandis qu'au-delà de cette zone corticale, épaisse ou vers le centre, la substance est plus aqueuse, moins féculente et de moins bonne qualité. Il faut donc se garder d'enlever par l'épluchage une épaisseur trop forte.

Nous nous occuperons plus loin des altérations que peuvent subir les pommes de terre. A côté de la pomme de terre on rencontre la patate, l'igname et divers autres tubercules féculents qui peuvent aussi fournir de bons aliments.

36. Champignons. — Deux variétés, l'une comestible, l'autre au contraire vénéneuse. Ce sont des végétaux très nourrissants, car ils contiennent une notable proportion de matière azotée, mais d'une part ils sont de difficile digestion et d'autre part s'altèrent très rapidement. Il faut se garder de manger des champignons cueillis depuis trois ou quatre jours, car une fois altérés ils sont souvent nuisibles, quelle que soit l'espèce à laquelle ils appartiennent.

57. Légumineuses. — Les fèves, les haricots, les pois, les lentilles, la graine de sarrasin sont les principaux fruits des légumineuses dont nous ayons à nous occuper. Toutes ces graines constituent des aliments riches en substances azotées et grasses. Elles renferment en outre une proportion assez forte de principes amylacés et de sels minéraux.

Les fèves, dont l'odeur désagréable limite l'usage sont surtout employées à l'état de farine et incorporées au pain dans de certaines proportions : elles en augmentent d'une façon assez sérieuse la valeur nutritive.

A côté de la fève les haricots sont d'un goût agréable et constituent un aliment contenant une assez forte proportion de principes azotés. Ils constituent donc, au point de vue alimentaire, un très bon légume. Nous en disons autant des pois et des lentilles, en recommandant néanmoins de leur faire subir une préparation qui les débarrasse de leur enveloppe celluleuse, quelquefois très difficile à digérer.

58. Légumes herbacés. — Les légumes herbacés ou herbes potagères comprennent toutes les feuilles comestibles et toutes les parties des plantes dont les tissus jeunes et tendres formés de très minces membranes de cellulose renferment dans leurs utricules les sucs abondants en matière azotée, sucrée ou grasse. La plupart des végétaux à feuilles alimentaires sont soumis à certains procédés de culture qui mettent pendant une partie de la durée de leur développement une certaine quantité de ces feuilles à l'abri de la lumière. On évite ainsi la formation d'une partie de la cellulose et on rend les parties comestibles du végétal de plus facile digestion.

Tout le monde connaît l'influence des légumes verts

dans le scorbut et la nécessité où on se trouve d'en donner une certaine quantité dans toutes les rations alimentaires. Nous reviendrons sur ce point.

On admet généralement que la digestibilité est en rapport inverse avec le pouvoir nutritif. Les végétaux qui rentrent dans la catégorie des herbes potagères sont : les asperges, le céleris, le cardon, le chou frais, le chou-fleur, la laitue, le navet, la carotte, l'épinard, l'oseille, la chicorée, etc.

Fruits. — Les fruits mûrs exercent une influence favorable sur la santé des hommes en contribuant à varier et à rendre plus agréable la nourriture dans laquelle ils introduisent des principes aromatiques, sucrés et salins. Mais étant donnée la petite quantité de principes nutritifs qu'ils contiennent, ils ne peuvent être qu'un complément de l'alimentation et ne sauraient dans aucun cas remplacer les légumes. Ils sont de plus légèrement laxatifs et doivent être surveillés à ce point de vue. Un moyen de les rendre bien plus nourrissants est de les associer avec du sucre, soit crus, soit à l'état de compotes. Les fruits verts peuvent être dangereux et nuisibles. Il faut s'en abstenir.

Les fruits se divisent en : 1° farineux ou amylacés, tels que châtaignes ou certaines graines ; 2° huileux, tels que noix, noisettes, amandes ; 3° aqueux, tels que oranges, raisins, figues ; 4° sucrés acides, tels que citrons, groseilles, cerises et fraises ; 5° astringents, tels que nèfles, sorbes, coings.

59. Digestion des divers aliments. — Les phénomènes de la digestion sont d'une nature toute physique et chimique. Spallanzani a pu les reproduire *in vitro* au moyen des divers sucs naturels de son aigle vorace.

Les aliments, après avoir été triturés, sont successivement soumis à des dissolvants spéciaux fournis par la salive, le suc gastrique, le suc pancréatique, la sécrétion biliaire et le mucus intestinal. La salive est un liquide clair, glaireux, ayant une réaction légèrement alcaline et possédant une substance organique azotée appelée la ptyaline. Cette ptyaline est comparable à la diastase qui dans les végétaux transforme l'amidon en sucre. D'après Mialhe une partie de ptyaline est capable de convertir 8.000 parties d'amidon insoluble en glucose soluble. Elle n'a d'action ni sur la graisse, ni sur les corps albuminoïdes, ni sur les corps gras.

C'est donc au contact de la salive que sont transformées les matières féculentes. Le bol alimentaire que nous avons supposé être formé des quatre espèces d'aliments, dont il a déjà été question et qui sont, on s'en souvient : 1° les aliments quaternaires albuminoïdes, ou azotés; 2° les aliments ternaires féculents; 3° les aliments ternaires gras; et enfin 4° les sels minéraux, passe dans l'estomac où la muqueuse toute entière secrète un liquide transparent d'une couleur jaune pâle, d'une saveur salée et acide qui est le suc gastrique. Sa propriété est de transformer, sous l'influence de l'acide chlorhydrique, les matières albuminoïdes et fibrineuses en une sorte de produit soluble appelé peptone par Lehmann, et albuminose par Mialhe.

Lorsque, sous l'influence du suc gastrique, le bol alimentaire a été transformé en chyme dans l'estomac, il passe ensuite dans l'intestin et se trouve là en contact avec la bile et le suc pancréatique. Ces deux derniers agissent sur les matières grasses qu'ils émulsionnent au point de permettre leur absorption par les veines de l'intestin. Enfin le suc intestinal, à son tour, fourni par toutes les glandes de l'intestin, sert à digérer, c'est-à-dire à rendre solubles toutes les parcelles alimentaires qui auraient échappé à l'action du liquide dont nous venons de parler.

Tel est très rapidement résumé le phénomène complet de la digestion. Nous introduisons dans notre organisme des substances dures et compactes que les divers acides nutritifs dissolvent et qui sont ensuite portées dans le torrent circulatoire. Mais une partie considérable de la matière utile traverse notre intestin sans subir d'altération ; de plus tout ce qui est impropre à notre alimentation fait de même ; de telle sorte que nous rendons par l'intestin environ 200 grammes de matières ayant servi ou non assimilables. Parmi ces substances, l'albumine fluide est celle qui se transforme le plus facilement, puis l'albumine coagulée, la fibrine, la caséine, enfin la gélatine, la chondrine et les cartilages.

Le docteur Beaumont a fait sur un Canadien, atteint de fistule gastrique, des expériences confirmées plus tard par Blondlot au moyen de fistules faites aux animaux et qui ont donné les résultats suivants :

De toutes les substances alimentaires, le riz serait celle qui disparaitrait le plus vite, en moins d'une heure, puis viendraient les tripes, puis les œufs cuits, le sagou, le tapioca, l'orge, le lait bouilli, les œufs crus, la viande d'agneau, les pommes de terre et le poulet fricassé.

Le bœuf, le porc, le mouton, les huîtres, le pain, le beurre, le veau, le poulet rôti ou bouilli mettent de 3 h. à 4 h. à être digérés.

La viande salée est celle qui résiste le plus au travail de la digestion.

Les substances animales sont plus rapidement digérées que les farineux.

Payen place les aliments, au point de vue de leur digestibilité, dans l'ordre suivant : les plus légères sont :

les poissons de mer et de rivière, la volaille, le gibier, les crustacés, l'agneau, le veau, le bœuf, le mouton, le sanglier et le porc.

On admet généralement, comme étant de digestion difficile, le saumon, l'anguille, l'oie, le canard, les oiseaux à chair brune et compacte, enfin les viandes salées et fumées.

Il est essentiel de varier l'alimentation si l'on veut maintenir les qualités physiques et morales des populations.

60. Condiments. — Les condiments sont des substances qui mélangées aux aliments en relèvent le goût et en facilitent la digestion.

1° *Les condiments sucrés* sont très importants à étudier. La consommation du sucre, qui est lui-même un véritable aliment ternaire, dépassait il y a quelques années 10.000.000 de kilogrammes à Paris et 120.000.000 pour la France entière.

On tire le sucre de la betterave ou de la canne à sucre. Il subit, au contact de la salive, une transformation qui le rend identique au sucre de raisin.

2° *Condiments salés.* — Le chlorure de sodium. D'après Dubois d'Amiens l'homme doit en consommer de 12 à 30 grammes par jour. Du reste c'est, à proprement parler, plutôt un aliment d'origine minérale qu'un véritable condiment. La privation de chlorure de sodium est très difficilement supportée. Quand cet aliment fait défaut pendant quelque temps, il se produit de la langueur, de la faiblesse, de la tendance à l'œdème, en un mot tous les symptômes de l'altération profonde de l'organisme. Durant le siège de Metz, en 1870, ces accidents se sont produits fréquemment.

3° *Condiments acides.* — Ce sont l'acide oxalique sous forme d'oseille et de tomates, l'acide lactique qui se développe dans certaines fermentations et en particulier dans la préparation de la choucroute, enfin et surtout l'acide acétique ou vinaigre résultant d'une altération du vin.

Le vinaigre plaît au goût, excite la sécrétion intestinale et facilite la digestion. Il agit sur les matériaux du sang. Les nourrices qui en prennent trop voient diminuer les globules du lait. Il faut se garder de l'exagération dans son emploi. Du reste il ne fait maigrir qu'en produisant une réelle altération de la santé.

4° *Condiments âcres.* — Ce sont le poivre, la moutarde, les crucifères, etc.

Ces condiments exercent sur les voies digestives une action favorable, en ce sens qu'ils augmentent la sécrétion de la salive et des sucs de l'estomac et de l'intestin.

Il faut en user avec modération, surtout dans les pays chauds, où à l'excitation momentanée qu'ils produisent succède bientôt une atonie digestive qui est une des causes d'anémie.

5° *Condiments excitants.* — La moutarde et le poivre dont nous venons de parler peuvent aussi être rangés dans cette catégorie, à côté de la cannelle, de la muscade, des clous de girofle, etc. Ce que nous venons de dire des condiments âcres s'applique aussi à ceux-ci.

6° *Condiments aromatiques.* — Ce sont la vanille, l'écorce de citron, les essences de fruits, etc. Ce sont aussi de bons excitants pour l'estomac, utiles dans un grand nombre de cas d'atonie intestinale, mais auxquels il ne faut pas s'habituer.

61. Préparation des aliments. — La plupart des aliments doivent subir diverses préparations qui ont pour but de les rendre attaquables par les sucs que secrète le tube digestif ; à cet égard Larrey avait coutume de dire que la digestion ne commence pas dans la bouche, mais bien dans la cuisine.

On peut faire cuire les aliments devant le feu, c'est-à-dire les rôtir, ou bien dans l'eau, c'est-à-dire les bouillir, ou bien dans de la vapeur d'eau, c'est-à-dire à l'étuvée.

Rôtissage. — Quand la viande est rôtie ou grillée, les parties extérieures sont exposées à une haute température qui coagule les matières albuminoïdes et forme une espèce d'enveloppe qui empêche l'action de la chaleur de se faire sentir au centre de la viande. Les parties intérieures n'atteignent guère qu'une température de 60 degrés. D'après Playfair, la composition de la viande est fort peu modifiée par ce genre de cuisson, ainsi que le démontre le tableau suivant :

	Bœuf cru	Bœuf cuit
Carbone	51,83	52,59
Hydrogène	7,57	7,89
Azote	15	15.21
Oxygène et sels	25	24,31

La viande rôtie est un aliment sain, agréable et nourrissant. La cuisson doit se faire lentement. La perte de substance varie de 25 à 35 0/0. Elle porte principalement sur l'eau.

La viande cuite au four a une saveur moins franche que celle du rôti. La cuisson atteint d'une façon beaucoup plus complète les parties internes, mais c'est là à coup sûr un mode de préparation inférieur à la cuisson à l'air libre.

Ebullition. — Le bouilli est inférieur au rôti comme matière alimentaire. La viande, en effet, subit une modification profonde par le contact prolongé de l'eau bouillante qui dissout les parties solubles et coagule partiellement l'albumine. Nous nous occuperons dans un instant du bouillon ; disons seulement que la viande bouillie est fade et coriace, mais elle contient presque en entier la musculine, c'est-dire la partie nutritive. Elle est moins nourrissante et d'une digestion plus difficile que la viande rôtie. La perte de substance pour la viande bouillie est de 20 à 40 0/0. Tout le monde sait qu'il est absolument impossible d'avoir à la fois un bouillon très chargé et une viande bouillie très nourrissante. Il faut de toute nécessité choisir. Pour obtenir du bouilli dans les meilleures conditions possibles, il faut plonger le morceau de bœuf dans l'eau très chaude.

L'albumine se coagule à la surface et l'action de l'eau est par suite entravée. Les principes nourrissants et les sels sont dissous en moins grande quantité et on a ainsi de bon bouilli, mais de fort mauvais bouillon. Si on veut avoir un bouillon parfait, en sacrifiant une partie de la valeur nutritive de la viande, il faut au contraire plonger le morceau de bœuf dans de l'eau froide dont on élève petit à petit la température. Nous reviendrons sur ces questions en parlant du bouillon.

La préparation à l'étuvée est un excellent procédé qui conserve à la viande ses principes nutritifs et donne des mets assez agréables.

Bouillon. — La décoction aqueuse de viande de bœuf prend le nom de bouillon, mais d'une manière générale on y ajoute du beurre, du sel, des légumes et d'autres condiments.

D'après Chevreul, un litre de bouillon bien préparé pèse 1.013gr00. Sa composition est la suivante :

Eau	985,600
Substances organiques solubles	16,917
Chlorures, phosphates, sulfate de potasse et de soude	11,983
Phosphate de chaux et de magnésie	0,539

Il faut avoir soin pendant l'ébullition de bien écumer. L'écume en effet entraîne avec elle les matières terreuses du sel marin, divers principes gras et des matières albuminoïdes qui seraient de difficile digestion. A mesure que l'ébullition se fait, tous les principes de la viande se dissolvent et l'arôme se développe.

Pendant la préparation, si l'on entretenait une vive ébullition, une partie de l'arôme se dégagerait en pure perte. Lorsqu'au bout de sept heures l'opération est terminée, on écrême avec soin la couche graisseuse.

La bouillon n'est pas un aliment à proprement parler. Une expérience curieuse a été faite : on a pris deux chiens de même poids. Ils ont été exclusivement nourris l'un avec de l'eau pure, l'autre avec du bouillon. Le second est mort bien peu de temps après le premier.

Le bouillon est donc, comme nous le disions, un aliment agréable au goût, mais peu nourrissant. Il contient un principe aromatique nommé osmazone qui semble surtout exciter l'appétit et qui est très apprécié par les convalescents.

Le seul mode de préparation qui convient aux aliments végétaux est la cuisson au moyen de l'eau bouillante. Il faut ensuite un assaisonnement qui se fait le plus souvent avec des matières grasses.

69. Boissons. Aliments liquides. — *Eau.* — L'eau, au point de vue chimique, est composée de 1,111 parties d'hydrogène et de 8,889 d'oxygène. Cavendish, Lavoisier, Carlisle et Nicholson l'analysèrent et la recomposèrent.

Elle ne se trouve pas dans la nature à l'état de pureté absolue. Elle contient des sels, des gaz et souvent des matières organiques. Les gaz se démontrent facilement ; il suffit pour cela de la chauffer dans un ballon ; pour les sels on a la preuve de leur présence en l'évaporant.

Nous avons vu que l'air atmosphérique en contient toujours une certaine quantité et que l'on entend par état hygrométrique le rapport qui existe entre la vapeur d'eau contenue dans l'atmosphère et la quantité que l'air en contiendrait s'il était saturé. L'eau est le véhicule d'un grand nombre de maladies, ainsi que nous le verrons dans le cours de cet ouvrage.

On a divisé les eaux potables en eaux courantes et en eaux stagnantes, laissant de côté avec juste raison l'eau de la mer et les eaux minérales, qui ne sont pas du ressort de l'hygiéniste.

Eaux de source. — Les eaux de source contiennent toutes des sels calcaires ; il est urgent que ces sels ne soient pas en trop grande quantité. Quand l'eau de la pluie, qui est de l'eau provenant de la condensation, de l'évaporation qui a lieu incessamment dans l'air atmosphérique, arrive sur le sol, elle le pénètre peu à peu jusqu'à ce qu'elle rencontre une couche non perméable. Elle obéit alors à la loi de l'équilibre des liquides et vient sourdre en un point plus éloigné, mais dans ce trajet elle peut se charger de différents principes dissous dans l'eau, aussi les eaux qui sont à la surface de la terre ont-elles des compositions très variables.

Les eaux de source ont l'avantage d'être toujours limpides et d'offrir une température à peu près constante. Quand elles ne contiennent pas une trop grande quantité de principes organiques ou inorganiques, ce sont les meilleures pour l'alimentation.

Une bonne eau de source ne doit pas marquer plus de 20° à l'hydrotimètre. Pour qu'une eau de source soit dans de bonnes conditions, il faut qu'elle soit limpide, fraîche, incolore, agréable au goût, presque insipide. Il faut qu'elle contienne de l'air en suffisante quantité, qu'elle dissolve bien le savon et cuise bien les légumes.

Toute eau qui est odorante, doit être rejetée.

La température convenable est d'environ 10 à 12°. Plus froide, elle peut entraver la digestion et, si elle est ingérée brusquement, elle peut occasionner des accidents.

L'eau qui ne contient pas d'air est d'une digestion très difficile, elle est lourde à l'estomac et il est bon de se souvenir que cette absence d'oxygène est l'une des causes qui rendent mauvaise l'eau de pluie et celle de la fonte des neiges. Il sera bon, si l'on est appelé à boire l'une de ces eaux, d'aérer ces liquides en les fouettant bien à l'air atmosphérique. Toute eau qui évaporée donne comme résidu plus de 50 centigrammes de matières solides, par litre, doit être rejetée de l'alimentation.

Parmi les eaux de source, il faut citer l'eau des puits artésiens qui, en général, a une haute température.

L'eau des glaces et des neiges contient une grande quantité de sels et beaucoup de corps organiques.

Eaux de montagnes. — Les eaux de montagnes sont mauvaises près de leurs sources. On leur attribue une partie des maladies qui règnent dans les localités où les habitants en font usage; on a affirmé que c'est à elles qu'on devait le goitre et le crétinisme.

Eaux des lacs. — Les eaux des lacs sont généralement chargées de sels alcalins et peuvent, par l'excès même de ces sels, devenir dangereuses. Les rivières et les fleuves ont pour origine les eaux de source qui existent dans leur propre lit, les eaux de la fonte des neiges qui s'accumulent au sommet des montagnes de leurs bassins, etc.

Eaux de rivière. — Les eaux de rivière sont plus oxygénées et moins carbonatées que celles des sources : les terrains qu'elles traversent, la végétation qu'elles renferment et surtout les impuretés sans nombre que les villes y déversent, altèrent singulièrement leur composition.

Le résidu solide que donne un litre d'eau de la Tamise varie de 0,26 à 0,28 par litre ; la Garonne 0,5 ; le Rhône 0,18 ; le Doubs 0,23 ; la Seine 0,25 ; la Marne 0,51 ; ce qui donne une moyenne de 0,24 par litre (Fonssagrives). Mais l'abondance des matières organiques et leur nature éminemment suspecte, puisqu'elles proviennent des déjections jetées dans ces eaux, les rendent bien plus dangereuses pour l'alimentation que si elles ne contenaient que la quantité de matières minérales dont il vient d'être question.

Parkes a représenté les éléments microscopiques des eaux de la Tamise. Miquel et d'autres chimistes en ont fait autant pour la Seine. Ils y ont trouvé des conifères, des diatomées, des paramécies, des verticelles, des leucoprhys, des anguillules, en un mot tout un monde pouvant amener des fermentations putrides ; mais ce qui rend ces eaux dangereuses pour la santé, c'est la présence d'éléments tirés de l'organisme humain ou des usines qui déversent dans le lit des fleuves toute sorte de résidus organiques et minéraux capables de les polluer. L'eau de la Bièvre, à Paris, l'eau qui traverse les grandes villes manufacturières d'Angleterre, sont des exemples de l'intoxication profonde des cours d'eau. On sait, par exemple, que l'eau de la Bièvre donne une odeur d'hydrogène sulfuré tellement intense qu'elle incommode, pendant l'été, les riverains.

Ces eaux seraient donc de toute façon impropres à l'alimentation s'il ne se produisait un phénomène qui a reçu le nom d'épuration spontanée des rivières. Ce phénomène est analogue à ce qu'ont observé déjà depuis longtemps les marins anglais, qui remplissent leurs réservoirs d'eau de la Tamise en partant pour certains voyages. Ils ont vu que dans les réservoirs où ils placent cette eau impure, il se produit une fermentation qui laisse échapper les gaz et dépose au bout d'un certain temps un sédiment au fond des tonneaux. Toute l'eau au dessus est claire, limpide, et peut être employée sans danger; un phénomène analogue se produit dans le cours des fleuves.

Eaux stagnantes. — On sait que dans certaines circonstances la seule eau dont puissent faire usage des populations entières est l'eau de citerne. A Venise en particulier, il n'y a pas moyen de s'en procurer d'autre.

Dans les citernes est recueillie l'eau de pluie qui, au premier abord, pourrait être considérée comme de l'eau distillée; mais si l'on considère que l'eau, en tombant, dissout un grand nombre de gaz contenus dans l'atmosphère, qu'elle entraine avec elle les principes organiques contenus dans l'air ainsi que toutes les impuretés des toits et des conduits qui la recueillent, on se rendra compte que sa composition est notablement altérée, qu'elle est très chargée d'impuretés, mais très pauvre en sels calcaires.

Eau de puits. — Les puits ne sont autre chose que des réservoirs d'eau naturelle qui se forment dans les couches profondes de la terre. En général, le renouvellement y est très lent : l'eau de pluie qui a traversé le sol, et qui est venu se réunir dans la cavité qui forme le puits, est chargée de matières organiques qui la rendent peu potable; de plus, les parois, s'ils sont calcaires, peuvent aussi donner à cette eau des propriétés diverses qui la rendent d'une difficile digestion.

Il faut veiller à ce que ces puits ne soient pas en communication même éloignée avec les fosses d'aisances, les trous à fumier, des réservoirs de matières organiques en putréfaction. Nous verrons plus tard l'importance de cette question.

Dans aucun cas il ne faut faire usage de l'eau des étangs et des marais pour l'alimentation ; ces eaux ne sont pas seulement stagnantes, elles sont croupissantes et peuvent devenir la cause d'un grand nombre de maladies graves.

Il est évident que, d'une manière générale, l'eau de puits est encore moins bonne pour l'alimentation que l'eau de citerne.

En 1860 nous n'avions guère à Paris que 35 litres d'eau par jour et par habitant. Aujourd'hui, grâce à l'adduction de nombreuses sources, on peut estimer que la quantité d'eau dont chaque habitant peut disposer journellement est d'environ 200 litres. Par ce fait même, les 30.000 puits qui existaient autrefois à Paris sont devenus absolument inutiles.

93. Caractères des eaux potables. — Une bonne eau potable doit être fraîche, limpide, incolore, agréable au goût, sans saveur spéciale. Il faut qu'elle tienne en dissolution une petite quantité de matières salines, spécialement du bichromate de chaux, de la silice et du sel marin, qu'elle soit suffisamment aérée et absolument exempte de matières organiques.

La fraîcheur de l'eau est agréable au goût et favorable à la digestion.

La température constante qu'elle doit avoir est d'environ 10 à 12 degrés ; plus froide, elle peut agir sur l'estomac et entraver son fonctionnement. Plus chaude, elle désaltère beaucoup moins.

Les Romains, qui apportaient le plus grand soin à choisir l'emplacement de leurs habitations, se préoccupaient avant tout de savoir si l'eau de la contrée qu'ils voulaient habiter était réellement potable.

Analyse de l'eau. — Lorsqu'on veut analyser une eau, au point de vue de sa composition, il est nécessaire de s'en procurer deux litres au moins.

On doit examiner d'abord : 1° l'odeur, 2° le goût, 3° la transparence, 4° les dépôts qu'elle peut former. Ce sont les caractères physiques.

64. Analyse physique de l'eau. — L'odeur de l'eau s'apprécie en la faisant chauffer. Sous l'influence de la chaleur, les diverses matières putrescibles développent des gaz qui sont le plus souvent odorants. Dans quelques cas, il suffit de mettre de l'eau dans une bouteille soigneusement bouchée que l'on remplit à moitié et de l'exposer aux rayons solaires. Si au bout de quelques jours on ouvre la bouteille, l'odorat révèle facilement les moindres traces de putréfaction.

Au point de vue du goût, toute eau qui présente un goût quelconque doit être rejetée de l'alimentation surtout si ce goût est amer, putride ou désagréable. Pour étudier la transparence de l'eau, on en verse une certaine quantité dans une éprouvette en verre blanc que l'on place ensuite sur une feuille de papier écolier. On met à côté une seconde éprouvette de même dimension dans laquelle on verse de l'eau distillée. Si l'eau est pure, on voit dans l'une et l'autre aussi facilement le fond de l'éprouvette. Pour peu que l'épaisseur de l'eau soit suffisante, elle prend au contraire une teinte bleuâtre si elle est trouble ; ce rapide examen permet de le constater facilement. On peut même *a priori* très aisément se rendre compte des matières suspendues dans le liquide. Le sable et l'argile donnent, par transparence, une teinte jaune ou blanc jaunâtre ; les matières végétales, la tourbe, une couleur noirâtre : les matières fécales, une teinte brune. Ce procédé permet, en outre, de se rendre compte de la présence d'animalcules. Mais ces derniers, pour être ainsi aperçus, doivent être d'un assez grand volume : le plus souvent il est nécessaire de recourir au microscope. Le grossissement dont il faut se servir est de 1000 à 1200 diamètres. On peut alors constater la présence de débris organiques de toute sorte, d'infusoires divers et de sels minéraux. Disons qu'il est toujours utile, si l'on veut boire à une source quelconque, de filtrer l'eau par exemple au moyen d'un mouchoir appliqué sur les lèvres. Ne pas observer cette précaution, c'est s'exposer à ingérer des animaux qui peuvent ensuite exercer des ravages plus ou moins grands dans l'économie, exemple : la filaire commune aux Indes, les sangsues en Algérie.

65. Analyse chimique de l'eau. — Plusieurs opérations sont nécessaires pour faire l'analyse chimique de l'eau.

En premier lieu il faut doser l'oxygène. On a recours pour cela à l'hyposulfite de soude, qui a pour ce gaz une affinité spéciale. On place dans un flacon une solution de bisulfite de soude marquant 20° à l'aréomètre de Baumé et quelques copeaux de zinc. On les laisse réagir l'un sur l'autre, à l'abri du contact de l'air, pendant 20 à 25 minutes. Il se forme de l'hydrosulfite qui ne diffère du sulfite acide que par un équivalent d'oxygène. Au contact d'un corps qui en contient, ce dernier est rapidement absorbé et devient un sulfite acide. D'autre part on sait que le bleu d'aniline est instantanément décoloré par l'hyposulfite de soude et résiste à l'action du sulfite acide.

Prenons donc un volume déterminé d'eau, un litre par exemple; purgeons-le d'air et teintons-le de bleu. Si on fait passer dans ce liquide quelques gouttes d'hydrosulfite étendu, on voit une décoloration complète se produire. Si au contraire l'eau est aérée, la décoloration n'a lieu que lorsqu'on a ajouté assez d'hydrosulfite pour absorber l'oxygène dissous. Le volume d'oxygène contenu dans l'eau est proportionnel à la quantité de réactif employée.

En second lieu, il s'agit de doser l'acide carbonique et l'azote. On recueille ces gaz sur la cuve à mercure après les avoir chassés par l'ébullition de l'eau qui les contenait. Une solution de potasse introduite dans l'éprouvette absorbe l'acide carbonique, dont on a le volume par la différence; on introduit ensuite du pyrogallate de potasse qui absorbe l'oxygène et il ne reste plus que l'azote dont on a ainsi facilement la quantité.

60. Analyse hydrotimétrique. — Pour doser les matières minérales on emploie généralement le procédé de Boutron et Boudet, qui porte plus spécialement le nom d'hydrotimétrie. Le principe établi par ces deux chimistes est le suivant : une solution hydroalcoolique de savon ne produit une mousse persistante dans l'eau par agitation que lorsque la totalité des bases terreuses a été combinée aux acides gras du savon. La liqueur nécessaire à cette opération se prépare de la façon suivante : On fait dissoudre 100 grammes de savon dans 1600 grammes d'alcool à 90°, on filtre, et on ajoute un litre d'eau. Cette liqueur essayée par divers procédés est ensuite employée de la façon suivante :

On verse une petite quantité de cette solution alcoolique dans un flacon renfermant 40^{cc} d'une eau quelconque. Si on agite ensuite, le phénomène de la formation de la mousse n'apparaîtra qu'autant que la chaux et la magnésie contenues dans cette eau auront été neutralisées par une quantité proportionnelle de savon, et qu'il sera resté un petit excès de celui-ci. La proportion de solution savonneuse exigée par 40^{cc} d'une eau pour produire la mousse persistante donne donc la quantité de sels calcaires et magnésiens contenue dans cette eau.

Tel est le procédé connu sous le nom d'hydrotimétrie.

Une bonne eau ne doit pas marquer plus de 20 ou 21 degrés hydrotimétriques : celle de la Dhuys est de 24 ; celle de l'eau de Seine de 18°, celle du canal de l'Ourcq de 31°. On voit par ces chiffres que le degré hydrotimétrique n'est pas la seule considération qui devra guider dans le choix d'une eau.

67. Autres réactions de l'eau. — Pour se rendre compte de la quantité de certains sels contenus dans l'eau, il faut employer le procédé suivant : 1° on évapore environ 250 grammes d'eau en présence de carbonate de potasse ou de soude anhydre et pur. On sèche ensuite jusqu'à 120 degrés ; en retranchant le carbonate alcalin du poids total, on a le poids des sels et la matière organique. Ce résidu calciné donne une coloration noire si la matière organique est abondante : lorsqu'il est refroidi, on pèse de nouveau et on a le poids des sels et par différence le poids de la matière organique.

Le chlorure de baryum indique la présence des sulfates par un précipité du sulfate de baryte insoluble dans l'acide chlorhydrique et dans l'acide azotique.

L'azotate d'argent décèle les chlorures par un précipité floconneux de chlorure d'argent.

Le tannin permet de doser le fer en donnant lieu à un précipité.

L'iode se dénote d'abord au moyen de l'évaporation en présence d'un alcali, ensuite par la solution aqueuse d'amidon.

Le bois de campêche en donnant une coloration violette indiquera les bi-carbonates.

Le sulfate de fer, l'acide sulfurique indiqueront la présence des nitrates.

La chaux, produisant vers 40° un dégagement d'ammoniaque, indiquera la présence des matières organiques.

68. Désignation des eaux. — On distingue : 1° les eaux *douces* ou *potables* propres aux usages domestiques, contenant peu de matières étrangères en solution, dégageant de 20 à 30 centimètres cubes d'air très oxygéné, marquant de 18 à 22° degrés hydrotimétriques, ne donnant pas plus de 50 centigrammes de résidus solides par litre, absolument privées de matières organiques. Ce sont celles qui doivent être préférées pour l'alimentation.

Viennent ensuite: 2° les eaux *incrustantes* crues ou dures. Celles-ci contiennent beaucoup de bicarbonate de chaux, du carbonate de chaux, de 60 centigrammes à 1 gramme de résidu solide ; elles dégagent un air riche en acide carbonique et ont un degré hydrotimétrique très élevé.

Enfin, 3° les eaux *séléniteuses* fortement chargées de sulfate de chaux. Ce sont de toutes les plus impropres aux usages domestiques.

On sait du reste que les anciens avaient deux caractères pour juger de la valeur d'une eau potable : il fallait, disaient-ils, qu'elle dissolve bien le savon, et aussi bien les graines de légumineuses.

69. Analyse bactériologique des eaux. — Depuis longtemps on cherche un caractère permettant de différencier les eaux pures des eaux impures.

Le caractère basé sur le nombre absolu des bactéries ou des colonies développées dans l'ensemencement d'un centimètre cube d'eau est extrêmement infidèle.

Pour apprécier la nature bonne ou mauvaise, innocente ou nuisible d'une eau qui doit servir à l'alimentation, une méthode unique ne peut suffire. En constatant dans une eau la présence d'algues sans chlorophylles vertes, on sait déjà que cette eau est corrompue, riche en matières animales décomposées ; plus au contraire les algues seront franchement vertes et de structure compliquée, plus l'eau aura de chances d'être pure.

Il y a donc lieu, pour apprécier la qualité d'une eau potable, après une analyse chimique des plus sérieuses, de s'enquérir de toutes les conditions bactériologiques de cette eau. En effet, prenons une eau de source pure constituant une boisson des meilleures et des plus agréables ; à une portion de cette eau ajoutons une petite quantité de bouillon de culture et voilà une eau qui n'aura rien perdu de son aspect engageant et de ses propriétés organoleptiques, mais qui sera devenue une cause d'infection pour ceux qui la boiraient. La plupart des bactériologistes admettent que le chiffre maximum des bactéries que doit renfermer une bonne eau potable est de 500 par centimètre cube. M. Miquel a dressé une échelle indiquant d'une façon approximative quelle doit être la teneur en bactéries des différentes catégories d'eau.

Eau excessivement pure	de	0	à	10	par c. c.
Eau très pure	de	10	à	100	
Eau pure	de	100	à	1.000	
Eau médiocre	de	1.000	à	10.000	

Eau impure	de 10.000 à 100.000
Eau très impure	de 100.000 et au-delà.

Les eaux de Paris présentent les richesses moyennes suivantes :

Vanne	800	par centimètre cube.
Dhuys	1.800	—
Seine à Ivry	32.500	—
Marne à St-Maur	36.500	—

Si on se reporte au tableau précédent, on voit que les eaux de la Vanne sont comprises dans la catégorie des eaux pures, celles de la Dhuys dans les eaux médiocres, celles de la Seine et de la Marne dans les eaux impures. Les Lyonnais sont infiniment mieux partagés que nous. Voici, en effet, la richesse moyenne des eaux du Rhône :

Rhône en amont de Lyon	75	bactéries par c. c.
Bassin filtrant n° 1	7	—
Réservoir du bas service	18	—
Réservoir du service supérieur	26	—
Eau du robinet d'alimentation	60	—
Rhône en aval de Lyon	800	—

On le voit, cette eau reste, quelle que soit sa condition, dans la catégorie des eaux bonnes.

Les eaux de la Saône sont infiniment plus polluées.

La richesse en microbes d'une eau peut varier dans des proportions énormes suivant la saison et l'état de hautes et de basses eaux : de telle sorte qu'un liquide de même origine pourra successivement être considéré comme très pur, pur ou médiocre.

M. Miquel a fait en 1890 les observations suivantes :

Eau de la Vanne au réservoir de Montrouge.

Analyse du 20 août 1890,	50	bactéries par cent. cube
Du 25 février	100	—
Du 23 mai	500	—

Du 6 juin 1.000 bactéries par cent. cube.
Du 8 juillet 5.900 —
Du 1er août 14.000 —
Année 1890 : Seine à l'usine d'Ivry.
Analyse du 10 mai 1890, 4.000 bactéries par cent. cube.
Du 2 juin 12.000 —
Du 3 mars 40.000 —
Du 6 janvier 128.000 —

Un fait curieux se dégage de ces observations; c'est en hiver et en automne, ainsi qu'on le voit, que les eaux de source ou de rivière sont les plus chargées de micro-organismes, et c'est en été qu'elles sont le plus pures. Il est donc fort difficile de se prononcer toujours sur la valeur alimentaire d'une eau, cette valeur se modifiant dans des conditions sur lesquelles nous ne sommes pas encore fixés; mais, ainsi que l'a fait observer Koch, la présence d'une quantité de micro-organismes dans l'eau démontre qu'elle a été plus ou moins en contact avec des matières organiques en décomposition. Ce qu'il y a lieu d'observer avec plus de soin, ce n'est pas seulement le nombre de bactéries que peut contenir une eau, mais leurs espèces. On sait, en effet, que même dans l'eau distillée, on voit pulluler un certain nombre de bactéries inoffensives.

Les recherches de M. Migula ont mis en lumière des faits assez inattendus. Il a vu que 21,75 0/0 des eaux qu'il a examinées ne renfermaient que 1 à 4 espèces bactériennes ; que 5,25 0/0 n'en renfermaient même qu'une ; que 78,25 0/0 contenaient de 5 à 10 espèces différentes. Enfin que 14,75 0/0 avaient plus de 10 espèces.

Il en résulte, d'après M. Migula, que toute eau où l'on trouve plus de 10 espèces par centimètre cube est une eau contaminée par des substances organiques et impures, et dans ce cas les bactéries de la putréfaction y dominent.

D'une façon générale, les eaux courantes et surtout les sources de montagnes sont moins riches en bactéries de toute sorte que les autres.

70. Effets des eaux malsaines. — Les eaux par trop minéralisées ont, de tout temps, été considérées comme causes de diverses maladies. On a noté comme résultant de l'usage des liquides de cette espèce la dyspepsie, la diarrhée, le goître, les calculs urinaires et dans l'Amérique du sud la *verruga*.

Ainsi que le fait remarquer Proust, cette question est complexe, car il est difficile de dire de prime abord les effets d'un empoisonnement lent qui affecte petit à petit l'organisme et peuvent ne se manifester que graduellement ; mais si la minéralisation excessive de l'eau peut avoir de fâcheuses conséquences, il n'est pas douteux que la présence dans ces dernières de matières organiques ne soit bien plus dangereuse encore. Par leur décomposition, ces matières organiques donnent naissance à une foule de produits putrides, dont l'action toxique est aujourd'hui démontrée : c'est ainsi par exemple qu'on sait très bien qu'une eau peut à peu près infailliblement provoquer la diarrhée ; que l'usage de certaines autres amène le choléra et si on n'est pas encore certain que la fièvre typhoïde provient toujours de l'usage de certaines eaux, du moins on a de grandes raisons pour le supposer. Enfin, on sait que divers animaux qui vivent dans l'eau peuvent, en passant dans le canal alimentaire, y déterminer des maladies : c'est ainsi que la filaire de Médine, le ver de Guinée sont des maladies endémiques dans ces pays.

Il n'est pas jusqu'aux décompositions des matières organiques végétales qui ne puissent donner lieu à des affections plus ou moins graves et en particulier à la fièvre intermittente, ainsi qu'on l'a observé dans les Landes et en Algérie.

71. Conservation de l'eau. — Il est des eaux qui se *conservent très facilement ; d'autres qui se putréfient* avec une grande rapidité.

Pour éviter le développement des germes, il faut que le réservoir dans lequel on cherche à conserver l'eau soit placé autant que possible à l'abri de la lumière et protégé contre le contact de l'air.

Il doit être plus profond qu'étendu en surface, afin que l'évaporation y soit réduite à son minimum et que l'eau puisse s'y conserver fraîche. Qu'il soit construit en pierre de taille ou en béton recouvert de ciment hydraulique ; dans quelques cas on peut aussi employer l'argile, la brique, l'ardoise et même le fer, mais dans ce dernier cas il faut que le fer soit vitrifié.

La plus grande propreté est de nécessité pour ces réservoirs : lorsqu'ils sont fréquemment nettoyés, on ne voit plus s'y développer des végétaux pouvant devenir à un moment donné des agents actifs de décomposition.

La conservation de l'eau était autrefois, lors des longues navigations, un des problèmes les plus difficiles à résoudre : on a employé successivement les fûts goudronnés, les réservoirs de fer blanc, les réservoirs en zinc, etc., etc. Aujourd'hui la question a perdu de son importance, mais certains tuyaux de conduite d'eau ont été plus ou moins causes de maladies : il y a quelques années, on a vu dans les casernes de Saint-Cloud se développer des affections assez sérieuses, qui n'avaient d'autre cause que la détérioration des réservoirs d'eau.

Le métal qui paraît le plus inoffensif est l'étain, pourvu qu'il soit bien pur et dans de bonnes conditions.

Les tuyaux en plomb, presque exclusivement employés autrefois, devraient être rejetés si leur grande flexibilité n'était si avantageuse. L'eau, en effet, en dissout toujours une certaine quantité, surtout lorsqu'elle est pure et oxygénée.

Les tuyaux en zinc renferment toujours une certaine quantité de plomb et l'on sait qu'il suffit d'une très petite quantité de ce métal pour produire des accidents.

Purification de l'eau : 1° *Epuration*. — Chez les Romains, aux deux extrémités de chaque aqueduc se trouvaient deux réservoirs ou piscines, dont le rôle était de décanter l'eau avant de la livrer aux usages domestiques. Marseille, qui reçoit l'eau de la Durance, purifie celle-ci au moyen de bassins où elle se dépouille en grande partie du limon dont elle était chargée. Ce procédé a le grave inconvénient d'occuper une grande surface et de n'être que d'une efficacité relative : de plus, la stagnation peut avoir des inconvénients et entraîner une décomposition assez rapide.

2° *Filtration*. — Le système employé jusqu'à ce jour consiste à construire dans le lit de la rivière des galeries voûtées dont le fond est imperméable et dont la partie supérieure est filtrante.

L'eau qui passe par la partie poreuse est censée s'y dépouiller de ses impuretés ; elle tombe dans la partie inférieure et enfin est prise par des pompes qui la distribuent dans les différents quartiers de la ville ; c'est le système des galeries filtrantes, qui existe à Lyon, à Toulouse, à Glascow, etc., etc. Mais ce procédé n'est pas à l'abri de sévères critiques : d'abord les galeries sont immuables, exigent de grands frais pour être maintenues en état, sont d'une réparation difficile et coûteuse, et enfin ne donnent pas l'eau du fleuve lui-même, ce qu'on peut souvent regretter, puisque l'épuration spontanée des rivières permet d'espérer un liquide de plus en plus pur.

Le plus souvent, Belgrand l'a démontré, ces galeries, pour des motifs d'économie, pour ne pas gêner la navigation, etc., sont établies sur les rives du fleuve et ne reçoivent que des eaux d'infiltration plus ou moins polluées et à niveau variable ; la preuve c'est que si l'on prend l'eau de certains fleuves où sont établies ces galeries filtrantes et qu'on la compare à celle qu'elles donnent, on arrive à avoir des différences de 4 à 5 degrés hydrotimétriques au détriment de l'eau de la galerie.

Plusieurs systèmes de filtres destinés à purifier les eaux ont été, ces dernières années, présentés à l'attention des pouvoirs publics. Tous ont pour principe commun la filtration par le sable.

Les filtres à sable ont été l'objet de débats passionnés : les uns admettant leur efficacité absolue, les autres, au contraire, leur inefficacité.

Il est bon de se souvenir que les masses sablonneuses filtrantes seraient un moyen de purification qui ne laisserait rien à désirer si elles ne laissaient pas entre les grains des espaces vides, égaux au tiers de la masse totale. Ces espaces vides sont essentiellement formés par des grains de sable plus volumineux que leurs voisins et que, sous l'influence de la pression de l'eau, produisent en déplaçant tout ce qui les entoure des trajets fistuleux qu'on est convenu d'appeler *renards*.

Plus le sable est fin, plus ces espaces lacunaires sont considérables. Ces renards existent dans toute masse de sable où la pression varie, ils se forment sur le bord de la mer où ils sont très facilement visibles.

Tel filtre de sable qui, lorsqu'il fonctionne normalement, sans vitesse exagérée, sous l'influence d'une pression modérée et continue, donne une eau parfaitement pure, relativement exempte de microbes, peut, à un moment donné, fournir une eau impure et contaminée. Que s'est-il passé ? Il s'est formé dans la masse filtrante un ou plusieurs de ces canaux, de ces trajets fistuleux, de ces renards qui livrent passage à un liquide dont la filtration n'a pas été complète. Et quand ce fait a-t-il chance de se produire? lorsqu'on augmente la pression afin d'augmenter le débit, lorsqu'on change en un mot le fonctionnement de l'appareil. C'est alors sur les graviers un peu gros une augmentation de pression qui les oblige à cheminer lentement et à produire par le déplacement des molécules qui les environnent les trajets dont nous parlons.

Pour démontrer que ce que nous venons d'avancer est bien exact, il nous suffira de rapporter ce qui s'est passé dernièrement à Berlin.

Cette ville possède entre autres moyens d'alimentation, à Stralau sur la Sprée, huit grands bassins à sable filtrant. Trois de ces bassins sont à ciel ouvert, trois au contraire sont voûtés. Les trois premiers sont glacés en hiver, ce sont alors les trois autres qui fonctionnent seuls. Il y a trois ans, dans le laboratoire de l'Institut d'hygiène de Berlin, Plagge et Proskauer, à la suite de nombreux essais, auraient déclaré que les filtres à sable fournissaient une eau pure, exempte de germes.

Quelques temps après, Franckel et Piefke, chargés par Robert Koch de revoir l'étiologie de l'épidémie de fièvre typhoïde de 1889, démontrèrent précisément le contraire et arrivèrent à cette conclusion : « toutes les bactéries passent à travers les filtres à sable, surtout celles du choléra et de la fièvre typhoïde, en quantité d'autant plus considérable que l'eau en contient davantage et que la vitesse et la pression de l'eau sur le filtre sont plus grandes ».

Au premier abord on pouvait croire que le succès de

Franckel et de Piefke était un échec pour Plagge et Proskauer; il n'en est rien cependant, à notre avis ; nous pensons, nous, que pendant un certain temps les filtres ont bien fonctionné, qu'ils n'ont laissé passer aucun micro-organisme, à preuve qu'il n'y a pas eu de fièvre typhoïde, mais que sous l'influence de l'augmentation de pression nécessitée par le fonctionnement exagéré imposé au filtre, il s'est formé dans la masse sablonneuse filtrante des canaux ou renards qui ont permis à l'eau de conserver une partie importante des germes morbides qu'elle contenait. Du reste, le fait est démontré par cette circonstance que la vitesse de l'eau passa de 130 millimètres à 160 en février et atteignit 224 en mars. Le nombre des bactéries eut une marche parallèle. En janvier 1889, il était de 100 ; en février de 1.800 ; de 4.000 en mars.

La fièvre typhoïde suivit une marche identique jusqu'au jour où les filtres à ciel ouvert purent fonctionner normalement.

Les filtres à sable sont donc à notre avis de bons appareils, mais toutefois non exempts de critique. Au début et à la fin de leur fonctionnement, ils peuvent même être inefficaces. Au début, ils laissent passer trop facilement le liquide ; à la fin, la pression exercée à leur surface et peut-être aussi les végétations des bactéries favorisent le cheminement de haut en bas des micro-organismes à travers les couches filtrantes.

Le professeur Duclaux a fort bien étudié la question des filtres. Après avoir fait remarquer que l'étude des micro-organismes a complètement transformé les idées que l'on se faisait naguère de la filtration, qu'on réclame aujourd'hui d'un filtre bien plus de services qu'autrefois, qu'on demande aujourd'hui à ces appareils de débarasser l'eau non-seulement des matières tenues en suspension, mais encore de corps qui y sont en dissolution, on constate que les filtres de sable stérilisé peuvent être employés utilement, à condition qu'ils soit bien entendu que pendant les premiers jours on ne doit pas faire usage de l'eau que ces filtres fournissent, que ce n'est qu'au bout d'un certain temps que l'appareil devient *mûr*. En effet, on voit se déposer à la surface de l'eau une couche épaisse d'environ 0m025, grisâtre, muqueuse, formée de filaments enchevêtrés d'algues, de diatomées arrêtant les matières sédimentaires minérales que l'eau emporte avec elle. A mesure que cette couche s'épaissit, l'eau sort de plus en plus pure, de moins en moins riche en matières organiques et en bactéries, de telle sorte que l'on arrive à ce résultat, en apparence parodoxal : que c'est la couche bactérienne de la surface, et non le sable, qui filtre en réalité l'eau.

Mais il est toujours important de modérer et la pression et la vitesse avec lesquelles arrive l'eau, et de nettoyer les filtres assez souvent pour qu'ils ne deviennent pas à leur tour des milieux de culture.

Parmi les filtres à sable, nous nous occuperons des quatre principaux d'entre eux.

71. Filtres. — *Filtre Garnier.* — Le premier en date est celui de M. Garnier. Il se compose essentiellement de six cuves ou réservoirs solidement cimentés que traverse successivement l'eau à filtrer. Le premier de ces réservoirs est rempli de gravier macadam, les autres, de gravier moins gros ou de sable de plus en plus fin. L'eau passe alternativement de haut en bas ou de bas en haut dans chacun de ces réservoirs, pour arriver dans un canal qui sert à sa distribution.

Ces réservoirs mesurent 1m40 de haut sur autant de

large, et 1^m de long. Dans ces conditions l'appareil débite 8.900 litres en 24 heures.

La facilité de construction de cet appareil, son prix de revient bon marché, pourraient au besoin le recommander; malheureusement, pour le juger en toute connaissance de cause, il faudrait des analyses bactériologiques que nous ne possédons pas.

Filtre Alba-la-Source et A. Puech. — Vient ensuite le filtre Alba-la-Source et A. Puech.

Il se compose de quatre compartiments dont la profondeur est de 1^m à 1^m50. Ces compartiments ou réservoirs sont en béton ou ciment avec une pente de 0^m15 à 0^m20 environ. Au dessus de ce fond, à 0^m10, 0^m15 ou 0^m20 de hauteur, sont installés des faux fonds en tôle perforée de 0^m004 d'épaisseur. Ces faux fonds supportent les matières filtrantes. Dans le premier réservoir cette matière filtrante est du gravier de 0^m010 d'épaisseur. Dans le deuxième, le gravier n'a plus que 0^m007. Dans le troisième, 0^m005; dans le quatrième, c'est encore du gravier de 0^m007 sur lequel on répand une couche de sable fin.

L'eau à épurer arrive dans le premier compartiment par la vanne n° 1. Elle se répand sur le gravier, le traverse ainsi que la tôle perforée, et quand elle a rempli tout le fond du filtre, elle se déverse dans une petite cuvette en maçonnerie. L'eau traverse de haut en bas la couche de gravier de ce premier bassin et y dépose les matières en suspension les plus grosses. Elle passe ensuite, en partie filtrée, dans la cuvette du deuxième bassin, traverse le gravier et remplit ce deuxième bassin comme elle l'a fait pour le premier. Elle passe ensuite dans le bassin n° 2 et filtrée pour la deuxième fois elle passe dans le troisième compartiment et dans le quatrième.

Pendant les premiers jours de la mise en marche le filtre

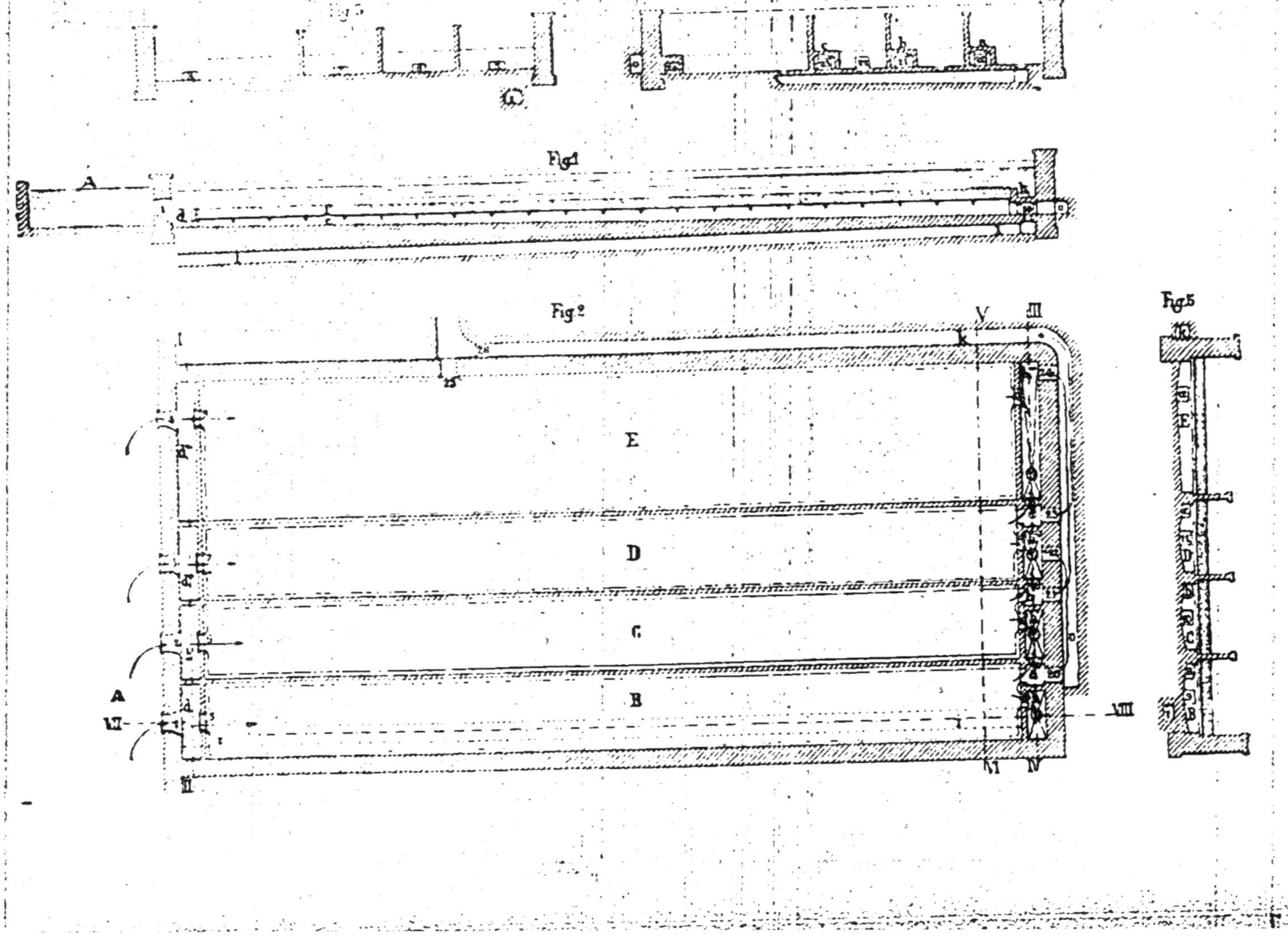

Fig. 1
Fig. 2
Fig. 5
E
D
C
B
A

fournit un débit très abondant, mais au bout de peu de jours de fonctionnement il se ralentit et peut même devenir très faible. Il devient alors indispensable de procéder au nettoyage.

Le premier bassin étant isolé par la fermeture des vannes, on le vide, et deux hommes promènent un rateau dans toute la largeur du filtre, de manière à entraîner au moyen d'une légère couche d'eau qui passe à sa surface les impuretés qui s'y trouvent.

Les trois autres bassins peuvent être nettoyés de même : enfin le filtre dans son entier peut être débarrassé de ses impuretés par un ingénieux mécanisme qui consiste à faire passer l'eau de bas en haut avec une assez forte pression grâce au phénomène des vases communiquants, et à entraîner ainsi les dépôts qui se sont formés.

Les avantages de ce filtre sont : 1° la facilité résultant des dimensions successives des graviers qui constituent la surface filtrante, ce qui permet de filtrer les eaux très chargées de dépôts comme celles qui le sont moins. 2° L'accès de toutes les parties de l'appareil est facile. 3° L'isolement de chacun des bassins est possible et leur nettoyage très aisé. 4° Enfin le débit est considérable.

Filtre Lefort. — M. Lefort, ingénieur en chef des ponts et chaussées à Nantes, a eu l'heureuse idée de faire construire dans cette ville un filtre qui nous paraît destiné à être utilisé dans l'avenir.

Ce filtre a été l'objet d'un rapport des plus sérieux fait à la Société de médecine pratique par le docteur Ed. Michel, qui avait bien voulu aller examiner ce filtre sur place.

Voici la description qu'il en fait dans son si intéressant rapport :

Réduit à sa plus simple description, le puits de M. Lefort se compose essentiellement d'un cylindre en maçonnerie étanche latéralement et inférieurement, à ciel ouvert à sa partie supérieure. Ce cylindre est percé d'espaces en espaces d'ouvertures dites barbacanes, dont nous verrons ultérieurement l'utilité.

Autour de ce puits, une masse filtrante de sable fin, autant que possible homogène, ayant la forme d'un tronc de cône, dont le diamètre serait à la coupe supérieure de 22 mètres environ (puits étanche compris), et, à la coupe inférieure, de 32 mètres. Autour de cette masse une ceinture de rochers destinée à la limiter, à la maintenir, à la protéger et formant ainsi une *île* artificielle circulaire, que l'on aperçoit du chemin de fer de l'Etat et qui s'élève à un mètre environ au-dessus du niveau des plus hautes crues du fleuve observées depuis des siècles.

Ajoutons que le puits étanche n'est qu'un réservoir destiné à recueillir les eaux de filtration, qu'il est percé, de distance en distance, d'ouvertures circulaires, faciles à ouvrir et à boucher, de manière à rendre le fonctionnement du puits plus ou moins rapide, à permettre un débit plus ou moins considérable, à rendre facile la surveillance de l'eau fournie par le sable filtreur. En ce peu de mots, on aura la constitution complète du puits Lefort.

Il est en outre situé *au milieu du cours du fleuve*, absolument à *l'abri des couches souterraines* d'eau d'infiltration, *étanche dans le fond et incapable* de recevoir de l'eau qui n'aurait pas traversé la masse sablonneuse filtrante. Voyons donc ce qui va se passer.

L'eau entraînée par le courant, dont la vitesse et par suite la pression ne varie que dans des limites restreintes, vient baigner de toute part le sable filtrant.

Obéissant aux lois de la capillarité, elle chemine petit à petit, à travers les couches de sables, et suit, pour arriver à l'ouverture des barbacanes, des trajets plus ou moins directs qui l'obligent à se dépouiller des matières impures. Puis elle tombe dans le puits étanche central, par des barbacanes ouvertes.

Le puits intérieur permet de visiter les barbacanes et de se rendre un compte absolument exact de leur fonctionnement. Muni d'un escalier central, il permet de les voir toutes séparément, d'en recueillir l'eau successivement et de les réparer sans difficulté et à coup sûr.

Supposons, pour un moment, qu'à travers la substance filtrante de la barbacane il se soit formé un de ces trajets faciles, un renard; une simple inspection suffirait pour s'en apercevoir, il serait alors facile de fermer l'ouverture, en rapport avec le trajet fistuleux et de ne plus lui permettre de débiter la moindre quantité d'eau.

C'est là une chose improbable ou du moins forcément rare, car la surface des ouvertures intérieures est infiniment moindre que la surface du puits étanche et par suite l'eau doit, obligatoirement, être soumise à plusieurs filtrations, l'une directe, les autres secondaires, et ne surgir de la masse filtrante que dans des conditions de pureté aussi complètes que possible.

La disposition verticale du filtre mérite aussi d'être signalée, car elle met à l'abri d'un grave inconvénient des filtres ordinaires, l'encrassement secondaire déjà signalé : Si, comme l'a dit M. le Professeur Duclaux, il y a lieu de ne pas augmenter la pression, afin de ne pas entraîner vers la partie inférieure les micro-organismes qui se déposent sur le sable ; s'il est vrai que dans les filtres où l'eau chemine verticalement (aussi bien que ceux qui fonctionnent de bas en haut), les bactéries encombrant la base du filtre, on puisse craindre à un moment donné un mauvais fonctionnement et l'infection secondaire de l'eau, un pareil inconvénient n'est plus à redouter dans un appareil à parois verticales, dont on peut régler le débit de manière à ce que l'eau provienne exclusivement des barbacanes restées pures de toute infection bactérienne.

Cette accumulation n'est pas probable; en effet la masse filtrante qui entoure le puits est à l'air libre et son nettoyage automatique des plus faciles.

Sans parler de l'eau de pluie, qui peut, en filtrant au travers des couches arénacées, les débarrasser d'une partie de leurs impuretés, n'est-il pas facile, en fermant toutes les barbacanes intérieures, de remplir les puits, d'inonder de bas en haut le sable filtrant et d'entrainer ainsi les micro-organismes qu'il peut renfermer, d'opérer, en un mot, un nettoyage par un courant d'eau passant en sens inverse?

En résumé donc, le puits de M. Lefort a comme avantages :

1° De n'être pas immuable, mais soumis à un contrôle incessant, barbacane par barbacane, c'est-à dire surface filtrante par surface filtrante ; 2° de se prêter aux réparations, ce qui le différencie des galeries généralement en usage dans la plupart des villes; 3° de s'encrasser très difficilement et par suite de diminuer le danger d'infection secondaire de l'eau filtrée, grâce à sa forme verticale qui permet aux microbes de gagner la partie inférieure dont les barbacanes peuvent être facilement fermées; 4° de ne pas subir de variations considérables de pression, l'eau de la rivière étant seule à produire la vitesse, et celle-ci venant en partie se briser, s'atténuer notablement du moins sur la ceinture de rochers qui entoure le puits.

Voici le résultat de quelques analyses faites par M. Miquel, du laboratoire municipal de bactériologie de Montsouris.

1° Eau de la Loire prise directement dans le fleuve

1er essai	9000 par cent. cube	
2e —	9120 id.	id.
Moyenne	9060	

Autre échantillon

1er Essai —	10300 par cent. cube		
2e —	10800	id.	id.
Moyenne	10550	id.	id.

Le même jour, à la même heure, on prenait de l'eau au puits de sable et l'examen direct donnait :

Échantillon A.

1er Essai	60 bactéries par centimètre cube		
2e —	50	id.	id.
Moyenne	55	id.	id.

Échantillon B.

1er Essai	95 bactéries		id.
2e —	70	id.	id.
Moyenne	82	id.	id.

Moyenne générale 70 environ.

Le filtre a donc arrêté 9000 bactéries.

A cette même date, la Vanne à son réservoir contenait 240 bactéries et la Dhuys 5440.

On a donc dépensé 35 millions pour amener à Paris l'eau de l'Avre, de la Vigne et de Verneuil et on donnera ainsi à chaque habitant de la capitale dix-huit litres d'eau par jour, en sus de ce qu'il a actuellement.

Au lieu qu'avec une somme infiniment moindre on aurait pu doter chaque habitant de 250 litres d'eau par jour.

Et si une rupture se produit dans les canaux qui amènent les eaux : si en temps de guerre ces canaux venaient à être coupés par l'ennemi, quelle terrible responsabilité assumeraient ceux qui ont rejeté le système du puits Lefort qui aurait pu être construit en peu de temps au lieu que pendant trois années les habitants se sont vus chaque année pendant l'été privés d'eau de source à cause de la grande sécheresse.

Filtres de ménage. — Autrefois, lorsque l'eau de Seine était la boisson de la plupart des Parisiens, dans chaque ménage existait ce qu'on appelait la fontaine dont la partie inférieure était un véritable filtre, essentiellement composé de couches de laine, de charbon, de sable et de pierre poreuse. Il va sans dire que ces appareils avaient une utilité incontestable et certainement ils ont rendu à la population parisienne de grands et signalés services, malheureusement l'installation des conduites d'eau les a fait petit à petit disparaître.

On a cherché à les remplacer et diverses tentatives ont été faites dans ce but. Les industriels ont inventé de nombreux filtres, les uns en pierre calcaire, en pierre poreuse, d'autres en charbon, etc., etc., mais il faut bien se souvenir qu'autre chose est de séparer les corps que l'eau tient en suspension de ceux infiniment plus tenus et plus petits qui sont formés par les matières organiques et les micro-organismes.

Parmi ceux qui nous paraissent dignes d'êtres étudiés, citons le filtre Maignen, le filtre Girard-Bordas-Trouette, le filtre Malbec, le filtre Dugaubord et enfin le filtre Chamberland.

Filtre Maignen. — Dans ce filtre l'eau passe d'abord à travers une couche de charbon granuleuse, puis à travers une couche de très fine poudre qui a été déposée dans les mailles d'une étoffe d'amiante et finalement à travers un tissu d'amiante. Le milieu filtrant est connu sous le nom de « patent carbo-calcis ».

Ce filtre laisse passer les germes pathogènes, le staphylocoque, etc.

Il ne donne donc pas la moindre sécurité.

Trois savants, MM. Ch. Girard, directeur du laboratoire municipal, docteur Bordas et Trouette, pharmacien, viennent d'inventer un nouveau filtre que nous sommes allés voir, mais sur lequel nous ne pouvons, le filtre étant d'invention trop récente, donner notre appréciation.

Ce filtre n'est que l'application d'une communication faite dernièrement à l'académie des sciences par un de ses membres, M. Friedel, au nom de MM. Girard et Bordas, sur un procédé d'épuration des eaux à l'aide du permanganate de chaux et du bioxyde de manganèse.

La réaction est la suivante d'après le docteur Lasniée. Le permanganate de chaux possède la propriété de se décomposer à froid et instantanément au contact des matières organiques en oxygène, oxyde de manganèse et chaux.

L'oxygène ainsi fourni brûle la matière organique et les micro-organismes, l'oxyde de manganèse étant insoluble se dépose et la chaux passe à l'état de carbonate.

Comme on ajoute toujours un léger excès de permanganate de chaux pour être certain que la réaction est bien complète, on fait réagir cette eau sur du bioxyde de manganèse. L'excès de sel est enlevé, l'oxyde de manganèse fourni par la décomposition du sel est transformé en bioxyde de manganèse qui réagit à nouveau.

Nous donnons ci-dessous le dessin de deux appareils, l'un de table et l'autre plus grand.

Nous ne pouvons donner au point de vue scientifique que les résultats fournis par le laboratoire municipal.

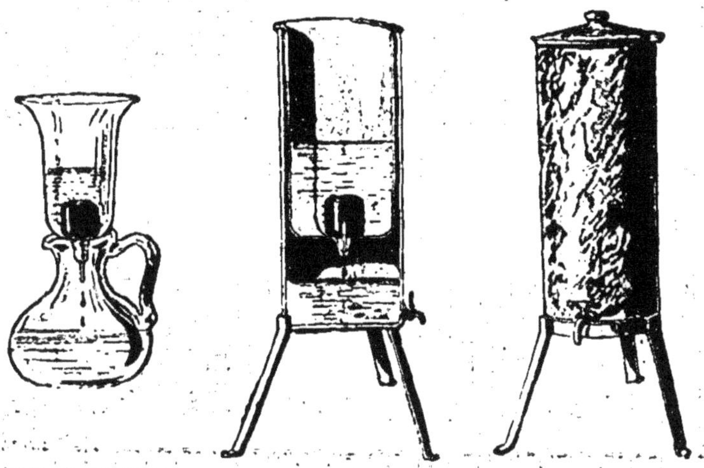

Laboratoire municipal de chimie. — Analyse bactériologique.

1° Eau de la Vanne.
Avant traitement :
Nombre de colonies par centimètre cube, 1.100.
Après traitement par le procédé Lutèce :
Nombre de colonies par centimètre cube, 0.

2° Eau de la Seine.
Avant traitement :
Nombre de colonies par centimètre cube, 75.000.
Après traitement par le procédé Lutèce :
Nombre de colonies par centimètre cube, 0.

3° Eau additionnée de bacilles typhiques.
Avant traitement :
Nombre de colonies par centimètre cube, 68.000.
Après traitement par le procédé Lutèce :
Nombre de colonies par centimètre cube, 0.

4° Eau additionnée du bacille virgule (choléra).
Avant traitement :
Nombre de colonies par centimètre cube, 125.000.
Après traitement par le procédé Lutèce :
Nombre de colonies par centimètre cube, 0.

Filtre Malbec. — M. Gautrelet qui a présenté le filtre Malbec à la société de médecine et de chirurgie pratiques de Paris, en a fait la description suivante :

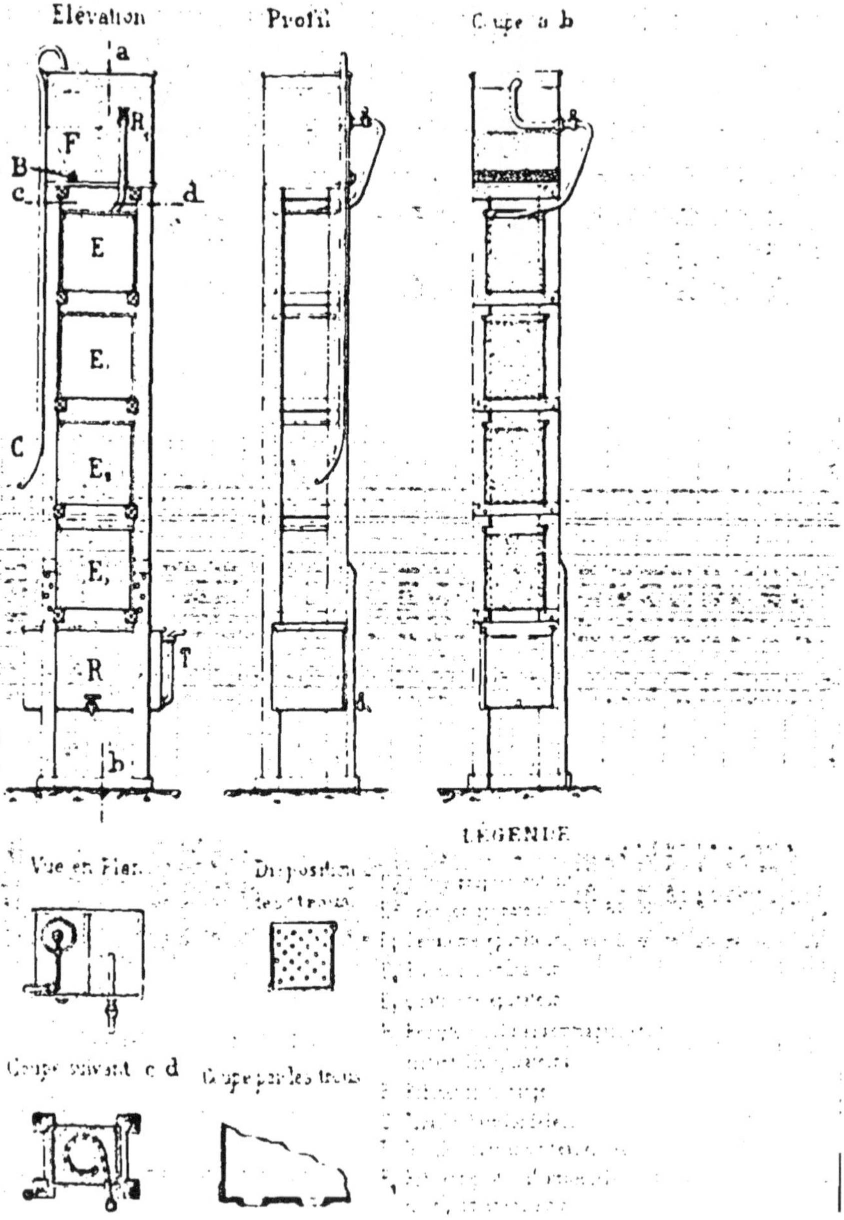

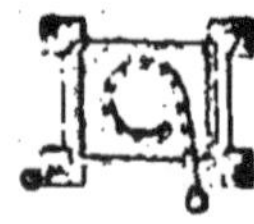

Cet appareil se compose de trois parties :

1° La première, supérieure, F, est formée d'un récipient unique de forme rectangulaire, ouvert à sa partie supérieure et divisée en deux parties égales par une cloison, forée de trous dans sa partie inférieure.

Les deux compartiments ainsi créés sont garnis de sable grossier dans une certaine hauteur. L'eau arrive par un robinet de distribution au-dessus du sable de l'un des compartiments, filtre en travers de ce sable; et en descendant, pénètre par les trous du fond de la cloison au travers du sable du second compartiment, et s'élève enfin au-dessus de ce sable.

Dans cette première phase, l'eau s'épure *mécaniquement* de ses éléments en suspension (visibles à l'œil nu); elle se clarifie.

2° La seconde E, inférieure à la première, est formée d'une série de petites caisses rectangulaires, ouvertes en leur portion supérieure et percées d'une infinité de petits trous en leur face inférieure. Chacune de ces caisses (qui sont généralement au nombre de cinq) est remplie de sable fin, bien homogène, et préalablement torréfié pour la débarrasser de ses matières organiques.

L'eau clarifiée, provenant du récipient supérieur F, est amenée au moyen d'un petit serpentin (percé de trous et muni d'un robinet de réglage R) au-dessus de la première caisse, mais en quantité seulement nécessaire pour imbiber le sable sans le recouvrir.

Dans ces conditions, une filtration s'établit au travers du sable : filtration extrêmement lente, puisqu'elle n'obéit point en réalité à une pression, mais simplement à une action capillaire, et le liquide s'écoule par les petits trous du fond de la première caisse au-dessous du sable de la seconde.

Le même phénomène de filtration capillaire s'opère dans cette seconde caisse, d'où l'eau passe dans la troisième, et ainsi de suite. Dans la seconde phase de cette filtration, l'eau dépose dans les anfractuosités du sable fin ses bactéries qui, sécrétant, ainsi que cela a lieu d'une façon constante, une matière fibrineuse à laquelle le sable sert de trame, de support, constituent de ce fait la vraie membrane filtrante au point de vue bactérien pour cet appareil. Cette seconde phase constitue donc une véritable élimination bactérienne.

3° La troisième se compose d'un simple réservoir muni d'un robinet de distribution et qui sert à recueillir, à condenser pour l'usage des eaux de filtration des deux parties précédentes de l'appareil.

Le tout est établi de la façon la plus simple entre un bât de quatre poteaux en bois; les caisses de filtration reposant sur des cloisonnements intermédiaires.

L'analyse bactériologique a donné des chiffres variant entre 0 et 40 bactéries par centimètre cube.

L'appareil Malbec ne tient qu'une place restreinte, car il s'appuie aux cloisons et ne développe pas plus d'un rectangle de 0m40 sur 0m50.

Comme le filtre Lefort il n'a nul besoin d'être nettoyé, car plus le feutrage dû aux bactéries est épais, meilleures sont les conditions d'élimination bactérienne.

Son prix de revient est des plus minimes, vu le bon marché excessif des matériaux (bois et tôle de fer) qui le constituent.

Placé dans la commune de Saint-Ouen, sur la voie publique et dans les écoles, il a été installé sur les conseils éclairés de M. le docteur Dubousquet-Laborderie à l'occasion de la dernière épidémie de choléra, où il a rendu les plus signalés services, et il est à noter que depuis son établissement la fièvre typhoïde qui sévissait cruellement, dans cette région a presque complètement disparu.

Nous n'adresserons à ce filtre parfait qu'un seul reproche, c'est qu'il exige un long temps avant qu'on puisse l'utiliser (2 mois environ), ce qui le met dans une condition d'infériorité réelle vis-à-vis d'un filtre dont nous allons maintenant parler. De plus il a ses éléments et réservoirs à l'air libre, ce qui l'expose aux contaminations atmosphériques.

Filtre Dugaubord. — Le filtre ou plutôt la colonne filtrante Dugaubord a été présenté en 1893 à la société de médecine et de chirurgie pratiques de Paris par M. Gautrelet, chimiste, et le docteur Dubousquet-Laborderie. Ce dernier en a donné la description suivante :

Principes de l'appareil. — *Les principes sur lesquels repose la colonne Dugaubord sont au nombre de quatre :*

1° Séparation complète du travail de sélection des éléments solides en suspension dans l'eau, du travail d'épuration microbienne, c'est-à-dire préparation de la stérilisation par une clarification préalable.

2° Écoulement de l'eau dans des conditions de vitesse et de quantité telles que l'action de la pesanteur soit nulle, que la capillarité seule joue un rôle dans le transport de l'eau de la surface supérieure des éléments stérilisateurs à leur surface inférieure.

3° Homogénéité mécanique des masses stérilisantes, constituée autant par une uniformité absolue des grains que par la suppression des circulations d'air dans les dites masses filtrantes.

4° Addition d'une trame gélatineuse obtenue en faisant réagir l'eau (par un gaz CO^2) tout d'abord, puis les sécrétions alcalines des bactéries sur un dépôt phosphato-ferreux formé par des scories phosphoriques granulées et disposées à la surface supérieure des éléments de stérilisation de l'appareil.

Disposition de l'appareil. — La colonne filtrante Dugaubord, comme son nom l'indique, se compose d'une série d'éléments (5) filtrants, égaux, disposés *les uns au-dessous des autres, c'est-à-dire* de mêmes dimensions superficielles, et superposés, formant une hauteur de 2 mètres 30.

1° Le premier et le plus élevé de ces éléments joue le rôle et porte le nom de *clarificateur*. Il se compose d'un cylindre partagé en deux parties inégales par une cloison verticale, perforée de petits orifices

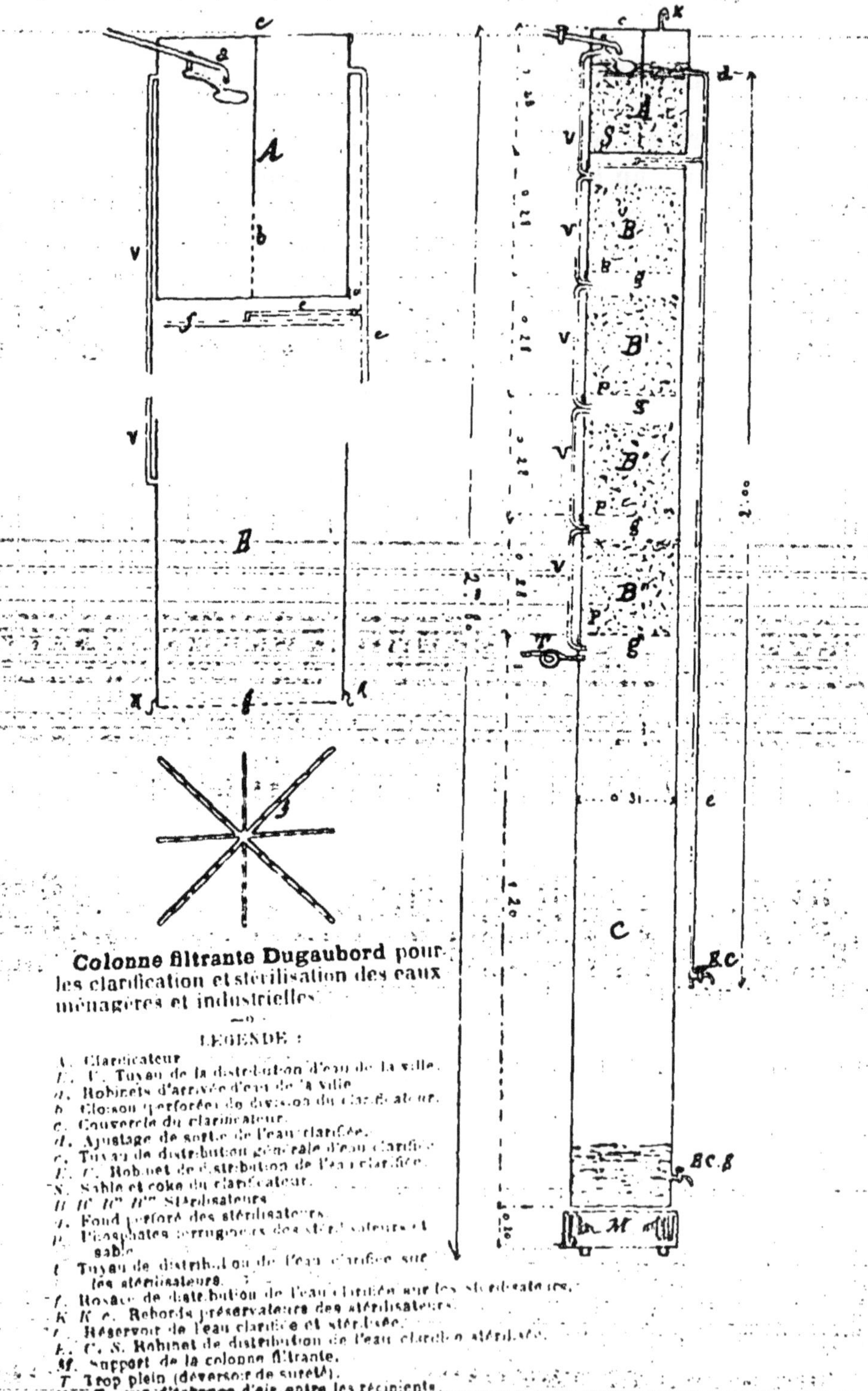

Colonne filtrante Dugaubord pour les clarification et stérilisation des eaux ménagères et industrielles.

—o—

LÉGENDE :

A. Clarificateur.
E. E'. Tuyau de la distribution d'eau de la ville.
a. Robinets d'arrivée d'eau de la ville.
b. Cloison (perforée) de division du clarificateur.
c. Couvercle du clarificateur.
d. Ajustage de sortie de l'eau clarifiée.
e. Tuyau de distribution générale d'eau clarifiée.
R. C. Robinet de distribution de l'eau clarifiée.
S. Sable et coke du clarificateur.
B B' B'' B''' Stérilisateurs.
g. Fond perforé des stérilisateurs.
P. Phosphates ferrugineux des stérilisateurs et sable.
t. Tuyau de distribution de l'eau clarifiée sur les stérilisateurs.
f. Rosace de distribution de l'eau clarifiée sur les stérilisateurs.
K K' e. Rebords préservateurs des stérilisateurs.
r. Réservoir de l'eau clarifiée et stérilisée.
R. C. S. Robinet de distribution de l'eau clarifiée stérilisée.
M. Support de la colonne filtrante.
T. Trop plein (déversoir de sûreté).
V. Tuyaux d'échange d'air entre les récipients.
X. Tube de rentrée d'air dans les appareils.

à sa partie inférieure, clos inférieurement d'une façon complète et portant à sa partie supérieure un couvercle auquel est soudé un tube pour l'arrivée de l'eau de la ville. Ce tube, pour l'arrivée de l'eau, correspond à la plus grande section du clarificateur et surmonte lui-même un flotteur qui joue librement dans cette section. Quant à la section la plus petite, elle offre latéralement et près de son bord supérieur un tube destiné au déversement de l'eau clarifiée. La section la plus grande du clarificateur est remplie, sauf une partie libre pour le jeu du flotteur, par du sable granulé et lavé, et la section la plus petite contient des lits alternatifs de coke et sable également lavés, etc.

2° Les trois éléments suivants, ou *stérilisateurs*, sont de simples cylindres ouverts à leur partie supérieure, mais fermés à la partie inférieure par une cloison horizontale dont un ajutage spécial d'orifice mérite une mention particulière. Cet ajutage, en forme de rosace, est formé d'une série de petits tubes d'étain fermés à leur extrémité libre et se réunissant tous en un point central communiquant avec le trou qui perfore, en son centre, la cloison du fond des stérilisateurs : ces tubes sont percés de petites ouvertures à leur partie supérieure.

De plus, au-dessus du premier stérilisateur, donc près du fond du clarificateur, est adaptée une rosace analogue en communication latéralement avec le tube de déversement du clarificateur.

Les trois stérilisateurs sont garnis d'une couche de sable granulé, lavé, de 20 centimètres, surmontée d'une couche de scories phosphoriques également granulées et lavées et de même grosseur que le sable, de six centimètres d'épaisseur.

3° L'élément inférieur est un simple *réservoir* pour l'eau clarifiée et stérilisée ; il se compose d'un cylindre ouvert entièrement à sa partie supérieure et muni d'un robinet près de son fond, qui n'est pas horizontal, mais incliné d'arrière en avant.

4° Il nous reste à ajouter que :

a) Le tube de déversement de l'eau clarifiée s'étend jusqu'au bas de l'appareil et est muni à cette extrémité d'un robinet spécial pour le débit de cette eau simplement dépouillée de ses éléments *microbiens* en suspension ;

b) Le raccord de ce tube à la rosace de répartition de l'eau sur le premier stérilisateur offre une bague de réglage pour le débit de l'appareil ;

c) Tous les éléments de l'appareil sont reliés entre eux à leurs parties supérieures par des tubes latéraux pour la circulation de l'air ;

d) Le couvercle du clarificateur offre un tube recourbé ouvert et muni en ce point de coton d'amiante, pour ne permettre que les rentrées d'air filtré ;

Nous aurons décrit entièrement l'appareil Dugaubord quand nous aurons dit que, comme dimensions superficielles et formes, il peut varier suivant les besoins.

Fonctionnement de l'appareil. — L'eau de la ville dont le branchement est adapté au couvercle du clarificateur arrive à l'appareil sous une certaine pression mitigée par le flotteur.

a) Elle se répand dans le premier compartiment du clarificateur, s'y dépouille de ses gros éléments en suspension, traverse le fond de la cloison verticale et, par son passage à travers les lits alternatifs de sable et de coke granulés du compartiment le plus étroit, achève de se clarifier.

b) L'eau, ainsi superficiellement épurée, se déverse dans le conduit supérieur et latéral de ce compartiment et de là se répand dans le tube d'où elle peut être tirée à volonté pour les gros emplois ménagers, et d'où pour les emplois culinaires et de boisson elle passe pour faire sa purification microbienne dans les stérilisateurs au moyen du tube latéral et au travers de la bague de réglage. L'eau arrive ainsi dans la rosace supérieure du premier stérilisateur et s'épand goutte à goutte sur toute la surface des scories phosphoriques de cet élément. Sous l'influence de l'acide CO^2 qu'elle entraîne, les scories phosphoriques insolubles sont partiellement dissoutes, formant un carbo-phosphate soluble, tandis que l'eau déposant ses premières bactéries forme peu à peu une couche de feutrage à la partie supérieure de l'appareil. L'eau s'écoule peu à peu ainsi et par simple capillarité au travers des scories et du sable sous-jacent, traverse la rosace inférieure, se répand à la surface du 2e stérilisateur où les mêmes réactions se passent et ainsi de suite jusqu'à son arrivée dans le réservoir, d'où elle peut être tirée pour les emplois journaliers dans la proportion de 40 litres par décimètre carré de section de l'appareil.

c) La réaction chimique carbo-phosphatique que nous venons d'indiquer n'est pas cependant, non plus que le dépôt mécanique des bactéries et la sécrétion muqueuse physiologique de ces dernières, le seul phénomène qui se passe dans l'appareil. Toute sécrétion muqueuse bactérienne est accompagnée de production d'une quantité plus ou moins grande d'alcalis organiques qui, dans les appareils ordinaires, sont entraînés par l'eau stérilisée.

Dans l'appareil Dugaubord cette sécrétion est, en quelque sorte, neutralisée et utilisée d'une façon spéciale à la stérilisation elle-même.

Sous l'influence, en effet, de ces alcalis organiques, les carbo-phosphates ferrugineux qui, au début de la marche de l'appareil (3 à 4 jours) s'écoulent avec l'eau filtrée et la troublent, décomposent dès que la trame muqueuse commence à se former, c'est-à-dire dès qu'ils sont en quantité aussi faible soit-elle, les dits carbo-phosphates et remettant en liberté de l'hydrate de sesquioxyde de fer gélatineux qui agit alors d'une façon analogue aux mêmes corps mécaniquement produits dans le système filtrant Nönn et Anderson, et forme une trame nouvelle beaucoup plus résistante que la première, qui contribue de suite et d'une façon plus efficace encore à la rétention des bactéries. Cette action est, on peut le dire, la caractéristique spéciale et originale du système filtrant Dugaubord. Elle a été inspirée à l'inventeur par les auteurs de cette note.

Résultats de l'appareil. — Une série de trois analyses faites sur un appareil placé à notre laboratoire de Paris a donné les chiffres suivants :

a) Eau à l'entrée de l'appareil.			4 300
b) Eau à la sortie.	1er essai 2e essai 3e essai	moyenne.	58

Moyenne 58 bactéries par centimètre cube au 4e jour de fonctionnement. Comme on le voit, les chiffres concordent avec ceux donnés par MM. Miquel et Gautrelet pour l'appareil Malbec, de 40 à 150 bactéries par centimètre cube. Mais ici la différence est que, tandis que des chiffres aussi bas ne peuvent être obtenus par le système Malbec, qu'après plus de 3 mois de fonctionnement, c'est-à-dire quand la couche muqueuse agissant automatiquement stérilise l'eau fournie, tandis que dans l'appareil Dugaubord, il n'y a aucune perte de temps. C'est un avantage précieux quand, en période épidémique, il y aura lieu d'installer des appareils.

En résumé, les deux grands avantages de la colonne Dugaubord sont :

1° L'empêchement aux germes atmosphériques de venir contaminer l'eau de l'appareil ;

2° Rapidité de la mise en marche parfaite de l'appareil, donnant une épuration bactériologique pratique après 3 ou 4 jours de fonctionnement.

Ce filtre est, suivant nous, supérieur au filtre Malbec qui est cependant très bon. Il atteindrait la perfection si on pouvait trouver, ce qui nous semble facile, une enveloppe du filtre parfaitement étanche.

Filtre Chamberland. — M. Chamberland, l'élève bien connu de M. Pasteur, se fondant sur les travaux de son maître, a fait construire des vases en porcelaine dégourdie, affectant la forme d'une éprouvette, et d'une porosité telle que bien que les liquides puissent le traverser sous une forte pression, aucun élément microscopique, aucun spore même infiniment petit ne peut passer. Cette éprouvette, dit Vallin, est fixée par son bord libre, l'extrémité fermée étant en haut sur le fond d'un cylindre métallique de 5 centimètres de diamètre et de 25 à 30 centimètres de hauteur, qui la coiffe et la contient à l'aide d'une occlusion très hermétique : l'eau arrive sous la pression du service d'eau, c'est-à-dire à la pression de 1 à 4 atmosphères, dans l'intervalle qui sépare les deux tubes ; elle ne peut s'échapper qu'en traversant de dehors en dedans les parois du vase de porcelaine, et de l'intérieur de celui-ci, elle est amenée au dehors par un simple robinet fixé à la douille de l'enveloppe métallique.

Chaque cylindre laisse ainsi passer, sous la pression de deux atmosphères, 1 litre par heure, soit 20 litres par jour ; en juxtaposant quatre ou cinq de ses tubes, en forme de batterie, on arrive facilement à obtenir par jour 100 litres d'une eau biologiquement pure, suffisant largement aux besoins alimentaires d'un ménage, dépouillée de tous les microbes pathogènes, mais non des matières toxiques ou nuisibles tenues en solution, le plomb, etc., etc. Des expériences officielles ont été faites sur ces différents points par M. Miquel, du laboratoire de Montsouris.

Ce filtre serait parfait s'il ne s'encrassait très rapidement et s'il n'était expérimentalement prouvé qu'il ne peut fonctionner utilement qu'à la condition de le nettoyer tous les trois ou quatre jours, ce qui est un inconvénient très grand.

C'est pour l'éviter qu'un industriel, M. O. André, a eu en 1889 l'idée d'un appareil ingénieux permettant de nettoyer en quelques minutes plusieurs centaines de bougies Chamberland.

Il est malheureusement impossible de stériliser ce nettoyeur à l'aide du permanganate de potasse à 1 pour 1000 qui stérilise les bougies.

Dans une circulaire officielle le ministre de la guerre a récemment prescrit l'emploi du bisulfite de soude pour régénérer les filtres Chamberland munis du nettoyeur André, c'est-à-dire pour rendre leur débit normal, en employant les précautions suivantes :

Nettoyer le filtre par le procédé ordinaire, puis, le filtre étant sous pression, ouvrir le robinet d'admission et faire monter l'eau jusqu'au-dessus de l'arête supérieure du regard ; fermer l'admission et laisser ouverte la valve du couvercle : verser dans le filtre les quantités suivantes de bisulfite de soude du commerce à la densité moyenne de 1,300 :

Pour un filtre de	50	bougies	3 k. 750
—	25	—	2 k. 500
—	15	—	1 litre
—	6	—	0 k. 500
—	3	—	0 k. 300

Donner un tour complet de manivelle pour bien mélanger avec l'eau contenue dans l'appareil. Fermer la valve d'admission et laisser le filtre à lui-même pendant un quart d'heure : laisser perdre l'eau qui filtre.

Rétablir la pression en ouvrant l'admission et faire fonctionner le filtre comme à l'ordinaire pendant un quart d'heure ; laisser perdre l'eau qui filtre. Vider et rincer le filtre, introduire la poudre d'entretien. Rétablir la pression en ouvrant l'admission et laisser pendant dix minutes perdre l'eau qui filtre.

Pour les filtres à une bougie il suffirait, d'après M. Guinochet, de les dévisser de la rampe d'arrivée de l'eau, de remplir la cavité de l'armature d'une solution de bisulfite de soude au vingtième (50 centimètres cubes par litre), de revisser l'appareil, et au bout d'une demi-heure de rétablir la pression ; au bout d'un quart d'heure d'écoulement, l'eau ne garde plus trace de goût sulfureux et peut être recueillie. Il ne semble pas que les surfaces métalliques puissent être altérées par l'action du sel alcalin. Cette opération, qu'il suffirait de faire tous les trois mois, restituerait aux bougies leur débit. La stérilisation serait obtenue deux fois par mois par la solution de permanganate de potasse à 1 p. 100 ou par l'ébullition.

MM. Gasser et Couton, médecin et pharmacien militaires, ont imaginé un procédé permettant de régénérer et de stériliser tout à la fois les filtres.

On se sert : 1° de chlorure de chaux délayé dans à peu près cinq fois son poids d'eau, de liqueur de Labarraque ou d'eau de Javelle étendues de deux volumes d'eau ; 2° d'acide chlorhydrique ordinaire étendu de cinq volumes d'eau environ.

Voici comment on procède :

Les *bougies* retirées de leur armature ou des appareils

qui les renferment sont mises à égoutter pendant quinze minutes ; on les plonge ensuite dans la solution n° 1, de telle sorte qu'elles soient non seulement immergées en totalité, mais que le liquide remplisse leur cavité intérieure. On les maintient ainsi un quart d'heure ; on les retire du bain d'hypochlorite pour les plonger dans une solution chlorhydrique où on les laisse encore un quart d'heure. Finalement on vide les bougies de leur contenu et on les passe à l'eau bouillie.

Les solutions n'ont pas besoin d'être renouvelées chaque fois. Le même liquide peut servir au moins à une dizaine de nettoyages.

72. Filtration des eaux d'égout. — S'il était besoin de démontrer l'utilité de la filtration des eaux, et de rendre absolument potables des eaux primitivement altérées par la présence des matières organiques ou minérales en suspension, nous n'aurions qu'à envisager ce qui se passe pour les eaux d'égo[illegible]

La ville de Paris a [illegible]it à Gennevilliers des expériences qui démontrent que, quelque contaminée qu'elle soit, une eau peut devenir pure, grâce à l'épandage.

Proust cite à l'appui de cette thèse une expérience dont il a été témoin au bureau du service municipal de Clichy. On emplit une *grande* caisse de 2^m de hauteur environ ou même un simple vase en verre de 0^m80, de terre et de sable caillouteux emprunté à la plaine de Gennevilliers. On y verse des eaux d'égouts extrêmement chargées et on constate que la filtration à travers ce sol artificiel suffit pour les clarifier pendant des mois entiers.

Pour les hygiénistes aujourd'hui l'eau de source la plus irréprochable n'est que de l'eau filtrée, dans des conditions d'oxygénation, de pression, de lenteur, de perfection spéciales sous l'influence des forces seules de la nature, mais enfin de l'eau filtrée, et pas autre chose. Quelque contaminée qu'elle soit, quelque chargée de détritus et de microbes qu'elle puisse être, une eau devient parfaitement pure par la filtration terrestre. Elle est à la suite fraiche, bonne, agréable, son degré hydrotimétrique parfait, comme ses qualités physiques et chimiques.

Nous ne parlerons pas de l'avantage que l'épandage de l'eau ainsi contaminée sur le sol peut avoir pour l'agriculture. Il nous suffit de dire que c'est là un des meilleurs engrais qu'il soit possible d'imaginer. Les légumes qui croissent dans la presqu'île de Gennevilliers sont là pour le démontrer.

Si cet épandage a donné de bons résultats jusqu'à ce jour, il peut très bien arriver à saturer la terre, et il y a lieu de redouter une saturation du sol qui ne permettra plus, à un moment donné, d'épandange nouveau, à moins d'empoisonner successivement tous les terrains qui avoisinent Paris.

73. Lait. — Nous avons vu que le lait est le type de l'aliment complet. Il se compose essentiellement : 1° d'eau ; 2° de substance azotée ayant la même composition que nos tissus et devant concourir à leur formation ou à leur entretien ; 3° d'une matière sucrée appelée aussi sucre de lait, lactose ou lactine ; 4° d'une substance grasse, le beurre ; 5° d'une matière colorante jaune ; 6° de sels calcaires et magnésiens qui servent surtout à constituer la partie minérale solide de nos os ; 7° de sels calcaires qui lui donnent un goût sapide ; 8° de petites quantités d'oxyde de fer et de traces de soufre ; 9° de substances aromatiques qui en augmentent la sapidité.

Voici d'après différents auteurs dans quelles proportions la caséine entre dans les différents laits :

Lait de femme.

Sels (Filhol).	5 gr.	98
Caséum (Vernois et Becquerel).	39	21
Beurre (Vernois et Becquerel).	26	66

Lait de vache.

Sels (Marchand).	7 gr.	277
Caséum (Vernois et Becquerel).	56	15
Beurre (Vernois et Becquerel).	36	12

Lait de chèvre.

Sels (Vernois et Becquerel).	6 gr.	18
Caséum.	55	14
Beurre.	56	87

Lait de brebis.

Sels (Vernois et Becquerel).	7 gr.	16
Caséum.	69	78
Beurre.	51	37

Lait de jument.

Sels (Vernois et Becquerel).	5 gr.	23
Caséum.	33	35
Beurre.	24	36

Lait d'ânesse.

Sels (Vernois et Becquerel).	5 gr.	24
Caséum.	35	65
Beurre.	18	53

Lait de truie.

Sels (Vernois et Becquerel).	10 gr.	90
Caséum.	84	50
Beurre.	19	30

Lait de chienne.

Sels (Vernois et Becquerel).	7 gr.	80
Caséum.	110	88
Beurre.	87	95

Ainsi qu'on vient de le voir le lait de la femme est riche en sucre, puis vient, très voisin de lui comme composition, le lait d'ânesse ; celui de chèvre contient beaucoup de beurre et d'albumine : aussi l'emploie-t-on de préférence pour les malades atteints de diarrhée. La vache et la jument donnent des laits qui présentent une grande ressemblance entre eux. Celui de la chienne et de la brebis sont surtout riches en sels.

Le lait réussit généralement très bien, cependant il n'est pas exempt d'inconvénients.

Celui qu'on peut principalement redouter est la diarrhée, due principalement à la coagulation en masse du liquide au contact du suc gastrique dans l'estomac. Quand ce phénomène se produit, il faut l'additionner d'un peu de bicarbonate de soude ou d'eau de chaux.

Des différences sensibles existent dans le lait, d'après l'observation de Payen, lorsqu'on considère celui du début de la traite ou au contraire celui de la fin, on trouve que le premier est beaucoup moins chargé en beurre que le dernier. Lorsque les vaches sont maintenues toute l'année à l'étable, on n'en obtient du lait de très bonne qualité qu'en variant l'alimentation et en les entretenant dans le plus grand état de propreté. Cette dernière condition a une importance considérable dont ne paraissent pas se douter certains éleveurs.

Parmi les substances qui composent le lait, toutes celles qui sont dissoutes augmentent sa densité : ce sont la caséine, l'albumine, les sels. Les matières grasses, au contraire, plus légères que l'eau, tendent à rendre le lait moins lourd, moins dense en raison de leur légèreté spécifique ; elles commencent à s'élever dès que ce liquide est en repos, entraînent avec elles une partie de la caséine : ce mélange forme une couche plus ou moins épaisse qui constitue la crème. Au fur et à mesure que celle-ci se sépare, il se forme un peu d'acide lactique en d'autant plus grande quantité que la température est plus élevée. Cet acide lactique détermine à son tour la coagulation de la caséine : le liquide opalescent qui l'entoure porte le nom de petit lait. En hiver le lait reste souvent limpide et la crème continue à monter pendant 36 ou 48 heures. On peut déterminer la coagulation du lait en 15 ou 20 minutes, en y ajoutant une certaine quantité de présure ou caillette de veau. Les acides, l'alun et différents sels peuvent amener pareil résultat, mais moins rapidement; il en est de même du tannin et de l'alcool, etc., etc.

Le meilleur moyen pour essayer le lait est de le faire bouillir. Quand il est de bonne qualité, il ne doit pas changer d'aspect, mais bien se recouvrir d'une croûte qui se reproduit à mesure qu'on l'enlève.

Le procédé le plus exact pour constater la qualité du lait consiste à en évaporer une certaine quantité pesée et mesurée d'avance. Le résidu obtenu, bien desséché, donne la quantité de matières solides qu'on lave avec de l'éther jusqu'à épuisement. Les solutions versées dans une petite capsule s'évaporent, laissant un résidu qui contient tout le beurre. On fait fondre et sécher ce beurre et son poids indique la proportion de matières grasse contenue dans le lait.

Pour faire une analyse complète du lait il faut s'enquérir de la quantité des substances suivantes qu'il peut contenir, d'abord le beurre, puis les substances albuminoïdes, le sucre de lait et enfin les sels.

Le beurre ou matière grasse du lait se présente sous la forme de globules de deux centièmes de millimètre d'épaisseur. On peut facilement l'extraire de la crème au moyen d'un battage prolongé.

Sa composition chimique est :

Margarine.	68
Butyroléine.	30
Butyrine. Caproïne. Caprine.	2

Pour le doser, on emploie : 1° le crémomètre de Quevenne, le lactoscope de Donné, et le lacto-butyromètre de M. Marchand de Fécamp.

Le crémomètre de Quevenne est un instrument aussi simple que possible. Il est fondé sur le principe que le beurre monte à la surface du liquide : c'est une éprouvette graduée contenant deux décilitres de lait que l'on remplit jusqu'au 0.

Abandonné au repos pendant 24 heures, à une température de 12 à 15 degrés, la crème monte petit à petit à la surface; on mesure le nombre de division qu'elle occupe et on voit si le lait est dans de bonnes conditions. Un bon lait de vache doit donner un dixième de crème.

Le lactoscope de Donné est fondé sur ce fait que le lait doit son opacité aux corpuscules gras qu'il contient.

Plus donc le liquide interceptera les rayons d'une source de lumière donnée, plus il sera riche, mais cet appareil exige pour son emploi des connaissances spéciales qui le rendent peu pratique.

Le lacto-butyromètre de Marchand a l'avantage de donner une solution pratique et facile. C'est un instrument en verre fermé à l'une de ses extrémités et divisé en trois parties de dix centimères cubes chacune. On verse le lait dans le tiers inférieur, puis une goutte de lessive de soude et on remplit la seconde partie d'éther. On agite avec soin et on remplit enfin la troisième partie avec de l'alcool. On agite de nouveau et on introduit le tube bien bouché dans de l'eau à 40 degrés. On voit alors, la quantité de divisions occupées par la crème qui, divisée, se sépare et monte à la partie supérieure de l'appareil. On en conclut quelle est la richesse du lait.

Esbach a modifié cet appareil, mais le matras qu'il emploie n'a d'autre avantage que de rendre la lecture plus facile.

On reconnait comme un lait de bonne qualité celui qui ayant une densité de 1030 contient 35 ou 36 grammes de beurre par litre.

74. Substances albuminoïdes contenues dans le lait. — 1° La caséine est une substance blanche, ressemblant par son aspect à l'albumine coagulée, mais pulvérulente.

C'est la substance albuminoïde la plus abondante : elle ne se coagule pas par la chaleur, mais bien lorsqu'on la chauffe avec quelques gouttes d'acide ou de présure. Le sucre de lait existe à l'état de dissolution ; il dévie à droite le plan de la lumière polarisée et réduit la liqueur cupro-potassique. En présence de la caséine, il subit une fermentation qui le transforme en acide lactique. Pour l'obtenir ou débarrasser le lait de la crème, on coagule l'albumine et la caséine et on a le sucre de lait, que l'on évalue au moyen de la liqueur de Bareswill et de Fehling ou bien au polarimètre, en suivant la méthode ordinaire de l'évaluation du sucre, lorsqu'on veut connaître la richesse d'un sirop ou le titre d'une urine diabétique.

75. Sels. — L'évaporation donne la quantité d'eau et le poids des matières solides. On détruit la matière organique et on a ainsi le poids des sels.

Les sels qui se rencontrent en plus grande quantité dans le lait sont le chlorure de potassium et le sodium, les phosphates de soude, de magnésie et de fer, le carbonate de soude, etc.

Le seul procédé sérieux pour l'analyse du lait est le procédé Marchand dont nous avons parlé plus haut. On fera bien cependant de prendre en même temps la densité et de doser les sels fixes.

76. Conservation du beurre. — Différents procédés ont

été mis en usage pour conserver le beurre. Les uns sont fondés sur la privation de l'air, d'autres sur la disparition que l'on peut obtenir des ferments, d'autres enfin sur l'abaissement de la température.

On obtient en effet une conservation relative du beurre frais en le maintenant bien tassé dans des petits vases recouverts de quelques centimètres d'eau.

Il est bon que cette eau ait été bouillie au préalable. Le beurre ainsi traité peut se conserver huit à dix jours. Enfermé dans un vase bien soudé, il peut se conserver, pourvu que la température ne s'élève pas trop, de six semaines à deux mois.

En pratiquant des lavages à l'eau fraiche renouvelée, on enlève les parties laiteuses interposées et on conserve plus longtemps le beurre, mais cette opération a l'inconvénient de diminuer la saveur propre au beurre frais. On mélange le beurre bien égoutté avec quatre ou huit pour cent de son poids de sel blanc réduit en poudre fine et on pétrit ensuite ce mélange. On le masse, on le tasse afin d'en chasser le plus possible les particules d'air qui pourraient encore s'y trouver et on le met dans des pots en grès neuf très propres, puis on recouvre la surface d'une légère batiste recouverte de sel qui dépasse les bords. On recouvre le tout d'une toile cirée bien tendue et bien fixée.

Il est nécessaire de ne prélever du beurre que par couches horizontales et de recouvrir le reste par de l'eau froide préalablement bouillie, afin d'en assurer la conservation. Le beurre fondu est d'un usage général dans les familles, surtout en province ; il se conserve facilement grâce à la disparition de l'air atmosphérique, au sel qui y est ajouté et aussi à la couche d'albumine coagulée qui se forme à la surface par refroidissement.

77. Fromages. — Le lait sert à préparer les fromages. La composition de cet aliment peut se résumer en deux mots : ils sont formés de caséine et de beurre coagulé, plus ou moins travaillés.

Sous l'influence de diverses préparations et en particulier de la putréfaction, il se forme des acides butyrique, valérianique, qui donnent à ces aliments leur odeur spéciale. Ils sont en général très nutritifs, peuvent être considérés comme des aliments à la fois azotés et gras, contiennent de 15 à 35 0/0 de composés quaternaires et de 21 à 28 de composés ternaires.

Les hygiénistes déconseillent en général l'abus des fromages très fermentés, que l'estomac digère difficilement ; mais il n'en est pas moins vrai que c'est là une très sérieuse ressource, surtout dans l'alimentation des campagnards.

Rien ne vaut le lait naturel, le lait *vivant*, surtout pour les jeunes enfants privés de l'allaitement maternel. On entend par lait vivant un lait qui est trait depuis 45 minutes au maximum, en un mot du lait fraîchement trait.

Depuis quelque temps la mode est au lait stérilisé, mais vraiment on tombe dans l'absurde et comme le dit judicieusement Vallin, il faudra bientôt aussi ne boire que de l'eau stérilisée.

La stérilisation est indiquée pour les jeunes enfants malades, dont l'intestin est fatigué par une diarrhée verte incessante. On peut la pratiquer soi-même soit dans l'appareil Soxhlet, soit dans l'appareil Gentile, mais toujours dans de petites bouteilles fermées hermétiquement après la stérilisation, contenant juste la quantité de lait nécessaire à une tétée.

Quand on veut se servir d'une de ces bouteilles, on en enlève le morceau de caoutchouc qui la ferme, et on la coiffe d'une tétine également en caoutchouc.

Quand l'enfant a fini de téter, il faut laisser en permanence la tétine dans de l'eau et ne plus utiliser le lait qu'aura pu laisser l'enfant. Il est inutile d'ajouter qu'avant de se servir de nouveau des bouteilles il faudra soigneusement les laver avec de l'eau bouillie.

Le lait peut servir de véhicule à plusieurs affections contagieuses, la tuberculose, la scarlatine, la fièvre typhoïde, etc.

Depuis quelques années le commerce du lait à Paris a augmenté dans des proportions considérables, aussi doit-on penser que sa sophistication est fréquente. C'est pour réprimer ces abus que le laboratoire municipal de Paris délègue des inspecteurs qui, munis d'un lacto-densimètre et d'un thermomètre prélèvent dans la voiture même des laitiers des échantillons de lait qui sont ensuite analysés au laboratoire ; des procès-verbaux sont dressés contre ceux qui se sont rendus coupables de fraudes.

Le lait peut être mis en boites fermées sous forme de lait condensé. Il est utile lorsque l'on voyage au loin ou pour les armées en campagne.

M. Girard, directeur du laboratoire municipal, a lu à la Société de médecine publique et d'hygiène professionnelle un travail très intéressant dans lequel il dit que les bonnes vaches donnent du lait pendant dix mois de l'année ; il établit que pour chaque race la quantité moyenne est environ la suivante :

Flamande, hollandaise de	15 à 18 litres par jour	5000 litres par an.
Cotentine, picarde.	12 à 15	4500
Suisse, comtoise, bressane	10 à 12	3300
Cantalaise, pyrénéenne	8 à 10	2700
Languyolaise, limousine, mancelle	6 à 8	2108

Le foin est l'aliment par excellence pour les herbivores.

On peut aussi leur donner la paille d'avoine et la paille de blé, mais en proportion bien plus considérable ; ainsi, pour que l'animal ait la même quantité d'azote, les 15 kilogrammes de foin doivent être remplacés par :

8 k. 76	de luzerne
28 k. 9	de paille d'avoine
32 k. 1	de paille de blé.

On emploie encore pour la nourriture des vaches la betterave fourragère, les tourteaux de lin, les tourteaux de cocotier, la pulpe de betteraves, le marc de pommes de terre, la drèche solide et la drèche liquide.

Ces drèches, résidus industriels, doivent être proscrites de l'alimentation des vaches laitières : elles paraissent avoir une mauvaise influence sur la qualité du lait, surtout lorsqu'elles sont employées exclusivement ou en trop grande proportion.

78. Vins. — Le jus de raisin soumis à l'action de la fermentation produit le vin.

Il se compose de 80 parties d'eau, de 2 à 5 parties de résidus solides, de 5 à 25 d'alcool, de sels minéraux en proportion variable. Les résidus solides sont surtout composés de cellulose, de sucre, de matière colorante et de substances albuminoïdes provenant surtout de l'enveloppe des grains de raisin. Pour fabriquer le vin, on écrase le raisin qu'on laisse ensuite fermenter : cette dernière opération se produit sous l'influence d'un ferment spécial, azoté, contenu surtout dans l'enveloppe du grain de raisin. Sous cette influence le sucre se transforme en alcool et en acide carbonique. Ce gaz reste à la surface de la cuve, étant plus lourd que l'air. Sa présence constitue un danger d'asphyxie pour tous les individus qui sont appelés à entrer dans les cuves. Le résidu solide, au bout d'un certain temps, est encore porté sur le pressoir et donne une certaine quantité de liquide. Quand la fermentation est complète, on sépare la partie liquide de la partie solide et on place la première dans des tonneaux où on peut la conserver fort longtemps.

Royer-Collard prétendait que le vin n'était jamais nécessaire et qu'il fallait considérer ce liquide plutôt comme un agent thérapeutique que comme une substance alimentaire. Les hygiénistes modernes ne partagent pas cette manière de voir : ils pensent au contraire qu'un vin naturel pris à dose modérée est un excellent aliment contenant des principes azotés et des principes respiratoires fort utiles à l'économie.

De plus, les sels contenus dans le vin sont très utiles pour la nutrition du squelette, enfin l'arôme spécial de certains d'entre eux facilite la digestion.

Gallien et Platon ne voulaient pas qu'on en fît usage avant l'âge de vingt ans. Nous ne partageons pas cette manière de voir ; tout en conseillant pour les enfants la plus grande réserve, nous croyons qu'on peut sans inconvénient leur donner des vins toniques en quantité raisonnable.

Il faut se souvenir toujours, du reste, que le vin est un excitant d'autant plus énergique qu'il contient plus d'alcool et qu'il peut déterminer l'ivresse.

On a classé les vins en : 1° spiritueux ; 2° astringents ; 3° acides ; 4° mousseux.

Les vins spiritueux contiennent de 25 à 11 0/0 d'alcool ; ils ont été eux-mêmes subdivisés en vins sucrés, en vins secs et en vins dits de paille. Parmi les premiers sont le Malaga, le Lunel, le Frontignan ; parmi les seconds le Madère, le Marsala, le Xérès. Ce dernier, plus spécialement le vin des convalescents, à cause de la facilité avec laquelle il se digère. Enfin, le vin de l'Ermitage qui est un vin de paille.

Les vins astringents viennent surtout du Languedoc, de la Bourgogne et du Bordelais. Ils agissent principalement par le tannin qu'ils renferment et ont de 15 à 8 0/0 d'alcool. Le Bourgogne est plus excitant ; le Bordeaux, plus tonique et plus reconstituant, convient surtout aux organismes débiles et fatigués. Les vins acides, fort peu nombreux en France, ont, en général, très mauvais goût, fatiguent rapidement l'estomac, déterminent des diarrhées; leur usage continu peut produire des dyspepsies rebelles.

Les vins mousseux, dont le champagne est le type, moins alcooliques que le vin de Bourgogne, sont, en général, très excitants.

La France tient la tête de l'Europe pour la production des vins : elle en produit en général près de 65 millions d'hectolitres par an, alors que la récolte totale est en Europe de 141.000.000.

Nous verrons plus loin ce qu'il faut penser des altérations subies par le vin et des moyens d'y remédier. Nous verrons aussi quelles sont les sophistications que cet aliment si important peut subir.

70. Bière. — La bière est une boisson alcoolique provenant de la fermentation de l'orge germée ; il se produit dans son intérieur, sous l'influence de la germination, un ferment spécial, la diastase, capable d'agir sur les matières féculentes pour les transformer successivement en dextrine, puis en glucose et enfin en alcool et en acide carbonique. On ajoute au liquide provenant de cette fermentation une décoction de houblon, qui a le double avantage de donner à la bière son goût amer et d'en assurer la conservation. La bière contient des quantité d'alcool essentiellement variables, ainsi que le démontrent les diverses analyses faites de ce liquide. Voici du reste l'analyse de la bière de Strasbourg :

Eau	911,00
Alcool	40,00
Dextrine et substances analogues	41,40
Substances azotées	5,26
Sels (phosphates, silicates de potasse, sulfate de chaux, de magnésie et de soude et enfin chlorures divers)	1,84

La bière joint aux propriétés apéritives, qu'elle doit au houblon, une vertu nutritive qu'elle tire du sucre, des matières azotées et des sels minéraux qu'elle contient. Elle agit très vigoureusement sur les urines. Quelques estomacs ne peuvent pas la supporter. Elle amène facilement l'embonpoint.

80. Cidre et poiré. — Le cidre et le poiré sont le résultat de la fermentation du jus des pommes et des poires.

Le cidre contient de 5 à 8 d'alcool, le poiré de 6 à 9. Pour l'action, on peut comparer le cidre et le poiré aux vins acides : comme eux leur usage immodéré peut amener de la dyspepsie, des diarrhées. Il est quelquefois très mal supporté par certains estomacs et, en Normandie, en Bretagne, en Picardie, où il est pour ainsi dire la boisson nationale, il s'est trouvé des médecins pour affirmer que le cancer de l'estomac était, par suite de l'usage de cette boisson, plus fréquent que dans les autres pays.

81. Koumys. — Le koumys est le produit de la fermentation alcoolique de certains laits et en particulier du lait de jument. Les Arabes du centre de l'Afrique préparent une boisson faite avec du lait de chamelle. Ces deux boissons, à peu près identiques, contiennent une certaine quantité d'alcool, de sucre, qui en font une boisson nutritive et les rendrait, d'après certains auteurs, très utiles dans la phtisie pulmonaire où elle agirait à la fois comme aliment et comme médicament.

82. Alcool. — L'alcool est la base des boissons fermentées spiritueuses : il est fourni par la transformation de toutes les substances sucrées qui, sous l'influence d'un ferment, se décomposent en acide carbonique et en alcool.

L'eau-de-vie n'est que de l'alcool étendu d'eau : elle s'obtient par la distillation du vin, du cidre et de quelques autres substances fermentescibles.

A faible dose elle excite l'appétit : on l'ordonne même aux malades et aux convalescents pour relever leurs forces.

Prise à dose un peu élevée, elle produit facilement l'ivresse. Si son emploi est habituel, il survient de l'alcoolisme, maladie terrible par ses conséquences.

Il est malheureusement prouvé que l'usage de l'alcool subit une ascension des plus rapides.

Ainsi nous trouvons dans le Journal de la Société de Surveillance de la santé publique un article de Grigorieff, sur la consommation de l'alcool en Russie et dans les autres États d'Europe.

En Russie, dit Broïdo, qui analyse ce travail, l'impôt sur l'alcool, en 1892, a donné 208.848.710 roubles, c'est-à-dire 21 millions de plus qu'en 1891 ; la quantité d'alcool est de 2.377.241.600 degrés, ce qui donne une moyenne de 21,9 degrés par personne : si on ne considère que le nombre d'ouvriers hommes, chaque ouvrier de la capitale aura pris 250,8 degrés, celui des régions méridionales 108, dans les gouvernements d'ouest 46,8. Le nombre des débits de vin est de 134.152, c'est-à-dire en moyenne de 1 pour 956 habitants.

En Finlande, pendant les années 1884-1888, on a consommé en moyenne 3 litres 53 par personne. En Belgique, le nombre des marchands de vins s'accroît tous les ans : en 1880 il y en eut 185.036, chaque homme employait en moyenne 12 litres d'eau-de-vie et 250 de bière. En Hollande la quantité d'alcool par personne était en 1892 de 8 litres 92 à 50 0/0 ; l'impôt perçu était de 20.893.725 francs. En Danemark il faut compter 15 litres de spiritueux par habitant ; en Suède, 6 litres 5 ; en Norwège, 2 litres 8 d'alcool à 50 0/0. En Angleterre on a bu, en 1892, pour 140.866.252 livres sterling, ce qui fait 3 litres par personne. En France il faut compter, pour l'année 1891, environ 9 litres d'alcool à 50 0/0 par habitant ; en Allemagne, 4 litres 6 à 100 0/0 ; en Autriche, 32 litres de bière, 22 litres de vin, 7 litres 8 de spiritueux divers ; en Suisse, 6 litres 32 d'alcool à 50 0/0 ; en Italie, 1 litre de vin.

A l'alcool sont ajoutées des huiles essentielles comme dans le rhum, le kirsch, le gin, le wisky, le bitter, le vermouth, l'absinthe, etc. Cette dernière boisson surtout, que l'on prend en guise d'apéritif, est extrêmement dangereuse.

83. Boissons aromatiques. Café. Thé. — Il nous reste, pour en avoir terminé avec les boissons, à étudier deux aliments connus sous le nom de boissons aromatiques : le café et le thé, dont le principe actif azoté est pour le café la caféine et pour le thé la théine.

Nous devons y joindre le chocolat, dont le principe actif est la théobromine.

Le café est la graine d'une plante originaire de l'Arabie. C'est l'infusion de ces semences mondées, torréfiées et pulvérisées qui constitue la liqueur agréable et tonique connue sous le nom de café.

Cette boisson, introduite en Perse vers le milieu du XVe siècle et en France en 1654, est aujourd'hui universellement répandue. Delille lui a consacré des vers.

La caféine qu'elle renferme, et qui constitue son principe actif, lui donne comme substance azotée des propriétés nutritives énergiques.

Le café excite l'estomac, aussi est-ce pour cette raison qu'on le prend après le repas. Son arôme est dû à son huile essentielle.

Mélangé au lait il constitue un aliment qui sert de repas du matin à une assez grande partie de la population. Il est très mauvais pour les femmes, chez lesquelles il cause généralement des accidents spéciaux qui doivent en faire rejeter l'emploi.

On mélange aussi souvent le café avec de la chicorée.

Dans les pays chauds, en Algérie par exemple, l'usage du café est encore plus répandu qu'en France. Les indigènes en boivent de nombreuses petites tasses chaque jour.

Le thé, produit de l'infusion de feuilles d'une plante qui se cultive surtout en Chine, est moins nourrissant que le café, mais se digère plus facilement. A dose modérée, le thé active la circulation, accélère le pouls, facilite la digestion, stimule le cerveau et lui donne une activité qui aide aux travaux intellectuels.

Le thé vert, pris le soir, agite le sommeil, alors que le thé noir ne produit pas cet effet.

A côté de ces aliments d'épargne, nous devons mentionner le chocolat, pâte alimentaire préparée avec les amandes de cacao et avec un grand nombre d'aromates.

En outre de la théobromine, principe azoté contenu dans le chocolat, on y trouve des matières grasses provenant d'un principe analogue au beurre, contenu dans le cacao. On prépare le chocolat à l'eau et plus généralement au lait.

84. Régimes alimentaires : Régime animal, Régime végétal, Régime mixte. — Pour qu'un organisme se maintienne dans de bonnes conditions, il est de toute rigueur qu'il répare les pertes qu'il subit.

D'autre part, si l'alimentation se bornait à ce rôle réparateur, jamais notre individu ne pourrait s'accroître, fournir les matériaux de rénovation de nos tissus et entretenir la chaleur constante que possèdent tous les animaux supérieurs. Or c'est là le but de l'alimentation. Si nous nous contentions de rendre à l'organisme ce qu'il a perdu, nous pourrions tout au plus entretenir une existence atténuée et pénible ; c'est le contraire qui est désirable, et comme disait Hippocrate : « Il ne suffit pas seulement d'exister, il faut encore vivre dans des conditions telles que notre individu puisse produire un travail efficace et sérieux. »

De là la nécessité de fournir à notre organisme des aliments réparateurs.

Il faut se rappeler que l'*homme*, qui absorbe l'oxygène de l'air et exhale de l'acide carbonique, emprunte à son propre organisme la quantité de carbone nécessaire pour former ce gaz. De plus, l'homme excrète en outre en 24 heures : 1° Par les voies urinaires de 800 à 1.500 gr. d'urine, renfermant environ 30g52 de matériaux solides ; 2° par l'exhalation pulmonaire, près de 400 gr. d'eau ; 3° par l'extrémité du tube digestif, plus de 200 gr. de matières impropres à la nutrition ; enfin ; 4° par la peau 1.744 gr. de sueurs et de produits de la sécrétion cutanée.

Il faut donc rechercher la quantité d'azote et de carbone contenue dans les excrétions de l'organisme. Des savants, comme Payen, Dumas, Barral, Andral et Gavarret, sont arrivés à des résultats différents parce qu'ils ne se sont pas préoccupés si les sujets observés par eux étaient au repos ou se livraient à un travail manuel.

Pour eux la ration minima est celle de Payen ; si l'individu observé exécute un travail modéré, la quantité d'azote et de carbone sera portée à 24 et à 350 gr. Le travail est-il rude au contraire, on tâchera d'arriver à 27 ou 30 gr. pour l'azote et à 450 et même 500 gr. pour le carbone.

Comme un kilogramme de viande ne donne guère que 28 gr. 07 d'azote et environ 109 gr. 80 de carbone, qu'un kilogramme de pain ne fournit que 10 gr. 80 d'azote et 205 gr. de carbone, on voit combien la quantité de principes carburés est grande dans le pain et petite dans la viande, combien au contraire le poids d'azote est important dans celle-ci comparativement à celui qui existe dans les végétaux. Le pain est un aliment d'origine végétale qui est surtout féculent.

La nécessité d'une alimentation mixte s'impose donc.

Pour que l'alimentation de l'homme soit saine et suffisante, elle doit contenir ; 1° des substances azotées ; 2° des substances ternaires ; 3° du sucre ; 4° des sels minéraux ; 5° de l'eau.

Quelle est maintenant la ration de travail d'un homme.

M. Gautier indique dans le tableau ci-dessous l'alimentation habituelle de plusieurs catégories diverses de travailleurs :

	Carbone	Azote	
Ouvriers agriculteurs des fermes de Vaucluse (d'après Gasparin).	502 gr.	22 gr.	15
Ouvriers agriculteurs de la Corrèze.	710	24	16
Ouvriers agriculteurs de la Lombardie.	694	27	60
Ouvriers anglais du Nord.	420	20	00
Ouvriers français et anglais (au chemin de fer de Rouen).	484	31	00
Ouvriers anglais tisserands et couturières (d'après L. Smith).	207	11	00
Soldats français (d'après Lévy).	277	21	50
Marins français.	435	22	50
Ouvriers irlandais.	670	18	50

L'alimentation *animalisée*, dit Proust, augmente la puissance musculaire, accroît le nombre des globules sanguins, accélère les battements du cœur et diminue l'excrétion d'acide carbonique. On admet en même temps qu'elle développe les instincts brutaux et produit, au moins chez les animaux, une humeur sauvage qui les rend dangereux.

L'alimentation *végétale*, au contraire, diminue la force musculaire, et poussée trop loin peut engendrer le lymphatisme et l'anémie. Il convient de mêler dans de justes proportions ces deux éléments principaux de toute alimentation pour arriver à un juste équilibre.

Il est en outre utile de changer souvent d'aliments et d'en modifier la préparation. Un régime trop uniforme affadit l'estomac et entraîne rapidement la satiété, ainsi qu'il est trop facile de le constater dans les armées où l'alimentation est presque toujours la même.

85. Heures des repas. — Elles doivent être, autant que possible, réglées. En général il est d'usage de faire un premier repas en se levant, repas léger composé suivant le goût et surtout les habitudes des personnes, de potage, thé, café au lait, chocolat, etc., etc.

A midi a lieu le repas le plus substantiel de la journée.

Enfin vers 7 heures du soir a lieu le dîner, généralement précédé d'un potage.

Ce repas doit être très léger chez les vieillards, chez les personnes dont la digestion est pénible et lente.

L'irrégularité dans les heures des repas amène à la longue des troubles digestifs.

Dans certains pays, en Angleterre par exemple, il est d'habitude de prendre une collation entre le déjeuner et le dîner.

Il est bon après chacun des principaux repas de faire de l'exercice afin de favoriser la digestion.

L'inobservation de cette règle d'hygiène amène de la congestion cérébrale, une envie de dormir qui finit par dégénérer en habitude, et peut à la longue amener des accidents graves.

80. Falsifications et altérations des aliments. — *Alcool.* — L'alcool est la base des boissons fermentées spiritueuses ; il est fourni par la transformation de toutes les substances sucrées qui, sous l'influence d'un ferment, se décomposent en acide carbonique et alcool.

L'eau-de-vie n'est autre chose que de l'alcool étendu d'eau ; elle s'obtient par la distillation du vin, du cidre et de quelques autres substances fermentescibles.

A l'alcool sont quelquefois ajoutées des huiles essentielles, comme dans le rhum, le kirsch, le gin, le wisky, le bitter, le vermouth, l'absinthe, etc.

Cette dernière substance a produit des effets tellement désastreux chez les militaires, qui en faisaient leur boisson favorite, que les chefs de corps ont absolument interdit aux cantiniers et aux marchands qui suivaient les colonnes d'en débiter aux soldats.

L'alcool ingéré d'une manière continue et exagérée produit des accidents que l'on a appelés alcoolisme aigu.

Au premier degré la bouche est pâteuse, la langue sale; il y a des vomissements, la tête est pesante, les sens excités ou obtus, il y a des vertiges et de la syncope, puis l'excitation cérébrale fait place à une dépression insensible et le sommeil rappelle celui des apoplectiques.

Le professeur Trousseau qui a tracé ce tableau continue par le suivant :

Au second degré l'ébrieux est un malade. La perversion a pris de telles proportions qu'il a cessé d'être lui-même, les accidents se développent à leur façon accoutumée sans obéir aux diversités de son tempérament. Alors le délire apparaît avec des caractères tranchés, le trouble nerveux revêt une forme définie et l'ensemble de ces phénomènes se résume dans le nom même du *delirium tremens*.

Le délire ébrieux est inquiet, perplexe, jusque dans ses violences extrêmes. L'agitation y naît de la peur, car la frayeur elle-même a ses audaces. Le malade poursuivi par des hallucinations prédominantes de la vue, menacé par des assassins, attaqué par des voleurs, est en proie à mille angoisses. Il veut fuir, il est prêt à partir pour n'importe quel voyage, comme s'il cherchait à se soustraire à lui-même, il plie ses hardes, il s'échappe par toutes les issues qu'on n'a pas interdites à son impulsion vagabonde. Au milieu de ces excitations désordonnées, il est encore capable de se recueillir sous la pression d'une volonté qui le domine, mais la résipiscence est courte, et il ne tarde pas à retomber dans ses divagations.

En même temps le malade est affecté de tremblement.

Mais le malade continue à boire et alors éclate l'alcoolisme chronique. Ses idées tumultueuses dans l'état aigu se ralentissent. Il présente une indifférence passive, de l'inappétence, le *delirium tremens* est remplacé par des perceptions confuses de mouches volantes, de nuages, de brouillards, de phosphènes passagers.

Jadis on ne connaissait en France que l'alcool de vin qui est relativement peu dangereux. Mais le phylloxera ayant causé des ravages, l'industrie s'en mêlant, on a transformé en sucre puis en alcool les matières amylacées que contiennent certains végétaux, le blé, le riz, le maïs, l'avoine, la pomme de terre, ou en faisant fermenter les résidus sucrés de certaines industries, les mélasses, les betteraves, etc.

La fabrication des eaux-de-vie de vin, dit M. Girard, est tombée, de 1840 à 1883, de 715.000 hectolitres à 14.678 hectolitres.

En 1879, l'un des auteurs de cet ouvrage a, de concert avec M. Audigé, fait des recherches expérimentales sur la puissance toxique des alcools, en prenant pour point de comparaison la dose toxique limite, c'est-à-dire la dose d'alcool pur qui, par kilogramme du poids de l'animal, amène la mort en 24 — 36 heures, et cela avec divers alcools. Il a vu que l'action toxique suit exactement la formule atomique, pourvu que l'alcool soit soluble.

Ces expérimentateurs ont constaté que la dose toxique est :

Alcool éthylique ou de vin (C^2H^6O).	7 gr. 75
Alcool propylique (C^3H^8O).	3 75
Alcool butylique ($C^4H^{10}O$).	1 85
Alcool amylique ($C^5H^{12}O$).	1 50

M. le docteur Dujardin-Beaumetz a alors continué seul

ces expériences qu'il a communiqués à l'Académie de médecine dans sa séance du 1er avril 1884.

Il a expérimenté sur 18 porcs qui prirent pendant trois années 200 grammes d'alcool par jour.

Les accidents se sont produits quand on donnait plus de 2 grammes d'alcool par kilogramme de poids : au delà anorexie, vomissements, diarrhée sanguinolente. Les alcools bien rectifiés ont toujours été moins nocifs que les phlegmes, à ce point que l'alcool de pommes de terre rectifié dix fois n'entraînait pas plus de lésions que l'alcool de vin dont il se rapproche : les alcools ordinaires de betterave, de grains, de pommes de terre étaient beaucoup plus nuisibles. L'absinthe a déterminé des contractures, de l'hyperesthésie de la peau, mais pas d'épilepsie. En général, les lésions trouvées étaient des congestions, des inflammations de l'intestin et du foie, sans atteindre cependant jusqu'à la cirrhose ; des congestions du poumon, sans aller jusqu'à l'apoplexie ; des dégénérescences athéromateuses des gros vaisseaux et en particulier de l'aorte ; des suppressions sanguines dans l'épaisseur des muscles et du tissu cellulaire. Ces dernières altérations étaient telles que les inspecteurs de la boucherie ont cru devoir s'opposer à la consommation de la viande de ces porcs. D'après le docteur Dujardin-Beaumetz, à dose non toxique, une certaine quantité d'alcool se transforme en acide acétique, en acétates alcalins, puis en carbonates, une autre partie est éliminée en nature.

L'alcool est un aliment d'épargne ; au lieu d'activer, il ralentit les échanges organiques en enlevant aux globules sanguins une partie de leur oxygène, d'où l'abaissement de température ; quand la dose d'alcool s'élève et devient toxique, il y a destruction du globule sanguin. L'autre partie de l'alcool agit directement et en nature sur certains points de l'axe cérébro-spinal, d'où les symptômes de l'ivresse, l'intoxication et les modifications vaso-motrices.

On a mélangé divers liquides avec de la nitrobenzine pure ou avec de l'eau de laurier cerise, pour faire des bouquets : il y en a pour le cognac, pour le rhum, pour le kirsch.

Les personnes du métier peuvent, dans un grand nombre de cas, reconnaître rien qu'au goût toutes ces falsifications, mais il importe, grâce à des prélèvements faits chez les industriels et analysés par le laboratoire municipal, de tâcher d'enrayer le mal qui fait tous les jours tant de victimes.

Il est bon d'appliquer sévèrement la loi du 27 mars 1851 dont voici la substance :

La loi punit de l'emprisonnement pendant trois mois au moins, un an au plus et d'une amende :

Ceux qui falsifient des substances ou des denrées alimentaires destinées à être vendues.

Ceux qui vendent ou mettent en vente des substances ou denrées alimentaires, qu'ils savent être falsifiées ou corrompues.

Si la marchandise contient des mixtions nuisibles à la santé, l'amende est de 50 à 500 francs, l'emprissonnement de trois mois à deux ans.

Elle frappe d'une amende de 16 à 25 francs, et d'un emprisonnement de six à dix jours, ceux qui ont dans leurs magasins, boutiques, ateliers ou maisons de commerce ou dans les halles, foires ou marchés des substances alimentaires qu'ils savent être falsifiées ou corrompues.

Si la substance falsifiée est nuisible à la santé, l'amende peut être portée à 50 francs, et la durée de l'emprisonnement à quinze jours.

Des peines plus élevées sont portées contre ceux qui ont déjà été condamnés dans les cinq ans qui ont précédé, pour infraction à la même loi. Les objets sont ou confisqués ou détruits, ou mis à la disposition de l'administration.

87. Falsification et altérations des vins. — *Mouillages.* — L'addition d'une certaine quantité d'eau au vin constitue la falsification la plus fréquente et porte le nom de *mouillage*. Pour arriver à une solution complète, il faudrait analyser, en même temps que le produit incriminé, un vin de même cépage, de même localité, de même âge et qui eut été soumis aux mêmes traitements pendant la fabrication, conditions bien difficiles à réaliser.

Les marchands, pour rendre à peu près normaux les rapports de l'alcool à l'extrait et de la glycérine à l'alcool, additionnent le vin de glycérine. C'est dans ces cas que la méthode de M. Gautier est applicable. Elle repose sur ce principe : *Si l'on additionne dans le vin le chiffre indiquant son titre centésimal alcoolique et celui qui donne par litre le poids en acide sulfurique de son acidité totale, on obtiendra toujours pour les vins rouges non additionnés d'eau un nombre égal ou supérieur à 13, et dépassant rarement 17 pour les vins non plâtrés.*

La pratique qui consiste à additionner un vin de glycérine porte le nom de *scheelisage*. Le plus souvent le mouillage est accompagné du *vinage* ou addition au vin d'une quantité plus ou moins considérable d'alcool.

Le *plâtrage* est surtout pratiqué dans le midi de la France et dans certains pays étrangers (Italie, Espagne, Grèce, etc.). Il consiste à ajouter une certaine quantité de plâtre ou sulfate de chaux à la vendange au moment où elle est placée dans la cuve à fermentation.

Le *salage* consiste à introduire une certaine quantité de chlorure de sodium dans le vin pour en précipiter plus rapidement les matières albuminoïdes, rehausser le goût du vin et augmenter le poids de l'extrait.

Le *déplâtrage* consiste à débarrasser le vin de l'excès des sulfates qu'il contient : on y arrive par addition de chlorure de baryum ou de carbonate de baryte ou encore de tartrate de baryte, ou, comme cela se pratique maintenant, par les sels de strontium.

La recherche de l'alun, de l'addition d'acide sulfurique, de l'acide sulfureux, de l'acide salicylique, de l'acide azotique et des azotates, de l'acide borique, de la saccharine constituent des opérations chimiques trop spéciales pour un livre d'hygiène : on en trouvera la description détaillée dans les ouvrages qui s'occupent exclusivement de ces recherches, par exemple dans Burcker, Polin et Labit, dans une publication du laboratoire municipal et dans le traité de la sophistication des vins de M. Gautier.

La recherche du vin de raisin sec se fait par la dégustation comme pour celle du cidre et du poiré.

Les matières colorantes étrangères introduites dans le vin sont, dit M. Burcker, *la mauve noire, le sureau, l'hièble, le troëne, le phytolacca ou raisin d'Amérique, la myrtille, la betterave rouge, le campêche, le fernambouc, le tournesol, l'orseille, l'indigo, le maqui, l'œnocyamine, les matières colorantes azoïques, la roccelline, la fuchsine et le violet de méthyle.*

Le 11 juillet 1891 a été promulguée la nouvelle loi ci-après concernant la répression des falsifications du vin.

Article premier. — L'article 2 de la loi du 14 août 1889 est ainsi modifié :

« Le produit de la fermentation des marcs de raisins frais avec de l'eau, qu'il y ait ou non addition de sucre, le mélange de ce produit avec le vin, dans quelque proportion que ce soit, ne pourra être expédié, vendu ou mis en vente que sous le nom de vin de marc ou vin de sucre. »

Art. 2. — Constitue la falsification de denrées alimentaires, prévue et réprimée par la loi du 27 mars 1851, toute addition au vin, au vin de sucre ou de marc, au vin de raisins secs :

1° De matières colorantes quelconques.

2° De produits tels que les acides sulfurique, nitrique, chlorhydrique, salicylique, borique ou autres analogues.

3° De chlorure de sodium au-dessus de un gramme par litre.

Art. 3. — Il est défendu de mettre en vente, de vendre ou de livrer des vins plâtrés contenant plus de deux grammes de sulfate de potasse ou de soude par litre.

Les délinquants seront punis d'une amende de 16 francs à 500 francs, et d'un emprisonnement de six jours à trois mois, ou de l'une de ces deux peines suivant les circonstances.

Ces dispositions ne seront applicables aux vins de liqueurs que deux ans après la promulgation de la présente loi.

Les fûts ou récipients contenant des vins plâtrés devront en porter l'indication en gros caractères. Les livres, factures, lettres de voitures, connaissements, devront contenir la même indication.

Art. 4. — Les vins, les vins de marc ou de sucre, les vins de raisin sec, seront suivis, chez les marchands en gros et en détail et chez les entrepositaires, au moyen de comptes particuliers et distincts. Ils seront tenus séparément dans les magasins.

Art. 5. — Les registres de prise en charge et de décharge des acquits-à-caution et les bulletins C E fermés pour les laisser-passer, énonçant des envois supérieurs à 200 kilogrammes de raisins secs, seront conservés pendant trois ans dans les bureaux des directions et sous-directions. Ils seront communiqués sur place à tout requérant, moyennant un droit de recherche de 50 centimes.

Les demandes de sucrage à taxe réduite, faites en vue de la fabrication des vins de sucre définis par l'article 2 de la loi du 14 août 1889, sont conservées pendant trois ans à la direction et à la sous-direction des contributions indirectes, ainsi que les portatifs et registres de décharge des acquits-à-caution après dénaturation des sucres. Elles sont communiquées à tout requérant moyennant un droit de recherche de 50 centimes par article.

Art. 6. — La présente loi et la loi du 14 août 1889 sont applicables à l'Algérie et aux colonies. »

Cidre. — Le cidre est falsifié par le mouillage, l'addition de glucoses commerciaux, d'acide salicylique, de sulfites et de matières colorantes étrangères.

Au Congrès d'hygiène à Rouen en 1883, M. Lunier a montré, à l'aide de graphiques et de cartes, que l'alcoolisme diminue dans les pays vinicoles, augmente dans les pays qui ne produisent pas de vin ; il en conclut que c'est l'alcool, non le vin, qui favorise le plus l'alcoolisme. En Normandie, dit-il, dans les années où la production du cidre est forte, la consommation d'alcool et l'alcoolisme augmentent ; c'est le contraire qu'on observe dans les pays vinicoles. M. Leudet, de Rouen, l'explique en disant que dans les localités où la récolte des pommes est abondante, comme on ne peut exporter le cidre, on en extrait un alcool d'un très mauvais goût et probablement toxique, dont on fait une très grande consommation.

Blé. — Les falsifications les plus fréquentes de la *farine* de blé consistent à mélanger à lui des farines de céréales ou de légumineuses d'un prix moins élevé.

Café. — Les falsifications du *café* non moulu consistent le plus souvent à mélanger des cafés inférieurs ou avariés avec des cafés de qualité supérieure. Cependant on a trouvé à Vienne et à Prague des grains de café fabriqués avec une pâte composée de farine de glands et de blé légèrement criblé, ou de marc de café. Ces grains artistement moulés étaient enduits d'une solution alcoolique de résine destinée à leur donner le brillant du café brûlé ; ils ressemblaient si bien à des grains véritables qu'au premier abord il était impossible de reconnaître la fraude.

Le café moulu se falsifie avec de la chicorée et les produits de la torréfaction des amandes de terre, de l'orge, des glands, des figues.

Divers. — Le bon *thé* se falsifie avec du thé de qualité inférieure.

Le *chocolat* se falsifie par l'addition de grabeaux de cacao ; par la substitution de graisses de mouton ou de veau, d'huiles végétales, d'huile de sésame, d'olive, d'œillette, par de la farine de haricots, de noyaux, de dattes et de dattes torréfiées.

La *farine*, pour être pure, doit être sans mélange de son et ne contenir que les éléments constituants des céréales.

D'après le professeur Vogl les mélanges que l'on fait subir à la farine se divisent, au point de vue de l'hygiène, en trois classes.

Ou bien ils diminuent la valeur nutritive de la farine et la digestibilité du pain (gypse, alun, craie, etc.), ou bien ils altèrent la couleur, l'odeur, la fermentabilité de la farine (*grain germé, grains mélangés d'impuretés*), ou bien ils possèdent une action toxique *(agrostemma githago, lolium, claviceps purpurea)*.

La *bière* se falsifie avec le glucose, la glycérine, la réglisse, le bisulfite de chaux, l'acide salicylique, la crucine, la colchicine, la strychnine.

Les altérations de la bière sont dues au développement des micro-organismes si bien étudiés par Pasteur.

Le *vinaigre* se falsifie par les acides minéraux, l'acide tartrique, l'acide oxalique, le chlorure de sodium.

Les altérations proviennent aussi des micro-organismes qui s'y développent.

On met en vente des *sirops* d'orgeat, de groseille, etc., qui n'en ont que le nom. M. Pabst a signalé des *sirops de glucose* qui se préparent par l'action de l'acide sulfurique ou chlorhydrique sur l'amidon ou la dextrine et qui servent beaucoup à la fabrication des sirops, grâce à leur limpidité parfaite.

Les *huiles* grasses et les *huiles* minérales se falsifient avec des huiles plus communes.

L'huile vierge d'olives se falsifie avec l'huile d'arachides.

Le *beurre* se falsifie en y mêlant de la fécule de pommes de terre.

Mais la falsification la plus commune est celle qui s'opère avec la margarine.

Un échantillon de margarine dont le degré de solidification était de 39°15, a donné :

Eau	15.28
Matières insolubles dans l'éther (caséine, etc.).	1.82
Cendres	0.14
Matières grasses	82.70
Acides gras insolubles	93.70

Par une ordonnance du 13 mai 1882, rendue après avis du Conseil d'hygiène publique et de salubrité du département de la Seine, le Préfet de police exigea que la margarine et les produits similaires, mis en vente dans le ressort de la préfecture de police, portassent sur chaque morceau une étiquette contenant en caractères suffisamment visibles une indication conforme à la matière réelle du produit, et interdit d'introduire sur le marché de gros des halles centrales (n° 10) des beurres artificiels.

Mais cette mesure limitée au seul département de la Seine ne réussit pas à enrayer le mal. Les négociants exportateurs de beurre à Rennes, qui exportent pour 25 à 30 millions de beurre en Angleterre seulement, et à qui la falsification fait le plus grand tort, demandèrent qu'ainsi que cela se pratique aux Etats-Unis une loi vint les protéger.

Elle se fit attendre plusieurs années.

Enfin, au *Journal officiel* du 14 mars 1887, est promulguée une loi concernant la répression des fraudes commises dans la vente des beurres. Aux termes de cette loi, il est interdit d'exposer, de mettre en vente ou de vendre, d'importer ou d'exporter sous le nom de beurre, de la margarine, de l'oléo-margarine, et, d'une manière générale, toute substance destinée à remplacer le beurre, ainsi que les mélanges de margarine, de graisse, d'huile et d'autres substances avec le beurre, quelle que soit la quantité qu'en renferment ces mélanges. Pour la vente en gros et en détail de la margarine, d'oléo-margarine ou mélanges destinés à remplacer le beurre, les vendeurs devront ne livrer le produit que dans des récipients ou enveloppes portant en caractères apparents les mots : margarine, oléo-margarine ou graisse alimentaire.

Les contraventions aux dispositions de cette loi seront punies d'un emprisonnement et d'une amende de 50 à 3.000 francs, et les substances saisies seront confisquées ainsi que celles restées en la possession de l'auteur du délit; en cas de récidive dans l'année, le maximum sera toujours appliqué.

Le *poivre* gris est très fréquemment falsifié par des grignons d'olives. Les noyaux de dattes pulvérisés sont surtout employés pour falsifier les poivres blancs.

Les *escargots* sont aussi, d'après le docteur Bourgoin, l'objet de falsifications. On sait que pour préparer des escargots, il faut procéder aux opérations suivantes : 1° lavage à l'eau fraîche ; 2° trois ou quatre lavages à l'eau bouillante ; 3° extraction de l'animal de sa coquille ; 4° lavage de la coquille à l'eau bouillante ; 5° réintégration de l'animal dans sa coquille avec addition de beurre, sel, poivre, persil et échalotte ; 6° décoction légère sur un feu doux afin de faire fondre le beurre et de lui permettre de mieux pénétrer dans la masse.

Pour falsifier l'escargot, on supprime les quatre premières opérations et on arrive à la cinquième. On prend des coquilles *ayant déjà servi* et on les remplit du mélange suivant : mou de bœuf (lisez poumon), sel, graine de moutarde pulvérisée et graine de rebut, puis décoction légère sur un feu doux, etc.

CHAPITRE IX.

EXERCICE — TRAVAIL

88. **Exercice.** — Les auteurs ont défini l'exercice en disant que c'est un ensemble de mouvements résultant de la contraction d'un ou de plusieurs muscles.

La fibre musculaire est contractile, c'est-à-dire que dans des conditions déterminées elle rapproche ses deux extrémités et diminue ainsi de longueur. La contractilité est donc la propriété spéciale du muscle, mais chaque fois que la contraction musculaire se produit il se passe deux phénomènes spéciaux, l'un ayant pour siège le muscle lui-même, l'autre le système nerveux qui envoie à cet organe l'ordre d'entrer en contraction. Chaque fois qu'un muscle se contracte, plusieurs faits sont à considérer. Sa température augmente et les produits de la combustion dans ce muscle sont éliminés en plus grande abondance ; il se passe donc là une suractivité vitale énorme.

On conçoit dès lors que si un grand nombre de muscles de l'organisme se contractent en même temps, il y aura une suractivité générale bienfaisante et tonique, tant qu'elle restera dans de certaines limites. C'est ce qui explique que l'exercice physique soit si utile à la santé. Les produits de la contraction musculaire devant être fournis par l'alimentation, l'appétit se trouvera augmenté, la respiration qui amène l'oxygène s'accélérera forcément, enfin la nutrition générale sera plus parfaite.

En comparant deux muscles dont l'un est en repos et dont l'autre se contracte, on remarque des différences considérables dans la quantité d'oxygène consommé.

Si on examine le sang qui sort du muscle en repos et celui qui sort du muscle qui travaille, on voit aussi que la quantité d'oxygène est plus considérable lorsque le muscle a des contractions utiles.

La hauteur à laquelle un muscle peut élever un poids dépend de la longueur de ses fibres. Il existe en effet deux ordres de muscles, les uns à fibres lisses : ce sont en général les muscles de la vie organique plus ou moins soustraits à l'empire de la volonté. Les autres sont à fibres striées ; ce sont plus spécialement ceux où la contraction obéit le mieux à notre volonté.

Les muscles sont, dans la machine humaine, la force qui met en mouvement les leviers osseux. L'homme peut faire agir ses muscles de différentes manières ; il peut, sans changer de place, tirer ou pousser avec les mains dans des sens très divers. Lorsqu'il agit dans le sens vertical ou horizontal, il peut y joindre une partie du poids de son propre corps ; il peut développer son effort musculaire en marchant ou en courant ; enfin il peut agir uniquement par le poids de son corps, par exemple lorsqu'il fait mouvoir les roues des carrières.

La grandeur de la force que peut déployer l'homme n'est pas la même lorsqu'elle est appliquée de différentes manières. La contraction musculaire a pour caractère d'être forcément intermittente. Un muscle ne peut produire un effet utile qu'à la condition de se reposer dès qu'il est fatigué, sinon il s'épuise et le travail qu'on lui demande n'est plus dans de bonnes conditions.

Le travail maximum que peut produire un homme est celui qui s'obtient dans la roue des carriers. L'homme employé à ce travail monte successivement sur chacun des échelons de la roue et son poids le fait tourner et permet d'élever ainsi des fardeaux assez lourds.

On constate que dans une journée de huit heures le travail ainsi produit est d'environ 280.000 kilogrammètres.

Dans toute autre sorte de travail, il est rare que la force produise plus de 175 à 250.000 kilogrammètres. L'homme peut quelquefois, pendant un instant, développer une plus forte quantité de travail, mais il faut que ce soit très passagèrement ; sans cela il arriverait à la fatigue et au surmenage ; d'autre part un repos absolu d'un muscle détermine son atrophie, c'est-à-dire la diminution de son volume, la dégénérescence de ses fibres qui deviennent graisseuses et peuvent être complètement résorbées. Ces phénomènes ne sont pas rares à observer dans les cas de fracture ou de luxation, où le membre doit être immobilisé pendant de longs jours.

La fatigue musculaire dépend de ce qu'un muscle qui travaille consomme en quelque sorte sa propre substance. Elle est la conséquence des métamorphoses chimiques qui se passent dans les muscles en activité et se trouve liée aux actes de nutrition du travail musculaire.

Lorsque l'exercice est pris avec modération il donne la force et la vigueur, il produit un bien-être réel par l'excitation de l'appétit qui l'accompagne, qui rend la digestion et la nutrition plus faciles en augmentant la consommation de l'oxygène et la sécrétion des matières excrémentitielles.

Il est de plus très utile au développement du système musculaire, car plus un organe travaille dans de bonnes conditions, plus il se développe. Ce sont là les bons effets que produit un exercice régulier, un travail musculaire soutenu sans aller jusqu'à la fatigue ; c'est au point de vue hygiénique, ce qu'il faut conseiller.

Si le travail ou l'exercice sont insuffisants, ils provoquent un allanguissement général de l'organisme, une faiblesse réelle que vient encore compliquer, quelquefois, un embonpoint qui n'est pas, loin de là, une preuve de santé.

Le travail exagéré amène le surmenage et produit d'abord de la courbature, de la douleur musculaire et plus tard une atrophie de certains organes.

En définitive, et comme règle générale, on peut dire qu'il faut tâcher de se tenir loin des extrêmes.

Effort. — Le travail exagéré n'est pas seulement à redouter comme fatigue musculaire, il exige souvent pour se produire une série de phénomènes qui constituent l'effort. Ce dernier exige pour se produire une immobilité momentanée des muscles du thorax et par suite une suspension de la respiration : dans ces conditions l'effort ne peut être que momentané et passager. S'il était violent et prolongé, il occasionnerait des ruptures, des hernies, des congestions passives des organes.

Le besoin d'action n'est pas le même aux divers âges de la vie. L'enfant peut s'y livrer sans réserve. L'adulte doit faire un exercice plus régulier, afin de ne pas dépenser inutilement ses forces et de ne pas aller jusqu'au surménage. Dans la vieillesse, l'activité musculaire devient une nécessité, pourvu qu'elle soit sagement dispensée et n'aille jamais jusqu'à la fatigue.

La femme ne fait généralement pas assez d'exercice musculaire, surtout au grand air. De là un amoindrissement de la plupart de ses facultés, cause fréquente d'affections nerveuses et chlorotiques.

Le climat a aussi une action considérable sur l'exercice: dans les pays chauds notamment et sur les montagnes, où la pression atmosphérique est très diminuée, l'effort est plus difficile et la fatigue survient plus rapidement.

En résumé, tout exercice suppose un ordre venu du cerveau, une contraction musculaire consécutive, l'effet de cette contraction étant le raccourcissement de l'organe et l'augmentation de sa température propre. De là activité de la circulation dans le muscle, combustion plus abondante, augmentation de l'oxygène absorbé, suractivité de l'appétit, nécessité d'une alimentation plus réparatrice.

Différentes sortes d'exercices. — On distingue deux genres d'exercices : l'un actif dans lequel notre corps se meut en totalité ou en partie par l'effet de la contraction d'un ou de plusieurs muscles ; l'autre, passif, dans lequel le corps subit des mouvements, mais n'est pas l'agent des déplacements partiels ou totaux qu'il éprouve.

Un exemple fera comprendre ce que l'on entend par exercice passif; un individu subissant un mode de locomotion quelconque peut très bien rester immobile, ne faire aucun exercice actif et être cependant transporté d'un point à un autre.

Station verticale. — Lorsque le corps humain repose sur une surface ou sur un plan, il est en équilibre chaque fois que la verticale passant par le centre de gravité tombe dans l'intérieur de la surface de contact. On a cherché à déterminer où était exactement situé le centre de gravité. Il est situé à peu près au niveau de la dernière vertèbre lombaire, à son articulation avec le sacrum.

Lorsque l'homme ajoute à son propre poids des fardeaux étrangers, il est obligé de prendre diverses attitudes caractéristiques, afin que la verticale passant par le centre de gravité tombe bien sur la base de sustentation; de là ces attitudes que l'on remarque chez les gens qui portent des fardeaux sur des crochets, que l'on remarque aussi chez les bouquetières dont les éventaires prennent un point d'appui sur la région abdominale, etc.

La station verticale ne peut être gardée que par la contraction alternative des muscles fléchisseurs et des muscles extenseurs du thorax, du tronc et des membres inférieurs : de là, une fatigue réelle qui se traduit (tout le monde le sait pour l'avoir éprouvé) par des douleurs généralisées et plus particulièrement par une sensation pénible dans les muscles des jambes.

Stations diverses. — Dans la station sur un seul pied la base de sustentation est très diminuée, puisqu'elle ne représente plus que la surface du sol couvert par le pied. L'équilibre se maintient difficilement; l'effort musculaire nécessaire pour ramener sans cesse la verticale du centre de gravité dans l'espace restreint occupé par la surface plantaire, détermine rapidement de la fatigue. Aussi cette station est-elle très difficile à garder. La station sur les genoux serait moins fatigante et plus facile si les articulations tibio-fémorales étaient moins sensibles, si la rotule ne venait pas faire pression sur les surfaces articulaires, enfin si au bout d'un certain temps la bourse synoviale prérotulienne ne s'enflammait pas, ne s'emplissait pas de liquide, lésion qui porte en pathologie le nom d'hygroma.

La station assise, par la large surface sur laquelle repose le siège de l'homme, par le peu de distance qui sépare le centre de gravité du point d'application du poids du corps, cette station est la moins fatigante et celle qui permet le plus facilement le repos. Il en est de même de la station couchée, dans laquelle la plus grande partie de la surface du corps est soutenue. Néanmoins lorsque la surface sur laquelle le corps est allongé est dure et résistante, les saillies osseuses pressant plus ou moins vigoureusement sur des surfaces résistantes, il se produit des compressions douloureuses qui obligent à changer de position. Chez l'homme couché et endormi, les membres sont dans un état de demi-flexion : c'est dans cette position que le relâchement est le plus facile, c'est la situation moyenne, et celle du repos complet.

89. Marche. — Dans la marche le corps est porté en avant par le rôle alternatif des deux jambes, l'une supportant le poids du corps pendant que l'autre le porte en avant. C'est le mode d'exercice le plus favorable. En effet, il met en jeu la plupart des muscles du corps : c'est le meilleur qu'on puisse conseiller. Il sera surtout utile aux convalescents, aux valétudinaires, aux obèses, aux hommes livrés aux travaux de l'esprit. Quand on marche d'un pas modéré, c'est-à-dire de deux pas à la seconde, par exemple, chaque pas répond en longueur à peu près à 75 centimètres, ce qui fait environ 1m50 par seconde, soit 90m à la minute, soit 1 kilomètre en 11 minutes. Cette vitesse de marche est celle des troupes en étapes. Elles font en effet 5 kilomètres à l'heure et prennent 5 minutes de repos.

Dans la marche accélérée, on peut arriver à faire le kilomètre en sept minutes et par conséquent huit kilomètres à l'heure, mais on observe qu'à mesure que l'on marche longtemps la durée du pas augmente et son amplitude diminue de plus en plus, si bien que de 0m75, au bout d'un temps plus ou moins prolongé suivant les individus, la longueur du pas peut n'être plus que de 35 à 40.

90. Danse. — D'après *Londe*, la danse et la marche seraient deux exercices identiques : il n'y aurait d'autres différences qu'en ce que dans la dernière les contractions seraient plus vives et plus répétées que dans la première.

La danse est donc un bon exercice pourvu toutefois qu'on ne s'y livre pas immédiatement après le repas, qu'on ne la prolonge pas trop avant dans la nuit, et surtout que la salle dans laquelle on s'y livre ait des dimensions suffisantes pour que l'air respirable n'y soit pas chargé d'émanations délétères.

91. Saut. — Le saut est un mouvement en vertu duquel le corps, violemment lancé par la contraction brusque des muscles des jambes, quitte le sol et est rapidement projeté en l'air ; mais bientôt il retombe par son propre poids et revient frapper la terre, avec d'autant plus de force que la projection primitive a été plus violente

L'intensité de la contraction, sa brusquerie et le degré de force avec lequel elle doit s'exercer pour produire un effet utile, rendent cet exercice fatigant et pénible. Il faut de toute nécessité l'interdire aux personnes qui ont une affection organique du cœur ou des gros vaisseaux : il ne peut être utile dans aucun cas même chez les enfants qui en font un de leurs jeux favoris. Il est bon de savoir aussi qu'il peut déterminer des ruptures musculaires, et en particulier celle du plantaire grêle, petit muscle des jambes dont la déchirure fréquente pendant le saut porte le nom spécial de *coup de fouet*.

92. Course. — Bien que la course tienne du saut et de la marche, elle en a tous les avantages sans en avoir les inconvénients. Néanmoins il ne faut pas s'y livrer d'une façon immodérée, ce qui aurait pour conséquence de suspendre momentanément la respiration.

La course met en jeu presque tous les muscles de l'organisme. C'est un bon exercice, surtout lorsqu'il est régulièrement exécuté. Chez l'enfant elle est très utile, développe le système musculaire, aiguise l'appétit, favorise la digestion, fortifie en un mot la constitution.

93. Chasse. — La chasse n'est que l'application des divers exercices dont nous venons de parler. Elle participe à la fois de la marche, de la course et du saut. Tout ce que nous venons de dire de ces trois genres d'exercices lui est applicable ; notons cependant que fréquemment elle se passe dans des endroits humides et qu'elle expose à des accidents souvent dus à l'imprudence et quelquefois assez graves.

Legrand du Saulle a démontré les dangers de l'abus de la chasse, si elle devient une passion. Il a fait voir qu'elle pourrait exciter le système nerveux, au point de produire des accidents.

94. Jeux. — Le jeu exige pour s'accomplir un exercice salutaire de presque tous les muscles, aussi l'hygiéniste ne peut-il que le recommander. Cependant là encore il ne faut s'y livrer qu'avec modération.

Le jeu a l'avantage, dans certains cas, de surexciter l'intelligence, d'exiger une certaine promptitude de coup d'œil et d'exécution et de rendre certains jeunes gens plus adroits et plus vifs.

Le foot-ball est un jeu dangereux ayant causé la mort de plusieurs personnes. On doit le proscrire.

95. Escrime. — De tout temps l'escrime a été conseillée pour développer la cage thoracique, pour faire agir les muscles des membres, pour donner de la souplesse, de la grâce, de la décision et de l'adresse. C'est donc là un très bon exercice, le meilleur à notre avis ; mais il est bon de faire tirer des deux mains également, afin de ne pas augmenter l'énergie musculaire d'un côté du corps au détriment de l'autre.

96. Natation. — La natation, exercice aussi trop délaissé, fait entrer en jeu tous les muscles du corps, apprend à faire des mouvements rythmés très utiles, donne du sang-froid, de l'énergie, de la décision. De plus cet exercice augmente la cavité thoracique, développe le système musculaire des bras et des membres inférieurs.

L'hygiéniste doit recommander la natation à un autre titre. Nul ne peut être sûr de ne pas être appelé à l'obligation de se sauver soi ou son semblable.

Ne pas oublier qu'il ne faut pas songer à se livrer à cet exercice avant que la digestion soit bien finie.

97. Chant. — Le chant ne met pas seulement en contraction les muscles du larynx : il est surtout utile pour développer la poitrine, pour faire contracter le diaphragme, pour agir par ce dernier sur l'estomac; mais, ainsi que nous le verrons lorsque nous nous occuperons des professions qui nécessitent un usage plus ou moins immodéré de la voix, il entraîne facilement la fatigue et il faut ne s'y livrer qu'avec une modération relative. Les enfants surtout, les femmes, les personnes atteintes d'affections du cœur, ne doivent jamais faire des excès de chant.

98. Lutte. — La lutte exige des efforts musculaires violents, incompatibles avec certaines manières d'être de l'organisme. Il ne faut jamais s'y livrer après les repas, lorsque la digestion n'est pas terminée : il faut être prudent, s'arrêter aux moindres symptômes de fatigue et se souvenir que les contractions musculaires trop actives, les efforts trop prolongés agissent de la manière la plus désastreuse sur la circulation et sur la respiration.

99. Gymnastique. — La gymnastique a été pendant longtemps employée seulement chez les enfants malingres, chétifs, mal développés ; depuis quelques années presque tous les enfants sont soumis à des exercices qui ont pour effet de les fortifier, de modifier leur tempérament, de stimuler leur appétit, d'améliorer leur constitution, en un mot de rendre plus facile la nutrition.

Les exercices musculaires faits en commun, avec ensemble et harmonie, dit Lacassagne, amusent l'enfant, sans lui causer les craintes que provoquent les tours de force ou d'adresse exécutés au trapèze, à la poutre ou à tout autre appareil semblable.

Ils ont l'avantage de faire travailler chaque groupe musculaire, d'habituer l'enfant à respirer méthodiquement, d'une manière ample et profonde, de le perfectionner dans les différents modes de marche et de course.

Gallard admettait les appareils de gymnastique au même titre que le biberon pour les enfants en nourrice.

Nous n'allons pas si loin que lui : nous croyons à leur utilité, mais nous voulons au préalable que l'enfant soit exercé sans leur secours et qu'il ne fasse usage des appareils que lorsqu'il est déjà d'une certaine force en gymnastique.

Les anciens, chez qui les exercices corporels étaient en

grand honneur, n'avaient aucun des appareils usités de nos jours.

100. Entraînement. — La force musculaire de l'homme est, comme le sont tous nos organes, susceptible d'amélioration, d'augmentation ou au contraire de déchéance, d'atrophie.

Plus un organe, quel qu'il soit, travaille dans de bonnes conditions, plus il devient utile à l'organisme : de là la possibilité de préparer des individus, par l'entraînement, à supporter des fatigues de plus en plus grandes, à remplir des travaux qui exigent une activité et une force plus considérables que ceux auxquels ils sont habitués.

On peut donc définir l'entraînement l'ensemble des préceptes dont l'exécution augmente la valeur physique et intellectuelle de l'homme. Un exemple fera comprendre ce que peut l'entraînement bien dirigé.

Des troupes, non entraînées par exemple, supporteront avec peine une étape de 25 à 28 kilomètres, tandis que quelque temps après, lorsqu'elles auront été soumises à des marches répétées de plus en plus longues, elles pourront franchir des distances de 40 à 45 kilomètres sans laisser derrière elles un seul traînard. De même pour l'individu.

Cet entraînement, au point de vue physique, doit être accompagné d'un régime alimentaire approprié.

L'exemple que nous venons de citer peut encore servir à expliquer nettement notre pensée.

Des troupes dont on exige un entraînement sérieux ont besoin d'être alimentées en conséquence, sinon on voit se déclarer dans leurs rangs un grand nombre d'affections zymotiques ; on évite celle-ci par des soins hygiéniques et des augmentations de ration. Ce que nous avons dit plus haut se trouve donc encore une fois démontré. Le travail musculaire a besoin, pour s'effectuer, de matériaux plastiques et respiratoires, puisque les déchets organiques augmentent, puisque la température s'élève sous l'influence de la contraction musculaire.

Robertson, s'appuyant sur ces données physiologiques, a donné un système d'entraînement au moyen duquel il prétend rendre forts, vigoureux, capables d'exercices musculaires violents, des hommes affaiblis par la maladie, la débauche et les diverses causes de déchéance organique.

Ce système, basé sur la respiration au grand air, sur une alimentation presque exclusivement animale, sur des préceptes hygiéniques sévères, a, dit-on, donné d'excellents résultats. Dans tous les cas, l'entraînement hygiénique et physiologique doit être basé sur cette donnée scientifique : qu'il faut que les pertes subies par l'organisme soient égales aux apports de l'alimentation et que, pour être vraiment utiles, les conquêtes doivent être graduelles et nullement perturbatrices.

302. Repos nécessaire. — La contraction musculaire et le fonctionnement de tous les organes étant essentiellement intermittents, l'homme a besoin d'un repos réparateur. Le repos du muscle s'impose. Tout muscle dont la contraction est trop prolongée devient douloureux. Il en est de même pour tous nos organes. Le repos est donc fortifiant. Il doit être proportionné à la violence des exercices, à la force des individus, à leur tempérament.

Sommeil. — Le repos général, le repos de tout le corps est le sommeil.

Le sommeil est le grand moyen dont l'homme peut disposer pour compenser la consommation trop grande des tissus, rétablir l'équilibre des forces vitales et les maintenir dans un état satisfaisant, a dit Becquerel.

Toute action musculaire, tout acte organique amène une consommation des tissus : c'est une dépense des éléments azotés ou ternaires de l'organisme. Pendant le sommeil seulement, cette dépense est réduite à son minimum : il y a, par suite, un équilibre qui s'établit. Dans l'enfance et la jeunesse, la dépense physiologique étant portée à son maximum, le besoin de sommeil est impérieux. A mesure qu'on avance en âge le temps pendant lequel il est nécessaire de dormir diminue de plus en plus. Les femmes dorment plus que les hommes. Les gens forts et vigoureux ainsi que les gens nerveux et irritables, les individus à tempérament sanguin ont un sommeil lourd et profond.

Les individus gros dorment beaucoup. L'habitude et les professions ont une grande influence sur le sommeil. On prend facilement la coutume de ne dormir que quelques heures, de même que les paresseux, peuvent prolonger à volonté leur séjour au lit.

Dans les climats chauds on dort beaucoup non-seulement pendant la nuit, mais encore pendant la journée (sieste).

Un régime trop abondant favorise le sommeil, de même que les excès alcooliques.

Le philosophe voulait sept heures de sommeil pour les paresseux, mais nous croyons qu'aucune règle absolue ne peut être fixée. Le sommeil doit toujours être suffisamment réparateur, mais il ne doit jamais laisser après lui cet état d'apathie et de langueur qui résulte fatalement d'un trop long séjour au lit.

209. Exercices passifs. — Les exercices passifs ont pour caractères communs de ne pas exiger de contraction musculaire active : ils sont subis et ne donnent pas lieu aux échanges organiques que nous avons vu suivre les exercices actifs.

En général, ils n'excitent guère que la nutrition par le changement d'air qu'ils occasionnent, c'est ce qu'on observe pendant les promenades en voiture, les voyages en chemin de fer et à bord des navires. Cependant il y a des exercices d'une grande utilité pour divers cas : le massage par exemple, ainsi que les mouvements mécaniquement imprimés à des parties affectées de certaines maladies (Établissement spécial de Baden-Baden).

203. Exercices divers. — Le *canotage*, par suite de l'effort fait pour ramer, est, lui aussi, très utile et très fortifiant. Il développe cependant davantage les membres supérieurs que les membres inférieurs.

L'*équitation* est un exercice excellent qui oblige à la fois à des mouvements actifs et passifs. Elle développe l'appétit et doit être conseillée aux jeunes gens et aux adultes en leur recommandant de ne pas la pratiquer aussitôt en sortant de table.

Bicyclette. Il nous reste à parler d'un exercice physique relativement nouveau, mais qui est en grande faveur en ce moment, malheureusement au détriment de la marche.

Les fervents de la pédale sont extrêmement nombreux, les femmes se passionnent également pour ce genre de sport.

La Société de médecine et de chirurgie pratiques d'abord, puis la Société de médecine publique et d'hygiène professionnelle, et enfin l'Académie de médecine ont discuté la question au point de vue hygiénique.

Sauf quelques médecins qui ont signalé des accidents survenus chez des cardiaques et chez quelques femmes, tous les autres se déclarent partisans de cet exercice qu'ils pratiquent eux-mêmes sur une si grande échelle qu'à Paris ils ont formé une société de médecins vélocipédistes.

On a reproché à la bicyclette de déformer le thorax ou plutôt la colonne vertébrale, à cause de la position courbée, vicieuse que prennent les cyclistes, de provoquer chez eux des urétrites et surtout d'amener chez la femme des troubles de l'appareil utéro-ovarien.

A ces reproche on a repondu que les cyclistes *amateurs* n'avaient nullement besoin de se courber comme les *professionnels*, que pour les faire tenir droits il suffisait de relever le guidon généralement placé trop bas.

Quant aux urétrites, celles observées ne sont que des rappels de vieilles urétrites.

Afin du reste de ne pas froisser la prostate, il suffit d'avoir une bonne selle qui permette au corps de se reposer sur les ischions, et qu'elle soit suffisamment plane pour que le bec, c'est-à-dire la pointe antérieure de ce triangle de cuir, ne vienne pas comprimer les organes génito-urinaires ; il faut, en un mot, que le corps repose sur les ischions et non sur le périnée.

Enfin l'usage de la bicyclette n'est pas mauvais pour la femme si elle n'a pas d'accidents du côté de la matrice, si elle n'est pas enceinte et si elle a soin de ne pas monter pendant ses époques menstruelles.

Certains médecins ont reproché à la bicyclette de produire chez les femmes, comme le fait la machine à coudre, des sensations voluptueuses résultant du frottement répété des lèvres l'une contre l'autre. D'autres ont nié cet effet.

Cependant, il existe très certainement. L'erreur vient de ce que l'on n'a pas suffisamment tenu compte du tempérament des femmes. Chez celles facilement excitables, le phénomène se produit très certainement; nous en avons reçu la confidence de plusieurs de nos clientes.

CHAPITRE X

TABAC

104. Considérations hygiéniques relatives à l'usage et à l'abus du tabac. — Le tabac (*Nicotiana tabacum*), plante de la famille des solanées, dont le nom vient de Jean Nicot, ambassadeur de France à la Cour de Portugal en 1558, qui la fit connaître à la reine Catherine de Médicis, est aujourd'hui universellement connu et employé comme tabac à fumer, tabac à priser et sous forme de chique.

L'usage du tabac a été depuis de longues années l'objet d'attaques telles qu'une Société contre l'abus du tabac s'est formée.

Nous allons passer en revue les reproches qu'on lui adresse et nous verrons ensuite si ces reproches sont mérités.

Le principe le plus actif du tabac est la nicotine.

Voici, d'après Schlœsing, les proportions de nicotine contenues dans les tabacs les plus usités dans la consommation :

Tabac de la Havane.	2.00 p. 0/0
Tabac des Arabes.	2.00 —
Tabac du Brésil.	2.00 —
Tabac de Maryland.	2.20 —
Tabac d'Alsace.	3.24 —
Tabac du Pas-de-Calais.	4.94 —
Tabac d'Ille-et-Vilaine.	6.20 —
Tabac du Nord.	6.38 —

Tabac de Virginie.	6.87	—
Tabac du Lot-et-Garonne.	7.34	—
Tabac du Lot.	7.36	

L'usage du tabac n'est que la satisfaction d'un besoin artificiel, créé par l'habitude.

Il est rare que le fumeur à ses débuts n'éprouve pas des nausées, mais l'accoutumance se fait vite et il n'éprouve plus alors qu'un plaisir.

On a énormément exagéré les méfaits attribués au tabac. Il en est certainement de réels. Ainsi l'angine de poitrine est sinon produite, au moins entretenue par l'usage, disons par l'abus du tabac.

Pour arriver à la guérison de cette grave maladie, qui dans certains cas a une issue si rapide et si terrible, il faut sevrer brusquement le malade de l'usage du tabac et même l'empêcher de se trouver dans un endroit où on fume.

On a prétendu que les savants voyaient sous l'influence du tabac baisser leur intelligence. Le docteur Coustou a même publié une statistique prouvant que les élèves de l'école polytechnique qui fumaient perdaient des places au classement de sortie sur les non fumeurs. Sans citer aucun nom, nous connaissons tous des gens extrêmement intelligents, des membres de l'Institut qui usent très largement du tabac, sans que jamais le niveau de leur intelligence ait baissé.

Il en est du tabac comme de bien d'autres choses, si on en use seulement il ne se produit pas d'accidents; si on en abuse, des accidents sérieux peuvent se produire.

Le vin est un précieux tonique lorsqu'on se contente d'en user ; si on en abuse on arrive à l'alcoolisme et à ses terribles conséquences. Le docteur J. Rochard, sans méconnaître que l'abus du tabac peut être extrêmement dangereux, pense avec le professeur G. Sée « que la fumée de tabac, à dose modérée, produit l'excitation cérébrale et facilite le travail ». Pour le docteur Viry « la fumée du tabac augmente l'activité du cerveau, donne momentanément plus de lucidité à la pensée, calme l'ennui et berce l'imagination. »

Il est hors de doute que le tabac a produit chez certains individus des troubles locaux et généraux, mais nous restons persuadés que dans l'immense majorité des cas c'est parce que l'abus avait suivi l'usage.

On accuse le tabac d'engendrer l'alcoolisme, car on dit: les fumeurs sont des buveurs. J. Archard fait justice de cette assertion. « L'action de fumer, dit-il, n'excite pas du tout la soif chez ceux qui en ont l'habitude, et nous savons tous combien on rencontre de fumeurs parmi les gens de cabinet, chez ces hommes austères qui consacrent leurs journées et leurs veillées aux pénibles travaux de la pensée. Il y a plus, c'est que pour eux le tabac est le compagnon inséparable du labeur intellectuel. Lorsque l'idée ne vient pas, lorsqu'un peu de fatigue en arrête la production, le fumeur allume sa pipe, et bientôt la pensée sort nette et limpide du nuage bleuâtre qui s'envole vers le plafond. »

Le docteur Galezowski a signalé des faits d'amblyopie tabagique.

Nous restons persuadés qu'un usage modéré du tabac, un cigare ou une pipe, surtout après avoir mangé, ne peut, dans l'immense majorité des cas, amener aucun accident. Nous dirons en terminant que l'usage de la pipe à tuyau court, par sa haute température au contact des lèvres, est souvent cause d'une affection redoutable, le cancer des fumeurs.

La cigarette engendre quelquefois des affections chroniques de la gorge, surtout chez les personnes qui ont la mauvaise habitude d'avaler la fumée pour la faire passer dans le nez.

CHAPITRE XI

HYGIÈNE DES PROFESSIONS

*§ 1. Professions intellectuelles. — § 2. Profession militaire.
§ 3. Profession maritime. — § 4. Professions agricoles.
§ 5. Profession des mineurs.*

§ 1. — Professions intellectuelles.

105. Professions libérales. — Elles comprennent les savants, les gens de lettres, les hommes de loi, les artistes, les ecclésiastiques, les médecins, les employés de bureau, les spéculateurs, les négociants, les rentiers, etc., etc. Ces professions s'exercent dans des conditions qui, sans être identiques, ont de nombreux points de ressemblance. Toutes ont une base commune : l'effort cérébral, le travail intellectuel qu'elles exigent ; toutes obligent à un séjour dans des milieux plus ou moins renfermés ; dans toutes, le travail musculaire est réduit au minimum ; enfin, presque toutes nécessitent la station assise, dont nous verrons plus loin les inconvénients.

Etudions d'abord ces conditions communes, puis nous passerons successivement en revue les questions spéciales à chacune de ces professions prise isolément.

Le travail cérébral entraîne, avec lui, une suractivité physiologique du cerveau et des organes des sens.

Plus le travail imposé aux centres nerveux est intense

plus les déchets de la combustion des substances albuminoïdes sont considérables; l'urée en particulier, est sécrétée en beaucoup plus grande abondance. Les expériences, de Byasson l'ont parfaitement démontré ; ce physiologiste a divisé l'activité cérébrale en trois degrés : dans le premier, l'urée serait éliminée à la dose de 20 grammes ; dans le second, à la dose de 22 et dans le troisième de 23. De plus, Flint, de New-York a démontré que la sécrétion de la cholestérine est en raison directe de l'activité cérébrale. Voilà des phénomènes généraux qui démontrent un travail réel de l'organisme, puisqu'il y a excrétion plus considérable des déchets de la nutrition, phénomène identique à celui que nous avons étudié lorsque nous avons parlé du travail musculaire. L'exagération de la fonction, c'est là un fait démontré en physiologie, entraîne fatalement l'activité circulatoire de l'organe qui fonctionne. Pour que les phénomènes dont nous venons de parler soient possibles, il faut un afflux considérable de sang vers la masse encéphalique, d'où dilatation des vaisseaux qui nourrissent le cerveau et les centres nerveux, ralentissement consécutif du cours du sang et congestion continue. Mais, de même, que, lorsque l'oxygène n'arrive pas à nos poumons dans de bonnes conditions, il y a stase sanguine et surcharge des produits excrémentiels, de même à la suite d'un travail excessif, le cerveau peut tomber dans une torpeur douloureuse par suite de la non élimination des produits sécrétés.

Un seul remède : le repos, qui permet la disparition progressive des produits qui n'ont plus de rôle dans l'organisme et que ce dernier ne saurait conserver sans souffrance.

Donc, le travail cérébral peut produire la fatigue, l'épuisement de la substance nerveuse cérébrale, des désordres circulatoires et la nécessité d'éliminer des produits excrémentitiels. Ce sont là encore une fois des phénomènes identiques à ceux que nous avons étudiés, lorsque nous nous sommes occupés du travail musculaire et de l'exercice, et qui démontre d'une manière évidente l'identité des deux modes de fonctionnement de l'organisme ; c'est que l'urée produite par le travail cérébral est équivalente à celle que donne un exercice musculaire prolongé.

Donc fatigue de l'organisme dans l'un et l'autre cas.

Si le travail intellectuel n'est pas fréquemment suivi de périodes de repos, le cerveau reste constamment congestionné et les centres nerveux ne tardent pas à acquérir une activité spéciale, d'où résulte un accroissement incontestable des forces vives de l'esprit, mais qui entraîne aussi une susceptibilité excessive, une diminution sensible de la vie végétative et de la force musculaire. De même que l'ouvrier, par un travail manuel quotidien, développe et fortifie son système musculaire, de même le lettré accroît et augmente son système nerveux aux dépens de ses muscles. A un degré plus avancé il peut, pour nous servir de la même comparaison, survenir des lésions des centres nerveux (cerveau, moelle épinière, etc.), comme chez l'ouvrier qui fait trop agir ses muscles des rugosités, des arthrites, etc.

La seconde des conditions défavorables à la santé des gens qui se livrent aux travaux de l'esprit est le milieu dans lequel s'exercent le plus grand nombre de ces professions. L'atmosphère des cabinets d'études, des laboratoires, des amphithéâtres, des prétoires, des théâtres, etc., etc., est en général une atmosphère confinée chargée de ces miasmes humains dont nous avons déjà donné la composition peu tonique, peu excitante, remplie le plus souvent d'acide carbonique, de produits organiques, de vapeur d'eau ou bien encore de gaz tels que ceux que prépare la chimie.

De là une absence de tonification de l'organisme, un défaut d'appétit qui est le propre des gens qui exercent une profession libérale. Tous les actes de la vie végétative s'accomplissant avec moins de vigueur, la plupart des lettrés sont des dyspeptiques. D'autres causes (entre autres l'irrégularité des repas) viennent augmenter encore ces déplorables conditions. Mais la dyspepsie des hommes de cabinet peut être efficacement combattue par l'exercice et en particulier par l'exercice au grand air. Tout savant qui a soin de prendre le temps de marcher journellement ou de faire agir ses muscles en se livrant soit à la marche, soit à l'escrime, soit à d'autres exercices physiques peut éviter des troubles gastriques et peut acquérir une relative longévité.

C'est en partant de cette idée qu'on a expliqué ce qui se passe parmi les anciens élèves de l'École polytechnique; qui, en quarante ans, donnent le même chiffre de mortalité, quelle que soit la carrière qu'ils aient embrassée au sortir de cette école. Si les anciens élèves qui entrent dans l'armée ont contre eux les chances de guerre, ils ont pour eux l'exercice qu'ils font journellement ; les civils, au contraire, exerçant des professions intellectuelles, succombent aux conditions de la vie cérébrale et sédentaire.

En troisième lieu, la plupart des professions intellectuelles exigent la station assise. Celle-ci amène fatalement le ralentissement des échanges organiques, surtout des fonctions d'élimination et en particulier du rein. De plus, par suite même de la position, il se produit une plénitude, une congestion passive du système veineux abondante et consécutivement une paresse intestinale qui amène de la constipation opiniâtre, des congestions fréquentes du foie, de l'ictère, des hémorrhoïdes, etc., etc.

L'homme de cabinet fait en outre souvent abus des boissons excitantes et en particulier du café ; il a, dans l'usage de cette infusion un double avantage, celui de hâter la digestion et celui de surexciter le système nerveux qui par suite est plus apte à produire. Mais cet abus ne tarde pas à devenir irritant et nuisible et à agir d'une manière excitante sur le système nerveux.

Telles sont les conditions générales qui se présentent dans toutes les professions libérales. Voyons maintenant ce que chacune d'elles a de spécial.

Professions intellectuelles proprement dites. — Dans cette première classe, nous comprendrons tous ceux dont l'imagination, sans cesse en éveil, est appelée à créer des œuvres dues entièrement à un travail cérébral ; ce sont les poètes, les artistes peintres, sculpteurs, les hommes de lettres, les musiciens.

Tous les hommes qui appartiennent à cette catégorie s'astreignent à une activité intellectuelle excessive. Leur esprit est sans cesse en éveil ; ils ne prennent qu'un repos toujours relatif. Même placés dans des conditions rendant bien difficile le travail de la pensée, le poète, l'artiste, le musicien n'en cherchent pas moins à perfectionner leurs œuvres.

Ils y pensent sans cesse, toujours préoccupés de les modifier, de les rendre plus belles, parfaites si c'était possible. De cette continuité de surexcitation naît une irritabilité excessive du système nerveux, une habitude du rêve et une tension cérébrale intense.

Que des désillusions surviennent, que des privations physiques éprouvent le surmené cérébralement, ou au contraire que, le succès aidant, des excès soient faciles, l'organisme affaibli ne résiste plus, la maladie survient et naturellement porte sur l'organe surexcité, sur celui qui fonctionne le plus activement : le cerveau.

Aussi la folie est-elle la maladie que l'on observe le plus souvent chez les créateurs de belles œuvres.

Le genre d'aliénation mentale le plus fréquent est la mégalomanie, ou folie des grandeurs, qui a fait, ces années dernières, un grand nombre de victimes dont les noms sont dans toutes les bouches et qu'il est inutile de rappeler. Parchappe a fait à ce sujet des recherches fort intéressantes. Il a vu que les professions libérales fournissaient une proportion de 310 aliénés pour 100.000 invidus, tandis que les négociants n'en donnaient par exemple que 42. Et sur les 310 cas de folie observés dans l'ensemble des gens adonnés aux travaux de l'esprit, les poètes, les artistes, les musiciens entraient pour près du 10ᵉ.

Pour ne citer que quelques exemples : le Tasse, Camoens, Ribeira, Hoffmann, Edgard Poë sont des hallucinés ; Le Dante, Rousseau, Beethoven, Byron, Gounod des mélancoliques ou des déséquilibrés ; Chatterton, Gilbert se sont suicidés, etc.

En Belgique la proportion a été trouvée plus forte encore, elle est de 481 pour 100.000 et à Copenhague, Hanover a contaté que sur 1.000 entrées dans les hôpitaux d'aliénés il y en avait 716 fournies par les hommes adonnés aux travaux de l'esprit et 384 seulement par les artisans.

Après les artistes et les créateurs intellectuels viennent, sous ce rapport, les spéculateurs, les négociants dont les préoccupations incessantes, les fréquents revers de fortune, les déceptions de toute sorte, troublent fréquemment l'esprit.

Les savants et les philosophes qui travaillent autant, mais qui, d'avance, sont habitués à supporter leurs chances de succès et dont le cerveau pour dépenser énormément est beaucoup moins surexcité, sont moins atteints d'aliénation mentale. Mais, par contre, ils sont plus sujets aux affections cérébrales telles que l'hémorrhagie, le ramollissement, l'apoplexie. C'est de cette dernière maladie que succombèrent Copernic, Malpighi, Linné, Spallanzani, Labruyère, Daubenton, Monge, Cabanis, Corvisart, etc. C'est aussi dans cette catégorie que se trouvent le plus souvent les hypocondriaques. On a accusé, pour expliquer ce fait, les méditations profondes, l'isolement relatif dans lequel vivent les savants, le surmenage cérébral de porter à la tristesse ; à notre avis cette prédisposition aux idées tristes tient aussi, en grande partie, au mauvais fonctionnement du tube digestif ; Grétry, Collin d'Harleville, Bernardin de Saint-Pierre, Pascal, Jules Favre, très dyspeptiques, étaient très hypocondriaques.

Après les savants, les médecins, que leur profession oblige à faire une certaine somme d'exercice, mais qui sont exposés sans cesse à des variations de température, aux intempéries et aux chances de contagion, ont une mortalité des plus considérables, tandis que sur 100 théologiens on en compte 42 arrivant à 70 ans, sur le même nombre d'agriculteurs 40, sur 100 employés de commerce 33, on ne trouve à cet âge que 24 médecins pour cent.

Escherich donne aux membres du cops médical pour durée moyenne de la vie 52 ans trois mois, Gussmann 52 ans, Neuville et Madden moins encore.

En général le médecin de Paris, ainsi que l'a démontré Bertillon, vit plus longtemps que celui qui habite la campagne ; cela s'explique par le fait que ce dernier est beaucoup plus souvent exposé aux intempéries. Au point de vue de la contagion on sait que les médecins ont souvent payé de leur vie le zèle généreux avec lequel ils soignent les malades atteints d'affections contagieuses. En Irlande, pendant les typhus qui se sont succédé de 1831 à 1841, la mortalité du corps médical a été trois fois plus élevée que celles des populations. En Crimée, les médecins militaires ont payé un tribut beaucoup plus considérable que celui des autres corps non combattants, la proportion étant de 18,22 0/0 pour le corps médical, de 7,3 pour l'intendance. Bertillon a donné le tableau suivant :

La mortalité moyenne de tous les hommes réunis est pour mille vivants, dans chaque groupe des divers âges :

de 20 à 25 ans,	de 8,66 ; elle est pour les médecins	de	11,17
de 25 à 35	de 9,83 —	de	12,27
de 35 à 45	de 13 —	de	14,74
de 45 à 55	de 18,8 —	de	20,47
de 55 à 65	de 32 —	de	30,46
de 65 à 75	de 66,7 —	de	62,87
de 75 et au-dessus	de 167,8 —	de	184,1

De nombreuses causes concourent à produire cette augmentation de la mortalité chez les médecins. Pendant la jeunesse, au premier rang les émanations putrides de l'amphithéâtre qui sont causes de diarrhées, semblables à celle qui amena la mort de l'illustre Bichat. Il succomba, tout le monde le sait, au méphitisme de l'amphithéâtre. En second lieu les accidents septiques qui ont pour siège la plupart de nos organes ; puis les piqûres anatomiques, inoculations redoutables qui font chaque année de nombreuses victimes ou laissent après elles les tumeurs dures, mamelonnées, douloureuses, appelées tubercules anatomiques.

Un autre danger non moins réel est la nécessité où sont les médecins et les pharmaciens de manier des substances plus ou moins toxiques, capables de produire des accidents quelquefois très sérieux.

La vie du médecin, toute de dévouement, est quelquefois aussi une vie de surmenage physique des plus pénibles; l'épuisement, les infirmités sont le triste apanage de sa vieillesse, car il est de tous les travailleurs intellectuels celui qui peut le plus difficilement prendre ces vacances si nécessaires à tous. Lui aussi, il est soumis à des désillusions, à des chagrins, provenant de ce que son rôle dans la société est souvent mal compris et mal apprécié; de ce que, dans la lutte contre la mort, il est fatalement vaincu et aussi du chagrin qu'il en ressent; quelque sûr d'avoir lutté avec toutes les ressources de l'art et quelle que soit la conviction qu'il puisse avoir d'avoir fait son devoir, tout son devoir et au-delà de son devoir, le médecin vraiment digne de ce nom n'est jamais indifférent devant la mort d'un de ses malades.

Faut-il s'étonner de l'excessive mortalité des médecins dont nous avons parlé plus haut?

Parmi eux cependant il est deux catégories plus exposées encore, ce sont les médecins de l'armée et surtout ceux de la marine.

Faisant campagne dans des pays quelquefois très malsains, déplacés souvent pour les besoins du service et envoyés brusquement dans des climats très différents et cela sans transition aucune, on a observé que les médecins militaires présentaient une mortalité double de celle qu'on observe dans la carrière civile.

Mais les médecins de la marine, qui ont en outre les fatigues de la navigation et le séjour prolongé dans des pays malsains, donnent une somme de mortalité plus grande encore.

Les ingénieurs rentrent dans la catégories des savants,

mais ils ont en outre à subir les intempéries, les accidents de machines, de mines, etc., qui tous ont été décrits, lorsque nous nous sommes occupés des professions manuelles, il ne nous paraît pas nécessaire d'y revenir maintenant.

Les ecclésiastiques, dont la vie calme et tranquille augmente les chances de santé, nous présentent la plus longue durée de vie moyenne. Ce phénomène est surtout sensible chez les prêtres des religions où il n'est pas nécessaire de faire vœu de célibat; néanmoins le mysticisme exagéré peut quelquefois entraîner des maladies nerveuses surtout s'il est aidé par quelque cause accidentelle d'affaiblissement, telles que les veillées prolongées ou la pratique exagérée du jeûne. La vie claustrale amène l'anémie, surtout chez les femmes; les religieuses sont fréquemment atteintes et succombent souvent à la phthisie. Mais l'organe qui est le plus souvent malade chez le ministre des différentes religions est la voix. C'est aussi celui qui a besoin d'être le plus ménagé et le plus hygiéniquement conduit par l'avocat, le professeur, le chanteur, l'artiste dramatique, etc., tous les membres du barreau, de l'enseignement. Tous ceux qui font un usage continu de la parole et du chant ont une profession intellectuelle qui fait plus ou moins fonctionner leur cerveau, mais ils sont, avant tout, soumis aux maladies du larynx et de ses annexes. Il est donc possible d'étudier ensemble ces professions.

La voix a pour organe le larynx ; elle se produit par la vibration de la muqueuse des cordes vocales, sous l'influence du passage de l'air expiré par le poumon.

Ce sont là les organes les plus importants dans la phonation ; mais il en est d'autres qui, pour avoir un rôle plus effacé, n'en sont pas moins utiles et peuvent, par le fait d'un exercice violent et immodéré, se trouver plus ou moins lésés ; ce sont d'abord les muscles tenseurs des cordes vocales, le pharynx, l'arrière-cavité des fosses nasales, l'isthme du gosier, la cavité buccale, les muscles de la cage thoracique.

Lorsque l'air est inspiré en grande abondance, pour être ensuite expiré lentement et selon les besoins, il gonfle les vésicules pulmonaires, les dilate, les distend et peut devenir ainsi le point de départ d'emphysèmes et d'affections cardiaques souvent notées chez les orateurs. Molière, par exemple est mort d'une maladie du cœur.

De plus, l'air est une cause de congestion permanente. Elle est augmentée par le mouvement des poumons, la contraction des muscles thoraciques, le passage rapide de l'air à la surface de la muqueuse de l'arbre respiratoire tout entier.

Cette congestion permanente détermine une facilité spéciale d'inoculation, de là la fréquence de la tuberculose chez les orateurs surtout lorsque ceux-ci doivent, par la puissance de leur organe, dominer le tumulte. De là la nécessité, pour tout homme dont la fonction est de parler en public, d'apprendre à respirer en parlant, de manière à ne pas être obligé à des efforts pénibles. La méthode la plus généralement usitée a été donnée par Garat.

La parole est activement servie par les gestes, les mouvements des bras servant surtout à faire agir plus vigoureusement la cage thoracique.

On comprend facilement l'action des organes qui ne font qu'aider la parole : passons maintenant au larynx et à ses annexes.

L'isthme du gosier d'abord, desséché par le passage incessant de l'air, ne tarde pas à se congestionner et à s'enflammer : de là les angines, surtout d'origine glandulaire qui altèrent la voix, obligent à des efforts et peuvent, par propagation d'inflammation aux tissus, amener la laryngite proprement dite.

Le larynx est l'un des organes les plus délicats. Ses fonctions si actives et qui tour à tour l'obligent à varier la forme et la situation de l'entrée des voies respiratoires, à l'inflammation desquelles il participe de toute manière, en font un des points les plus vulnérables de l'économie.

Les laryngites plus ou moins graves, la phthisie laryngée, le terrible œdème du larynx sont extrêmement fréquents chez tous ceux qui font usage de leur parole d'une manière abusive. Mais ce n'est pas tout, le larynx peut être le siège de spasmes, de mouvements convulsifs, phénomènes nerveux qui entravent complètement l'émission des sons, qui surviennent souvent sans cause appréciable, sont les analogues de la crampe des écrivains que nous étudierons plus loin en détail.

L'homme d'études abuse aussi d'un autre des organes des sens ; nous voulons parler de la vue et le plus souvent il se sert de la lumière artificielle qui fatigue beaucoup plus l'œil que la lumière solaire.

L'éclairage trop brillant irrite l'organe d'une manière très sensible, mais l'éclairage insuffisant n'est pas moins pénible à supporter. De plus les divers modes d'éclairage sont le plus souvent des foyers de chaleur dont le voisinage congestionne l'œil d'abord, l'encéphale ensuite et aggrave, par conséquent, les inconvénients du travail intellectuel. De plus, l'application oculaire trop intense et trop prolongée est un des moyens les plus certains d'occasionner, par congestion, des céphalalgies, des migraines, etc., etc.

La vue normale est rare chez le savant qui, habitué à

ne voir qu'à de petites distances, devient facilement myope.

La myopie est en effet un des états de la vue qui s'obtient le plus aisément par l'inobservation des lois de l'hygiène se rapportant à cette fonction.

Dans l'œil normal ou emmétrope, les rayons lumineux réfractés par les divers milieux de l'œil vont former image juste sur la rétine. Mais si l'œil n'est pas dans des conditions parfaites l'image se forme en avant ou en arrière de la rétine et la fonction d'adaptation est forcée d'intervenir pour rétablir les choses dans des conditions qui soient bonnes. Les muscles qui entourent l'œil changent alors sa forme et augmentent ou diminuent son diamètre.

Chez l'individu qui s'habitue à voir de trop près, l'image se forme en avant de la rétine, comme chez le myope de naissance ; aussi présente-il bientôt tous les attributs de la myopie congénitale. C'est ce qui s'observe par exemple chez les enfants de nos écoles qui par paresse et défaut de surveillance s'approchent trop pour écrire ou pour lire de leurs cahiers ou de leurs livres. Ils peuvent ainsi acquérir la myopie, mais il y a plus, sous l'influence de l'action des muscles qui, pour modifier la forme de l'œil, compriment plus ou moins cet organe, il se produit un arrêt plus ou moins considérable dans la circulation oculaire et une stase sanguine consécutive qui peut être la cause d'une ulcération de la rétine. Cette lésion du fond de l'œil, très bien étudiée pendant ces dernières années, porte le nom de staphylôme postérieur et vient, par la perte de substance qu'elle entraîne au fond de l'œil, augmenter encore la nécessité de l'adaptation. Javal a démontré il y a déjà quelque temps que les variations fréquentes d'adaptation nécessitées par la lecture des caractères divers et à des distances très différentes est une des principales causes de la myopie.

On comprend par suite combien cette infirmité doit être fréquente chez les hommes de lettres.

Ces divers états de la vision se corrigent au moyen de lunettes, instruments dont la vente ne devrait, dans aucun cas, être faite par des opticiens, mais bien réglée au contraire par des médecins. Combien voit-on de malheureux dont les yeux deviennent plus malades pour s'être servis de verres conseillés par des empiriques! Les myopes prendront des verres concaves qui, allongeant les rayons lumineux, les amèneront sur la rétine ; les hypermétropes et les presbytes des verres convexes d'après ce que nous a appris la physique. Inutile d'y revenir.

Il ne faut pas, sous prétexte que les lunettes pourront, si on s'en sert de trop bonne heure, devenir insuffisantes, se priver de cet auxiliaire ; il est de beaucoup préférable d'en faire usage dès que la vue faiblit, dès que le travail devient une fatigue pour la vue.

Les lunettes sont donc utiles, elles permettent de conserver à la vision toute son intégrité et toute son acuité, seulement il faut, nous insistons sur ce point, les choisir scientifiquement et non empiriquement.

On a dit avec juste raison que l'œil était un des organes que l'on perd ou que l'on abime le plus facilement ; un grand nombre de penseurs, de poëtes, d'artistes, de musiciens moururent aveugles ; citons d'après Layet, Milton, Montesquieu, Beethoven, Augustin Thierry, etc.

En résumé, pour être dans de bonnes conditions, au point de vue de la vision, les hommes qui se livrent aux travaux de l'esprit doivent avoir un éclairage suffisant, ni trop intense, ni trop faible, avoir soin de ménager l'organe et dans ce but, employer tous les moyens qui peuvent lui éviter de la fatigue, se souvenir qu'ils doivent éloigner les objets et les livres de manière à ne les regarder qu'à la distance de la vision distincte, c'est-à-dire à 30 centimètres environ, et éviter toutes les causes qui peuvent congestionner les yeux et en particulier les foyers d'éclairage qui donnent trop de chaleur. Ces précautions seront toujours prises sans préjudice de celles qui ont été déjà décrites lorsqu'on a étudié l'hygiène spéciale des organes des sens.

Enfin les travailleurs intellectuels et surtout les écrivains sont sujets à des troubles nerveux et douloureux qui consistent dans l'impossibilité de faire obéir certains muscles, ceux-ci deviennent, momentanément, réfractaires à la volonté ou se contractent douloureusement lorsqu'on leur demande certains mouvements, ce sont des sortes de névroses relativement assez fréquentes et dont la plus connue est celle qu'on désigne sous le nom de crampe des écrivains. Les causes de ces troubles musculaires sont encore fort obscures, mais il est indéniable qu'elles se produisent à la suite de la répétition fréquente de certains mouvements coordonnés tels que ceux qu'exige l'écriture.

Plus fréquente chez l'homme que chez la femme, cette névrose est une maladie de l'âge adulte. On observe des troubles semblables, dit le professeur Jaccoud, mais plus rares dans certains mouvements professionnels qui, comme l'écriture, sont le résultat d'une coordination artificielle acquise par l'exercice, chez les pianistes, les compositeurs d'imprimerie, les ouvriers en couture, les cordonniers, les trayeurs, les forgerons, les graveurs au burin. Duchenne de Boulogne a vu un maître d'armes pris d'une rigidité convulsive du même genre chaque fois qu'il tombait en garde; c'est à coup sûr celui qui l'a le mieux étudiée; il lui a donné le nom de névrose coordonatrice des mouvements. La névrose du larynx dont nous avons parlé plus haut est en tous points comparable à celle que nous venons de décrire.

Le professeur Jaccoud, dont nous avons déjà cité l'opinion, ajoute : la marche de cette névrose est continue, à peine interrompue, de temps à autre, par une amélioration temporaire, la résistance habituelle de la maladie à toute thérapeutique en rend le pronostic sérieux, non pas au point de vue de la santé générale de l'individu, mais au point de vue des entraves qu'elle apporte dans ses travaux.

Le traitement est surtout le repos prolongé, quelquefois l'électricité, les douches locales et générales, le massage, etc., et divers médicaments ou diverses pratiques médicales que seul un praticien peut indiquer.

Il semble au premier abord qu'il n'y ait qu'une profession qui soit à l'abri de tous les accidents dont nous venons de parler, celle de propriétaire et de rentier ; il n'en est rien cependant. Certes le rentier qui, après une carrière facile, se retire de bonne heure en pleine santé et jouit en paix d'une fortune acquise, a beaucoup de chances de vivre de longues années, il n'a qu'un ennemi sérieux et réel qui hâte quelquefois sa fin, c'est le désœuvrement et l'ennui : aussi devient-il quelquefois aussi triste et aussi morose que l'acteur comique qui, en général, n'est gai qu'au théâtre et mélancolique en dehors de sa profession.

Si, dit Scribe, l'on croit que ceux qui font rire les autres rient toujours eux-mêmes, on se trompe : l'étude des hommes rend souvent triste. Les comédiens qui jouent les rôles les plus gais, sont souvent tristes dans la vie privée. On peut en citer plusieurs exemples : Potier, cet excellent comique dont la physionomie seule excitait le fou rire, dont tous les gestes étaient si bouffons, dont les inflexions de voix étaient si originales, était fort triste chez lui.

Tiercelin, le comédien de la caricature, de la farce excentrique, était d'un caractère morose. Quand il avait désopilé la rate des spectateurs, dans Malassis du *Coin de Rue* ou dans le savetier de *Préville et Taconnet* et que la toile était baissée, sa figure bouffonne reprenait une teinte maussade. Tiercelin était désolé lorsque, dans un endroit public, il était reconnu. Bouffé, si amusant dans le *Bouffon du Prince*, dans le père Turlututu, croit-on que ce soit à la ville un farceur ? Non, c'est un observateur, un homme qui pense, qui étudie. Il n'y a qu'à voir sa physionomie mélancolique pour comprendre tout ce qu'il lui faut d'art pour composer ses traits et animer son masque d'une gaieté si communicative. Je pourrais citer bien d'autres acteurs comiques qui ne sont gais que dans l'exercice de leur art.

Mais revenons aux rentiers.

Celui qui quitte volontairement la profession qu'il a exercée jusqu'au milieu de sa vie, ne sait comment remplir ses journées et tuer le temps. Le goût des champs comme celui des lettres, a besoin d'avoir ses racines dans les premiers souvenirs de la vie.

Le célèbre chirurgien anglais Astley Cooper nous en fournit un exemple frappant.

Fatigué de la pratique de son art et possesseur d'ailleurs d'une immense fortune, il avait pris le parti de se retirer dans une terre magnifique où se trouvaient réunis tous les plaisirs de la campagne, toutes les jouissances d'une fortune aristocratique. Cinq ou six mois après, il revenait à Londres aussi changé que s'il avait subi une maladie grave et longue. Aux questions que lui adressaient ses nombreux amis qui l'avaient cru le plus heureux des hommes dans le nouveau genre de vie qu'il avait désiré, il répondit tristement : « Voulez-vous savoir ce que je faisais dans mon parc : je regardais successsivement tous mes arbres pour choisir celui auquel je me pendrais : je reviens à Londres pour y reprendre les occupations de toute ma vie et recouvrer, si je puis, la santé ». Mais il était trop tard et le plus habile des chirurgiens ne tarda pas à succomber.

Les choses ne se passent guère mieux si le rentier ne s'est retiré que lorsque le labeur quotidien a endommagé sa santé, il traine le plus souvent une vie pleine d'infirmités et à laquelle s'ajoute cette absence d'occupations qui lui pèse terriblement. Il ne vit pas longtemps. Une remarque qui a son importance a été faite au ministère de la guerre, l'officier retraité ne vit guère en moyenne que deux ans après son départ du service.

Enfin le rentier peut n'être pas fils de ses œuvres et tenir sa fortune de ses ascendants. Dans ce cas là, s'il est à même de jouir de son avoir pendant qu'il est jeune, il ne tarde pas à succomber aux excès de tous genres que sa position lui facilite et il ne fournit pas, lui non plus, une longue carrière. On a dit avec raison que le métier de rentier était de tous le plus difficile, ce n'est pas, on le voit, l'un de ceux qui assurent la plus grande longévité.

§ 2. — Profession militaire.

108. — Tous les auteurs qui ont étudié la profession militaire ont remarqué d'abord, non sans surprise, que la mortalité semble moins élevée dans la population militaire que dans la population civile du même âge.

Cela s'explique pourtant par la sélection sévère que font les conseils de révision, choix qui ne permet l'accès de la carrière des armes qu'à des gens forts et bien constitués. Mais si l'on poursuit ces recherches, on ne tarde pas à s'apercevoir qu'à partir de l'âge de trente ans, les bienfaits de la sélection ne se faisant plus sentir, les circonstances se modifient et c'est l'armée qui paie, alors, le plus lourd tribut à la mort.

Voici les chiffres qui ont été donnés, pour cent mille individus :

âges	mortalité milit.	mortalité civile	Différence en faveur milit.	Différence en faveur civile
de 17 à 19	313	741	428	
20 à 24	573	842	269	
25 à 29	801	921	120	
30 à 34	1626	1023		603
35 à 39	1635	1163		472
40 à 44	1962	1335		627

De ce tableau résultent deux choses : la première, c'est que la sélection des conseils de révision a une importance sérieuse ; la seconde, c'est qu'on est en droit d'affirmer que la profession militaire diminue la moyenne de la vie humaine. Les chiffres qui précèdent ont été donnés par Ely dans son travail intitulé *l'Armée et la population*, publié dans le *Recueil de médecine et de chirurgie militaires* en janvier 1871. Mais il y a lieu d'observer, comme le dit Laveran dans son *Traité des maladies et des épidémies des armées*, que les réformes et les retraites pour maladies incurables ont pour effet d'envoyer mourir dans leurs foyers un certain nombre de soldats, ce qui diminue d'autant la mortalité de l'armée pour augmenter celle de la population civile.

Cela est vrai surtout pour la tuberculose dont on ne

peut dans l'armée constater exactement les ravages puisque tous les phthisiques militaires sont réformés et succombent en général dans leurs pays. Quant aux hommes de la réserve âgés de plus de trente ans et à ceux de l'armée territoriale, ils doivent, lorsqu'ils sont sous les drapeaux, fournir un contingent assez respectable, qui n'a pas été encore évalué, mais on peut admettre, jusqu'à plus ample informé, qu'il doit renforcer notablement la différence déjà constatée en faveur de la population civile de leur âge.

Etudions en conséquence à quelles circonstances sont dues et l'augmentation de la morbidité et la diminution de la longévité dans la carrière militaire.

Elles sont de plusieurs espèces : les unes communes à tous les soldats, les autres particulières à quelques corps ; les unes se reproduisant plus spécialement pendant les périodes de paix, les autres, au contraire, ne s'observant que pendant les campagnes. Nous allons les passer successivement en revue.

I. *Conditions hygiéniques communes.*

Les premières, c'est-à-dire celles qui sont générales, agissent de la même manière sur tous les soldats et se font surtout sentir en temps de paix peuvent être classées de la manière suivante :

1° Celles qui résultent des locaux habités par le soldat.

2° Celles qui sont inhérentes aux climats.

3° Celles qui proviennent de l'alimentation.

4° Celles qui résultent des exercices physiques.

5° Celles qui ont pour cause le vêtement et l'équipement.

6° Celles qui sont dues aux abus que commettent les hommes entraînés réciproquement par l'exemple.

7° Celles qui sont d'ordre psychique.

En premier lieu : locaux habités par le soldat : ce sont les casernes, les casemates, les tentes, etc.

Les casernes contiennent, en général, une population beaucoup trop dense et beaucoup trop nombreuse. C'est là un premier et très grand défaut. Il faut se souvenir que le soldat qui les habite est en général un adolescent dont la croissance n'est pas complètement terminée, qui absorbe avec grande facilité les miasmes, les émanations, les micro-organismes et cela d'autant plus aisément qu'il est sujet à des causes d'affaiblissement que nous étudierons plus tard, mais qu'il est bon de citer de suite et qui sont : l'intoxication réciproque des individus cohabitant ensemble, les fatigues physiques du service militaire, l'alimentation, les causes déprimantes, telles que la nostalgie et les abus.

L'intoxication réciproque n'est pas le seul mode de propagation des maladies contagieuses dans l'armée. La plupart des soldats nés à la campagne, en dehors des grandes agglomérations, n'ont pas eu comme leurs camarades des villes de nombreuses occasions de les contracter ; ils sont presque à l'égal des enfants, conditions spéciales de réceptivité à part, exposés à contracter tout ce qui passe.

Enfin le soldat qui vit en commun est à l'âge où se contracte avec le plus de facilité la tuberculose et l'inoculation de cette grave affection est, quoi qu'on fasse, souvent le résultat de la vie en commun.

Il faut donc restreindre le nombre des hommes des chambrées. Au lieu de grands dortoirs qui comptent en France souvent 50 et 80 lits il faudrait adopter le système prussien qui n'a que 8 à 10 hommes, ou au moins faire comme en Angleterre où il n'y a que 25 soldats dans chaque chambre.

Cette question est des plus importantes, il faut se souvenir en effet que l'homme n'a souvent pas d'autre endroit pour vivre, qu'il est forcé d'y manger, d'y séjourner pendant tout le temps qu'il n'est pas de service, d'y brosser les vêtements, les chaussures, etc., etc., opérations qui forcément vicient l'atmosphère.

Il faudrait surtout que les chambrées fussent toujours exclusivement des dortoirs, qu'elles ne fussent jamais des réfectoires, qu'on y interdît partout et toujours la présence d'effets d'habillement et d'équipement, causes des mauvaises odeurs et véhicules de contagions. Or, il faut bien le dire, on mange encore dans la plupart des chambrées et on y trouve encore de tout et surtout des objets d'équipement en cuir qui répandent souvent une mauvaise odeur.

Enfin, souvent, les dortoirs sont situés sur des écuries et des cuisines qui, par leurs émanations, vicient encore l'atmosphère.

A toutes ces mauvaises conditions comment remédier, sinon par une ventilation très active. Le cubage de l'air des casernes a besoin d'être fait très exactement, la ventilation assurée et on ne peut qu'encourager les essais qui ont été tentés pour doter nos casernes de vitres perforées ou de vitres doubles, laissant entre elles un intervalle par où l'air pur peut pénétrer largement dans la pièce. Enfin certains chefs de corps sont parvenus à faire construire des réfectoires où les hommes peuvent prendre leur repas. Il y a là un véritable progrès, car l'atmosphère de la chambre y gagne en pureté, les détritus organiques y étant en moins grande abondance.

On ne peut que louer aussi, et sans réserve, ceux qui imposent à leurs hommes des soins de propreté, inconnus autrefois dans nos armées et auxquels étaient bien peu habitués certains conscrits venant de régions où l'hygiène est absolument ignorée.

Ces soins sont devenus un devoir étroit depuis que des lavabos bien organisés ont été mis à la disposition des hommes, un devoir pour les hommes d'abord ; mais un devoir surtout pour ceux qui en ont la surveillance et la direction.

Cette cause de viciation de l'atmosphère sera, de cette façon, de beaucoup atténuée ; mais la mesure prise et l'obligation des douches, des bains et des soins de propreté imposée aux hommes, a une autre importance non moins digne de fixer l'attention de l'hygiéniste, elle fait fonctionner la peau dans de bonnes conditions et la santé générale des soldats s'en trouve notablement améliorée.

Le couchage des troupes, qui a aussi son importance, a fait, depuis quelque temps encore, de notables progrès. Avant 1824 les hommes couchaient deux dans le même lit en bois, aujourd'hui chaque homme a son lit en fer particulier, mais l'intervalle qui sépare le lit de son voisin en est insuffisant. En France l'intervalle entre les lits devra être rigoureusement subordonné à la capacité atmosphérique de la pièce, laquelle doit être de 12 mc. pour chaque lit d'infanterie et de 14 mètres dans l'artillerie et la cavalerie.

Le coucher du soldat, essentiellement composé d'une paillasse, d'un matelas, d'un traversin, d'une paire de draps et d'une couverture, est en général suffisant à tous les points de vue. Mais on ne doit pas renoncer aux essais qui ont été tentés pour le remplacer par un hamac facile à enlever le cas échéant.

Tout au moins doit-on s'efforcer de remplacer la paillasse par un sommier métallique, de beaucoup préférable au point de vue de la propreté et de la salubrité.

La présence absolument constante d'hommes dans la chambrée détermine rapidement un encrassement des parois et du plancher, il faut des badigeonnages fréquents, des lavages réitérés ; et malgré les enduits silicatés actuellement en usage, des nettoyages répétés, la salubrité n'est pas complète.

Le meilleur enduit est le badigeon à la chaux qu'on peut renouveler souvent, vu son prix minime, et qui n'arrête pas, comme les peintures à l'huile et au vernis, comme les stucs, la perspiration pariétale. Il faudrait, comme disait Baudens, pour la santé des troupes, que les casernes fussent aussi propres que les vaisseaux, ce qui n'a rien d'impossible à réaliser.

Ce que nous venons de dire de la chambrée s'applique à tous les locaux des casernes, qu'il serait trop long et fastidieux de passer successivement en revue.

Sous la tente les inconvénients de la vie en commun sont notablement atténués, la ventilation étant très activée ; mais la tente présente d'autres inconvénients. En général elle repose directement sur le sol, de là une humidité qui influe énormément sur la santé des hommes, de plus elle est très mal close et le froid s'y fait très rigoureusement sentir. Néanmois la vie sous la tente est d'une salubrité incontestable et suffit à elle toute seule à amener des disparitions d'épidémies plus ou moins sérieuses. Il n'est pas d'année où, lorsque dans une caserne se déclare une épidémie, on ne fasse cesser cette dernière en envoyant les hommes camper sous la tente.

Ce n'est pas seulement pour faire fuir aux hommes un milieu contaminé et malsain ; c'est aussi pour les changer d'air, les ventiler, les assainir et leur faire respirer un air plus pur et plus vivifiant.

Quelques auteurs ont même voulu supprimer les casernes et les remplacer par des camps permanents, se fondant sur ce fait que la mortalité est infiniment moindre dans les camps que dans les villes de garnison et, comme disent Michel Levy et Boisseaux, par la création de camps permanents où l'espace serait largement concédé, où l'on établirait des habitations légères que l'on pourrait facilement déplacer, renouveler au bout de peu d'années ; on supprimerait ainsi les accumulations d'hommes dans les casernes ; la fièvre typhoïde, la tuberculose, les fièvres éruptives, les ophthalmies, les affections gastro-entérites seraient par suite de beaucoup diminués de nombre et de gravité.

Au camp de Châlons en 1864 on a eu une moyenne de 316 décès pour cent mille hommes, tandis que la mortalité est, dans les troupes casernées, de 942. Mais pour réaliser tous ces avantages il faut que la tente remplisse certaines conditions. Il faut que l'aération en soit facile, qu'elle soit dressée sur un plan légèrement incliné, un sol complètement dévêtu, bien damé, ou tout au moins soigneusement piétiné ; le sol de la tente ne doit jamais être creusé.

Certes il y a à considérer d'autres éléments que l'encombrement ; mais néanmoins son importance est considérable dans toutes les maladies contagieuses, ainsi que nous allons le voir.

Dans un document des plus remarquables inséré au *Journal Officiel* du 11 avril 1895 et intitulé : La morbidité et la mortalité des maladies contagieuses dans l'armée française, voici ce que nous trouvons : en 1888 le chiffre des hommes atteints de fièvre typhoïde était de 7771, en 1895 il n'est plus que de 3060 ; avant 1888 la moyenne annuelle des décès causés par cette affection était de 843, elle n'est plus cette année que de 330.

Il va sans dire que nous supposons n'être entré dans cette

statistique que les cas de fièvre typhoïde vraiment démontrés, à celle qui s'est signée selon l'expression si juste et si ferme de Gosselin, celle qui a été accompagnée au moins d'une ou deux taches rosées lenticulaires.

Cette diminution est certainement due à d'autres causes encore, et en particulier à la qualité de l'eau. On peut suivre cette cause pas à pas, car elle se produit dans les casernes à mesure que l'on substitue l'eau de source ou l'eau filtrée à celle qui était autrefois employée. L'amélioration tient aussi à l'assainissement des locaux ; ce qui le démontre bien, c'est que les autres affections sur lesquelles l'encombrement et la vie en commun ont une très grande influence ont diminué dans les mêmes proportions. Ainsi, d'après le document très important que nous avons cité, la morbilité par dysenterie a diminué de presque mille depuis 1892. Il en est de même de la phthisie pulmonaire autrefois si fréquente dans l'armée et qui était due à la triple influence de la vie en commun, par contagion, du changement d'existence et de l'âge du service militaire ; cet âge est en effet celui où cette terrible affection s'observe le plus souvent ; on sait que sur 100 décès elle en cause 21. Des oreillons, de la stomatite ulcéreuse, des ophthalmies, etc., maladies sinon produites au moins aggravées par l'encombrement ; de la méningite cérébro-spinale, affection beaucoup plus fréquemment observée dans l'armée que dans la population civile, puisque sur 57 épidémies relevées par Hirsch, 39 ont été observées chez des militaires, etc.

En résumé la *mortalité générale* de l'armée de 843 en moyenne pour 100.000 hommes d'effectif est descendue en sept ans à 620, grâce aux progrès de l'hygiène militaire et en particulier à l'assainissement des casernes : résultats bien faits pour satisfaire le pays, dont tous les enfants doivent aujoud'hui passer sous les drapeaux et qui sont un sérieux titre de gloire pour MM. Léon Collin, Vallin, Kelsch, Dujardin-Beaumetz, Laveran, etc., hygiénistes militaires, à qui revient le mérite d'avoir fait adopter par les généraux et les chefs de corps les mesures dont l'observation a amené de si remarquables résultats.

Ces mesures ont porté sur l'aération des casernes, sur la ventilation, sur les moyens de chauffage et d'éclairage des chambrées, des corps de garde, enfin et surtout sur les soins hygiéniques imposés à tous les hommes dont on a assaini la peau, dont on a fait nettoyer le linge, etc., etc. Nous verrons plus loin quels sont les progrès réalisés dans l'alimentation.

B. En second lieu le soldat subit l'influence du climat et des localités dans lesquelles il habite.

Cette influence se manifeste surtout dans les climats extrêmes et lorsque le changement que le soldat a à subir est considérable. Ainsi lorsqu'une recrue du midi est envoyée dans le Nord, il peut se produire divers accidents. De même, mais en sens inverse, lorsqu'un homme du nord est envoyé dans le midi. Néanmoins, comme dans toute la France le climat n'est pas extrême, c'est surtout lorsque l'homme est envoyé en Algérie ou dans les colonies qu'il peut être pris d'accidents sérieux sur lesquels il est nécessaire de nous arrêter quelques instants.

Dans les climats chauds, ainsi qu'on l'a observé en Algérie pour nos soldats, aux Indes pour les troupes anglaises, la mortalité des soldats est supérieure à celle de France ou d'Angleterre. Il y a à cela plusieurs raisons : nous avons parlé précédemment du coup de soleil, des insolations et du coup de chaleur, nous n'y reviendrons pas, mais à côté de ces conditions, qui, nous l'avons vu, peuvent amener des morts subites, des méningites, de la tolie, il y a dans les pays chauds des maladies qui proviennent *du sol lui-même, nous voulons parler des fièvres* intermittentes et rémittentes. Nous avons précédemment dit quelles étaient les conditions dans lesquelles ces fièvres se développent. Il en est d'autres dans lesquelles les fatigues, jointes à ces mauvaises conditions, ont une importance considérable, la dysentérie, les suppurations endémiques du foie, etc., etc.

A côté de ces maladies qui atteignent le soldat dans les pays chauds, il faut citer celles qui s'observent dans nos garnisons de France et ne sont en rien la dépendance du climat, tiennent plus exclusivement aux localités et au genre de vie du soldat. La plus intéressante est certainement le goitre aigu épidémique qui se montre presqu'exclusivement dans les pays de montagne, à Clermont-Ferrand, à Chambéry, à Annecy, à Besançon. Si le soldat à Chaumont, à Langres, etc., est plus éprouvé que la population civile, cela tient à des causes multiples, l'une des plus importantes résulte du défaut d'acclimatement, la population civile habitant le pays dès l'enfance. Les autres tiennent à des raisons d'équipement (compression du cou par l'uniforme rigide), aux exercices dans les montagnes auxquels il est moins habitué que les enfants de la localité, etc.

Remarquons cependant que ces dernières causes sont très accessoires.

Le goitre aigu se produit dans toutes les localités où le goitre endémique existe; il disparait en quelques jours, lorsqu'on en éloigne les malades, *qu'ils soient ou non soustraits à l'action de ces dernières causes.*

La troisième des circonstances qui agit sur la morbidité et sur la mortalité du soldat est l'alimentation.

A ce point de vue de notables améliorations ont été

apportées ces dernières années dans le régime alimentaire du soldat, régime qui a été de beaucoup modifié, en particulier au point de vue de la composition des repas. Autrefois, sur quatorze repas, la soupe à la viande et aux légumes se retrouvait dix fois et à quatre repas seulement, deux jours par semaine, les hommes de nos régiments avaient un ragoût spécial qui portait le nom bien connu de rata. Or, de cette uniformité d'alimentation naissait une satiété qui faisait que les hommes ne pouvaient plus, au bout d'un certain temps, manger la soupe ou du moins la mangeaient sans goût et sans appétit. De là une alimentation défectueuse et un affaiblissement graduel qui ne tardaient pas à altérer la constitution des soldats et ouvrait la porte à toutes les maladies. Depuis ces dernières années, de notables améliorations ont été apportées dans le régime des troupes, tant au point de vue de la composition que de la distribution des repas.

En effet, là encore, autrefois, les conditions étaient des plus mauvaises : l'homme mangeait sa première soupe à neuf heures et la seconde à quatre heures ; puis de quatre heures du soir au lendemain il n'avait que son pain, et cependant il se levait de bonne heure le matin et allait à l'exercice où il se fatiguait. Qu'en résultait-il ? c'est qu'il cherchait dans la pratique du petit verre matinal une excitation factice qui ouvrait petit à petit la porte à l'alcoolisme. Ces mauvaises conditions ont été fort bien étudiées dans une thèse très bien faite du Dr C. Maury, publiée en 1872.

Michel Lévy avait déjà remarqué que l'uniformité du régime était mauvaise à tous les points de vue.

On a dit, avec juste raison, que les hommes venant de la campagne, avaient une alimentation bien plus abondante au régiment et bien plus succulente que nos paysans et on a accusé cette surcharge alimentaire d'une partie des accidents dont nos soldats ont à souffrir, mais les hommes livrés aux travaux des champs mangent plus souvent, leur nourriture est plus variée et le seul fait de vivre au grand air compense largement la défectuosité de l'alimentation.

Là encore un chef de corps aidé de ses médecins peut beaucoup pour la santé de ses hommes. Il veillera avec soin à la qualité de la nourriture et en particulier de la viande et du pain; il aura soin que les denrées de toute sorte soient dans de bonnes conditions, se souvenant que les soldats sont des organismes qui grandissent, qui ont besoin de se fortifier et de lutter contre les mauvaises conditions et qu'il n'est pas de meilleur terrain pour la culture des microbes que les jeunes gens de l'âge de nos soldats lorsqu'une cause quelconque vient les affaiblir et leur enlever une partie de leur force de résistance.

En quatrième lieu, viennent les causes morbifiques qui résultent des exercices violents.

Nous avons vu que l'exercice modéré était favorable à l'organisme, pourvu qu'il fût réglé avec soin et qu'une alimentation réparatrice vînt compenser les pertes physiologiques qu'il entraîne, mais s'il est exagéré, il se transforme facilement en surmenage chez le jeune soldat encore plus que chez le civil, parce qu'il a lieu souvent la nuit, parce qu'il empêche maintes fois le sommeil si nécessaire à l'adulte de cet âge, parce que, s'il est interrompu, c'est par des repos qui sont réglés d'avance et ne concordent que fortuitement avec le moment où la fatigue commence à se faire sentir, enfin parce qu'il se fait en uniforme, c'est-à-dire dans des conditions spéciales que nous allons étudier.

Le civil qui travaille se repose dès qu'il éprouve un

sentiment de lassitude, sentiment qui est loin de se produire en même temps chez tous les individus ; le soldat, obligé par les nécessités du service et par la discipline, de continuer à marcher ou à se livrer à des exercices plus ou moins pénibles alors même qu'il sent les premières atteintes de la lassitude, dépense beaucoup plus que le civil. De là l'indication pour les chefs de corps, d'entraîner les recrues et de les habituer petit à petit à fournir la quantité nécessaire. L'entraînement a surtout de l'importance au moment où le soldat est obligé à des marches plus ou moins prolongées. Les premières étapes sont toujours de toutes les plus difficiles à faire ; l'habitude aidant, le soldat devient de plus en plus résistant. Dans les premiers jours, l'organisme s'allège, par la transpiration et d'autres excrétions de matériaux inutiles à la nutrition : il maigrit sensiblement et cependant il se sent plus fort et plus résistant.

Des médecins militaires du premier mérite ont démontré que lorsqu'on soumettait les recrues à des exercices par trop violents, on voyait de plus en plus se développer dans les casernes les affections contagieuses. Le fait s'explique très simplement, plus le soldat dépense par l'exercice, plus son organisme s'affaiblit, plus il devient apte à contracter les maladies qui dérivent d'un empoisonnement de l'organisme.

Enfin, autre différence, le civil n'est pas astreint au port de l'uniforme. Celui-ci est en général dur et rigide : de plus le fourniment est pesant et appuie sur la poitrine, le dos et l'abdomen, de là une difficulté respiratoire très sérieuse et aussi une compression vasculaire qui peut déterminer des maladies des gros vaisseaux. C'est ainsi que l'anévrysme de la crosse de l'aorte serait, d'après les statistiques anglaises, onze fois plus fréquent chez les militaires que dans la population civile. Davy, dans les recherches qu'il a entreprises à ce sujet, arrive à ce résultat important que la mortalité par les anévrysmes a été pour les cavaliers de 31 pour mille et pour les fantassins de 14 pour mille. C'est là un fait sur lequel nous reviendrons.

Le port du sac et du fusil détermine aussi, soit dans le dos, soit aux bras ou à l'avant-bras, des furoncles, des abcès chauds et des abcès froids. Les premiers bien certainement causés par les chocs du fusil ou le frottement du sac; les seconds dûs à ces mêmes conditions comme causes déterminantes, mais évidemment sous l'influence du lymphatisme des sujets. Nous avons déjà dit, en nous occupant du vêtement en général, quel service le baron Larrey avait rendu à l'armée française en faisant remplacer la cravate rigide, si souvent cause de lésions des glandes cervicales, par une cravate moins dure et moins résistante.

A la question de l'uniforme se rattache celle qui a beaucoup occupé les hygiénistes militaires pendant ces dernières années et qui consiste non-seulement à diminuer le poids que le soldat est contraint de porter, mais encore à le répartir d'une manière plus conforme aux lois de l'équilibre, afin qu'en dehors de l'effort nécessaire pour porter son fourniment, le soldat ne soit pas tenu à des efforts complémentaires pour le maintenir.

C'est là un problème des plus difficiles, non moins du reste que celui qui consiste à éviter au soldat les compressions diverses que détermine la pression des pièces de l'équipement, qui toutes amènent forcément des compressions de la poitrine, de l'abdomen et des gros vaisseaux. Là encore on a cherché à mieux faire que ce qui existait autrefois; l'avenir nous apprendra si on a réussi.

Deux questions donnent la sixième des causes de morbidité et de mortalité de l'armée ; celles de l'alcoolisme et de la syphilis. La première est bien atténuée depuis la diminution du nombre des vieux soldats, depuis l'amélioration de l'alimentation et enfin grâce aux précautions prises pour que les alcools consommés par la troupe dans les cantines soient de bonne qualité. Nous avons déjà dit que les repas trop distancés étaient une cause d'alcoolisme, et que l'homme consommait le matin des petits verres pour se donner de l'énergie et se réchauffer à l'exercice pendant la saison froide. Il serait bon de lui démontrer que l'alcool ne produit qu'une énergie factice, de courte durée, et incomplète, et qu'une alimentation sérieuse lui donnera bien plus sûrement et beaucoup mieux la force et l'énergie dont il a besoin. Si le soldat, si l'ouvrier étaient bien persuadés de ce fait, si le matin en allant à son travail le journalier pouvait consommer un aliment sérieux et dans de bonnes conditions, l'alcoolisme diminuerait sûrement.

En second lieu la syphilis, terrible dans l'armée anglaise du Royaume-Uni, puisqu'à elle seule elle fournit un tiers des entrées à l'hôpital, est encore sérieuse chez nous où elle en donne le sixième. Mais ce fléau ne peut être, dans l'armée, atténué que par des mesures prophylactiques qui sont du ressort des médecins.

Enfin la dernière des causes de morbidité est d'ordre moral et psychique, c'est la nostalgie. Tout le monde sait combien est puissante cette cause déprimante, puisqu'à elle seule elle peut entraîner des accidents sérieux et même la mort. On l'a souvent décrite et les auteurs en général reconnaissent à cette affection trois périodes distinctes. Dans la première, la plus légère, l'homme est triste, sombre, il s'éloigne de ses camarades pour penser librement à son pays, puis bientôt surviennent des faiblesses et des lassitudes qui rendent son service difficile. A la seconde, les pleurs sont fréquents, le sommeil troublé, les céphalalgies surviennent, le pouls s'accélère, la peau devient sèche, le malade est de plus en plus faible. A la troisième l'insomnie devient plus complète encore, la fièvre s'allume, le dépérissement s'accentue, quelquefois des idées délirantes apparaissent et la mort survient. Cette issue funeste est rare, mais ce qui l'est moins, c'est la mort par complications diverses. L'homme atteint de nostalgie étant dans un état d'affaiblissement qui lui permet d'être, plus facilement que tout autre, affecté par les maladies de tout genre et spécialement par les affections contagieuses.

II. *Conditions hygiéniques particulières à certains corps de troupe.*

Parlons en premier lieu du corps le plus nombreux, l'infanterie. Nous avons vu quel était pour cette partie de notre armée l'importance du poids que l'homme est tenu de porter, nous avons étudié la fatigue qu'éprouve le fantassin lorsqu'il est en marche, mais il est une affection qui survient chez les jeunes soldats à la suite des fatigues excessives et des marches forcées, c'est l'affection connue à laquelle Gosselin a donné le nom de tarsalgie. Il va sans dire qu'il ne s'agit ici, ni du pied plat, ni de cette disposition douloureuse des orteils qui porte le nom d'orteils en marteau, ces deux malformations étant toutes deux un cas de non acceptation par les conseils de révision ; il s'agit d'une affection qui s'acquiert par l'exercice forcé de la marche, qui est comparable à la crampe des écrivains, a été étudiée par Gosselin, Jules Guérin, Nélaton et Duchenne de Boulogne, et a reçu de ces auteurs les noms de pied plat douloureux, de crampe des pieds, de pied creux douloureux, etc.

A la tarsalgie il faut joindre la talalgie décrite pour la première fois par Desprès, sous la dénomination de contusion chronique du talon. Le repos et les soins divers peuvent triompher de cette contracture douloureuse lorsqu'elle existe. Pour la prévenir, il faut veiller à la chaussure des hommes. Celle-ci doit, d'après Morache, répondre à des conditions multiples : il faut qu'elle soit souple, légère, solide, qu'elle puisse se mettre et s'enlever facilement, appropriée à toute saison, confectionnée de manière à laisser le pied libre, sec et sain, à ne contrarier en rien le jeu des articulations, à empêcher l'entrée du sable et de la boue, etc. Le soldat en portera toujours deux paires, afin d'en pouvoir changer et de prévenir ainsi les excoriations. Enfin on exigera du soldat des soins de propreté qui le garantiront des écorchures et des ulcérations. On connaît le mot devenu fameux du Maréchal de Saxe sur l'importance de la chaussure du fantassin. Il suffit, pour en comprendre la justesse, de se souvenir que l'échauffement des pieds et les compressions répétées qu'ils subissent font développer sur ces organes lorsqu'on marche beaucoup des accidents de deux sortes, les uns aigus, les autres chroniques, accidents qui rendent l'homme indisponible. Ce sont surtout, parmi les premiers, des ulcérations, des excoriations qui siègent le plus souvent au cou de pied ou à la malléole externe, et des ampoules qui s'observent surtout à la pointe des pieds, au niveau des articulations métacarpo-phalangiennes. Parmi les seconds, des durillons, des œils-de-perdrix, des déformations de la partie antérieure du pied, etc.

C'est pendant les marches que s'observe le plus fréquemment le coup de chaleur. Pendant les étapes, les fantassins font le kilomètre en onze minutes, ils marchent cinquante-cinq minutes et se reposent cinq minutes. En général on cherche à faire admettre que le coup de chaleur est le résultat d'une véritable intoxication par l'accumulation des déchets du travail organique. La halte dans de bonnes conditions doit avoir lieu dans un endroit frais, ombragé et abrité. S'il fait très chaud, les officiers feront sagement en empêchant les hommes de prendre la position horizontale, Guyon ayant observé que lorsque le soldat menacé du coup de chaleur s'allonge, les accidents peuvent se produire plus facilement, ce qui s'explique par la tension artérielle plus grande qui se produit dans la position horizontale. En ce qui concerne les cavaliers le service est moins pénible, et cependant les affections auxquelles ils sont sujets sont plus nombreuses à cause des exercices à cheval qui les fatiguent et les éprouvent. C'est ainsi que lorsque la croissance n'est pas complète le squelette peut être déformé, les jambes et les cuisses devenant arquées, par distension de l'articulation coxo-fémorale, et des ligaments qui la maintiennent, de là un certain degré de concavité des jambes.

En outre, on sait que l'exercice du cheval peut donner lieu à des anévrysmes, ainsi que nous l'avons dit plus haut. On observe aussi des hémoptysies, des hernies, de l'hématurie, mais heureusement ces accidents graves ne surviennent qu'exceptionnellement, ceux qui sont plus fréquents sont les abcès et furoncles de la région fessière, de la partie interne des cuisses, qui tiennent à l'échauffement de ces régions par le séjour prolongé sur la selle, les contusions de toute espèce tenant aux mouvements brusques du cheval et plus particulièrement les contusions des testicules qui déterminent souvent des hydrocèles et des orchites et enfin les hémorrhoïdes. Il est un autre accident très fréquent qui tient aux frottements répétés des bottes et basanes en cuir des pantalons, nous voulons parler de l'ecthyma prétibial étudié par Dauvé, qui n'est pas comme on l'a prétendu, une éruption furonculeuse dont elle n'a pas les caractères.

Cet ecthyma, d'après quelques médecins, est une suite du surmenage général, provenant de cause absolument déterminée, et qui après avoir été aigu peut devenir chronique.

Les artilleurs sont surtout sujets à des accidents qui tiennent à l'ébranlement de l'air produit par l'explosion du coup de canon et qui consiste principalement dans la déchirure brusque de la membrane du tympan, membrane qui peut se rompre chaque fois que l'homme n'a pas le soin d'ouvrir la bouche au moment où part le coup de canon. Cette déchirure peut se cicatriser plus ou moins complètement ou au contraire rester largement ouverte et entraîner par suite non seulement un certain degré de surdité, mais encore un état de suppuration du conduit auditif, point de départ quelquefois d'accidents graves du côté des méninges.

Le soldat du génie est astreint à des travaux qui ressemblent à la fois à ceux des maçons et à ceux des mineurs. Le creusage des galeries nécessite, chez eux, des efforts pulmonaires qui joints à l'air vicié qu'ils respirent parfois peuvent donner lieu à des emphysèmes pulmonaires fréquents dans l'arme du génie, et aussi, ainsi que l'a démontré Rizet, à des accidents sérieux de cachexie générale. Enfin pour être complets, nous aurions à nous occuper des troupes d'administration, mais les ouvriers d'administration sont exposés aux mêmes inconvénients de travail que les professionnels qu'ils représentent dans l'armée ; comme pour eux le service militaire n'a qu'une importance secondaire, il y a lieu de leur appliquer tout ce qui a été dit aux diverses professions qu'ils représentent dans l'armée.

Il n'en est pas absolument de même pour les infirmiers qui, en temps d'épidémies, partagent les conditions des médecins et sont assujettis aux mêmes dangers. Ce que nous avons dit des médecins militaires, au chapitre des professions libérales, leur est applicable du moins en ce qui se rapporte aux maladies contagieuses.

III. *Influence des campagnes et des blessures de guerre sur la morbidité et la mortalité des militaires.*

Nous avons déjà dit que les troupes habitant les climats chauds donnaient un chiffre de morbidité et de mortalité beaucoup plus élevé que dans nos climats, quel que soit le pays que l'on envisage. Ce fait vrai pour l'Algérie, tend cependant à se modifier; l'Algérie s'assainissant peu à peu par la transformation des pays marécageux en pays salubres et aussi par cette circonstance que le pays étant aujourd'hui pacifié on a pu, successivement, abandonner des postes stratégiques qui étaient dans de mauvaises conditions au point de vue de la salubrité.

C'est dans les pays chauds que l'on observe le plus fréquemment une affection bizarre qui devient épidémique sur les troupes et porte le nom d'héméralopie, affaiblissement de la vue se manifestant surtout le soir et sur laquelle nous reviendrons lorsque nous parlerons des marins. On a bien observé l'héméralopie dans certaines garnisons où on l'attribait aux murs blancs des casernes, mais c'est surtout dans les pays chauds et à forte lumière qu'elle s'observe.

Pendant une campagne, les conditions dans lesquelles les troupes vivent sont des plus déplorables; elles bivouaquent dans des lieux insalubres, leur alimentation est on ne peut plus défectueuse et irrégulière, l'encombrement est considérable et avec lui la présence, en quantité énorme, de tous les détritus humains facilement putrescibles et nauséabonds. De là ces maladies terribles qui frappent les armées, mais ce n'est rien encore lorsque celle-ci est victorieuse et ne cède pas au découragement. Si malheureusement la défaite survient, et que le moral des troupes laisse à désirer, le typhus fait les plus grands ravages, toutes les blessures prennent une gravité exceptionnelle et l'armée la plus belle ne tarde pas à être décimée, en un temps relativement court.

Les maladies qui atteignent le plus souvent les armées en campagne sont la fièvre intermittente, les diarrhées de toutes espèces, la dysentérie, les inflammations pulmonaires, rhumatismales, le scorbut, les insolations, les congélations, etc. Ces diverses affections forment à elles seules les 80 pour cent de la mortalité, le feu de l'ennemi, qui au premier abord semble devoir être le plus meurtrier, ne donnant guère que 20 pour cent d'après Laveran.

§ 3. — Professions maritimes.

107. — Depuis un demi-siècle, l'architecture navale a subi de profondes modifications qui rendent dissemblables, à tous égards, les navires d'alors et ceux d'aujourd'hui.

La substitution des nouveaux principes aux anciens est surtout sensible dans l'esprit général des bâtiments de guerre. La flotte de commerce, bien que s'appliquant, au fur et à mesure qu'ils se produisent, les progrès de l'art et de la sience, a conservé, ou à peu près, la physionomie qu'elle avait autrefois.

Quoi qu'il en soit, il est constant que les évolutions successives et rapides qui ont amené ces grands changements dans les méthodes de construction des navires, ont créé à l'homme de mer de nouvelles obligations, d'autres besoins; les conditions de la vie à bord ont presque complètement changé.

Jadis, chacun le sait, le marin devait avoir à sa disposition une énergie musculaire considérable et une souplesse à toute épreuve ; il lui fallait lutter, de ses bras, contre les éléments et contre l'ennemi. A l'heure présente, son intelligence seule s'applique à mettre en œuvre la machine qui agit à sa place. Les privations de plusieurs sortes qu'il endurait pendant une longue traversée, une croisière ou dans le cours d'une station lointaine, sont presque de la légende. D'autre part, le séjour à peu près constant, parfois dans des espaces restreints à parois métalliques et où l'air ne circule pas librement, a remplacé la vie en plein jour sur le pont ou dans des batteries aux larges ouvertures.

Les conditions de son existence sont donc tout autres, au grand détriment, dit-on, du développement corporel et de la force de résistance physique.

Comme conséquence de ce nouvel état de choses, l'hygiène du matelot doit s'établir sur des bases différentes de celles admises pour les hommes de l'ancienne marine.

Mais il nous semble difficile de tracer des règles bien précises à cet égard : la transformation est encore trop récente, d'ailleurs elle n'est pas achevée et chaque jour amène un changement qui peut influer sur les habitudes et la manière de vivre à bord. Les observations ne paraissent pas encore assez multipliées ; elles ne peuvent pas surtout être généralisées puisque la flotte militaire se compose de types très différents où les équipages ne sont pas soumis aux mêmes influences.

Il est possible cependant de se rendre à peu près

compte des causes de maladies susceptibles d'être contractées à bord et des moyens hygiéniques de les combattre, en voyant à quelles obligations professionnelles doit satisfaire le marin.

Il y a à bord une situation commune à tous, qui résulte de la réunion d'un certain nombre d'hommes dans un lieu relativement étroit, peu éclairé, peu aéré et que l'on transporte rapidement à travers l'Océan, aux deux extrémités du globe.

Certainement de grands progrès ont été réalisés, ils tendent à s'affirmer chaque jour davantage. Il est sûr néanmoins que l'on ne pourra jamais faire que la vie sur mer soit normale.

Elle a contre elle cette agglomération d'individus dont nous parlions plus haut, rendue plus pénible depuis les constructions en fer, le sectionnement du navire par des cloisons étanches longitudinales ou transversales, les mouvements de roulis et de tangage, auxquels souvent certaines natures ne peuvent s'habituer et surtout les changements sans transition de température et de climat que l'on éprouve en naviguant.

Le séjour dans des parages malsains est encore une cause de maladie pour tous les habitants d'un même navire. On est cependant parvenu à diminuer de beaucoup les invasions morbides des maladies endémiques pour les équipages embarqués par l'application d'une discipline sévère et bien comprise.

Nous pourrions citer l'exemple d'un navire qui, ayant séjourné pendant deux ans dans l'estuaire du Gabon, a ramené en France presque tout son personnel : les hommes ont été retenus à bord durant toute la campagne et les fonds du bâtiment toujours dégagés et soigneusement asséchés étaient peints à la chaux tous les jours.

Dans le cours de la navigation à voile, des équipages ont été décimés par le scorbut. Ces faits ne peuvent plus se produire, les denrées étant meilleures, choisies, variées avec discernement et renouvelées aussi fréquemment que possible. A bord de presque tous les bâtiments, on peut chaque jour délivrer du pain frais, à un repas du moins, et de la viande fraiche dans beaucoup de circonstances sans compter les conserves.

Et puis la vapeur ayant remplacé le vent comme propulsion du navire, les distances sont franchies plus vite, et les légumes frais renouvelés à chaque relâche font défaut moins longtemps, sans compter les conserves.

Ces généralités une fois connues, étudions maintenant le marin lui-même.

Le service maritime emprunte son personnel : 1° aux matelots de l'inscription maritime ; 2° aux conscrits ; 3° aux engagés volontaires ; 4° à des surnuméraires.

L'âge pour les inscrits est fixé par la loi : il s'étend de 18 à 50 ans révolus.

Il n'y a pas d'âge pour l'admission des surnuméraires. Les mousses sont divisés en deux catégories : les mousses de l'École dont l'âge inférieur d'admission est fixé à treize ans et les mousses auxiliaires qui sont reçus à douze ans.

La taille minimum des apprentis marins est de 1 m. 540. Elle a été abaissée de 0 m. 165 de 1691 à 1872.

Boudin a trouvé que si on divisait notre littoral en quatre zones ; bretonne, normande, bordelaise, provençale, leurs tailles moyennes seraient les suivantes :

Zone bretonne	1m,643
Zone normande	1m,661
Zone bordelaise (Saintonge et Gironde)	1m,656
Zone provençale	1m,648

Les excès des marins consistent dans les excès alcooliques et génitaux.

L'ivrognerie, préjudiciable à leur santé dans nos climats, est mortelle pour eux dans les pays chauds. Ils éprouvent de la dyspepsie : un accès paludéen simple devient un accès pernicieux délirant, la glande hépatique se congestionne et suppure, des flux diarrhéiques ou dysentériques s'établissent, etc.

L'influence de l'ivrognerie sur les matelots au point de vue de la discipline est des plus néfastes.

Les excès génésiques sont surtout funestes dans les pays chauds : la contamination vénérienne y est des plus fréquentes.

Il faut enfin citer l'onanisme qui est en usage chez certains marins et le tatouage si fréquent chez les matelots.

Fonssagrives divise, au point de vue de l'hygiène, toutes les professions et les services à bord des navires en trois catégories :

1° Professions et services qui s'exercent principalement sur le pont ;

2° Professions et services qui s'exercent principalement dans l'intérieur du navire ;

3° Professions et services qui exposent d'une manière habituelle à l'action des feux.

Les professions qui s'exercent au plein air sont celles de gabier, de matelot, de manœuvre, de canotier, de timonier, de mousse.

Les *gabiers* sont encore les vrais marins, c'est-à-dire les hommes de mer, ceux qui à la pêche, au cabotage ou au long-cours ont passé sur l'eau depuis leur enfance la majeure partie de leur vie. Ils avaient à bord un rude labeur. On cite des ces gabiers qui, sur des bâtiments doublant le cap Horn, par exemple, sont pendant des heures dans la mâture à lutter sur une vergue contre la tempête, pour serrer un perroquet ou prendre un ris dans le grand hunier. La voile mouillée, gonflée par le vent se gèle sous leurs doigts; mais ils n'en descendent que la besogne terminée, avec les mains ensanglantées et le corps transi.

Depuis que peu à peu les mâtures ont cessé d'exister, la spécialité des gabiers tend à diminuer et à s'effacer graduellement. On ne les conserve aujourd'hui que pour les travaux délicats de matelotage, ceux où il faut faire appel à une grande habitude des choses de la mer, s'il s'agit par exemple de donner des remorques, d'armer une embarcation dans des conditions dangereuses et difficiles. On les retrouve souvent dans les canots comme patron et brigadier.

Ces hommes jouissent généralement d'une santé vigoureuse, sont habitués aux fatigues de la mer et ne sont presque jamais atteints par les épidémies.

Les maladies qu'ils présentaient le plus souvent étaient l'hypertrophie du cœur déterminée par des ascensions rapides et répétées dans la mâture et certaines excoriations, quelquefois difficiles à guérir, dues aux frottements des enfléchures sur la partie antérieure des jambes.

Les matelots de manœuvres et les canotiers subissent les effets des fatigues qu'ils ressentent dans le service des canots.

Les timonniers, eu égard à la douceur de leur service, sont rarement malades.

Les canonniers, par contre, fatiguent énormément et

sont sujets aux accidents résultant du maniement du canon.

Rien à dire de particulier du mousse.

A l'intérieur du navire sont les caliers, les magasiniers, les agents des vivres, les cuisiniers et les domestiques.

Le calier est remarquable par la pâleur de son teint, la bouffissure œdémateuse de ses joues. Pour éviter ces accidents Fonssagrives propose :

1° De ne pas faire de la cale un poste permanent ; faire rouler ce service, à raison des aptitudes spéciales qu'il réclame, sur une catégorie spéciale de matelots, mais exiger qu'ils alternent et qu'après huit jours passés dans le méphitisme de la cale, ils aillent se retremper à l'air libre.

2° De soumettre les caliers en fonction à l'usage d'une petite quantité de vin de quinquina, surtout si le navire est vieux et a une cale fétide.

3° De veiller à ce que tous les hommes appartenant à l'une des professions désignées séjournent sur le pont pendant un temps déterminé.

La disparition des bois de matière et des voiles a encore amené celle des spécialités de *voiliers* et de *charpentiers*. Les *calfats* qui avaient l'entretien de la coque, à l'intérieur et à l'extérieur et des ponts en bois, n'ont plus de raison d'être à bord de nos navires où tout est fer et acier.

L'exercice de ces professions, considérées comme devenues accessoires, est confié à des hommes possédant d'autres aptitudes utilisés aujourd'hui plus couramment.

Certaines spécialités ont, par contre, pris naissance pour répondre aux exigences de la navigation moderne.

Ce sont d'abord les *torpilleurs*, dont on connaît les dangereuses et minutieuses fonctions. Ce sont eux qui manipulent ces délicats appareils dont on a déjà pu constater les effets désastreux soit il y a quelques années dans le Danube, soit plus récemment à Fou-Tchéou, soit dans les engagements sur mer qui ont eu lieu sur les côtes occidentales de l'Amérique du sud, soit enfin tout dernièrement pendant la guerre sino-japonaise.

L'emploi de ces engins avec les explosifs qui les rend si redoutables, exige une abnégation et une force de caractère que l'on ne trouve guère que dans un corps sain et bien constitué. Il est donc nécessaire d'user de tous les moyens qu'indiquent les règles d'une hygiène sévère pour conserver intacte la santé de ces hommes si utiles au pays.

Les équipages des navires de guerre comprennent encore des *électriciens* et des *télégraphistes*. Ils sont chargés, les uns des projecteurs, des signaux électriques et de toutes les communications qui mettent, au jour du combat, le commandant en relation directe avec toutes les parties du bâtiment ; les autres manipulent les appareils télégraphiques que l'on peut installer d'un navire à l'autre au mouillage, ou pour communiquer avec la terre.

On commence à voir arriver les *aérostiers*, pour l'emploi des ballons captifs appliqués au service d'une armée navale.

Bientôt, sans doute, viendront les hommes appelés à utiliser les pigeons des colombiers militaires, que l'on cherche à utiliser sur notre flotte et qui peuvent amener de bons résultats.

Dans le cinquième groupe, celui des professions à température élevée, on comprend le *coq*, les *cuisiniers*, les *boulangers*, les *chauffeurs*, les *soutiers* et les *mécaniciens*.

Le coq et le boulanger sont soumis à de hautes températures, quelquefois 40°.

Mais le plus à plaindre de tous est le chauffeur.

On a constaté en Europe, dit l'amiral Pâris que la température des chambres de chauffe situées dans quelques navires, entre deux rangées de fourneaux et de chaudières, s'élevait jusqu'à 60 degrés centigrades d'une façon constante. On a vu 65° dans la mer Rouge, où, pour cette raison, on est souvent obligé de laisser tomber des feux, à cause de la trop grande chaleur et aussi à cause du manque de tirage.

Le passage brusque du chauffeur de cette température élevée au froid lui fait éprouver des accidents souvent mortels.

M. Barthélemy a signalé la fréquence du phlegmon de l'oreille et de l'ombilic chez les ouvriers chauffeurs : il attribue le premier à l'abondance des sueurs, à la malpropreté, et le second aux mêmes causes, aggravées par l'action irrante de la poussière du charbon accumulée dans la fossette ombilicale (1).

Le même médecin a signalé les mauvaises conditions de la vie des gens de machines exposés à une radiation calorifique énorme, passant par les transitions brusques de luminosité au moment où on ouvre ou on ferme les regards, rencontrant les mêmes conditions quand ils passent, la nuit, de la clarté éblouissante de la chambre de chauffe à l'obscurité du pont, etc.

Comment s'étonner, dit-il, que les maladies diverses de la conjonctive, de la cornée, de l'iris, de la choroïde, de tous les tissus en un mot et de tous les milieux de l'œil

(1) Barthélemy. Études sur la nature et les causes des lésions traumatiques à bord des bâtiments de guerre suivant les professions. (*Arch. de méd. nav.* t. III, p. 5).

soient d'une fréquence particulière dans cette catégorie professionnelle ?

En raison de la fatigue et de la chaleur qu'éprouve le mécanicien, on lui accorde des suppléments de vivres ; ainsi quand la machine marche pendant plus de douze heures il reçoit une deuxième ration de biscuit ou de pain frais et de vin. Il en reçoit seulement la moitié quand la machine fonctionne juste douze heures ou moins de douze heures.

Il doit éviter de boire à sa soif sous peine de voir son appétit diminuer.

Une commission nommée en 1870, au ministère de la marine, a décidé qu'il serait délivré aux chauffeurs une boisson fortifiante et aromatique, composée de sucre, d'infusion de café et d'eau-de-vie. Au mouillage, les fatigues du chauffeur ne sont pas moindres ; il faut, dit le docteur Mathé, nettoyer, gratter, huiler, visiter, démonter les principaux rouages de la machine sous l'œil et avec l'aide des maîtres mécaniciens. Il doit éviter de s'introduire dans la peau le minium dont il se sert pour refaire les joints, sous peine d'avoir la colique sèche et des accidents saturnins. Enfin il doit visiter les chaudières où il se forme souvent des gaz mortels analogues à ceux qui tuent les vidangeurs ; aussi est-il tenu aux plus grandes précautions, notamment de se faire attacher avec une corde, en prévision d'accidents et surtout d'ouvrir plusieurs heures avant de descendre dans les chaudières.

En outre du supplément de pain et de vin, on accorde aux chauffeurs et aux soutiers une vareuse de toile et un pantalon de fatigue délivrés pour la chauffe et le maniement du charbon. L'usage des bains savonneux pour les gens de machine est indispensable. L'hydrothérapie existe sur presque tous les bâtiments.

Ainsi que l'on vient de le voir on s'est déjà préoccupé et on ne cesse d'améliorer autant qu'on le peut l'hygiène des mécaniciens, dont les emplois tendent à se multipiier. Tout se fait à bord par les machines mises en mouvement soit par la vapeur, soit par l'air comprimé, soit par l'eau. Les travaux de force, le tir du canon, la manœuvre des ancres et des embarcations exigeront l'intermédiaire d'un mécanicien. Aussi ce spécialiste désormais indispensable doit être fondeur, ferblantier, ajusteur, forgeron, chaudronnier, serrurier. Il faut qu'il ait en particulier une ou plusieurs de ces professions.

Quant aux *canonniers* dont il nous reste à parler, les inconvénients qui résultent pour eux de l'ébranlement de l'air mis en mouvement par la détonation d'une pièce, deviennent de plus en plus graves depuis que l'action du canon a été portée aux limites extrêmes que l'on connaît.

Vêtements. Les vêtements du marin sont sensiblement les mêmes chez toutes les nations et presque identiques à bord des bâtiments de commerce et de ceux de l'État. C'est une preuve qu'ils remplissent les meilleures conditions au point de vue hygiénique.

Le sac réglementaire du matelot doit renfermer : un paletot de drap bleu foncé, un caban et deux pantalons de même étoffe et de même couleur, deux pantalons blancs, deux pantalons de fatigue en toile rousse de chanvre et de lin, une vareuse semblable, deux chemises en molleton de laine bleu foncé, quatre chemises en toile blanche de chanvre ou de lin, deux chemises de coton tricoté à mailles unies, une paire de demi-guêtres en toile blanche semblable à la toile du pantalon : deux paires de bas de laine demi-fine de Hollande à fils doubles, un blanc et un bleu d'indigo très foncé ; une cravate en tricot de laine teinte en bleu d'indigo très foncé, une cravate en tissu noir de laine croisée teinte, quoi en lasting en fil dit lasting, un chapeau en feutre verni, un chapeau de paille en tresses de latanier, un béret, une ou deux paires de souliers. Tous ces effets, chaque homme les enferme dans un sac placé dans un casier intérieur en fer percé de trous de façon que l'air y circule librement.

Couchage. Il se compose : 1° d'un hamac proprement dit, rectangle de toile à deux enveloppes dans l'intervalle desquelles on introduit un matelas ; 2° du matelas sur mesure ; 3° de la couverture.

Le hamac est excellent en lui même parceque l'homme s'y repose bien et qu'on peut facilement l'enlever tous les matins pour laisser libre l'espace où l'équipage a passé la nuit et qu'il doit occuper pendant le jour. Mais il serait à désirer que, après le réveil, tous les hamacs fussent portés à l'air, étendus chaque jour sur le pont pendant un certain temps. Il n'est pas bon qu'ils soient rapidement serrés, amarrés par des courroies et placés les uns sur les autres ou en contact les uns avec les autres dans les bastingages ou dans les caissons.

L'éclairage des navires se faisant maintenant à l'aide de la lumière électrique ne laisse absolument rien à désirer.

Les climats chauds prédisposent les marins à l'anémie, aux affections de la poitrine et surtout à la phtisie qui est très fréquente et très grave. Il faut aussi craindre les insolations.

Les fièvres paludéennes amènent des accidents fréquents quand elles sont produites par les immenses marais qui bordent les côtés des mers chaudes.

Les climats froids prédisposent aux affections pulmonaires, aux engelures, aux congélations, au scorbut.

Alimentation. Jadis le biscuit remplaçait le pain pour les matelots; il devait, dit Fonssagrives, pour être bon, présenter les caractères suivants : sa surface extérieure doit être d'un roux brillant, la pellicule ou petite peau qui en forme l'écorce être bien unie avec les parties qui sont au-dessous; être sec, sonore, ne présenter aucune vermoulure, ne pas fournir de poussière quand on le casse. Sa cassure doit être feuilletée, également blanche, sans taches, être *dur* et fragile à la fois ; être exempt d'odeur et de goût de moisissure, sa saveur doit être franchement celle du pain : il doit s'imprégner facilement de salive, former aisément une pâte et ses morceaux doivent surnager quand on les jette dans l'eau.

Une dépêche ministérielle du 27 septembre 1866, prescrit d'avoir à bord des navires des fours suffisants pour délivrer au moins une fois par jour un repas de pain à l'équipage.

Les pois, haricots ou fayots, les fèves ou *gourganes* et le riz sont les seuls légumes farineux compris dans le règlement.

Les choux, les navets, les carottes conservés d'après les procédés de MM. Cholet et Masson servent également à l'alimentation du marin.

La viande fraîche délivrée à l'équipage se compose surtout de bœuf.

Les viandes conservées sont le *lard salé* et le *bœuf salé*.

Les poissons de conserve se composent de morue salée, de sardine à l'huile et quelquefois de thon.

Enfin les deux seuls aliments gras proprement dits qui font partie de la ration du marin sont le lait et le fromage.

Les condiments gras sont le beurre, la graisse et l'huile d'olive.

Voici un tableau de la qualité et de la quantité des vivres de la ration.

I. Tableau de la ration du marin en campagne.

I. Aliments solides.

Biscuit	550 grammes
Ou pain frais	750 —
Donné par farine d'armement	550 —
Conserves de bœuf	200 —
Ou viande fraîche	300 —
Ou lard salé	225 —
Légumes secs — fayols	120 —
Légumes secs — fèvres décortiquées	400 —
Légumes secs — ou pommes de terre desséchées	100 —
Riz	80 —
Fromage	100 —
Café	20 —
Sucre	25 —

II. Aliments liquides

Vin de campagne	46 centilitres
Eau-de-vie, rhum, tafia	6 —

III. Assaisonnements.

Par repas, choucroûte, légumes ou riz		20 grammes
Oseille confite		10 —
Anchois		7,5 —
Vinaigre	5 millilitres	1 centilitre
—	5 millilitres pour acidulage	
Beurre		15 grammes
Huile		8 —
Moutarde		2 —
Sel		24 —
Poivre		15 centigr.

Des repas du marin.

Les repas du marin à la mer se composent : du déjeuner qui a lieu vers cinq heures du matin, du dîner à midi, et du souper à quatre heure du soir.

Le déjeuner se compose invariablement de café, eau-de-vie, biscuit ou pain. Les autres repas varient comme suit :

Déjeuners.

Biscuit	183 grammes
Ou pain frais	250 —
Café	20 —
Sucre	25 —
Eau-de-vie, rhum ou tafia	6 centilitres

Dîners.

Biscuit	183 gram.	tous les jours
Ou pain frais	250 —	
Vin de campagne	23 centil.	
Conserves de bœuf	200 gram.	dimanche lundi mardi mercredi jeudi vendredi samedi
Ou viande fraîche	300 —	
Ou lard salé	225 —	
Avec fayols et pois	60 —	
Ou légumes desséchés	18 —	
Fromage	100 —	

Soupers

Biscuit	183 gram.	tous les jours
Ou pain frais	250 —	
Vin de campagne	23 centilitres	
Fayols	120 gr.	3 jours par semaine

Pois.	120 —	2 jours
Fèves décortiquées.	120 —	1 jour
Ou pommes de terre desséchées . .	100 —	
Riz.	80 —	1 jour
Choucroute.	20 —	pour chaque repas du soir
Oseille confite.	10 —	

La ration des marins casernés à terre, dans les divisions, se compose ainsi qu'il suit :

Le déjeuner consiste en 250 grammes de pain frais ; le dîner est constitué pour six jours de la semaine par la même quantité de pain, plus 250 grammes de viande fraîche ou de conserve de viande ou de lard salé et une allocation de 0 fr. 016 par homme, destinée à l'achat de légume verts : le dîner du vendredi se compose de pain 250 grammes, fromage 90 grammes ou morue 120 grammes.

Le souper est uniforme pour tous les jours de la semaine ; il est constitué par la même ration de pain, par 120 grammes de légumes secs ou 60 grammes de riz, avec des assaisonnements variés, huile ou beurre, etc.

Des aliments utiles en pays étrangers. — Parmi les substances farineuses nous trouvons, le sagou des îles de la Malaisie, l'arrow-root et diverses autres farines, la farine du manioc.

Parmi les autres racines farineuses et fruits farineux il faut citer la patate douce ou igname, les fruits de l'arbre à pain, le taro appelé chou caraïbe dans les Antilles.

Comme viande, les différentes variétés de bœufs, comme les buffles, les bisons d'Amérique, le bœuf musqué, les diverses races de mouton, les chèvres et les cabris, le cochon des mers du sud et celui de Cochinchine.

M. Mathé ajoute à cette liste les marsouins, les dauphins, les phoques ou veaux marins qui peuplent les mers du nord : les goëlands, les pétrels, les albatros, les tortues et enfin tous les poissons et des fruits sauf ceux empoisonnés. Parmi ceux-ci le mancenillier, le sablier élastique, le calebassier, la mirelle et le vomiquier.

L'eau est la base de la boisson, aussi a-t-on maintenant trouvé moyen de la distiller à bord même des navires grâce à un mécanisme spécial qui condense en eau la vapeur des chaudières.

L'enseignement de la gymnastique est donné à terre et à bord suivant un plan ou ensemble d'exercices arrêté et développé dans l'*Instruction pour l'enseignement de la gymnastique dans les divisions et à bord des bâtiments de la flotte, Paris*, 1868, *avec figures*, et publié avec l'approbation du ministre de la marine et des colonies.

Il est divisé en trois parties.

1° Exercices élémentaires.

2° Exercices d'application.

3° Exercices ne devant être exécutés que par les élèves dont l'instruction est presque terminée.

Il est triste de constater que beaucoup de marins ne savent pas nager. Il est à désirer que la natation devienne obligatoire.

La pêche, les luttes de canots, les promenades, le lavage du linge aux aiguades constituent les seules distractions du marin à bord.

Les spécialités professionnelles sont nombreuses dans la marine, surtout à bord des navires de combat. Chacune a ses dangers, ses causes particulières d'influences morbides ; toutes ont besoin que l'on s'occupe en particulier de prémunir les hommes qui les possèdent contre l'action d'une maladie ou l'éventualité d'un accident.

Il en est quelques-unes qui ont presque disparu ; elles

n'ont plus l'utilité ou du moins l'importance qu'elles avaient sur nos vaisseaux du temps passé :

Soins de propreté. — Les bains sont extrêmement utiles. Les marins doivent avoir grand soin de leurs dents, de leur barbe et de leurs cheveux.

Le nettoyage du linge se fait à bord des navires ; il serait à désirer qu'il fût fait à la vapeur.

§ 4. — Professions agricoles.

108. — Sous ce titre général nous comprendrons les cultivateurs, les moissonneurs et les vignerons.

Il n'est personne qui ne soit d'avis que nulle profession n'est plus salubre que celle de cultivateur.

Toujours exposés à l'air pur, ces artisans sont dans les meilleures conditions de bonne santé, mais celle-ci est sérieusement compromise par l'insalubrité de leurs habitations, par les nécessités de leur travail qui les exposent à une foule de maladies, et abaissent ainsi notablement la durée de leur existence.

Néanmoins celle-ci est encore relativement élevée.

Ainsi Villermé montre que si la durée probable de la vie est de 19 et de 22,5 dans les centres manufacturiers, elle s'élève à 39 et même à 43 ans dans les centres agricoles. Bertillon établit par des statistiques que lorsque la mortalité générale moyenne et actuelle sur 1000 vivants est, pour les périodes de 25 à 35 ans, de 35 à 45 ans, de 45 à 55 ans, de 8,65, 11,47, et 16,52 pour toute la population ; pour les fermiers et les valets de ferme elle n'est plus que de 6,6, 7,7, 11,6, dans les mêmes périodes de la vie.

Ces moyennes seraient encore bien supérieures si le

paysan vivait dans de meilleures conditions d'hygiène.

Il importe donc d'étudier les conditions défectueuses dans lesquelles vivent les cultivateurs, les moissonneurs et les vignerons et de voir quels sont les moyens d'y remédier.

Dans un travail des plus intéressants et ayant encore son actualité, bien que datant de plusieurs années, et auquel nous ferons de larges emprunts, MM. Combes (1) signalent tout d'abord l'insalubrité des logements. Dans un rapport sur les épidémies (2) on constate que l'une des principales causes des épidémies dans l'ancienne Normandie, l'ancienne Picardie, est assurément l'insalubrité des logements.

On est étonné de trouver au milieu d'une plaine fertile, sur de vastes coteaux couverts d'une végétation luxuriante des villages enfoncés dans le sol, des chaumières construites sans art et presque dénuées d'ouverture.

Bien que l'espace ne manque pas à la campagne, il n'est pas rare de voir dans un espace très borné un ou plusieurs lits occupés chacun par au moins deux personnes, ce qui occasionne l'impureté de l'air respiré.

On constate en outre que les soupentes dans les écuries, les miasmes qui s'échappent des litières, du fumier, l'insalubrité des habitations dans les lieux bas et humides, constituent des conditions défectueuses pour les personnes qui les habitent. Les eaux n'étant pas canalisées tombent du côté de l'habitation, y entretiennent une humidité constante et d'autant plus grande que les pièces ne sont pas dallées.

(1) *Les paysans français considérés sous le rapport historique, économique, agricole, médical et administratif*, 1853.

(2) *Annales d'hygiène et rapport sur les épidémies*, t. 25, p. 271.

Il n'est pas rare que les animaux de basse-cour y séjournent pendant tout le jour, ce qui occasionne la malpropreté à cause des ordures qu'ils y déposent. Les dépôts de foin et de fourrage effectués dans le rez-de-chaussée exhalent des odeurs délétères qui se répandent dans la maison et y occasionnent chez les personnes qui l'habitent des accidents plus ou moins graves.

Les puits sont souvent mal ou pas curés et exhalent des odeurs miasmatiques. Pour qu'une habitation destinée aux cultivateurs fût salubre, elle devrait réunir les *conditions suivantes* :

Etre exposée au midi, être largement ventilée et aérée, avoir une capacité telle que chaque personne ait de 40 à 50 mètres cubes, n'être pas humide, être fréquemment balayée et lavée, avoir des cheminées tirant bien.

Enfin les fumiers ne seront pas placés près des habitations et seront fréquemment enlevés. Les écuries et étables seront pavées et désinfectées tous les huit jours au moins avec un antiseptique non préjudiciable aux animaux, le Crésyl Jeyes par exemple.

Pour la désinfection des locaux il est de la plus haute importance de recourir à la chaux et à la peinture à la chaux.

Le sol des habitations devra être imperméable et composé de matériaux de même provenance. Dans bien des chaumières il y a à la fois du bois et de la pierre. Dans d'autres il n'y a souvent que de la terre.

On a dit que certaines maisons étaient réputées pour *donner la phtisie et le cancer à ceux qui l'occupaient* successivement. Rien n'est plus vrai pour la première de ces affections.

La tuberculose se transmet parfaitement de famille à famille si on n'a pas eu la précaution de procéder à une désinfection soignée des locaux avant d'entrer dans les lieux.

Quant à la transmission du cancer dans les mêmes conditions, le fait est plus que douteux.

Si l'hygiène des habitations est de la plus haute importance pour la santé des habitants, leur hygiène personnelle ne doit pas être négligée.

Ils doivent se munir de tricots de laine, de ceintures de flanelle, se nourrir sainement, ne faire aucun excès.

Leur eau devra être potable. Ils ne devront pas boire de liqueurs à jeun. Le café est d'un bon usage pour eux.

Les affections dont ils sont le plus souvent tributaires sont les affections rhumatismales et la pneumonie.

On observe la pellagre ou mal de misère, ainsi nommé parce qu'il atteint les cultivateurs les plus pauvres et les plus nécessiteux en Lombardie, en Piémont, dans les Landes et dans le haut Languedoc.

Le scorbut est fréquent dans les landes du Bas-Médoc.

La teigne est contagieuse dans les familles. Les terrassiers et les laboureurs sont sujets au lumbago, aux coliques, aux angines, aux ophthalmies, aux céphalalgies, aux érythèmes, aux encéphalites, aux fractures et aux contusions.

On constate chez eux des piqûres d'insectes, d'abeilles, des morsures d'animaux venimeux, la rage et les accidents de coupure par la faulx, les chutes et les contusions.

D'après le docteur Shann ils seraient sujets aux douleurs épigastriques et à la congestion du foie.

Les moissonneurs, à cause de la grande chaleur à laquelle ils sont exposés, sont sujets à la cataracte et deviennent quelquefois aliénés par suite d'insolation. Tous les vieux paysans, dit Layet, sont atteints de cyphose et restent penchés sur cette terre qu'ils ont tant arrosée de leur sueur.

Le docteur Antonio Urbano a publié (1) un intéressant travail sur l'ophthalmie des moissonneurs. Durant la récolte des grains et à l'époque de la maturité des glands, on observe chez les travailleurs de la campagne de nombreux cas de kératites, dues au choc direct des barbes d'épi des céréales etc., des feuilles de chêne contre la cornée. Ces kératites ulcéreuses qui ressemblent beaucoup à celles de cause interne, en diffèrent cependant en ce que leurs symptômes sont de plus grande intensité, les douleurs sourcilières et la photophobie tourmentent davantage le malade ; très rapidement se développent la kératite suppurative, puis l'hypopion, plus tard la nécrose de la cornée et son élimination assez grave pour entraîner l'atrophie de l'œil.

Parfois il existe un chémosis conjonctival, comme dans la conjonctivite blennorrhagique, chémosis qui est une cause puissante de la mortification de la cornée, à laquelle contribue la séparation des lames de cette membrane par l'action même du corps étranger.

Le docteur A. Urbano s'est bien trouvé, en pareil cas, des émissions sanguines générales chez les sujets forts et robustes de sangsues aux apophyses mastoïdes : de scarifications de la conjonctive dans les chémosis considérables : d'instillations de sulfate neutre d'atropine dans l'œil, pour diminuer la pression intra-oculaire et la douleur : à l'intérieur, calomel selon la méthode de Law : frictions d'onguent mercuriel belladoné sur la région sourcillière. Dans les cas de douleurs très intenses, applications sur cette même région de teinture d'iode morphinée.

Ce médecin termine en remarquant que les travailleurs agricoles sont fréquemment exposés dans les pays chauds

(1) *In Cronica oftalmologica.*

à ces accidents bien que les auteurs fassent à peine mention de cette kératite particulière.

M. le docteur Layet a cependant écrit dans son excellente étude sur les maladies et l'hygiène des paysans, un très intéressant chapitre sur les affections oculaires des campagnards et tout particulièrement sur la kératite des moissonneurs.

Le docteur Martin Duclaux, médecin des épidémies de l'arrondissement de Villefranche (Haute-Garonne), a communiqué à l'Académie des sciences la relation d'une épidémie qui a frappé, en 1859, les moissonneurs.

L'invasion, à peu près instantanée, s'est annoncée assez souvent par la céphalalgie, par des éblouissements, par l'injection ou plutôt la cyanose du visage et de tout le corps, et par des dérangements digestifs. Insensiblement et en peu de temps, défaillance de force dans les membres; les mains laissaient échapper les instruments, la marche devenait titubante; il y eut des vertiges, souvent des chutes. Le malade accusait habituellement des douleurs dans divers points de la colonne vertébrale.

Ce médecin attribue ces accidents à une congestion rachidienne.

Les frictions mercurielles sur la colonne vertébrale ont été employées avec un grand succès.

Le docteur Salisbury (1) a constaté qu'un fermier de Newark (Ohio) ayant travaillé à rentrer des pailles qui avaient été mouillées et gâtées, et s'étant ainsi exposé à la poussière ayant l'odeur de paille pourrie, résultant du triage de celles qui étaient intactes, éprouva d'abord de la sécheresse avec irritation très vive dans la gorge ; il s'y joignit bientôt de la céphalalgie, de la courbature. Le malade fut obligé de s'aliter : fièvre, délire, oppression,

(1) *Annales d'hygiène et de médecine légale*, 1863.

gorge et amygdales enflammées, puis éruption rubéolique sur la face et le cou.

Enfin ces accidents diminuèrent à mesure que l'éruption gagna toute la surface du corps ; quatre ou cinq jours après, il ne restait plus qu'un peu de sensibilité aux yeux, de la sécheresse de la gorge, et un goût de paille pourrie qui existait depuis le début de la maladie.

En même temps se manifestait dans le camp militaire de Newark une éruption semblable de rougeole sous forme épidémique. Quarante cas se déclarèrent. La plupart des militaires atteints étaient arrivés de différents lieux, sans avoir été exposés à la contagion autrement qu'en couchant sur des lits faits de cette même paille. Il constata en outre que les batteurs de blé sont souvent pris de courbature avec fièvre, catarrhe et une éruption de la face de forme rubéolique. Le Dr Salisbury se fit, ainsi qu'à sa femme, des inoculations des spores et cellules des champignons du blé et tous deux ressentirent les accidents relatés plus haut.

Bostock a, le premier, signalé chez les ouvriers qui rentrent les foins et chez les botteleurs une affection que l'on a nommée l'asthme des foins.

Elle est très probablement dûe aux émanations du foin et aux poussières qu'il contient.

La maladie s'annonce par des quintes de toux suivies d'une expectoration assez abondante et quelquefois de la fièvre, une dyspnée spasmodique accompagnée de coryza et de larmoiement.

En 1866, Rouyer a signalé dans les termes suivants une maladie constatée chez les paysans occupés à rentrer des blés humides, ou qui avaient couchés dans des greniers où il était déposé :

La maladie débutait par un prurit très pénible qui durait seulement quelques heures ; la peau rougissait et se couvrait d'une éruption miliaire et de *petits points noirs* se mouvant en différents sens ; puis tout disparaissait spontanément ou avec des lotions vinaigrées après trois ou six jours. — Ch. Robin a reconnu dans ces petits points noirs les nymphes d'un acarien dont il n'a pu constater un seul échantillon d'animal parfait.

Suivant Ramazzini les blutteurs, sasseurs, mesureurs de grains, batteurs en grange et vanneurs éprouvent des accidents par suite de l'absorption des poussières qui sont mêlées aux grains, au froment surtout.

Une d'entre elle est plus funeste encore, c'est celle qui provient des grains qui, serrés, humides, s'échauffent et fermentent.

Les molécules de ces poussières dessèchent la gorge de ces ouvriers, obstruent les voies respiratoires et leur donnent une toux sèche et fatigante. Ils ont les yeux rouges et larmoyants : ils sont presque tous cachectiques, sujets à l'asthme, à l'hydropisie et parviennent rarement à un âge avancé. Ils éprouvent sur le corps une démangeaison semblable à celle que produit une affection de la peau.

Pour éviter ces accidents, les ouvriers ont l'habitude de se garnir le nez et la bouche avec des mouchoirs pour ne pas avaler la poussière qu'ils font voltiger, de se laver souvent la bouche et les yeux avec de l'eau fraîche, de secouer leurs habits et de se baigner.

La mécanique, en remplaçant plusieurs des opérations faites par les ouvriers, a fait disparaître en grande partie les accidents relatés plus haut.

On voit dans le compte rendu de l'Académie des sciences du 30 janvier 1854 que le grain attaqué par *l'alucite* occasionne de fréquents érysipèles chez les batteurs en grange et surtout chez les lanceurs. La poussière qui s'en échappe envenime la moindre écorchure. Elle recule la guérison des écorchures ou des blessures si fréquentes chez les ouvriers occupés à de tels travaux et la rend fort longue et fort pénible.

Des cuves où fermente le raisin s'échappe de l'acide carbonique, gaz irrespirable qui a produit une foule d'accidents dont plusieurs ont été mortels.

Les vapeurs font un nuage assez épais au-dessus des cuves. Une lumière allumée qu'on en approche s'éteint rapidement.

Le premier sentiment qu'éprouve celui qui s'expose à ces vapeurs est, dit Patissier, un engourdissement des bras et des jambes, un serrement de la poitrine et du gosier, un étourdissement bientôt suivi de perte de connaissance et de la suspension de la respiration, puis de la circulation et même leur cessation complète.

Pour éviter ces accidents, il ne faut pas faire faire des cuves qui montent trop haut. Il faut provoquer des courants d'air pour chasser l'acide carbonique et surtout, quand un ouvrier se sent atteint, il doit aussitôt s'exposer au grand air. S'il est plus malade, il faut lui jeter de l'eau fraîche au visage et au besoin pratiquer la respiration artificielle.

M. le Professeur Bouisson, de Montpellier, a communiqué à l'Académie des sciences, dans sa séance du 10 août 1868, plusieurs cas d'ophthalmie produite par la poussière du soufre, sur les ouvriers employés au soufrage de la vigne.

La plupart des ouvriers chargés de cette opération, qui se renouvelle depuis le mois d'avril jusqu'au mois d'août à chaque invasion de l'oïdium, sont atteints d'une irritation oculaire plus ou moins forte, quelques-uns sont obligés de renoncer à ce genre d'occupation. Les femmes et les enfants étant plus particulièrement chargés de ce travail sont aussi plus souvent atteints de l'ophthalmie. Les sujets qui ont eu des irritations oculaires antérieures, diathésiques ou accidentelles, subissent des exacerbations inflammatoires. Cette ophthalmie est en général peu grave et consiste dans une conjonctivite. Les travailleurs atteints de cette affection ont les yeux rouges, larmoyants, tuméfiées. Ils éprouvent une douleur fugitive, assez pénible, surtout au milieu de la journée, lorsque la chaleur, la radiation solaire et la réverbération sont intenses. Ils se plaignent de photophobie et d'irradiations douloureuses vers le front. Cette irritation s'apaise par le repos de la nuit, et par les lavages à l'eau froide.

Les moyens propres à empêcher le développement de l'ophthalmie des soufreurs consistent surtout dans le choix des soufres, dans l'adoption de bons instruments, dans l'emploi des voiles et des lunettes et dans quelques pratiques hygiéniques après le soufrage.

Vernois a constaté chez les botteleurs, à la campagne, que la pression constante du genou sur les liens qui assujettissent la botte, produit, après la saison des foins, des blés, seigles ou avoines et à la suite d'un travail sur huit ou dix mille bottes, des callosités et des rugosités très vives avec rougeur sur le *genou droit*, le gauche n'offrant rien de semblable.

Le même hygiéniste dit que chez les vignerons de profession, le travail qu'ils exécutent, le corps étant toujours fortement incliné vers la terre, produit une courbure très prononcée en avant de la colonne vertébrale (portion-cervico-dorsale) ; les veines de la face sont développées. Cet état est surtout remarquable dans les pays vignobles chez les vieux vignerons. Basedow, dit Layet, a signalé sous le nom de *Melker-Krampf*, un spasme fonctionnel des doigts, analogue à la crampe des écrivains, chez les trayeuses de vaches.

Le rouissage du lin consiste dans sa macération sous l'eau pendant un certain laps de temps.

L'espèce de fermentation, produite par cette macération, désagrège la matière glutineuse qui unit entre eux les filaments de l'écorce de la plante et permet d'en détacher le ligneux par le *broyage* et le *teillage*.

Malheureusement cette immersion plus ou moins prolongée dans l'eau occasionne des émanations fétides et altère à tel point l'eau des mares et des petits étangs dans lesquels on la pratique qu'elle n'a cessé, depuis nombre d'années, de soulever les plaintes des habitants qui les avoisinent.

Il serait trop long de passer ici en revue toutes les études qu'a occasionnées cette question. M. Alfred Renouard fils a fait sur ce sujet un très intéressant travail dont voici les conclusions :

Les opérations du rouissage à l'eau courante et du rouissage sur pré peuvent être regardées comme n'ayant aucune influence sur la santé publique. Les routoirs à eau dormante doivent au contraire être considérés comme dangereux, mais plutôt par les conséquences qui résultent du non-curage de ces routoirs, que par l'odeur qu'ils exhalent lorsqu'ils sont en activité.

L'eau des routoirs à eau courante n'est généralement pas vénéneuse pour les hommes ; mais il n'en est pas de même des eaux du routoir à eau dormante, dont l'influence toxique est, dans certains cas, sinon prouvée, du moins probable.

Les bestiaux n'ont été que rarement incommodés par les eaux du routoir de quelque source qu'elles proviennent. Les eaux de routoir tuent toujours le poisson.

D'une manière générale les végétaux attaqués par les eaux de routoir périssent.

Les meilleurs moyens de diminuer l'odeur et d'atténuer les causes d'insalubrité sont, pour le rouissage à eau courante, de prescrire la mise à l'eau des lins verts, le jour de la récolte et avant toute dessiccation préalable : pour le rouissage à eau dormante qui exige à l'eau de ces lins verts, d'exiger que les tiges avant d'être mises à l'eau, soient *érussées*, c'est-à-dire autant que possible débarrassées de leurs feuilles et que les routoirs soient curés à fond après la saison du rouissage.

L'industrie du rouissage en grand du chanvre par l'action des acides, de l'eau chaude et de la vapeur vient d'être rangée parmi les établissements dangereux, insalubres ou incommodes.

Cultivateurs de riz.

Bien que la culture du riz se fasse dans plusieurs pays et notamment en France, c'est surtout aux Etats-Unis qu'elle est florissante.

Les maladies spéciales aux cultivateurs de riz consistent presque uniquement dans les fièvres paludéennes avec leurs nombreux types et variétés, depuis les simples intermittentes quotidiennes ou tierces, jusqu'aux plus dangereuses, *pernicieuses* ou congestives et hémorrhagiques. Le docteur Fornusto, qui exerce avec distinction à la Nouvelle-Orléans, dit que c'est surtout le cas dans la basse Louisiane (seule partie de l'Etat où se cultive le riz) où l'on rencontre réunies toutes les causes ou conditions naturelles qui donnent lieu aux fièvres paludéennes, telles qu'une température très élevée pendant plusieurs mois de l'année, un sol marécageux, une terre d'alluvion de quelques pieds d'épaisseur, plus basse que le niveau ordinaire des eaux du Mississipi, entourée et parsemée de nombreux cours d'eau, lacs, bagons (petites rivières tortueuses avec très peu de courant) et eaux stagnantes communiquant directement ou indirectement avec les eaux salées du golfe du Mexique. On a pu dire avec juste raison « que la basse Louisiane n'est qu'un marais ». A ces causes naturelles, propres à tous les *pays à fièvres*, il faut joindre les conditions particulières qu'exige la culture du riz, irrigation et submersion artificielle des terrains, séjour prolongé dans l'humidité des travailleurs exposés en même temps à une chaleur excessive, et on comprendra comment il se fait que les fièvres d'origine paludéenne règnent d'une façon endémique dans ces paroisses, ou parties de l'Etat, où l'on cul-où la culture du riz se fait sur une plus grande échelle encore, notamment dans la Caroline du Sud. Pour ce qui est de la Louisiane, c'est surtout depuis l'abolition de l'esclavage et les changements politiques qui en ont résulté dans les conditions politiques et sociales des blancs et des noirs, c'est surtout depuis cette époque que la culture du riz a pris d'immenses proportions. De vastes habitations ou plantations sucrières ont été morcelées et transformées en petites plantations à riz. La culture de cette céréale n'exige, en effet, qu'un petit capital et peu de travail.

Le riche planteur, lui-même, trouve qu'il lui est avantageux de faire du riz, dont la récolte se fait de bonne heure et qui lui rapporte un bon prix au comptant, ce qui lui fournit, au moment où il en a le plus besoin, l'argent nécessaire pour faire sa récolte de cannes et sa fabrication de sucre, car il est tout à la fois producteur de la matière première et fabricant.

C'est surtout dans les paroisses riveraines situées entre

la Nouvelle-Orléans et l'embouchure du fleuve que l'on cultive le riz.

Les habitations à riz n'ont en général qu'un ou deux arpents de façade au fleuve sur 7 ou 8 arpents de profondeur. Tout le long des fleuves, sur chaque rive, existent des *levées* destinées à maintenir les eaux dans leur lit et à prévenir les inondations si fréquentes dans ce pays, grâce au mauvais état habituel de ces levées, et qui ont été si désastreuses et le sont encore actuellement. Ces levées ont de 6 à 10 pieds de hauteur ; les terres qui les avoisinent sont seules aptes à la culture des orangers et de quelques légumes; au-delà, à quelques arpents, s'étend une immense prairie basse qui ne convient qu'à la culture du riz. Ces champs ou rizières sont submergés grâce à des pompes à eau ou à une saignée faite au fleuve, à de fréquents intervalles pendant le printemps.

La récolte se fait à la fin de juillet et en août : les meules se font sur les terres hautes (relativement), près des levées.

Quand le riz est battu, d'énormes tas de paille restent sur le sol et pourrissent d'année en année, ajoutant un élément de plus à la malaria. Des quantités innombrables de petits poissons et de crevettes (appelées dans le pays *chevrettes*) provenant des eaux bourbeuses du fleuve remplissent les fossés des champs et couvrent la terre : on pourrait les ramasser par charretées.

Les poissons, ces chevrettes, entrent bientôt en putréfaction sous l'influence des rayons brûlants du soleil et empoisonnent l'atmosphère.

Les maisons ou cabanes des travailleurs sont en général très peu élevées au-dessus du sol (un ou deux pieds) et n'ont qu'un seul étage : les orangers qui entourent ces cabanes, forment comme un rempart qui intercepte l'air et contribuent à augmenter l'humidité et à les rendre malsaines.

Les travailleurs sont en général assez mal nourris, mangent beaucoup de viande salée et boivent de l'eau du fleuve, souvent altérée, ou de mauvais wisky (eau-de-vie de maïs).

Les noirs, plus forts, plus habitués aux travaux des champs que les blancs, ne présentent pas moins souvent les signes indubitables de la cachexie paludéenne. La fièvre paludéenne spéciale aux cultivateurs de riz, s'appelle dans les paroisses rizières *Rice fever* ou fièvre à riz (causée par le riz). Elle présente souvent le type rémittent et pendant certains étés s'accompagne de symptômes tels que jaunisse, hémorrhagies passives, qui pourraient jusqu'à un certain point les faire confondre avec la fièvre jaune, mais la marche de la maladie est différente, et il existe en outre quelques symptômes différentiels. Ces symptômes de jaunisse, d'hémorrhagies passives, de vomissements noirs, etc., ont été maintes et maintes fois observés dans bien des cas de fièvres paludéennes, dans des pays où la fièvre jaune est inconnue, en Italie, en Algérie, et sur les bords du Gange.

En 1880, ces phénomènes ont été fréquemment observés en Louisiane, dans les régions à riz citées plus haut, et ont donné lieu à des discussions dans les sociétés médicales de ces pays (1).

Ramazzini dit que les cultivateurs de riz ont, pendant une grande partie de l'année, les jambes dans les eaux stagnantes ; ils sont pâles, sujets à l'œdème et aux engorgements des viscères : ils meurent ordinairement à l'âge de quarante ou de cinquante ans.

(1) Voir rapport du Bureau de Santé (1880).

M. Bonafous a publié (1) un petit traité sur les rizières. Il prétend que la culture du riz a été abandonnée en France à cause des maladies meurtrières qui l'accompagnent, ce qui porte le gouvernement à l'interdire formellement.

Le premier point est très grave et soulève une question importante : l'autorité municipale peut-elle assimiler une rizière aux établissements incommodes et insalubres.

L'administration est investie d'un pouvoir presque discrétionnaire pour tout ce qui concerne la salubrité publique, et la mauvaise réputation des rizières autorise suffisamment à les classer parmi les établissements insalubres, lors même qu'elles ne seraient dénommées dans aucun texte de loi spécial.

Cette culture avait été proscrite en Espagne sous peine de mort : en Amérique et en Italie elle est soumise à plusieurs mesures restrictives et partout elle passe pour compromettre gravement la santé de l'homme.

Il est facile, dit M. Bonafous, de se convaincre de son insalubrité en observant les visages livides, pâles et bouffis des habitants voisins des rizières, et en remarquant que des fièvres intermittentes y règnent toute l'année.

Une opinion opposée semble prendre crédit en Italie depuis quelques années.

On a soutenu dans plusieurs congrès scientifiques que les rizières n'étaient pas dangereuses par elles-mêmes, qu'il fallait attribuer les maladies régnantes à la constitution primitivement marécageuse des contrées où s'établit d'habitude la culture du riz. Cette opinion ne manque pas de vérité dans certaines circonstances. Il faut des

(1) *Maison rustique du XIXe siècle.*

ouvriers pour semer le riz, le sarcler, le moisonner. Pendant tous ces travaux le sol est mis à découvert, laisse échapper dès effluves miasmatiques d'autant plus dangereuses que les travailleurs ne peuvent s'en garantir : ils passent les journées les pieds enfoncés dans la vase aspirant de tous leurs poumons ses émanations fétides, puis la nuit les plonge dans une atmosphère entourée de germes fiévreux. Quand le gouvernement autorise une culture de riz, il doit stipuler certaines conditions en faveur des ouvriers dont la santé serait compromise par le travail des rizières. Au lieu de mauvauses chaumières, mal closes, mal éclairées, basses, humides, accessibles à tous les miasmes, où logent les paysans, les propriétaires devraient construire des maisons selon les règles de l'hygiène et donner tous les matins et tous les soirs une ration de vin ou de café à ceux qui travaillent dans la rizière.

Sur le revers méridional des Alpes, il y a, dit Adrien (1) beaucoup de cultivateurs de riz. Leurs champs sont entourés de fossés, de rigoles et d'écluses au moyen desquels on peut épancher ou retirer l'eau à volonté. Les habitants sont la plus grande partie de l'année dans l'eau jusqu'aux mollets. Ils ont presque tous des engorgements aux viscères : ils sont décolorés, ils deviennent hydropiques et meurent assez ordinairement vers l'âge de 40 ans. L'été, ils sont assez fréquemment atteints de dyssenterie, de diarrhée et de fièvres quartes fort longues.

Le docteur Ughi (2) reconnait comme tous les hygiénistes que la culture du riz, exigeant une très grande humidité, donne lieu au développement des miasmes d'origine paludéenne. Suivant lui l'agriculture souffre de ce

(1) A. Adrien. *Essai sur l'hygiène des professions exposées à l'influence de l'eau.*

(2) *Gaz. med. ital. por. sard.* 1861.

genre d'exploitation, d'abord par le manque de bras, puis par le manque de fourrages et par suite de bestiaux, cette véritable richesse des exploitations agricoles. L'action exercée sur les cultivateurs est plus nuisible encore, car à l'activité elle fait succéder l'inertie et la maladie à la santé. Pour réparer ses forces, l'ouvrier cherche un excitant qui lui permette de continuer son travail, et il le trouve dans les boissons alcooliques. Bientôt l'usage engendre l'abus qui finit par ruiner entièrement la santé.

Les habitants des plaines souffrent moins des accidents paludéens que les ouvriers qui descendent des montagnes ou des plateaux élevés pour travailler aux rizières. Chez les premiers la mortalité est extrêmement considérable, car sur cent cas de mort, cinquante-six portent sur des enfants au-dessous de cinq ans ; des survivants, les deux tiers succombent avant leur vingtième année et le reste végète plusieurs années encore, dans un état d'affaiblissement physique et moral vraiment digne de pitié.

Le docteur Ughi termine en disant que si l'on veut mettre un terme à ce fléau c'est de dessécher les marais et de renoncer à la culture du riz.

Les professions agricoles se sont considérablement modifiées depuis l'introduction des machines dans l'agriculture, de sorte que si au point de vue de la main-d'œuvre il y a eu un grand progrès, on doit malheureusement constater que les professions agricoles sont une de celles où les accidents sont les plus graves. Une statistique établie en Allemagne, et traduite en français par M. Gruner, secrétaire du comité permanent des accidents du travail, en donne la preuve évidente, et montre que jusqu'ici les accidents entraînant indemnités sont, en agriculture, trois fois plus nombreux qu'en industrie, à nombre égal d'accidents signalés.

Causes et conditions des accidents.

	1888.	1889.	1890.	1891.	1892.
1re classe :					
Moteurs, transmissions, machines-outils	92	1.014	1.756	2.627	2.796
Elévateurs, ascenseurs, grues, etc.	1	5	34	120	17
Chaudières à vapeur, conduites de vapeur, appareils de chauffage à vapeur (explosions, etc.)	1	1	»	2	2
Matières explosibles (explosion de poudre, dynamite, etc.)	4	26	41	102	100
Matières inflammables, chaudes, caustiques, gaz, vapeur, etc.	1	13	18	171	50
2e classe :					
Chutes d'objets, chocs, etc.	47	648	1.027	2.328	1.407
Chutes d'échafaudages, d'échelles, par des trous, dans des fosses, etc.	211	1.562	3.061	4.030	6.508
Chargement, déchargement à la main, levage et transport, etc.	20	286	634	1.315	1.418
Transport par véhicules de toute nature	204	1.417	2.559	3.888	4.419
Exploitation des chemins de fer	3	12	22	39	25
Navigation et transport par eau	2	31	38	18	36
Accidents dus à des animaux, y compris ceux survenus en conduisant	131	716	1.318	2.313	2.727
Travail à la main, ou avec outils simples (marteaux, bêches, pioches, etc.)	32	315	693	1.278	1.680
Divers	59	553	172	1.083	1.836
Total des accidents indemnisés	808	6.631	12.573	19.359	23.231
Total des accidents signalés	5.102	19.542	32.180	42.295	50.136
Résumé :					
1re classe. — Blessures causées par des machines ou des matières dangereuses	99	1.061	1.849	3.010	2.903
2e classe. — Blessures causées par toutes autres causes et motivant indemnités	709	5.570	10.724	16.349	20.266
Ou :	0/0	0/0	0/0	0/0	0/0
1re classe	12	16	15	15	12
2e classe	88	84	85	85	88

§ 5. — Professions des mineurs

Dangers. Maladies et moyens de les atténuer.

On appelle mines les lieux où se trouvent en filons, en couches ou en amas, les métaux, les minéraux et quelques matières précieuses, telles que l'or, l'argent, le platine, le mercure, le plomb, le fer, le cuivre, l'étain, le zinc, la calamine, le bismuth, le cobalt, l'arsenic, le manganèse, l'antimoine, le molybdène, la plombagine ou autres matières métalliques, le soufre, le charbon de terre ou de pierre, le bois fossile, les bitumes, l'alun et les sulfates à bases métalliques (Décret du 21 avril 1810, art. 2).

Bien que cette définition paraisse complète, il est cependant plusieurs autres mines qui devraient faire partie de cette classification, les mines de sel gemme et les ardoisières par exemple.

109. Mineurs. — Le séjour prolongé qu'ils sont obligés de faire dans les mines au milieu d'une atmosphère viciée par la respiration des ouvriers, les gaz délétères qui se dégagent, une humidité constante, et un travail qui se fait avec la lumière artificielle, constituent autant de conditions éminemment défavorables pour la santé des mineurs.

Il faut ajouter que l'on avait anciennement la déplorable habitude de faire descendre dans la mine les enfants dès l'âge le plus tendre.

Les trois quarts des familles à Liège envoyaient leurs enfants dès leur bas âge dans les houillères, qui étaient alors de vastes cimetières d'êtres vivants. De petits malheureux allaient s'enterrer là dès l'âge de 7 ans pour gagner leur subsistance. Quand ils n'y mouraient pas, ils en sortaient rabougris, et cela ne pouvait être autrement puisqu'ils croissaient et ne se développaient que dans une atmosphère chargée de gaz délétères.

On comprend qu'un pareil état de choses devait forcément appeler l'attention des hygiénistes et des législateurs.

En 1868 l'Académie Royale de Belgique fit une enquête à ce sujet et confia le rapport au très distingué docteur Kuborn.

Ce savant médecin formula des conclusions se résumant dans les propositions suivantes :

1° D'exclure complètement dans le délai de trois années, à partir du 1er janvier 1869, les femmes et les filles des travaux souterrains des mines.

2° De défendre aux exploitants, à partir du 1er janvier 1870, d'admettre dans les travaux des garçons âgés de moins de 14 ans, et que ceux qui y sont reçus devront justifier qu'ils savent lire, écrire et calculer.

Un accident extrêmement fréquent chez les houilleurs est la pseudo-mélanose ou anthracose. Cette maladie a fait l'objet d'une foule de travaux.

Il en résulte un fait indéniable, c'est que les poussières charbonneuses peuvent s'accumuler dans les poumons. L'opinion la plus vraisemblable est celle du savant docteur Boëns-Boisseau (1).

Il admet que le poussier de charbon peut devenir cause de maladie, soit en irritant les bronches, soit en obstruant une partie plus ou moins grande des poumons; il peut aussi aggraver les maladies préexistantes, la phtisie par

(1) *Traité pratique des maladies, des accidents et des difformités des houilleurs*, Bruxelles, 1862.

exemple. Mais il n'exerce qu'un effet purement mécanique, il ne saurait produire une maladie spécifique. Le docteur Boëns-Boisseau a surtout remarqué l'encombrement chez des sujets très sains, non catarrheux qui, ne toussant et ne crachant pas, ne pouvaient rejeter la poussière inhalée.

M. le docteur Küborn, vingt ans plus tard, disait au Congrès d'hygiène et de démographie tenu à Paris en 1889, que la mesure prise à la suite des vœux exprimés par l'Académie Royale de Belgique avait amené des résultats : en effet, aujourd'hui la longévité moyenne des mineurs est de quarante ans et huit mois, alors qu'elle n'était autrefois que de trente-sept ans et six mois (dans le bassin de Seraing) ; cela démontre que les conditions hygiéniques dans lesquelles sont placés les mineurs du bassin de Liège sont maintenant relativement satisfaisantes.

Les mineurs exercent une des professions les plus pénibles et les plus dangereuses. L'attitude courbée qu'ils sont obligés d'avoir pendant leur travail entraîne la déformation du corps.

On doit, d'après Boëns-Boisseau, distinguer les *houilleurs* au point de vue des *signes*, en plusieurs catégories. Dans la première sont les *ouvriers à la veine* et les *chargeurs à la taille* qui extrayent le charbon ; puis *les hiercheurs et hiercheuses de fond*, qui sont chargés de faire circuler les wagons, enfin les ouvriers qui étançonnent les galeries.

Les *mains* de tous les manouvriers sont enduites d'une couche noire de charbon de terre ; ils ont du lumbago, de l'engourdissement des membres; ils ont des abcès sous-cutanés du coude, de l'avant-bras et du genou ; on constate chez eux une bourse séreuse vers la moitié inférieure de la rotule et au devant de l'olécrâne, des rhumatismes articulaires fréquents, des tumeurs blanches, de l'œdème des membres inférieurs, de la cambrure des jambes; ils ont la pointe des pieds en dedans, les mollets en dehors, le bassin est déformé, il existe une courbure exagérée des vertèbres lombaires, l'angle sacro-vertébral est projeté vers le pubis, on trouve chez eux de l'hydarthrose du genou, de la coxalgie (chez *les ouvriers à la veine*, les *chargeurs de taille* et les *hiercheurs*); la déformation du bassin est héréditaire de père en fils chez les *hiercheurs*. Les causes de ces déformations sont la pression des coudes et des genoux sur les parois des galeries, le travail sur le côté, le dos ou le ventre, le travail des échelles, l'habitation humide et fraîche.

Le docteur Demarquette constate que les affections chirurgicales les plus fréquentes sont aux articulations tibio-tarsiennes et radio-carpiennes, les fractures comminutives, les brûlures dépendant de l'inflammation du grisou et de l'explosion de la poudre; les luxations sont rares, dit-il, ce qu'il attribue à l'agilité extrême des ouvriers mineurs. Enfin il signale des fractures du crâne résultant de la chute des échelles, et des fractures du rachis provenant de chutes dans la profondeur des puits.

Le docteur Riche s'est surtout attaché aux affections médicales. Après avoir consulté sur ce sujet les travaux de Kuborn, de Moll, de Hersey, il remarque au premier rang les maladies des voies respiratoires, et dans ce groupe celles qui se rencontrent le plus souvent sont la bronchite et l'emphysème pulmonaire. Puis viennent les affections rhumatismales, les maladies des voies digestives et les fièvres intermittentes dont la fréquence dans ce milieu constitue un fait intéressant. Enfin il note la rareté de la phtisie chez l'ouvrier houilleur.

Le docteur Demarquette a constaté la fréquence de l'angine gutturale, de la bronchite, de la pleurésie, du rhumatisme, de la fièvre continue, de la diarrhée, de la dyssenterie et des maladies du cœur.

Le docteur Demarquette, qui a été pendant huit ans médecin des ouvriers des mines houillères de Courrière, Billy et Hénin-Liétard, dit que la phtisie est très rare chez ces ouvriers, malgré la fréquence des bronchites souvent de longue durée.

Un fait important à noter c'est qu'ainsi que l'a remarqué Makeller, les mineurs qui exploitent dans des galeries très étroites un charbon très sec y sont plus exposés. Le docteur Riembault a aussi constaté qu'alors que l'encombrement charbonneux des poumons est commun dans les mines de Saint-Etienne où le charbon, sec et bitumineux, se pulvérise avec facilité, il est au contraire rare dans les mines du département de l'Allier dont les charbons maigres laissent filtrer l'eau et sont toujours mouillés.

Suivant le Dr Crocq l'anthracnose pulmonaire semble évoluer de la même manière que la tuberculose. Elle présente en effet trois périodes : 1° l'infiltration charbonneuse avec phénomènes d'anémie ; l'hématose est plus difficile à cause de la couche charbonneuse qui empêche les échanges gazeux ; 2° l'encombrement charbonneux ayant augmenté, les malades présentent des symptômes d'asthme, mais cet asthme n'entrave pas leur existence ; 3° à cette période, les malades présentent à peu près les mêmes phénomènes que ceux de la tuberculose pulmonaire ; expectoration purulente, bruits caverneux, etc., et ils ne tardent pas à succomber.

D'après le Dr Fabre, l'anthracnose augmente notablement l'emphysème pulmonaire et la dilatation bronchique. Si les poussières charbonneuses sont très abondantes, elles entretiennent un état d'inflammation.

Le Dr Crocq confirme ce fait et ajoute qu'il est probable que la poussière de charbon joue un rôle prophylactique vis-à-vis de la tuberculose. On a vu des familles présentant un terrain héréditairement tuberculeux échapper à cette maladie en travaillant dans les mines : assurément les chiffres de la mortalité y sont très bas.

Une des affections les plus communes chez les mineurs consiste dans la présence d'ankylostômes dans leurs intestins.

Le Professeur Perroncito, de Turin, est certainement celui qui a le plus contribué à jeter la lumière sur cette intéressante question. Il établit d'abord en 1880 que la maladie des ouvriers qui travaillaient au percement du Saint-Gothard était essentiellement parasitaire et qu'elle était dûe à l'*ankylostoma duodenalis*, à l'*anguillula stercoralis* de Bavay et à une foule d'autres parasites. Il se contenta d'étudier et de cultiver ces deux espèces. L'analyse de ce travail a été bien faite dans la *Semaine médicale*. L'ankylostoma habite le duodenum et les deux tiers supérieurs du jejunum ; enveloppé de mucosités, il adhère à la muqueuse intestinale. Jamais Dubini ne le vit dans l'estomac, ni dans le gros intestin, une fois seulement dans l'iléon. Les individus qui en sont porteurs rejettent en plus ou moins grand nombre des œufs qui ont besoin de sortir de l'organisme pour produire une larve vivante.

Les œufs de l'ankylostome sont ovoïdes. Leur coque est mince, le bord en est régulier et transparent. Ils atteignent 0mm052 de diamètre en longueur et 0mm032 de diamètre en largeur.

Après la fécondation, le vitellus commence à se segmenter dans l'intérieur même des oviductes ; mais, en raison de la chaleur du tube digestif, ils doivent être expulsés pour se développer davantage.

Si on cultive ces œufs dans un milieu semi-fluide à la

température la plus favorable, c'est-à-dire de 25° à 30° C., la segmentation continue à se faire, et, après 12 heures de culture, on commence à apercevoir des larves dont le nombre augmente les jours suivants. Les larves sortent par des points situés près du pôle de l'œuf. Leurs mouvements, d'abord faibles, augmentent peu à peu ; ils sont serpentiformes. En 4,6,8 jours, les larves ont atteint leur complet développement. Dès lors leur peau secrète une substance transparente, chytineuse, qui ne tarde pas à les revêtir complètement. On peut alors voir la larve se mouvoir dans cette capsule qui l'emprisonne et en dessine exactement les contours. Cette capsule possède une grande force de résistance ; les tentatives de dessèchement la déforment ; mais elle reprend son état normal si on la place ensuite dans un milieu humide. Elle est striée transversalement et présente en outre deux banderolles étendues de la tête à la queue, et situées l'une sur le dos, et l'autre sur la face ventrale. Elle se charge de dépôts calcaires qui la rendent friable, ce qui permet à la larve de sortir dans un état complet de maturité si, par hasard, on vient à la rompre.

Nous ne décrirons pas l'ankylostome à l'état parfait. Disons toutefois que M. Perroncito a signalé un fait nouveau de nature à nous apprendre la manière dont ces parasites débilitent les malades qui en sont porteurs ; c'est la présence dans leur tube digestif d'un nombre variable d'hématies et de cristaux dérivant probablement de l'hématocristalline.

L'auteur s'occupe ensuite de l'*anguillule intestinale* signalée déjà par Normand et Bavay dans les salles des malades atteints de la diarrhée de Cochinchine. Leurs œufs se distinguent de ceux de l'ankylostome par leur forme plus acuminée et leurs dimensions moindres ; ils ont aussi besoin de sortir de l'organisme pour accomplir leur développement.

Quand à l'*anguillule stercorale*, elle se développe complètement dans l'intestin.

M. Perroncito a également étudié l'influence de la chaleur et de diverses substances médicamenteuses sur ces parasites. La température la plus favorable au développement des ankylostomes est comprise entre 28 et 35° cent. A quarante degrés, leurs mouvements se ralentissent; ils meurent à 50°. Parmi les nombreuses substances dont l'action a été expérimentée, citons l'acide thymique dont la solution à 1/2 0/0 les tue en 8 à 10 minutes; l'infusion de kousso qui les a laissés vivre plus d'une heure; les vapeurs d'essence de térébenthine supportées par eux pendant plus de six heures, et l'alcool étylique à 36° qui les tue en cinq minutes.

Les préparations qui tuent les larves de l'ankylostome tuent aussi celles de l'anguillule; les premières ont cependant une force de résistance beaucoup plus considérable.

La diffusion de ses parasites n'échappe pas aux lois ordinaires, et rien n'est plus simple que de comprendre comment leurs œufs ou larves peuvent s'introduire dans le tube digestif avec les boissons, la poussière et la boue qui souille souvent les doigts des ouvriers; d'autant plus que ces larves ont l'habitude de se pelotonner pour vivre en colonie.

Cette notion parasitaire acquise, M. Perroncito a conseillé le traitement suivant;

Extrait éthéré de fougère mâle, 2 grammes par jour pendant 10 à 15 jours, ou bien 10 grammes pendant 2 ou 3 jours de suite, ou bien encore 20 à 30 grammes en une seule fois. Le malade doit être à jeun ou n'avoir pris qu'un léger repas la veille.

Si l'on désire retrouver le parasite, administrer une dose élevée, puis prescrire de l'huile de ricin peu de temps après. On délaiera les matières fécales avec de l'eau, on passera à travers un tamis, les vers seront retenus.

Ce traitement a déjà donné en Italie un bon nombre de succès, confirmant ainsi cette opinion que la maladie du Gothard est bien réellement parasitaire.

L'enquête a été poursuivie sur les mineurs de Schemnitz, en Hongrie, donnant des résultats identiques. Comme nous l'avons annoncé, M. Perroncito a également trouvé l'ankylostome sur quatre ouvriers mineurs entrés à l'Hôtel-Dieu de Saint-Etienne. Les anguillules n'ont pas été trouvées chez eux. Suivant son conseil, le traitement précédent leur a été appliqué.

La maladie décrite sous le nom d'anémie des mineurs a débuté en 1803 à Fresnes, concession de la compagnie des mines de houille d'Anzin, près Valenciennes. Le renouvellement de l'air s'y faisait mal, et on y éprouvait une gêne sensible de la respiration. Les chandelles dont se servaient les ouvriers pour éclairer leurs travaux y brûlaient faiblement et donnaient peu de clarté.

La maladie débuta par la gêne de la respiration, la prostration des forces, de très vives douleurs épigastriques, puis des coliques si violentes qu'il fallait plusieurs personnes pour contenir le malade : météorisation de l'abdomen et déjections noires et vertes.

Durée des accidents initiaux pendant dix à douze jours et parfois même un mois.

Alors les coliques se calment, le pouls devient très faible, très concentré et très accéléré. Il y a augmentation des anxiétés et des palpitations du cœur « si fortes qu'on en aperçoit les mouvements à l'œil ». Le teint devient décoloré, d'un jaune spécial à cette maladie, à laquelle il a fait donner le nom de *maladie jaune*.

Défaillances fréquentes, affreuse céphalalgie avec sensibilité morbide au moindre bruit et à la lumière ; œdème de la face et des membres inférieurs, affaiblissement, maigreur extrême et consomption. Les derniers jours, les accidents primitifs reparaissent avec plus d'intensité, en particulier les coliques avec météorisation et déjections purulentes, et la mort ne tarde pas à survenir.

Cette maladie fit l'objet d'intéressantes études de la part des docteurs Boëns-Boisseau sur les houilleurs de Mons, Charleroi et Liège, et du docteur Küborn sur ceux de la Belgique en général.

L'anémie des mineurs, que le docteur Manouvriez propose d'appeler plutôt anémie des houilleurs, n'est pas spéciale aux mines de houille de la Compagnie d'Anzin : elle a également sévi sur un assez grand nombre de houillères dans le même bassin du Nord Franco-belge : mines de Fresnes-Sud, d'Aniche, de l'Escarpelle, de Billy, de Lens, charbonnages de Mons, Charleroi, Liège, et dans d'autres bassins en France : mines de l'Allier, de la Loire, de Decize (Nièvre), de Graissessac (Hérault), et en Suède.

Suivant le docteur Manouvriez, cette maladie doit être considérée comme une intoxication par absorption pulmonaire, cutanée et gastro-intestinale des vapeurs de divers dérivés de la houille, amylène, hexylène, benzine, phénol, aniline et produits de distillation et de combustion lentes de la houille exposée au contact de l'air, produits qui se dégagent dans l'atmosphère confinée des mines pendant l'extraction.

La prophylaxie la seule efficace consiste à établir dans les fosses infectées d'anémie une ventilation assez *énergique* pour pouvoir remonter au jour, par le puits d'appel, la totalité des vapeurs des dérivés de la houille, qui, beaucoup plus lourds que l'air, tendent, contrairement au grisou, à s'accumuler et à stagner dans les bas-fonds.

L'aspiration par des ventilateurs (système Guibal) est préférable à celle par des foyers. Dès l'apparition des premiers symptômes on interdira au mineur le travail du fond dans la fosse où il aura contracté sa maladie pour l'employer au jour ; désormais il ne devra descendre que dans des fosses où l'anémie ne règne pas.

L'élimination du poison accumulé dans les organes, notamment dans le foie, sera favorisée par des purgatifs, l'alcool, l'éther, le lait et les alcalins.

Il est une industrie qui ne peut se rattacher à l'étude de la profession de mineurs, mais dont nous croyons devoir parler au sujet de l'anémie des mineurs, nous voulons parler de l'intoxication par le brai dans la fabrication des agglomérés de houille.

Le docteur Manouvriez, de Valenciennes, qui avait publié dans les *Annales d'hygiène* (mai 1876) un excellent travail sur cette question, l'a complété en publiant l'année suivante, dans le même recueil, le relevé de quelques cas nouveaux et l'indication des mesures prophylactiques qui ont été appliquées. Le rapprochement que nous faisons en comparant avec l'anémie des mineurs les accidents produits par le brai montre qu'il y a une grande analogie entre les deux professions.

En effet, dit le docteur Manouvriez, du côté de l'appareil digestif et de ses annexes, on trouve de semblables rapports. L'embarras gastro-intestinal, avec douleurs épigastriques et vomissements, colique et diarrhée très fréquentes parmi les ouvriers d'agglomérés, rappelle bien la forme abdominale de *l'anémie des mineurs* qui caractérisa l'épidémie d'Anzin en 1803-1804 et que depuis lors on a encore observée exceptionnellement.

Les ouvriers en brai ont souvent présenté une hypertrophie considérable du foie, des douleurs hépatiques spontanées et provoquées par la pression, des vomissements bilieux et parfois de l'atrophie de ce viscère. Or, le foie des houilleurs anémiques était hypertrophié, sensible à la pression, et plus tard atrophié ; toujours, dans les nécropsies, il s'est montré atteint de dégénérescence graisseuse. La couleur vert-pré remarquable des urines des ouvriers d'agglomérés, et notamment des hommes de cave, a été constamment retrouvée identique chez les anémiques de Fresnes ; elle avait été signalée pour la première fois par Tanquerel des Planches en 1833.

L'amblyopie avec mydriase, due au brai sec, est analogue à l'amblyopie, également avec mydriase des houilleurs anémiques.

Comme moyens prophylactiques on a installé des jets d'eau pulvérisée qui font instantanément tomber la poussière du brai ; en outre, les ouvriers travaillent alternativement dans l'une ou l'autre cave à Saint-Vaast-lès-Valenciennes.

Grâce à ces mesures et d'autres qui seront ultérieurement prises, comme l'installation d'un vestiaire-lavabo analogue à celui qu'ont les mineurs, la profession d'ouvriers d'agglomérés ne sera pas plus insalubre que celle des autres professions industrielles.

110. Ardoisiers. — Bien que, ainsi que nous l'avons déjà dit en commençant cet article, la loi de 1810 n'assimile pas les ardoisières aux mines, on considère néanmoins comme mineurs les ouvriers ardoisiers occupés aux travaux souterrains, comme les ouvriers des ardoisières des Ardennes, Rimogne, Hayles, Fumay.

A Angers, une partie des ardoisières est à ciel ouvert ; dans ce cas, les ouvriers travaillant à l'extraction de la pierre d'ardoise peuvent être considérés comme des ouvriers carriers.

L'inclinaison des veines à Fumay est en moyenne de 30, dans la direction *du soleil de onze heures*.

Cette veine est exploitée par des travaux souterrains, *exploitation en vallée*.

Les travaux de l'ardoisière Sainte-Anne, une des plus importantes du bassin de Fumay, ont atteint une profondeur verticale de 250 mètres au-dessous du sol. Les galeries souterraines inclinées d'extraction ont 660 mètres.

L'un de nous (le docteur L. Duchesne) a fait en 1882, en collaboration avec le docteur Ed. Michel, à la Société de Médecine publique et d'Hygiène professionnelle, la communication suivante sur les ardoisiers :

L'industrie ardoisière, extrêmement ancienne, puisqu'elle date déjà de plusieurs siècles, prend de jour en jour une extension plus grande, grâce au nombre considérable de constructions qui s'élèvent.

Pour donner une idée de l'importance toujours croissante de cette industrie, nous dirons que la fabrication des ardoisières d'Angers, qui ne dépassait pas, en 1830, une somme d'affaires de 1.550.000 francs, atteignait au contraire en 1860 le chiffre de 3.700.000. En 1881, elle s'est élevée à 5 millions de francs. En 1875, il y avait à Trélazé, village où sont situées les carrières d'Angers, plus de 2.500 à 3.000 ardoisiers.

Les gisements les plus considérables d'ardoises en France sont, après Angers, les gisements des Ardennes, Rimogne, Fumay, Deville et Monthermé. Le bassin de Fumay fournissait, il y a cinquante ans, quarante millions d'ardoises représentant une valeur de 500.000 francs ; depuis, l'industrie n'a fait que prospérer et il y a vingt ans la production était de 90 millions d'ardoises et de

1.620.000 francs. A l'heure actuelle, elle est de 110 millions d'ardoises et de 2.750.000 francs.

D'autres gisements, moins importants, existent à Chateaulin, sur les bords du canal de Nantes à Brest, dans le Finistère ; au Plessis-en-Cosme, dans la Mayenne ; à Renazé et Chattemoue, dans le même département ; à Saint-Léonard, dans l'Orne ; à Caumont-l'Eventé, dans le Calvados ; à Saint-Germain et à Saint-Georges-le-Gauthier, dans la Sarthe ; à Vritz et à Anverné, dans la Loire-Inférieure ; à Avrillé et La Pouèze, dans Maine-et-Loire. Enfin, quelques exploitations sont disséminées dans les départements des Hautes et Basses-Pyrénées, de l'Ariège, dans la Corrèze, près de Brives, et dans la Savoie.

A l'étranger, les principales ardoisières sont en Angleterre, au sud-ouest, dans le pays de Galles ; au centre, dans la région des lacs anglais du Cumberland et du Westmoreland, et enfin au nord en Écosse. C'est surtout dans le Caernevonshire, c'est-à-dire dans la pointe nord-ouest du comté de Galles, que se trouvent les plus grands centres de production. En Suisse, on trouve une mine considérable à Platberg.

Afin de bien montrer quelles sont les conditions hygiéniques dans lesquelles vivent et travaillent les ouvriers, et à quelle nature d'accidents ils sont exposés, nous allons décrire sommairement les procédés d'extraction et de fabrication tels qu'ils se pratiquent à Angers et dans les Ardennes. Le travail le plus complet qui existe sur ce sujet est dû à l'habile ingénieur des ardoisières d'Angers, M. Blavier ; il a pour titre : *Essai sur l'industrie ardoisière d'Angers* (1863) : nous lui ferons de nombreux emprunts.

L'exploitation a lieu, soit dans des carrières à ciel ouvert appelées quelquefois *perrières*, soit dans des carrières souterraines. Dans le premier cas, il faut avant tout procéder à la *découverture*. Cette opération consiste à enlever la terre végétale et l'argile qui recouvrent la veine ardoisière. Dans le second cas, on procède d'abord au creusement des puits et des galeries que l'on soutient ensuite par des piliers ménagés dans la masse. Il faut avoir soin de donner aux tranchées une pente légère, afin de faciliter l'écoulement de l'eau qui vient se réunir à l'extrémité de la tranchée, d'où on l'extrait au moyen de pompes à épuisement mues aujourd'hui par la vapeur, mais qu'actionnaient autrefois les femmes des ouvriers. Cela fait, on procède à l'exploitation proprement dite. Ce travail comprend plusieurs opérations : en premier lieu, l'*abatage* du schiste ; en second lieu l'*enlèvement des blocs et leur transport au jour*.

1° L'*abatage*. — La première opération pour l'abatage du schiste consiste dans le *fonçage*, c'est-à-dire dans l'ouverture d'une rigole ayant 3 m. 33 de profondeur. Le fonçage s'opère à la poudre, à la dynamite ou à la pointe, sorte de pic dont un seul bout est aciéré et dont le manche, flexible, est long d'un mètre.

Les ouvriers font ensuite des mines *à lever* ou horizontales et des mines *debout* ou verticales, de manière à produire avec la poudre ou avec la dynamite une fente dans laquelle ils introduisent des *quilles*, ou longs coins de fer, qu'ils enfoncent en frappant en cadence avec des marteaux très lourds nommés pics. Puis, pour renverser le bloc, ils se servent d'espèces de leviers qu'on appelle barres et avec un marteau, nommé pic moyen, ils frappent sur de petits coins ou *alignoirs*, de manière à diviser le schiste en fragments que l'on puisse porter. Cette opération se nomme l'*alignage*.

Les ouvriers régularisent ensuite avec la pointe la cassure inégale du bloc, c'est ce qu'on appelle *ranger les écots*. Les ardoisiers, à Angers, se divisent en ouvriers d'*à-bas* et en ouvriers d'*à-haut*. Dans les Ardennes, on les appelle tous indistinctement des *escaillons*.

Les opérations que nous venons de décrire sommairement sont toutes pratiquées par les ouvriers d'à-bas dans les mines souterraines ou dans les perrières.

L'ouvrier doit encore, suspendu à un câble, visiter les parois de l'excavation, de manière à faire tomber toutes les parties de rocher qui menaceraient de se détacher : c'est ce qu'on nomme l'opération du *décalabrage*.

Le bloc taillé, ainsi que nous venons de le voir, est placé dans des caisses dites bassicots qui, mues par la vapeur, arrivent doucement au niveau du sol ; il est alors reçu par un charriot à bascule, attelé d'un cheval, et conduit à l'atelier du fendeur par des enfants de 12 à 16 ans. Deux ouvriers spéciaux appelés *conduiseurs* ont pour mission de surveiller la sortie du bassicot de la mine, de manière à ce qu'il n'accroche pas contre les parois ou contre le pont sur lequel se trouve le chariot.

Ces ouvriers doivent être extrêmement prudents, afin que le bassicot ne se détache pas et qu'il ne laisse pas échapper des débris qui pourraient, en tombant, aller blesser ou tuer les ouvriers travaillant au fond.

Tandis qu'à Angers les choses se passent ainsi que nous venons de l'indiquer, à Rimogne, au contraire, le transport des blocs du jour aux barraques où il est travaillé se fait encore à dos d'homme ; nous verrons plus loin les inconvénients qui résultent. pour l'ouvrier, du port de charges aussi considérables.

Le bloc amené aux ouvriers d'à-haut, ou *fendeurs*, doit être débité, c'est-à-dire réduit en lames minces auxquelles on donne la forme bien connue des ardoises de nos toits, mais pour être facilement débité, il faut de toute nécessité qu'il ait encore un certain degré d'humidité ; trop sec, il est cassant et se divise mal. Les fendeurs ou ouvriers d'à-haut travaillent sous des abris mobiles en paille à Angers, dans les Ardennes sous des galeries plus confortables appelées des baraques *tue-vent*.

Ils se servent d'un gros ciseau en acier et d'un maillet en bois qui divise le bloc en fragments nommés *repartons*.

Après le *repartonage*, ils placent entre leurs jambes, garnies de guêtres épaisses en chiffons liés par des cordes, le morceau de grosseur convenable, et au moyen d'un ciseau très mince et très effilé, ils le divisent en plaques d'épaisseur décroissante ; c'est ce qu'on appelle le *fendis*. Enfin, pour tailler ces plaques, on se sert du *dolleau*, lourd couteau en fer, à poignée en bois, qui fait cisaille avec le rebord métallique d'un billot en bois (le chapus) sur lequel l'ouvrier appuie le côté du fendis à affranchir, c'est ce qu'on appelle rondir l'ardoise. A Rimogne, à Deville et à Monthermé, cette opération se fait mécaniquement.

Maintenant que nous avons donné une idée sommaire du travail que nécessite l'exploitation des ardoisières, nous allons voir comment il influe sur la santé des ouvriers et quels sont les maladies ou accidents dont il peut être la cause directe ou indirecte.

Il n'y a pas à proprement parler de maladie spéciale aux ardoisiers. Celle qu'on observe le plus fréquemment est la phtisie pulmonaire. Elle atteint les ouvriers d'à-haut et les ouvriers d'à-bas, quelque différentes que soient les conditions hygiéniques dans lesquelles ils se trouvent placés. Pour les ouvriers d'à-bas, il existe plusieurs causes de phtisie. En premier lieu, la difficulté d'aération des mines, difficulté qui ne saurait surprendre, si on réfléchit que les ardoisiers travaillent à des profondeurs qui varient entre cent et quatre cents mètres. Dans ces dernières années, des améliorations très importantes ont été faites, des galeries d'aération ont été creusées à côté des galeries d'exploitation, et de puissantes machines de propulsion ont été installées pour envoyer une grande quantité d'air aux travailleurs; mais, malgré tous ces efforts, les conditions sont restées très défectueuses.

La seconde des causes qui amènent les accidents pulmonaires, est la présence dans l'atmosphère des vapeurs irritantes produites par l'explosion de la poudre ou de la dynamite, ou encore par les lampes fumeuses des mineurs.

Enfin, en troisième lieu, les poussières d'ardoises, ainsi que nous le verrons dans un instant, jouent un rôle important dans la production de la phtisie. Pour les ouvriers d'à-haut, cette dernière cause n'est pas la seule qui existe; il faut noter, à côté d'elle, les conditions dans lesquelles ils travaillent en plein air, soumis à des variations nombreuses de température; on observe chez eux des accidents pulmonaires aussi graves et tout aussi précoces que chez les précédents, bien que le processus de l'affection soit essentiellement différent.

C'est vers l'âge de quarante à cinquante ans qu'on voit se produire chez les ardoisiers les premières atteintes de la maladie, bien connue des ouvriers qui l'appellent *maladie des ardoisiers*, et qui est pour nous, médecins, la phtisie pulmonaire, l'anthracosis des ardoisiers.

Le petit nombre qui échappe devient emphysémateux. Tous les ouvriers ardoisiers de Fumay, en particulier, meurent phtisiques. M. le Dr Hamaïde, qui exerce avec distinction la médecine dans cette localité depuis plus de vingt ans, n'a jamais eu à constater chez les ardoisiers autre chose que de la phtisie pulmonaire. En 1871, quelques-uns sont morts de variole, il y a eu deux décès par cancer, et c'est tout.

Pour le docteur Hamaïde, la phtisie est due surtout à

l'action de la poussière d'ardoise qui s'accumule dans les voies respiratoires, finit par les ulcérer et amène une bronchite qui apparait entre 35 et 36 ans et même plus tôt ; plus tard arrive toute la série des accidents bronchiques et pneumoniques. L'affection marche en apparence lentement, elle dure 5, 6, 7, 8, 10 ans quelquefois, mais elle ne manque jamais.

M. le docteur Hamaïde nous communique en outre les renseignements suivants, qui sont d'un puissant intérêt : Dans les trois dernières années, dit-il, trois ouvriers de Fumay m'ont donné des échantillons des poussières qui s'accumulent dans le poumon. L'un d'eux, L. M., dans une expectoration brusque, éliminait deux fragments gros comme la pulpe du petit doigt, élimination suivie immédiatement d'une hémoptysie très abondante. Un autre ouvrier, J. M., m'en a montré aussi de gros échantillons et J. D., de Fumay, m'en laissait voir de nombreuses parcelles sur le papier qui garnissait sa chambre.

Ainsi que nous l'avons dit, les ouvriers d'à-haut sont tout aussi sujets à cette affection que lesouvriers d'à-bas. M. Hamaïde a cité en particulier le cas de deux ouvriers de Hayle, raboteurs d'ardoises pour écoles, appartenant tous deux à des familles de bonne constitution, n'ayant jamais travaillé dans les ardoisières, et qui ont succombé tous deux à la phtisie des ardoisiers, alors que leurs frères, très nombreux et ouvriers d'autres métiers, continuaient à se bien porter.

En 1875, un essai tenté pour des motifs industriels, ayant pour but de débiter une grande quantité d'ardoises dans des conditions spéciales de dimension, avait fait employer une machine composée de scies circulaires destinées à couper nettement l'ardoise ; un petit jet d'eau tombait incessamment sur les points où la scie entaillait la pierre en entraînait ainsi toute la poussière produite, mais ce mode de section donnait un produit de moins bonne apparence, l'ardoise avait moins de chanfrein et conduisait mal la goutte d'eau ; enfin les ouvriers, craignant que ce genre de travail ne nuisît à leurs intérêts, s'étant mis en grève, le mode d'exploitation fut mis de côté.

Le médecin de Fumay, dont nous avons cité le nom à plusieurs reprises, déplore avec juste raison cet abandon; il voyait dans l'emploi de cette machine la possibilité de faire cesser l'absorption pulmonaire des poussières d'ardoises, qui est si dangereuse à ses yeux et qu'il déclare être la principale cause de la phtisie des ardoisiers.

Si on ajoute à cela que Fumay avait déjà des ardoisières exploitées sous Pépin-le-Bref, que les ardoisiers ne prennent jamais d'apprentis en dehors de leurs familles, il y a lieu de tenir grand compte de l'hérédité, qui prépare le terrain et facilite l'éclosion des accidents dont les poussières sont la cause déterminante.

Pour diminuer dans la limite du possible cette pénétration trop active des poussières dans les voies respiratoires, le docteur Hamaïde conseille avec raison le port des moustaches qui arrêtent toujours une certaine quantité de particules d'ardoises. Pour combattre l'état général et modifier le terrain, il engage les ardoisiers à suivre une bonne hygiène ; il tonifie leur organisme de toute manière et leur recommande en particulier l'exercice au grand air et la promenade dans les bois; mais, de son propre aveu, le cabaret l'empêche souvent de faire son œuvre de régénération. A Angers, les ouvriers originaires du pays, boivent surtout du vin ; seuls, les ouvriers venus de la Bretagne s'adonnent à l'eau-de-vie. A Rimogne et à Fumay, ils boivent surtout de la bière et du piquet, sorte de genièvre. C'est à cette cause surtout qu'il faut attribuer les dyspepsies que l'on observe souvent chez ces ouvriers, sans préjudice des autres affections engendrées par l'alcoolisme.

En dehors de l'hérédité, dont il faut tenir un compte très sérieux, notons, comme une des conditions les plus favorables pour l'éclosion de la phtisie, l'anémie spéciale des mineurs, décrite par Hall, Moll, Tardieu, Beaugrand, Layet et d'autres, et qui se rencontre à un haut degré chez les ardoisiers d'à-bas. Comme chez les mineurs, elle reconnait pour causes les travaux pénibles, la température constante au milieu de laquelle ils sont placés, le défaut de renouvellement de l'air confiné et aussi, on pourrait dire surtout, l'absence de lumière solaire.

Dans les galeries souterraines, en effet, l'éclairage se fait soit par des foyers électriques dont l'éclat est fatigant et nuisible, comme à Angers, ou comme dans les Ardennes, par les lampes fumeuses que les mineurs portent attachées à leurs chapeaux en cuir bouilli et qui répandent dans l'atmosphère des produits de combustion irritants pour la gorge et nuisibles à la respiration.

Pour compléter le tableau des maladies imputables à l'exploitation des ardoisières, notons diverses épidémies de fièvres intermittentes dues aux remuements parfois considérables de terrains nécessités par la découverture. C'est ainsi que M. le docteur Farge a fait, à la Société de médecine d'Angers, un rapport sur une épidémie de fièvre intermittente ayant sévi sur des villages voisins des vieux fonds de carrières abandonnées. Ces accidents paludéens ont eu lieu par un été exceptionnellement chaud et sec. Ils étaient certainement dus au voisinage du Lauthius, à la difficulté d'écoulement des eaux de cette petite rivière, ainsi que des cours d'eau qui se déversent du bassin ardoisier dans la Maine et la Loire, et causent des inondations presque périodiques. Mais les mêmes accidents paludéens étant très fréquents au voisinage des nombreux cours d'eau de Maine-et-Loire, nous reconnaissons qu'ils n'auraient rien de bien spécial si on n'en avait pas observé dans d'autres contrées ardoisières.

Si nous recherchons maintenant les lésions produites par le travail professionnel, nous observons les faits suivants : la station debout nécessitée souvent par les travaux de la mine et par le débit de l'ardoise, enfin le fait de l'ascension fréquente des échelles, déterminent une série d'efforts qui entraînent souvent la production de hernies et de varices des membres inférieurs.

Les hernies constituent en effet, d'après les certificats délivrés par les médecins d'Angers, une cause fréquente de retraite. Il en est de même des varices qui, occasionnant et entretenant des ulcères, forcent souvent les ouvriers à cesser leur travail.

Sous l'influence de l'irritation produite par la poussière et la fumée, on observe des affections cutanées fréquentes, telles que l'eczéma, l'intertrigo, des éruptions furonculeuses, etc.

Du côté de l'appareil de la vision, on remarque chez les ardoisiers des accidents allant du plus bénin au plus grave. A côté de simples conjonctivites, résultant de l'irritation produite par la fumée et les corps étrangers de petit volume, on voit quelquefois des traumatismes très sérieux. Il n'est pas d'ouvrier qui ne se soit fait extraire un ou plusieurs corps étrangers de la cornée ou qui ne porte sur cet organe ou sur la conjonctive oculaire un ou plusieurs grains de poudre.

Les ardoisiers, ainsi que nous le verrons dans un instant, ne vivent pas vieux : ceux qui par exception arrivent à un âge avancé ont les jambes arquées et le corps courbé en deux. Cela tient aux fardeaux très lourds qu'ils portent sur leurs épaules. Bien qu'à Angers le transport des pierres extraites se fasse par wagons et par charrettes, il n'en a pas toujours été de même et il n'en est pas ainsi à Rimogne. Là, les blocs sont encore aujourd'hui transportés à dos d'homme, et cela non seulement à des distances quelquefois considérables et sur un terrain inégal, tortueux, mais encore en montant de l'intérieur de la carrière vers l'extérieur, c'est-à-dire d'une hauteur quelquefois de plus de 600 pieds. Les malheureux arrivent dans ce cas-là haletants, couverts de sueur, succombant presque sous des charges de 300 à 400 livres environ. On comprend dès lors que le transport au moyen de treuils mus par de fortes machines et de wagonnets tirés par des câbles d'aloès a été un véritable progrès, au point de vue de la santé des ouvriers.

Ceux qui portent encore les blocs sur leur dos présentent au point de vue médical, un aplatissement avec callosités des deux dernières phalanges de l'indicateur, du médius et de l'annulaire des deux mains; de plus, ces trois doigts de chaque main devient forte en dehors en s'écartant du pouce. Les callosités que nous venons de signaler sont parfois très rugueuses et siègent surtout au niveau de l'articulation de la première phalange avec la deuxième phalange, à la région dorsale. Cette déformation spéciale est due à la position qu'est obligé de prendre l'ouvrier ardoisier pour monter les marches de l'échelle, le corps courbé en deux, à quatre pattes pour ainsi dire, en s'appuyant à la région antérieure sur la deuxième phalange des doigts indiqués. La direction en dehors tient à la même cause.

Enfin, on observe chez eux, par suite de la pression produite à la région lombaire par le poids du bloc, une callosité arrondie et quelquefois très douloureuse. A Angers, les certificats de médecins délivrés à l'appui des demandes de retraite, bien que rédigés en termes très généraux, permettent de constater un assez grand nombre de rhumatismes chroniques généralement sous forme de lumbago chronique. Bien différentes sont les déformations acquises par les ouvriers d'à-haut dans l'exercice de leur profession. Chez ces derniers, on trouve surtout une bourse séreuse au niveau du sternum ; puis, au niveau de l'épaule, une callosité due à l'effort fait par cette région pour enfoncer le ciseau dans l'opération de la fente ou clivage. Pour fendre ou cliver, l'ouvrier doit aussi placer le morceau entre ses sabots et frapper sur son ciseau d'acier au moyen d'un maillet en bois, de là une position incurvée qui lui donne une attitude spéciale.

On observe aussi quelquefois, mais plus rarement, au niveau des condyles du fémur, deux bourses synoviales dues à la pression de l'ardoise que l'ouvrier maintient entre ses jambes pendant le clivage.

Telles sont les déformations qu'entraîne pour l'ouvrier le travail de l'ardoise. Nous allons passer en revue maintenant les principaux accidents qui peuvent l'atteindre :

Les ouvriers d'à-bas peuvent être blessés par : 1° la chute de blocs de faible volume, de 1 à 2 mètres, que la surveillance la plus attentive des parois et le travail du décalabrage ne peuvent pas toujours prévenir ; 2° par les chutes de pierres qui sortent du bassicot pendant son ascension, par la chute des outils que la maladresse des ouvriers placés au jour peut laisser tomber au fond des carrières ; 3° par la rupture des câbles ou chaines servant à l'extraction ; 4° par les chutes qu'ils peuvent faire ; 5° par les chutes de terre dans les découvertures ; 6° par l'enfoncement d'un échafaudage mal assujetti, et dans ce cas la chute peut avoir lieu au-dessus d'un réservoir d'eau et entraîner alors la mort des ouviers par submersion ; c'est de cette manière qu'ont péri il y a quelques mois deux ouvriers; 7° par éboulement d'une perrière, ainsi que cela est arrivé le 2 janvier 1868 à Angers, à la carrière des Grands-Carreaux, effondrement dans lequel trois ouvriers ont trouvé la mort ; 8° par les débris projetés par l'explosion de la poudre ou de la dynamite.

Nous trouvons dans le remarquable ouvrage de M. Blavier le tableau suivant, très intéressant, des accidents arrivés dans les carrières d'Angers, de 1851 à 1861 :

CAUSES de l'accident.	NOMBRE des accidents. CARRIÈRES.		NOMBRE des victimes. CARRIÈRES à ciel ouvert.		CARRIÈRES souterraines.	
	à ciel ouvert.	souterraines.	tués.	blessés.	tués.	blessés.
Chutes de pierres se détachant des parois.	5	3	2	3	1	4
Chutes de pierres sortant du bassicot, ou d'outils venant de la surface	6	5	4	4	1	4
Ruptures de câbles ou chaines	8	6	5	8	2	5
Coups de mines	2	4	»	2	1	4
Chutes d'ouvriers dans les échelles sur les bancs	12	15	7	5	12	5
Éboulements de terres dans les découvertures	7	»	2	3	»	»
Diverses	5	5	1	5	4	1
	45	38	21	30	21	23

La moyenne des ouvriers employés dans les ardoisières d'Angers pendant cette période décennale ayant été de 2,600, dont 1,050 pour les exploitations souterraines, on voit qu'en moyenne, par année, sur 1,000 ouvriers, il en a été tué :

1,7 dans l'ensemble des chantiers ; 1,5 dans les chantiers à ciel ouvert et 2 dans les chantiers souterrains.

Et qu'il en a été tué ou blessé :

3,7 dans l'ensemble des chantiers ; 3,5 dans les chantiers à ciel ouvert, et 5 dans les chantiers souterrains.

Le relevé de la dernière année donne 121 blessés sur le nombre moyen d'ouvriers ayant travaillé en 1881 ; soit 27,24, c'est-à-dire 4,44 0/0. Il n'existe pas, jusqu'à ce moment, aux ardoisières d'Angers, de documents officiels permettant d'y trouver les éléments d'une statistique médicale. Les cas de morts et de blessures au delà de 20 jours d'incapacité de travail y sont très exactement relevés. Il existe aussi un relevé très exact de l'âge et du temps de service des ouvriers, quand ils se présentent pour obtenir leur retraite. L'âge moyen auquel les ouvriers fendeurs ont demandé leur retraite depuis janvier 1869 à janvier 1881 a été de 64 ans 4 mois. Leur temps moyen de service constaté dans leur profession était au moment de leur demande de 43 ans 8 mois. L'âge moyen auquel les ouvriers d'à-bas et les journaliers ont demandé leur retraite depuis le 12 août 1864 à janvier 1881 a été de 66 ans, le temps moyen de service constaté dans la profession étant, au moment de leur demande, de 39 ans 3 mois.

Les accidents les plus fréquemment observés sont les luxations et les fractures des membres ; elles sont produites, le plus souvent, par explosion, par écrasement, par projection de débris. Ces mêmes causes donnent aussi souvent lieu à des plaies contuses qui, dans un certain nombre de cas, ont nécessité l'amputation.

Chez les ouvriers d'à-haut, les accidents sont en général de moindre importance ; ce sont le plus souvent des plaies contuses ou par instruments tranchants, et en particulier par les masses, les ciseaux et les couteaux dont ils se servent pour cliver l'ardoise. Les sections des doigts faites avec le dolleau ne sont pas rares.

En général, ainsi que nous l'avons dit, les ouvriers ardoisiers ne vivent pas vieux. Pour donner une idée de l'âge auquel ils succombent, M. le docteur Hamaïde a bien voulu, sur notre demande, relever la statistique des décès après l'âge de 25 ans :

1855 — 49,7		1868 — 53,4	
1856 — 48		1869 — 50,8	
1857 — 56,1		1870 — 46,2	
1858 — 49,7		1871 — 45,4	
1859 — 44,3		1872 — 58,4	
1860 — 52		1873 — 45,7	
1861 — 44,5		1874 — 48	
1862 — 42,1		1875 — 48,3	
1863 — 52,2		1876 — 48	
1864 — 46,4		1877 — 51,11	
1865 — 54,2		1878 — 48,3	
1866 — 52		1879 — 44,2	
1867 — 53		1880 — 51,4	

On arrive ainsi à une moyenne de 48 ans. A quel chiffre serait-on arrivé si on avait fait cette statistique à partir de 16 ans ? Et cependant les ouvriers ne sont pas des plus malheureux ; ils gagnent des salaires très rémunérateurs ; les bon ouvriers touchent de 130 à 160 francs par mois ; il en est qui gagnent 200 francs et même 250.

En général, à Fumay, par exemple, l'ardoisier du fond travaille 42 heures par semaine. Le travail du fond se fait par équipes ; une d'elles descend à quatre heures du matin, remonte à huit heures, pour redescendre à midi et remonter définitivement à quatre heures ; une autre équipe alterne avec elle. L'ouvrier fendeur ou du jour ou de barrage travaille à ses pièces de six heures du matin à 8 heures du soir.

La population ardoisière d'Angers varie entre 2.500 et 3.000 ouvriers. Les fendeurs se recrutent dans le pays

28

et sont, en général, dans les meilleures conditions possibles. Les ouvriers d'à-bas ou mineurs, au contraire, sont en général Bretons ; les habitants de Maine-et-Loire y sont peu nombreux. C'est aux dépens de l'hygiène que l'élément breton y domine, car ces derniers vivent, d'ordinaire, dans des conditions déplorables, quels que soient les efforts tentés pour les améliorer.

A Rimogne, les conditions sont sensiblement bonnes, la nourriture y est excellente ; elle consiste en viande de bœuf, bière et vin ; les ouvriers usent beaucoup de café. En outre, la population de cette exploitation n'est pas concentrée dans le pays même ; elle se recrute dans quelques villages voisins parmi la classe qui possède. Ces ouvriers ont du bien, de la terre à cultiver et ne travaillent qu'une partie de l'année aux ardoisières. C'est cette raison qui fait qu'à Rimogne, comme à Angers, les causes morbifiques dont nous avons parlé font beaucoup moins sentir leurs effets.

A Deville, les conditions hygiéniques sont encore très bonnes ; la population est cultivée, probe, presque aisée : les ardoisiers sont les vieux habitants du pays ; le reste travaille au fer ou à la fonte. Il est loin d'en être ainsi à Fumay qui, comme Deville, n'est distant de Rimogne que d'une dizaine de lieues. Là, les conditions sont déplorables ; la situation topographique de la ville est des plus mauvaises ; elle est construite dans un bas-fond, entourée de montagnes et de forêts et traversée par la Meuse. La population est très pauvre ; la rue la plus populeuse de la ville porte le nom de rue de la Misère. Les ouvriers sont petits, malingres, rachitiques ; cela tient à ce que l'exploitation à Fumay est plus ancienne qu'à Rimogne. Et cependant les habitants de cette dernière exploitation paraissent moins sobres, mais les conditions hygiéniques étant mauvaises, il en est résulté une détérioration constitutionnelle transmise peu à peu à chaque descendant et de plus en plus accentuée à chaque génération.

En outre, à Rimogne, les femmes ne font absolument rien ; à Fumay, elles travaillent, et ce sont elles qui traînent les brouettes ; de là, une déformation spéciale produite par le rejet du tronc en arrière et l'attitude forcée qu'amène ce genre de travail.

C'est certainement à cette circonstance qu'il faut attribuer la saillie de l'angle sacro-vertébral et les nombreux cas de dystocie observés dans ce pays.

Nous avons vu que diverses améliorations, toutes utiles pour la santé des ouvriers, avaient été tentées pour rendre l'hygiène des ardoisiers meilleure ; ajoutons qu'à Angers les divers propriétaires des gisements se sont entendus, réunis en commission, et que, sur l'initiative intelligente de M. Larivière, qu'ils ont nommé leur gérant, on a fondé une caisse de secours mutuels qui fonctionne très bien. A Fumay, il en existe aussi une qui donne 1 franc par jour aux ouvriers blessés ou malades ; comme les Sociétés ardoisières donnent en outre 2 francs, les blessés sont pendant tout le temps de leur traitement à l'abri du besoin. A Rimogne, il n'existe rien de pareil ; les blessés sont soignés aux frais de la Compagnie ; on réserve à ceux qui sont privés de l'usage d'un membre différents emplois faciles. Une des Compagnies principales leur fait certains avantages, entre autres celui du logement, et leur assure une petite retraite qu'elle continue à leur veuve. Il existe entre les ouvriers un grand esprit de solidarité ; si l'un d'eux vient à être blessé, toute la brigade à laquelle il appartient s'engage pour une limite de temps convenue entre eux à lui fournir une certaine somme, de 60 à 100 francs par mois. Un ouvrier peut toucher ainsi 150 francs par mois pendant cinq mois.

Telles sont les considérations qui nous ont paru intéressantes dans l'étude de la profession d'ardoisier. Qu'on nous permette d'insister surtout sur la comparaison entre Angers d'une part, Rimogne et Fumay de l'autre. C'est la même profession, c'est presque le même mode d'exploitation, et cependant la mortalité, la durée de la vie, la santé habituelle diffèrent singulièrement, parce que les conditions hygiéniques et la manière de vivre varient beaucoup dans ces deux centres d'exploitation.

Nous extrayons de l'important ouvrage de M. Dorion (1) quelques pages ayant trait aux accidents dans les mines et aux appareils de sauvetage.

111. — Accidents dans les mines. — *Éboulements et coups d'eau.* Les éboulement partiels sont la cause des accidents qui occasionnent le plus grand nombre de victimes.

On devra, dans le but de les prévenir, étudier attentivement les conditions spéciales du gîte et modifier en conséquence les détails de la méthode d'exploitation employée.

Le mineur est généralement chargé du boisage de la taille dans laquelle il travaille ; des boiseurs spéciaux entretiennent le soutènement des galeries en service. Une surveillance attentive sera exercée pour en contrôler la bonne exécution, surtout en ce qui concerne les galeries de retour d'air, moins fréquentées.

Les coups d'eau, envahissement brusque d'une partie des travaux par l'eau, peuvent provenir d'éboulements, de la rupture d'un cuvelage ou d'un serrement, de l'inondation d'une mine par une rivière, de la rencontre d'anciens travaux remplis d'eau, etc.

Les cuvelages et les serrements devront être construits

(1) *Exploitation des mines* (cours de l'École Centrale), dans l'Encyclopédie des Travaux publics.

avec les meilleurs matériaux et exécutés avec le plus grand soin.

Les puits ou galeries d'accès seront situés en des points tels qu'ils soient inaccessibles aux crues des cours d'eau.

Lorsqu'une galerie d'avancement se dirigera vers de vieux travaux noyés, il sera indispensable de s'éclairer au moyen de trous de sonde forés au front de taille, sur les parements et en couronne, de manière à saigner lentement les poches qui se trouvent dans son voisinage. Sans cette précaution, l'amincissement de la paroi soumise à une pression considérable exercée sur de grandes surfaces aurait pour effet d'en amener la rupture brusque et de déterminer l'envahissement instantané des travaux par les eaux qu'elle retient. Cette irruption aurait non seulement pour effet d'exposer les hommes à être noyés ; elle déterminerait aussi, dans la plupart des cas, des éboulements ou l'isolement complet d'un quartier dans lequel travaillent des ouvriers.

Les coups d'eau se sont produits quelquefois avec une violence telle que des rails de fer ont été tordus par leur action.

Coups de grisou. Incendies. — Les explosions de grisou sont déterminées, le plus souvent, par l'imprudence d'un mineur, plus rarement parce que l'on emploie des lampes à feu nu dans une mine que l'on considère, à tort, comme n'étant pas grisouteuse. Un coup de mine ou un incendie peuvent également déterminer l'explosion du mélange détonant.

La surveillance des lampes confiées aux hommes doit être très stricte et toute tentative d'ouverture par l'ouvrier doit être sévèrement réprimée. Le mineur accoutumé à fréquenter les travaux n'est pas toujours à même de se rendre compte du danger qu'il peut éventuellement courir ; il arrive insensiblement à oublier que ce danger existe et à négliger les règles les plus élémentaires de la prudence.

Les incendies de mines sont, en général, plus dangereux pour la conservation d'un gite que pour la vie même des travailleurs. Pour éviter les chances d'échauffement et d'incendies spontanés, il est nécessaire de ne pas abandonner dans les travaux souterrains ou dans les remblais des charbons menus, surtout s'ils sont pyriteux.

Dans l'exploitation des couches de houille de grande puissance, il convient de remblayer aussi complètement que possible les vides produits avec des matériaux descendus du jour.

Quand on s'aperçoit qu'un quartier commence à s'échauffer, on l'isole et on fait circuler un courant d'air assez actif pour refroidir la masse. Mais si l'incendie est déjà déclaré, le courant d'air n'a d'autre effet que de l'activer ; aussi cherche-t-on alors à étouffer le feu au moyen de barrages hermétiques s'opposant à toute introduction d'air.

Les barrages sont établis en planches garnies d'argile et sont doublés, au besoin, par des murs en maçonnerie. Il est bon de ménager à la partie supérieure du barrage un tuyau qui se recourbera pour plonger dans une cuve d'eau. Les gaz qui se formeront après la fermeture, pendant le temps que durera encore la combustion, trouveront une issue et, ainsi, n'exerceront pas de pression sur le barrage. Ce tuyau permettra, en même temps, d'apprécier la marche de l'incendie, d'après la quantité de gaz dégagée. Quand la combustion s'arrêtera et que le vide se produira derrière le barrage, c'est de l'eau et non de l'air qui pénétrera dans le quartier incendié.

Il ne faut pas se hâter d'ouvrir les barrages, de crainte que les roches, dont le refroidissement est très lent, ne rallument le charbon, au premier courant d'air.

On pourra aussi combattre le feu avec chances de succès, dans les tailles où le remblayage est pratiqué, en projetant de l'eau sous pression sur les parties incandescentes; on arrivera, dans bien des cas, à les enlever complètement.

On a employé quelquefois *l'embouage*, en faisant pénétrer dans les quartiers en feu de l'eau chargée d'argile; cette dernière se dépose dans les interstices et empêche le contact de l'air.

Quand l'incendie a envahi une grande partie des travaux ou quand il a gagné le courant d'air frais, on en vient à inonder la mine, si un cours d'eau voisin peut y être dirigé; ou bien on l'abandonne momentanément, en bouchant avec soin toutes les ouvertures pour n'y rentrer que longtemps après.

On fait pénétrer quelquefois dans la mine de l'acide carbonique fourni par un foyer à coke placé à côté du puits d'arrivée d'air (1).

Statistiques relatives aux accidents. — Une statistique

(1) M. Hardy a présenté à l'Académie des sciences un appareil nommé *forménophore*, pour révéler la présence du grisou et en mesurer la quantité par mètre d'air. Deux tuyaux sonores reçoivent l'un de l'air pur, l'autre de l'air chargé de grisou, et les deux tuyaux en engendrant un son produit par une soufflerie, donnent des battements. Le nombre des battements fait connaître la proportion du grisou. Il y a encore neuf battements à la seconde quand la proportion de formène est seulement de 1/2 0/0. La commission chargée d'étudier cet appareil ingénieux a prié l'inventeur de rechercher le moyen de transmettre automatiquement le nombre des battements jusqu'à la cabine de l'ingénieur, de façon à le renseigner directement et à substituer un signal graphique au signal sonore. M. Berthelot redoute un sujet d'erreur quand il s'agit de galeries renfermant des gaz plus riches en carbone. En ce cas, le gaz peut avoir une densité équivalente à celle de l'air et même supérieure, ce qui peut donner naissance à une erreur d'appréciation par suite du battement résultant de cette densité de gaz. Il en serait ainsi notamment dans les mines à pétrole.

comparative des accidents dans les diverses industries, dressée en Allemagne à l'occasion de l'établissement de la loi de 1884 sur l'assurance obligatoire contre les accidents, montre que, pour le nombre total des accidents, les mines de houille n'occupent que le seizième rang.

Si c'est dans les mines de houille que le nombre des morts est le plus grand pour un même nombre d'ouvriers employés, soit 3,38 0/00, très voisin de 3,33 0/00 correspondant à l'industrie des transports, il convient de faire observer cependant que le nombre des accidents suivis d'invalidité permanente est beaucoup plus faible que dans plusieurs autres industries.

Voir le tableau, page 441, qui résume cette statistique.

La statistique relative au nombre des accidents occasionnés par l'industrie minérale et par les appareils à vapeur, en France et en Algérie, pendant l'année 1886 se décompose comme suit pour les mines, carrières souterraines et carrières à ciel ouvert.

Nature des exploitations.	Nombre des ouvriers employés			Nombre des accidents		Nombre des victimes					
	souterrainement	À la surface	Total	souterrainement	à la surface	souterrainement		À la surface		Total	
						tués	blessés	tués	blessés	tués	blessés
Mines...........	79.544	33.217	112.761	687	62	132	605	20	55	152	660
Carrières souterraines	13.531	7.492	21.023	73	1	32	49	1	0	33	49
Carrières à ciel ouvert........	»	91.221	91.221	»	137	»	»	74	91	74	91
Total......	93.075	131.930	225.005	760	200	164	654	95	146	259	800

La comparaison entre les divers États de l'Europe au point de vue des accidents dans les mines, pendant la pé-

DÉSIGNATION DES INDUSTRIES	Nombre total d'ouvriers sur lesquels porte la statistique	Nombre d'ouvriers occupés pour 100 accidents par an	Nombre d'accidents par 100 ouvriers et par an		
			Total	Mortels	Suivis d'invalidité permanente
Industrie des transports. Chemins de fer	17,126	1,500	67	3,33	2,40
Scieries mécaniques	28,294	1,850	54	1,73	3,85
Ateliers d'ajustage, montagne des ponts, charpentes métalliques	124.896	2,800	36	0.78	7.80
Brasseries	53.732	3.250	31	1.86	1.56
Distilleries	10.396	3,550	28	0.77	1.54
Carrières de sable, argile, pierres	56.389	3,600	28	2.34	1.24
Fabriques de machines. Fonderies. Ateliers de construction	371,633	3.700	27	0.53	1.40
Construction des canaux, routes, chemins de fer, etc	70.695	3.750	27	2.94	1.74
Fabriques de savons, colle, gélatine, chandelles, etc	10.380	3,900	26	1.04	0.66
Maçons, charpentiers	165.345	3,950	25	1,36	0.76
Fabriques et raffineries de sucre	31.181	4,000	25	0.70	1.12
Fabriques d'amidon. Moulins en général	38.887	4,050	25	1.34	1.31
Fabriques de meubles et de pianos	15.644	4.200	24	0.46	0.62
Fabriques de produits chimiques, sans matières explosibles	17.622	4.500	23	1.70	0.60
Fabriques d'asphaltes, de vernis, d'huiles, etc	5.577	5.250	19	1.25	0.90
Mines de houille	106.236	5.300	18	3.37	0.70
Établissements divers non spécialement dénommés	13.995	5.300	18	0.23	0.57
Usines à gaz. Hauts-fourneaux. Usines à fer	63.797	6.100	16 1/2	0.58	0.90
Mines de lignite	21.617	7.600	13	2.60	0.60
Fabriques de ciments, de porcelaines, etc	38.665	8.350	12	0.54	0.93
Fabriques de quincaillerie, caractères d'imprimerie, etc	109.437	8.700	11 1/2	0.44	0.78
Teintures. Apprêtage	102.511	9.550	10 1/2	0.42	0.68
Préparation mécanique des minerais	17.365	12.600	8	1.50	0.80
Imprimeries. Lithographies	28.776	12.500	8	0.47	0.60
Filatures	384.344	12.950	7 1/2	0.23	0.73
Industries de luxe. Petites industries à la main	29.720	18.000-34.000	6 à 3	0.00	0.70
Tissage	240.874	34.000	3	0.10	0.24

riode décennale de 1871 à 1880, est résumée dans le tableau suivant :

ETATS	Extraction (en tonnes)	Nombre total d'ouvriers employés	Nombre total d'ouvriers tués	Ouvriers tués sur 1000	1 tué sur ouvriers
Saxe	31.164.368	156.729	532	3.394	295
Prusse	337.650.224	1.511.892	4.379	2.896	345
Belgique (1871-1879)	133.465.453	909.034	2.243	2.474	404
Grande-Bretagne	1.329.961.005	4.821.832	11.349	2.354	424
France	167.744.966	1.036.801	2.296	2.208	450
Autriche (1875-1880)	30.716.277	246.797	457	1.850	540

Si enfin l'on groupe le nombre des accidents et celui des victimes d'après les causes déterminantes, on arrive en France aux chiffres suivants pour un effectif de mille ouvriers employés souterrainement et par an :

	Mines de charbon			Autres mines diverses			Carrières souterraines		
	accidents	tués	blessés	accidents	tués	blessés	accidents	tués	blessés
Eboulements	4.13	0.52	3.69	6.22	1.63	4.91	3.11	1.33	2.22
Grisou	0.15	0.32	0.78	»	»	»	»	»	»
Puits — Chutes dans les puits	0.37	0.21	0.78	0.98	0.65	0.33	0.98	0.64	0.44
Puits — Ruptures de câbles, chutes de bennes, etc.	0.09	0.08	0.06	»	»	»	0.07	»	0.07
Coups de mine	0.21	»	0.28	0.65	0.16	0.65	0.15	»	0.15
Exploitation des voies ferrées souterraines	1.84	0.12	1.73	0.81	»	0.81	0.07	»	0.07
Travaux manuels	0.81	0.16	0.74	0.81	0.16	0.65	0.29	»	0.29
Asphyxie	»	»	»	»	»	»	»	»	»
Causes diverses	0.92	0.23	0.72	0.81	»	0.98	0.66	0.37	0.37
Totaux	8.52	1.64	8.78	10.28	2.62	8.33	5.33	2.34	3.61

120. Sauvetage. Appareils pour pénétrer dans les milieux irrespirables. — Après un coup de feu ou pendant un incendie souterrain, les chantiers sont, en totalité ou en partie, envahis par des gaz délétères qui rendent dangereux et même quelquefois impossibles les travaux de sauvetage.

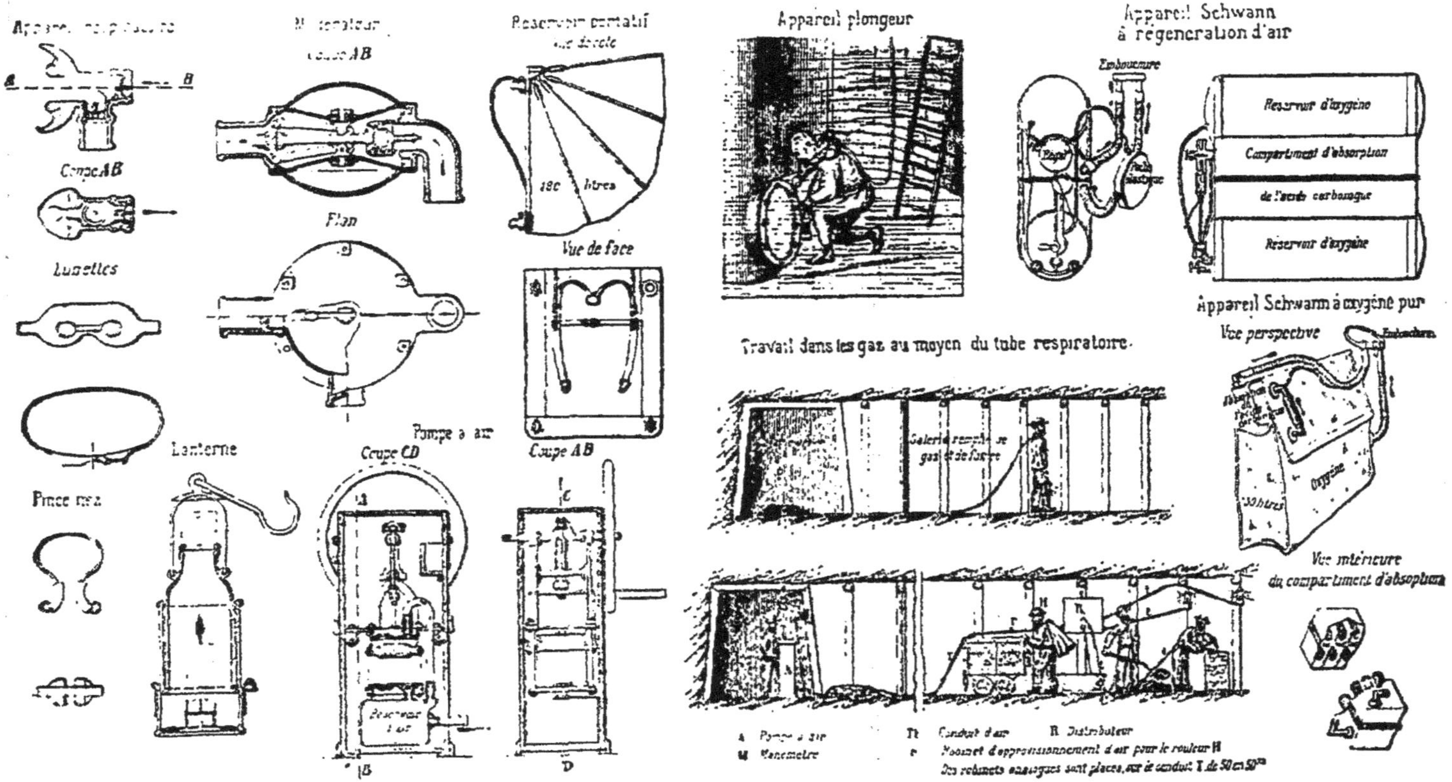

Coupe AB

Lunettes

Lanterne

Coupe AB

Plan

Pompe à air

Coupe CD

Coupe AB

Vue de face

180 litres

Appareil plongeur

Appareil Schwann
à régénération d'air

Embouchure

Réservoir d'oxygène

Compartiment d'absorption

de l'acide carbonique

Réservoir d'oxygène

Appareil Schwann à oxygène pur

Vue perspective

Oxygène

Vue intérieure
du compartiment d'absorption

Travail dans les gaz au moyen du tube respiratoire.

A Pompe à air

M Manomètre

T Conduit d'air

R Distributeur

r Robinet d'approvisionnement d'air pour le rouleur H

Des robinets analogues sont placés sur le conduit T de 50 en 50m

Le premier soin à prendre, après un accident de cette nature, est de chercher à rétablir les courants d'aérage ; il est presque toujours nécessaire, pour cela, de pénétrer dans la mine et de traverser les galeries ou les tailles.

Il existe divers moyens de pénétrer dans un milieu irrespirable ; on n'est arrivé dans ce sens qu'à des résultats partiels ; la solution définitive, pour les mines, n'est pas encore trouvée. Cela tient, en partie, à la difficulté de circuler, avec des appareils plus ou moins lourds, plus ou moins encombrants, dans des travaux souvent éboulés ou dans des tailles de faibles dimensions.

Le moyen le plus simple consiste à faire respirer à l'ouvrier l'air amené par un tuyau flexible, mais résistant, dont l'une des extrémités reste à l'air respirable et dont l'autre se termine par une embouchure ou respirateur à deux valves. L'ouvrier applique ce respirateur sur la bouche et garde le nez fermé par un pince-nez.

Le tuyau doit avoir un diamètre suffisant pour permettre l'afflux d'air nécessaire. Avec deux centimètres de diamètre, on peut aller jusqu'à 100 mètres : il en faut 4 ou 5 pour aller à 200.

Le respirateur Fayol se place entre les lèvres ; un renflement permet de l'y retenir sans desserrer les dents ; il a l'avantage de ne pas empêcher de parler la personne qui le porte.

Il est constitué en principe par deux soupapes, l'une d'aspiration, l'autre d'expiration, formées chacune par une lame mince en caoutchouc fixée par une bague en verre.

Cette disposition rend des services ; mais son emploi est limité par la distance.

On se sert aussi de réservoirs que l'homme porte sur le dos ; on supprime ainsi les tuyaux de communication. Dans les appareils Rouquayrol-Denayrouze, l'air est comprimé à 25 atmosphères dans des réservoirs en acier; un régulateur fait arriver l'air à la bouche à la pression ambiante.

Une lampe de sûreté, alimentée par un réservoir spécial qui lui est annexé, fait partie de l'équipement.

Dans les appareils Fayol, plus simples et plus pratiques, les réservoirs portatifs sont en toile imperméable en forme de soufflet et les ouvriers les portent sur le dos comme un sac de soldat. Ces réservoirs renferment l'air atmosphérique ; ils portent quatre tubulures : l'une, d'un grand diamètre, sert au remplissage avec de l'air pur : une autre reçoit un tube, muni d'un respirateur semblable à celui dont il a été parlé ; une troisième porte un tube qui fait communiquer l'intérieur du sac avec la lampe. Enfin une quatrième tubulure se continue également par un tube, au moyen duquel on pourra éventuellement remplir le sac d'air pur emprunté à un réservoir ou à une conduite d'air.

La lampe peut être une lanterne à bougie avec enveloppe en cristal, recouverte de toile métallique à la partie supérieure pour la garantir des chocs.

Ces réservoirs cubent ordinairement 180 litres et peuvent alimenter un homme et sa lampe pendant 10 ou 15 minutes. S'il existe des fumées intenses, il conviendra de protéger les yeux au moyen de lunettes avec garniture en caoutchouc.

Ces appareils portatifs, très utiles dans un cas pressant comme, par exemple, le sauvetage d'un homme asphyxié, sont insuffisants pour les travaux de conservation importants.

M. Fayol a disposé des appareils destinés à obtenir un courant d'air continu. Il emploie une pompe qui refoule l'air à une pression légèrement supérieure à la pression atmosphérique.

A la pompe à air est adapté un tube en caoutchouc résistant, qui aboutit au chantier de travail où il arrive à un distributeur à soufflet analogue aux réservoirs portatifs, et pouvant lui-même alimenter quatre hommes et deux lampes à l'aide de tuyaux en caoutchouc et de respirateurs.

Quant aux ouvriers et aux contre-maîtres qui circulent dans les galeries avec des appareils portatifs, ils seront à même de renouveler leur provision d'air sur la conduite principale qui porte, tous les 50 mètres, les robinets et tubulures nécessaires.

Le professeur Schwann, de l'université de Liège, se basant sur ce fait que, dans la respiration, l'oxygène seul joue un rôle actif, a imaginé de régénérer l'air expiré par les poumons, dont une partie de l'oxygène a été transformé en acide carbonique.

Son appareil se compose d'un réservoir plat et élastique, renfermant un volume d'air à la pression ordinaire suffisant seulement pour une aspiration. L'homme porte ce réservoir sur la poitrine et en absorbe l'air par un aspirateur ferme-bouche à deux soupapes.

L'air expiré s'échappe, par un deuxième tuyau, dans un autre réservoir que l'ouvrier porte sur le dos et qui renferme de la chaux et de la soude. Ce réservoir fait corps avec deux autres réservoirs cylindriques contenant de l'oxygène pur comprimé à 4 atmosphères. Cet oxygène traverse un régulateur pour être ramené à la pression atmosphérique, avant son mélange avec l'air expiré, débarrassé de son acide carbonique par son passage dans le réservoir à chaux et à soude.

Il revient alors, mélangé à l'azote, dans le premier réservoir et peut servir de nouveau à la respiration.

La consommation de l'oxygène n'étant, pour un homme,

que de 23 litres à l'heure, on voit qu'un volume restreint de gaz pourra assurer la respiration pendant un temps assez long.

Ces appareils sont ingénieux, mais coûteux et d'un entretien délicat ; ils permettent difficilement l'alimentation d'une lampe et demandent beaucoup de temps pour être mis en état ; ils seraient inefficaces pour un cas pressant et imprévu.

M. Schwann a simplifié ses appareils en se basant sur ce fait que l'homme peut respirer sans inconvénient l'oxygène pur.

Ce gaz est renfermé, à la pression ordinaire, dans un sac imperméable d'une contenance de 30 litres surmonté d'un réservoir contenant de la chaux et porté sur le dos.

Un aspirateur permet de respirer l'oxygène du sac, pour le renvoyer ensuite dans le réservoir à chaux qui retient l'acide carbonique ; puis l'air retourne dans le sac réservoir.

En outre, il est possible de porter avec soi un réservoir en acier contenant 15 litres d'oxygène à 4 atmosphères, dont on fera passer successivement le contenu dans le sac, lorsque l'oxygène en aura été absorbé.

113. Appareils pour travailler sous l'eau. — Ces appareils, bien qu'il en soit fait usage dans les mines en vue de réparations à effectuer à des engins ou à des travaux immergés, plutôt que dans un but de sauvetage, rentrent, sous certains rapports, dans la catégorie de ceux qui ont été précédemment décrits.

On peut employer les scaphandres ou les appareils Rouquayrol-Denayrouze. M. Fayol les a simplifiés en supprimant le casque qui servait de sas à air et en employant un vêtement en caoutchouc, même pour la tête, le capuchon portant deux verres pour les yeux et une ouverture pour le tuyau d'aspiration.

L'air doit nécessairement être envoyé sous pression ; mais comme il ne doit pas être respiré à une pression supérieure à celle du milieu ambiant, on interpose soit un régulateur, soit le modérateur Fayol renfermé dans une petite boite en bronze que l'ouvrier porte sur le dos. Il se compose d'une soupape annulaire commandée par deux leviers coudés à bras très inégaux, qui obéissent aux mouvements de deux diaphragmes.

La soupape reste ouverte quand l'air arrive à la pression ambiante avec le léger excès reconnu favorable à la respiration.

Si la pression devient plus forte, elle fait enfler les diaphragmes ; en se gonflant, ils actionnent les leviers coudés qui transmettent le mouvement à la soupape par l'intermédiaire de la bielle centrale.

Dans ce mouvement, la soupape se rapproche de son siège, rétrécit l'espace annulaire et modère ainsi l'arrivée de l'air. Elle finit par se fermer tout à fait, lorsque l'excès de pression dépasse une certaine limite.

Dès que cet excès a disparu dans la boite par l'effet de la respiration, la pression de l'air du tuyau d'arrivée rouvre plus ou moins la soupape, qui est équilibrée comme une soupape de Cornouailles, et qu'une pression de 2 à 3 centimètres suffit à faire ouvrir.

Le modérateur ou régulateur peut être supprimé pour la lampe, qui brûle sans difficulté malgré les variations de pression.

On supprime alors les soupapes d'échappement ; un simple trou à la partie supérieure de la cheminée de la lampe suffit pour le dégagement des produits de la combustion, sans qu'on ait à craindre les rentrées d'air, puisque l'air qui alimente la lampe a toujours un excès de pression sur le milieu ambiant.

CHAPITRE XII

INDUSTRIES MÉCANIQUES

ACCIDENTS, BLESSURES.

114. Statistique.—Il serait du plus grand intérêt pour l'étude de l'hygiène, surtout au point de vue de la prévention des accidents et des blessures par les machines, d'avoir une statistique exacte, non par industrie, mais par genre d'accidents.

En vertu de ce principe que la plupart des accidents et blessures sont dûs à l'imprudence des ouvriers, il devait se fonder un jour des associations pour prévenir les accidents de fabrique.

La première qui se créa, le fut par la Société industrielle de Mulhouse en 1867, sous l'inspiration d'un philanthrope, M. Engel Dolfus.

Cet exemple fut suivi et en 1879 l'Association rouennaise fut créée. En 1883 l'Association des industriels de France se fondait à Paris, à la généreuse instigation de M. Muller, professeur à l'Ecole centrale. Enfin à l'étranger d'autres associations similaires se sont fondées en Allemagne, en Bohême et en Belgique.

Il serait à désirer que ces associations vinssent à se généraliser.

Les industriels et les ouvriers même en ont reconnu les bienfaits.

En attendant que ces associations se soient entendues pour faire des statistiques sur des bases uniformes, en prenant pour point de départ par exemple la cause de l'accident, nous allons donner les seules statistiques qui aient récemment paru.

Le tableau suivant est celui de l'association pour prévenir les accidents de fabrique fondée à Mulhouse. Ce tableau est très bien fait et devrait servir de base à ceux des autres associations. Il comprend en effet les accidents classés d'après les machines qui les ont produits, et ensuite d'après les industries, enfin d'après la nature des blessures.

Les tableaux qui suivent sont ceux de l'Allemagne et de la Bohême.

STATISTIQUE GÉNÉRALE POUR L'ALLEMAGNE. CAUSES ET CONDITIONS DES ACCIDENTS.

	1886.	1887.	1888.	1889.	1890.	1891.	1892.
1re classe :							
Moteurs, transmissions, machines-outils	2,301	3.610	4.196	4.752	5,922	6.139	5.832
Élévateurs, ascenseurs, grues etc......................	»	»	493	638	766	818	840
Chaudières à vapeur, conduites de vapeur, appareils de chauffage à vapeur (explosions, etc.)..........	44	87	88	197	159	146	129
Matières explosives (explosions de poudre, dynamite, etc.)	285	460	421	371	348	357	421
Matières inflammables, chaudes et caustiques, gaz, vapeur, etc..................	488	477	638	676	869	991	920
2e classe :							
Chutes d'objets, chocs, etc.	2,206	3,072	3.407	4.076	4.578	4.915	5.188
Chutes d'échafaudages, d'échelles (par des trous dans des fosses, etc.)..........	1,820	2,924	3.421	3.735	4.144	4.608	4.748
Chargements et déchargements à la main, levage et transport, etc.........	4.717	3.246	2.443	2.363	3.191	3.515	3.473
Transports par véhicules de toutes natures..........	»	»	1,073	1.439	1.642	1.849	1.811
Exploitation des chemins de fer......................	»	»	620	862	905	809	832
Navigation et transport par eau	»	»	209	286	369	395	339
Accidents dus à des animaux, y compris ceux survenus en conduisant..........	862	2,094	192	222	288	280	322
Travail à la main, ou avec outils simples (marteaux, bêches, pioches, etc.)....	»	»	1,260	1.383	1.563	1.735	1.895
Divers....................	»	»	948	1.340	1.659	1.732	1.871
	9,723	15,970	18,809	22,340	26,403	28,289	28.619

RÉSUMÉ DES CAUSES ET CONDITIONS DES ACCIDENTS

	1886.	1887.	1888.	1889.	1890.	1891.	1892.
1re *classe.* — Blessures causées par des machines ou des matières dangereuses.	3.118	4.634	5.836	6.634	8.064	8.431	8.112
2e *classe.* — Blessures causées pour toutes autres causes	6.605	11.336	12.973	15.706	18.339	19.838	20.477
Ou :	%	%	%	%	%	%	%
1re *classe*..................	32	30	31	30	31	30	28,5
2e *classe*..................	68	70	69	70	69	70	71,5

Statistique des accidents de machines en 1893 dans le royaume de Bohême.

Sexe et âge des victimes.

Les personnes victimes d'accidents indemnisables, classées par sexe et âge, sont :

2.249 hommes de plus de 16 ans.
217 femmes de plus de 16 ans.
147 garçons de moins de 16 ans.
49 filles de moins de 16 ans.

Circonstances où se sont produit les 2.662 accidents.

	Nombre.	P. 0/0
Moteurs.	23	0,8
Transmissions.	124	4,6
Machines-outils.	734	27,5
Appareils de levage.	45	1,6
Chaudières à vapeur, appareils de cuisson et de chauffage à vapeur (par explosion).	15	0,6
Matières explosibles.	10	0,3
Matières inflammables, chaudes, corro-		

sives et poisons.	125	4,6
Chocs, chutes d'objets.	471	17,7
Chutes d'échelles, de balcons, dans des escaliers, dans des trous.	362	13,2
Chargement et déchargement. Levage ou transport	271	10,2
Accidents de voiture ou d'équitation, de chemin de fer, d'usine, etc., coups de pieds et morsures d'animaux. . . .	129	4,8
Emploi d'outils à main et d'appareils rudimentaires	172	6,5
Causes diverses.	181	7

Natures des blessures

Blessures à la tête et au visage (non compris les yeux).	92
— aux yeux.	119
— aux bras et aux mains.	487
— aux doigts.	793
— aux pieds et aux jambes.	669
— aux autres parties du corps ou blessures multiples.	344
— internes.	88
Asphyxie	18
Noyades.	7
Blessures diverses.	45

Voir à la fin du volume un intéressant tableau de detail, concernant les accidents de fabriques à Mulhouse en 1892 :

L'association des industriels de France a relevé un certain nombre d'accidents survenus dans le cours de l'année 1893. Ce sont les suivants :

Transmission. — Remontage d'une courroie à la main pendant la marche de la transmission. — Main arrachée. — Un jeune ouvrier était employé dans un atelier de menuiserie dont la transmission était souterraine.

La courroie d'une meule à affûter avait été jetée bas de sa poulie souterraine pendant que cette meule ne travaillait pas. Ayant besoin de la meule, le jeune ouvrier a voulu remonter la courroie sur le tambour, la transmission était en marche. Il a levé une trappe mobile, en bois, s'est penché sur l'arbre de transmission qui se trouvait placé à $0^m,65$ au-dessous du sol, dans un caniveau de $0^m,85$ de profondeur et a essayé de remonter la courroie sur la poulie. Sa main gauche a été saisie entre la courroie et l'arbre et a été arrachée.

Il y a eu, dans cet accident, faute du patron, qui faisait procéder habituellement à cette opération sans arrêter la transmission.

Transmission. — Ouvrier saisi et entraîné par une courroie. — Mort. — Dans une imprimerie, un chauffeur avait, pour les besoins de son service au sous-sol, à passer devant une grande courroie motrice, presque horizontale et dont le brin inférieur passait très près du sol. Un instant après la mise en marche de la machine, en revenant de graisser un palier presque inaccessible, il est tombé sur le dos, a été entraîné par la courroie et a eu la tête écrasée entre cette courroie et la poulie.

Il y a eu faute légère du patron, qui n'avait pas protégé cette courroie comme elle aurait pu l'être et faute de l'ouvrier mécanicien, qui a commis l'imprudence de mettre le moteur en marche, sans s'assurer que le chauffeur était revenu à son poste.

Transmission. — Ouvrier saisi et entraîné par une courroie. — Mort. — Une machine dynamo était commandée par deux courroies à peu près horizontales. Le brin inférieur était à $0^m,10$ au-dessus du sol, l'intervalle entre les deux brins était de $1^m,60$. L'ouvrier, pour circuler, devait nécessairement passer entre ces deux brins. Il a été saisi par la courroie, entraîné et broyé entre la courroie et la poulie.

Aucune faute n'a été commise par l'ouvrier, ni par le patron, mais l'installation était éminemment dangereuse.

Transmission. — Enfant saisi par un arbre lisse. — Mort. — Un enfant de seize ans travaillait dans un atelier au rez-de-chaussée, mais pendant l'heure du déjeuner, un ouvrier l'envoya chercher des copeaux à l'étage supérieur. A cet étage se trouvait un bout d'arbre de 0m,33 de longueur et de 58 millimètres de diamètre, placé à 1m,25 au-dessus du plancher. L'enfant se sera probablement assis ou placé à califourchon sur l'arbre et, lorsque le signal de mise en marche a été donné, il a été saisi par sa blouse flottante, au moment où il descendait de l'arbre. Il a été tué.

Cet accident aurait été évité si le bout d'arbre, facilement accessible, avait été entouré d'une gaîne protectrice.

Transmission. — Ouvrier saisi par un arbre de transmission qu'il était occupé à peindre. — Mort. — Un ouvrier était occupé, dans un atelier, à peindre un arbre de transmission pour le préserver de l'oxydation. Il avait établi, à 1m,10 au-dessous de cet arbre, un solide plancher mobile sur lequel il se tenait et qu'il déplaçait au fur et à mesure de l'avancement de son travail.

L'arbre l'a saisi par son bourgeron, à la hauteur de la ceinture, l'a entraîné et l'a tué.

Un semblable travail doit se faire pendant l'arrêt de l'arbre, autant que possible. Dans le cas où l'on est obligé de peindre en marche, il faut tout au moins ne confier ce travail qu'à un ouvrier connaissant bien le danger que présentent les transmissions et portant des vêtements serrés au corps.

Transmission. — Manchon d'accouplement à écrous saillants. — Ouvrier saisi par le manchon. — Mort. — Dans un atelier de tréfilage, un ouvrier travaillait sous une transmission placée à 1m,90 au-dessus du sol. Il a eu besoin de prendre une botte de fil métallique accrochée à un support fixe, dans le voisinage de cette transmission. Il a levé le bras gauche et, dans le mouvement qu'il a fait pour dégager la botte de la broche qui la supportait, son bras gauche s'est approché trop près de la transmission : il a été saisi par les écrous saillants d'un manchon d'accouplement, entraîné, et comme le plafond se trouvait à 0m,35 au-dessus de l'arbre, l'ouvrier a été tué.

Cet accident, dû surtout à l'installation défectueuse de l'usine qui datait de plus de trente ans, aurait pu être évité si l'arbre avait été enveloppé d'un manchon fixe de protection.

Treuil servant à monter les matériaux. — Ouvrier maçon saisi par un manchon à écrous saillants et grièvement blessé. — A la partie inférieure d'une sapine se trouvait un treuil servant à élever les matériaux et dont l'arbre se trouvait à $1^{m},10$ au dessus du sol. Cet arbre était actionné mécaniquement. Un ouvrier maçon, qui portait une blouse flottante, se trouvait au voisinage de l'arbre. Il a été saisi par un manchon dont les écrous n'étaient qu'imparfaitement noyés. Il faudrait aussi exiger des ouvriers chargés du service du treuil de porter des vestes boutonnées au corps et aux poignets.

Nettoyage en marche. — Main prise dans un engrenage. — Deux doigts broyés. — Une ouvrière était occupée à un dévidoir de fil. Le travail avait cessé et c'était le moment du nettoyage. Mais comme le dévidoir n'avait pas de poulie folle et que la transmission tournait toujours pour actionner la dynamo de l'éclairage, l'ouvrière était contrainte de nettoyer sa machine pendant la marche. Mais elle a imprudemment avancé sa main près d'un engrenage intérieur qui n'avait pas besoin d'être nettoyé ; elle a eu la main prise dans l'engrenage et deux doigts broyés.

Il faut prendre des dispositions telles que les ouvriers aient la possibilité de ne nettoyer leurs machines qu'à l'état de repos.

Meule d'émeri. — Éclatement. — Mauvais montage et trop grande vitesse. — Mort. — Une meule d'émeri, de $0^{m},35$ de diamètre et de 6 millimètres d'épaisseur, servait à l'affûtage de scies circulaires. Elle était montée dans des conditions très défectueuses. Les plateaux de serrage n'avaient que 8 centimètres de diamètre ; aucune matière élastique n'était interposée entre eux et la meule. Celle-ci n'était recouverte que d'un chapeau protecteur en bois léger, n'offrant aucune résistance et qui a été emporté par l'éclatement. L'essai préliminaire de la meule avant sa mise en service, par une marche à vide, n'avait pas été fait. Enfin la vitesse de la meule, indiquée à un maximum de 1500 tours par le constructeur, était normalement de 2000 tours, correspondant à 37 mètres à la circonférence, et a pu atteindre 2500 tours (46 mètres) en raison des irrégularités de marche de la machine.

Quelques minutes après la mise en marche, la meule a éclaté et l'ouvrier a été tué.

Meule à poncer les peaux. — Éclatement. — Construction défectueuse de la meule. — Excès de vitesse. — Blessure grave. — Une meule servant pour le ponçage des peaux était formée d'un tambour en fonte sur lequel était fixée une couronne d'émeri, maintenue par des frettes intérieures. Cette construction défectueuse, en raison des différences de dilatation de la fonte et de l'émeri, a produit des fissures dans la couronne. Un excès de vitesse dû à un mauvais régulateur s'est produit à un moment donné. Il en est résulté l'éclatement de la meule, qui a gravement blessé un ouvrier.

Un tel système de meules devrait être proscrit.

Atelier de constructions. — Œil crevé par une vis en voulant faire sauter une frette. — Absence de lunettes — Un ouvrier, qui n'était pas habituellement chargé de ce travail, voulait faire sauter une frette. Il n'avait pas pris les lunettes mises à sa disposition. Une vis a sauté et a frappé l'œil, qui a été perdu.

Mise en marche inopinée d'une raboteuse. — Absence de goupille de sûreté au débrayage. — Bras cassé. — Une raboteuse à métal était débrayée et l'ouvrier était occupé au graissage. Mais le levier de débrayage n'était pas fixé à l'arrêt ; il n'y avait ni goupille de sûreté, ni taquet de calage. La courroie a passé de la poulie folle sur la poulie fixe, la machine s'est mise en marche et l'ouvrier a eu le bras cassé par le plateau.

Ebarbage d'une pièce de bronze. — Absence de lunettes. — Œil crevé par un éclat de métal. — Un ouvrier ébarbait au burin une pièce de bronze. Il n'avait pas voulu se servir des lunettes mises à sa disposition, prétendant, non sans raison, qu'elles le gênaient, en échauffant les yeux et en rendant la vision moins claire. Un éclat de bronze l'a frappé à l'œil, qui a été perdu.

Tour à engrenages. — Roues dentées placées à l'intérieur du bâti et engrenant en dessous. — Enfant de petite taille. — Main saisie par l'engrenage. — L'arbre portant le pignon de l'engrenage, convergent en dessous, où l'enfant s'est fait prendre la main, se trouvait seulement à $1^{m},10$ au-dessus du sol. Pour que l'accident ait pu se produire, il a fallu que l'enfant passât sa main sous l'arbre, à la suite d'un mouvement inconscient.

Il a fallu, pour que l'accident pût se produire, un concours de circonstances absolument anormales.

Laminoir. — Enfant venu d'un atelier voisin. - Imprudence. — Bout des doigts écrasés. — Un ouvrier travaillait à un gros laminoir à faible vitesse qui servait à comprimer une matière molle. Son fils, enfant de quinze ans, qui travaillait dans un atelier voisin, vient trouver son père pour lui demander un morceau de pain. L'enfant, par curiosité, approche la main du point de contact des deux cylindres ; il a le bout des doigts saisi et écrasé, et le bras y eût passé si le père n'eût vivement attiré à lui son enfant.

Mégisserie. — Machine à racler les peaux. — Chute entre les deux cylindres. — Désarticulation du bras. — Mort. — L'ouvrier passait des peaux à une machine à racler. Par suite d'un glissement involontaire du pied, l'ouvrier a fait une chute et son bras est tombé entre le cylindre porte-lames et le caoutchouc. Il a été déchiqueté. Il a fallu procéder à la désarticulation de l'épaule et la mort a suivi. Incontestablement, il s'agit ici d'un accident professionnel.

Corderie. — Enfant de quatorze ans. — Doigt coupé par enroulement du fil. — Un enfant travaillait dans une corderie, sous la direction d'un ouvrier. Celui-ci ne lui ayant pas donné des instructions suffisamment claires et précises, l'enfant exécuta maladroitement son travail, le fil s'enroula autour de son doigt et celui-ci fut coupé.

Estampeuse à balancier. — Imprudence. — Doigts écrasés. — Une ouvrière travaillait à une estampeuse à balancier commandée par deux disques de friction, avec pédale et contrepoids. Dans un instant d'inattention, l'ouvrière a eu l'imprudence d'avancer ses deux mains sous le plateau du balancier, au lieu de faire usage d'une pièce à poignée. Elle a eu les deux pouces écrasés.

Machine à emboutir. — Ouvrier voulant retirer en marche un objet manqué. — Doigts coupés. — L'ouvrier travaillait à une machine à emboutir des objets métalliques ronds, pour y faire un rebord. Cette machine était munie d'un amenage, mais les ouvriers n'aimaient pas à l'employer, le travail étant plus rapide sans lui. Un des objets à estamper ayant été mal placé sous le poinçon se trouva manqué. Pour le retirer, l'ouvrier, au lieu d'arrêter la machine, comme il le pouvait facilement au moyen d'un frein, voulut l'enlever en marche. Il eut les doigts coupés.

Raboteuse à bois. — Ouvrier inexpérimenté. — Doigts coupés. — Un ouvrier charretier a voulu travailler à une raboteuse en dessous des morceaux de bois de trop faible longueur. Il a maladroitement exécuté ce travail dont il n'avait pas l'habitude et que rien ne l'obligeait à faire et il s'est fait couper deux doigts.

Raboteuse à bois. — Éclat de bois. — Œil crevé. — Dans le travail d'une machine à raboter des frises de parquet, un éclat de bois est venu frapper l'ouvrier à l'œil. Cet éclat a passé par ricochet sous une plaque de garde en bois placée devant l'ouvrier. Cet œil a été perdu. C'est un accident professionnel.

Scie circulaire. — Bois très long. — Pas de tréteaux de support.

— *Doigts coupés.* — Un ouvrier scieur refendait une planche de 27 à 30 millimètres d'épaisseur, 12 centimètres de largeur, $4^m,30$ à $4^m,60$ de longueur. L'extrémité avant de cette longue planche, ayant dépassé la table de travail, fléchissait sous son propre poids. L'ouvrier avait à sa disposition des tréteaux de support, dont il eut le tort de ne pas se servir. L'extrémité de la planche a fléchi jusqu'à toucher le plancher. L'ouvrier, sentant une résistance, a poussé un peu fort, la planche a brusquement cédé, la main a été entraînée en avant jusqu'à la lame de scie, qui a coupé trois doigts.

Machine d'imprimerie. — Enfant endormi. — Chute du bras, qui a été blessé par la crémaillère. — Un enfant qui travaillait à une presse d'imprimerie s'étant endormi, son bras a glissé et est tombé entre le bâti de la table et la crémaillère, qui l'a blessé. Il y avait cependant une plaque de garde, mais insuffisante.

Machine d'imprimerie. — Pied posé sur le bâti. — Absence de plaque de garde. — Blessure. — Un ouvrier margeur pointait des feuilles sur une presse d'imprimerie. L'une d'elles ayant pris un faux pli, l'ouvrier au lieu de se pencher pour effacer ce pli a posé son pied sur le bâti de la machine. Il n'y avait pas de plaque de garde. Le pied a été rencontré par le marbre et blessé.

Chute dans une fosse de poulies. Écrasement. — Absence de protection de la fosse. — Mort. — Un ouvrier, chargé de manœuvrer un levier de débrayage, était obligé, pour effectuer cette manœuvre, de mettre le pied sur le bord d'une fosse où se trouvaient des poulies très voisines des parois de la fosse. Celle-ci n'était protégée par rien. Son pied ayant glissé, il a été entraîné dans la fosse et laminé entre les poulies et les parois.

Montage d'un volant dans une fosse de tour. — Désobéissance à un ordre donné. — Mort. — On montait un lourd volant en fonte dans une fosse pour le tourner. Entre ce volant et l'une des parois de la fosse se trouvait un espace très étroit, où les ouvriers avaient reçu défense de passer. L'un d'eux a voulu y pénétrer néanmoins. Un léger déplacement du volant l'a écrasé.

Échafaudage. — Absence d'une corde de support. — Chute. — Mort. — Un ouvrier peintre avait installé un échafaudage volant, qui n'était pas muni des garde-corps réglementaires, de sorte que l'ouvrier s'étant penché pour peindre un mur de côté est tombé. Il aurait dû faire emploi d'une corde à nœuds pour effectuer ce travail.

Echafaudage en porte à faux. — Accès en un point défendu. — Mort. — Un échafaudage, dressé pour des ornemanistes et des vitriers, était en porte à faux. Il présentait deux accès, l'un normal, ordinaire, l'autre par une imposte de croisée. Ce dernier passage était dangereux et les ouvriers avaient reçu défense de l'utiliser. Un vitrier, ne tenant pas compte de cette défense, a passé néanmoins en ce point. L'échafaud a basculé, l'ouvrier est tombé et il a reçu sur la tête un paquet de verres qui l'a tué.

Four d'émaillage. — Explosion de gaz. — Brûlures. — Une étuve en tôle, destinée à effectuer le vernissage de certaines pièces, était chauffée par quatre lampes à gaz placées horizontalement à la partie inférieure de l'étuve. La chambre présentait deux fenêtres, permettant d'établir un courant d'air pour l'aération. Les lampes s'étant éteintes, l'ouvrier a voulu les rallumer ; il a ouvert la porte de l'étuve et au moment de l'allumage une explosion s'est produite : il s'était formé un mélange détonant qui a sauté.

C'est un accident professionnel.

Vapeur restée dans un tuyau de conduite. — Débridage prématuré — Brûlures. — Deux ouvriers nettoyaient une conduite de vapeur. L'un d'eux, plus habituellement affecté à ce travail, avait négligé cette fois de prendre les précautions habituelles. Le déboulonnage d'une bride ayant été effectué pendant que la pression existait encore dans la conduite, la vapeur s'échappa et brûla les deux ouvriers.

Teinturerie. — Nettoyage en marche. — Bras broyé entre feutre et cylindre. — Mort. — Un jeune ouvrier de quatorze ans, travaillait à une presse continue à chaud pour les étoffes. Cette machine était munie de tous les organes protecteurs nécessaires. L'enfant a commis l'imprudence d'enlever pendant la marche les petits tampons de bourre qui se présentent constamment sur le feutre sans fin.

Son bras a été entraîné entre le feutre et le cylindre, brûlé et fracturé. La mort s'en est suivie.

Passage d'une matière pâteuse dans une filière conique. — Formation d'un mélange détonant. — Projection de la filière. — Mort. — On passait à chaud un produit dans une filière en bronze de 32 millimètres de longueur, présentant une conicité de 6/10 de millimètre, qui la maintenait dans son logement. La filière pesait 110 grammes et une pression hydraulique de 150 kilogrammes par centimètre carré obligeait le produit à passer à travers la filière. Par suite d'une dissociation de ce produit il s'est formé un gaz qui s'est trouvé comprimé et dont la pression, s'ajoutant à celle indiquée plus haut, a projeté violemment la filière hors de son logement. L'ouvrier a été frappé par ce projectile et tué.

Distillation de terre imbibée de pétrole. — Explosion. — Chute d'un ouvrier. — Blessure. — Dans une cornue verticale on distillait de la terre glaise imbibée de pétrole. Cette cornue était encore chaude lorsqu'on avait effectué le premier chargement. C'était une faute, car il devait nécessairement se produire un dégagement d'une certaine quantité d'hydrocarbure gazeux qui, mélangé à l'air, constituait un mélange détonant à la partie supérieure de la cornue. Le versement d'un nouveau wagonnet a fait déborder ce mélange détonant hors de la cornue, au voisinage de l'orifice. A ce moment, une étincelle ou une petite flammèche aura mis le feu au mélange. Un brusque jet de flamme s'est produit au-dessus de la cornue. L'ouvrier, effrayé, s'est vivement jeté en arrière. Il est tombé d'une hauteur de 4 mètres et s'est blessé.

Épuration de pétrole. — Chute dans un bac contenant une solution alcaline chaude. — Mort. — Un ouvrier rinçait des fûts de pétrole dans un bac contenant une solution chaude de soude. Le plancher sur lequel se tenait cet ouvrier était en bon état; son pied a sans doute glissé et il est tombé dans le bac. La mort s'en est suivie. Accident professionnel.

Expansion des gaz de la combustion hors d'un four. — Asphyxie de trois ouvriers. — Dans le sous-sol d'une pâtisserie se trouvait un four de cuisson, à combustion lente, alimenté par du coke. Les gaz de la combustion devaient s'échapper par une cheminée verticale métallique extérieure, de 25 mètres de hauteur. Mais, d'une part, les carneaux horizontaux n'ayant pas été nettoyés, d'autre part, la cheminée extérieure s'étant refroidie, le tirage des gaz s'est renversé. Ils sont sortis entre la porte du foyer et le bâti, pour gagner, en traversant deux autres chambres du sous-sol, un soupirail qui donnait sur la rue. Dans ces chambres dormaient quatre ouvriers pâtissiers qui ont été asphyxiés. Trois sont morts; on a pu rappeler le quatrième à la vie.

Il est intéressant de constater qu'en cette circonstance une colonne de 3 mètres à 3m,50 de hauteur, à la température du sous-sol, a eu plus d'influence sur le tirage des gaz du foyer qu'une cheminée de 25 mètres de hauteur au pied de laquelle la suie avait beaucoup rétréci la section d'écoulement.

Il nous a paru intéressant d'extraire d'un de nos ouvrages, couronné par la Société industrielle d'Amiens, un chapitre, relatif aux accidents matériels dans les industries textiles si importantes dans le nord.

115. Accidents matériels dans les industries textiles. — *Précautions générales à prendre.* — La plupart des accidents habituellement relevés dans les filatures résultent presque tous de la négligence des ouvrières qui veulent nettoyer leurs métiers lorsqu'ils sont en activité. Aussi dans les établissements bien dirigés un écriteau placé en évidence et répété dans toutes les salles mentionne *qu'on ne doit nettoyer aucun métier pendant la marche.*

Mais cet avertissement public ne suffit pas pour sauvegarder la responsabilité d'un filateur. Tout industriel intelligent doit en outre faire *couvrir* d'une manière quelconque tous les engrenages extérieurs. Les couvertures employées doivent être non en tôle ni en bois, mais autant que possible en fonte polie : lorsqu'on les construit avec des *matières qui ne durent pas*, on songe peu à les remplacer lorsqu'il s'y produit des trous ou qu'elles se détruisent.

Elles doivent en outre être fixées assez *solidement* pour que les ouvriers ne puissent les enlever à tout instant, mais cependant ne pas tellement adhérer aux métiers qu'on ne puisse les démonter qu'à grand renfort de boulons : dans toute filature un peu importante la difficulté qu'il y aurait à replacer ces couvertures amènerait les ouvrières à les rattacher trop sommairement ou même à les mettre au rebut, et le directeur pourrait ne pas s'en apercevoir.

Lorsque le constructeur ne fournit pas de grilles ou plaques préservatrices, le filateur qui monte de nouveaux métiers doit exiger qu'on les lui fournisse : il paiera peut-être un peu plus cher, mais il aura une machine moins dangereuse et pourra toujours, en cas d'accidents, démontrer qu'il a pris pour les éviter toutes les précautions nécessaires. Ajoutons que lorsqu'une série d'engrenages est renfermée entre les plaques de fonte, les roues sont préservées de la poussière et les métiers n'en marchent que mieux.

Les accidents qui peuvent arriver dans les filatures sont de trois genres :

1° Les accidents dus aux transmissions de mouvement.

2° Les accidents dus à la disposition des usines.

3° Les accidents dus aux métiers proprement dits de la filature.

Accidents dus aux transmissions de mouvement. Ceux qui désireraient de nombreux détails sur la question n'ont qu'à consulter à ce sujet, dans les Bulletins de la *Société industrielle de Mulhouse,* les rapports faits depuis nombre d'années par la Comité des accidents de fabrique, et dans les *Bulletins de la Société des apprentis de Paris* tout ce qui a été écrit sur cette question et publié par un Comité du même nom.

Nous nous contenterons d'indiquer ici quelles sont les conclusions pratiques que l'on peut en retirer au point de vue de la préservation des ouvriers contre tout accident :

1° Éviter lorsqu'il s'agit d'une installation nouvelle que les différents organes de transmission soient à la portée des ouvriers, les gênent dans leurs allées et venues, les forcent à se baisser en passant, etc., etc.

2° S'il s'agit d'une disposition ancienne, couvrir avec soin toutes les parties accessibles.

3° Éviter sur les arbres les pièces saillantes, vis de pression, clavettes, etc., ou les recouvrir de manchons lisses faciles à démonter.

4° Veiller aux vêtements des ouvriers et ouvrières, surtout en ce qui concerne les manches et les tabliers.

5° Pour la mise en place des courroies sur les poulies de commande, se servir de monte-courroies ; ou bien fixer un support en fer à côté de chaque poulie de transmission pour recevoir la courroie, et ne remettre celle-ci en place sur la poulie qu'au moyen de la perche à crochet.

6° Ne confier qu'à un ouvrier spécial le nettoyage et le graissage des transmissions, ainsi que les petites réparations.

7° Interdire formellement le nettoyage à la main pendant la marche.

En dehors de ces conseils généraux, les contre-maitres en retiendront d'autres plus spéciaux, tels que : n'appliquer contre les transmissions que des échelles munies de crochets à leurs extrémités, éviter d'approcher des engrenages du côté où les dents engrènent, éviter les positions où un faux mouvement peut faire choir sur les engrenages ; ne pas monter sur une échelle adossée contre un mur de de manière à se trouver entre le mur et la transmission, etc.

Accidents dus à la disposition des usines. — En Angleterre, les bâtiments à plusieurs étages sont flanqués d'un escalier extérieur en pierre qui, en cas d'incendie, permet aux travailleurs de descendre sans danger ; quand cet escalier n'existe pas, on y supplée par des échelles en fer, scellées sur les façades et communiquant avec les ateliers par des chassis à ouvrir.

En France, ces précautions, n'ont été prises que dans très peu d'établissements, et il ne faudrait pas attendre pour les appliquer qu'un incendie, faisant rapidement disparaître l'escalier en bois des étages inférieurs, ne laisse aux ouvriers aucun moyen de sauvetage. L'escalier extérieur présente en outre cet avantage qu'on peut à chaque étage annexer des lieux d'aisance bien aérés et éloigner ainsi ces foyers d'émanations insalubres.

Aucune statistique officielle des accidents n'existant en France, nous allons publier les tableaux suivants extrêmement intéressants et complètement inédits, que M. Alf. Renouard de Lille a dressés en parcourant les cinq derniers rapports publiés à Mulhouse et épars dans les divers bulletins de la société industrielle de cette ville, rapports écrits par l'ingénieur de l'association Alsacienne pour prévenir les accidents de machines. Ces tableaux comprennent les industries textiles suivantes (filatures, tissage, impression, blanchiment, etc).

Accidents arrivés dans les manufactures qui travaillent les textiles et classés d'après leur gravité.

Spécification du genre d'accidents.	1880-81	1879-80	1878-79	1877-78	1876-77
Perte d'un bras	1	1	1	2	0
Perte d'une main	1	0	0	0	0
Fractures et blessures aux bras	4	4	8	3	3
— — aux mains	30	16	16	16	15
— — aux jambes	4	1	1	2	0
— — aux pieds	2	0	0	0	0
Blessures et contusions. Cou et tête.	2	2	1	3	1
Mort ou ayant entraîné la mort	0	1	1	2	1
Perte temporaire de la vision d'un côté	0	1	0	0	0
Perte d'un œil	0	1	0	0	0
Blessures des organes génito-urinaires	0	0	0	0	1
Brûlure par l'eau chaude	0	0	0	1	1
	44	27	28	29	22

Les mêmes accidents classés d'après les circonstances.

Spécification des circonstances dans lesquelles se sont produits les accidents.	1880-81	1879-80	1878-79	1877-78	1876-77
Glissement, chute	2	2	2	0	1
En dérogeant aux règles de prévoyance	18	15	10	3	14
Par étourderie ou distraction	2	2	3	6	6
Par maladresse ou imprudence	12	1	9	9	0
Par absence de moyens préventifs	10	5	4	5	1
A cause d'un ouvrier voisin	0	2	0	0	0
En nettoyant pendant la marche	0	0	0	5	0
Par une poulie à bord ébréché	0	0	0	1	0
	44	27	28	29	22

Les mêmes accidents classés par personnes.

Classification par personnes.		1880-81	1879-80	1878-79	1877-78	1876-77
Enfants de 12 à 16 ans.	garçons	8	4	4	4	3
	filles	7	4	3	9	7
Adultes.	hommes	21	8	16	9	3
	femmes	8	6	5	7	9
		44	27	28	29	22

Les mêmes accidents classés par industrie.

Spécification de l'industrie textile dont il s'agit.	1880-81	1879-80	1878-79	1877-78	1876-77
Filature de coton	33	21	17	21	15
Filature de laine	5	2	7	3	2
Blanchiment de fils et tissus	4	1	1	0	1
Impressions sur tissus	2	0	1	3	4
Tissage	0	3	0	2	0
Ateliers de construction annexés aux filatures et tissage	0	0	2	0	0
	44	27	28	29	22

Les mêmes accidents classés d'après les machines et appareils qui les ont produits.

Désignation des machines et appareils.	1880-81	1879-80	1878-79	1877-78	1876-77
Moteur	1	0	0	2	0
Transmissions	1	1	3	3	1
Batteurs et express-carde	5	4	3	2	0
Machine à réunir et doubleuse	2	0	0	0	0
Cardes	7	6	4	9	4
Etirages à pots tournants	3	1	3	1	1
Bancs à brocher	3	1	1	2	2
Métiers continus à anneaux	1	1	0	0	0
Métiers à filer automates	11	7	6	3	3
Epurateur (coton)	0	0	0	0	2
Etirage frotteur (laine)	1	1	0	2	1
Effilocheuse (coton)	0	0	0	0	1
Bobinoir frotteur	2	1	1	1	0
Ouvreuse à 4 volants (coton)	0	0	0	0	1
Rame continue	1	0	0	1	0
Machine à exprimer	1	1	0	0	0
Tondeuse	1	0	0	0	0
Machine à mandriner (impression)	1	0	1	1	0
Lessivage	1	0	0	0	1
Meule	0	0	0	0	1
Monte-charges	1	0	0	0	0
Machine à élargir les pièces	0	0	0	1	0
Scie-circulaire	1	0	0	0	1
Hydro-extracteur	0	0	1	0	0
Epurateur-Risler	0	1	0	0	0
Raboteuse-circulaire	0	0	1	0	0
Métier à tisser	0	2	0	1	0
Machine à aiguiser les hérissons de carde	0	0	1	0	1
Peigneuse à laine	0	0	2	0	1
Machine à laver la laine	0	0	1	0	0
	44	27	28	29	22

Les maladies et accidents sont rares chez les ouvriers qui travaillent dans les filatures de soie.

Le directeur d'une importante maison, où l'on emploie 115 ouvriers se décomposant comme suit : une quinzaine d'hommes, surveillants et graisseurs, 60 filles de 16 à 25 ans, 20 femmes de 18 à 35 ans, 20 fillettes de 14 à 16 ans a relevé dans quelles proportions s'élèvent les absences pour accidents, blessures, arrivés pendant le travail :

115 ouvriers fournissent par année 300 journées + 115 = 34,500 journées, ont perdu, savoir:

En 1875	à la suite de 10 accidents,	147 journées, soit 0/0	0.42
1876	9	110	0.32
1877	7	99	0.29

1878	12	103	0.29
1879	10	136	0.39
1880	8	145	0.42
1881	11	110	0.32
1882	12	160	0.46

Donc une moyenne de 126 jours, soit 0,36 0/0 perdus pour la guérison des accidents (doigts écrasés, entorses légères, brûlures, etc., etc.).

Les absences pour maladies qui pourraient être imputées au travail n'atteindraient pas ce chiffre, à peine dépassé par le total des maladies.

Là comme partout les accidents proviennent les 9/10 de la négligence des ouvrières qui, malgré les défenses les plus expresses, nettoient leurs machines en marche au lieu de les arrêter.

Les tisserands, et surtout les apprentis, sont sujets à se blesser quelquefois aux mains, quand ils veulent changer la navette ou toucher au métier avant qu'il soit arrêté : les blessures qu'ils se font sont rarement graves.

L'un des accidents les plus communs d'un métier à tisser consiste dans le saut de la navette hors de sa coulisse : cette navette en bois dur et terminée par des pointes en acier est lancée par un battant au travers de la chaîne pour former la trame. En s'échappant du métier elle peut aller frapper un ouvrier voisin et le blesser grièvement.

On a essayé en vain diverses méthodes pour guider cette navette, mais le plus souvent les industriels se contentent de mettre un filet en corde encadré sur le côté du métier, destiné à former tampon contre le choc du dit instrument.

Les accidents matériels qui peuvent arriver aux ouvriers ou ouvrières qui dirigent des peigneuses ne sont jamais légers. Ces machines étant d'un mécanisme très complexe, d'où resortent de tous côtés des pointes et des roues en mouvement, il en résulte que les lésions auxquelles peuvent être sujets ceux qui les conduisent nécessitent presque toujours l'intervention chirurgicale immédiate (mains déchirées, avant-bras mutilés, le plus souvent avec lésions articulaires ou osseuses, etc.).

Ceux même de ces accidents qui paraissent revêtir un caractère de peu de gravité sont toujours à redouter lorsqu'il s'agit de machines à peigner. M. le docteur Butruille, chirurgien en chef de l'hôtel-Dieu de Roubaix, nous a signalé en ce genre un accident très fréquent qui survient surtout chez les femmes dites *soigneuses*.

L'ouvrière voulant nettoyer ses instruments de travail sans arrêter le mouvement de la machine à vapeur, se laisse prendre l'avant-bras par les peignes mécaniques, qui sillonnent la peau de raies plus ou moins profondes, de simples griffes même qui, au premier abord, ne paraissent que des égratignures. La peau se trouve alors peignée, couverte et perforée par de nombreuses *dents* métalliques des peigneuses. La chose parait bénigne au premier abord, mais au bout de quelques jours en voit se développer de considérables phlegmons diffus.

Les *teinturiers* et les *blanchisseurs* sont souvent affectés de brûlures plus ou moins étendues (brûlures par corps chimiques, par l'eau bouillante rendue elle-même plus caustique par la présence des acides). On peut encore relever la perte d'un œil (jet de chlorure de chaux lancé par le vent dans les yeux) et enfin des brûlures par les cylindres à apprêter les tissus.

On rencontre également dans cette classe l'eczéma professionnel des mains, et plus rarement les ulcérations de la muqueuse nasale chez les ouvriers qui manient le vert de Schweinfurt.

Dans l'industrie de l'impression on ne constate que des blessures reçues dans la conduite des machines à imprimer de divers systèmes.

Le docteur Butruille, chirurgien en chef de l'Hôtel-Dieu de Roubaix, a publié une observation intéressante d'un accident arrivé à un ouvrier, accident auquel il donne le nom de *coup de poulie*. Voici les conclusions qui rendent compte de son observation :

1° Nous désignons par coup de poulie l'action produite sur les membres, habituellement sur les mains et l'avant-bras, par les poulies de transmission en rotation.

2° Ces accidents sont relativement rares dans les usines, à cause de l'élévation habituelle de l'arbre de transmission.

Il importe de ne pas les confondre avec les accidents produits par les courroies qui sont actionnées par les susdites poulies. Les coups de courroie qui donnent lieu à des lésions diverses sont du reste beaucoup plus fréquents.

3° L'action des poulies en rotation sur les tissus vivants aboutit à de véritables brûlures.

4° Dans le cas signalé plus haut, la marche de cette brûlure, très profonde, (4° degré) n'a rien offert de spécial en tant que brûlure.

5° Le pansement de cette brûlure d'une façon méthodiquement antiseptique a permis d'obtenir une guérison relativement rapide, avec intégrité presque complète des fonctions de la main.

6° Cette lésion a été produite par une poulie en bois. Le bois étant mauvais conducteur de la chaleur, il est probable que les lésions auraient été plus graves encore avec la poulie en fonte ou en métal qu'on emploie le plus souvent.

La prévention des accidents du travail dans les usines et manufactures a fait, de la part de M. Félix Jottrand, ingénieur des mines, directeur distingué de l'association des industriels de Belgique, l'objet d'un travail fort complet couronné par l'association des ingénieurs sortis de l'école de Liège.

Nous ne pouvons malheureusement le donner ici en totalité, car ce serait dépasser notre cadre ; mais nous engageons vivement les industriels à lire attentivement cet excellent travail, dont nous nous contenterons d'extraire les *prescriptions générales*.

PRESCRIPTIONS GÉNÉRALES

I. — Il est interdit aux ouvriers de s'exposer d'une façon quelconque, dût l'observation de cette défense amener un bris de machines ou une détérioration de marchandises. On ne saura aucun gré à l'ouvrier qui se serait exposé pour éviter un dégât matériel.

II. — Chaque ouvrier, avant de se mettre au travail, doit examiner son appareil, sa machine ou ses outils, s'assurer qu'ils sont en bon état, et notamment que tous les dispositifs de sécurité sont en place et fonctionnent.

L'ouvrier est tenu également de débarrasser sa place de travail de tous objets pouvant constituer un encombrement dangereux.

III. — Aussitôt que retentit le signal de mise en marche, tout travail de réglage, de réparation ou de nettoyage doit cesser immédiatement.

Il pourra être repris ensuite en prenant les précautions indiquées à l'art. V.

IV. — Pendant la marche, il est interdit :

1° De graisser ou de nettoyer les organes difficilement accessibles ;

2° De monter sur les machines-outils, appareils ou métiers ;

3° De caler ou d'enlever les appareils de sécurité.

V. — L'appareil étant arrêté et la transmission en mouvement, il est interdit de procéder à tout travail de réglage ou de réparation sans avoir calé l'échappement ou jeté la courroie à bas de la poulie.

VI. — Aussitôt que retentit le signal d'arrêt, chaque ouvrier est tenu de débrayer son appareil.

VII. — L'ouvrier chargé d'un travail quelconque dans des puits, canaux, caves ou souterrains, où pourraient séjourner des gaz délétères, ne s'y introduira qu'après s'être assuré, autant que possible, de l'absence de danger et qu'en présence d'un compagnon prêt à porter secours,

Il sera muni d'une ceinture de sûreté attachée à une corde dont son camarade tiendra l'extrémité.

VIII. — Il est interdit de laisser ouvert tout couvercle, trappe ou barrière défendant l'accès des endroits dangereux, tels que fosses, canaux, etc.

IX. — Il est défendu de séjourner ou de se reposer sur les fours et les massifs des chaudières, les tas de cendres ou de scories, dans les fossés ou canaux.

X. — Les ouvriers appelés à travailler à proximité d'organes mécaniques en mouvement, seront vêtus d'habits serrés à la taille, sans ceinture ni cravate flottantes.

Les femmes se conformeront autant que possible à cette prescription et elles porteront une coiffure compacte.

XI. — Il est interdit de changer de vêtements à proximité d'organes mécaniques en mouvement.

XII. — Les ouvriers sont tenus d'obéir aveuglément au présent règlement, même quand ils croiraient agir dans l'intérêt de l'établissement en sortant de leurs attributions.

Ils sont invités à signaler à leurs chefs toutes les causes de danger qu'ils apercevraient, et à proposer les mesures de précaution qu'ils jugeraient utiles.

N. B. — Les art. III et V ne sont indispensables que dans le cas d'appareils à grande vitesse ou que la complication des engrenages rend particulièrement dangereux.

116. La sécurité dans les établissements industriels en général. — L'*Officiel* du 18 juin 1893 a promulgué la loi concernant l'hygiène et la sécurité des travailleurs dans les établissements industriels. En voici le texte :

Art. 1er. — Sont soumis aux dispositions de la présente loi les manufactures, fabriques, usines, chantiers, ateliers de tout genre et leurs dépendances. — Sont seuls exceptés les établissements où ne sont employés que les membres de la famille sous l'autorité soit du père, soit de la mère, soit du tuteur. — Néanmoins, si le travail s'y fait à l'aide de chaudière à vapeur ou de moteur mécanique, ou si l'industrie exercée est classée au nombre des établissement dangereux ou insalubres, l'inspecteur aura le droit de prescrire les mesures de sécurité et de salubrité à prendre conformément aux dispositions de la présente loi.

Art. 2. — Les établissements visés à l'article 1er doivent être tenus dans un état constant de propreté et présenter les conditions d'hygiène et de salubrité nécessaires à la santé du personnel. — Ils doivent être aménagés de manière à garantir la sécurité des travailleurs. Dans tout établissement fonctionnant par des appareils mécaniques, les roues, les courroies, les engrenages ou tout autre organe pouvant offrir une cause de danger seront séparés des ouvriers, de telle manière que l'approche n'en soit possible que pour les besoins du service. Les puits, trappes et ouvertures doivent être clôturés. — Les machines, mécanismes, appareils de transmission, outils et engins doivent être installés et tenus dans les meilleures conditions possibles de sécurité. — Les dispositions qui précèdent sont applicables aux théâtres, cirques, magasins et autres établissements similaires où il est fait emploi d'appareils mécaniques.

Art. 3. — Des règlements d'administration publique, rendus après avis du comité consultatif des arts et manufactures, détermineront : 1° Dans les trois mois de la promulgation de la présente loi, les mesures générales de protection et de salubrité applicables à tous les établissements assujettis, notamment en ce qui concerne l'éclairage, l'aération ou la ventilation, les eaux potables, les fosses d'aisance, l'évacuation des poussières et vapeurs, les précautions à prendre contre les incendies, etc. ; — 2° Au fur et à mesure des nécessités constatées, les prescriptions particulières relatives, soit à certaines industries, soit à certains modes de travail. — Le comité consultatif d'hygiène publique de France sera appelé à donner son avis en ce qui concerne les règlements généraux prévus au paragraphe 2 du présent article.

Art. 4. — Les inspecteurs du travail sont chargés d'assurer l'exécution de la présente loi et des règlements qui y sont prévus ; ils ont entrées dans les établissements spécifiés à l'article 1er et au dernier paragraphe de l'article 2, à l'effet de procéder à la surveillance et aux enquêtes dont ils sont chargés.

Art. 5. — Les contraventions sont constatées par les procès-verbaux des inspecteurs qui font foi jusqu'à preuve contraire. — Les procès-verbaux sont dressés en double exemplaire, dont l'un est envoyé au préfet du département et l'autre envoyé au parquet. —

Les dispositions ci-dessus ne dérogent point aux règles du droit commun quant à la constatation et à la poursuite des infractions commises à la présente loi.

Art. 6. — Toutefois, en ce qui concerne l'application des règlements d'administration publique prévus par l'art. 3 ci-dessus, les inspecteurs, avant de dresser procès-verbal, mettront les chefs d'industrie en demeure de se conformer aux prescriptions dudit règlement. — Cette mise en demeure sera faite par écrit sur le registre de l'usine ; elle sera datée et signée, indiquera les contraventions relevées et fixera un délai à l'expiration duquel ces contraventions devront avoir disparu. Ce délai ne sera jamais inférieur à un mois. — Dans les quinze jours qui suivent cette mise en demeure, le chef d'industrie adresse, s'il le juge convenable, une réclamation au ministre du commerce et de l'industrie. Ce dernier peut, lorsque l'obéissance à la mise en demeure nécessite des transformations importantes portant sur le gros œuvre de l'usine, après avis conforme du comité des arts et manufactures, accorder à l'industriel un délai dont la durée, dans tous les cas, ne dépassera jamais dix-huit mois. — Notification de la décision est faite à l'industriel dans la forme administrative ; avis en est donné à l'inspecteur.

Art. 7. — Les chefs d'industrie, directeurs, gérants ou préposés, qui auront contrevenu aux dispositions de la présente loi et des règlements d'administraiion publique relatifs à son exécution seront poursuivis devant le tribunal de simple police et punis d'une amende de 5 fr. à 12 fr. L'amende sera appliquée autant de fois qu'il y aura de contraventions distinctes constatées par le procès-verbal,sans toutefois que le chiffre total des amendes puisse excéder 200 fr. — Le jugement fixera, en outre, le délai dans lequel seront exécutés les travaux de sécurité et de salubrité imposés par la loi. — Les chefs d'industrie sont civilement responsables des condamnations prononcées contre leurs directeurs, gérants ou préposés.

Art. 8. — Si, après une condamnation prononcée en vertu de l'article précédent, les mesures de sécurité ou de salubrité imposées par la présente loi ou par les règlements d'administration publique n'ont pas été exécutées dans le délai fixé par le jugement qui a prononcé la condamnation, l'affaire est, sur un nouveau procès-verbal, portée devant le tribunal correctionnel qui peut, après une nouvelle mise en demeure restée sans résultat, ordonner la fermeture de l'établissement. — Le jugement sera susceptible d'appel ; la Cour statuera d'urgence.

Art. 9. — En cas de récidive, le contrevenant sera poursuivi devant le tribunal correctionnel et puni d'une amende de 50 à 500 fr., sans que la totalité des amendes puisse excéder 2.000 fr. — Il y a récidive lorsque le contrevenant a été frappé, dans les douze mois qui ont précédé le fait qui est l'objet de la poursuite, d'une première condamnatien pour infraction à la présente loi ou aux règlements d'administration publique relatifs à son exécution.

Art. 10. — Les inspecteurs devront fournir, chaque année, des rapports circonstanciés sur l'application de la présente loi dans toute l'étendue de leurs circonscriptions Ces rapports mentionneront les accidents dont les ouvriers auront été victimes et leurs causes. Ils contiendront les propositions relatives aux prescriptions nouvelles qui seraient de nature à mieux assurer la sécurité du travail. — Un rapport d'ensemble, résumant ces communications, sera publié tous les ans par les soins du ministre du commerce et de l'industrie.

Art. 11. — Tout accident ayant causé une blessure à un ou plusieurs ouvriers, survenu dans un des établissements mentionnés à l'article 1er et au dernier paragraphe de l'article 2, sera l'objet d'une déclaration par le chef de l'entreprise ou, à son défaut et en son absence, par le préposé. — Cette déclaration contiendra le nom et l'adresse des témoins de l'accident ; elle sera faite dans les quarante-huit heures au maire de la commune qui en dressera procès-verbal dans la forme à déterminer par un règlement d'administration publique. A cette déclaration sera joint, produit par le patron, un certificat du médecin indiquant l'état du blessé, les suites probables de l'accident et l'époque à laquelle il sera possible d'en connaître le résultat définitif. — Récépissé de la déclaration et du certificat médical sera remis séance tenante au déposant. Avis de l'accident est donné immédiatement par le maire à l'inspecteur divisionnaire ou départemental.

Art. 12. — Seront punis d'une amende de 100 à 500 fr., et, en cas de récidive, de 500 à 1.000 fr., tous ceux qui auront mis obstacle à l'accomplissement des devoirs d'un inspecteur. — Les dispositions du code pénal qui prévoient et répriment les actes de résistance, les outrages et les violences contre les officiers de la police judiciaire sont, en outre, applicables à ceux qui se rendront coupables de faits de même nature à l'égard des inspecteurs.

Art. 13. — Il n'est rien innové quant à la surveillance des appareils à vapeur.

Art. 14. — L'article 463 du code pénal est applicable aux condamnations prononcées en vertu de la présente loi.

Art. 15. — Sont et demeurent abrogées toutes les dispositions des lois et règlements contraires à la présente loi (1).

(1) Une loi antérieure, promulguée le 2 novembre 1892, *Sur le travail des enfants, des filles mineures et des femmes dans les établissements industriels*, est plutôt une loi de police qu'une loi d'hygiène ; toutefois, nous en reproduisons la *Section V*, intitulée : *Hygiène et sécurité des travailleurs* : « *Art. 12.* Les différents genres de travail présentant des causes de danger, ou excédant les forces, ou dangereux pour la moralité, qui seront interdits aux femmes, filles et enfants, seront déterminés par des règlements d'administration publique. — *Art. 13.* Les femmes, filles et enfants ne peuvent être employés dans des établissements insalubres ou dangereux où l'ouvrier est exposé à des manipulations ou à des émanations préjudiciables à sa s[illegible] que sous les conditions spéciales déterminées par des règlements d[illegible]nistration publique pour chacune de ces catégories de travailleurs. — *Art. 14.* Les établissements visés dans l'art. 1er (usines, manufactures, mines, minières et carrières, chantiers, ateliers publics ou privés, laïques ou religieux, même d'enseignement professionnel ou de bienfaisance) et leurs dépendances, doivent être tenus dans un état constant de propreté, convenablement éclairés et ventilés. Ils doivent présenter toutes les conditions de sécurité et de salubrité nécessaires à la santé du personnel. — Dans tout établissement contenant des appareils mécaniques, les roues, les courroies, les engrenages ou tout autre organe pouvant être une cause de danger, seront séparés des ouvriers de telle manière que l'approche n'en soit possible que pour les besoins du service. Les puits, trappes et ouvertures de descente devront être clôturés. — *Art. 15.* Tout accident ayant occasionné une blessure à un ou plusieurs ouvriers, survenu dans un des établissements mentionnés à l'art. 1er, sera l'objet d'une déclaration par le chef de l'entreprise ou, à son défaut et en son absence, par son préposé. — Cette déclaration contiendra le nom et l'adresse des témoins de l'accident ; elle sera faite dans les quarante-huit heures au maire de la commune, qui en dressera procès-verbal dans la forme à déterminer par un règlement d'administration publique. A cette déclaration sera joint, produit par le patron, un certificat de médecin indiquant l'état du blessé, les suites probables de l'accident et l'époque à laquelle il sera possible d'en connaître le résultat définitif. — Récépissé de la déclaration et du certificat médical sera remis, séance tenante, au déposant. Avis de l'accident est donné immédiatement par le maire à l'inspecteur divisionnaire du département. — *Art. 16.* Les patrons ou chefs d'établissement doivent, en outre, veiller au maintien des bonnes mœurs et à l'observation de la décence publique.

127. Les premiers secours. — Si un accident vient à se produire, il faut tout d'abord détacher une des personnes présentes pour aller quérir un médecin. Une autre personne préparera la boîte de secours pendant que d'autres s'occuperont du blessé.

C'est en se partageant ainsi les fonctions que l'on ira vite et bien.

Une boîte à pansement doit contenir les objets suivants :

Une paire de ciseaux de seize centimètres de long, à pointes mousses ; un paquet d'ouate hydrophile ; deux paquets de coton ordinaire ; un rouleau de gaze au salol d'un mètre ; une boîte de soie phéniquée n° 0 ; un étui renfermant des aiguilles à suture de diverses formes ; une boîte d'épingles anglaises ; une boîte de sinapismes en feuilles ; un étui renfermant de la baudruche gommée ; du sparadrap dans un étui de fer blanc ; un petit pot de vaseline boriquée ; des bandes de tarlatane, de six mètres de longueur sur huit centimètres de largeur ; des compresses ; une bande hémostatique en caoutchouc ; une éponge et son enveloppe en taffetas gommé ; une cuvette ; une cuiller en fer étamé ; un gobelet d'étain ; une palette graduée pour la saignée ; un agaric de chêne ; un appareil Scultet ; quatre grands flacons contenant : alcool camphré, acétate de plomb liquide, solution phéniquée à 25 pour 1000, solution boriquée à 40 pour 1000 ; quatre petits flacons contenant : éther, acétate d'ammoniaque, alcoolat de mélisse, teinture d'arnica.

Il devra aussi y avoir, dans l'endroit où sera la boîte, deux gouttières en fil de fer pour le membre supérieur et deux gouttières en fil de fer pour le membre inférieur tout entier.

Les premiers soins à donner en cas d'accident, avant

l'arrivée du médecin, ont été très bien décrits dans le *Bulletin de l'Association des Industriels de France.*

Nous les lui empruntons.

INSTRUCTIONS SUR LES PREMIERS SOINS A DONNER EN CAS D'ACCIDENTS AVANT L'ARRIVÉE DU MÉDECIN

Généralités. — Lorsqu'un accident vient frapper un ouvrier dans l'usine ou dans l'atelier, la première chose à faire est d'appeler le médecin ou de faire transporter la victime à l'hôpital. Mais souvent, à la campagne, dans un village et même à la ville, on est loin de tout hôpital et le médecin ne pourra venir que quelques heures après l'accident. D'autre part, le blessé n'est pas toujours immédiatement transportable. Parfois, enfin, des mesures absolument immédiates s'imposent. Il est donc utile et souvent nécessaire de pouvoir donner au blessé, avant l'arrivée du médecin, des premiers secours intelligemment appliqués. Il importe surtout, dans un pareil moment, d'éviter l'affolement et la précipitation, qui peuvent faire commettre de graves erreurs. On ne laissera auprès de la victime que le nombre d'aides strictement nécessaire et on lui donnera sans hâte, mais avec activité et sang-froid, les soins nécessités par son état.

Ce qui importe avant tout, dans ces premiers secours donnés par des personnes qui n'ont pas la compétence et l'expérience nécessaires, c'est de ne pas nuire aux malades par des pratiques dangereuses. Il importe que le sauveteur soit averti à la fois de ce qu'il doit faire et de ce qu'il ne doit pas faire. C'est le but que s'est proposé cette notice.

I. — Transport des blessés. — Le moyen le plus pratique pour transporter un blessé est le brancard.

Si l'on n'a pas de brancard sous la main, on y supplée par des objets que l'on a presque toujours sous la main : porte, persienne, échelle, hamac, bâtons entre-croisés et liés. On les recouvre d'un matelas, ou, à son défaut, de paille ou de foin.

Fig. 1.

Si l'état du blessé nécessite le transport assis, on le place sur une chaise solide ou sur un fauteuil, que l'on transporte soit au moyen de deux traverses clouées, soit par le dossier et les pieds antérieurs.

On peut aussi effectuer le transport à bras d'homme, soit en formant un siège avec les mains entrelacées (fig. 1), soit en soutenant le blessé derrière le dos et sous les cuisses (fig. 2). S'il a conservé sa connaissance, il passe les bras autour du cou des porteurs. S'il a perdu connaissance, un des porteurs le saisit par la partie supérieure du tronc, tandis que l'autre marche en avant en supportant les membres inférieurs (fig. 3).

Fig. 2.

Pour soulever un blessé et le poser sur un brancard, il faut au moins trois aides. Les deux premiers se placent de chaque côté du blessé, passent leurs bras sous ses épaules et ses reins, en se donnant la main, tandis que le troisième, qui sera l'aide le plus habile, soutient des deux mains la partie blessée. Puis, d'un seul coup, le blessé est soulevé et posé sur le brancard. Le membre fracturé doit être soulevé le premier et déposé le dernier. On dispose de chaque côté de ce membre des coussins, des oreillers ou des pièces de linge, pour lui former une sorte de gouttière.

Fig. 3.

Deux porteurs saisissent le brancard par les poignées, l'un à la tête, l'autre aux pieds. *Ils évitent de marcher au pas* et vont d'une allure lente et régulière, sans heurts et sans soubresauts.

Dans un escalier, soit pour monter, soit pour descendre, la tête du blessé doit toujours occuper la position supérieure.

II. — Blessures. — 1° Contusions. — Les contusions sont produites par le choc violent contre un corps dur non coupant. Elles sont accompagnées parfois de bosse sanguine.

Pour les contusions légères, le traitement est fort simple. Il suffit de faire des applications répétées de compresses *propres* imbibées d'eau fraîche et maintenues par une bande faiblement serrée. Éviter les applications irritantes ou malpropres.

S'il y a bosse sanguine, on appliquera des compresses un peu dures, et on maintiendra par une bande assez serrée.

Quelquefois la contusion peut être plus grave et provoquer une syncope. On transportera le blessé dans une pièce bien aérée et on appliquera les compresses d'eau fraîche en attendant l'arrivée du médecin.

2° Plaies. — Les plaies sont de diverses natures suivant la cause qui les a produites. Leur gravité est également très variable et dépend de leur étendue, de leur profondeur et de l'importance des organes atteints.

3° Plaies par instruments tranchants. — Il importe surtout de ne pas nuire au blessé par des soins mal compris.

Une propreté absolue de la plaie et de tout ce qui la touche est rigoureusement nécessaire. On évitera donc avec soin de la toucher avec des doigts sales, des linges ou des éponges malpropres, de la recouvrir avec de la charpie, des toiles d'araignées, des pansements sales, qui pourraient introduire dans cette plaie des germes mauvais pouvant déterminer des complications et la mort.

Si la plaie est souillée par de la terre, du sable, de la boue, on la lavera avec de l'eau très propre, et de préférence avec de l'eau bouillie. On ajoutera même très utilement dans cette eau une solution antiseptique : solution au 1/100 d'acide phénique ou au 2/100 d'acide borique. On emploiera toujours celui-ci dans les plaies de la face.

Le lavage de la plaie elle-même se fera avec un linge ou une éponge très propre, en faisant couler un filet d'eau sur la plaie. Quant à la région voisine, on la lavera doucement avec un linge mouillé.

Si des corps étrangers se trouvent dans la plaie, le lavage pourra en emporter quelques-uns. Quant aux autres, on n'enlèvera avec les doigts ou avec une pince que ceux qui n'offriront aucune résistance à l'extraction. Mais on se gardera bien d'essayer d'enlever ceux qui auraient profondément pénétré et qui offriraient une résistance quelconque. On s'exposerait à déchirer les tissus et à produire des complications.

Si des caillots sanguins se sont formés au niveau de la plaie, on *s'abstiendra soigneusement de les enlever.*

Après avoir effectué le lavage, on recouvrira la plaie d'un linge bien propre imbibé de la solution antiseptique, ou, à son défaut. d'eau bouillie ou d'eau fraîche bien pure et on maintiendra ce pansement avec une bande de toile ou une serviette pliée en triangle.

4° *Écorchures.* — Elles seront bien lavées, puis on les recouvrira de compresses imbibées d'huiles d'olive, pour les mettre à l'abri de l'air.

5° *Piqûres.* — Faciliter l'écoulement du sang, faire saigner la plaie, puis la recouvrir de compresses d'eau fraîche.

6° *Plaies par arrachement et par broiement.* — *On se gardera avec soin de couper les quelques filaments* qui retiennent seuls parfois le membre broyé. Ce sont le plus souvent des vaisseaux sanguins et en les coupant on déterminerait une grave hémorrhagie. On enveloppera la plaie avec des morceaux de linge imbibés d'eau fraîche ou plutôt des solutions antiseptiques indiquées précédemment. Si la torpeur du blessé l'exige, on lui donnera à boire, mais en petites quantités, du café ou du thé chauds, additionnés d'un peu de cognac ou de rhum.

7° *Hémorragies.* — La première chose à faire, comme nous l'avons dit, est *de ne pas nuire au blessé.* Pour ce motif, on s'abstiendra d'employer pour arrêter l'hémorragie certaines substances populaires telles que les toiles d'araignées, le tabac ou le café en poudre, le perchlorure de fer ou le vinaigre. Leur emploi est nuisible et peut déterminer des accidents.

L'hémorragie légère cède généralement en comprimant la plaie avec les doigts propres, de l'amadou ou du linge et en appliquant des compresses d'eau froide.

L'hémorragie grave demande une sérieuse attention et *nécessite le plus tôt possible l'intervention du médecin.* Elle peut amener la mort.

Si le sang vient d'une veine, il est épais, noirâtre, il coule lentement et en nappe. On enlève les pièces du vêtement qui peuvent gêner et serrer, comme les jarretières, on place le membre dans une position élevée et on comprime la plaie avec les doigts ou un tampon de linge bien propre.

Si c'est une artère qui a été coupée, le sang est rouge, vermeil et jaillit par saccades. C'est alors surtout que l'hémorragie est grave et l'intervention du médecin pressante. En l'attendant, on comprime fortement la plaie avec un tampon de linge propre, mais, outre cette précaution, le meilleur moyen à employer est la *compression de l'artère principale* de la partie atteinte, au-dessus de la blessure, en tenant toujours le membre élevé.

Fig. 4.

Il importe de savoir en quels points cette compression doit se faire.

Pour le bras ou la main, l'artère principale est située sur la face interne du bras, à peu près en son milieu, du côté qui regarde le tronc (fig. 4).

Pour les blessures de l'aisselle, on comprime le gros tronc qui est situé derrière la clavicule.

Pour la tête, les deux grosses artères sont situées en avant et de chaque côté du cou, à côté de la pomme d'Adam (fig. 5).

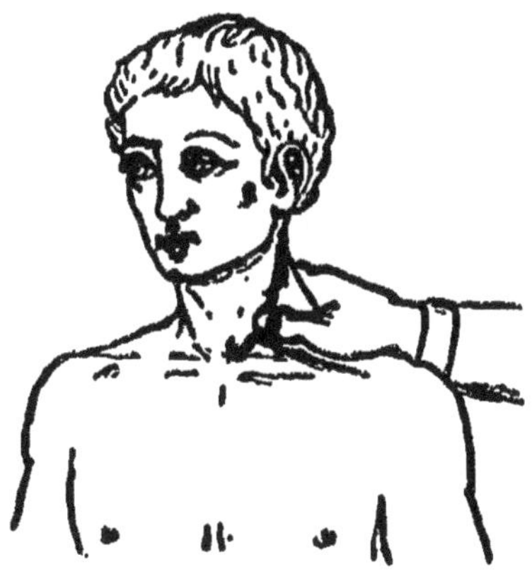

Fig. 5.

Pour les membres inférieurs, la grosse artère se comprimera au milieu de la face antérieure de la cuisse, un peu au-dessous du pli de l'aine (fig. 6 et 7).

La compression a pour but de presser l'artère principale contre un os et de suspendre ainsi, dans la région que dessert cette artère, la circulation du sang.

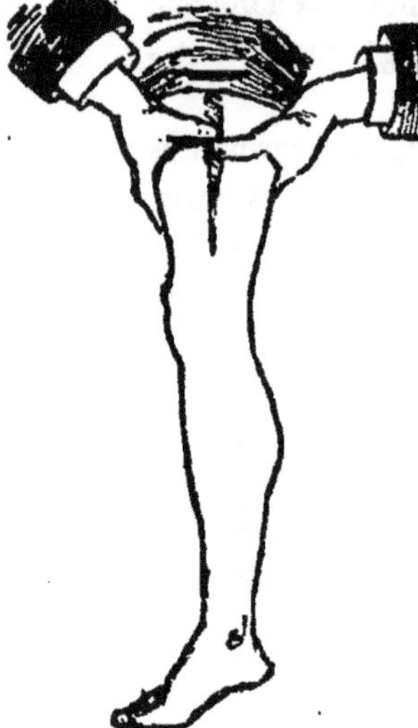

Fig. 6.

Cette compression peut se faire avec les doigts, avec un linge plié en bande, avec des compresses épaisses ou avec une bande élastique, telle qu'une bretelle. On peut employer un mouchoir et le serrer, en formant garrot, avec un petit bâton ou une clef que l'on passe dans le nœud du mouchoir et que l'on tourne, de façon à serrer le lien et comprimer le membre.

Dans tous les cas, on n'oubliera pas que cette compression énergique ne doit pas durer trop longtemps, car, au bout de quelques heures, la gangrène se déclarerait.

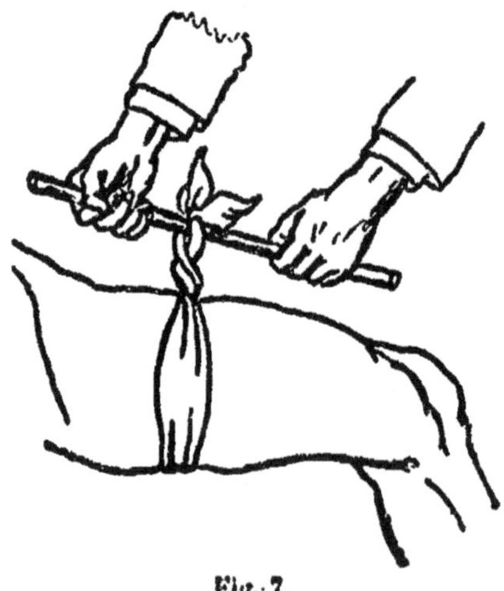

Fig. 7.

Les saignements de nez prolongés s'arrêteront en élevant les bras en l'air, appliquant des compresses d'eau froide sur le front et la nuque et injectant de l'eau glacée dans les narines.

III. — Entorses et luxations. — L'entorse est la distension des ligaments d'une articulation. On plongera le membre dans l'eau froide ou on appliquera des compresses d'eau fraîche ou de préférence d'eau blanche, fréquemment renouvelées.

La luxation est le déboîtement d'un os, dont la tête sort de son articulation. La région se déforme et le blessé ne peut plus accomplir certains mouvements. *On ne cherchera pas à réduire la luxation*, c'est-à-dire à remettre le membre en place. On appliquera des compresses d'eau fraîche sur l'articulation, on placera le blessé dans la position la moins fatiguante pour lui et on immobilisera le membre au moyen d'un bandage ou d'un appareil analogue à celui des fractures, en attendant l'arrivée du médecin.

IV. — Fractures. — Les fractures sont des ruptures d'os. On les reconnaît à l'impossibilité pour le blessé de mouvoir le membre atteint, à la direction anormale de ce membre, à sa mobilité en tous sens, à la douleur violente produite par la pression en un point limité, enfin au crépitement particulier produit par le frottement des deux extrémités de l'os.

Les fractures se divisent en fractures simples et fractures compliquées.

La fracture est *simple* lorsque l'os est brisé sans qu'il y ait d'autres lésions sérieuses. Elle est *compliquée* lorsqu'elle est accompagnée de plaies des parties molles, produites, soit par la cause même de l'accident, soit par des fragments d'os qui ont percé la peau.

Fractures simples. — Il ne faut pas faire subir au membre brisé une manipulation trop prolongée, qui serait d'abord très douloureuse et pourrait amener des complications.

Fig. 8.

Après avoir coupé les vêtements, sans chercher à les retirer, on appliquera un premier pansement en attendant l'arrivée du médecin.

Ce premier pansement a pour but d'assurer l'immobilité du membre placé dans sa direction normale.

C'est un appareil très simple. On glisse sous le membre blessé un manteau, une couverture ou tout autre linge épais et doux et l'on dispose autour des *attelles*, c'est-à-dire des soutiens formés de petites planchettes en bois ou en gros carton, de longueur et de largeur convenables. On maintient le tout par des bandes ou des mouchoirs (fig. 8).

Si l'on n'a pas de planchettes, on peut employer comme attelles un bâton, une canne, un parapluie, etc. (fig. 9). On peut même, pour l'une des jambes, l'appliquer exactement contre l'autre et les attacher ensemble par des bandes ou des ceintures.

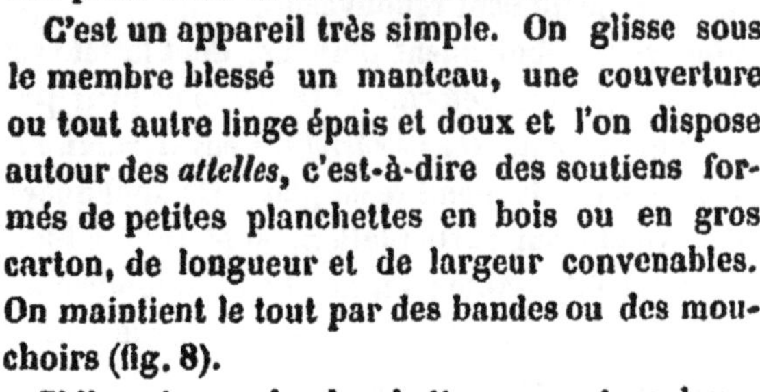

Fig. 9.

Pour le bras, on le soutiendra par une écharpe ou on le fixera contre le corps par une bande.

Fracture compliquée. — Dans le cas de fracture compliquée, on commencera par laver la plaie et la panser avec une solution antiseptique, comme il a été indiqué plus haut (Voir *Plaies*). On appliquera ensuite l'appareil provisoire d'immobilisation pour fracture et on aura recours le plus rapidement possible au médecin.

Fracture des côtes. — On appliquera autour de la poitrine une bande épaisse et large maintenue par une serviette pliée en long, serrée fortement pour éviter tout déplacement des côtes et fixée au moyen d'épingles ou d'une aiguillée de fil.

V. — Syncopes. — La syncope est la perte de connaissance occasionnée par suite d'une émotion, d'une chute grave, d'une faiblesse, d'une hémorragie. Elle est caractérisée par une grande pâleur de la face.

La première chose à faire est de donner beaucoup d'air au malade, en ouvrant les fenêtres de la chambre, éloignant toutes les personnes inutiles, desserrant les vêtements, principalement ceux du cou et de la poitrine.

On étendra le malade sur le dos, horizontalement, *en ayant soin de lui placer la tête basse.* On lui fera respirer des odeurs fortes, vinaigre, sels anglais, eau de Cologne, éther, ammoniaque ; on lui jettera de l'eau froide à la face, on lui fouettera le visage avec un linge mouillé, on lui bassinera les tempes avec de l'eau de Cologne ou du vinaigre.

Si la syncope s'accompagne de vomissements, on placera la tête sur le côté, pour que les matières rejetées ne puissent pénétrer dans les poumons.

Si la respiration tardait trop à se rétablir, on pratiquerait la respiration artificielle, comme il sera indiqué plus loin et on appellerait le plus rapidement possible un médecin.

VI. — Congestion, Apoplexie. — Le malade perd connaissance partiellement ou complètement ; la sensibilité est parfois supprimée localement ; il peut y avoir un commencement de paralysie ; le visage est fortement coloré.

On étendra le malade sur le dos, *en ayant soin de placer la tête haute* et les jambes pendantes. On desserrera ses vêtements et on donnera de l'air.

On appliquera sur la tête des compresses d'eau froide ou de vinaigre; on mettra des sinapismes entre les épaules, sur la poitrine et aux mollets (excepté dans le cas de varices). Pas de boissons alcooliques.

VII. — Attaque de nerfs, Epilepsie. — L'attaque de nerfs est une perte de connaissance accompagnée de convulsions plus ou moins fortes.

Dans l'épilepsie, l'attaque se produit brusquement ; le malade pousse un cri et tombe tout d'une pièce. La face s'injecte, les lèvres écument et les convulsions se produisent.

On se contentera de placer le malade de façon qu'il ne puisse se blesser, par exemple sur un matelas ou sur de la paille ; on desserrera les vêtements du cou et de la poitrine et on lui placera entre les dents un morceau de chiffon ou de liège pour éviter que la langue soit mordue et coupée par les dents.

On laissera l'accès se passer de lui-même, sans faire respirer aucune odeur forte au malade.

VIII. — Ivresse. — Si le blessé est dans un état d'ivresse dangereux, on le fera vomir, s'il y a lieu, avec un peu d'eau tiède ou par chatouillement de la gorge.

On lui fera boire un verre d'eau sucrée dans laquelle on aura versé de 5 à 10 gouttes d'ammoniaque.

IX. — Insolation. — Une insolation est toujours grave et nécessite la présence d'urgence du médecin.

En l'attendant, on transportera le malade à l'ombre, dans un endroit frais, on l'étendra la tête haute et on desserrera ses vêtements, principalement ceux du cou et de la poitrine. On lui appliquera sur la tête des compresses d'eau froide et on lui mettra des sinapismes aux jambes.

On lui fera boire beaucoup d'eau fraîche.

Si la respiration est lente à se rétablir, on pratiquera la respiration artificielle.

X. — Congélation. — En cas de congélation, il est très important de ne pas introduire le malade sans transition dans une chambre trop chaude et surtout *de ne pas exposer directement au feu la partie atteinte*, ce qui pourrait déterminer la gangrène. On le portera dans une chambre froide que l'on échauffera graduellement ; on le frictionnera avec des tampons de flanelle ou des linges chauffés, humectés d'un peu d'alcool. Lorsqu'il aura repris ses sens, on lui fera boire des boissons chaudes, café ou thé, avec quelques gouttes de rhum. On ne lui donnera pas de boissons alcooliques pures.

En cas de congélation des pieds, des mains, des oreilles, du nez, on frictionnera doucement et longuement la partie atteinte avec de l'huile et des linges froids.

XI. — Présence de corps étrangers. — S'il s'agit de corps étrangers *dans l'oreille*, on aura recours à des injections d'huile, ou d'eau bouillie tiède, ou d'eau boriquée tiède, qui les entraîneront le plus souvent. On ne fera aucune tentative pour enlever le corps étranger avec un instrument.

Dans l'œil, s'il s'agit d'une particule métallique visible, on essaiera de l'attirer avec un aimant ou de l'entraîner avec un corps mousse, tel qu'une bague. On ne se servira jamais d'un objet pointu pour l'extraction de ce corps étranger.

On évitera de se frotter l'œil, de regarder une flamme ou une lumière ; on soufflera sous la paupière et on plongera l'œil dans un bain d'eau fraîche, en écartant la paupière.

Dans les fosses nasales, on essaiera de faire éternuer en respirant du tabac, ce qui suffira parfois pour expulser le corps étranger. On fera dans la narine libre des injections d'eau tiède.

Pour tous ces organes, on devra être très sobre de manipulations et attendre l'arrivée du médecin.

Pour les corps étrangers de *l'estomac* ou des *voies respiratoires*, on fera avaler des boulettes de mie de pain, de gros fragments de pomme de terre cuite. On cherchera à provoquer les vomissements en chatouillant le fond de la gorge ; on fera boire de l'eau tiède mélangée d'huile d'olive, ou mieux de l'huile d'olive pure.

Consacrant plus loin un chapitre spécial aux brûlures, nous ne nous en occuperons pas ici (Voir Chap. XV).

Pour résumer tout ceci, nous emprunterons un tableau fort bien fait, dressé par l'Association rouennaise, qui indique à toutes les personnes occupées dans les établissements industriels ce qu'il faut faire ou ne pas faire avant l'arrivée du médecin.

Secours en cas d'accident. — *Isolez la victime. — Prévenez immédiatement le Médecin.*

NATURE de l'accident.	AVANT L'ARRIVÉE DU MÉDECIN	
	Ce qu'il faut faire	Ce qu'il ne faut pas faire.
Apoplexie.	Porter le malade à l'air ou dans un local bien aéré. L'étendre en lui tenant la tête légèrement élevée, desserrer ses vêtements.— Compression d'eau fraîche, sinapismes aux jambes, lavement purgatif, sangsues à l'anus.	Proscrire l'emploi de tout élixir dit anti-apoplectique.
Asphyxie par éboulement.	Faire les fouilles avec prudence ; relever les membres avec circonspection, car ils peuvent être fracturés ; relever le corps ; sortir la terre de la bouche avec un doigt. — Respiration artificielle. — Traction rythmée de la langue.	Pendant la fouille, éviter tout éboulement de terre ou de décombre et la rencontre des instruments avec la victime.
Asphyxie fumée de charbon.	Briser les portes et les fenêtres *du dehors* ; si c'est possible, se couvrir le nez et la bouche d'un linge imbibé de vinaigre, courir briser une fenêtre et ressortir aussitôt : le courant d'air établi porter la victime à l'air. — Respiration artificielle. — Traction rythmée de la langue.	Eviter l'exposition au soleil ; ne faire respirer aucune vapeur irritante. — Ne pas coucher la victime dans un lit chaud.
Asphyxie par le gaz : gaz d'éclairage.	Fermer le robinet principal de la conduite, procéder comme dans le cas précédent.	Mêmes observations que dans le cas précédent ; ne jamais entrer avec une lumière dans une enceinte remplie de gaz.
Asphyxie par le gaz : fosses d'aisance. — puits, etc.	Verser de l'eau de chaux, brûler de la paille en s'éloignant rapidement de peur d'explosion ; linge imbibé sur la bouche et le nez ; descendre par échelle ou câble tendu avec une corde de signal en main, et une ceinture portant deux cordes ; attacher la victime au deuxième câble et la faire remonter. — Respiration artificielle.	Mêmes observations que précédemment.
Asphyxie Pendaison.	Couper la corde. — Respiration artificielle. — Sinapismes aux mollets.	Mêmes observations que précédemment.
Asphyxie Submersion.	Enlever les vêtements : nettoyer la bouche, le gosier et le nez avec une barbe de plume ou le doigt ; frictions avec linges chauds ; briques chauffées et couvertures. — Respiration artificielle avec traction rythmée de la langue.	Ne jamais suspendre le noyé par les pieds ; pas de secousses ; pas de lavements ; pas de fumigations ; pas de boissons.

Accouchement.	N'agir qu'en absence d'une sage-femme ou d'une femme. L'enfant sera couché sur le dos dans la dépression formée par les deux jambes de l'accouchée ; la tête placée du côté des pieds sera seule hors des vêtements. L'accouchement accompli, lier le cordon à dix centimètres du nombril de l'enfant. — Nettoyer la bouche de l'enfant avec le petit doigt.	Eloigner tout le monde ; découvrir l'accouchée le moins possible. — Empêcher toute intervention de personnes incompétentes. — L'accouchement terminé, éviter toute secousse en transportant l'accouchée.
Brûlures par le feu.	Couper les habits de la victime. — Eau fraîche souvent renouvelée : gaze antiseptique imbibée de glycérine : application de vaseline boriquée ; ouate de bandage avec huile d'olive ou graisse pure.	Ne pas déchirer les ampoules, n'appliquer aucune substance irritante, gelée de groseilles, vin, encre.
Brûlures par les acides.	Pansement avec linge usé ou ouate ; lavage eau froide alcaline ; pansement gras, compresses froides par dessus.	Mêmes observations.
Brûlures par les alcalis.	Mêmes soins, en remplaçant l'eau alcaline par de l'eau vinaigrée.	Mêmes observations.
Congélation.	Réchauffer le malade en élevant peu à peu la température du local où il a été placé ; frictionner le corps dépouillé des vêtements avec des linges chauds ; faire prendre du café chaud légèrement alcoolisé.	Ne pas placer le malade dans un local chaud, ni devant un foyer. — Ne pas lui administrer de boisson tant qu'il n'ait repris connaissance ; pas d'alcool pur.
Contusions.	Appliquer des compresses d'eau fraîche.	Eviter les linges malpropres ; ne pas serrer les bandes ; pas d'applications irritantes, telles que l'urine ; pas de sangsues.
Empoisonnements. acides.	Provoquer les vomissements, puis eau de savon, de chaux, mélangée de craie ; lait ; huile d'olive.	Le médecin seul peut donner le contrepoison.
Empoisonnements. alcalis.	Provoquer les vomissements, puis eau vinaigrée avec jus de citron ; lait ; huile d'olive.	Idem.
Empoisonnements. arsenic.	Provoquer les vomissements ; envoyer chercher le contrepoison spécial s'il y a urgence absolue ; huile et eau de chaux, parties égales.	Idem.
Empoisonnements. phosphore.	Provoquer les vomissements, puis magnésie calcinée ; lait.	Idem.
Empoisonnements. poisons végétaux.	Provoquer les vomissements, puis café noir très fort ; compresses froides sur la tête ; sinapismes aux mollets ; limonades ; boissons acides ; thé fort.	Idem.
Entorses.	Compresses d'eau fraîche.	Eviter les linges malpropres ; les applications irritantes, telles que l'urine ; pas de sangsues. — Ne pas serrer les bandes.

Secours en cas d'accident. — *Isolez la victime.* — *Prévenez immédiatement le Médecin (Suite).*

NATURE de l'accident.	AVANT L'ARRIVÉE DU MÉDECIN	
	Ce qu'il faut faire	Ce qu'il ne faut pas faire
Epilepsie.	Etendre le malade, desserrer ses vêtements, surveiller ses mouvements pour l'empêcher de se blesser.	Aucune boisson. — Ne pas essayer de fléchir les membres raidis.
Fractures.	Coucher le blessé sur un lit bien horizontal; envelopper le membre de compresses d'eau fraîche ou d'eau blanche, dans la partie atteinte. Placer le membre dans une gouttière en fil de fer, ou, à son défaut, l'immobiliser avec des attelles en bois.	Ne pas chercher à s'assurer s'il y a fracture ou non en remuant le membre ; éviter tout mouvement brusque.
Hémorragies du nez.	Elevez brusquement le bras du côté de la narine qui saigne, pendant quelques minutes, en bouchant la narine ; compresses d'eau froide sur le front ; ouate dans la narine maintenue par compression ; grand air.	Eviter les compresses malpropres.
Hémorragies d'un membre.	Maintenir sur la plaie un linge plié en appuyant du bout des doigts. — En cas d'hémorragie grave, faire une ligature du membre. — Emploi de la bande hémostatique.	Eviter les linges malpropres, les toiles d'araignée, le vinaigre, l'arnica, le perchlorure de fer. — Ne pas transporter le blessé, autant que possible.
Hernies.	Faire des frictions légères ; bains et application de glace.	Eviter les mouvements brusques.
Hystérie.	Etendre et déshabiller le malade ; surveiller ses mouvements pour empêcher qu'il ne se blesse.	Ne faire respirer aucun sel, ni aucun parfum.
Insolation.	Porter le malade au frais, desserrer les vêtements ; compresses d'eau froide à la tête ; frictionner tous les membres et la poitrine ; sinapismes aux jambes.	Eviter la chaleur.
Ivresse.	Provoquer les vomissements par l'emploi d'eau tiède ou le chatouillement de la gorge : eau additionnée de 10 gouttes d'alcali volatil.	Eviter toute potion alcoolique.
Luxations.	Compresses d'eau fraîche.	Eviter linges malpropres, urine, sangsues. — Ne pas serrer les bandes.

Corps étrangers.	dans l'œil.	Souffler sur l'œil dans la direction des angles, en soulevant la paupière ; bain d'eau fraîche.	Ne pas frotter l'œil. Ne pas chercher à extraire le corps avec un objet pointu.
	dans l'oreille	Injections d'huile et, à son défaut, de décoctions émollientes.	Ne pas chercher à entraîner le corps en introduisant un *objet quelconque*.
	dans la gorge.	Chercher à entraîner le corps avec les doigts : faire avaler des boulettes de mie de pain ou des fragments de pomme de terre, aussi gros que possible ; au besoin provoquer les vomissements.	N'introduire aucun objet.
Plaies.		Lavage avec un linge très propre trempé dans une solution antiseptique, puis compresse de la même solution ou faite d'ouate hydrophile ou de gaze antiseptique maintenue par une bande.	Eviter les linges malpropres et la charpie, l'emploi des instruments, le contact des doigts ; ne se servir d'aucun instrument.
Syncope.		Couchez le patient à l'air, la tête basse ; desserrez les vêtements ; bassinez les tempes et le front à l'eau froide ; faites respirer de l'éther et, à son défaut, du vinaigre. — Respiration artificielle.	Eviter de mettre le patient sur son séant et la tête haute.

Respiration artificielle.

Procédé Sylvester. — Coucher l'asphyxié sur le dos et soulever la tête et les épaules par un vêtement roulé, une couverture, un coussin..... Un aide tient les pieds pour maintenir le corps immobile. — L'opérateur placé à la tête saisit les bras de l'asphyxié près des coudes, les avant-bras étant portés rapidement, mais sans violence, au-dessus de la tête en leur faisant décrire un arc de cercle. Puis il les ramène à la première position et recommence. Il s'arrête de temps en temps. — *Procédé Laborde.* — Saisir la langue avec un mouchoir et exercer une traction rythmée.

CHAPITRE XIII

PROFESSIONS SÉDENTAIRES

119. Maladies des travailleurs sédentaires. — Il est un certain nombre de maladies communes aux personnes qui exercent des professions sédentaires : nous les passerons successivement en revue.

C'est chose bien connue et chaque jour constatée de nouveau que l'influence débilitante des habitudes sédentaires. Sans revenir sur l'exemple si concluant des brodeuses de Nancy, on sait à quel point la chloro-anémie est commune dans les villes parmi les femmes occupées aux travaux d'aiguille. Dans les hôpitaux on connaît aisément à leur teint blême les tailleurs et les cordonniers, qui travaillent toujours assis et presque sans effort musculaire (1). Vidal nous apprend que les varices se montrent plus fréquemment chez les personnes d'une taille élevée et dans les professions où la position verticale est longtemps gardée : chez les portefaix, les laquais, les cochers, les cuisiniers, les blanchisseuses.

Toutefois des faits nombreux démontrent que l'opinion qui attribuerait exclusivement la production des ulcères variqueux à la station verticale serait sujette à de grandes restrictions. En effet les couturiers, les tailleurs, les employés, les cochers, les bijoutiers, les brossiers, etc., en

(1) *Dict. des sciences médicales.*

sont très souvent affectés bien qu'ils restent habituellement assis. D'un autre côté on en observe tout aussi souvent chez les boulangers, chapeliers, cotonniers, couverturiers, imprimeurs, scieurs de long, cloutiers qui restent dans la position verticale.

Les professions dans lesquelles, dit Laugier, la station debout prolongée est habituelle, sont indiquées par tous les chirugiens comme produisant des varices aux membres inférieurs, les imprimeurs, les forgerons, les blanchisseuses, les ouvriers des ports, les cuisiniers y sont en effet fort sujets.

Dans la position indiquée le sang est forcé de suivre un mouvement ascensionnel et les valvules des veines saphènes sont constamment chargées de soutenir une colonne sanguine dont le poids peut être accru par diverses circonstances.

La plupart des personnes qui gardent cette position verticale font des efforts musculaires considérables et répétés qui rendent la respiration moins régulière. Pendant la suspension ou le retard des respirations, le sang veineux est retenu dans les veines plus longtemps et la réplétion de ces vaisseaux augmente. Aussi les efforts musculaires ont ils été considérés par Hogdson comme cause de varices.

Les personnes dont la profession exige une attitude assise sont sujettes à la constipation et aux hémorrhoïdes.

La constipation s'explique parce que la personne ne marchant pas, ne pratique pas mécaniquement le massage intestinal si utile.

Parmi les personnes sujettes à ces accidents, nous citerons les employés des bureaux, les cochers et surtout les cochers d'omnibus qui chaque jour étaient jusqu'à 16 heures sur leurs sièges ces derniers temps.

D'après Berger, le général Morin dit avoir connu deux officiers qui, employés à reproduire des plans, étaient devenus goîtreux à la suite d'un travail trop assidu. Guéris une première fois de cette affection par le repos, ils s'étaient vus contraints à renoncer à cette occupation après une récidive causée par la reprise de leurs travaux. C'est là probablement une congestion passagère, mais la persistance de la cause peut transformer cette hypéremie en hypertrophie réelle ainsi que l'a constaté Hahn chez les ouvrières en dentelles de Luzarches (1).

Celse et Plutarque avaient remarqué que l'étude des sciences était peu favorable à la santé du corps. De son côté Tissot vit que les maladies des gens de lettres ont deux sources principales, les travaux assidus de l'esprit et le repos continuel du corps. L'homme qui a travaillé pendant longtemps avec une attention soutenue se relève la face injectée, souffrant de maux de tête quelquefois insupportables. Plus il a eu d'intérêt à l'étude, plus il a de surexcitation et de fatigue.

Dans la sphère des actes vitaux il faut, dit M. Dubois, ou se modérer, ou s'arrêter, ou périr : ainsi le veut la nature de notre être.

C'est principalement sur le cerveau que l'application forte et constante produit sa funeste action. On a vu les plus beaux génies s'éclipser et délirer parce qu'ils n'avaient pas usé sobrement de l'étude.

Les contentions d'esprit trop prolongées et l'insuffisance des exercices corporels, dans les établissements de jeunes gens, sont d'autant plus funestes que les élèves sont plus jeunes, ayant par conséquent un plus grand besoin de mouvement et de variété.

(1). Académie des sciences, oct. 1869.

Le surmenage que l'on a si vivement redouté pour les élèves des lycées et des collèges a été très heureusement combattu, ou plutôt prévenu, par la précaution que l'on a prise de ne pas faire de classe ayant plus d'une heure et demie de durée.

Les professions intellectuelles formant un chapitre à part dans ce livre, nous ne nous y arrêterons pas plus longtemps ici.

Parmi les professions sédentaires il en est deux entre autres qui doivent attirer l'attention de l'hygiéniste.

Dans la première nous voyons une foule de jeunes filles employées dans les magasins être obligées de rester onze ou douze heures debout, sans avoir un seul instant l'autorisation de s'asseoir. Les plaintes réitérées des clients apitoyés sur le sort de ces pauvres jeunes filles n'ont pu faire revenir les patrons sur cette mesure barbare.

Elles restent exposées tout le temps aux poussières et au surchauffement qui règnent dans les magasins par suite de la quantité innombrable de personnes qui y passent.

Comme compensation ces jeunes filles ont une profession lucrative.

Bien autrement à plaindre, au point de vue de l'hygiène, sont les employées des téléphones. Nous nous arrêterons un instant sur cette profession, qui n'a encore fait le sujet d'aucune étude.

Les téléphonistes sont toutes des femmes ou des filles : les hommes ne les remplacent que pendant la nuit.

Elles sont divisées en séries dont le nombre varie avec l'importance du bureau et la durée du service. Prenons un de ces bureaux comme exemple.

Voici comment le travail y est réparti : supposons que que la journée ait lieu le 1er jour de 8 h. 1/2 du matin à

7 heures du soir. Le lendemain reprise à 8 heures du matin jusqu'à 6 heures 1/2 du soir ; le surlendemain de 7 heures du matin à midi 1/2 et le quatrième jour de 1 heure à 9 heures du soir. Puis le cycle recommence.

Celles qui sont de service de 8 h. 1/2 du matin à 7 heures du soir et de 8 heures à 6 heures 1/2 ont le déjeuner fourni par l'administration. Elles sont divisées en trois tables successives et ont 45 minutes pour prendre ce repas. De même celles qui ne s'en vont qu'à 9 heures du soir ont le dîner.

Elles sont, par les nécessités du service, tenues de rester toute la journée debout sans pouvoir changer de place pendant tout leur temps de présence, et nous venons de voir qu'elles font jusqu'à treize heures d'affilée, auxquelles il faut y ajouter les heures supplémentaires non rémunérées. Elles n'ont qu'un dimanche sur cinq. Elles devraient les avoir tous, le service serait fait par des suppléantes.

De la main gauche elles tiennent un appareil composé d'un récepteur et d'une surface sonore sur laquelle elles parlent.

La nécessité de tenir la main gauche constamment fermée pour maintenir l'appareil est assez pénible.

Chacune d'elles a son appareil spécial qui lui est propre, qu'elle renferme dans une armoire fermée à clé. Il est expressément défendu de se servir de l'appareil d'une autre. Devant chacune d'elles est un tableau contenant les noms de 50 abonnés. Chaque case est masquée par un disque qui tombe lorsque l'abonné sonne (l'expression de sonner est impropre puisque le fait de presser le bouton de l'appareil de la part de l'abonné amène le déclanchement du disque noir qui, en s'abaissant, laisse voir une surface blanche où est inscrit le numéro de l'abonné).

A ce signal la téléphoniste se met en communication avec celui-ci et le met en rapport avec la personne avec qui il désire causer. Ceci fait, le disque est relevé et quand l'abonné presse de nouveau le bouton pour annoncer la fin de la conversation, le disque retombe encore une fois et est alors définitivement relevé. Les disques sont répartis sur une grande surface et quelques-uns sont même près de terre, ce qui est excessivement pénible pour les téléphonistes.

Le choc que font ces fiches métalliques en tombant, celui produit par la conversation que les téléphonistes entretiennent avec les abonnés produit un bruit incessant et très fort.

L'application continuelle d'un récepteur à l'oreille gauche amène très fréquemment, en outre d'un durillon assez fréquent à cette oreille, des troubles auditifs qui ont été signalés par plusieurs auteurs.

On a noté chez les employés des postes téléphoniques en Californie la fréquence de bourdonnements d'oreilles, des maux de tête et même des otites suppurées.

Ces troubles auditifs ont été attribués à la fatigue professionnelle et il a fallu accorder aux employés une heure de repos toutes les trois ou quatre heures.

Clarence Blake a communiqué, en septembre 1881, les résultats de ses recherches (1).

De son côté le docteur Gellé a présenté à la Société de biologie (2) une note concernant les effets nuisibles de l'audition par le téléphone ; cette note renferme deux observations intéressantes. Dans l'une et l'autre, il s'agit de

(1) Clarence Blake : Influence of the telephone upon the hearing power (*Arch. of Otology*, septembre 1888).

(2) Effets nuisibles de l'audition par le téléphone (*Société de Biologie*, 18 juin 1889).

personnes chez lesquelles le récepteur du téléphone déterminait de l'hypéresthésie auditive, des bourdonnements, des vertiges et un état d'excitabilité nerveuse aussi pénible qu'inquiétant.

A son tour le docteur Launois, agrégé, médecin des hôpitaux de Lyon, a observé quelques cas du même genre que ceux du docteur Gellé et il ajoute : « Il faut d'ailleurs noter que le milieu dans lequel vivent les téléphonistes est bien fait pour favoriser l'éclosion de ces troubles nerveux locaux et généraux. En dehors de la fatigue résultant de la station debout prolongée toute la journée, le bruit qui existe dans un poste central de téléphones est comparable à celui d'un atelier des plus bruyants. On a supprimé depuis trois ans, il est vrai, la sonnerie qui servait d'appel pour chaque téléphone et qui éclatait brusquement tout près de l'employé ; mais il n'en reste pas moins une sonnerie générale qui ne s'arrête pour ainsi dire pas et qui, mêlée au bruit des appels produit un brouhaha des plus pénibles et des plus fatigants. Il faut désirer, au point de vue de l'hygiène de l'ouïe, la disparition à brève échéance de ce timbre malfaisant. »

Nous pouvons certifier que cette sonnerie n'existe plus depuis longtemps à Paris où l'appel se fait comme nous l'avons expliqué plus haut.

Le docteur Launois pose les conclusions suivantes :

1° L'emploi fréquemment répété du téléphone ne semble pas avoir d'inconvénient grave pour les oreilles saines, mais il est nuisible pour les oreilles présentant une lésion antérieure :

2° Les troubles qu'il détermine consistent surtout en diminution de l'ouïe par fatigue de l'attention auditive, bourdonnements et bruits subjectifs divers, céphalalgie, vertiges, hyperexcatibilité nerveuse et même quelques troubles psychiques passagers;

3° Ces accidents sont souvent transitoires et disparaissent avec l'accoutumance à l'appareil ; en tout cas ils cessent presque complètement avec la cessation de l'emploi. La station debout amène chez les téléphonistes la production de varices.

La tuberculose et l'aphonie sont deux des affections les plus fréquentes chez ces employées.

On ne les admet à concourir que jusqu'à vingt-cinq ans révolus.

L'administration a amélioré le service en leur donnant un repos d'une journée tous les quatre jours.

Mais l'amélioration la plus importante est celle qui a été réalisée au poste central des bureaux téléphoniques, rue Gutenberg.

Là les téléphonistes sont constamment assises, amélioration des plus importantes au point de vue de la santé et même du service.

De plus, au lieu de tenir constamment dans leur main gauche leur appareil,elles ont toutes un récepteur appliqué sur l'oreille gauche au moyen d'une bande d'acier recouverte d'aluminium nickelée qui passe sur le milieu de leur tête. Cela leur permet d'avoir leurs deux mains libres et accélère considérablement le service.

A portée de leur bouche est un appareil tenu suspendu par deux fils au bout desquels sont deux contre poids, ce qui permet,grâce à une poulie,de faire à volonté monter ou descendre l'appareil.

Les fiches sont placées au bout d'un tube en caoutchouc, de sorte qu'une fois retirées elles retombent sans bruit.

De plus les téléphonistes ne sont obligées de parler

que très bas, ce qui fait que le bruit produit par 90 ou 100 d'entre elles est beaucoup moins fort que celui fait par une quinzaine d'employées des anciens bureaux.

Il serait intéressant de décrire en détail en quoi consistent les perfectionnements déjà apportés, mais cela ne rentre pas dans le cadre de cet ouvrage.

Disons toutefois que le choc repété du pouce sur les boutons d'appel produit un durillon, surtout au début; quelques unes y parent en portant des gants.

Le service de la télégraphie est fait concurremment par les hommes et par les femmes.

Nous n'avons pas noté d'affections spéciales chez les hommes.

Il n'en est pas de même chez les femmes.

Le service au bureau central de Paris est organisé de la façon suivante.

Le premier jour par exemple va de 7 heures à 10 heures 30 du matin, puis une autre série prend de 10 heures 30 à 5 heures 1/2 et les premières reprennent alors de 5 h. 1/2 à 9 heures du soir.

Le service des hommes est identique, sauf que la sortie a toujours lieu une demi-heure après celle des femmes.

Les hommes seuls restent la nuit au nombre de 31 dans la grande salle.

Il y a plus de filles que de femmes.

Le total de ces deux catégories réunies est de 225.

Les télégraphistes hommes commencent à 1500 francs pour arriver à 3100 fr., moment où ils sont aptes à passer commis principaux.

Les femmes commencent à 1000 francs et ne dépassent pas 1800 francs.

Les principaux appareils en usage sont le Hugues, le Baudot et le Morse.

Le Hugues exige une plus grande dépense musculaire que le Baudot, mais c'est machinal, la tête ne travaille pas.

C'est tout le contraire pour le Baudot qui exige un effort cérébral.

Les principaux troubles auxquels sont sujettes les femmes télégraphistes sont la dysménorrhée, les migraines, les vomissements, la gastralgie et la tuberculose.

CHAPITRE XIV

TEMPÉRATURES ÉLEVÉES

PROFESSIONS OU L'ON Y EST EXPOSÉ.

Les ouvriers qui sont exposés à une température élevée sont : les forgerons, les verriers, les puddleurs, les ouvriers des hauts fourneaux, les boulangers, les fondeurs, les cuisiniers, les ouvriers des usines à gaz, etc.

La simple réverbération du foyer amène des accidents du côté du cerveau et du côté de la vue. Nous en parlons plus loin, et nous nous contenterons de parler ici de quelques-unes des professions visées par le titre de ce chapitre.

119. Verriers. — L'industrie de la verrerie consiste à donner à la matière appelée verre (silicate de chaux, potasse ou soude) les différentes formes en usage dans le commerce et nécessaires à la consommation (verreries à gobletteries, bouteilles, vitres, glaces, etc.).

Elle s'exerce dans l'Est, à Nancy, à Baccarat, Portieux, Vannes, le Châtel, Fains, Saint-Gobain, etc. Il y a aussi des usines dans le Nord et en Normandie et dans les environs de Paris à Clichy, Saint-Ouen, Pantin et Meudon.

A l'étranger, la Belgique, la Bohême, l'Allemagne, Venise ont des usines nombreuses et importantes.

En France, cette industrie occupe de 25 à 30.000 ouvriers, y compris les femmes et les enfants.

Le salaire des hommes est en moyenne de 4 fr. 50
Le salaire des femmes 2 fr.
Le salaire des enfants 2 fr.

Les plus grands inconvénients de l'industrie sont la haute température des fourneaux et le soufflage du verre dont nous n'avons pas à nous occuper ici.

Au-dessous des grilles en fer la température est constamment de 45° à 50°. Les ouvriers chargés de l'entretien du feu ne peuvent y rester plus d'un quart d'heure et reviennent après trois ou cinq heures suivant la qualité du charbon.

Autour des fours, il règne une température d'environ 50° et qui va jusqu'à 72° pendant les grandes chaleurs de l'été.

Pendant le travail, les ouvriers boivent généralement de l'eau et du café. La plupart n'ont pas d'appétit et on observe fréquemment chez eux de la dilatation d'estomac.

Cette altération qu'éprouvent les ouvriers pendant le travail les amènent à boire de l'alcool : ils se livrent à la boisson et chez eux l'ivresse est commune, surtout les lundis et le lendemain de paye, jour où ils ne travaillent pas.

190. Cuisiniers. — Parmi les ouvriers exposés à une température élevée il faut citer les cuisiniers.

Gubler avait déjà signalé que les cuisiniers étaient sujets aux maladies des pays chauds et il avait trouvé chez presque tous ceux qu'il avait examinés une grande flaccidité musculaire et en particulier le relâchement du scrotum si caractéristique chez les habitants des pays chauds.

Le docteur Reuss, qui a fait de cette profession
nographie complète, dit que la maladie la plus m
des cuisiniers est, par ses conséquences, l'alcooli
comprend en effet que si, comme cela arrive ma
sement trop souvent, la cuisine n'est pas dans d
conditions d'hygiène, si elle est établie dans un
mal aéré, ne recevant d'air que par des soupirau
placés à la hauteur du trottoir, ce qui fait qu'on
les tenir ouverts, la chaleur produite par le
brûle continuellement, jointe à celle d'un
en pleine activité, produit une élévation de
ture telle que les cuisiniers sont obligés d'établir
rants d'air préjudiciables à leur santé, et sont
ment altérés. Alors, au lieu de boire un mélan
et de vin ou d'eau et de café, ils boivent du vin
de l'alcool sous toutes les formes, vin blanc, v
absinthe, bitters. Buvant dans sa cuisine, di
teur Reuss, le cuisinier boit encore au dehors : e
ses provisions, avec ses fournisseurs ; à ses heu
berté, avec ses camarades, le matin en se rend
travail, le soir en s'en retournant chez lui. L'a
est devenu un besoin, une habitude, et ni les co
les remontrances ne pourront vaincre ce beso
habitude. C'est de l'alcoolisme que découlent bie
fections très répandues parmi les cuisiniers, la p
rhumatismes.

Les affections, continue l'auteur déjà cité, q
général cortège au rhumatisme et qui le rempl
fréquentes. L'herpès n'est pas rare ; ajoutons q
plus souvent la forme du zona ; la goutte, la gra
fréquentes. On devrait naturellement penser q
fections cutanées doivent être communes parm
siniers. Elles le sont en effet, mais elles revêt

néral une forme particulière, très rebelle au traitement et très gênante pour le malade : c'est une forme eczémateuse, toujours la même, que nous avons trouvée chez nos malades. Ils viennent en général consulter le médecin quand les démangeaisons causées par leur affection deviennent intolérables.

Il est rare d'observer chez eux la vésicule initiale de l'eczéma, parce que toutes les vésicules sont crevées et on ne voit plus qu'une peau rouge, peu tuméfiée, fendillée, dont les fissures secrètent une sérosité séreuse, quelquefois sanguinolente, parce que le malade déchire la surface cutanée en se grattant. Cet eczéma se manifeste aux bras, aux avant-bras, aux cuisses, aux jambes, sur la poitrine et sur le ventre, rarement sur la figure : il affecte presque toujours la partie antérieure du corps exposée continuellement à la chaleur du fourneau. Cet eczéma commence par un érythème de la peau, qui disparaît pour se reproduire bientôt : sur la surface érythémateuse viennent se montrer les vésicules eczémateuses en nombre discret d'abord, puis de plus en plus nombreuses et bientôt toute la moitié du corps est envahie. Ces démangeaisons sont insupportables : la nuit le malade est obligé de se lever pour saupoudrer son corps d'amidon.

La chaleur exaspère les démangeaisons. Les traitements les plus vantés échouent en général contre cet eczéma, incessamment entretenu par la chaleur; on n'arrive à procurer au malade qu'un soulagement passager.

Ici encore le vieil adage : « ablata causa tollitur effectus » devient une vérité. En effet si le cuisinier quitte ses fourneaux, s'il prend quelques semaines de repos en se soumettant au traitement, l'eczéma diminue, pâlit et finit par disparaître, mais il n'est qu'endormi, et se reveillera dès que le malade retourne à ses occupations. Si l'affection cutanée est invétérée, ce moyen même échoue le plus souvent.

Alibert, qui avait, il y a longtemps, signalé le fait, disait que les cuisiniers sont particulièrement enclins à la dartre crustacée florescente, et que la plupart éprouvent un prurit brûlant dans tous les membres.

Les cuisiniers ont souvent des céphalalgies, des lassitudes, de la congestion. Ils se font fréquemment des brûlures en maniant le charbon enflammé, en tirant avec la main de la viande d'une marmite, en retirant des poissons de la friture.

Le poids de ces marmites, qu'il faut soulever, leur occasionne des hernies et la station debout des varices et ulcères variqueux.

Le docteur Duchesne père a signalé des blessures produites chez eux par des arêtes de poissons.

La chaleur du fourneau provoque des ophthalmies. Ils sont sujets à la cataracte.

On a noté la folie comme fréquente dans cette profession.

191. Fondeurs. — Les fondeurs, dit Layet, sont sujets à la fatigue et à la courbature, les jours de fonte, mais aucun d'eux ne songe à attribuer son mal à l'action des vapeurs qui s'échappent du métal en fusion. Tous accusent les grands efforts musculaires qu'ils sont obligés de faire, les sueurs abondantes auxquelles les expose le rayonnement des fourneaux et des creusets.

Ils présentent tous cette pâleur anémique propre aux ouvriers qui travaillent depuis longtemps devant les feux, mais leur constitution est en général bonne et vigoureuse. L'éclat du métal en fusion, l'éblouissement qui en résulte amènent à la longue un affaiblissement marqué de la vue. Tous ceux qui savent lire doivent se servir de lunettes de presbyte. D'après Desayvre, cette presbytie proviendrait sans aucun doute d'une altération de la densité des humeurs de l'œil ; d'après Maisonneuve, elle serait une conséquence locale d'un état général d'anémie provoquée par les transpirations auxquelles les ouvriers sont soumis. Layet l'attribue à un état de relâchement du système musculaire de l'œil par suite du trop grand excès d'incurvation de la rétine.

Selon nous, aucune de ces explications n'est la bonne. Nous croyons plutôt que la haute température amène à la longue la disparition de l'humeur aqueuse et par suite la cataracte.

Layet cite une cause de brûlure intéressante à noter, c'est celle qui résulte de l'explosion des gaz contenus dans le carneau ou tuyau d'échappement des flammes. Une partie de celles-ci se trouve alors repoussée et revient sortir par l'ouverture des fourneaux et quelquefois par celle des tuyères par où se fait le tirage forcé. Ces brûlures ont lieu le plus souvent au visage et aux yeux, l'ouvrier se trouvant en face du fourneau lorsqu'on l'ouvre, ou regardant par le trou de la tuyère le niveau du métal en fusion, au moment du refoulement des flammes. Ce même auteur signale des accidents qui surviennent chez les riveurs qui, exposés aux éclaboussures du rivet qui est au rouge éprouvent des kératites, des conjonctivites graves, et des inflammations violentes de l'œil allant jusqu'à la perte de l'organe : ces inflammations sont aggravées par l'état de barbelage que présentent les éclats du métal.

Il importe donc de faire, à titre préventif, porter aux ouvriers des lunettes grillées.

CHAPITRE XV

BRULURES

PREMIERS SOINS A DONNER

129. Degrés des brûlures. — Les brûlures, selon Dupuytren, se divisent en 6 degrés : *1er degré*. Erythème ou phlogose superficielle de la peau sans phlyctènes. — *2e degré*. Inflammation cutanée avec décollement de l'épiderme et phlyctènes. — *3e degré*. Destruction d'une partie de l'épaisseur du corps papillaire. — *4e degré*. Désorganisation du derme en entier. — *5e degré*. Réduction en escarres de toutes les parties superficielles et des muscles jusqu'à une distance plus ou moins grande des os. — *6e degré*. Carbonisation entière de la partie brûlée.

A chacun de ces degrés le malade présente des symptômes locaux et généraux. Il nous paraît inutile de les décrire, car les personnes présentes à l'accident doivent envoyer aussitôt quérir un médecin.

Les premiers soins à donner aux personnes qui ont reçu des brûlures sont les suivants, bien décrits dans le *Bulletin des accidents du travail*.

130. Brûlures par le feu. — La première chose à faire, si le blessé est entouré de flammes, c'est de les éteindre le plus rapidement possible en enroulant celui-ci dans un manteau, une couverture, un drap.

Les brûlures sont très douloureuses : elles doivent donc être pansées avec beaucoup de soin et de délicatesse. Elles peuvent être très graves ; aussi dès quelles paraissent importantes faut-il faire appeler sans retard un médecin.

Le but essentiel que l'on doit se proposer est d'empêcher l'accès de l'air et de maintenir sur la partie brûlée une certaine fraîcheur. On enlève les habits avec précaution. On les coupe s'il est nécessaire, pour éviter d'arracher la peau, l'épiderme, qui pourrait être collé.

Si la brûlure présente des cloches ou des ampoules, on les piquera avec une épingle pour faire écouler le liquide qu'elles contiennent, mais on aura soin de ne pas enlever l'épiderme, *qu'on replacera au contraire* soigneusement sur les parties atteintes.

On recouvrira celles-ci, soit avec de l'huile, soit avec de la vaseline boriquée, soit avec du liniment oleo-calcaire obtenu en agitant dans un flacon un mélange à parties égales d'huile et d'eau de chaux. On enveloppera le tout d'un linge fin. A défaut des matières précédentes, on pourrait appliquer, excepté pour les enfants, des compresses d'eau phéniquée au centième.

Il faut éviter avec soin que le brûlé ne se refroidisse, ce qui serait dangereux. On le tiendra chaud et on lui donnera à boire du thé ou du café chaud.

124. Brûlures par les acides. — En cas de brûlure par un acide (sulfurique, chlorhydrique, azotique), on plongera immédiatement la partie atteinte dans une grande masse d'eau, de façon à diluer énormément et instantanément les particules acides en contact avec la peau.

Un lavage avec une petite quantité d'eau serait, au contraire, plus dangereux qu'utile.

On lavera ensuite à plusieurs reprises la brûlure avec de l'eau de chaux, ou une solution très étendue de carbonate de potasse ou de soude, ou de l'eau de savon très concentrée.

195. Brûlures par les alcalis. — Si la brûlure est produite par un alcali caustique, potasse, soude, chaux, on opérera comme ci-dessus, mais au lieu d'employer une solution alcaline, on prendra de l'eau vinaigrée ou légèrement acidulée.

On pansera ensuite la brûlure, dans les deux cas, comme il a été dit pour le feu.

Les maladies des mécaniciens et chauffeurs à bord des bâtiments ont été décrites à l'article : professions maritimes.

CHAPITRE XVI

PROFESSIONS EXPOSANT A L'HUMIDITÉ

Les professions exposant les ouvriers à l'humidité sont des plus variées ; nous n'en étudierons que quelques-unes : ce sont d'abord les ouvriers employés dans les ateliers de tissage, les dentellières, les débardeurs, les déchireurs de trains de rivière, les déchargeurs de bateaux, etc.

120. Ateliers de filage au mouillé (1). — Dans les ateliers de filage au mouillé l'air est chargé d'une vapeur chaude, plus ou moins nauséabonde, qui tend à transformer les salles de travail en une sorte d'étuves permanentes. Cette vapeur se produit par la décomposition des matières organiques.

En été, il est facile, par une ventilation énergique, d'assainir l'atmosphère, mais ce système devient impossible en hiver, car l'air froid arrête la décomposition du lin qui sort chaud et humide des bacs d'eau chaude, et forme sur la charpente des bâtiments une espèce de condensation qui l'attaque et la détruit rapidement. Cet air froid devient même dangereux, car il peut provoquer chez les ouvrières légèrement vêtues des refroidissements nuisibles.

(1) *Des ouvriers employés dans les industries textiles.* (Mémoire couronné par la Société industrielle d'Amiens, par le Dr L. Duchesne).

Ajoutons à tout cela que la position debout, que conservent la plupart des ouvrières, détermine chez elles, après le long travail de la journée, beaucoup de fatigue ; elle amène chez quelques-unes de l'œdème aux extrémités inférieures, et d'autre part des flueurs blanches abondantes.

On a essayé autrefois quelques moyens d'assainissement plus ou moins ingénieux, mais à tort ou à raison, la pratique ne les a pas admis.

Nous citerons entre autres celui qui a été décrit par M. de Freycinet dans son *Traité d'hygiène industrielle*, d'après lequel l'air est chauffé par les flammes perdues du foyer des chaudières au moyen d'un système particulier de tuyaux.

Pour notre part nous nous demandons, en lisant la description de cet auteur, comment un tel système a pu sembler préférable à celui d'une ventilation partielle à défaut d'une ventilation complète : il nous paraît plus malsain de respirer continuellement un air chaud et sec lancé en toute saison par des bouches de chaleur à 20 ou 25 degrés que de se trouver dans une atmosphère plus humide que d'habitude mais cependant très respirable.

Dans tous les autres cas, quel que soit le procédé que l'on emploie, l'atmosphère des filatures à l'eau chaude sera toujours humide et chaude. La vapeur s'échappera toujours des bacs eux-mêmes qui ne sont forcément qu'imparfaitement recouverts par des couvercles en bois, et surtout de la mèche au moment où elle sort des augets.

Il est alors de toute nécessité de prendre de minutieuses précautions, d'abord pour que les ouvrières ne passent pas de cet air chargé de vapeur, à l'air froid et glacial du dehors en certains jours, puis pour qu'elles reçoivent le moins possible les gouttelettes d'eau qui jaillissent continuellement des broches et finissent par pénétrer leurs vêtements.

Dans le premier cas il est indispensable qu'il y ait, pour les ouvrières, un vestiaire situé en dehors de l'atelier, à l'abri des vapeurs humides. Là, les vêtements du dessus peuvent être déposés secs en entrant, et repris secs à la sortie. Ce vestiaire, qui existe généralement dans les filatures au sec pour préserver les vêtements de sortie des ouvrières de la poussière de l'atelier, doit à plus forte raison exister dans les filatures au mouillé. C'est la seule manière d'éviter chez les travailleurs des douleurs rhumatismales ou des affections pulmonaires.

A la rigueur, il serait bon qu'il y eût deux vestiaires, l'un dans lequel les ouvrières pourraient, en entrant, déposer leurs vêtements de dessus, l'autre chauffé par des tuyaux de vapeur dans lequel seraient déposés, avant la sortie, les vêtements d'atelier encore mouillés. Dans ce second vestiaire ces vêtements pourraient de la sorte se sécher pendant la nuit. Il est inutile de recommander que les lieux d'aisances ne soient pas situés au dehors et éloignés de l'atelier de filage au mouillé, mais qu'ils soient au contraire placés dans un endroit à température peu différente de celle des salles de filatures.

Dans tous les cas, il faut que les ouvrières soient munies de sabots et d'un grand tablier en forte toile.

Il n'y a pas encore en France de loi qui oblige de préserver les ouvrières de l'eau en excès que retiennent les broches, mais en Angleterre la loi porte que dans les filatures où l'on travaille au mouillé, les femmes et les enfants doivent être protégés contre l'eau des bobines par des moyens suffisants ; aussi un certain nombre d'industriels anglais obligent-ils leurs ouvrières à porter un tablier imperméable spécial qui leur couvre les jambes et la poitrine. Quelques constructeurs anglais fournissent aussi avec leurs métiers des devantures mobiles en bois verni placées devant les bobines ; lorsque ces métiers arrivent en France on est toujours obligé de supprimer ces devantures, car l'ouvrière française ne peut s'habituer, lors de la casse d'un fil, à arrêter l'ailette et faire sa rattache en passant les bras par dessus les planches et travaillant avec l'extrémité des doigts.

Le tablier des ouvrières doit être assez long pour protéger leurs jambes. A cause de la projection continue de l'eau, elles sont obligées de rester les jambes nues. Or, soit à cause de leur position droite pendant plusieurs heures dans une atmosphère humide, soit à cause du frottement continuel de la robe humide sur les jambes, les fileuses au mouillé doivent bientôt, après quelque usage de leur métier, demander place dans les hôpitaux pour soigner les varices auxquelles elles deviennent sujettes. La peau des mains, des bras et des jambes est attaquée par les matières fermentescibles que contient le lin : ces matières occasionnent alors des démangeaisons douloureuses qu'on fait disparaître par des onctions avec de l'huile d'olive ou quelquefois à l'aide de pommades sulfureuses.

Le filage à l'eau froide éviterait, en somme, une partie de ces graves inconvénients qui sont surtout dus à la présence de vapeur d'eau en suspension dans l'air. Aussi les industriels auxquels il est possible de remplacer l'eau chaude par l'eau froide ont-ils le devoir de le faire ; quant à ceux qui sont dans l'obligation de se servir d'eau chaude, ils doivent employer tous les moyens possibles pour assainir l'atmosphère, et s'ils le peuvent, profiter par exemple de la nuit pour obtenir un renouvellement d'air complet, sauf à revenir le matin à la température ordinaire à l'aide d'un tuyau de vapeur indépendant du chauffage des bacs.

Dans tous les cas, nous ne parlons ici que des devoirs des patrons, mais il est évident que bien souvent l'incurie des ouvrières peut amener et amène des maladies graves.

Quand on songe au peu de soin que la plupart d'entre elles mettent à se garantir du froid en sortant de leurs ateliers, à l'insouciance qu'elles montrent en reprenant le lendemain des vêtements encore empreints de l'humidité de la veille, tout cela joint à une mauvaise nourriture, à un logement humide, expliquera facilement l'origine d'une foule d'affections comme le catarrhe, le rhumatisme, les varices, l'œdème des jambes, la scrofule, etc.

187. Travailleurs divers. — Les *dentellières* sont obligées de travailler constamment dans des rez-de-chaussées humides, afin d'empêcher que le fil si délié qu'elles emploient se casse, ce qui arriverait fréquemment dans une atmosphère sèche et chaude.

A Lille, un grand nombre de jeunes filles sont en proie à la chlorose, à la scrofule et à la phtisie, par suite du séjour qu'elles font dans les caves qu'elles habitent et où elles fabriquent la dentelle.

A tous ces accidents il faut ajouter l'immobilité presque absolue des extrémités inférieures, l'application continuelle des yeux sur un travail fin et fatigant.

Débardeurs et déchargeurs de bateaux. — Ces ouvriers

sont exposés à tous les accidents résultant du séjour prolongé dans l'eau, bronchites, rhumatismes, lumbago, et en outre aux hernies causées par des efforts professionnels.

Parent Duchatelet (1) a le premier décrit une maladie propre aux débardeurs et connue sous le nom de *grenouilles*.

Les *grenouilles* constituent une altération particulière du derme, caractérisée par un ramollissement, des gerçures, et souvent une usure, une véritable destruction des parties qui sont en contact avec l'eau. On les remarque sur les extrémités supérieures comme sur les inférieures, et elles siègent de préférence entre les orteils, où elles deviennent de vastes fentes et crevasses dont la profondeur est quelquefois de plusieurs lignes; il n'est pas rare de les observer sur les talons, et alors la peau est fendue, gercée, crevassée en différents sens, tantôt comme mâchée, tantôt usée comme si elle avait été frottée sur une meule à aiguiser ; nous avons vu chez deux ou trois hommes, cette peau s'en aller par lambeau, et laisser à vif un fond rouge pulpeux, d'une sensibilité extrême. Chez huit ou dix ouvriers ces gerçures et crevasses ont été remarquées sur le tendon d'Achille, elles étaient de trois, quatre ou cinq sur chaque jambe, avaient de quatre à six lignes de profondeur et, en largeur toute l'épaisseur du pli de la peau qui recouvre le tendon; on les eût prises, au premier aspect, pour des blessures faites en travers de cette partie, par un instrument tranchant. Il est rare qu'elles siègent sur le cou de pied, cependant on en a donné quelques exemples.

(1) *Annales d'hygiène publique et de médecine légale*, 1830, t. III.

Le plus ordinairement cette affection est limitée aux extrémités inférieures, mais quelquefois aussi elle s'empare des supérieures : trois ouvriers étaient dans l'impossibilité de travailler, tant leurs mains étaient gercées profondément et fendillées dans tous les sens. En les voyant on eût dit que la pulpe des doigts avait été usée sur une rape grossière et la paume des mains coupée en vingt endroits par des morceaux de verre. Cet état des mains coïncidait chez tous avec un état semblable des extrémités inférieures

Cette affection, qui paraît n'être que le résultat d'une *macération* du derme, détermine, dans son état d'acuité, une douleur et une cuisson des plus vives, mais il est à remarquer que cette sensibilité ne se développe que lorsque, les parties étant hors de l'eau, commencent à se sécher. Tant qu'elles restent humides la douleur est supportable.

Cette maladie n'a par elle-même aucune gravité, elle se guérit spontanément par le seul repos et la cessation de la cause qui l'a produite : il est des ouvriers qui, dans une campagne, sont obligés d'interrompre cinq ou six fois leur travail, pour se reposer pendant quelques jours.

On constate encore chez les débardeurs des durillons forcés.

Dragueurs. — Le dragage se fait soit à la vapeur, soit à la main.

La drague à main, fort peu employée de nos jours, nécessite un grand déploiement de forces. Celle dont on se sert pour extraire les terres, le sable, se compose d'une grande pelle de fer qui forme une espèce de boîte ouverte devant et dessus. Le manche varie de longueur suivant les travaux. Le fond est percé de trous pouvant laisser égoutter l'eau.

Les dragues, qui ont rendu de grands services pour l'enlèvement des sables dans le percement de l'isthme de Suez, sont universellement employées. Ce sont, paraît-il, les Hollandais et les Anglais qui ont les dragues les plus perfectionnées.

A Paris, on les emploie surtout au curage de la Seine. Le travail consiste à curer le lit du fleuve pour en retirer les boues et le limon et épandre ensuite le tout sur des terrains à ce destinés.

Il n'y a ni femmes, ni enfants employés à ce travail.

Les dragues se déplacent sur les cours d'eau ; la plupart des ouvriers gardent leurs logements, il s'ensuit qu'ils restent souvent fort loin de leur travail, ce qui augmente leurs fatigues.

Quand les vases et le limon sont épandus sur les terres, ils produisent quelquefois dans le voisinage des cas de fièvres intermittentes auxquels ceux des ouvriers qui couchent sur les dragues et sur les bateaux sont d'autant plus prédisposés qu'à cause de la chaleur ils laissent pendant la belle saison les hublots ouverts pendant la nuit, ce qui explique l'absorption plus grande des miasmes pendant le sommeil.

Quand les ouvriers travaillent à l'embouchure des grands égoûts, ils sont souvent atteints de troubles gastro-intestinaux aigus.

Quand on épand les eaux vannes, limon, etc., on opère un véritable colmatage aussi dangereux que les marais alternatifs.

Pendant les grandes chaleurs une odeur nauséabonde se dégage de ces boues et aux abords des *margotats*, petits bateaux qui reçoivent les boues extraites par la drague ; les ouvriers présentent souvent des vomissements et de la diarrhée.

Il faut recommander aux hommes la plus grande sobriété et des soins extrêmes de propreté, d'autant plus nécessaires qu'ayant presque toujours les pieds et les mains dans ces boues, ils devraient après le travail se laver soigneusement.

Il est malsain pour eux de coucher sur les bateaux et de laisser les hublots ouverts.

Il faut surtout recommander que les bateaux qui accompagnent les dragues ne restent pas sous le vent des boues épandues sur le sol, qui en se desséchant occasionnent des accès de fièvre.

L'emploi des machines et la disposition des dragues et bateaux exposent les ouvriers à tous les risques inhérents aux machines, aux chutes par exemple.

On ne note presque jamais d'accidents de submersion.

Le dragage exige des hommes vigoureux.

A Paris, ce sont surtout des ouvriers belges, flamands qu'on emploie. Ils sont travailleurs et plus dociles que les français.

Presque tous les dragueurs font le lundi ; ce jour là il est difficile d'avoir des hommes sur le chantier.

De même, le lendemain de la paye, un quart des hommes manque : on a noté que le plus mauvais travail et que les accidents avaient lieu le lundi et le lendemain des payes.

Le Dr Dubousquet-Laborderie, avec lequel nous avons fait des recherches, a noté chez les ouvriers dragueurs des accès de suffocation dus aux émanations gazeuses et qui constituent une sorte de plomb.

CHAPITRE XVII

INTOXICATION PAR LE PLOMB

SATURNISME

198. Céruse. — Pour bien examiner le côté hygiénique de la fabrication de la céruse il faut étudier une à une, comme l'a fait l'un de nous (Dr L. Duchesne) (1), les différentes opérations qu'on fait subir au plomb pour le livrer au commerce sous forme de carbonate.

La première opération consiste dans la *fonte du plomb*, qui, dans les usines bien agencées, se pratique dans un atelier spécial nommé *la fonderie*. On y fond soit du plomb neuf, soit du plomb qui, placé dans les couches, a échappé à l'oxydation. Personne n'ignore que la fonte du plomb neuf produit des exhalaisons nuisibles à la santé de l'ouvrier qui y est employé ; en outre l'insalubrité de l'opération est encore augmentée par les dangers que présentent les lamelles auxquelles reste adhérent un peu de carbonate de plomb, parce que la chaleur élevée à laquelle ce carbonate est soumis en dégage l'acide carbonique. Alors, pour préserver les ouvriers de l'action des vapeurs qui s'élèvent pendant la

(1) Communication à la Société de médecine pratique.

fusion, on place le métal dans une chaudière en fonte surmontée d'une vaste hotte cylindrique couvrant en totalité la chaudière. On a placé sur le devant des portes en glissoire, qui pouvant se fermer et s'ouvrir avec facilité, empêchent les vapeurs nuisibles de se répandre dans la fonderie. Un tuyau qui se rend dans la cheminée d'un fourneau d'environ 12 mètres d'élévation, et dans laquelle le tirage est considérable, est fixé à la partie supérieure de la hotte circulaire. Il nous semblerait préférable, eu égard à la pesanteur des vapeurs plombiques, de faire partir la cheminée d'appel juste au-dessus du métal en fusion et de mener ces vapeurs par un tuyau descendant dans un foyer où elles seraient brûlées.

On prend aussi la précaution de placer le plomb dans un endroit chaud avant de le porter à la chaudière, afin d'éviter la projection de ce métal lorsqu'on introduit un saumon de plomb humide dans le plomb fondu, projection qui, on le sait, détermine toujours des brûlures graves.

Nous devons avant tout faire remarquer que la méthode de fabrication de la céruse *par la voie humide*, c'est-à-dire où la céruse est mouillée d'eau ou d'huile, est la seule qui présente une innocuité relative pour les ouvriers et la seule qui devrait être tolérée par les règlements de police. Du reste la vente de la céruse en poudre diminue chaque jour, et elle aura complètement cessé dans quelques années.

La fabrication de la céruse est presque exclusivement concentrée à Lille. A Paris, il n'existe plus que la fabrique de MM. Bezançon frères, où les patrons, gens intelligents et instruits, s'appliquent à réunir toutes les conditions désirables d'hygiène, au moyen d'heureuses dispositions dans leur usine de Clichy.

On en trouve aussi au Portillon, près de Tours et à Pontgibaud, en Auvergne.

Voici comment on procède dans les usines du Nord, où on n'emploie que la méthode hollandaise :

On ne se sert plus comme autrefois de lames de plomb enroulées, mais de grilles horizontales de ce métal.

On laisse les fosses à elles-mêmes environ quarante à soixante jours avec le fumier ou, en moyenne, quatre mois avec le tan dont la fermentation est bien moins active.

Avant le démontage, quand on emploie le fumier, les couches sont abondamment arrosées d'eau ; on arrive ainsi non seulement à imbiber les écailles de blanc formées sur les grilles, mais encore à détacher celles-ci du plomb, grâce à l'eau qui se vaporise au contact du métal, à l'intérieur même de l'incrustation, et qui fait éclater la croûte de céruse qui se détache parfaitement par refroidissement, ce qu'indique un bruit de crépitation prolongé.

Le démontage, travail autrefois dangereux, se fait alors sans poussière.

Le décapage, encore plus dangereux, et qui, d'ailleurs, est déjà à moitié fait, s'opère rapidement en frappant avec un maillet de bois cinq ou six grilles à la fois, ou en les tordant légèrement sur leurs axes, mais toujours sans poussière, puisque le blanc est imprégné d'eau.

Les bacs pleins sont alors transportés hors des fosses et peuvent l'être sans grandes précautions : on les arrose encore de façon à laisser toujours dans le fond une couche d'eau. On déverse le tout dans un nouveau bac où l'on puise à la pelle pour alimenter une sorte de moulin broyeur qui porte le nom d'écraseur, et qui est constamment arrosé d'un filet d'eau.

Ainsi donc, plus de ces machines qui ne peuvent fonctionner qu'à sec, et qu'on dénomme décapeurs mécaniques ou écraseurs. Malgré toutes les précautions prises pour que la poussière de ces appareils n'atteigne pas l'ouvrier, bien qu'on les entoure d'un revêtement en bois et d'un calfeutrage en caoutchouc, bien qu'on ne s'introduise à leur intérieur qu'après un repos prolongé de vingt-quatre heures et après y avoir projeté auparavant de la vapeur, bien qu'on les munisse de chambres isolées, etc., ils seront toujours dangereux.

Lorsque la céruse est ensuite broyée à l'huile et livrée au commerce sous forme d'une pâte huileuse, à laquelle il suffit au peintre d'ajouter la quantité d'huile nécessaire pour lui donner la fluidité convenable, il n'y a aucun inconvénient pour la santé. Mais il y a malheureusement beaucoup de peintres qui tiennent encore à avoir leur céruse sèche et en poudre ; alors il faut mettre la pâte en pots, la porter à l'étuve, la dépoter, la moudre au moulin et l'embariller : le danger est extrême.

A Paris, chez MM. Bezançon frères, et à Lille, chez M. Lefebvre, on opère presque entièrement sur la céruse humide jusqu'à l'embarillage. D'autres industriels, tels que M. Brabant, ont adopté les premiers procédés, mais ils ne font pas entièrement l'embarillage à sec.

Etuvage. — Les pains ayant subi un retrait, on peut les détacher facilement des parois des vases qui les contiennent. Pour éviter les dangers de l'absorption par la peau ou par les voies respiratoires, les ouvriers travaillent avec des gants et les ateliers sont arrosés plusieurs fois dans la journée.

En sortant de l'étuve, les pains sont conservés entiers et enveloppés dans du papier bleu pour être livrés au commerce, ou brisés pour être réduits en poudre. Les formes qui ont servi à construire la céruse broyée à l'eau se nettoient avec des couteaux ; le peu de blanc qui adhère à ces vases étant peu sec, ce travail ne présente aucun danger pour la santé des ouvriers.

Le *broyage* des pains se fait soit sur les pains à l'état sec, et alors il n'y a d'autre remède qu'une légère humectation, soit avec l'huile, et dans ce cas il suffit d'avoir les mains couvertes.

L'*embarillage*, dans les usines bien tenues, se fait, pour la céruse en poudre, en humectant un peu celle-ci, la versant avec précaution dans le baril où elle doit être expédiée, et la tassant au moyen d'une vis de pression qui fait avancer un plateau circulaire d'un diamètre un peu inférieur à celui du baril et appliqué sur la surface de la céruse. On continue à ajouter de cette substance et à comprimer jusqu'à ce que le baril ne puisse plus en contenir.

Quant à l'embarillage, en pains, la poussière n'y est guère sensible que quand on embarille des pains non enveloppés de papier. On range alors ces pains par rangs serrés dans les tonnelets : on les recouvre, quand ils sont à moitié pleins, d'une calotte de triple toile jusqu'au milieu du baril, on agite fortement celui-ci afin de tasser, et on n'ôte la calotte qu'au bout d'un certain temps. Il y a toujours deux barils en travail, afin de laisser à l'un le temps de reposer lorsqu'on attaque l'autre.

L'humectation, dans la fabrication de la céruse, a bien été recommandée, mais pas l'humectation *continue*. Elle a été indiquée, pour la première fois, en 1878, par le Dr Arnould, dans une discussion qui a eu lieu à la Société industrielle du Nord.

En 1834, le directeur de la manufacture de Saint-Gobain recommandait le broyage à l'huile.

Dans le traité d'assainissement industriel de de Freycinet (Paris, 1870), ainsi que dans l'hygiène des professions et des industries (Paris, 1875), du Dr Layet, il est question de l'humectation. Dans son rapport sur les travaux du conseil central de salubrité du département du Nord, pendant l'année 1872 (Lille, 1873, p. 44), M. Meurein dit, dans une instruction destinée à devenir un arrêté de police sanitaire : « Les couches seront ventilées convenablement, et, avant d'en extraire la céruse produite, on arrosera chaque tas avec de l'eau, afin d'éviter la poussière dangereuse pour les voisins. »

On consultera avec fruit les rapports sur la cinquième question du congrès international d'hygiène tenu au Trocadéro du 3 au 10 août 1878 (*Hygiène professionnelle*), et un travail du Dr Henri Desplats intitulé : *De l'empoisonnement par le plomb dans les fabriques de céruse* (Louvain, 1877).

Enfin, parmi les travaux les plus récents, nous signalerons un intéressant rapport sur la fabrication de la céruse et du minium, à Clichy (Seine), fait au nom du conseil d'hygiène publique et de salubrité de la Seine, par le Dr Armand Gautier.

C'est à la suite de la discussion de ce savant rapport que le Conseil de salubrité a rédigé l'instruction que l'on trouvera plus loin.

189. Minium. — Le minium ordinaire s'obtient en oxydant le massicot à l'air. Pour obtenir ce massicot, on emploie du plomb bien pur ; le plomb peut, au besoin, être purifié par le moyen suivant : on le fond et on le coule dans de longs cylindres, on le brasse avec un bâton et on le laisse reposer, on décante la partie supérieure et on la met de côté pour les usages métalliques ordinaires, car cette portion retient la plus grande partie des métaux étrangers. Les deux tiers inférieurs sont fondus sur la sole d'un four à reverbère, et agités avec un râteau en fer pour renouveler les surfaces et repousser le massicot. Le plomb doit être maintenu au-dessous de 400 degrés, pour éviter la fusion de l'oxyde ; les dernières portions s'oxydent difficilement et sont mises de côté pour une nouvelle opération.

Le massicot obtenu est broyé dans des moulins semblables à ceux qui servent pour la fabrication de la céruse.

Pour séparer le plomb du massicot broyé, on prend l'oxyde en suspension dans l'eau et on le passe dans des tamis de toile métallique fine, au-dessus de tonneaux contenant de l'eau.

Les résidus laissés sur les tamis et dépôts provenant des lavages et décantations sont calcinés par le plomb.— L'oxyde broyé, tamisé et lavé est mis dans des terrines et porté à l'étuve où il se dessèche ; puis on le réduit en poudre et on le tamise dans des trémies hermétiquement fermées, comme pour la céruse.

Quand l'oxyde est ainsi préparé, on le place, par sept à huit kilogrammes, dans des caisses de fer battu, dans les fours qui servent à la calcination du plomb ; on n'empêche pas l'accès de l'air et on chauffe modérément. Le massicot absorbe peu à peu l'oxygène de l'air, se transforme en minium ; après plusieurs heures on le retire du four et on l'y replace après avoir bien mélangé les diverses parties. Le minium prend les noms de minium à deux, trois feux, selon qu'il a subi deux ou trois oxydations successives.

On peut éviter l'emploi des caisses en fer, en mettant

simplement l'oxyde de plomb sur la sole. Il faut toujours prendre garde d'élever la température au delà de 400 degrés, de peur de fondre la masse et de décomposer le minium.

Dans la fabrication du minium il y a à redouter :

L'abord du fourneau, quand il n'est pas bien aéré, à cause des vapeurs qui se dégagent ;

Le danger du blutoir, par la poussière qu'il occasionne et répand dans l'air où se trouve l'ouvrier ;

La mise en baril et le tassement ;

L'intoxication par la peau et les voies respiratoires.

Les exhalaisons sont moins dangereuses que celles du massicot.

Nous n'avons pas passé en revue et en détail toutes les opérations des principales industries où les accidents saturnins sont les plus fréquents, comme les broyeurs de couleurs, les dessoudeurs de boites de fer blanc, les gratteurs de couleurs à chaud, les fabricants de limes, les deux que nous venons de donner en détail se faisant sur une plus grande échelle.

Les accidents éprouvés par les ouvriers étant tous du saturnisme chronique, du *saturnisme professionnel*, comme on pourrait l'appeler, c'est cette forme seule que nous étudierons.

Les troubles digestifs sont la stomatite, la dyspepsie, la colique et l'ictère.

Chez les ouvriers atteints de saturnisme chronique, on observe très généralement un liseré gingival, ardoisé, noirâtre, qui peut avoir de 2 à 3 millimètres, siégeant à la sortissure des gencives, particulièrement des incisives et des canines inférieures.

Les gencives, quelquefois boursouflées et saignantes, s'amincissent d'ordinaire, et se résorbent à leur ourlet, laissant les dents déchaussées, de teint brun clair, encroûtées de tartre et souvent cariées.

Parfois avec le liseré, et même en son absence, on trouve sur la muqueuse des lèvres et des joues, des plaques ardoisées, sous forme d'un fin pointillé, presque toujours par tatouage au niveau d'ulcérations correspondant aux saillies des dents.

Outre la stomatite, l'haleine est fétide, saburrale, il y a un léger ptyalisme et le malade éprouve une saveur persistante, sucrée et styptique tout à la fois.

Les ouvriers soumis à l'action lente et continue du plomb présentent une bouche pâteuse, amère, empoisonnée, suivant l'expression même des malades. L'appétit est diminué, parfois il ont un peu de pituite le matin.

Puis, la maladie s'accentuant, ces phénomènes dyspeptiques augmentent, la langue devient blanche et sèche, l'inappétence est complète, quelquefois des vomissements se produisent, tantôt aqueux, le plus souvent bilieux, amers et d'un vert poireau. Presque tous les individus atteints de coliques de plomb ou coliques saturnines, sont atteints de constipation opiniâtre, les matières sont rares, noires, fétides : une douleur plus ou moins vive siège à l'ombilic, à l'hypogastre et à la région lombaire.

Enfin on constate l'ictère hépatique.

Comme troubles circulatoires on a noté l'asthme aigu et l'asthme chronique.

Les urines sont ictériques, pâles, et plus tard arrive une néphrite interstitielle atrophique avec albuminurie.

Constantin Paul a noté que le saturnisme chronique, même du côté du père, prédispose aux avortements.

La grande mortalité des enfants saturnins, par *mala-*

dies nerveuses, notée d'abord en Angleterre au sujet des potiers du Straffordshire, a été confirmée par la statistique de Roque, qui a montré de plus que les survivants étaient fréquemment atteints d'idiotie, d'imbécillité et d'épilepsie (*saturnisme héréditaire*).

La plupart des saturnins sont affectés de paralysie motrice affectant plus spécialement les membres supérieurs dans leurs dernières articulations.

Le Dr Manouvriez (de Valenciennes) a démontré (1) qu'à côté de l'intoxication saturnine générale et indirecte par absorptions digestive et pulmonaire, il existe une intoxication saturnine locale et directe, par absorption cutanée, atteignant les parties immédiatement en contact avec le plomb.

Cette intoxication locale se manifeste par des douleurs névralgiques, articulaires et musculaires, des crampes et du tremblement, des fourmillements, de la paralysie sensitive et motrice et de l'atrophie.

420. Fabrications diverses. — Nous empruntons au même observateur, qui a fait un article des plus complets sur le plomb (2), la liste des professions qui exposent au saturnisme :

Acétate de plomb (Fabricants d') ;

Acteurs, fard à la céruse (Fiévée) ;

Affineurs de métaux précieux par coupellation : 1° du plomb d'œuvre argentifère et aurifère; 2° des balayures d'or et d'argent provenant d'ateliers d'orfèvrerie et de bijouterie, traitées par le plomb ;

Ajusteurs : mâchoires en plomb pour assujettir les pièces délicates. Voyez monteurs ;

(1) *Rech. Clin. sur l'intoxication saturnine locale et directe par absorption cutanée*, 1874.

(2) *Nouveau dictionnaire de médecine et de chirurgie*, de Jaccoud.

Bâches (Fabricants de) rendues inaltérables par le *sulfate de plomb* (Trousseau) ;

Balles de plomb (Fabriques de) (Proust) ;

Bijoutiers (Voir Affineurs, Emailleurs, Lapidaires) ;

Brossiers, apprêtage des soies de porc avec litharge et chaux (Tardieu) ;

Broyeurs de couleurs plombiques ;

Câbles en fil de fer galvanisés (Fab. de) avec zinc plombifère (Rouxeau) ;

Cahiers de papiers à cigarettes (Ouvrières fabricant les enveloppes de) (Gallard). Voy. *Papiers peints ;*

Camées (Polisseurs de), voy. Lapidaires ;

Capsuleurs de flacons, lissant les capsules en alliage d'étain et plomb sur le col des flacons (Manouvriez) ;

Caractères d'imprimerie (Ouvriers maniant l'alliage des) : Plomb 67 ; antimoine, 25 ; étain, 5 ; cuivre, 3 ;

Cardeurs de crins colorés en noir par le sulfure de plomb (Hitzig);

Carreliers, vernisseurs de carreaux à paver avec sulfure de plomb et sable broyé, à parties égales ;

Carossiers, caissiers ajustant les joints des panneaux avec la céruse (Wiltshire) ;

Cartiers, cartes à jouer d'Allemagne, cartes de visite glacées à la céruse ;

Ceinturonniers, voy. Cuirs vernis;

Cérusiers, céruse blanc de céruse, blanc de plomb, carbonate de plomb hydraté ;

Chaudronniers, soudure de cuivre (Plomb et zinc);

Chauffeurs, voy. Marins ;

Chemins de fer (Employés de) et douaniers plombant les wagons de marchandises et portant à la bouche les flans de plomb (Mannkopff) ;

Chromate de plomb (Fab. de plomb), jaune de chrôme ;

Coiffeurs, voy. Parfumeurs ;

Coloristes, portant à la bouche des pinceaux chargés de couleurs plombiques (Charles Bernard) ;

Compositeurs d'imprimerie, voy. Caractères, Encres d'imprimerie ;

Conserves (Fab. de boîtes de) pour la marine (Quesnel) ;

Contre-oxydation de fer (Ouvrières travaillant à la) (Ladreit de la Charrière), voy. Emailleurs ;

Coton (Tisseurs de) apprêté à la céruse (Aube);

Couturières, voy. Soie;

Criniers, voy. Brossiers, Cardeurs;

Cristalleries (Ouvriers des). Silicate double de potasse et de plomb, surtout tailleurs et polisseurs;

Cuillères (Fondeurs de) d'étain à 50 0/0 de plomb;

Cuirs vernis (Fabric. de) à la litharge et à la céruse;

Dentellières, blanchiment à la céruse et pose des fleurs d'application de Bruxelles (Blanchet);

Dessinateurs en broderies sur étoffes noires, par décalquage avec poncif de céruse et résine (Thibault);

Dévideuses, voy. Laines;

Diamanteurs de fleurs artificielles, avec poudre de cristal plombifère;

Doreur sur bois et sur laque, vernis préalable de céruse, litharge et térébenthine;

Douaniers, voy. Chemins de fer;

Ebénistes fabricant les vieux meubles, ponceurs et polisseurs. Enduits plombiques à 45 0/0 de plomb pour donner la teinte de vieux bois (du Mesnil);

Emailleurs d'objets divers, poteries, faïences, porcelaine, verre mousseline (Hillairet); étiquettes sur flacons et bocaux de chimie (Beaugrand); feuilles de tôle, poêles, crochets de fils télégraphiques (Duchesne); bijoux avec la poudre d'émaux plombifères, de cristal par exemple;

Encre d'imprimerie (Fabric. d') dans laquelle entre de la litharge;

Etameurs de cuivre et de fer avec étain allié à 1/3 ou 1/4 de plomb;

Etiquettes (ouvriers vitrifiant les), voy. Emailleurs;

Faïenciers, voy. Emailleurs;

Ferblantiers, voy. Etameurs, Plombiers;

Fleuristes, fleurs artificielles blanches (céruse), jaunes (chromate), rouges (oxyde); voy. Diamanteurs;

Fondeurs de plomb, d'étain plombifère à 8 à 20 0/0 et plus, voy. Cuillères; de caractères d'imprimerie, voy. ce mot; de cuivre, de bronze et de laiton plombifères;

Gantiers;

Glaces (Fab. de), surtout polisseurs, cristal plombique;

Glaciers maniant des vases en étain plombifère (Edelmann);

Imprimeurs sur étoffes, chromate, nitrate et surtout acétate de plomb comme mordants et couleurs. — Typographes, voy. Caractères;

Encre d'imprimerie: employés maniant les bandes de journaux timbrés au minium, colleurs de bandes et vérificateurs d'adresses (Layet);

Journalistes maniant des épreuves sur papier humecté d'eau plombifère, imprimées à l'encre, lithargyrées et souillées par des caractères (Marmisse);

Laine orange (Dévideuses de) apprêtée au chromate de plomb;

Lapidaires, particules se détachant d'une roue en plomb garni d'émeri (Requin), d'un cylindre en plomb humecté d'un mélange de tripoli et d'eau ou vinaigre pour le polissage des camées (Proust), tirets en plomb entre lesquels sont montés les objets à travailler;

Limes (Tailleurs de), enclumes de plomb sur lesquelles est maintenue la lime pendant la taille (Frank-Smith);

Litharge et massicot (Fab. de), protoxydes de plomb anhydres;

Marins, surtout des bateaux à vapeur, spécialement mécaniciens et chauffeurs; peinture au minium et à la céruse; eau contaminée par le plomb entrant dans les diverses pièces des appareils distillatoires et par l'étamage des syphons en fer des charniers, aliments cuits dans les boîtes de conserves (Lefèvre);

Marteleurs de plomb (Malherbe);

Mécaniciens, voy. Marins;

Mèches à briquets (Passementiers en), coton imprégné de chromate de plomb, surtout les dévideurs préparant l'âme des mèches (Lancereaux, Chenet);

Menuisiers, marchands de vieilles boiseries peintes (Marmisse);

Mineurs de plomb, mineurs proprement dits, trieurs, bocardeurs, grilleurs de galène ou sulfure de plomb et de carbonate de plomb; et minerais métalliques d'or, d'argent (anémie des mineurs de Schemnitz en Hongrie), de cuivre d'étain et de zinc plombifères;

Minium et mine orange (Fab. de), oxyde de plomb intermédiaire;

Monteurs de machines à vapeur, soudure de cuivre dans lequel entre du zinc et du plomb, mastic à la céruse et au minium pour les ajustages de tuyaux;

Mouleurs de plomb en cuivre plombifère, en fonte, maniant et nettoyant les modèles d'ornements en alliage d'étain et de plomb pour produire leur empreinte en creux dans les moules (Manouvriez);

Oxychlorure de plomb (Fabric. d'), jaune minéral de Turnel, de Cassel ;

Pains à cacheter (Fabric. de) colorés par des sels de plomb (Vernois) ;

Papiers peints (ouvriers en) à fond blanc (céruse), rouge (minium) et jaune (chromate, oxyde, oxychlorure, iodure) ;

Parfumeurs, préparation et application (coiffeurs) de fard et de poudre de riz à la céruse, de cosmétique et teintures plombiques, d'eau de Cologne avec essence de thym et acétate de plomb ;

Passementiers, voy. Mèches à briquet ;

Peintres en bâtiment, en équipages, de décors, lettres et attributs sur porcelaine et sur métaux ;

Peintres miniaturistes ;

Plomb de chasse (Fabric. de) arsenical ;

Plombiers, soudure de plomb et d'étain ;

Plombeurs, voy. Chemins de fer, Potiers de terre ;

Ponceurs, voy. Ebénistes ;

Polisseurs de caractères d'imprimerie, de cristaux de glaces, voy. ces mots ; de camées, voy. Lapidaires ; de vieux meubles, voy. Ebénistes ;

Porcelainiers, poudreuses de porcelaine à camaïeux gris, avec poudre à la céruse, voy. Emailleurs.

Potée d'étain (Fab. de), alliage d'étain et de plomb ;

Potiers d'étain plombifère, de terre vernissée, plombeurs saupoudrant les poteries humides avec du minium ou de l'alquifoux, sulfure de plomb, vernisseurs avec mélange d'alquifoux, de bouse de vache et d'eau ;

Poudreuses, voy. Porcelainiers ;

Soldats de plomb (Fabric. de) ;

Soie (Ouvriers en) chargée avec litharge ou acétate de plomb (17 p. 100), couturières portant à la bouche les fils de cette soie (Chevallier) ;

Tailleurs maniant l'alpaga anglais apprêté au sulfure de plomb (Réveil), de cristaux de limes ;

Teinturiers employant l'acétate de plomb ;

Tisserands, poussières dues aux frottements des fuseaux des métiers à la Jacquard, voy. Coton ;

Toile-cuir (Ouvrières en) américain pour couvrir les voitures d'enfants ;

Tuileries, vernisseurs de tuiles, voy. Carreliers ;

Tuyaux à gaz (Poseurs de), maniement des tuyaux, soudure des plombiers, mastic à la céruse, ramollissement et décrassage des vieux tuyaux encroutés de mastic par le chauffage sur des fourneaux (Manouvriez);

Valises (Ouvrières en), se servant d'un tissu lustré noir « Overland-cloth » plombifère (Johnson);

Vernis (Fabric. de), à la litharge;

Vernisseurs sur métaux, vernis plombique, vernisseurs de cuirs, de poterie, voy. ces mots;

Verriers, voy. Emailleurs;

Vitriérs, mastic contenant de la céruse;

Zingueurs, zinc plombifère, soudure plombique.

131. Colique sèche. — Un accident du saturnisme, *la colique sèche*, s'observe fréquemment à bord des bateaux à vapeur. C'est Amédée Lefèvre, dans son ouvrage (*Recherches sur les causes de la colique sèche*, Paris 1889), qui a attiré l'attention des médecins et des hygiénistes et les a forcés à reconnaître avec lui la parfaite identité entre le saturnisme et la colique sèche. Il a démontré que le plomb, sous ses diverses formes, était employé à profusion sur les bateaux à vapeur.

Il a su défendre sa thèse avec tant de chaleur qu'il a rallié à sa cause les hommes les plus compétents tels que J. Rochard, Le Roy de Méricourt, de Fonssagrives. Depuis que l'on a, sur leur avis, réduit au minimum la quantité de plomb employée à bord des navires de l'Etat, la colique sèche a énormément diminué de fréquence.

132. Prophylaxie. — Il arrivera un temps, malheureusement trop éloigné, où grâce au progrès de l'industrie et de l'hygiène, grâce surtout à la tendance de plus en plus grande de substituer les machines à la main-d'œuvre, les ouvriers employés à la manipulation du plomb ne seront plus exposés aux mêmes dangers. — En voici deux exemples probants :

M. le Dr Thibaut a fait connaître, au nom de M. J. Carron, au Congrès d'hygiène tenu à Paris en 1889, une modification apportée par celui-ci pour remédier aux dangers de la fonte du plomb. La nouvelle machine se compose d'une chaudière en fonte de fer dans laquelle sont introduits les saumons, pour être rendus à l'état liquide ; au fond un robinet permet d'amener le métal régulièrement sur une roue mobile en fonte, placée horizontalement au pivot et présentant des moulures sur sa partie extérieure. La partie inférieure plonge dans une caisse d'eau où les diverses parties de la roue viennent successivement se refroidir. Le plomb sorti de la cuve et du conduit se fige dans les rigoles de la roue dentée. Arrivé près d'un plan incliné, quatre griffes le détachent et l'amènent sous un couteau qui le coupe à largeur égale ; une chaîne sans fin conduit ensuite les saumons à un chariot.

Toute manipulation est ainsi supprimée. Deux hommes font 3.500 kilos de grilles sans toucher le métal, tandis qu'auparavant deux hommes n'en faisaient que 4.500 kilos par journée de 10 heures, pendant lesquelles ils étaient constamment en contact avec le plomb.

Un ingénieur de la cristallerie de Baccarat, M. L. Guéroult, a très heureusement introduit l'acide métastannique dans la potée d'étain. Cette découverte lui a valu le prix Montyon de 3000 francs décerné en 1892 par l'Académie des Sciences.

« La potée d'étain est un stannate de plomb, obtenu en oxydant dans des fours spéciaux environ 3 parties de plomb et 1 d'étain. Jusqu'à ces dernières années, elle a été employée exclusivement au polissage du cristal, opération qui termine la taille et lui donne un brillant et un éclat parfaits.

« Pour arriver à ces fins, le tailleur imprègne de cette substance humectée d'eau une roue de liège animée d'un mouvement de rotation rapide, et présente successivement à la roue chacune des faces à polir : ses mains sont donc constamment en contact avec la potée, toute sa personne en reçoit aussi par projection ; enfin la chaleur développée par le frottement contre la roue est assez grande pour en dessécher une partie, qui se répand dans l'air et pénètre dans la bouche et les voies respiratoires.

« Voici une statistique résumée des accidents causés par le plomb chez les ouvriers tailleurs de la grande cristallerie de Baccarat :

« En soixante-dix-neuf mois, de novembre 1884 à juillet 1891, il y a eu, sur 200 tailleurs de cristaux passant en potée, 39 malades, quelques uns à plusieurs reprises. Ce chiffre s'applique seulement aux accidents bien caractérisés, nécessitant l'arrêt du travail, et ne comprend pas les indispositions : dyspepsies, gastralgies, anémies, causées par le plomb.

« Parmi les 39 malades, 4 ont vu leur travail arrêté respectivement sept mois, un an, deux ans et quatre ans, par suite de paralysies saturnines.

« 1 a succombé à l'encéphalopathie.

« Les 34 autres ont présenté ensemble 1333 jours de maladie, soit 17 1/2 jours par mois.

« 17 ont dû quitter le métier pour fuir une intoxication à laquelle ils étaient par trop sensibles.

« C'est pour éviter ces accidents que j'ai cherché à remplacer la potée par une substance inoffensive : de toutes celles que j'ai essayées, c'est l'acide métastannique qui remplit le mieux les conditions voulues ; ce corps est obtenu par l'action au bain-marie de l'acide nitrique concentré sur la grenaille d'étain (1). Toutefois on ne peut l'employer seul, car il adhère trop fortement au cristal après polissage ; je lui adjoins de la potée d'étain. Le mélange employé est le suivant :

Potée d'étain.	1 kg.
Acide métastannique. . . .	2 kg.

« L'ancienne potée contenait 61,5 pour 100 de plomb, la nouvelle en contient seulement 20 pour 100 (2).

(1) L'acide stannique ordinaire raye le cristal sans le polir.

(2) On rappellera que, dans son ouvrage si pratique, *Le cuivre et le plomb dans l'alimentation et l'industrie* (p. 223), M. A. Gautier a montré qu'à la dose de 0 gr.014 de plomb par jour pris sous diverses formes, en particulier par les eaux potables, 34 personnes sur 100 seulement ont présenté

« Depuis dix-huit mois que ce mélange est employé, on n'a plus constaté *aucun* cas d'empoisonnement par le plomb, et chez ceux mêmes qui avaient eu autrefois des accidents, il ne s'est pas produit une seule rechute, ainsi qu'il résulte du rapport que M. le Dr Schmitt, médecin de la cristallerie, a bien voulu m'adresser à ce sujet, et dont un extrait, joint à cette note, pourra être mise sous les yeux de l'Académie.

« Le seul inconvénient de ce nouveau mélange est d'être sensiblement plus cher que l'ancienne potée ; toutefois l'administration de la cristallerie n'a pas hésité à en prescrire immédiatement l'emploi général. A cette heure, elle bénéficie de la santé de ses ouvriers. Les déclarations suivantes extraites d'un rapport de M. le Dr Schmitt, médecin de la cristallerie, en fournissent la preuve:

« Depuis le 1er juillet 1891, je n'ai pas constaté un seul cas d'intoxication saturnine chez les tailleurs sur cristaux. Je dirai même plus, c'est que chez presque tous les tailleurs atteints précédemment la santé générale s'est améliorée ; l'anémie d'origine saturnine a disparu chez la plupart ; chez un seul, notoirement alcoolique, et chez quelques autres vivant dans des conditions peu hygiéniques, l'état général laisse à désirer.

« Chez les anciens saturnins qui, avant l'emploi de la nouvelle potée, présentaient des lésions irrémédiables d'intoxication saturnine (néphrite interstitielle), je n'ai constaté aucune aggravation.

« Quelques-uns d'entre eux accusent des troubles dyspeptiques, mais qui, à mon avis, doivent être rapportés beaucoup plus à leurs habitudes peu hygiéniques (alcoolisme) qu'au réveil de leurs anciennes intoxications. » (7 novembre 1892).

La suppression complète de la potée n'est malheureusement pas possible, mais la disparition absolue des accidents saturnins qui, depuis deux ans, ne s'est pas démentie, démontre le progrès au point de vue de l'hygiène que M. Guéroult a fait faire à l'industrie.

Les accidents saturnins locaux pourraient être prévenus par des précautions hygiéniques tendant à préserver

des phénomènes notoires d'intoxication saturnine. A une dose plus faible, le *pour cent* tombe nécessairement au-dessous. A la dose de 0 gr. 0005 à 0 gr. 0002 par jour, il semble n'y avoir plus d'intoxication sensible (*loc. cit.*, p. 199).

la peau des ouvriers du contact des préparations plombiques.

Le Conseil d'hygiène publique et de salubrité du département de la Seine a chargé une commission composée de MM. Hillairet, Ollivier, Villeneuve, Cloëz, Desain et A. Gautier, rapporteur, de rédiger une instruction relative aux précautions à prendre dans les usines, ateliers, chantiers, etc., où l'on se livre soit à la fabrication soit à la manipulatien du plomb et de ses dérivés.

Cette instruction, qui a été votée par le Conseil dans sa séance du 25 novembre 1884, est extrêmement importante, car elle résume admirablement les moyens prophylactiques propres à prévenir les accidents chez les ouvriers.

I. PRESCRIPTIONS ET PRÉCAUTIONS RELATIVES AUX USINES, ATELIERS OU CHANTIERS OU L'ON SE LIVRE SOIT A LA FABRICATION, SOIT A LA MANIPULATION DU PLOMB ET DE SES COMPOSÉS.

(A). — *Usines à céruse, massicot et minium.*

Les usines où l'on fabrique la céruse, le massicot, le minium doivent pouvoir être facilement ventilées, balayées, lavées à grande eau dans toutes leurs parties. — Les opérations de l'*écaillage*, de l'*épluchage* et de l'*écrasage* de la céruse et du massicot, doivent être faites sous l'eau ou sur des matières sortant de l'eau et ruisselantes. — Les broyages et blutages de la céruse, du massicot et du minium seront faits dans des appareils clos à parois de tôle rivée. — Les raclages, cassages, broyages, moutures, brossages de ces substances, doivent être opérés autant que possible mécaniquement. Les manipulations directes avec jet à la pelle, les transports en chariots ou brouettes ouvertes sont interdits pour les matières sèches. — Les fours à calcination peuvent être construits dans les ateliers à la condition qu'on prenne les moyens nécessaires pour que toute poussière ou fumée plombique soit entraînée au dehors. — Toutes les semaines les charpentes, murs, planchers des ateliers doivent être lavés à grande eau pour enlever avec soin toutes les parcelles toxiques. — Un tuyau de conduite d'eau, muni d'un robinet au moins par trois hommes, doit se trouver à la sortie des ateliers, pour que les ouvriers puissent, deux fois par jour, procéder aux soins de propreté indispensables à leur santé, soins dont il sera parlé au § II. — Les patrons et chefs d'atelier doivent veiller à ce que les blouses ou autres vêtements de travail restent à la fabrique pendant que les ouvriers vont prendre leurs repas au dehors. Ces vêtements seront battus et brossés plusieurs fois par semaine hors des heures de travail et loin des ateliers. — L'emploi de l'huile dans la fabrication de la céruse diminue d'une façon très efficace les inconvénients constatés dans la fabrication à sec ou à l'eau. — Un registre spécial, mis à jour à chaque visite par le médecin, indiquera l'origine de l'ouvrier, ses précédents pathologiques, ses occupations antérieures dans la fabrique, la nature de son travail actuel, son état de santé au moment de la visite hebdomadaire.

(B) — *Ateliers et chantiers de peintres en bâtiments, broyeurs de couleurs, ponceurs, etc.*

Les ateliers et chantiers doivent être bien aérés et largement ouverts partout où il peut se produire des poussières provenant du broyage, ponçage et brûlage des couleurs et peintures plombifères. — Les ouvertures doivent être laissées béantes toutes les fois que des peintures à la céruse seront apposées sur les murs, les meubles, etc., tant que celles-ci ne seront pas desséchées. — Les blutages ou tamisages, transvasements, mélanges de couleurs, ne doivent pas être faits dans le local où séjournent habituellement les ouvriers. — Toutes les parties de l'atelier doivent être lavées à grande eau chaque fois que des poussières toxiques se seront produites et déposées sur les murs, les charpentes, le mobilier, etc. — Le patron, ou en son absence le chef d'atelier, est tenu de surveiller sévèrement la mise en pratique de ces précautions, et de s'assurer que ses ouvriers, avant d'aller prendre leur repas, quittent leur blouse de travail et procèdent aux soins de toilette nécessaires. — On ne peut que désapprouver entièrement le broyage de la céruse sèche à la main, et son mélange à l'huile au moyen de la molette. Cette pratique est la cause d'un grand nombre d'accidents. Il est de beaucoup préférable, pour broyer la céruse avec les diverses couleurs, de prendre celle qui a été préalablement mélangée à l'huile dans les fabriques.

(C) — *Autres ateliers où l'on manie le plomb et ses diverses préparations.*

Partout où l'on manie le plomb, ses alliages et ses autres préparations, les chefs d'atelier doivent éviter tout ce qui pourrait mettre inutilement l'ouvrier en contact direct avec le plomb en nature et ses divers composés. — Ils doivent veiller à la propreté minutieuse des ateliers et en exclure par des lavages répétés toutes les poussières plombiques. — Ils doivent autant que possible éviter tous battages, pelletages, trépidations, etc., qui pourraient se produire dans les pièces closes où travaillent les hommes ; ces opérations occasionnent et soulèvent des poussières plombiques dangereuses. — Dans aucun cas, l'ouvrier ne sera astreint à broyer ou bluter des préparations plombiques telles que : émail en poudre, cristal, potée d'étain, fards, cendres plombiques, couleurs en poudre à la céruse, etc., autrement qu'en vases clos. — On ne doit pas laisser les ouvriers séjourner, et moins encore prendre leurs repas, dans des enceintes où se dégageraient notoirement des poussières contenant du plomb.

II. PRESCRIPTIONS ET CONSEILS RELATIFS AUX OUVRIERS

Les ouvriers qui manient le plomb sous toutes ses formes : métal, alliages, préparations solubles ou insolubles, doivent considérer comme certain que l'absorption du toxique peut se faire par le simple contact avec la peau, mais qu'elle a surtout lieu par la bouche, les narines et le jeu de la respiration. Ils sont par conséquent tenus, dans l'intérêt commun, de prévenir tout dégagement de composés plombiques à l'état de poussières et d'éviter tout contact direct inutile avec le plomb et ses préparations. La propreté de leur personne, de leurs vêtements, de leurs outils, et en particulier de leurs mains, de leur figure et plus particulièrement de leur bouche au moment de leurs repas, est une condition indispensable de leur santé. — Ces précautions, jointes à une bonne alimentation, surtout si l'on évite tout excès, et en particulier l'abus des boissons, suffisent pour rendre leur travail à peu près inoffensif. — Tout ouvrier sortant d'une céruserie, plomberie, chantier de peinture en bâtiments, cristallerie, émaillerie, etc., doit, par conséquent, se laver les mains, la face, les narines, et se rincer la bouche avec le plus grand soin. Pour cela, après s'être vivement frotté les mains, les avant-bras et les sillons des ongles avec du sable ou de l'argile mis à sa disposition par le patron, il se rincera dans l'eau courante. Il devra procéder alors au lavage des narines, de la bouche, de la figure, épousseter ses vêtements de ville, éponger ses chaussures, etc. — Tout ouvrier qui sort d'un atelier ou d'une fabrique ayant sur ses mains, ses bras ses vêtements, des poussières ou des maculatures plombiques, s'expose à absorber le toxique, soit par les poumons, soit par la bouche durant les repas. — Aucun aliment ne doit être déposé ni consommé dans la fabrique ou l'atelier. — Les cérusiers, peintres, émailleurs, doivent plus qu'aucun autre éviter toute cause débilitante. La plus dangereuse est l'abus des boissons alcooliques. — Il est vivement conseillé au médecin de la fabrique de mettre momentanément au repos les ouvriers qui présenteraient le moindre liseré bleu des gencives, l'acidité fétide de l'haleine, l'insomnie, la colique sèche, la paralysie ou l'analgésie saturnines, et de ne les recevoir de nouveau que lorsque tous ces symptômes se seront parfaitement dissipés. Si une nouvelle attaque de saturnisme reparaissait, il devra, ainsi qu'on le pratique dans les usines les mieux tenues, définitivement renvoyer l'ouvrier incapable de reprendre ce dangereux travail. — Les ouvriers qui manient le plomb et ses composés, doivent recourir à une alimentation suffisante et aussi substantielle que possible, user largement de lait légèrement miellé, manger salé, éviter les aliments acidulés. — Les bains sulfureux ou savonneux pris toutes les semaines sont fort utiles. — Dès le début des accidents, l'ouvrier doit recourir au médecin qui jugera des précautions à prendre et de l'opportunité de l'usage interne de l'iodure de potassium qui, prescrit avec prudence, produit les meilleurs résultats. Ce médicament, qui est employé comme moyen préventif dans plusieurs fabriques françaises du Nord et de la Belgique, ne doit être pris que sur l'ordonnance et sous la surveillance du médecin. — L'usage des boissons et limonades sulfuriques ne saurait être recommandé. — A. GAUTIER, *Rapporteur*. — *Commissaires* : HILLAIRET, OLLIVIER, VILLENEUVE, CLOEZ, DESAIN.

Dans sa séance du 25 novembre 1881, le Conseil d'hygiène publique et de salubrité a approuvé les instructions ci-dessus ; et il a émis le vœu qu'elles fussent affichées dans les ateliers où l'on fabrique et où l'on emploie des composés plombiques. — *Le Président*, V. DE LUYNES ; *Le Secrétaire*, F. BEZANÇON.

133. Traitement de l'intoxication saturnine. — Il consiste principalement dans la médication narcotique et évacuante. Ces deux sortes de médicaments unis aux sudorifiques constituent le traitement dit *de la Charité*, importé en France par des religieux italiens, en 1602.

Presque tous les médecins donnent la préférence aux purgatifs drastiques, l'huile de croton tiglium, une goutte en une pilule ; l'eau-de-vie allemande à la dose de 30 à 40 grammes, associée à une égale quantité de sirop de nerprun (Jaccoud).

La médication par l'iodure de potassium a été introduite en France par le professeur Natalis Guillot et Melsens ; en Angleterre par Parkes et Williamson. La dose de 0 gr. 50 à 1 gramme par jour est ordinairement suffisante.

Si on ajoute à ces modes de traitement les bains sulfureux, on aura à peu près complètement la thérapeutique de l'intoxication saturnine.

Contre la colique de plomb on emploiera les purgatifs salins et les drastiques, les cataplasmes laudanisés sur le ventre, et on pratiquera utilement pour calmer les douleurs des injections sous-cutanées de morphine.

M. Gueneau de Mussy préconisait le phosphure de zinc, à la dose de 1 à 3 et 4 centigrammes, contre la paralysie et le tremblement.

Le Dr Manouvriez s'est bien trouvé de l'iodure de potassium *intra* et *extra* dans les arthralgies tenaces et localisées.

CHAPITRE XVIII

HYDRARGIRISME

134. — Il y a des affections qui sévissaient cruellement sur les ouvriers et que les progrès de l'industrie et de l'hygiène ont presque complètement fait disparaître.

De ce nombre est l'hydrargirisme.

La profession qui donnait surtout naissance à cette terrible maladie était l'étamage des glaces par le mercure.

Depuis quelque temps on a substitué à l'étamage au mercure, l'étamage à l'argent, absolument inoffensif.

L'usine de Saint-Gobain a été une des premières à entrer dans cette voie.

A Paris il n'existe plus que deux maisons où l'on étame encore au mercure.

Dans les mines de mercure, à Almaden, par exemple, les ouvriers ne présentent que des accidents peu graves.

Il n'en est pas de même pour ceux qui distillent le mercure, et surtout ceux, dit Layet, qui remplissent les fours de minerai, ceux qui nettoient et vident les tubes, ceux surtout qui recueillent le mercure déposé dans les chambres de condensation, présentent des affections plus ou moins graves de la bouche et du système nerveux, dues à l'action des vapeurs mercurielles sur l'organisme. Il en est de même pour les ouvriers employés à l'extraction de l'argent par le procédé d'amalgamation.

L'hydrargirisme professionnel des coupeurs et secréteurs de poils de lapins et de lièvres a depuis longtemps occupé l'attention des hygiénistes. De nombreux travaux ont été faits sur cette question, mais le plus complet et qui les résume tous, est celui qui a fait de la part du Dr Letulle l'objet d'une communication à la Société de médecine publique et d'hygiène professionnelle, communication à laquelle nous allons faire des emprunts.

Une fois préparée, la peau fendue en long est débarrassée à l'aide du ciseau des longs poils qui débordent de la toison. Cette opération a été améliorée au point de vue de l'hygiène des ouvriers en ce sens que la tondeuse mécanique a remplacé les ciseaux. Voyons maintenant quelles sont les multiples fonctions des secréteurs ou brosseurs.

a. Ils préparent eux-mêmes le sécret, dont la composition est la suivante : on fait dissoudre 8 parties de mercure dans 64 parties d'acide azotique, et on y ajoute 4 parties d'arsenic blanc et 2 à 3 parties de sublimé corrosif, puis on l'étend de 3 fois son volume d'eau de pluie.

b. Ils brossent chaque peau avec une forte brosse à poignée imbibée de la solution de nitrate acide de mercure ; pour cela la peau est accrochée rapidement sur une planche horizontale munie d'un clou, et frottée largement de façon à bien imprégner la toison.

c. Les mêmes ouvriers portent à l'étuve, en les accrochant successivement sur une série de tringles en fer, les peaux sécrétées qui doivent y sécher en un nombre d'heures variable suivant différentes conditions.

d. Ces mêmes ouvriers doivent encore chauffer l'étuve, surveiller la dessiccation des peaux, et par conséquent entretenir le foyer de calorique en pénétrant à diverses reprises dans l'étuve pendant l'opération de la dessiccation.

e. Enfin le rôle du sécréteur, agent responsable de sa fournée de peaux mises à l'étuve, est encore d'enlever hors du four les peaux desséchées et de les ranger en paquets qui seront soumis à un contrôle sévère.

L'opération du sécrétage est terminée ; une seconde série commence, celle du coupage des poils.

Les peaux passent d'abord aux mains d'une ouvrière, qui a pour mission d'arracher la queue de chaque peau, cet appendice ne pouvant être débité, comme le reste, par la machine à couper. Cette ouvrière porte le nom de *déchiqueteuse.*

D'autres ouvriers ou ouvrières, en très petit nombre, seront employés à tondre, aux ciseaux, les poils de chacune de ces peaux de lapins.

Quoiqu'il en soit, la peau ainsi desséchée, dont chaque poil est pour ainsi dire imprégné de poussière de nitrate de mercure, arrive aux mains d'une ouvrière, appelée *brosseuse,* dont le métier s'explique de lui-même. Ces femmes brossent, à sec, à l'air ou à peu près à l'air, chacune des peaux et redressent ainsi les poils qui, autrement, couchés et accolés qu'ils sont les uns aux autres, ne pourraient être régulièrement tondus par la machine. Il est bon de noter ici que, suivant les ateliers, les brosseuses brossent soit à la main, à l'aide d'une brosse rugueuse, soit avec une machine à brosser mue par la vapeur en même temps que les machines à couper.

La peau arrive alors au *coupeur de poils* qui la présente à la machine à couper. Cette machine, fort ingénieuse, fonctionne par la vapeur. C'est un instrument, très perfectionné, bien connu, dont la description peut se résumer en un mot : cylindre coupant, faisant par seconde un nombre considérable de tours sur lui-même ; la machine à couper le poil débite le derme de la peau en une série de petites lanières très fines (portant le nom bien caractéristique de *vermicelle*), en même temps qu'elle renvoie vers le coupeur la toison tondue d'une manière égale et parfaite. L'ouvrier qui actionne chaque machine reste debout contre sa table, qui est agitée d'une trépidation incessante.

A côté de chacune des machines à couper travaillent des femmes assises à une table attenant à l'organisme en question.

La première de ces ouvrières reçoit des mains du coupeur chaque toison recueillie sur une plaque de tôle, puis recouverte d'une autre feuille semblable. Cette ouvrière, qu'on appelle *éplucheuse*, enlève de la toison coupée les paquets de poils de qualité inférieure, et passe le reste à la seconde ouvrière qui se nomme la *monteuse*.

L'hygiène de ces ouvriers est déplorable. Au lieu de procéder à la sortie des ateliers à une toilette sérieuse, ils vont prendre leurs repas sans se laver la figure ni les mains ; quelques-uns même mangent dans les ateliers. Ils ne changent de vêtements ni à l'entrée, ni à la sortie des ateliers.

L'intoxication commence dès la préparation des solutions de nitrate acide de mercure, nécessaires aux divers modes de sécrétage.

Ces solutions sont en effet faites à chaud dans les étuves qui servent à la dessiccation. Le dégagement des vapeurs nitreuses se produit aussitôt que le mercure est mis en contact avec l'acide azotique.

Pour activer la réaction, les ouvriers placent le mélange dans les étuves à dessiccation où ils le portent parfois à l'ébullition. Les vapeurs nitreuses qui constituent des émanations extrêmement toxiques sont entraînées.

Lorsque l'ouvrier brosse ses peaux avec le sécret, il projette autour de lui, souvent jusqu'à une hauteur considérable, des particules liquides de nitrate acide de mercure qui provoquent la cautérisation de la peau, de la face et surtout de la conjonctive ou de la cornée. Les ouvriers présentent des dents noires. La stomatite mercurielle est un accident exceptionnellement rare chez les sécréteurs. Les dents s'altèrent sur le rebord, au niveau des gouttières verticales, formées par les deux dents voisines ; puis, peu à peu, les deux faces de la dent sont envahies. Elles s'érodent en formant de fines rivulations ou dépressions, et bientôt la dent devient toute entière d'un noir brun ou verdâtre, constituant ainsi un signe diagnostique des plus importants et que l'on trouve indistinctemement chez tous les ouvriers ayant quelques années de travail. La diminution de la force musculaire et le tremblement complètent l'ensemble des symptômes que l'on observe chez les coupeurs de poils.

Le Dr Letulle, en terminant son intéressant travail, formule les prescriptions hygiéniques suivantes, indispensables à cette profession :

1. Rappeler aux ouvriers qu'une bonne hygiène est absolument nécessaire dans la profession à laquelle ils se livrent ;

2. Et que l'usage des liquides alcooliques leur est des plus nuisibles ;

3. La toilette des mains, à l'aide de l'eau sulfureuse qui est mise à leur disposition, devrait être obligatoire aussitôt après le travail du matin et du soir terminé ;

4. La toilette de la bouche, des cheveux et de la barbe

n'est pas moins indispensable avant le repas du matin et le départ de l'atelier ;

5. L'usage régulier des bains sulfureux une ou deux fois la semaine devrait être rendu obligatoire ;

6. Les vêtements qui servent pendant le travail doivent être quittés au départ de l'atelier ;

7. L'emploi de la limonade sulfurique, surtout pendant les chaudes journées, devrait être conseillé. Il serait bon d'expliquer aux ouvriers l'avantage de cette boisson agréable, meilleur contre-poison que le lait et que l'iodure de potassium ;

8. Enfin il serait bon de faire connaître aux chefs d'établissement qu'un choix prudent devrait être fait des ouvriers et des ouvrières qui demandent à travailler au mercure.

L'intoxication mercurielle est caractérisée par les symptômes suivants :

Les dents présentent une coloration noire, les gencives sont gonflées et à la longue s'ulcèrent. L'haleine est fétide et caractéristique, la salivation abondante, les os de la mâchoire se carient, la face est bouffie, le sujet présente de la diarrhée, du fourmillement dans les membres, du tremblement dans les doigts, un affaiblissement graduel de l'intelligence, une paralysie presque générale.

Les professions qui, outre celles d'étameurs de glaces et de coupeurs de poils, exposent aussi à l'hydrargirisme, sont celles des fleuristes qui font leur rouge avec du mercure, des empailleurs qui se servent de sublimé, des bijoutiers et des orfèvres qui emploient une cire particulière, des fabricants de draps imprimés, des doreurs au mercure, des chapeliers et des ouvriers bronzeurs de canons de fusil.

Au congrès international d'hygiène qui s'est dernièrement tenu à Budapest, M. J. Donat (de Budapest) a appelé le premier l'attention sur la cachexie mercurielle qui se déclare dans les fabriques de lampes à incandescence système Edison, dont la cause doit être attribuée à l'usage des pompes pneumatiques à mercure. Celles-ci servent à produire du vide dans les lampes à incandescence, qui étant faites en verre sont très fragiles.

M. J. Donat a obtenu des améliorations notables en faisant élargir les ateliers, en installant des ventilateurs suffisants, en insistant sur la très grande propreté des ouvriers, puis en remplaçant les pompes à mercure de Töpler par les pompes perfectionnées de Sprengler. Ces dernières ont la même productivité avec un dixième de la quantité de mercure et elles sont moins fragiles. Le progrès le plus important que l'on a réalisé consiste dans l'installation de pompes pneumatiques mécaniques où l'on ne fait pas du tout emploi du mercure.

Les moyens préventifs, qui ont une importance extrême, sont les suivants : ventilation et agrandissement des ateliers, propreté des ouvriers : exiger qu'ils changent de vêtements à l'entrée et à la sortie et qu'ils se fassent de larges ablutions de la figure et des mains à la sortie des ateliers et surtout avant le repas ; faire examiner souvent leur bouche par un médecin et un dentiste, leur donner des bains sulfureux fréquents, de préférence dans une piscine, éviter que les ouvriers absorbent des boissons alcooliques et leur donner dans la journée de la limonade sulfurique.

CHAPITRE XIX

PHOSPHORISME

135. Allumettes chimiques. — Cette maladie ne s'observant que chez les ouvriers occupés à la fabrication des allumettes chimiques, il est indispensable, pour l'étudier, de visiter les établissements dépendant des manufactures de l'Etat.

Ceux de Paris, ou plutôt des environs de Paris, sont situés à Pantin et à Aubervilliers.

A Trélazé (Maine-et-Loire), on ne fabrique que des allumettes amorphes.

A Saintines (Oise), la fabrication est exclusivement consacrée aux allumettes dites Suédoises.

A Marseille, on fabrique les allumettes ordinaires et les allumettes bougies.

Enfin, une nouvelle usine, destinée aux allumettes chimiques ordinaires, vient de se fonder à Aix en Provence.

A Pantin, les ouvriers, au nombre de 300 à 350, dont 190 femmes, sont dans des conditions d'hygiène assez mauvaises ; aucune amélioration n'a pu, faute de fonds, être introduite.

C'est ainsi que les bâtiments sont encore les mêmes que ceux de l'ancienne compagnie des allumettes.

A Aubervilliers, deux bâtiments nouveaux ont été construits. Ils remplissent toutes les conditions d'hygiène désirables, tant sous le rapport du cubage que sous celui de l'aération.

La première opération, le *découpage* du bois, se fait à Trélazé, à Saintines et en Russie. Le bois employé (peuplier, sapin, épicéa, tremble) arrive tout découpé dans de grandes caisses en bois blanc.

La seconde opération consiste dans la mise en presse des allumettes blanches. Les ouvrières les rangent symétriquement les unes à côté des autres et mettent dessus une plaquette pour les tenir.

Jusqu'à présent il n'y a aucun danger pour les ouvrières ; il n'en est pas de même dans les opérations suivantes :

La troisième opération consiste dans le *soufrage*.

Un grand cadre en fer qui contient 5.500 allumettes est pris par l'ouvrier, qui plonge de un centimètre environ l'extrémité de ces allumettes dans un bain de soufre maintenu à une température de 120 degrés.

Le bain dégage des vapeurs d'acide sulfureux qui sont nuisibles à la santé des ouvriers occupés au trempage, provoque chez eux de la toux et les fait considérablement maigrir.

En deux minutes le soufre est sec. D'autres ouvriers procèdent ensuite à l'opération du *chimicage*.

La pâte phosphorée que les ouvriers ont près d'eux, dans des vases ouverts, est prise avec une grande cuiller en bois, versée sur une plaque de fonte chauffée où elle est égalisée par un rouleau métallique. L'ouvrier saisit alors le cadre en fer qui contient les allumettes et applique l'extrémité soufrée sur cette pâte phosphorée qui s'en imbibe, s'en charge.

C'est cette opération qui est de toutes la plus dangereuse, car l'ouvrier est complètement et incessamment exposé aux vapeurs phosphorées, et en outre il respire toute la journée les vapeurs blanchâtres d'acide phosphoreux qui sont d'autant plus apparentes que le temps est plus sec.

Il n'est pas étonnant que, vivant constamment dans une pareille atmosphère pendant dix à onze heures par jour, les ouvriers ne puissent rester plus de trois ou quatre ans sans que la nécrose du maxillaire supérieur apparaisse.

Les ouvriers, s'ils n'étaient pas examinés par un dentiste, cacheraient souvent leur mal, afin de ne pas perdre le produit de 8 à 12 fr. par jour.

Dès qu'on constate la maladie, on les éloigne de leur travail, on leur fait les opérations nécessaires et on leur donne leur paie pendant le temps de leur maladie.

Aussitôt que les allumettes sont, par leur extrémité soufrée, imprégnées de phosphore, on place les cadres sur des claies où le séchage qui dure de deux à trois heures se fait à l'air libre, et par conséquent dans les meilleures conditions pour occasionner des accidents aux ouvriers. Aussi les sécheurs ont-ils des accidents de nécrose.

L'opération du *dégarnissage* se fait exclusivement par des femmes.

Elles retirent les allumettes collées ensemble, celles qui n'ont pas de phosphore et, ce qui est très fréquent, celles qui ont pris feu et sur lesquelles pour éteindre ce feu on a projeté, pour l'étouffer, un peu de sciure de bois légèrement humide.

L'opération du dégarnissage est dangereuse pour les ouvrières qui la pratiquent et la nécrose s'observe souvent chez elles.

Ces ouvrières sont également sujettes aux brûlures des

mains, mais, en général, celles-ci ne sont que du premier degré.

L'opération qui suit le dégarnissage est celle de l'*emboitage*.

Des ouvrières présentant une boite ouverte devant un appareil qui grâce à une pédale projette dans cette boite une quantité toujours la même d'allumettes.

Cette ouvrière passe la boite à une voisine qui clot la boite et une dernière la timbre, c'est-à-dire applique dessus le timbre des contributions indirectes.

C'est ce qui constitue l'opération du *timbrage*.

D'autres ouvrières sont occupées à faire des paquets de 500 allumettes et d'autres à timbrer ces paquets.

Chaque ouvrière fait contrôler son ouvrage par la surveillante de l'atelier. Elles sont payées de 3 à 5 fr. par jour, suivant leur habileté, car elles travaillent à la tâche.

On ne prend les femmes qu'à partir de 16 ans.

A la fabrique d'Aubervilliers, on pratique exactement les mêmes opérations qu'à celle de Pantin, et en outre, on y prépare la pâte phosphorée nécessaire pour ces deux établissements. On y fait aussi une espèce spéciale d'allumettes connue sous le nom d'allumettes tisons.

A Aubervilliers, les ateliers sont dans des conditions d'hygiène bien meilleures.

Trois ateliers y ont été reconstruits : ils sont très vastes, le cubage d'air est considérable et on a réservé à la partie supérieure de nombreuses ouvertures par où l'air se renouvelle et permet aux vapeurs phosphorées de se répandre dans l'atmosphère.

C'est dans cette fabrique que les améliorations sont introduites, étudiées et au fur et à mesure qu'on en aura reconnu l'utilité on les appliquera à la fabrique de Pantin.

Nous avons vu que les opérations les plus dangereuses pour les ouvriers étaient le soufrage, le chimicage, le séchage et le dégarnissage.

L'opération du soufrage n'a encore subi aucune amélioration sérieuse. Par contre, celle réalisée dans l'opération du chimicage est des plus importantes.

Elle est encore à l'état d'ébauche à la fabrique d'Aubervilliers, mais les résultats obtenus sont déjà considérables.

Alors qu'à Pantin les ouvriers trempent un par un dans une pâte phosphorée placée devant eux, sur une plaque métallique chauffée, les cadres contenant les allumettes soufrées, à Aubervilliers ces mêmes cadres sont placés sur deux appareils qui glissent sur deux rails, l'ouvrier les pousse sous un rouleau enduit de pâte phosphorée chaude.

Le bout des allumettes se trouve ainsi imprégné de phosphore et un autre ouvrier, qui se trouve de l'autre côté de l'appareil, saisit les cadres en fer et les placent sur un chariot destiné à les porter au séchage.

Le rouleau trempant dans un bain de pâte phosphorée liquide en est toujours imprégné.

La ventilation du rouleau trempeur se fait de deux façons.

1° Le bâti de l'appareil est creux ; les vapeurs phosphorées sont aspirées par des ouvertures latérales, qui communiquent avec un carneau d'aération qui traverse l'atelier et dans lequel l'air est aspiré au moyen d'un ventilateur.

2° L'appareil est enveloppé, aussi complètement que possible, dans une cage en fonte dont les pieds communiquent avec ce même carneau d'aération. Les vapeurs phosphoriques sont donc attirées dans ce carneau et expulsées au dehors de l'atelier par le ventilateur.

Les cadres en fer sont, ainsi que nous l'avons dit plus haut, placés sur un chariot se mouvant sur un petit chemin de fer Decauville et ce chariot entre dans un séchoir à vapeur, hermétique, à tunnels fermés. Ce séchoir communique avec l'air extérieur par un tuyau qui sort au-dessus du toit, mais les ouvriers ne sont pas là comme à l'usine de Pantin où le séchage se fait entièrement à l'air libre et dans les ateliers exposés à aspirer les vapeurs phos-phorées

Les séchoirs de l'usine d'Aubervilliers sont, l'hiver seulement, chauffés à une température de 30° pour activer le séchage.

Une fois que le phosphore des allumettes est sec, c'est-à-dire au bout de 2 h. 1/2 à 3 heures, un ouvrier ouvre la porte opposée à celle par laquelle est entré le chariot, retire celui-ci et le conduit au dégarnissage. Cette opération, qui se pratique à la main à l'usine de Pantin, se fait mécaniquement à celle d'Aubervilliers.

Un ouvrier a devant lui un damier en fer sous lequel est une plaque métallique.

Il prend un des cadres en fer, l'applique sur le damier et met en mouvement la machine qui agit comme un tamis.

L'ouvrier saisit pendant ce temps les plaquettes et les enlève.

Le damier est destiné à diriger les allumettes qui doivent, en vertu de leur poids, tomber de façon à ce que la partie qui contient le soufre et le phosphore soit en bas.

Trois cadres en fer remplis d'allumettes sont néessaires pour remplir ce quadrillé qui par conséquent renferme à peu près 16.500 allumettes.

Dans cette opération, l'ouvrier n'est pas en contact avec les allumettes. Il ne touche qu'à quelques-unes qui restent attachées aux plaquettes.

Les allumettes sont alors portées dans un atelier où on procède à l'emboitage mécanique.

Il nous reste maintenant à parler de la fabrication des allumettes tisons et de celle de la pâte phosphorée.

Les allumettes dites tisons ne se fabriquent pas à l'usine de Pantin, mais bien à celle d'Aubervilliers.

Le bois que l'on emploie vient de Russie et est coloré en bleu.

On en enduit le bout avec de la pâte au chlorate.

L'allumette tison est assez délicate à manier, en ce sens qu'elle prend assez facilement feu pendant que les ouvrières les rassemblent et les comptent au nombre de 40 pour en emplir une boite qui se vend 10 centimes.

Une allumette chimique ordinaire s'éteint soit en soufflant dessus, soit en projetant un peu de sciure de bois légèrement humide. L'allumette tison au contraire brûle jusqu'au bout et l'action du souffle ne sert qu'à en activer la combustion.

C'est dans la préparation de ces allumettes que les brûlures sont les plus fréquentes.

Dans la fabrication des allumettes, une des opérations les plus dangereuses est sans contredit la fabrication de la pâte chimique, il faut obtenir une pâte bien homogène et préserver en même temps les ouvriers des vapeurs phosphorées.

L'appareil suivant, destiné à fabriquer mécaniquement et en vase clos les pâtes chimiques pour allumettes, a été inventé par M. Germot, ingénieur, ancien directeur de la Compagnie des allumettes.

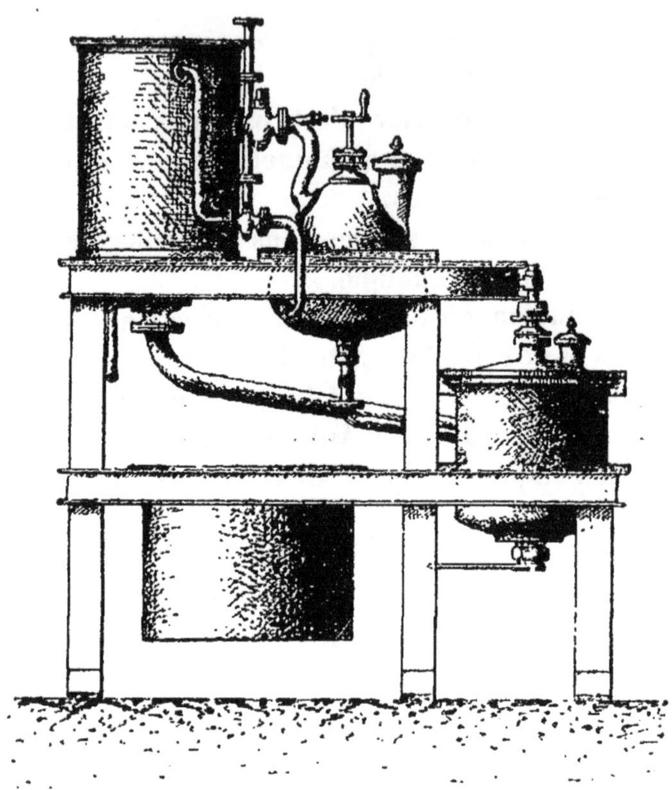

Cet appareil se compose :

1° D'un cylindre en tôle à double enveloppe, destiné à la colle, disposé pour un chauffage par vapeur à l'aide d'un serpentin. Ce cylindre est à couvercle mobile et, à l'intérieur, se trouve une tige mobile faisant mouvoir un agitateur.

2° D'une chaudière en cuivre rouge de forme ovoïde destinée à l'émulsion du phosphore, à double fond, pour chauffage par vapeur.

A l'intérieur de cette chaudière est un agitateur à lames, mû à la main par une soupape dont le siège est sur le fond intérieur de la chaudière.

3° D'une turbine en fonte avec couvercle à joint hydraulique portant presse-étoupe et trémie, pour l'introduction des matières. Cette turbine, destinée à la confection des pâtes, est munie à l'intérieur d'un malaxeur à palettes tournant à grande vitesse dans une chambre circulaire fermée par une toile métallique. Des ramasseurs situés au-dessous soulèvent la pâte qui tendrait à se déposer au fond de la turbine.

4° D'une bâche en tôle recevant les eaux de condensation et de vidange et formant bain-marie à l'usage de toutes les opérations accessoires de la fabrication.

Fonctionnement de l'appareil. — L'espace annulaire compris entre les enveloppes du cylindre étant rempli d'eau chauffée par le serpentin, l'ouvrier verse dans la colonne antérieure du dit cylindre la quantité de colle et d'eau nécessaire à la confection d'une pâte et agite la masse qui, au bout de quelques minutes, est devenue liquide.

Il ouvre le robinet et toute la partie supérieure de la colle fondue s'écoule dans la chaudière, où elle se maintient à la même température par le chauffage du double fond.

L'ouvrier introduit le phosphore par la trémie, dont le couvercle à joint hydraulique ferme hermétiquement, et tourne le volant de l'agitateur dont les lames divisent le phosphore, qui se dissout presqu'instantanément dans la solution de colle chaude sans qu'aucune vapeur sensible s'échappe au dehors.

Il ouvre ensuite le robinet placé au bas du cylindre qui envoie la seconde partie de colle fondue dans la turbine, soulève l'agitateur de la chaudière et ouvre le robinet qui permet à la solution de phosphore de se rendre également dans la turbine.

Le malaxeur de la turbine est mis en mouvement et l'ouvrier ajoute, par la trémie à fermeture herméti-que, les matières inertes et colorantes (oxyde de zinc, poudre de verre, fuchsine) qui s'ajoutent à la pâte phos-phorée.

Au bout de dix minutes de malaxage, la pâte est termi-née et le phosphore est également répandu dans toute la masse, à un état de division telle que, quelle que soit la partie de la masse examinée, elle en renferme toujours une même quantité proportionnelle à son volume.

L'ouvrier n'a plus qu'à manœuvrer le robinet de sor-tie, et la pâte s'écoule dans un chaudron placé au-dessous.

Pendant le malaxage, les matières nécessaires pour une pâte suivante ont été préparées et la fabrication se continue sans interruption.

Une fois dans la chaudière, la pâte est placée dans un coffre en bois qui s'abaisse pour que les vapeurs phos-phorées ne puissent se répandre dans l'atelier; ce chaudron vient s'adapter au-dessous d'une turbine dont les palettes agitent sans cesse la pâte pendant qu'elle se refroidit.

De la partie supérieure de cet appareil part un tuyau d'aération qui communique avec l'air extérieur et est destiné à porter au dehors les vapeurs phosphorées.

Il nous paraît d'autant plus intéressant de donner la statistique des cas de nécrose phosphorée observés dans la totalité des manufactures de l'État, en France, que jamais elle n'a été publiée.

Elle ne porte pas toutefois sur l'usine d'Aix en Pro-vence.

Le nombre des cas de nécrose observés dans la tota-lité des manufactures d'allumettes a été : 1° du 1er janvier

1886 au 31 décembre 1889, de 21 sur un personnel de 1660 ouvriers ; 2° du 1er janvier 1890 au 10 juin 1894, de 12 cas sur un personnel de 2030 ouvriers.

Le monopole de la fabrication des allumettes a été repris par l'Etat le 1er janvier 1890.

Il résulte de cette statistique que, bien qu'employant un nombre assez supérieur d'ouvriers, le nombre des cas de nécrose a très sensiblement diminué depuis la prise de possession de l'Etat.

Néanmoins, malgré les efforts tentés pour obtenir cette amélioration, la dîme prélevée par la maladie sur les ouvriers est encore trop forte, surtout si on la compare avec ce qui se passe à l'étranger, à Turin, en Allemagne, etc.

Les installations laissées par la Compagnie d'allumettes étaient dans des conditions d'hygiène déplorables. C'est triste à dire, mais les fonds manquent pour jeter par terre ces constructions malsaines et les remplacer par des ateliers vastes, bien aérés.

L'usine de Marseille, détruite par un incendie le 13 juillet 1893, fonctionne actuellement dans des locaux provisoires et se trouve dans la période de reconstruction.

La nouvelle installation va comporter les derniers perfectionnements : ateliers sans étages, avec charpentes métalliques, ventilation mécanique de chaque atelier avec une prise d'air devant chaque ouvrière et chaque machine, emploi des malaxeurs mécaniques pour les pâtes et de rouleaux trempeurs.

A Marseille, le grand moyen de préservation contre la nécrose est d'éloigner du phosphore tout organisme suspect. Les ateliers de confection de cartonnages pour les allumettes-bougies sont, à cet égard, d'un précieux secours pour le personnel féminin. Enfin, les trempeurs ne font que cinq heures de suite auprès des appareils de trempage.

Les conditions hygiéniques dans lesquelles se trouvent actuellement les ouvriers et les ouvrières laissent encore beaucoup à désirer.

L'Administration fait tous ses efforts, nous nous plaisons à le reconnaître, pour substituer les machines à la main dans toutes les phases de la fabrication des allumettes, mais, ainsi que nous le disions plus haut, l'Etat manque des fonds nécessaires pour remplacer par des locaux vastes et bien aérés quelques-uns de ceux, encore trop nombreux, qui sont dans de mauvaises conditions d'hygiène.

Les mœurs des ouvriers et ouvrières employés dans les fabriques d'allumettes sont assez dissolues, ce qu'on explique par l'effet que le phosphore produit sur les sens génésiques, mais la plaie de la profession est l'abus poussé à l'excès que les ouvriers font de l'alcool; c'est à un tel point que le lundi les ateliers sont presque déserts.

Il n'est pas étonnant que chez des individus qui se livrent à de tels excès alcooliques, l'organisme soit dans les meilleures dispositions pour l'apparition chez eux de cas de nécrose phosphorée.

Chez les ouvriers allemands et italiens, bien plus sobres, la nécrose est maintenant inconnue.

Tant que l'Administration ne prendra pas des mesures sévères pour renvoyer impitoyablement tout ouvrier qui ne viendra pas travailler le lundi, on ne parviendra pas à enrayer l'affection si terrible que l'on nomme la nécrose phosphorée.

Voyons maintenant un peu ce qui se passe à l'étranger.

A la fabrique d'allumettes chimiques de Scheinost, à Schüttenhofen, pour protéger les ouvriers, on a soigneusement supprimé toute communication des ateliers de *trempage* avec les autres compartiments. En hiver, l'air pur, chauffé dans des chambres de chauffe au ras du sol, est distribué dans tous les locaux par des canaux circulant sous le plancher. En été, d'autres canaux prennent l'air au faîte des bâtiments et le distribuent dans les ateliers. Des tuyaux d'aspiration conduisent, par dessous les ateliers, l'air vicié dans des poêles de fonte au ras du sol, où l'acide phosphoreux qu'il contient devient acide phosphorique, inoffensif. Cet air s'échappe ensuite par des cheminées de 15 mètres de haut.

Des précautions analogues ont été prises vis-à-vis des chambres de dessiccation. En hiver, l'air chaud y arrive par le milieu du local, s'élève, puis rendu plus lourd par le mélange avec la vapeur d'eau et l'acide phosphoreux, redescend le long des murs jusqu'au sol où il est, encore une fois, repris par des canaux d'aspiration qui le conduisent aux fourneaux où l'acide phosphoreux deviendra acide phosphorique. En été, la ventilation n'est produite que par l'atmosphère, mais l'aspiration dirige tout de même les gaz et vapeurs nuisibles vers les fourneaux qui restent allumés.

Des tuyaux fermés par une soupape et prolongés jusqu'au dessus du toit ont été ménagés pour éloigner rapidement la fumée, dans le cas d'une inflammation des allumettes au moment où on les sort du trempage.

La fabrique d'allumettes de B. Fürth, à Schütenhofen, a appliqué les mêmes principes.

CHAPITRE XX

EMPOISONNEMENT PAR L'ARSENIC

136. Arsenicisme. — L'empoisonnement aigu est très rare. Les effets de l'arsenic, d'après Brockmann (1), consistent dans une action irritante de la muqueuse olfactive, occasionnant des éternûments, des épistaxis, des engorgements des fosses nasales ou de la muqueuse de l'arrière-gorge, d'où résultent des affections angineuses.

A un premier degré on observe un gonflement de la face : à un degré plus élevé, l'érythème qui s'observe le plus habituellement dans la région inguinale, puis dans le creux de l'aisselle et autour des articulations du coude et du genou. Cette éruption dégénère facilement en ulcération.

L'accident le plus fréquent, le plus opiniâtre et le plus incommode, consiste dans un exanthème papuleux qui se manifeste tantôt à la face, tantôt à l'aisselle, tantôt aux flancs, tantôt aux articulations du genou et du coude, occasionne de vives démangeaisons et dure quelquefois une année entière, alors même que l'ouvrier a suspendu son travail.

Quant au traitement, les irritations de la peau et de la muqueuse cèdent promptement d'ordinaire aux topiques rafraîchissants et adoucissants. Quand l'affection est

(1) *Die metallurgischen Krankheiten des Oberharzes*, 1851 ; traduit par Beaugrand.

invétérée, on emploie le traitement général des empoisonnements arsenicaux.

Les docteurs Brockmann et Blum prescrivent comme moyen préventif l'usage de l'éponge au devant de la bouche, puis un régime gras, une propreté minutieuse, des bains, des lavages répétés. Enfin, en cas d'empoisonnement aigu, ils administrent *larga manu* l'oxyde de fer hydraté.

L'arsenicisme peut se produire tant dans les usines où se fabrique l'acide arsenieux, qui dégage des fumées abondantes, que chez les ouvriers qui préparent des papiers peints avec les deux arsenites de cuivre, le vert de Scheele ou arsenite de deutoxyde de cuivre, et le vert de Schweinfurt ou arsenite de cuivre.

Ce dernier est le seul qui, d'après MM. les docteurs L. Duchesne et Ed. Michel, qui ont fait un travail sur ce sujet (1), soit encore en usage dans quelques fabriques, bien que son emploi tende de plus en plus à disparaître ; mais disons tout de suite qu'il donne une couleur verte brillante, qui ne peut être remplacée complètement dans la fabrication des abats-jour, des cartonnages, etc. Son emploi est souvent, dans ces industries, la cause de sérieux dangers, mais depuis quelques années de nombreux essais ont été faits pour remplacer ces deux produits. C'est ainsi que pendant longtemps les fabricants français ont reçu d'Allemagne un vert, dit sans arsenic, qui se fabriquait près de Stuttgard ; il a été remplacé quelque temps après par un vert fabriqué par M. Millory, destiné à affranchir notre industrie nationale du tribut que nous avions jusque-là payé à l'Allemagne.

Cette couleur, dont la composition n'est pas connue, paraît être formée de chromate de plomb, de bleu de

(1) *Revue d'hygiène*, 1882, p. 398.

Prusse et d'alumine. Sans être inoffensif, il est certainement moins toxique et moins nuisible que le vert de Schweinfurt, mais il ne le remplace que très incomplètement.

Le satinage des papiers verts arsenicaux est, de toutes les opérations, celle qui expose le plus les ouvriers. La brosse dure, qui doit rendre le papier brillant, détache une grande quantité de particules fines facilement absorbées par l'ouvrier, aussi dans les fabriques a-t-on pris le parti de diviser le travail. Un ouvrier qui satinait autrefois plus de deux cents rouleaux, n'en fait plus que dix par jour. En général, cette mesure suffit pour rendre très rares les accidents.

Le saupoudrage de drap fin imprégné de matière colorante est dangereux pour les ouvriers. Les accidents sont également à craindre dans la préparation des herbes artificielles vertes, des toiles colorées en vert, du feuillage, chez les peintres en décors, chez les corroyeurs qui se servent d'orpiment pour teindre des cuirs en jaune et chez les empailleurs qui emploient le savon arsenical.

CHAPITRE XXI

EMPOISONNEMENT PAR LE SULFURE DE CARBONE

137. Caoutchouc soufflé. — C'est surtout chez les ouvriers employés à l'industrie du caoutchouc soufflé que se rencontrent les accidents d'intoxication par le sulfure de carbone.

Les fabriques de caoutchouc soufflé sont celles dans lesquelles, par une forte insufflation faite au moyen d'un soufflet ou de machines spéciales, on distend, pour des usages divers, des vessies de caoutchouc préalablement attaquées par mélange vulcanisant. Parmi les produits de cette industrie on peut citer les ballons colorés qui servent de jouets aux enfants et sont donnés par les grands magasins. On peut citer aussi les préservatifs, dont le nom seul indique l'usage.

Tout le caoutchouc employé était autrefois fourni par le célèbre industriel anglais Macinstoch. Depuis 1872, il s'est également monté à Manchester deux autres usines, dont celle de M. Moseley.

On fabrique avec le caoutchouc treize numéros différents. Les six premiers sont employés par les fabricants d'instruments de chirurgie, et les autres par les fabricants de préservatifs et de ballons.

Une fois reçue, la feuille de caoutchouc est passée sur un poêle ou dans une étuve, et on la saupoudre de talc pour l'empêcher de coller. Quand elle est suffisamment échauffée, de manière à être moite, on la plie en deux avec la pointe d'un couteau ou des ciseaux, en autant de compartiments qu'on peut faire de préservatifs dans la feuille.

La feuille de caoutchouc a généralement 1 m. 80 sur 45 à 50 centimètres. On la coupe en bande de 7 centimètres environ. On divise ensuite cette bandes dans sa longueur en morceaux de 2 centimètres 1/2. Il faut que la bordure soit franchement coupée. On arrondit le bout et avec un marteau on soude les parois sur un instrument pointu qu'on appelle une bicorne et qu'on a remplacée depuis quelque temps par une machine à battre qui est absolument la machine à coudre, sauf que l'aiguille est remplacée par un petit marteau.

A un demi centimètre environ du côté resté ouvert, on met une petite lanière qu'on soude en frappant : cela constitue la bordure du préservatif.

On les fait maintenir en repliant l'extrémité du tube, et en formant une petite bordure, que l'on frappe avec le marteau pour que cela ne puisse pas se dérouler et que cela fasse bien corps ensemble. On enfonce ensuite dans chaque dent d'une fourchette en fil de fer un préservatif, et on plonge le tout dans un bain contenant :

Sulfure de carbone	98	parties
Perchlorure de soufre . .	2	—

Le bain doit durer une minute et demie ; on retire ces préservatifs, on les remplit de talc, on les roule dedans, et afin que l'évaporation se produise, on les étale sur une planche de 2 à 45 minutes suivant la température.

On les met ensuite successivement au bout d'un soufflet attaché sur une planche et le caoutchouc se dilate. Une fois gonflés, on entoure le bout des préservatifs avec un fil de caoutchouc, on les laisse sécher pendant 24 ou 48 heures suivant la température ; on détache le fil de caoutchouc, on les dégonfle, on les retourne pour que l'ouvrière enlève avec un chiffon le talc qui se trouve à l'intérieur, puis on les remet à l'endroit, on les empaquette par douzaine et on les livre au commerce.

Il en est qu'on met sur un bâton semblable au bâton à ouvrir les gants et l'ouvrière d'un seul coup, grâce à l'habileté qu'elle en a, le tourne en forme d'anneau.

Quand on veut leur donner la coloration rouge, on n'a qu'à ajouter un peu d'orcanette dans le bain.

Les ballons sont uniquement trempés dans le mélange vulcanisant, soufflés, sans être noués et jetés à sécher sur des toiles. L'insufflation primitive, au moyen d'un appareil contenant de l'hydrogène à une pression convenable, se fait au moment de la vente sur les points où ils sont expédiés.

Du bassin qui contient le mélange vulcanisant s'échappent des vapeurs de sulfure de carbone qui envahissent les ateliers et agissent constamment sur les ouvriers. La proportion devient plus abondante lorsque, ce qui arrive assez souvent encore, une pièce éclate sous l'action du soufflet.

Le Dr Delpech, qui a fait un excellent travail sur le sujet, passe ensuite en revue les accidents produits par le sulfure de carbone.

Première période. Excitation. — Ces phénomènes se produisent tantôt très lentement, tantôt avec une extrême rapidité ; une céphalalgie habituelle plus ou moins intense caractérise généralement le début des accidents. Elle occasionne souvent de très vives douleurs avec exacerbation le soir. Eblouissements, vertiges, souffrances plus ou moins vives dans les membres, les articulations,

Fourmillements, démangeaisons surtout au scrotum, fonctions intellectuelles modifiées. Altération du goût, tintement d'oreilles. Stimulation des fonctions digestives. Toux plus ou moins vive. L'urine prend à un degré prononcé l'odeur du sulfure. Elle acquiert des propriétés irritantes et la mixtion détermine un sentiment de cuisson assez vif. Stimulation des fonctions génératrices. Exagération des règles chez la femme, au point de devenir de véritables pertes.

Deuxième période. Collapsus. — L'exaltation des facultés intellectuelles fait place à un abattement profond. Les malades sont tristes, découragés, livrés à une indifférence absolue ; ils sont, disent-ils, hébétés. Ils se sentent tomber dans l'abrutissement.

Pendant le jour, ils sont plongés dans la somnolence et la nuit ont des rêves tristes et désolants. Leur mémoire s'amoindrit. La céphalalgie se maintient souvent aussi bien que les éblouissements et les vertiges. La sensibilité de la peau est souvent amoindrie. Les troubles de la vue se prononcent. Un brouillard plus ou moins épais voile les objets et enlève aux images perçues leur netteté.

Il y a souvent de la surdité. Les ouvriers sont frappés d'impuissance. Altération de la motilité. Troubles de la digestion et de la respiration.

Terminaison. — La guérison se produit assez fréquemment d'une manière plus ou moins complète chez des individus même assez gravement atteints.

Traitement. — Le phosphore, employé à l'intérieur, a paru exercer dans la curation des accidents arrivés à la période de dépression une favorable influence.

CHAPITRE XXII

ANIMAUX ET MATIÈRES ANIMALES

138. Dangers professionnels. — Les professions où l'on s'occupe des animaux et des matières animales sont : les criniers, les mégissiers, les tanneurs, les apprêteurs de peau, les trieurs de laine, les chapeliers, les bouchers, les équarisseurs, les vétérinaires, les cochers, etc.

Nous étudierons quelques-unes de ces professions. Parlons d'abord des criniers.

Cette profession a fait l'objet d'un mémoire de MM. les Drs L. Duchesne et Ed. Michel sur le crin non frisé.

Celui-ci se divise en crin animal et en crin végétal.

Nous ne parlerons ici que du crin animal :

Crin animal. — Le commerce de Paris tire des crins de la Russie, de l'Amérique et de la France.

Les meilleurs que fournit notre pays sont ceux de Picardie, du Soissonnais et de la Champagne. Ceux du Midi sont considérés comme de basse qualité. Du reste, en thèse générale, plus la température d'un pays est basse plus le crin y est bon.

La récolte du crin de cheval et de bœuf se fait à la Plata, au moment de la tonte, sur des chevaux vivants qui sont pris au lasso et dépouillés de leur queue et de leur crinière au moyen de ciseaux ou forces.

Les dangers que présente la préparation du crin animal au point de vue de la santé des ouvriers, ont singulièrement diminué depuis que, grâce à l'emploi d'outils et de machines autrefois inconnus, cette industrie a réalisé de sérieux progrès au point de vue de sa fabrication.

Il est une partie toutefois pour laquelle le travail manuel a dû être conservé et qui étant en quelque sorte le résultat d'un tour de main n'a pu être remplacé par la mécanique, nous voulons parler du *filage*.

Triage. — La première opération, dite *triage*, est celle qui, au point de vue de la santé, présente le plus d'inconvénients.

Ce travail, qui consiste à trier à la main les qualités et les couleurs, n'exige pas un développement de force corporelle puisqu'il est confié à des femmes qui le pratiquent assises devant une claie ; mais comme le crin est souvent adhérent au cuir de la queue, surtout le crin de bœuf dit *avec quards*, les ouvrières sont obligées de se servir d'assez forts ciseaux, ce qui leur occasionne des durillons qu'on observe chez elles à la main droite, aux première et deuxième phalanges de l'annulaire, à la première phalange du petit doigt et au niveau de l'union du carpe et du métacarpe.

En outre, il se dégage du crin brut une poussière terreuse fine dont elles sont couvertes, et une odeur spéciale que certaines femmes d'un tempérament faible et délicat ne peuvent supporter longtemps, à cause de la toux qu'elle provoque.

Au contraire, les ouvrières fortes et bien portantes peuvent impunément rester huit heures par jour dans ce nuage de poussières.

En général, elles sont peu sobres et boivent chaque jour plusieurs petits verres d'eau-de-vie.

Le danger le plus grand dans le maniement des crins

comme dans celui de la laine en suint et des peaux fraîches, est la pustule maligne.

M. le Dr Leroy des Barres, de Saint-Denis, a eu maintes fois depuis onze ans l'occasion de donner des soins à des malades atteints de cette affection. Il a constaté que la maladie avait son siège à la face, au cou, aux mains, plus rarement à l'avant-bras et exceptionnellement aux membres inférieurs.

La maladie débute par une petite tumeur entourée d'une aréole vésiculeuse avec tuméfaction considérable et fièvre intense.

Il se produit alors une mortification des tissus telle que si au centre de la partie malade on introduit une aiguille, le malade ne perçoit aucune sensation douloureuse. Ce signe est pathognomique de la pustule maligne. On cautérise avec le nitrate acide de mercure ou un autre caustique énergique ; on renouvelle cette cautérisation s'il est nécessaire. Il se forme une escarre, qui se détache au bout d'une quinzaine de jours.

C'est à tort que quelques auteurs ont parlé du charbon comme d'une affection se rencontrant chez les criniers. Nous n'en avons pas trouvé d'observation authentique.

Trousseau prétend que les criniers peuvent aussi contracter la morve : voici ce qu'il dit à ce sujet (*Gazette des hôpitaux*, n° 138, 10 nov. 1860).

« En 1845, une femme entre dans mon service à l'hôpital Necker, avec tous les symptômes de la morve; elle meurt.

Voici comment cette malheureuse avait contracté cette affection. Elle avait pour occupation habituelle de trier des crins arrivant de Buenos-Ayres ; jamais elle n'avait soigné de chevaux, ni eu des rapports avec des personnes exposées à une contamination de cette nature. Certes, si en quelque cas on pouvait croire au développement spontané d'un germe infectieux, c'était bien ici ; et cependant, quelque extraordinaire qu'elle fût, la cause de la contagion nous parut évidente. Le germe de la morve était dans les crins de l'Amérique du Sud. L'exemple n'est pas unique d'ailleurs, et on sait que la morve atteint aussi souvent les ouvriers en crins, que la pustule maligne les ouvriers en laine.

L'autopsie ayant démontré à ce savant médecin que les symptômes qu'il avait observés appartenaient à cette maladie, Trousseau pria alors M. Leblanc, vétérinaire, de vouloir bien inoculer sur un cheval : 1° du pus pris dans les tumeurs sous-cutanées ; 2° du pus pris dans les pustules du visage.

Le 14 juin 1846, six piqûres furent faites sur un cheval entier de 8 à 9 ans, atteint d'une ankylose scapulo-humérale : 1° autour des lèvres et du naseau ; 2° au périnée. Enfin on plaça un morceau de peau gangrénée sur la conjonctive de l'œil droit et sur la membrane muqueuse des narines.

L'animal succomba dans la nuit du 19 au 20 juin, après avoir éprouvé tous les symptômes de la morve aiguë, et l'autopsie démontra bien évidemment la nature de la maladie.

Néanmoins cette observation, absolument unique dans son genre, laisse un doute dans notre esprit : pour nous, la morve était due aux crins des abattoirs que cette femme travaillait, ainsi que l'a démontré l'enquête, et non au crin de Buenos-Ayres qui n'a jamais amené pareil accident.

Dans le rapport général des travaux du Conseil d'hygiène publique et de salubrité du département de la Seine de 1860, il est dit que l'on devrait proscrire l'usage des peaux, cornes, crins des animaux atteints du charbon.

La provenance d'origine, et aussi le traitement par lequel le crin a été ramassé, sont pour beaucoup dans la cause de la pustule maligne.

Ainsi cette affection est très rare lorsqu'on manie les crins de cheval ou de bœuf de l'Amérique du Sud, tandis qu'elle est très fréquente et d'un caractère redoutable lorsqu'on a affaire aux crins d'Allemagne et de Russie. Ces derniers sont imprégnés d'une odeur très caractérisée qui rappelle celle du cuir de Russie et qui persiste malgré le nettoyage complet de la matière.

Leur bon marché relatif les fait en ce moment employer de préférence en Belgique et en Angleterre. Il serait intéressant de savoir si les cas de pustule maligne y sont fréquents.

M. Loyer fils, qui dirige à Saint-Denis la plus importante maison de crins qui existe, nous a raconté à ce sujet qu'il y a vingt-deux ans, ayant reçu de Nidji-Novgorod un échantillon de 100 kilogrammes de crin, douze femmes furent occupées à le trier : deux eurent la pustule maligne et moururent.

Les crins provenant de Russie sont généralement sales : à leur racine on trouve des fragments de peau qui y adhèrent, enfin ils sont chargés de graisse et de suint en plus grande quantité que ceux des autres pays. Il sont aussi plus laineux et plus fins; cela tient à la différence du climat qui est rigoureux en Russie, tandis qu'il est modéré et plutôt chaud et sec dans l'Amérique du Sud où les chevaux sont élevés en liberté dans les herbages de la campagne.

En Russie, les animaux sont ordinairement soumis à l'état de domesticité et renfermés à l'écurie.

Avec les crins de France, la pustule maligne est très peu à redouter, parce qu'en général les tanneurs lavent de suite leurs crins de cheval et de bœuf.

Filage. — Le filage est une opération très fatigante et qui demande une certaine force à cause de la torsion qui se fait dans la main par la rotation du crochet. L'ouvrier est obligé d'employer des manicles et des doigtiers en cuir disposés suivant la forme et le passage de la natte de crin.

La main droite fait cette natte aussi droite et aussi étirée que possible, la main gauche lui donne le tour de main et la pression nécessaires pour la transformer en une espèce de toron.

Au bout de dix mètres environ, ce toron est ramené sur lui-même comme un ressort à boudin par une rotation plus rapide, et alors l'ouvrier fileur, en pliant le cordon par le milieu, attache les deux bouts ensemble.

Ce travail produit, dans la main gauche principalement, des durillons assez forts et une certaine usure de l'extrémité des trois doigts médians où passe la natte de crin.

On y remédie par l'emploi de manicles et de doigtiers en cuir ou en métal appliqués de telle façon qu'ils cachent le plus possible la peau et la préservent du frottement de la matière.

Quant à la force développée par la pression et la position des deux bras étendus soutenant la charge du toron, c'est une affaire d'habitude, ainsi que la manière de porter le panier qui est soutenu par une courroie au niveau de la région lombaire, sans produire de bourse séreuse accidentelle.

Lorsque le crin est ainsi filé et mis en cordons, on en opère le dégraissage par l'eau chaude (qui a aussi pour but de fixer la torsion), puis on le fait sécher soit à l'air, soit à l'étuve.

En sortant du bain d'eau chaude, le crin bouilli répand une odeur de matière animale cuite assez forte ; elle se manifeste davantage dans le crin blanc et blond que dans le crin noir, qui est mélangé de soie teinte et lavée, ce qui lui enlève son odeur. La teinture de la soie de porc dégage une odeur du même genre et on est obligé de vider les bains au bout de deux ou trois opérations.

En résumé, bien que la préparation du crin animal soit rangée dans la troisième classe des établissements insalubres, on peut dire que si l'on emploie des procédés convenables, elle n'est pas contraire à la santé des ouvriers.

Autrefois la soie de porc, qui a toujours occupé une grande place dans la filature du crin, se travaillait par la voie humide ou fermentation.

Cette opération, ayant pour but de dissoudre les peaux adhérentes aux poils, dégageait une grande quantité de vapeurs ammoniacales et répandait dans l'air des vapeurs chaudes, d'une odeur piquante et désagréable.

C'est ce procédé que recommandait le Dr Ibrelisle dans un mémoire paru dans les *Annales d'hygiène*, en 1845 (t. 33, p. 339).

Ce médecin fait observer que la matière, imprégnée de secrétions cutanées et de sang, salie par les matières fécales qui s'échappent au moment de l'abatage ou de la mort naturelle, a donné une poussière de débris animaux fermentés, altérés, qui serait certainement un poison si on la respirait en grande quantité.

Il ne serait donc pas nécessaire, pour expliquer cette qualité vénéneuse, de supposer que les animaux sont morts de maladies contagieuses.

139. Mégissiers. — Tanneurs. — Corroyeurs. — Ouvriers peaussiers. — Après avoir séjourné pendant trois jours dans un bain d'eau pure, la peau est mise dans un bain de chaux et d'orpiment (sulfure d'arsenic) pendant un temps qui varie, selon la qualité, entre douze et trente jours. L'opération est terminée lorsque le poil tombe facilement et qu'elle *décrasse* bien, c'est-à-dire que toutes ses impuretés se détachent facilement.

On a accusé l'orpiment de produire chez les ouvriers les phénomènes suivants : âcreté, chaleur à la gorge, coliques, nausées, épistaxis, accès de toux fort pénibles et ulcérations douloureuses de la peau ; mais il nous semble qu'on a raisonné plutôt par analogie avec les professions dans lesquelles on fait usage de sels arsenicaux.

Nous n'avons, en effet, rien noté de semblable dans les mégisseries que nous avons visitées.

Vernois dit qu'il se développe au bout des doigts de larges ecchymoses bleuâtres (choléra des doigts), que d'autres fois il se fait un petit trou fistuleux au bout du doigt par où la solution de chaux pénètre et y détermine de vives douleurs (c'est le *rossignol* des ouvriers).

Il se produit là des phénomènes analogues à ceux que nous avons observés chez les nacriers et qui constituent la gale d'eau, qu'on prévient dans les deux professions en enduisant la matrice de l'ongle avec du goudron.

Les mégissiers, pour éviter ces accidents, portent, dans quelques ateliers, des doigtiers en caoutchouc, mais le plus souvent, par insouciance, ils négligent de s'en servir.

Dans les ateliers où on emploie le sulfate de calcium pour faire dépoiler, les ouvriers portent quelquefois des gants.

Après plusieurs autres opérations, bains d'eau claire, dépoilage, rognage, foulage à la main ou dans le *turbulent*, qui n'occasionnent aucun accident, on place les peaux dans un bain d'eau de chaux pendant vingt-quatre heures, puis on les décrasse sur des chevalets avec des couteaux de fleur (la fleur est le côté du poil).

Les ouvriers sont penchés toute la journée sur leur chevalet et occupés à décrasser la peau avec le couteau dont nous venons de parler. La pièce dans laquelle ils travaillent est extrêmement humide et il y règne une odeur infecte à laquelle ils s'habituent facilement et qui ne les incommode pas. Ils portent généralement des sabots, afin de ne pas avoir les pieds mouillés.

Néanmoins les affections rhumatismales ne sont pas rares chez ces ouvriers.

La pression du corps contre le chevalet provoque souvent chez eux des hygromas des genoux et des durillons sur le ventre.

Les efforts qu'ils font amènent fréquemment des hernies et le maniement du couteau des coupures, le plus souvent insignifiantes.

Toutes les opérations que nous venons de passer rapidement en revue sont faites par des ouvriers nommés *ouvriers de rivière*.

La peau, après diverses autres opérations, est livrée aux *palissonneurs*.

Ces ouvriers, dont la profession est très pénible, très fatigante et exige une grande habileté, étendent avec force la peau bien sèche et bien blanche sur un *palisson*, instrument en fer ayant la forme d'un cercle plein et résistant monté sur un pied perpendiculaire au sol.

Il y a deux espèces de palissons, l'une est mousse sur les bords et l'autre tranchante sur le bord supérieur.

La première sert à étirer la peau et à lui donner de la souplesse en l'allongeant dans tous les sens, l'autre sert à enlever tout ce qui peut rester encore de surajouté à la peau et surtout à égaliser son épaisseur. Le palisson tranchant est quelquefois très effilé.

Les ouvriers employés à ce travail spécial sont facilement reconnaissables ; ils portent un pantalon qui du côté droit ne dépasse pas le genou. C'est en effet avec le genou droit qu'ils tirent la peau, fortement tendue avec les deux mains et appliquée par sa face interne sur l'arête supérieure du palisson.

Divers accidents ou déformations sont la conséquence de cette manœuvre. En premier lieu, on observe, chez les ouvriers qui palissonnent les peaux, des durillons siégeant principalement à la face palmaire des mains, sur l'extrémité inférieure de l'éminence hypothénar et se continuant obliquement, vers la partie moyenne de l'éminence thénar : en second lieu, une usure des ongles du pouce, de l'indicateur et du médius de chaque main.

La station debout, qu'exige leur travail, amène chez eux des varices aux membres inférieurs.

La forte pression du genou sur la peau pour la tendre détermine chez les palissonneurs la formation d'une bourse séreuse à la partie externe et à la partie interne du genou droit ; et en cette région la peau est toute crevassée.

Mais il est un accident bien plus grave que tous ceux que nous venons de signaler et qui heureusement est assez rare, quoique le hasard nous en ait fait rencontrer deux cas dans le même atelier. Voici en quoi il consiste : quand la peau a une *écouture*, c'est-à-dire quand le boucher ou le dépouilleur a fait une entaille qui a diminué son épaisseur, celle-ci cède brusquement et l'ouvrier qui met une très grande force à la tension, s'il se place mal, se précipite sur le palisson, et il en résulte une plaie plus ou moins considérable du ventre ; c'est ce que l'ouvrier appelle *se crever la toile*. Pour éviter cet accident, on a conseillé aux ouvriers de porter une plaque en cuir bouilli au devant de l'abdomen, mais ils sont négligents et jamais n'emploient ce moyen qui, disent-ils, serait gênant pour eux.

Nous venons de parler surtout de la mégisserie du veau et de la chevrette.

Quand les peaux ont été *passées au blanc*, c'est-à-dire battues dans une grande boite carrée qu'on appelle le *turbulent*, avec un mélange de farine, d'œufs, de sel et d'alun, on les fait sécher ; s'il s'agit de veau mégis et de chevrette, on leur fait ensuite subir l'opération du *meulage*.

Elle consiste à appliquer les peaux sur une table en fonte mue par la vapeur, faisant 5 à 600 tours à la minute et sur laquelle on a préalablement collé du papier émeri que l'on renouvelle tous les huit jours.

Cette opération, généralement pratiquée par des femmes, produit un duvet neigeux, d'une abondance telle que les ouvrières sont obligées de laisser, été comme hiver, les fenêtres constamment ouvertes.

Le Conseil de salubrité devrait exiger qu'un ventilateur puissant, placé à côté des roues, aspire la plus grande partie de cette poussière et qu'ainsi les ouvrières puissent travailler dans des pièces closes.

140. Chapeliers. — Le premier travail de la chapellerie, dit le docteur Bastié dans un article fort bien étudié, est fait par des femmes ; avec une brosse trempée dans une solution de mercure dans l'acide sulfurique et étendue d'eau, elles imbibent de ce liquide les poils des peaux de lapin et de lièvre et les râclent ensuite avec un couteau pour achever de les détacher.

Cette préparation mercurielle que les femmes respirent, a évidemment une action fâcheuse sur leur santé ; elles ont ordinairement le teint pâle, leurs dents sont noircies et ébranlées de bonne heure par l'effet du mercure. Le poil, une fois détaché, est porté à une mécanique mue par l'eau qui fait le second travail ou le battissage; ce travail était fait autrefois par les ouvriers eux-mêmes, au moyen d'un arçon. Les formes à peine dégrossies sont alors soumises au foulage. Des ouvriers demi-nus, placés autour d'une grande cuve remplie d'eau bouillante, aiguisée par l'acide sulfurique, et dans laquelle on fait dissoudre encore de la mine de plomb, opèrent le feutrage en pressant et en malaxant dans l'eau les formes dont le poil se resserre, se condense peu à peu, et finit par former un tissu solide.

Cette opération, qui était interrompue autrefois lorsque le battissage était fait avec l'arçon, occupe constamment les ouvriers chapeliers, et devient excessivement pénible.

Outre les émanations mercurielles que dégage le feutre pendant le foulage et qu'ils respirent, les ouvriers ont encore l'inconvénient d'une chaleur excessive, qui provoque une sueur continuelle, allume la soif et les met dans la nécessité de boire une grande quantité de liquides.

Malheureusement, c'est le vin et les boissons alcooliques, le bitter, l'absinthe, le cognac, surtout les eaux-de-vie de mauvaise qualité, les eaux-de-vie de pommes de terre, de grains avariés, livrées à bon marché par les débitants et dont l'action toxique est remarquable, qu'ils recherchent alors de préférence, et l'effet produit par ces boissons sur leur santé, dans l'état d'excitation où ils se trouvent, est désastreux. Si on réfléchit que les ouvriers qui se livrent à ce travail épuisant, étant ordinairement à leurs pièces, sont poussés à travailler le plus possible et à abuser de leurs forces, on ne sera pas étonné qu'ils deviennent aptes à contracter des maladies.

Outre le tremblement mercuriel dont un bon nombre sont atteints, l'abus du vin et de l'alcool joint à un travail énervant amène très souvent la phtisie. Les ouvriers chapeliers des deux sexes sont, en effet, décimés par cette cruelle affection, mais les excès de travail et de boissons y contribuent pour une large part. La cirrhose a été aussi notée chez eux.

Il y aurait évidemment plusieurs moyens pour neutraliser les effets fâcheux de cette profession ; il serait facile de remplacer par une poudre, ou par une solution épilatoire inoffensive, le mercure dont les femmes se servent pour enlever le poil (éplucbage), enfin on pourrait pratiquer le *foulage*, opération la plus pénible de toutes, au moyen de la mécanique, ce qui se fait maintenant dans plusieurs fabriques.

Les feutriers, les soyeux, sont exposés à la phtisie.

Quand le chapeau est sur la forme ou sur la potence, l'ouvrier saisit de la main droite un fer très chaud pesant environ 6 kilogrammes et il doit le passer très délicatement sur la peluche, de manière à ne pas l'écraser et à ne pas brûler le tissu.

Pendant cette opération, le bras droit supporte ce poids énorme et cela pendant dix à quinze minutes environ, en le posant un peu pendant ce temps.

L'atmosphère des ateliers est assez élevée et, bien que parfaitement ventilé, l'atelier est très chaud, les fourneaux sur lesquels passent les fers devant toujours être chauffés au rouge. Les feutriers ne sont pas toujours sobres.

Maladies transmissibles des animaux à l'homme.

Les maladies transmissibles des animaux à l'homme sont très nombreuses et ont fait l'objet d'un excellent travail de M. Nocard, le distingué professeur de l'école vétérinaire d'Alfort et de M. Leclainche.

C'est ce travail que nous allons analyser.

141. Rage. — En première ligne il faut mettre la *rage*, maladie virulente, inoculable, due à un agent spécifique localisé presque exclusivement dans le système nerveux et caractérisé par des troubles d'origine cérébrale et médullaire. Le chien est, de tous les animaux, celui qui en est le plus fréquemment atteint. On l'a constatée aussi chez le chat, le loup, le renard, le blaireau, l'hyène, le chacal, le porc, le lapin, les oiseaux, etc. Les symptômes observés chez l'homme sont les suivants :

On distingue deux périodes. Dans la *première*, dite *d'incubation*, les plaies se ferment ordinairement; la santé du blessé ne paraît nullement dérangée ; cette période est généralement de trente à quarante jours. C'est pendant ce temps que se développent sur les côtés du frein de la langue les pustules ou lysses signalées par Marochetti.

Dans la *deuxième* période, la partie mordue devient douloureuse, se rouvre, laisse suinter une sérosité rousseâtre ; il survient de l'inquiétude, de l'anxiété, des spasmes, de la gêne dans la respiration, le malade éprouve un frémissement, qui de la plaie s'étend à tout le corps, et semble se terminer à la gorge ; il est dévoré par une chaleur intense et quelquefois par une soif extrême, mais il n'ose point boire et l'aspect de l'eau et des corps polis et brillants l'irrite et augmente les accidents ; la déglutition est impossible. Au bout de quatre ou cinq jours, ces symptômes augmentent, de violentes convulsions se déclarent dans toutes les parties du corps et donnent un aspect hideux à la face ; les yeux sont rouges et saillants ; la langue pend hors de la bouche, une salive visqueuse s'écoule au dehors; dans quelques cas même il se développe des envies de mordre, le pouls devient inégal et intermittent, une sueur froide se répand sur le corps, et la mort arrive au milieu des angoisses (Triquet). La forme paralytique est fréquente chez les animaux.

Il est absolument impossible d'affirmer à simple vue la non existence de la rage chez le chien; toutes les fois qu'un animal est soupçonné, il est indispensable, surtout quand une personne a été mordue, de séquestrer l'animal et de l'observer avec soin pendant quarante-huit heures au minimum.

Chez les animaux et chez l'homme, la rage est toujours transmise par inoculation, le plus souvent par morsures, quelquefois par imprégnation d'une surface absorbante par la matière virulente.

C'est en général du quinzième au soixantième jour que la rage apparaît chez toutes les grandes espèces domestiques et le maximum est porté à dix ou douze mois.

Toutes les mesures sanitaires doivent être basées sur ces deux faits essentiels : 1° la rage procède exclusivement de la contagion ; 2° elle n'est transmissible que par inoculation (morsure ou pénétration par des surfaces absorbantes).

La statistique du département de la Seine est particulièrement intéressante :

En 1883	182	chiens enragés.
1884	301	—
1885	518	—
1886	604	—
1887	644	—
1888	863	—

La loi de 1881 prescrit en première ligne la déclaration à l'autorité de tous les cas de rage animale constatés ou soupçonnés, cette mesure permettant la recherche et l'abatage immédiat de tous les animaux qui *ont pu être mordus*. Mais les propriétaires des animaux éludent cette loi et laissent se créer ainsi des centres de contagion.

On exige que les chiens soient muselés et que les chiens errants soient abattus ; alors l'émotion s'empare du public, la presse s'en mêle, s'apitoie sur le sort de ces pauvres bêtes, alors que c'est sur ceux qui sont mordus que leur pitié devrait s'exercer.

Le congrès de Vienne, en 1865, préconisait un impôt suffisamment élevé sur les chiens comme l'un des meilleurs modes de prévention de la rage.

L'Académie de médecine, en 1888, et le Conseil d'hygiène publique et de salubrité du département de la Seine, en 1890, demandaient qu'une taxe fut perçue sur les chiens, et qu'afin de constater l'acquit de l'impôt, chaque chien fût porteur d'une médaille dont la forme varierait chaque année, en même temps qu'un numéro d'ordre permettrait de retrouver le propriétaire et d'exercer contre lui des poursuites et des recours. Cette taxe existe, mais elle serait à augmenter (1).

(1) Nous ne parlons pas du traitement. Tout le monde sait qu'il faut envoyer immédiatement à l'Institut Pasteur les individus mordus.

142. Morve. — Après la rage vient la *morve*, maladie contagieuse, inoculable, due à la pullulation dans l'organisme d'un bacille spécifique, et caractérisée anatomiquement par la production de tubercules dans les parenchymes et d'ulcérations sur la peau et les muqueuses.

Observée presqu'exclusivement dans les conditions ordinaires, sur le cheval, l'âne et le mulet, la morve peut être transmise, accidentellement ou expérimentalement, à l'homme et à la plupart des animaux domestiques.

La morve peut se transmettre du cheval à l'homme et de l'homme à l'homme (Roger, Tardieu). Cette transmission s'opère le plus souvent par voie d'infection générale ; mais elle peut être aussi le résultat d'une véritable inoculation. Après une période d'incubation qui varie de quatre à huit jours, il survient dans la plaie de la chaleur, de la douleur avec gonflement ; en même temps des traînées rouges, des cordons noueux apparaissent (angioleucite) et une inflammation diffuse du tissu cellulaire sous-cutané. Les symptômes généraux ne tardent pas à se montrer : fièvre, écoulement par les narines, abcès soudains, pustules, plaques érysipélateuses, gangreneuses, sur toute la surface du corps. Les malades succombent dans un bref délai.

143. Charbon ou fièvre charbonneuse. — C'est une maladie virulente, contagieuse, commune aux principales espèces domestiques et à l'homme, et due à la présence dans l'organisme de la *bactéridie* de Davaine.

Le charbon bactéridien peut être observé chez tous les animaux domestiques et chez l'homme. En thèse générale, les herbivores sont, de tous les animaux, les plus exposés, les carnivores viennent ensuite et enfin les carnassiers et les oiseaux.

Comme mesures sanitaires, l'incinération des animaux, si elle était d'une pratique facile, constituerait le meilleur moyen de préserver de la contagion, mais l'enfouissement devrait être pratiqué obligatoirement dans des endroits déterminés, dans des *cimetières d'animaux*, entourés par des murs assez profondément assis pour que les eaux des pluies ne puissent entraîner les germes dans les champs voisins.

M. Pasteur a fait une admirable découverte, il est parvenu à atténuer la virulence de la bactéridie charbonneuse ; l'inoculation de cette bactéridie atténuée rend les animaux inoculés réfractaires à l'action de la bactéridie virulente.

Ainsi il résulte des statistiques que la mortalité qui, avant la vaccination, était de 8 à 10 0/0 pour les moutons, de 5 0/0 pour les vaches, est tombée à moins de 1 0/0 pour les moutons et 1/2 0/0 pour les vaches. On comprend sans peine les bénéfices considérables que l'agriculture recueille chaque année de cette découverte toute française.

Les cas de charbon externes ont été étudiés en parlant des professions où on s'occupe des animaux et des maladies animales. Nous n'y reviendrons pas.

Les viandes charbonneuses ingérées peuvent produire l'évolution d'un charbon intestinal qui est rapidement mortel.

Enfin, ce qu'on a appelé la maladie des chiffonniers (Hadernkrankeit) de Vienne, et la maladie des trieurs de laine (Woolsorter's disease) de Bradford, sont bien évidemment le charbon pulmonaire ou pénétration dans le poumon des poussières chargées de spores charbonneuses.

Pour prévenir cette maladie, toutes les matières animales provenant d'espèces aptes à contracter le charbon devraient être soigneusement désinfectées, avant d'être livrées aux ouvriers chargés d'en tirer industriellement parti.

144. Tuberculose. — Villemin en a le premier, en 1865, démontré la virulence. Elle est produite par des microbes découverts par Robert Koch en 1882, microbes auquels on a donné le nom de *bacilles de Koch*.

Le diagnostic de la tuberculose sur les animaux est chose souvent difficile.

Le lait produit par une mamelle tuberculeuse est virulent et son ingestion *à l'état cru* est le plus sûr moyen de provoquer la tuberculose abdominale : d'où cette conclusion forcée qu'afin de se mettre à l'abri d'accidents possibles, on devrait ne jamais se servir pour l'alimentation des nourrissons de lait qui n'a pas été bouilli.

Le diagnostic de la tuberculose chez les animaux, longtemps impossible, est actuellement un fait acquis à la science. Il se pratique à l'aide *de la tuberculine ou lymphe de Koch*, qui n'est autre chose que l'extrait glycériné de la culture du bacille tuberculeux.

M. le professeur Nocard a fait sur ce sujet des études approfondies et il est arrivé aux conclusions suivantes :

1° La tuberculine possède, à l'égard des bovidés tuberculeux, une action spécifique incontestable, se traduisant surtout par une notable élévation de la température ;

2° L'injection d'une forte dose (30 à 40 centigrammes suivant la taille des sujets) provoque *ordinairement*, chez les tuberculeux, une élévation comprise entre 1 degré et 3 degrés ;

3° La même dose, injectée à des bovidés non tuberculeux, ne provoque *ordinairement* aucune réaction fébrile appréciable ;

4° La réaction fébrile apparaît le plus souvent la douzième et la quinzième heure après l'injection, quelquefois dès la neuvième heure, très rarement après la dix-huitième ; elle dure toujours plusieurs heures ;

5° La durée et l'intensité de la réaction ne sont nullement en rapport avec le nombre et la gravité des lésions ; il semble même que la réaction soit le plus nette dans le cas où, la lésion étant très limitée, l'animal a conservé les apparences de la santé.

6° Chez les sujets très tuberculeux, phtisiques au sens propre du mot, chez ceux surtout qui sont *fiévreux*, la réaction peut être peu accusée ou même absolument nulle ;

7° Il est prudent de prendre la température des animaux matin et soir, pendant plusieurs jours avant l'injection ; il peut s'en trouver, en effet, qui, sous l'influence d'un malaise passager, d'un état pathologique peu grave (troubles de la digestion ou de la gestation, chaleurs, etc.), présentent de grandes oscillations de température, de là une cause d'erreur grave. Pour ces animaux, il vaut donc mieux ajourner l'opération ;

8° Chez certains animaux tuberculeux, non fiévreux, la réaction consécutive à l'injection de la tuberculine ne dépasse guère 1 degré ; néanmoins, comme l'expérience démontre que chez des animaux parfaitement sains la température peut subir des variations atteignant 1 degré et plus, on devra ne considérer comme ayant une valeur diagnostique réelle que les réactions supérieures à 1°,4 ; l'élévation de température à 8 dixièmes de degré n'a aucune signification ; toute bête dont la température subit une élévation comprise entre 0°,8 et 1°,4 sera considérée comme suspecte et devra être soumise, après un délai d'un mois environ, à une nouvelle injection d'une dose plus considérable de tuberculine ;

9° Les injections successives, répétées chaque jour ou à quelques jours d'intervalle, donnent des réactions graduellement moins intenses ;

10° Le veau tuberculeux réagit aussi bien que l'adulte ; la dose doit varier de 18 à 20 centigrammes suivant l'âge ;

11° Les injections de tuberculine n'ont aucune influence fâcheuse sur la quantité ou sur les qualités du lait, ou sur l'issue de la gestation.

A ces conclusions il faut en ajouter d'autres, posées par le professeur Nocard :

1° Le lait d'une vache tuberculeuse n'est virulent qu'autant que la mamelle est le siège de lésions tuberculeuses ;

2° L'ingestion de lait virulent n'est réellement dangereuse que si ce lait renferme un grand nombre de bacilles et s'il est ingéré en grande quantité ;

3° Pratiquement, le danger de l'ingestion du lait cru n'existe, en réalité, que pour les personnes qui en font leur nourriture exclusive ou principale, c'est-à-dire pour les enfants en bas-âge et pour certains malades ;

4° Pour éviter tout danger, il suffit de faire bouillir le lait avant de le consommer.

Nous ne décrirons pas ici la tuberculose chez l'homme, dont la description est classique.

Nous continuerons l'étude des maladies transmissibles des animaux à l'homme par la *fièvre aphteuse*, maladie virulente contagieuse et inoculable, caractérisée par un mouvement fébrile, suivi d'une éruption phlycténoïde sur les téguments.

Cette maladie atteint surtout les ruminants domestiques, les bovidés ; les moutons, la chèvre et le porc sont contaminés avec une facilité extrême.

L'homme peut être contaminé, soit par inoculation directe, soit par l'intermédiaire de produits animaux virulents.

La prophylaxie consiste dans l'interdiction des importations provenant de pays infectés, la désinfection du matériel de transport, la suppression momentanée des foires et des marchés. N'employer que le lait bouilli, etc. Les précautions antiseptiques les plus grandes devront être observées.

La contamination par le lait est de beaucoup la plus fréquente.

145. Trichinose. — On la constate chez la plupart des mammifères.

Quant à la vitalité des trichines, le professeur Perroncito, de Turin, a établi que les larves étaient tuées par une exposition de cinq minutes au moins à une température de 44° à 48°.

Vallin, qui est arrivé à ce dernier chiffre, ajoute que les trichines résistent à une température de 56° lorsqu'elles sont complètement enkystées et qu'il est prudent d'exiger un minimum de 60° ; une cuisson de quatre heures au moins est nécessaire pour les pièces d'un poids inférieur à 6 kilogrammes : au-dessus il faut cinq heures, c'est-à-dire un peu moins d'une heure par kilogramme.

G. Colin a reconnu que la salaison incomplète, de 6, 8, 10 jours, ne tue pas les trichines et ne leur ôte pas la facilité de se développer dans l'intestin.

La prophylaxie de la trichinose consiste à éviter l'infection des porcs indigènes et à prohiber l'introduction et la consommation des viandes étrangères non vérifiées.

146 Ladrerie. — C'est une affection parasitaire due à la présence du cysticerque dans les muscles et dans le tissu conjonctif des divers animaux et de l'homme.

Le porc et le bœuf sont les hôtes de prédilection des cysticerques. L'homme est très-rarement affecté de ladrerie. Les cysticerques se transforment chez lui en tœnias.

Pour détruire la ladrerie il faut une température de 50 degrés.

L'actinomycose est une maladie parasitaire, commune à l'homme et à la plupart des animaux domestiques, le bœuf surtout, et due à la prolification dans les tissus de champignons du genre actinomyces.

147. La teigne tonsurante et la teigne faveuse. — Sont également transmissibles des animaux à l'homme, ainsi que la gale du cheval, du chat, du chien, du bœuf, du mouton, de la chèvre et du porc, et les échinocoques.

CHAPITRE XXIII

MATIÈRES VÉGÉTALES

PROFESSIONS QUI S'Y RAPPORTENT

Les professions où l'on traite les matières végétales sont, on le comprend, multiples ; nous n'étudierons que quelques-unes d'entre elles.

Ce qui a trait aux professions agricoles a été étudié dans un chapitre spécial ; mais il nous reste à parler ici des maladies d'ouvriers traitant les produits de la terre. En premier lieu, nous nous occuperons des meuniers.

128. La meunerie. — Les ouvriers employés dans les minoteries, et que l'on désigne sous le nom de meuniers, se divisent en : *nettoyeurs de grains, bluteurs et hommes de plancher*, indépendamment des rhabilleurs et conducteurs de meules, qui disparaissent avec l'ancien système de mouture, par suite de l'adoption du système hongrois.

Le blé, qui est toujours mélangé de beaucoup de poussières et de corps étrangers, doit en être tout d'abord débarrassé. On le place, à cet effet, dans des ventilateurs qui lancent ces poussières partie au dehors (sauf à Paris et dans les grandes villes), et partie dans une chambre spéciale, dite chambre à poussière.

Pour nettoyer cette chambre, des ouvriers nommés nettoyeurs ensachent la poussière tous les jours.

Placés dans cette atmosphère, une heure par jour environ, ils cracl ent une poussière noire, terreuse, analogue à du charbon. Peu d'ouvriers peuvent résister longtemps : ils sont obligés de changer de profession ou de demander à être employés dans une autre partie de la minoterie.

Après le broyage du grain, on le distribue aux bluteries. Celles-ci se composent d'un ou plusieurs cylindres entourés de soies de différents numéros.

La première extraction sortant des bluteries à boulange tombe dans la chambre à farine.

Le gruau extrait de la bluterie retombe dans un cylindre diviseur.

Tous les deux jours environ, les bluteries doivent être visitées. On les arrête, et l'on brosse les soies, afin d'en débarrasser les ouvertures et de pouvoir constater s'il n'y a pas de déchirures, de solutions de continuité. Il arrive quelquefois que pendant cette opération, qui nécessite pour l'ouvrier l'emploi d'une lampe à huile, il se produit de petites conflagrations, qui, au dire des ouvriers, ressemblent à de petites fusées.

Dans un cas, cependant, nous avons appris que cette conflagration s'était étendue à toute la longueur du cylindre et en une seconde toute la soie avait été brûlée.

On appelle, dans les minoteries, hommes de plancher ceux qui ont pour occupation de déblayer la chambre de toute la farine qui s'y accumule en sortant de la bluterie et de la jeter à la pelle dans un conduit auquel sont fixés des sacs et qu'on nomme ensachoir.

Pendant cette opération, qui dure 3 ou 4 heures chaque jour, l'ouvrier est enfermé dans la chambre au milieu d'un nuage de farine.

On éviterait cette opération si l'on avait soin de construire la pièce en forme de cuve. La farine, au fur et à mesure qu'elle y arriverait, tomberait dans le conduit et de là dans les sacs.

Les hommes de plancher ont encore à s'occuper de secouer les sacs à farine qui reviennent journellement de chez les boulangers.

Cette opération, qui se pratique dans une grande pièce close, produit une poussière énorme.

Les ouvriers ne peuvent continuer longtemps cette partie du travail : au bout de quinze mois à deux ans au plus, il est nécessaire de les placer dans une autre partie de la minoterie.

Les hommes de plancher sont exposés à un accident des plus graves, puisqu'il peut même occasionner la mort, et que le professeur Chevallier a signalé le premier.

Un garçon meunier étant imprudemment entré dans une chambre à farine avec une lampe allumée, une explosion épouvantable eut lieu, des dégâts considérables se produisirent, et l'ouvrier gravement atteint de brûlures aux mains et au visage attaqua son patron en dommages et intérêts.

Chevallier père, consulté par ce dernier, fit entrer dans la même chambre un individu dans les mêmes conditions où était entré l'ouvrier et aucune espèce d'explosion n'eut lieu.

Par contre, l'expert désigné par le Tribunal plaça à terre une lampe à alcool et fit tomber sur la flamme, de la farine sortant d'un tamis placé à 85 centimètres au-dessus. Cette farine prit feu, et la flamme vint brûler le tamis.

La divergence d'opinions entre ces deux honorables chimistes est des plus faciles à expliquer.

Il suffit de faire l'expérience suivante :

Si l'on projette de la farine en nuage extrêmement léger, on verra la farine crépiter, mais très faiblement. Mais si on lance sur la flamme une poignée de farine de manière à ce qu'elle ne soit ni trop dense ni trop légère, la farine brûlera comme une fusée et, si le nuage de farine est considérable et qu'il se produise en lieu clos, il peut s'en suivre une explosion épouvantable comme dans le cas intéressant cité par Chevallier.

Ce phénomène se produit quand on vide des sacs de farine ou qu'on fait descendre de la farine d'une chambre supérieure. Si à ce moment il y a une lampe allumée. la farine peut prendre feu et occasionner à l'ouvrier des brûlures des plus graves.

Les accidents sont donc dus non pas à la fermentation de la farine comme l'avait cru Chevallier, mais à la plus ou moins grande division de la farine folle, ainsi que nos expériences nous l'ont démontré.

Les meuniers sont encore exposés à d'autres accidents.

Le docteur Gallicier rapporte une observation de blessure grave produite par une des traverses fort pointues d'une vergue de moulins.

Un meunier avait sur l'épaule un sac de grain pesant 70 kilogrammes ; voulant au plus vite gagner la porte de son moulin, il eut la déplorable idée d'essayer de traverser directement le court espace qui le séparait de cette porte entre le passage d'une vergue et de la suivante ; à ce moment, un vent violent faisait tourner les ailes de son moulin avec une vitesse effrayante. A peine l'imprudent s'était-il engagé dans ce passage périlleux, que la seconde vergue l'atteignait avec la rapidité de la foudre. Une des traverses de la vergue perforant le sac s'engagea dans le cou, à peu près au niveau de l'angle de la mâchoire inférieure et ressortit du côté opposé, c'est-à-dire à droite, mais plus bas, en traversant l'épaule, sans que toutefois l'articulation scapulo-humérale fut atteinte. Heureusement le poids du sac, ajouté à celui du corps, fit briser la traverse, de sorte que ce malheureux jeune homme ne fut pas enlevé par l'aile du moulin.

Malgré son épouvantable blessure, ce garçon fut guéri dix-sept jours après l'accident.

On trouve, dans la *Gazette médicale* de 1833, une observation de fracture compliquée de l'humérus : résection de l'un des fragments, désarticulation du bras consécutive, par le docteur Neumann.

Le malade était un garçon meunier de 23 ans, robuste et bien portant qui, voulant goudronner l'arbre d'un moulin à vent, fut atteint par les ailes et lancé circulairement autour de l'arbre, de là une fracture de l'humérus compliquée de plusieurs plaies.

Le docteur Pretat, de Pontoise, membre correspondant de l'Académie de médecine, a communiqué à ce corps savant le cas d'un aide meunier qui, saisi par ses vêtements et entraîné par un arbre de couche, eut le bras et la cuisse droite fracturés, et une contusion très grave des deux talons. Le sphacèle s'empara du tiers inférieur de la jambe et du pied, et, malgré l'amputation de ce membre, le malade succomba.

Les meuniers portent bien moins qu'anciennement des sacs sur leur dos et sont par conséquent moins exposés à contracter des « hernies » (Ramazzini).

Le même auteur signale les meuniers comme sujets à la maladie pédiculaire causée par la malpropreté dans laquelle ils vivent.

M. Layet a noté la fréquence chez les meuniers de la

l'érythème, du prurigo, de l'acné, de l'eczéma, des furoncles et d'une exanthanie psoriasiforme du pavillon de l'oreille et des lèvres.

Parmi toutes les affections de la peau qui se présentent chez les meuniers, il en est une de nature parasitaire, particulière à la profession, dont on trouve la description dans les travaux du Conseil de salubrité de Toulouse. C'est une éruption papuleuse, parfois surmontée de petites vésicules plus ou moins confluentes, mais généralement discrètes, accompagnées d'un prurit très violent, amenant la nuit de l'agitation et de l'insomnie ; mais dès le lendemain les symptômes sont en décroissance, et les démangeaisons disparaissent sans aucun traitement. Cette affection, observée dans les environs de Toulouse en 1866, est connue depuis longtemps par les meuniers. Elle n'est nullement contagieuse. Elle apparaît le plus souvent sur un des côtés du cou, ce qui s'explique par l'habitude qu'ont les meuniers de porter les sacs sur une épaule, et d'avoir, par suite, la peau du cou directement en contact avec le blé ou la farine.

D'autres fois, elle débute par les mains et les bras. Examinée avec soin, jamais la papule n'a paru accompagnée d'aucun sillon. La cause unique réside dans la manipulation du blé ou de la farine. Elle serait due à la présence d'un acarien dans la poussière résultant du nettoyage et de l'épuration des blés. C'est donc une espèce de gale particulière à cette profession.

Hirt, dans son hygiène des artisans, donne le chiffre de 42 0/0 comme étant celui de la proportion des décès par affections broncho-pulmonaires chez les meuniers, se décomposant comme suit :

Phthisie	10,9
Emphysème	1,5
Bronchite	9,3
Pneumonie.	20,3
Soit en tout. . .	42 sur 100 malades.

Le docteur Popper, dans « Beitræge zur Gewerbe-Pathologie » (Rapport sur la pathologie des professions), donne l'âge moyen des meuniers comme étant de 51 ans, et la phtisie pulmonaire comme donnant une moyenne de 38,2 décès sur cent chez eux.

Fuchs, d'après le relevé qu'il a fait sur les registres des sociétés ouvrières de Wurtzbourg, de 1780 à 1834, dit que les meuniers ont eu 2.698 malades sur 10.000 souscripteurs, alors que le chiffre moyen pour toutes les professions était de 2.282. De même, le chiffre des décès était de 350, alors que la moyenne n'était que de 327.

140. Boulangeries. — Les boulangers sont exposés à l'emphysème pulmonaire occasionné par les efforts qu'ils font pour le pétrissage. Ils sont également sujets aux affections du cœur.

Ramazzini et Patissier ont constaté chez eux des varices et ulcères des jambes et Malgaigne des hernies.

Desmarres a noté chez eux de la blépharite ciliaire.

Requin a signalé de l'eczéma et des éruptions lichénoïdes, principalement sur les mains et aux bras.

Layet a vu très fréquemment chez ces ouvriers des abcès tubéreux de l'aisselle, se terminant le plus souvent par suppuration.

Les ouvriers boulangers sont remarquables par la pâleur de la face, due en grande partie à ce qu'ils travaillent toutes les nuits. Cette condition fâcheuse les prédispose plus que les autres à être frappés au moment des épidémies.

Le docteur de Maurans a constaté à Marseille une affection à laquelle il a donné le nom de fièvre des jaugeurs de blés étrangers.

Nous donnons ici la description de cette maladie peu connue.

150. Jeaugeage des blés étrangers. — Dans tous les ports de mer qui ont un commerce de céréales alimenté par la marine marchande, il existe des individus spécialement préposés au jeaugeage des blés.

A Marseille cette opération se fait en grand dans le magnifique établissement des Docks. Là, le jaugeur est du matin au soir penché sur sa mesure dont il égalise le contenu.

Le maniement des blés étrangers laisse dégager une poussière fine et ténue qui se vaporise dans l'air. Les ouvriers travaillant dans les salles des docks sont enfermés dans cette atmosphère particulière qui, suivant la provenance des céréales, donnerait lieu à une fièvre présentant tous les symptômes d'un accès de fièvre palustre. Les jaugeurs, après avoir déterminé le lieu d'origine de la marchandise, disent d'avance : Ce soir j'aurai ou je n'aurai pas la fièvre.

C'est dans le cours d'un voyage d'agrément accompli dans le midi de la France que nous avons eu l'occasion de recueillir ces renseignements et ceux qui vont suivre. Nous avons interrogé quatre ou cinq jaugeurs, qui, sans s'être préalablement entendus, nous ont tous fourni la description de la maladie telle que nous l'avons d'ailleurs observée chez deux malades.

C'est généralement une ou deux heures après l'achèvement du travail que la fièvre se déclare. Le sujet éprouve une sensation de froid qui peut aller jusqu'au frisson. Le stade de froid dure de dix minutes à une demi-heure et fait place à un état de chaleur qui constitue la deuxième période de la maladie ; puis, au bout d'une heure environ, arrive le stade de sueur pendant lequel le sujet éprouve un peu de soulagement ; le bien-être s'accentue de plus en plus. Il semble que le principe nuisible s'échappe de l'économie ; pendant cette dernière période le malade urine abondamment et cette excrétion est d'une grande limpidité.

La maladie est terminée ; le sujet peut alors reposer tranquillement et le plus souvent reprendre son travail dès le lendemain matin.

Les jaugeurs, sachant par expérience que la maladie guérira d'elle-même, n'appellent jamais le médecin ; ils se bornent à s'administrer de la décoction d'oignons blancs qu'ils boivent à satiété.

131. Vanniers ou cannissiers. — Le docteur Maurin a signalé des accidents causés par la moisissure des roseaux.

A Marseille et dans une partie de la Provence on se sert de roseaux, appelés cannes dans le pays, pour tresser des lambris destinés à revêtir les plafonds.

Ces roseaux, quand ils ont été entassés dans des endroits humides et mal ventilés, entrent en fermentation et une poussière blanchâtre couvre les feuilles auprès des mérithalles. L'examen microscopique a fait reconnaître que cette poussière onctueuse au toucher, d'une saveur âcre et corrosive, est constituée par une moisissure pédiculée dans laquelle on reconnaît, outre les cellules propres à la moisissure, d'autres cellules arrondies qui, selon tout apparence, sont des spores prêts à éclore.

C'est le contact de cette poussière avec la peau des ouvriers occupés à dépouiller les roseaux qui détermine chez eux la dermatose des vanniers ou cannissiers.

Elle débute au bout de un ou deux jours de travail par de la pesanteur de tête avec courbature, anorexie, soif vive ; bientôt il se manifeste une rougeur prurigineuse avec gonflement aux ailes du nez, aux paupières, au cou, au scrotum, etc.

L'épiderme se fendille ou bien il s'élève des vésico-pustules, mais c'est surtout aux bourses que l'affection se montre avec le plus d'intensité. La peau de cette partie est rouge, dépouillée d'épiderme et baignée d'une exsudation séro-purulente. Une croûte brune et sèche couvre les ulcérations au bout de quelques jours, et vers le deuxième septenaire se détache, laissant la peau recouverte d'un nouvel épiderme. La maladie est alors guérie. Très souvent les moisissures agissent sur les muqueuses extero-antérieures, de là des coryzas intenses avec enchifrènement et epistaxis, pharyngites, balano-posthites.

Réaction fébrile, soif, constipation. La seule prophylaxie consiste à mouiller les roseaux et à les tasser avant de les dépouiller et de forcer les ouvriers à se laver les mains à grande eau.

M. Michel avait vu les mêmes faits bien avant le docteur Maurin. Il les attribuait à une poussière noire développée sur des cannes abandonnées après longtemps à l'intempérie des saisons.

Les malades éprouvaient des accidents très sérieux : fièvre intense, cardialgie, fluxion inflammatoire très violente à la face et aux parties génitales, avec exaltation du sens génésique. Si le sujet avait avalé de la poussière, toux opiniâtre, dyspnée, coliques, accidents de gastro-entérite pouvant simuler un empoisonnement. Chez un homme de 61 ans, ces accidents s'accompagnèrent d'un véritable satyriasis avec émission involontaire du sperme. Ce malheureux succomba au bout de sept à huit jours de souffrances atroces.

Avant la publication de ces faits par M. Michel, M. Trinquier avait fait, sur ce sujet, un rapport à la Société de médecine pratique de Montpellier.

Divers ouvriers, et notamment une famille entière, y

compris les enfants qui avaient joué aussi sur des cannes, avaient été pris des accidents déjà décrits et, chose digne de remarque, une ânesse, qui était à l'écurie et dont on avait fait la litière avec des débris de ces mêmes roseaux, fut aussi affectée de gonflement et de rougeur aux naseaux et aux parties sexuelles.

Enfin, on lit dans les éléments de chimie de Chaptal :

M. Poitevin a vu un homme très malade pour avoir manié des cannes, les parties de la génération s'enflèrent prodigieusement. Un chien qui était couché dessus eut le même sort et fut affecté dans les mêmes parties.

M. Joaquin Gunéno a décrit, en 1868, à Saragosse, une affection curieuse des ouvriers qui travaillent les joncs, désignés en espagnol sous le nom de *cagnavereros*.

Un certain nombre de femmes, réunies dans un atelier, préparaient des cannes destinées à la confection de plafonds. Une heure après le commencement du travail, presque tous s'arrêtèrent, éprouvant une grande anxiété, caractérisée par une sensation de suffocation et de brûlure à la peau ; plusieurs se dépouillèrent de leurs vêtements, les croyant pleins d'insectes ; leurs corps étaient couverts de plaques d'urticaire, de phlyctènes et de vésicules eczémateuses, principalement dans le voisinage des organes génitaux. Puis survinrent des hémorrhagies par la bouche et par les narines. Rentrées à leurs domiciles, elles guérirent toutes sans grande difficulté.

Le même auteur a revu depuis des cas analogues, et signale notamment le cas suivant :

En octobre 1874, faisant construire sa maison, il vit un jour 16 ouvriers sur 24 obligés de quitter leur travail à 4 heures du soir, en se plaignant des malaises décrits ci-dessus. Les 8 autres, qui terminèrent leur journée en se moquant de leurs camarades, furent obligés de cesser leur travail le lendemain avant midi, éprouvant les symptômes suivants :

Hémorrhagies abondantes par le nez et par la bouche,
Démangeaisons violentes,
Rougeur de la peau,
Gonflement considérable de la verge et des testicules,
Fièvre et soif inextinguible.

Ils furent malades dix jours de plus que les autres.

On fit tremper les cannes vingt-quatre heures dans l'eau et on put ensuite les mettre en œuvre sans inconvénient.

Les *accidents arrivent quand ces cannes, après avoir séjourné dans un lieu humide, sont exposées à un soleil ardent*. Il n'est pas nécessaire de les manier longtemps pour être malade.

Un alcade, son fils et un alguazil furent sérieusement atteints après avoir déchargé une voiture de cannes et transporté celles-ci à courte distance.

L'auteur cite d'autres cas analogues (*Siglo medico de Madrid*).

Parmi les derniers on remarque quelques cas de mort survenus à la suite de cette maladie dans une ville de Catalogne, chez des hommes qui avaient conduit des voitures de cannes. (*Lyon Médical*).

CHAPITRE XXIV

VOIRIES

152. — Sous le nom de *voiries* on désigne des lieux où l'on dépose des débris d'animaux, les vidanges et autres immondices qui encombrent les grandes villes.

Les voiries, dit Vernois, ainsi que les dépôts d'immondices, sont une des conséquences les plus fâcheuses et les plus insalubres attachées à l'existence des grandes villes, ou de toute autre agglomération d'habitations. Il faut donc, tout en les subissant, les établir dans des conditions d'éloignement et de salubrité qui diminuent leurs inconvénients pour ceux qui en sont les voisins les plus rapprochés.

La dissémination a été souvent proposée, mais elle n'a pour effet que de multiplier les foyers d'infection. On doit tendre, au contraire, à centraliser un service public de cette nature. Il est à la fois mieux fait et mieux surveillé.

Chaque ville, chaque commune, devrait n'avoir qu'un dépôt, mais le plus souvent l'étendue de la localité exige la multiplicité des voiries. C'est une des parties du service public qui demandent le plus de surveillance.

Les causes d'insalubrité consistent dans les odeurs insalubres produites par la décomposition et la fermentation d'une foule de matières organiques. Les causes d'incommodité consistent dans les odeurs désagréables s'irradiant fort loin, selon les vents.

Voici quelles sont les mesures prescrites pour ces établissements de première classe, par le Conseil d'hygiène publique et de salubrité du département de la Seine :

Reléguer ces dépôts le plus loin possible des habitations.

Si le dépôt doit être permanent, exiger qu'il soit entouré de murs et que des arbres soient plantés tout autour de l'enclos.

Ordonner le mélange avec la chaux (20 pour 100) de toutes les matières organiques apportées (débris de poissons, de viandes, animaux morts) et leur enfouissement immédiat.

Si des matières fécales y sont déposées, comme cela a lieu dans certaines petites localités, prescrire la désinfection des matières et veiller à ce qu'elle soit *permanente*.

Tenir les produits liquides dans des citernes creusées exprès, ou s'il y a près de ce dépôt, ou en même temps que lui un dépôt de poudrette, enfouir les produits dans des silos bien fermés.

A leur ouverture, ventiler énergiquement pour éviter des accidents d'asphyxie aux ouvriers.

N'ouvrir ces silos que pour le débit.

Recouvrir ces silos d'écoutilles.

Si le dépôt est temporaire, limiter l'autorisation à deux ou trois années seulement, et exiger encore plus sévèrement que la désinfection soit permanente.

Tous ces établissements doivent être, de préférence, situés au Nord ou au Nord-Est.

Les dépotoirs qui desservent Paris sont situés à Bondy et à Aubervilliers.

Les tueries particulières à chaque boucher sont appelées à disparaître pour plusieurs raisons. La propreté est plus grande dans les abattoirs publics, la viande est mieux surveillée et sa qualité peut être mieux garantie.

Du reste, en vertu de l'ordonnance du 15 avril 1838, l'établissement, *dans une localité*, d'un abattoir public entraîne, de plein droit, la suppression des tueries particulières.

Enfin, des vétérinaires éminents, Bouley, Nocard, etc., réclament avec énergie l'estampillage de la viande dans les abattoirs, pour garantir que celle-ci a été examinée. Cette mesure est adoptée en Belgique et en Italie.

Il est à regretter que la France soit en retard sous ce rapport.

CHAPITRE XXV

RUES

152. — La largeur des rues de Paris n'avait jamais fait l'objet d'aucune réglementation lorsque parut la *Déclaration du Roi* du 10 avril 1783, dont l'article premier est ainsi conçu :

« Ordonnons qu'à l'avenir et à partir du jour de l'enregistrement de la présente déclaration, il ne puisse être, sous quelque prétexte que ce soit, ouvert et formé en la ville et faubourgs de Paris, aucune rue nouvelle qu'en vertu des lettres patentes que nous avons accordées à cet effet, et que les dites rues nouvelles ne puissent avoir moins de 30 pieds de largeur ; ordonnons pareillement que toutes les rues dont la largeur est au-dessous de 30 pieds soient élargies successivement au fur et à mesure des reconstructions des maisons et bâtiments situés sur les dites rues. »

Actuellement on fixe à 10 mètres le minimum que doivent avoir les rues (ce qui dépasse un peu 30 pieds).

Il reste cependant encore dans le vieux Paris, surtout sur les bords de la Seine, des rues qui n'ont pas la largeur réglementaire.

Parmi elles nous citerons la rue du Paon-Blanc, qui n'est à proprement parler qu'un passage; elle présente ceci de curieux, que dans toute sa longueur il n'y a pas une seule porte cochère ou autre

Un édit du Roi de décembre 1607 stipule aussi, article 7 :

« Faisons aussi deffenses à toutes personnes de faire et creuser aucunes caves sous la rue. »

Nous trouvons dans les notes à l'appui du compte des dépenses de l'exercice 1893, publiées par la direction des travaux à la Préfecture de la Seine ,les considérations suivantes :

« La constitution et l'entretien des chaussées présentent une importance considérable lorsqu'il s'agit d'une ville comme Paris, où la circulation est exceptionnellement intense et fatigante pour les chaussées et où l'on doit satisfaire aux exigences très rationnelles d'une population qui aime le bien être.

Il est reconnu, en effet, que l'usure des chaussées dépend : 1° du nombre de véhicules qui les parcourent ; 2° de leur poids ; 3° de la rapidité de leurs allures.

Or ces trois causes agissent simultanément sur les voies parisiennes dans des conditions qui n'ont guère d'équivalent dans aucune ville du monde. On doit signaler notamment, comme étant particulièrement dommageable pour les chaussées, la circulation de nombreux omnibus à trois chevaux.

Tout semble concerté pour rendre ce genre de voitures redoutable : leur poids, qui atteint 5.490 kilogrammes en pleine charge, leur vitesse qui varie de 2 m. 50 à 2 m. 80 par seconde, leurs arrêts fréquents qui obligent les chevaux à multiplier les efforts de démarrage, la position de leurs roues d'arrière et d'avant dans un même plan, ce qui permet au véhicule de suivre continuement un rail de tramway en creusant dans le pavage une ornière parallèle, enfin l'action destructive du frein dans les descentes.

D'autre part, on doit constater aussi que depuis une quinzaine d'années les voitures de place ont sensiblement augmenté leur vitesse.

Bien que nous n'ayons à nous occuper ici que de ce qui a trait à l'hygiène, nous devons étudier brièvement les chaussées de Paris. Le livre dont nous venons de parler contient à ce sujet des renseignements intéressants.

Les chaussées de Paris se divisent en cinq classes :

1° Les chaussées pavées en pierre ;

2° Les chaussées empierrées ;

3° Les chaussées en asphalte ;

4° Les chaussées pavées en bois ;

5° Les chaussées en terre.

La superficie des voies de Paris pavées en pierre est de 6.305.400 mètres carrés.

L'entretien des chaussées pavées en pierre comprend :

1° Des relevés à bout, ayant pour objet la réfection à neuf de la chaussée et la substitution de pavés neufs aux vieux pavés existants ;

2° De grands remaniements qui consistent en relevés à bout avec réemploi des pavés de choix ayant déjà servi ;

3° Des repiquages ou petites réparations effectuées au jour le jour et suivant les besoins, par des ateliers volants.

Dans les relevés à bout, l'ancienne forme de sable est repiquée et complétée par l'addition de sable de rivière neuf. Les pavés sont juxtaposés les uns contre les autres, les joints sont ensuite parfaitement garnis de sable dont on opère le tassement au moyen d'un balai de bouleau. Après ce premier garnissage, la surface est consolidée par un battage fait au moyen d'une hie de 35 kilogrammes environ. Une couche de sable de 3 à 4 centimètres est ensuite répandue sur le pavage, le garnissage se fait à l'eau au moyen d'un balai et en employant la fiche dans tous les joints où elle peut pénétrer. L'opération du garnissage doit être faite avec le plus grand soin et répétée jusqu'à ce que l'eau, répandue à la surface, s'écoule sans pénétrer dans aucun joint.

Dans ces dernières années, un certain nombre de pavages en pierre ont été établis sur fondation de béton. La forme est alors constituée par une fondation en béton de ciment de 0 m. 15 d'épaisseur, sur laquelle on ne met plus qu'une couche de sable d'épaisseur réduite (0 m. 08 au plus).

Les chaussées établies dans ces conditions sont naturellement d'un prix de revient élevé; mais elles présentent une surface indéformable. Leur type convient surtout quand on a affaire à des terrains peu consistants, traversés par une voie à circulation intense. Il faut n'employer que des pavés très durs, des granits ou des grès de l'ouest.

Le prix moyen de revient des relevés à bout est de 16 fr. 50 environ pour les fondations de sable, et de 22 fr. 90 pour les fondations de béton.

Si l'on considère l'entretien proprement dit, abstraction faite des relevés à bout, le prix de revient n'est plus que de 0 fr. 354.

La surface des voies empierrées est de 1.442.000 mètres carrés.

On procède au repiquage à la pioche de l'ancienne chaussée, on recharge et on fait passer le cylindre à vapeur; à la fin de l'opération on jette sur la chaussée une certaine quantité de sable.

Les matières employées pour l'entretien des chaussées empierrées sont le silex ou caillou, réservé aux avenues peu fréquentées, au quartier des Invalides par exemple; la meulière compacte employée sur les voies d'importance moyenne (Cours la Reine, avenue de l'Observatoire), et enfin, le porphyre réservé aux grandes voies de circulation (boulevards extérieurs, quais, etc.).

Le prix d'entretien ressort à 2 fr. 649 par mètre carré.

Les chaussées en asphalte ont une superficie de 336.450 mètres carrés.

Elle se font avec une fondation en béton de ciment de Portland de 0 m. 15 à 0 m. 20, sur laquelle on comprime à chaud (120 à 130 degrés) une couche d'asphalte réduite par cette compression à 0 m. 05.

L'asphalte provient de mélanges convenables de roches naturelles de Seyssel (Ain), de Mons (Gard), du Val-de-Travers (Suisse), ou de Ragusa (Sicile).

L'entretien coûte 2 fr. le mètre carré.

L'établissement d'une chaussée pavée en bois comporte l'exécution d'une fondation en béton de ciment de Portland, de 0 m. 15 d'épaisseur environ, bien lissée à sa surface, que l'on recouvre de blocs parallélipipédiques de bois dont les dimensions sont de :

$$\frac{0 \text{ m. } 23 \times 0 \text{ m. } 08}{0 \text{ m. } 15}$$

Les pavés sont placés suivant des rangées de 0 m. 08 de largeur, perpendiculaires à l'axe de la chaussée. Dans chaque rangée, les pavés sont posés de manière à croiser les pavés de la rangée précédente. Les diverses rangées sont séparées par des joints obtenus en plaçant entre les pavés des réglettes ayant généralement 0 m. 009 d'épaisseur et 0 m. 035 de hauteur.

La partie supérieure des joints est remplie par une coulée de ciment.

L'épaisseur des joints se trouve ainsi de près de 0 m. 01.

La surface actuelle du pavage de bois est de 741.000 mètres carrés.

Le bois employé à l'usine de Javel pour débiter les pavés est principalement le pin des Landes.

On va essayer d'employer des bois exotiques provenant du Congo français.

Le bois arrive sous forme de madriers de 0 m. 22 et est débité en pavés de la dimension fixée plus haut.

On place ensuite ces pavés dans un bain de créosote afin de pouvoir les conserver plus longtemps en magasin et de les rendre moins susceptibles d'être mouillés par l'eau.

Le prix annuel d'entretien est de 1 fr. 575 par mètre carré, abstraction faite des dépenses de grosses réparations.

Les chaussées empierrées sont plusieurs fois par jour nettoyées par les cantonniers qui pratiquent le rabotage de la boue grasse ou liquide et le balayage de la poussière. Ils ont pour mission de tâcher de recueillir dans leurs brouettes le sable dont la présence dans les égoûts constitue une sujétion considérable pour le curage.

Ce sera selon nous le plus grand obstacle, quand le tout à l'égoût sera en vigueur. Il en rendra même le fonctionnement impossible à cause de l'immense quantité d'eau qui serait nécessaire pour chasser ce sable.

Les machines balayeuses sont surtout employées pour nettoyer les chaussées.

Une machine peut, au pas du cheval qui la traîne, balayer 5.000 mètres carrés par heure, c'est-à-dire faire environ le travail de dix hommes.

Le nettoyage se fait très bien avec des rateaux munis d'une plaque de caoutchouc.

Les chaussées asphaltées sont insonores, elles ne produisent ni boue, ni poussière, mais sont extrêmement glissantes pour les chevaux, surtout lorsqu'il commence à pleuvoir. On est en outre obligé de projeter fréquemment du sable sur leur surface, soit au début des pluies, soit en temps de brouillard, soit, enfin, en cas de verglas. De plus les lavages à grande eau sont indispensables.

Ces inconvénients sont les mêmes, du reste, pour le pavage en bois.

Les pavages en bois sont fréquemment brossés et lavés à grande eau pour éviter qu'ils ne deviennent glissants à la moindre pluie, par suite de l'adhérence des détritus amenés sans cesse à la surface. En été les revêtements sont arrosés souvent pour empêcher une trop grande dessiccation des pavés et le fendillement du bois. Enfin on procède de temps à autre à des répandages de gravillon. En pénétrant dans les pavés, ce gravillon constitue une tête de 7 à 8 millimètres d'épaisseur présentant une grande résistance. La consistance de ce *ferrage* du pavé est telle qu'en cas d'arrosage ou de pluie, il sert de filtre aux eaux répandues à sa surface et qu'ainsi tous les produits étrangers (crottin, etc.), sont rapidement entraînés vers le caniveau et de là à l'égoût au lieu de pénétrer dans la chaussée comme cela arrive, par exemple, pour le pavage en pierre, où la fondation de sable est presque toujours souillée.

Existe-t-il parmi les différentes constitutions des chaussées que nous venons d'étudier une d'entre elles qui puisse exclusivement être employée. Evidemment non.

A Paris, par exemple, on conservera les chaussées empierrées dans les différents lieux de promenade, au bois de Boulogne, au bois de Vincennes, à la condition de les tenir en état de propreté et de les arroser plusieurs fois par jour l'été afin d'abattre la poussière.

L'asphalte est impossible à employer quand il y a une certaine pente; pour les pavés en bois, une assez forte déclivité est admissible.

Lorsqu'on a établi le pavage en bois rue des Saints-Pères, depuis la rue de l'Université et la rue Jacob jusqu'au boulevard Saint-Germain, pour donner le calme aux malades de l'hôpital de la Charité, on n'était pas sans appréhensions sur ce qui allait se produire à cause de la pente assez forte qui existe avant d'arriver au boulevard. Mais toutes les craintes ont été sans fondement et les voitures à trois chevaux de la ligne d'omnibus de l'Odéon à Batignolles-Clichy, qui la sillonnent toute la journée, n'ont eu aucun accident.

On a craint que l'urine et le crottin en contact permanent avec le pavé de bois ne le fissent pourrir. Rien de semblable n'a été observé jusqu'ici. Du reste, une expérience va être tentée par la direction des travaux. On va paver en bois une rue où se trouve une station de voitures de place et on verra comment ce pavé se comportera.

On a accusé le pavé de bois d'être le réceptacle de microbes pouvant devenir le point de départ d'affections contagieuses.

M. Miquel, le savant chimiste de l'observatoire de Montsouris, a opéré des prélèvements de pavés sur différents points de la capitale et a constaté que les craintes exprimées n'étaient nullement fondées.

Vallin a publié dans un intéressant article sur le pavage en bois des Champs-Elysées terminé en 1882, un extrait d'un rapport de M. W. Haidwood, ingénieur en chef de la voirie de Londres, publié en 1874 sur les accidents de chevaux sur le pavage de cette ville. Une statistique faite après un pointage soigneux ayant eu lieu pendant 48 jours différents, sur des pavages différents ; la distance parcourue en 50 jours était équivalente à 769.943 kilomètres, ce qui est une base d'appréciation suffisante.

Distance parcourue sans accidents :

Asphalte : 307 kilom.

Pavage en granit : 212 kilom.

Pavage en bois perfectionné : 717 kilom.

Le tableau suivant indique la gravité des chutes faites par les chevaux sur les différentes sortes de chaussées, les chutes sur les genoux étant les moins graves et n'interrompant la circulation que quelques secondes, les chutes complètes ou sur le côté, obligeant à défaire le harnais.

	Chûtes sur les genoux.	Chûtes sur l'arrière-train.	Chûtes complètes.	Totaux.
Asphalte......	140	107	190	437
Granit.........	135	22	134	291
Bois...........	277	10	39	326
	552	139	363	1054

Si les accidents sur le pavé de bois sont un peu plus fréquents, on notera qu'ils sont largement compensés par la diminution des chutes complètes.

Enfin, au point de vue du glissement, on trouve les distances suivantes parcourues sans accidents :

Granit	132 milles
Asphalte	191 —
Bois	446 —

Cependant, le bois, lorsqu'il est neuf et qu'il vient à se mouiller, est plus glissant que le granit et que l'asphalte.

Le public apprécie beaucoup le pavé de bois, qui tempère le bruit ; les maisons ne sont plus ébranlées, les malades dont les chambres donnent sur la rue ne sont plus astreints à faire étendre de la paille sous leurs fenêtres.

Enfin, avec le pavé de bois, pas la moindre poussière, qui est insupportable sur les chaussées empierrées.

On se plaint qu'avec le pavé en bois on n'entend plus venir les voitures. Le public s'y fait, surtout depuis que, grâce aux cyclistes qui sillonnent les rues de Paris et vont avec une vitesse énorme, on est forcé d'être plus circonspect et de se tenir de préférence sur les trottoirs.

En résumé, comme le dit M. l'ingénieur Barrabant, le pavage en bois est séduisant et agréable ; il supprime l'ensablement si coûteux et si insalubre des égoûts, il supprime la boue, le bruit, la poussière ; mais il est très onéreux dans les quartiers de gros roulage et d'industrie ; il nécessite un remplacement total, long, gênant et coûteux, quand il est arrivé à un certain degré d'usure.

Néanmoins, comme depuis 1883 on fait des essais de retaille ou de récépage des pavés de bois provenant du démontage des chaussées, le prix d'entretien a diminué.

Nous croyons donc que toutes les fois que l'on pourra l'employer, le pavé de bois sera de plus en plus substitué aux autres modes de pavage.

Nous ne pouvons, en parlant des rues, passer sous silence l'enlèvement des boues et ordures ménagères.

En vertu d'un arrêté préfectoral du 7 mars 1884, les propriétaires doivent mettre à la disposition de leurs locataires, dès neuf heures du soir, un ou plusieurs récipients en tôle galvanisée destinés à recevoir les ordures et devant être déposés chaque matin sur la voie publique, une heure au moins avant l'enlèvement, pour être rentrés aussitôt après l'enlèvement effectué.

M. Nocard, le distingué professeur de l'école d'Alfort, vient d'appeler l'attention du Conseil d'hygiène publique et de salubrité du département de la Seine et celle du Préfet de police, qui préside ce Conseil, sur l'odeur intolérable que dégagent, pendant les chaleurs de l'été, certaines places de stationnement ou d'arrêt des voitures publiques, notamment sur celle de la place du Théâtre-Français. M. le secrétaire général de la préfecture de police a rappelé qu'il est prescrit de faire des lavages fréquents aux stations de voitures de places, que chaque kiosque est, en effet, muni d'une fontaine. Mais c'est surtout devant les bureaux de correspondance des omnibus, là où le public stationne en attendant le passage des voitures, que l'infection est au maximum et que des lavages antiseptiques au sulfate de fer, au sulfate de zinc, au Crésyl ou au chlorure de chaux, seraient le plus nécessaires.

CHAPITRE XXVI

ÉGOUTS

134. — On nomme égouts des conduits, généralement souterrains, destinés à l'écoulement des eaux sales, des immondices d'une ville.

Pour remplir convenablement leur office, dit M. Bechmann, ces conduits doivent être placés suffisamment bas pour recevoir toutes les eaux provenant des rues et des habitations, avoir des parois parfaitement imperméables et demeurer sans communication avec la nappe, afin de ne pouvoir contaminer le sol ni les eaux souterraines. Ils doivent présenter des formes arrondies, des surfaces lisses et des pentes assez rapides pour que les immondices n'adhèrent pas aux parois et ne forment pas de dépôt sur le radier ou, à défaut, être disposés de manière que l'enlèvement continu des dépôts puisse être assuré par un curage périodique. Ils doivent, enfin, avoir une pente suffisante pour débiter, en tout temps, la totalité des eaux qui peuvent y être envoyées, sans qu'il y ait de débordement à craindre, et aboutir en un point convenablement choisi pour les déverser là où elles ne peuvent plus nuire. On comprendra que dans un ouvrage du genre de celui-ci nous ne devions nous occuper des égouts qu'au point de vue de l'hygiène. La partie technique ne nous regarde pas, et du reste elle a été faite de main de maître et avec une compétence parfaite par M. Bechmann, ingénieur en chef chargé du service municipal des eaux de Paris (1).

Le curage des égouts se pratique soit à l'aide d'instruments, griffes, rabots, brosses, pelles, etc., soit surtout au moyen des chasses d'eau. Pour cela on construit des vannes mobiles qui arrêtent l'eau, et quand elle est accumulée en grande quantité, on lève la vanne, l'eau se précipite soit par le pourtour de la vanne, soit par des ventelles, et cette eau entraîne le dépôt en aval et agit concurremment avec la vanne.

Dans le syphon de l'Alma, le curage se pratique au moyen d'une boule mobile. On en trouvera la description dans l'ouvrage de M. Bechmann, dont nous parlons plus haut.

La ventilation des égouts est du domaine de l'hygiène, et doit, par conséquent, attirer tout spécialement notre attention.

Il est de toute évidence, qu'en égard aux gaz qui se dégagent, il importe de procéder à une ventilation parfaite des égouts.

Lorsque ceux-ci communiquent avec la voie publique, la ventilation se fait à l'aide des bouches, l'air se renouvelle par les orifices pratiqués dans ces bouches, mais l'inconvénient est que cet air méphitique se répand sur la voie publique et pénètre dans l'intérieur des maisons. Or il suffit d'approcher d'une de ces bouches quand la plaque est enlevée pour constater qu'il s'en exhale une mauvaise odeur, et cependant les égoutiers et les ouvriers occupés à placer les câbles téléphoniques jouissent d'une assez bonne santé et ne paraissent généralement pas être

(1) *Salubrité urbaine, distributions d'eau, assainissement.* Paris, 1888.

incommodés par leur séjour dans les égouts, mais il faut remarquer qu'ils n'y sont pas constamment.

Certains hygiénistes préconisent la fermeture absolue des bouches d'égout. Il est regrettable que l'on n'ait pas encore trouvé un moyen d'empêcher le gaz émanant des égouts de se répandre librement dans l'atmosphère.

En 1886, M. Renard a proposé, de concert avec M. Pennetier, membre du Conseil de salubrité de la Seine-Inférieure, un mode de fermeture hydraulique des égouts qui est fort ingénieux. Un tube métallique ouvert sur toute la longueur d'une fente de 5 millimètres, est placé horizontalement à la partie supérieure de la bouche d'égout; ce tube, de 6 à 8 centimètres de diamètre, est en communication avec l'eau de la ville qui arrive sous pression. On peut donc à volonté faire couler l'eau par une mince saillie en maçonnerie disposée à environ 10 à 15 centimètres au-dessous du niveau de la rue. L'obturation de l'orifice de l'égout est ainsi obtenue par une nappe d'eau qui retient les gaz et les particules organiques. L'inconvénient, c'est que la dépense d'eau pour chaque bouche est de 75 mètres cubes en vingt-quatre heures.

Les ingénieurs anglais mettent des syphons au pied des tuyaux de chute et disposent pour la ventilation des cheminées spéciales; mais malheureusement celles-ci ne remplissent pas le but qu'on voulait atteindre.

Cette question si importante de la ventilation des égouts n'a donc pas fait un pas, et il y aurait un intérêt capital pour la santé publique à ce qu'elle fût mise au concours. Les hygiénistes sont presque tous d'accord pour dire que les égouts sont d'autant moins dangereux qu'ils sont plus largement ventilés, car l'oxygène de l'air est un agent de désinfection très puissant. Il est incontestable que si l'on pouvait ventiler les égouts autrement que par la voie publique, il en résulterait une amélioration hygiénique excellente, car les gaz s'échappant des égouts peuvent être nuisibles aux habitants ; ces dernières années même, des savants autorisés ont accusé les émanations d'égouts de donner la fièvre typhoïde (Bouchard, Murchison, etc.). Les égouts jouent un rôle si important dans l'existence des habitants des villes, qu'on a pu dire que la santé des agglomérations humaines était en raison directe de l'installation des égouts.

Dans les villes pourvues d'égouts bien installés et bien nettoyés, la mortalité diminue d'une façon frappante. A Londres, par exemple, en 1840, la mortalité était de 25 pour mille, elle est tombée actuellement à 18 et à 16. A Bruxelles, avant la canalisation, elle était de 27 à 31 pour mille, elle est actuellement descendue à 23.

A Berlin, avant les égouts, elle était, en 1850, de 37 pour mille. Elle est actuellement à 20 pour mille. Cet abaissement est le même à Dantzig, Hambourg, Francfort-sur-le-Mein et dans certaines villes anglaises, Bristol, Leicester, Cardiff, Douvres, Newport.

A Paris, malheureusement, l'abaissement n'a pas été aussi considérable, la mortalité étant encore de 25 à 26 pour mille.

Une question, le tout à l'égout, préoccupe à juste titre les hygiénistes et l'opinion publique ; nous ne sommes pas des adversaires du tout à l'égout partout et toujours ; certaines villes peuvent appliquer ce système avec grand avantage, en raison de leur grande abondance d'eau. Il y a deux questions principales à considérer pour que le tout à l'égout ne devienne pas un danger pour les habitants : ce sont une pente suffisante et de l'eau en abondance pour entraîner toutes les matières, particulièrement le sable, qui est la partie la plus résistante des dépôts.

A Paris, nous nous déclarons contre le tout à l'égout, et on peut consulter à ce sujet les différentes communications qui ont été faites à la Société de médecine pratique par le docteur Dubousquet-Laborderie (1).

A Paris, avec le tout à l'égoût, il y a de mauvaises odeurs, il se produit à chaque instant des obstructions et des arrêts dans la circulation des matières, ce qui entraîne de graves inconvénients pour la santé publique.

L'Hôtel-de-Ville est pourvu de ce système ; on y consomme 900 mètres cubes d'eau par jour, et là, comme à l'Ecole centrale, où le système fonctionne aussi, les tuyaux s'engorgent constamment malgré un diamètre de 22 centimètres.

Un inventeur, M. Berlier, a proposé un système de vidange pneumatique, qui, à notre avis, serait un système idéal, les matières étant entraînées au loin au fur et à mesure de leur production.

Avec ce système, le grand problème de l'assainissement des habitations et des villes serait bien prêt d'être résolu, la solution pouvant être résumée dans les deux propositions suivantes :

1° Enlever les matières fécales au fur et à mesure de leur production, sans qu'elles puissent ainsi être jamais nuisibles par leur contact avec l'air, l'eau et le sol.

2° Conduire toutes les matières nuisibles dans les campagnes pour les laisser aux agriculteurs ou dans des usines spéciales.

La vidange pneumatique est donc le système qui réaliserait le mieux les conditions que réclame l'hygiène urbaine ; pas d'émanations, pas d'infiltration, pas d'in-

(1) *Bulletins de la Société de médecine pratique*, 1890. Etude hygiénique sur les égouts de Paris et l'épandage des eaux d'égout.
Bulletins de la Société de médecine et de chirurgie pratiques, 1891. Notes complémentaires sur les égouts de Paris et les dangers du tout à l'égout.

fection des cours d'eau, possibilité de faire profiter de grandes surfaces des eaux vannes, sans en surcharger de petites superficies.

En résumé, au point de vue sanitaire il faut, avant tout, se poser la question suivante : quel est le système d'égouts le plus propre à garantir une ville contre les effets dangereux de ses immondices. Est-ce le système ordinaire dans lequel les ordures de la voie publique ne pénètrent pas dans les égouts, ou bien le système parisien qui les fait enlever par ces égoûts.

La réponse dépend des circonstances suivantes :

1° De la nature des matières dont les rues sont débarrassées par le nettoyage.

2° De la possibilité de conserver les égouts à l'abri de tout dépôt et d'éviter les décompositions qui s'y produisent et les émanations qui s'en dégagent.

3° De la difficulté que l'on éprouve pour rendre inoffensives les matières solides enlevées dans les égouts.

4° Des risques plus ou moins grands que courent les ouvriers qui travaillent dans les égouts (1).

Les gadoues des rues se composent surtout de sable, de crottin de cheval et d'autres ordures en moindre quantité. Ces matières ne sont pas de nature à compromettre la santé publique, si on a soin de les enlever au moyen de tombereaux, comme cela se fait dans un très grand nombre de villes. Transportés dans un milieu convenable, le sable et les autres matières ne peuvent occasionner aucun inconvénient grave, d'autant plus qu'on peut les soumettre à l'action du feu et s'en servir comme engrais, ce qui se pratique beaucoup en Angleterre.

Mais, par contre, le sable introduit dans les égouts y

(1) Palbory. *Traité de l'hygiène publique*, d'après les applications dans différents pays d'Europe (Doin, éditeur).

devient dangereux, en s'opposant au libre écoulement des eaux, ce qui provoque des dépôts comme dans les égouts de Paris, malgré tout le soin que l'on met à tenir ceux-ci aussi propres que possible.

Si on consulte les tableaux de morbidité et de mortalité cités par l'ingénieur Humblot, on voit que les égoutiers ont une mortalité par fièvre typhoïde deux fois aussi grande que pour tout Paris, et en tout cas on est autorisé à soutenir que l'air des égouts, l'obscurité, l'humidité, altèrent les fonctions normales de l'organisme, puisque les ouvriers travaillant dans les égouts présentent plus de maladies et de décès que le restant de la population.

Les expériences faites à Paris comme dans un grand nombre de villes, confirment pleinement cette vérité que, pour empêcher les égouts d'être nuisibles, il faut les préserver des dépôts, les laver à grande eau et les ventiler soigneusement.

On a proposé, comme nous l'avons déjà dit, de fermer les bouches des rues, d'employer des cheminées d'appel et des ventilateurs ; mais les appareils de ce genre sont fort compliqués, difficiles à manier et n'exercent leur action que sur une petite longueur des galeries ; des ouvertures nombreuses et de grandeur suffisante seront toujours le meilleur mode de ventilation. On a récemment proposé en Angleterre la ventilation au moyen de tuyaux débouchant aux becs de gaz de la voie publique. Mais l'effet produit ne peut être efficace en raison du petit diamètre du tuyau, et en tout cas la ventilation ne peut se faire que lorsque le gaz est allumé.

Il est incontestable que cette grande question d'hygiène urbaine n'est pas résolue, et qu'il serait désirable, comme nous l'avons dit plus haut, qu'elle fût mise au concours.

Nous avons parlé du tout à l'égout, système qui, en principe, paraît être le plus simple et le plus rationnel ; mais qui exige la réalisation d'un ensemble de conditions fort difficiles à appliquer dans la pratique, de l'aveu même de ceux qui le préconisent.

Voyons en quoi ce système consiste, quels sont ses avantages et ses inconvénients.

Le tout à l'égout consiste à chasser de la maison dans les galeries, toutes les matières au moyen d'un courant d'eau, et à les entraîner d'une façon continue jusqu'aux champs d'irrigation qui les filtrent et les utilisent (Rochard, *Traité d'hygiène sociale*).

Il faut, pour cela, que les égouts soient étanches, qu'ils aient partout une pente suffisante et qu'il y ait une circulation d'eau considérable, conditions irréalisables en certains endroits. Au minimum il faut compter 10 litres d'eau par jour et par habitant pour assurer l'entraînement et la dilution des matières versées dans les cabinets d'aisances ; une fois arrivées à l'égout, ces matières doivent être rapidement entraînées hors de la ville, et si on veut utiliser les eaux ainsi polluées, et éviter d'empoisonner les cours d'eau, il faut disposer de champs d'irrigation suffisamment étendus.

Ces conditions sont-elles réalisables toujours et partout, surtout à Paris ?

A Londres, Berlin, Edimbourg, Bruxelles, Breslau, Odessa, Rome, on pratique le tout à l'égout.

Mais dans ces villes, avant d'appliquer le système, on a établi une canalisation en rapport avec lui, on s'est procuré beaucoup d'eau et des champs d'épandage suffisants.

A Paris, en ce moment, nous n'avons rien de tout cela, et la pente de nos égouts est insuffisante ou nulle en de trop nombreux points de notre réseau. La ville de Paris ne dispose pas d'assez d'eau pour produire l'entraînement qui est la première condition du système et aurait-elle même la quantité suffisante qu'un très grand nombre de galeries ne pourrait recevoir pareille quantité d'eau. Notre réseau se compose de parties construites à différentes époques, et nullement disposées pour le tout à l'égout (pente, étanchéité et contenance insuffisantes).

Le principe en lui-même est excellent lorsque toutes les conditions que nous venons d'énumérer sont remplies, mais nous les considérons comme irréalisables sur tout le réseau de Paris.

En attendant que par un système quelconque, vidange pneumatique ou tout à l'égout, on puisse envoyer les matières fécales sur de vastes surfaces d'épandage, il faudra bien subir à Paris, comme dans bien d'autres villes encore, l'infection des cours d'eau et la nécessité des dépotoirs et des usines où vont toutes ces matières fécales. Il est évident que Paris est une des villes où le problème présente le plus de difficultés et il nous semble que le même système ne saurait convenir partout.

Les villes situées sur un terrain plat, au bord de la mer ou d'un grand cours d'eau, ne comportent pas les mêmes procédés que celles qui se trouvent sur une colline ou qui n'ont qu'un ruisseau ou un cours d'eau insuffisant à leur disposition.

Comme nous l'avons exposé, nous n'avons pas à nous occuper ici de la partie technique des différents systèmes, mais nous devons chercher à nous rendre compte de leur valeur hygiénique.

Puisque le tout à l'égout est actuellement le système le plus répandu dans les grandes villes d'Europe et qu'il tend à devenir général pour Paris, il est bon de savoir ce qu'à donné le réactif humain depuis les premières tentatives du tout à l'égout.

Si on consulte la statistique mortuaire de Paris par maladies infectieuses et zymotiques, de 1876 à 1885, on trouve les chiffres suivants :

1876.	5.185 décès.
1877.	5.859 —
1878.	3.812 —
1879.	4.234 —
1880.	8.181 —
1881.	7.147 —
1882.	7.817 —
1883.	5.643 —
1884.	5.746 —
1885.	5.419 —

On voit, d'après ces chiffres, qu'il y a une coïncidence remarquable, et qui ne laisse pas que d'inspirer certaines réflexions, entre l'augmentation de la mortalité pendant les cinq années 1880 à 1884, l'établissement progressif des tinettes filtrantes des premières expériences du tout à l'égout qui ont précisément été tentées pendant ces années.

Au point de vue hygiénique, il ne s'agit pas seulement de préserver l'enceinte de la ville du danger de ses immondices de toute nature, mais il faut encore en préserver ses faubourgs et toutes les localités environnantes, surtout pour des villes comme Paris, Londres, etc., et nous allons examiner rapidement quels sont les moyens le plus ordinairement employés pour se débarrasser des eaux et matières d'égout.

1° On peut les envoyer dans les cours d'eaux voisins ou à la mer ;

2° On peut les répandre sur le sol pour le fertiliser et pour que les eaux d'égouts soient filtrées en le traversant.

Dans le premier cas, toutes les matières fertilisantes sont perdues pour l'agriculture. Les villes sur le bord de la mer ou à peu de distance d'elle peuvent seules y envoyer leurs eaux d'égouts, et dans l'Océan ou la Manche où les marées sont très fortes, cette pratique est généralement excellente ; il n'en est pas de même pour les villes de la Méditerrannée, à moins de conduire les eaux vannes très au large et au point de vue de l'insalubrité, le Port-Vieux de Marseille et la petite Darse de Toulon sont célèbres.

Quand les eaux d'égouts sont projetées dans une rivière ou dans un fleuve à courant et à débit considérables comme le Rhône, le Rhin, le Danube, la Néva, il peut n'en résulter aucun inconvénient, mais le danger devient considérable si les eaux d'égouts sont conduites dans une rivière ou dans un fleuve à cours très lent et à débit peu considérable, comme la Saône, la Marne, la Seine, etc.

La Seine, par exemple, reçoit par jour près de 350.000 mètres cubes et sa pollution est telle qu'à plus de 60 kilomètres elle n'est pas encore épuisée. Cette situation est déplorable pour toutes les localités riveraines et la question de son assainissement est loin d'être résolue.

L'impureté des eaux de la Seine est telle qu'à St-Ouen, par exemple, au mois de juillet 1892, on trouvait à l'analyse bactériologique 4.500.000 bactéries au centimètre cube et parmi ces bactéries il y avait celles de la putréfaction, celles du pus et de la fièvre typhoïde, etc., etc. Ces chiffres et l'énumération que nous faisons des organismes contenus dans l'eau de la Seine donnent l'idée de tous les dangers qu'elle peut faire courir aux populations, soit qu'elles en usent comme eau d'alimentation, soit même qu'elles en respirent les émanations.

En Angleterre, depuis les travaux de Frankland, une loi très complète et très sérieuse, interdit la pollution des cours d'eau.

En France, nous avons l'ordonnance des eaux et forêts d'août 1869, une décision ministérielle de juillet 1875, et au moins une dizaine de lois et décrets ayant pour but de protéger les cours d'eau, mais dans la pratique tout cet arsenal de lois et de règlements est resté lettre morte.

Afin de se débarrasser des eaux vannes, on doit procéder à l'épandage sur des terrains convenables. Pour que cet épandage soit fait dans de bonnes conditions et sans danger pour les localités, il faut que le terrain soit perméable, que la couche filtrante ait deux mètres de profondeur, et que les surfaces soient suffisantes.

Quand les eaux d'égouts ne contiennent pas de matières fécales, l'épandage n'offre évidemment pas les mêmes dangers que si elles contiennent, comme à Paris, une très grande quantité de déjections. Dans ce cas surtout, on doit éviter de répandre de grandes masses sur de petites surfaces. Les travaux actuels de la ville de Paris doivent être considérés comme une expérience en grand ; il faut que chacun en étudie attentivement les premiers résultats, sans parti pris.

L'épuration chimique n'a pas encore donné des résultats probants pour de grandes masses.

CHAPITRE XXVII

DISTRIBUTION D'EAU ET DE GAZ

155. Distribution d'eau. — Les lavages qu'exige le nettoiement de la voie publique s'effectuent par des bouches d'eau situées dans l'épaisseur même du trottoir et dont l'eau qui s'en échappe s'écoule par deux ouvertures dans les caniveaux où les cantonniers poussent toutes les matières accumulées soit le long de ces caniveaux, soit dans l'espace qu'ils nettoient, c'est-à-dire à environ un mètre.

L'arrosage de la voie publique se fait soit au moyen de tonneaux, soit avec la lance.

Enfin, de distance en distance sont placés de larges orifices ou bouches d'incendie sur lesquelles les pompiers vissent leurs raccords.

Toute l'eau employée au lavage des caniveaux et à l'arrosage de la voie publique, l'arrosage des squares et aux fontaines monumentales, le lavage des urinoirs est exclusivement de l'eau de rivière.

Sur la voie publique existent des fontaines dite Wallace, uniquement alimentées par l'eau de source.

L'eau employée comme force motrice est l'eau de rivière.

Malheureusement les ascenseurs exigent, à cause de la pression, l'eau de source, ce qui diminue notamment la quantité attribuée au public comme eau potable et quantité tellement insuffisante, malgré les adductions que l'on fait de nouvelles sources, que chaque année pendant l'été, au moment de la sécheresse, on substitue pendant plusieurs jours l'eau de rivière à l'eau de source, ce qui amène chaque fois des cas de maladie dans la population. Le service privé s'alimente au moyen de l'eau de source.

Celles-ci sont les suivantes, d'après M. Bechmann : L'aqueduc de la Dhuis, construit le premier en 1864-1866, n'a pas moins de 131 kilomètres de longueur depuis l'origine du ruisseau de la Dhuis, affluent du Surmelin, près de Château-Thierry, jusqu'aux hauteurs de Ménilmontant.

Le second aqueduc, celui de la Vanne, commencé en 1868 et terminé en 1874, est beaucoup plus important ; il fournit chaque jour 110.000 mètres cubes d'eau. La longueur totale de la dérivation de la Vanne est de 173 kilomètres ; elle aboutit sur les hauteurs de Montrouge, à côté du parc de Montsouris, dans un réservoir à deux étages de quatre hectares de superficie et de 250.000 mètre cubes de capacité. A ces sources il faut ajouter la Vigne (Eure-et-Loir).

L'eau de source arrive dans les maisons au moyen d'une colonne montante sur laquelle se soudent des tuyaux qui conduisent l'eau dans les appartements.

Pendant l'année 1893, la dernière dont la statistique ait été faite, il a été distribué en moyenne par jour :

Pour le service et les fontaines de puisage public :

Eau de source . . . . 156.000 m.

Pour le service public, lavage et arrosage des voies publiques, promenades et plantations et les usages industriels des particuliers :

Eau d'Ourcq	149.000 m.
Eau de Seine et de Marne.	179.000
Eau d'Arcueil et des puits artésiens. .	7.000
Excédent d'eau d'Avre non employée au service privé et utilisée au service public.	25.000
Total	516.000 m.

Ce volume représente, pour une population de 2.477.957 habitants (recensement de 1891) une moyenne de consommation journalière de 210 litres par habitant, dont 62 litres pour les besoins domestiques.

Ce calcul fait par la Ville est inexact. En effet, la population a très sensiblement augmenté de 1891 à 1893, ce qui diminue d'autant la quantité qui revient à chaque habitant.

Mais admettons pour un instant que pas une goutte d'eau ne soit détournée des usages domestiques, il n'en reste pas moins que parmi les grandes villes, Paris est la moins favorisée.

Ainsi, à Lyon, chaque habitant a à sa disposition 400 litres d'eau par jour. A Marseille 792 et à New-York 1000 litres.

Nous avons vu, à propos des eaux potables, que sans dépenser autant de millions pour un résultat aussi minime, il était facile d'avoir, ainsi qu'on le fait à Nantes, sur les conseils de M. Lefort, de l'eau à discrétion et pour une somme relativement insignifiante et une eau plus pure que celle des sources qui alimentent Paris.

158. Distribution de gaz. — Le gaz dont l'usage tend de jour en jour à devenir plus grand, s'il rend de réels services, est par contre la source de quelques accidents (explosions, brûlures, empoisonnement) qu'avec un peu de soin il est facile d'éviter.

Le gaz circule dans des tuyaux métalliques qui doivent être apparents pour pouvoir rechercher les fuites.

Lorsqu'il s'en produit une, ce que dénote généralement l'odorat, il faut immédiatement ouvrir les portes et les croisées pour établir un courant d'air et fermer les robinets intérieur et extérieur. Le gaz mélangé à l'air forme un mélange détonant.

On doit s'abstenir avec le plus grand soin de rechercher soi-même la fuite avec de la lumière.

Il convient de prévenir aussitôt la Compagnie du gaz qui enverra un ouvrier spécial chercher la fuite et on y remédiera ensuite.

Dans le cas où, soit par imprudence, soit accidentellement, une fuite de gaz aurait été enflammée, il suffira pour l'éteindre de poser dessus un linge imbibé d'eau, et de fermer immédiatement le robinet.

Il ne faut jamais coucher dans une pièce où il existe un ou plusieurs becs de gaz sans avoir préalablement pris bien soin de fermer le soir le compteur.

C'est pour avoir négligé cette précaution que des personnes ont été trouvées mortes dans leur lit.

CHAPITRE XXVIII

VOITURES, TRAMWAYS, CHEMINS DE FER

157. Voitures. — Les voitures de place et de remise n'ont été l'objet, au point de vue de l'hygiène, que de l'arrêté suivant relatif à leur chauffage :

Paris, le 5 décembre 1889.

Nous, Préfet de police,

Vu : 1° la loi des 16-24 août 1790 ; — 2° les arrêtés des Consuls des 12 messidor an VIII et 3 brumaire an IX, et la loi du 10 juin 1853 ; — 3° Les articles 471 et 475 du Code pénal ; — 4° l'avis du Conseil d'hygiène et de salubrité publique du département de la Seine ;

Considérant que l'emploi de charbons ou briquettes pour le chauffage des voitures présente des dangers lorsque les gaz produits par la combustion ne se dégagent pas à l'extérieur des voitures, et que des cas d'intoxication par l'oxyde de carbone ont déjà été constatés dans certaines voitures pourvues de ce mode de chauffage.

Ordonnons ce qui suit :

Article premier. Les charbons ou briquettes ne pourront plus être utilisés comme mode de chauffage des voitures de place et de remise, à moins que les chaufferettes ne soient disposées de telle sorte que les gaz de la combustion se dégagent directement à l'extérieur. — *Art. 2.* Les contraventions à la présente ordonnance seront constatées par des procès-verbaux ou rapports qui seront transmis par les fonctionnaires, préposés ou agents qui les auront dressés, pour être déférés aux tribunaux compétents — *Art. 3.* La présente ordonnance sera imprimée, publiée et affichée. — Les commissaires de police, le chef de la police municipale, et les agents sous leurs ordres, le contrôleur de la Fourrière et les autres préposés de la Préfecture de police sont chargés, chacun en ce qui le concerne, d'en assurer l'exécution — Elle sera, en outre, adressée à M. le colonel de la légion de la garde républicaine et à M. le colonel commandant la gendarmerie de la Seine, qui sont chargés de tenir la main à son exécution par tous les moyens mis à leur disposition.

Le Préfet de police, H. Lozé.

Avant la création des voitures de l'ambulance urbaine il arrivait quelquefois que des voitures de place servaient au transport de malades atteints d'affections contagieuses. La Préfecture en exigeait alors la désinfection instantanée, mais combien de cochers, consciemment ou inconsciemment, ont-ils obéi à cette prescription.

158. Tramways et chemins de fer. — Un décret en date du 6 août 1881, prescrit les dispositions suivantes pour les voitures et les chemins de fer :

L'étage inférieur est complètement couvert, garni de banquettes avec dossiers, fermé à glaces au moins pendant l'hiver, muni de rideaux et éclairé pendant la nuit ; l'étage supérieur est garni de banquettes avec dossiers ; on y accède au moyen d'escaliers qui sont accompagnés, ainsi que les couloirs latéraux donnant accès aux places, de garde-corps solides d'au moins un mètre dix centimètres ($1^{m}10$) de hauteur effective.

Sur les voies ferrées où la traction est opérée au moyen de locomotives, l'étage supérieur est couvert et protégé à l'avant et à l'arrière par des cloisons. — Les dossiers et les banquettes doivent être inclinés, et les dossiers sont élevés à la hauteur des épaules des voyageurs.

Dans les omnibus et les tramways, le Préfet de police, sur l'avis conforme du Conseil d'hygiène publique et de salubrité du département de la Seine, a fait afficher un avis pour recommander au public de s'abstenir de cracher dans ces véhicules. Ceci a été fait dans le but d'éviter la propagation de la tuberculose par les crachats.

Bien que cet avis ne soit, dans le cas où on n'en tiendrait pas compte, susceptible d'aucune sanction, il est à remarquer que le public s'y conforme assez bien, soit qu'il en comprenne l'importance, ou qu'il veuille éviter de se voir rappelé, par un conducteur, aux règles de la bienséance.

CHAPITRE XXIX

CIMETIÈRES, CRÉMATION

159. — Les inhumations qui se faisaient jadis dans l'intérieur des églises, furent interdites à Rome en vertu de la loi des XII tables. Il fut défendu d'inhumer dans l'intérieur de la ville. Les tombeaux particuliers des riches étaient placés le long des routes, en dehors de Rome, et les cimetières où l'on inhumait les pauvres et les esclaves étaient placés hors la ville.

Plus tard, les cimetières devinrent une dépendance de l'Eglise, les corps étaient placés dans les souterrains quand il s'agissait de personnages de marque et les autres inhumations se faisaient dans des terrains situés aux portes des villes. Ceux-ci s'étant trouvés, par suite de l'accroissement de la population, englobés dans la ville, il ne fallut rien moins qu'un arrêté du Parlement du 21 mai 1765 qui prescrivit le transfert hors de l'enceinte de la ville de tous les cimetières existants.

La loi du 8-15 mai 1791 attribuant aux communes la propriété des cimetières, le préfet de la Seine Frochot, par un arrêté du 21 ventôse an IX, prescrivit l'établissement de trois cimetières situés en dehors de l'enceinte de Paris. Le décret du 23 prairial an XII, qui règle la matière, est encore en vigueur aujourd'hui.

En premier lieu, il est interdit de pratiquer des inhumations dans les églises ou hôpitaux. Les villes et les bourgs doivent acquérir à 35 ou 40 mètres hors de leur enceinte des terrains entièrement consacrés à l'inhumation des morts. Toutes les communes de France doivent, en vertu d'une ordonnance royale du 6 décembre 1843, se soumettre à cette règle.

Les 35 ou 40 mètres doivent être comptés à partir des dernières habitations agglomérées. Enfin, à titre de servitude d'utilité publique, défense est faite de construire dans un rayon de 100 mètres autour des cimetières.

Aux termes du décret du 7 mars 1808, une autorisation est nécessaire pour construire ou creuser un puits à moins de 100 mètres des cimetières transférés hors des communes.

Les cimetières doivent autant que possible être placés au nord et on doit y planter des arbres. La végétation assainit le sol, absorbe l'humidité et les produits putréfiés. — Les arbres doivent être plantés de manière à assurer la libre circulation de l'air. Quand on veut choisir l'emplacement d'un cimetière, il faut avant tout se préoccuper de la nature du sol, qui doit être telle que les matières animales soient rapidement décomposées et facilement absorbées.

Le sol argileux doit pour ces raisons être rejeté. Le sable favorise la momification. Les terrains calcaires ou argilo-calcaires sont les meilleurs et doivent être préférés.

Dans le choix de l'emplacement des cimetières, il faut aussi examiner s'il n'existe pas de nappes souterraines qui seraient vite altérées par les corps en décomposition.

Si ces nappes existent et qu'on en constate l'existence quand le cimetière est construit, il faut ou renoncer à utiliser l'eau des sources qu'elle alimente, ou déplacer le cimetière.

Un règlement d'administration publique du 27 avril 1889, rendu en exécution et pour l'application de la loi du 15 novembre 1887 sur la liberté des funérailles, autorise l'usage de tranchées pour les inhumations gratuites, à condition qu'elles aient une profondeur de 1m50 et que les cercueils y soient disposés à une distance l'un de l'autre d'au moins 20 centimètres.

Le terrain qui a servi à une inhumation ne peut être réoccupé avant un délai de 5 ans. A Paris, les concessions sont *temporaires* (durée de quinze ans au plus et non renouvelables), *trentenaires* ou *perpétuelles*. La ville de Paris possède actuellement dix-neuf cimetières, savoir : cimetières de l'Est (Père-Lachaise), — du Nord (Montmartre), — du Sud (Montparnasse), — d'Auteuil, — de Bagneux, — de Batignolles, — de Belleville, — de Bercy, — du Calvaire, — de la Chapelle, — de Charonne, — de Grenelle, — d'Ivry, — de Pantin, — de Poissy, — de St-Ouen, — de St-Vincent, — de Vaugirard, — de la Villette.

Les travaux des cimetières occasionnent des accidents nombreux dus à l'asphyxie par émanations méphitiques. Aussi le Conseil d'hygiène publique et de salubrité de la Seine, pour prévenir le retour d'événements aussi funestes, prescrivit les précautions suivantes :

1° On n'enlèvera l'eau qui remplit les tombes qu'à l'aide d'une pompe. — 2° Lors des exhumations, la même pompe sera employée à l'aspiration de l'air contenu dans les caveaux, avant que les ouvriers n'y descendent. — 3° On y pratiquera ensuite des aspersions d'eau chlorurée. — 4° Lors des exhumations, une partie des ouvriers seulement descendra dans les caveaux et d'autres resteront en dehors prêts à leur porter secours et munis de cordes et de tous les appareils nécessaires. — 5° Une boîte de secours sera placée dans les cimetières. — 6° Enfin, un extrait de l'Instruction sur les asphyxies sera affiché pour guider dans l'application des secours à administrer dans les circonstances semblables.

Plus tard, sur la proposition de l'un de ses membres, M. Chevallier, le Conseil insista sur la nécessité de placer dans les cimetières de Paris : 1° un ventilateur à palettes porté sur des roues et pouvant être conduit dans toutes les parties du cimetière où une ventilation devrait avoir lieu. Des brancards furent aussi déposés dans les cimetières.

160. Crémation. — La pratique de la crémation, qui remonte à la plus haute antiquité, était d'un usage constant chez les Hébreux, dans l'Inde, etc. Après avoir passé par des phases diverses, avoir été, par un capitulaire de Charlemagne, défendue sous peine de mort, elle ne fut employée à Paris que le 1er floréal an IX.

La loi du 15 novembre 1887, sur la liberté des funérailles, a autorisé le choix des modes de sépulture autres que l'inhumation ; le règlement d'administration publique qui détermine les conditions afférentes à ce qui concerne la crémation porte :

DE L'INCINÉRATION. — *Art. 16.* Aucun appareil crématoire ne peut être mis en usage sans une autorisation du préfet accordée après avis du Conseil d'hygiène. — *Art. 17.* Toute incinération est faite sous la surveillance de l'autorité municipale. Elle doit être préalablement autorisée par l'officier de l'état civil du lieu du décès, qui ne peut donner cette autorisation, que sur le vu des pièces suivantes : 1° Une demande écrite du membre de la famille ou de tout autre personne ayant qualité pour pourvoir aux funérailles ; cette demande indiquera le lieu où doit s'effectuer l'incinération ; 2° Un certificat du médecin traitant affirmant que la mort est le résultat d'une cause naturelle ; — 3° Le rapport du médecin assermenté commis par l'officier de l'état-civil pour vérifier les causes de décès, à défaut du certificat d'un médecin traitant, le médecin assermenté doit procéder à une enquête sommaire dont il consignera les résultats dans son rapport. — Dans aucun cas l'autorisation ne peut être accordée que si le médecin assermenté certifie que la mort est due à une cause naturelle. — *Art. 18.* Si l'incinération doit être faite dans une autre commune que celle où le décès a eu lieu, il doit en outre être justifié de l'autorisation de transporter le corps, conformément à l'art. 4. — *Art. 19.* La réception du corps et son incinération sont constatées par un procès-verbal qui est transmis à l'autorité municipale. — *Art. 20.* Les cendres ne peuvent être déposées, même à titre provisoire, que dans des lieux de sépulture régulièrement établis. Toutefois les dispositions des art. 12 à 15 ne sont pas applicables à ces dépôts (1). — *Art. 21.* Les cendres ne peuvent être déplacées qu'en vertu d'une permission de l'autorité municipale.

Les Sociétés pour la propagation de la crémation prennent de jour en jour une importance plus grande. Celle qui a été fondée à Paris il y a douze ans, est une des plus considérables. — Dans son assemblée générale de 1893, M. Georges Salomon a présenté l'état suivant de la crémation à l'étranger : Aux Etats-Unis il existe plus de trente sociétés de crémation et six crématoires en plein fonctionnement. Pour montrer les progrès que fait la crémation, il suffit de mettre en parallèle les crémations faites jusqu'en 1886 (145) et celles pratiquées jusqu'à la fin de 1892 (2017, dont 503 pour la dernière année). — Ces chiffres ne ressemblent guère à ceux de la Préfecture de la Seine, que nous donnons plus loin.

En Angleterre, le monument de *Manchester* a été inauguré en septembre 1893 et déjà huit incinérations ont été

(1) Ces articles sont relatifs aux dimensions des fosses en cas d'inhumation.

pratiquées. — A Woking, près de Londres, on a déjà pratiqué 135 crémations depuis le commencement de 1892.

A Berlin, le Landstag prussien a refusé l'autorisation d'élever un crématoire destiné uniquement à incinérer les corps des personnes décédées à la suite de maladies contagieuses.

L'Italie possède actuellement 23 crématoires. — En Suisse, en Suède, en Norvège, la crémation commence à trouver des adeptes.

A Paris, il n'existe qu'un four crématoire, appartenant à la Ville, qui fonctionne au cimetière du Père Lachaise. Le nombre des incinérations pratiquées pendant l'année 1892 s'élève à 3.974, se décomposant comme suit :

Incinérations demandées par les familles. .	159
Incinérations des débris d'hôpitaux	2.389
Incinérations d'embryons	1.426
Total. . . .	3.974

Les chiffres des incinérations demandées par les familles étaient en 1893 de 199 et en 1894 jusqu'au mois de juillet inclus de 148.

Il n'est pas sans intérêt de retracer brièvement par quelles phases est passée la question de la crémation. L'idée de la crémation employée seulement chez les anciens ne réapparut plus que le 21 brumaire an V, quand Daubermesnil, membre du Conseil des cinq cents, déposa un projet de loi accordant aux citoyens le droit de faire brûler leurs morts. Ce projet ne reçut jamais de solution. Ce n'est guère qu'au commencement du second empire que le Dr Caffe entreprit une campagne dans ce sens. En Italie, la crémation trouva des apôtres ardents dans les docteurs Coletti, Giro, Du Jardin Bertani et Castiglioni. La question fut étudiée en Suisse, en Allemagne et en Angleterre.

En 1874 un membre du Conseil municipal de Paris, M. Vauthier, proposa d'ouvrir un concours pour l'exécution du programme suivant :

Art. premier. Le procédé d'incinération de décomposition chimique devra assurer la transformation des matières organiques, sans production d'odeur, de fumée, ni de gaz délétères.

Art. 2. On devra garantir l'identité et la conservation totale et sans mélange de matières fixes.

Art. 3. Le moyen sera expéditif et économique.

Art. 4. Il ne sera apporté aucun obstacle à la célébration des cérémonies religieuses de quelque culte que ce soit.

Avant de soumettre ce programme au Conseil municipal, l'administration crut devoir consulter sur la question générale de la crémation le Conseil d'hygiène publique et de salubrité de la Seine. Ce conseil, dans sa séance du 25 février 1876, adopta un rapport de M. Troost dont les conclusions étaient les suivantes :

1° Il est possible et même aisé de brûler les corps sans production d'odeur de fumée ni de gaz délétères.

2° Au point de vue de la salubrité, l'incinération peut avoir des avantages sur l'inhumation, surtout dans les conditions où cette dernière est pratiquée en ce qui concerne les fosses communes.

3° L'incinération présenterait les plus graves inconvénients au point de vue des investigations de la justice pour la recherche des crimes.

Le Conseil de salubrité donna toutefois un avis favorable sur l'incinération des débris humains provenant des amphithéâtres de dissection.

M. Darcel, ingénieur en chef des promenades et plantations, et M. Formigé, architecte de la ville, après avoir étudié les appareils crématoires existants, à l'étranger, donnèrent la préférence à celui construit d'après le système Gorini employé à Milan.

Des travaux furent immédiatement commencés et ter-

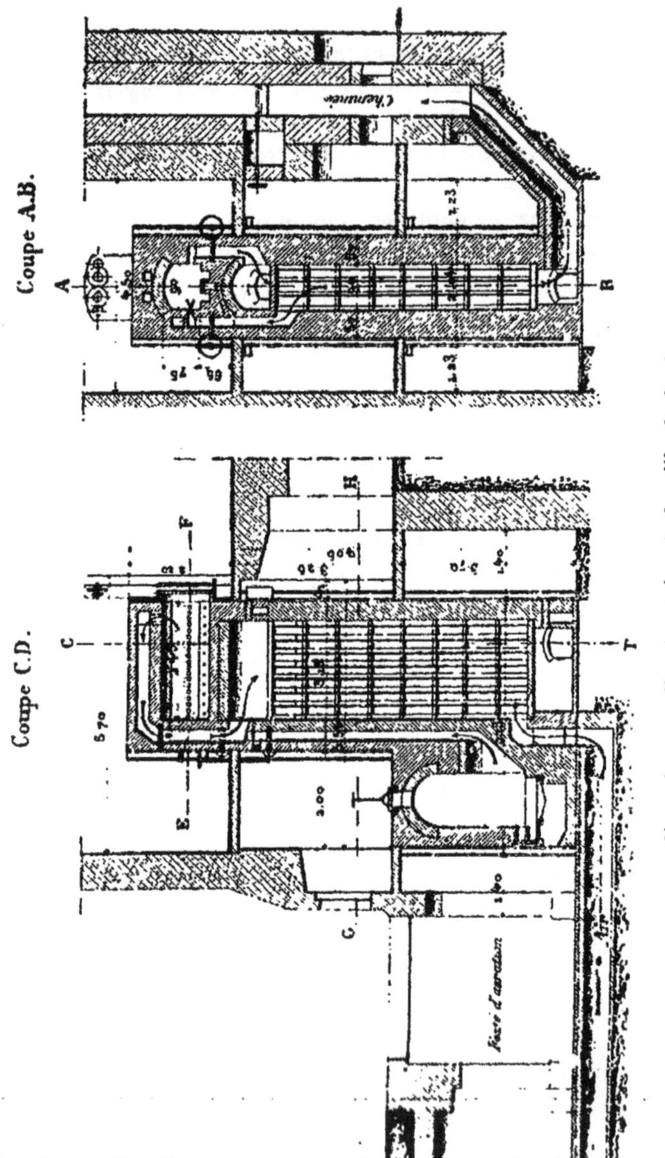

Nouvel appareil crématoire de la ville de Paris.

minés en 1887. Le monument élevé n'était alors destiné qu'à l'incinération des débris d'hôpitaux.

Dans son état actuel, dit M. Caffort, chef du bureau des cimetières, qui a publié sur ce sujet un intéressant travail, le monument crématoire n'a que le tiers environ de la surface qu'il doit avoir définitivement, c'est la partie destinée à recevoir les appareils d'incinération, avec une galerie de dégagement en avant, qui est construite.

La salle où le public doit se tenir pendant les cérémonies va être construite prochainement.

Le rez-de-chaussée du monument, ou plutôt l'étage en soubassement, est réservé au dépôt de combustible et aux ouvriers chauffeurs ; le rez-de-chaussée contient la salle du public et le catafalque. A l'inverse de ce qui se passe à Milan et à Gotha, la famille ne quitte pas des yeux les restes des morts.

C'est pour empêcher que des crimes n'échappent par la crémation à l'action de la justice que l'autorité a introduit dans le règlement sur les incinérations, reproduit plus haut, l'article 17.

M. Mégnin, médecin-vétérinaire, membre de l'académie de médecine, a adressé à ce corps savant un travail des plus intéressants sur la *Faune* des cadavres : nous allons l'analyser :

La décomposition des cadavres est, comme on sait, le résultat de l'action de certains microbes de différentes espèces, qui se suivent d'une manière régulière dans les phénomènes si complexes de la putréfaction. Leur action est accompagnée chaque fois d'une émission de gaz odorants ; ce sont ces gaz, perçus par les insectes souvent à des distances prodigieuses, tant leur sens olfactif est puissant, qui leur indiquent le degré auquel la putréfaction est arrivée et leur permettent de choisir le moment le plus convenable pour leur progéniture. Ainsi s'explique la succession régulière des insectes nommés par M. Mégnin les *Travailleurs de la mort*, qui se continue même après que le rôle des microbes a cessé. S'il reste des parties, tendons, ligaments ou peau qui, desséchées, ont résisté à la putréfaction, elles n'en sont pas moins détruites par certains insectes rongeurs, qui viennent ainsi compléter le rôle de leurs prédécesseurs.

Il arrive un moment où tout est consommé et où il ne reste rien à côté des os blanchis, qu'une sorte de terreau brun, finement granuleux, mêlé de carapaces d'insectes ; ainsi s'est accomplie cette parole de l'écriture : *Tu es poudre et tu retourneras en poudre.* Cette poudre examinée de près n'est autre chose que l'accumulation des excréments des générations d'insectes qui, à l'état larvaire, se sont succédés sur le cadavre.

L'action des insectes, parallèle à celle des microbes et la complétant, s'opérant par la succession régulière des escouades des Travailleurs de la mort, sur un cadavre à l'air libre, fait de ces derniers de véritables réactifs animés, indicateurs du degré auquel est arrivée la décomposition cadavérique, et par suite des indicateurs du temps qui s'est écoulé depuis le moment de la mort du sujet jusqu'à celui où la dernière escouade des travailleurs est apparue. Tout ceci a fait l'objet de nombreuses applications par M. Mégnin, à la médecine légale ; elles sont consignées dans son livre : LA FAUNE DES CADAVRES, *application de l'entomologie à la médecine légale.* »

Dans les cadavres inhumés, les choses se passent moins régulièrement, bien qu'ils ne soient pas complètement à l'abri des insectes comme on le croyait et comme beaucoup de personnes le croient encore.

CHAPITRE XXX.

ÉCOLES, CASERNES

161. Ecoles. — L'emplacement des écoles devra toujours être choisi dans un quartier sain, loin des endroits par trop populeux. Il faut qu'il puisse être dans les meilleures conditions d'hygiène, ventilation, orientation.

Les classes devront être élevées sur cave et très vastes, de façon qu'il y ait un minimum de 6 mètres cubes d'air par enfant; elles devront être largement ventilées, mais on n'ouvrira les fenêtres que d'un seul côté pendant les heures de travail, des deux côtés au contraire pendant les récréations.

Divers procédés de ventilation ont été essayés, mais la question est encore à l'étude.

Pour le chauffage, la ville de Paris a adopté le calorifère Geneste, qui n'a pas les inconvénients du poêle et qui verse dans l'atmosphère de la classe, après l'avoir réchauffé, l'air qu'il est allé prendre à l'extérieur.

L'éclairage est aussi une question qui a vivement préoccupé les hygiénistes, puisque les produits de la combustion sont aussi versés directement dans l'atmosphère. Le général Morin s'était occupé, pendant de longues années, de ventiler les classes au moyen de l'éclairage. Ces expériences ont été reprises en 1885 par M. Wallon et faites au lycée Janson-de-Sailly avec du verre perforé. Elles n'ont donné que de médiocres résultats. On en reste donc, quant à présent, au système ancien de Geneste et Herscher qui est le suivant :

Il comprend quatre ouvertures de 26 centimètres sur 28, placées d'un même côté, deux à 15 centimètres environ du sol, deux à la même distance du plafond et communiquant avec des gaines d'évacuation et des cheminées d'appel. Au côté opposé, des ouvertures d'introduction permettent à l'air extérieur d'entrer en passant sur les tuyaux de chauffage. Ces dernières, également du système Geneste et Herscher, forment une ceinture garnissant trois des côtés de la salle.

On comprend l'influence de l'éclairage relativement à la vue des enfants, aussi le ministre de l'instruction publique a-t-il nommé une commission d'hommes compétents pour étudier cette question. Voici le rapport présenté par le professeur Gariel :

Il a été tout d'abord admis, déclare ce rapport, comme un fait hors de toute contestation que la myopie se produit chez les sujets prédisposés, quand ils regardent de trop près leurs livres et leurs cahiers : c'est pendant les efforts d'accommodation faits pour distinguer des objets trop voisins qu'un certain nombre d'yeux s'adaptent d'une manière permanente à la vision rapprochée, s'allongent et deviennent myopes pour toujours. Les causes qui amènent les enfants à se pencher pendant le travail sont : un éclairage défectueux qui contraint les enfants à se rapprocher pour mieux voir : un mobilier scolaire mal proportionné à leur taille, des méthodes d'écriture incompatibles avec une bonne attitude de l'écrivain, l'enseignement prématuré de l'écriture et de la lecture, et enfin l'emploi des livres imprimés trop fins.

Eclairage des classes. — Le problème de l'éclairage est résolu quand il fait suffisamment clair à la place la plus sombre; il est non moins certain qu'on ne peut compter sur l'éclairage de reflet envoyé par les murs du vis-à-vis et que pendant le jour, la source lumineuse est le ciel ; la commission a décidé qu'un œil placé à la hauteur de la table doit voir le ciel dans une étendue verticale d'au moins 30 centimètres comptée à partir de la partie supérieure de la fenêtre.

L'éclairage au gaz est très suffisant. Il a l'inconvénient de développer une quantité notable de chaleur et il faudrait que les produits de la combustion fussent entraînés au-dehors au fur et à mesure de leur production.

Mobilier. — Le dossier doit être incliné. La table à écrire doit avoir une certaine inclinaison, dans le but de tendre à rendre le papier sensiblement perpendiculaire au rayon visuel ; on diminue ainsi la tendance fâcheuse à pencher la tête en avant, bien qu'on ne puisse l'annuler complètement.

Ecriture. — Pour prévenir la myopie, il faut empêcher les enfants de regarder de trop près : or, en général, les enfants se penchent beaucoup plus pour écrire que pour lire. On devra exiger que les enfants aient l'écriture droite sur papier droit, le corps droit.

Livres scolaires. — Le papier d'impression devra être légèrement jaunâtre et les caractères pas trop fins.

Les écoles sont maintenant visitées par des médecins inspecteurs qui veillent à ce qu'aucun enfant n'entre à l'école sans être vacciné et revacciné s'il l'a déjà été plus de six ans auparavant, malheureusement les vœux de ces médecins sont en général purement platoniques et les municipalités n'en tiennent pas assez compte.

Un des dangers les plus grands que courent les enfants est la possibilité de la contagion des maladies contagieuses.

A la date du 18 août 1893, le ministre de l'instruction publique a pris l'arrêté suivant, touchant l'hygiène scolaire :

Article premier. — Les prescriptions hygiéniques à prendre dans les écoles primaires publiques pour combattre et prévenir les épidémies, sont fixées dans tous les départements par arrêté du préfet.

Art. 2. — Elles sont rédigées d'après les indications contenues dans le règlement modèle ci-annexé.

Voici ce modèle :

Article premier. Les écoles doivent être pourvues d'eau pure (eau de source, eau filtrée ou bouillie). L'eau pure seule sera mise à la disposition des élèves. — *Art. 2.* Les cabinets d'aisances des écoles ne doivent pas communiquer directement avec les classes. Les fosses doivent être étanches et le plus possible éloignées des puits. — *Art. 3.* Pendant la durée des récréations et le soir après le départ des élèves, les classes doivent être aérées par l'ouverture de toutes les fenêtres. — *Art. 4.* Le nettoyage du sol ne doit pas être fait à sec par le balayage, mais au moyen d'un linge ou d'une éponge mouillée promenée sur le sol. — *Art. 5.* Hebdomadairement, il est fait un lavage du sol à grande eau avec un liquide antiseptique. Un lavage analogue des parois doit être fait au moins deux fois par an, notamment aux vacances de Pâques et aux grandes vacances. — *Art. 5.* La propreté de l'enfant est surveillée à son arrivée. Chaque enfant doit se laver les mains au lavabo avant la rentrée en classe, après chaque récréation.

Mesures générales à prendre en présence d'une maladie contagieuse. — *Art. 7.* Le licenciement de l'école ne doit être prononcé que dans les cas spécifiés à l'article 14. Auparavant, l'on doit recourir aux évictions successives et employer les mesures de désinfection prescrites ci-après. — *Art. 8.* Tout enfant atteint de fièvre doit être immédiatement éloigné de l'école ou envoyé à l'infirmerie dans le cas d'un internat. — *Art. 9.* Tout enfant atteint d'une maladie contagieuse confirmée doit être éloigné de l'école, et, sur l'avis du médecin chargé de l'inspection, cette éviction peut s'étendre aux frères et sœurs du dit enfant ou même à tous les enfants habitant la même maison. — *Art. 10.* La désinfection de la classe est faite soit dans l'entreclasse, soit le soir après le départ des élèves. — Elle comprend : le lavage de la classe (sol et parois) avec une solution antiseptique ; la désinfection par pulvérisation des cartes et objets scolaires appendus au mur, la désinfection par lavages des tables, bancs, meubles, etc., la désinfection complète du pupitre de l'élève malade, la destruction par le feu des livres, cahiers, etc. de l'élève malade, des jouets ou objets qui auraient pu être contaminés dans les écoles maternelles. — *Art. 11.* Il est adressé à la famille de chaque enfant atteint d'une affection contagieuse une instruction sur les précautions à prendre contre les contagions possibles et sur la nécessité de ne renvoyer l'enfant qu'après qu'il aura été baigné ou lavé plusieurs fois au savon et que tout ses habits auront subi, soit la désinfection, soit le lavage complet à l'eau bouillante. — *Art. 12.* Les enfants qui ont été malades ne rentreront à l'école qu'avec un certificat médical et qu'après qu'il se sera écoulé, depuis le début de la maladie, une période de temps égale à celle prescrite par les instructions de l'Académie de médecine. — *Art. 13.* Dans le cas où le licenciement est reconnu nécessaire, il est envoyé à chaque famille, au moment du licenciement, une instruction relative à la maladie épidémique qui l'aura nécessité.

Mesures particulières à prendre pour chaque maladie contagieuse. — *Art. 14.* Sur l'avis du médecin-inspecteur, les mesures suivantes doivent être prises, conformément aux indications contenues dans le rapport adopté par le Comité consultatif d'hygiène annexé, lorsque les maladies ci-dessous désignées sévissent dans une école. — *Variole.* Eviction des enfants malades (durée 40 jours). Destruction de leurs livres et cahiers. Désinfection générale. Revaccination de tous les maitres et élèves. — *Scarlatine.* Eviction des enfants malades (durée 40 jours). — Destruction de leurs livres et cahiers. Désinfection générale. Licenciement si plusieurs cas se produisent en quelques jours malgré toutes précautions. — *Rougeole.* Eviction des enfants malades (durée 16 jours). — Destruction de leurs livres et cahiers. Au besoin licenciement des enfants au-dessous de six ans. — *Varicelle.* Eviction successives des malades. — *Oreillons.* Evictions successives de chacun des malades (durée 10 jours). — *Diphtérie.* Eviction des malades (durée 40 jours). Destruction des livres, des cahiers, des jouets et objets qui ont pu être contaminés. Désinfections successives. — *Coqueluche.* Evictions successives (durée trois semaines). — *Teignes et pelades*. Evictions successives. Retour après traitement et avec pansement méthodique.

Les écoles devront toujours être pourvues d'eau de source et en temps d'épidémie l'eau de source elle-même sera bouillie, ou on installera un filtre fonctionnant bien.

Pendant la dernière épidémie de choléra qui s'est déclarée à Saint-Ouen, la municipalité, à l'instigation intelligente du Dr Dubousquet-Laborderie, fit installer sur la voie publique et dans les écoles des filtres au sable ou au charbon. L'épidémie fut subitement enrayée ; bien plus, depuis l'installation de ces filtres, la fièvre typhoïde qui faisait annuellement en moyenne 23 victimes, n'en a fait qu'une cette année.

162. Casernes. — Quand on veut construire une caserne, on doit s'enquérir avec le plus grand soin de l'altitude, de la nature du sol, des nappes d'eau souterraines, du cubage des salles, de la disposition des orifices et canaux de ventilation, des prises d'air pour le chauffage, etc.

On devra aussi tenir grand compte des conditions de salubrité des cabinets d'aisances et de l'enlèvement des eaux ménagères.

Pour ces dernières, le ministre de la guerre a décidé le 10 juillet 1889 que les tonneaux en usage seront remplacés, au fur et à mesure de leur mise hors de services, par des récipients métalliques, de forme cylindrique, autant que possible. Ces tinettes en tôle galvanisée devront toujours être tenues fermées. De plus, le transvasement des matières étant une grande cause d'infection et de souillure du sol, il y aura lieu d'avoir un jeu double, de manière que les tinettes pleines soient enlevées dans cet état et remplacées par des tinettes vides.

L'odeur des égouts sera combattue par de fréquentes et violentes chasses d'eau.

Cette eau sera amenée à l'égout des abreuvoirs où se baignent les chevaux, des bassins où les hommes lavent leurs effets, des baignoires, etc.

L'odeur des latrines sera combattue par de fréquents lavages avec de l'eau contenant une solution antiseptique, le Crésyl Jeyes, par exemple. Pour détruire les taches grisâtres et infectes, il faut les badigeonner avec le mélange suivant : eau, 400 grammes; acide chlorhydrique du commerce, 100 grammes. On enduit de ce mélange un linge entortillé au bout d'un bâton et on promène ce linge sur les taches grisâtres. Au bout d'un quart d'heure on lave à grande eau.

Le sol des chambrées sera rendu imperméable au moyen d'un mélange de : une partie d'essence de térébenthine pour 10 de coaltar. On lave préalablement le plancher avec de la potasse et au bout de 8 jours on applique une couche du mélange dont nous venons de donner la formule.

Des filtres seront installés pour donner de l'eau potable aux hommes.

CHAPITRE XXXI

HOPITAUX ET HOSPICES

Les établissements hospitaliers portent le nom d'hôpitaux quand ils ne reçoivent que des malades, d'hospices quand il s'agit de vieillards infirmes, d'incurables ou d'enfants assistés.

Ces établissements ne doivent pas remplir les mêmes conditions d'hygiène quand ils sont destinés aux personnes bien portantes, ou quand ils sont destinés aux malades.

C'est pour fixer ces différentes règles d'hygiène que la Société de médecine publique et d'hygiène professionnelle a nommé une grande commission composée de ses membres les plus compétents et en 1883 leur rapporteur, M. Rochard, est venu au nom de cette commission donner à la Société lecture de son rapport et de ses conclusions.

Ce sont ces dernières que nous allons très brièvement résumer.

163. Hôpitaux. — Voici quelles sont les règles à suivre : 1° *Situation.* Les hôpitaux doivent toujours être situés en dehors des villes, mais à leur proximité. Il faut autant que possible choisir un coteau un peu élevé et placer l'hôpital sur une des pentes. Il faut, en général, s'éloigner des rivières. Ne jamais choisir le fond d'une vallée ou une plaine déclive où les eaux peuvent séjourner. Fuir le voisinage des étangs, des marais et des marécages. — Il faut préférer l'eau des réservoirs de la ville ou une source captée, plutôt que celle recueillie dans un ruisseau. - Les déjections devront être conduites au loin par un égout bien clos et non dans un cours d'eau passant à ciel ouvert devant l'hôpital. — Les terrains granitiques seront préférés aux terrains d'alluvion. — On évitera le voisinage des casernes, des lycées, des ateliers et des usines. — 2° *Orientation*. Elle doit se faire suivant les régions. — Dans le nord on recherche le soleil, dans le midi on le fuit et on l'évite. — 3° *Superficie*. Elle doit être en général d'un hectare par cent malades. — 4° *Dimensions*. On ne doit pas en général dépasser 500 lits. — 5° *Dispositions générales*. Le système des pavillons isolés de 20 à 30 lits est préférable, ce qui doit faire 45 mètres cubes d'air par lit. — Les pavillons devront être séparés les uns des autres par un espace de 25 mètres. Ils contiendront des cabinets d'aisances à l'anglaise. Les murs seront enduits et peints à l'huile et stuckés, puis lavés à des intervalles rapprochés. Les lits auront 2 mètres de long sur 80 centimètres de large, pourvus d'un sommier métallique à lames ou à spirales et d'un matelas. — 6° *Dispositions spéciales*. Les pavillons des hommes et ceux des femmes seront distincts les uns des autres. — La salle des blessés devra être proche de l'entrée de l'établissement et contenir environ 20 lits. Celle des fiévreux pourra contenir 25 lits et avoir à côté une salle de rechange, pour qu'une fois par an on procède à la désinfection. — 7° *Galerie*. Relier les pavillons par une galerie de 6 mètres de largeur au minimum, bien éclairée et ventilée. Elle doit servir de promenoir en cas de mauvais temps et de réfectoire en toute saison. — 8° *Bâtiment d'administration*. Il doit contenir les bureaux, la salle de garde, les chambres des internes et le logement du personnel administratif. — 9° *Annexes*. — Un pavillon doit comprendre la cuisine, la pharmacie et les salles de bains. — 10° *Cuisine*. Elle doit être vaste, avec de grandes fenêtres avec des vasistas et une lanterne pour laisser échapper la fumée et les vapeurs. — Ses dépendances, très vastes, doivent comprendre une pièce pour le nettoyage de la vaisselle, un office aux provisions et une paneterie. Dans le sous-sol sera la cave et un endroit pour tenir les provisions au frais. — 11° *Pharmacie*. Elle comprendra : 1° Une pièce où se préparent les médicaments ; 2° un laboratoire avec un fourneau ; 3° un cabinet d'analyses pour le pharmacien ; 4° une pièce pour les provisions, plantes, bois, racines, etc. — 12° *Salle de bains*. Elle devra contenir des cabinets pour les bains ordinaires, pour les bains médicamenteux, pour les bains de vapeur et pour les douches. — 13° *Le parloir et la bibliothèque* doivent être près de l'entrée, chauffés en hiver. — 14° *Chapelle*. Pas trop élevée au-dessus du sol pour ne pas forcer les malades à gravir un perron. Il faudra qu'elle soit chauffée en hiver, que les portes soient garnies de tambour, et que le sol soit parqueté ou couvert de nattes. — 15° *Logements du personnel de santé*. Rapprochés des salles de malades et construits le long du mur d'enceinte. — 16° *Partie réservée*. Pavillons d'isolement au nombre de 5, ne contenant chacun que des salles de 4 lits au plus. — *Femmes en couches*. Un pavillon de 8 lits pour les femmes en couches sera construit le plus loin possible de celui réservé aux maladies contagieuses. Il devra contenir une petite salle pour les accouchements. — 18° *Aliénés*. Cellules pour les agités. — 19° *Pavillon mortuaire*. Il doit comprendre : *a*. une salle de dépôt ;

b. une salle mortuaire pour que les parents puissent voir les corps des défunts; *c.* une pièce pour les autopsies, avec deux tables à dissection et écoulement facile pour les eaux à l'aide d'un tuyau à inflexion siphoïde. — Il devra y avoir des étagères pour les instruments de chirurgie, une vasque en pierre avec son robinet; *d.* un appentis pour renfermer les bières, la sciure de bois et les liquides désinfectants. — 20° *Accessoires.* Buanderie, étuve à désinfection, salle de bains pour le traitement externe. Ecuries, remises, ateliers de réparation, matelasserie, etc. — 21° *Ventilation.* Ventilation directe et entrées d'air près du sol munies de registres et grillagées avec soin. — 22° *Chauffage.* Chauffage par circulation de vapeur. — 23° *Eclairage.* L'électricité, et à son défaut des becs de gaz de petite dimension. Placer une petite hotte destinée à emporter au dehors les produits de la combustion.

164. Hospices. — Ainsi que nous l'avons dit plus haut, les hospices ne recueillant que des personnes bien portantes, n'ont pas besoin d'une hygiène aussi parfaite.

Les hôpitaux généraux sont, à Paris, *l'Hôtel-Dieu, la Pitié, la Charité, Saint-Antoine, Necker, Cochin, Beaujon, Lariboisière, Tenon, Hérold, Laënnec, Bichat, d'Aubervilliers, Andral* et *Broussais.*

Les hôpitaux spéciaux sont: *Saint-Louis, Ricord, Broca, la Maternité, Baudelocque, la Clinique, la Maison municipale de santé.*

Les hôpitaux d'enfants sont : *Trousseau* et *les Enfants malades.*

Les hospices sont : *les Enfants assistés, Bicêtre, la Salpêtrière, l'hospice d'Ivry* et *de Brévannes.*

Les hôpitaux, ont dans certaines villes, subi d'importantes améliorations au point de vue de l'hygiène. Nous pouvons citer entre autres Montpellier, le Hâvre, Reims, Lille, Epernay, etc. Dans cette dernière ville, grâce à un

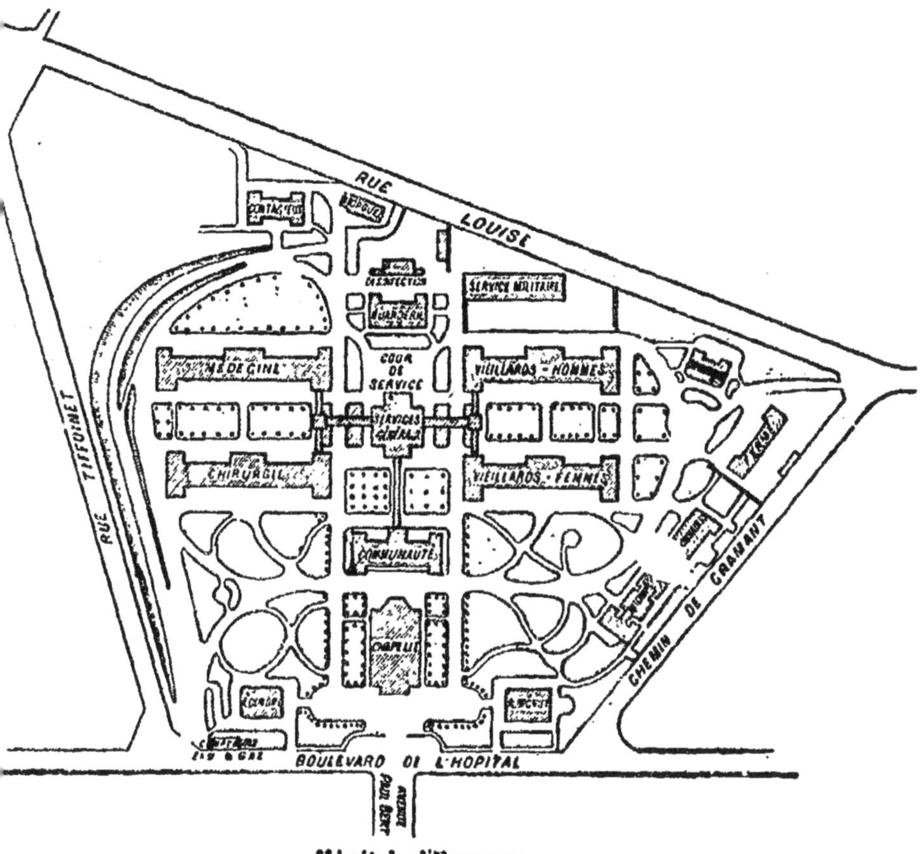

Hôpital d'Epernay.

généreux bienfaiteur qui a donné trois millions, on a construit un hôpital modèle qui porte son nom et dont voici ci-dessus le dessin.

165. Les hôpitaux marins. — Nous devons, à propos des hôpitaux, parler des *hôpitaux marins* ou *sanatoria ma-*

ritimes, dont l'étude présente un intérêt très grand.

Parmi les causes principales auxquelles est due la dépopulation de la France, il faut citer la mortalité qui frappe les nouveau-nés et celle qui est produite par la phtisie.

Le docteur Théophile Roussel, sénateur, a été assez heureux pour faire adopter, le 23 décembre 1884, une loi sur la protection des enfants du premier âge, qui porte justement le nom de son auteur.

Grâce à cette loi, l'enfant envoyé en nourrice n'est plus livré entièrement à une mercenaire, il est surveillé par des membres des commissions locales et surtout par des médecins inspecteurs. Sans pouvoir espérer que la mortalité qui sévissait sur ces pauvres petits êtres soit tout à fait enrayée, les résultats qu'on a déjà obtenus démontrent amplement tous les bienfaits que l'on retirera de cette loi quand elle sera strictement appliquée dans tous les départements.

La seconde cause de dépopulation de la France est la dîme effroyable que prélève sur nous la phtisie pulmonaire. La statistique démontre en effet que cette redoutable maladie tue annuellement en France cent soixante mille personnes.

Or si, comme on l'a justement dit, la phtisie est une maladie qui offre avec la scrofule des liens de parenté et de filiation si étroits qu'une grande partie des poitrinaires (la moitié suivant les uns, le tiers suivant les autres), ne deviennent phtisiques que parce qu'ils étaient atteints de scrofule dans leur enfance et n'en ont pas été entièrement guéris, la conclusion que si on prévient le développement de la scrofule et que si on s'applique à la guérir, on empêchera l'éclosion de la phtisie, s'impose tout naturellement. Or, notre ancien et vénéré maître, le

Dr J. Bergeron, a montré que le nombre des scrofuleux est si grand, que chaque année il s'en présente en moyenne quinze cents à la porte de l'Enfant-Jésus et de Sainte-Eugénie pour y obtenir un lit ou tout au moins pour y être admis au traitement externe (1).

La maladie est cependant curable, montre-t-il, mais à deux conditions : la première c'est de soustraire le malade au milieu dans lequel il l'a contractée ; la seconde, c'est de le placer dans des conditions hygiéniques qu'on ne trouve complétement réalisées qu'au bord de la mer.

C'est en 1750 que R. Russel démontra que dans le traitement de la scrofule, la première place revient à l'atmosphère maritime.

Le premier établissement maritime créé en Angleterre, pour le traitement des scrofuleux, fut le *Royal sea bathing infirmary for scrofula*, élevé à Margate en 1791.

Depuis cette époque d'autres hôpitaux se sont construits en Angleterre, à Bournemouth, West-Hill Road, à Seaford (Sussex), à Brighton, à Hastings-Tite, etc., etc.

En 1853, Giuseppe Barellaï imita l'exemple de R. Russel et eut la joie de posséder enfin son *Ospizio marino*, sur une plage voisine du petit village de Vareggio.

Avant Barellaï, le docteur Saraméa, de Bordeaux, avait proposé, mais en vain, au gouvernement, de fonder sur les bords du bassin d'Arcachon une colonie maritime et agricole destinée aux jeunes détenus lymphatiques, scrofuleux ou tuberculeux.

Ce fut une dame charitable, une protestante, Mme Coraly-Hinsch, qui parvint, grâce à des libéralités qu'elle sollicita, à faire à Cette un petit hôpital de vingt-quatre

(1) Jules Bergeron. Rapport adressé au Directeur de l'Assistance publique, le 15 juillet 1868.

lits destiné à recevoir des scrofuleux. Il en existe trois actuellement dans cette ville.

Le premier sanatorium fondé sur les côtes de France et le plus important par ses dimensions, est celui de Berck-sur-Mer, en 1860.

L'administration de l'assistance publique agrandit cet établissement et le Dr Cazin, notre regretté ami, fut mis à sa tête.

En 1866, le Dr J. Bergeron publiait un excellent travail statistique sur les enfants scrofuleux envoyés dans cette station maritime. Il constatait que sur 380 enfants dirigés de 1861 à 1866 sur l'établissement de Berck pour des engorgements glandulaires, ulcérés ou non-ulcérés : 85 ont été guéris ; 24 améliorés ; 6 sont demeurés stationnaires ; 2 ont succombé. Perrochaud, qui a fait la même statistique, a constaté que sur 843 enfants sortis de Berck dans le cours des années 1874 et 1875, 655 étaient guéris, 61 améliorés.

Ces résultats sont admirables et encore faut-il tenir compte de ce que l'Assistance publique n'envoie guère à Berck que les scrofuleux atteints d'accidents graves, et chez qui le séjour au bord de la mer permet d'espérer que les opérations qu'ils auront subi donneront les plus grandes chances de succès.

La statistique serait tout autre si on y envoyait des enfants ayant une scrofule commençante ou un état lymphatique assez prononcé pour laisser supposer que la scrofule va lui succéder.

L'établissement de Berck-sur-Mer ne pouvait évidemment, quelque agrandissement qu'on y ait fait, suffire à l'envoi de tous les scrofuleux des hôpitaux de Paris.

Il appartenait à l'initiative privée de combler cette lacune.

Dès l'année 1882, un homme de cœur, le Dr Armaingaud, professeur agrégé de la Faculté de médecine de Bordeaux, organisa une croisade contre la scrofule et la phtisie : il commença dans cette ville des conférences publiques sur différents sujets d'hygiène et sur la nécessité de créer des résidences maritimes de santé. Ses instructions furent distribuées gratuitement en 1887, au nombre de 70.000, aux membres des Sociétés de secours mutuels, et aux personnes qui assistaient aux cours.

Sa persévérance reçut enfin sa récompense. Un généreux donateur offrit à notre confrère, à Arcachon, un emplacement de deux hectares sur le bord de la mer, au Moulleau, en face du cap Ferret, et en pleine forêt de pins ; un autre fit un legs d'une somme de 47.000 francs.

Le premier pas était fait. Le Dr Armaingaud ne voulut pas attendre la construction du premier pavillon et il installa à ses frais dans un local provisoire à Moulleau-Arcachon, vingt enfants scrofuleux appartenant aux Sociétés de secours mutuels de Bordeaux.

A Perpignan, à la suite d'une conférence faite par lui sous les auspices de l'administration préfectorale et du Conseil de salubrité, sur la nécessité de répandre l'enseignement de l'hygiène et sur l'utilité de la fondation d'un sanatorium maritime à Banyuls-sur-Mer, le Conseil général vota, sur le rapport motivé de M. Laforgue, préfet des Pyrénées-Orientales : 1° Une somme de sept mille francs pour l'enseignement de l'hygiène dans toutes les écoles primaires au moyen des instructions de son cours municipal d'hygiène de Bordeaux ; 2° un crédit de 200.000 francs pour la fondation à Banyuls-sur-Mer d'un sanatorium maritime pour les enfants débiles de la classe ouvrière et pauvre.

Cet établissement, ouvert le 7 octobre 1888, a été transmis par le département des Pyrénées-Orientales à l'œuvre nationale des *hôpitaux marins* dont M. le Dr J. Bergeron était le président et dont le Conseil d'administration se composait de MM. Henri Monod, Jules Richard, Brouardel, Verneuil, Armaingaud, Grancher, Hérard, Charles Monod, Jules Simon, etc., etc.

Précisément un second sanatorium avait été installé à Pen-Bron, en vue du Croisic (Loire-Inférieure) grâce à l'inépuisable charité de Mme Furtado-Heine et aux soins de M. Pallu, inspecteur des enfants assistés de la Loire-Inférieure qui, lui aussi, se préoccupait de son côté, de procurer une résidence maritime aux enfants pauvres de ce département et qui avait été inspiré par la campagne que, dès 1882, le Dr Armaingaud faisait dans le même but.

Depuis, plusieurs sanatoria ont été fondés, les voici par ordre :

Sanatorium départemental de Cap-Breton (Landes), ouvert en 1889.

Sanatorium Prince-Sabran à Hyères-Gien ouvert en 1889 (appartient aux hôpitaux de Lyon).

Sanatorium marin de Fouras (près Rochefort-sur-Mer) fondé par le Dr Ardouin. Il n'est ouvert seulement que pendant les mois d'été.

Sanatorium de Saint-Pol-sur-Mer (près de Dunkerque) fondé en 1890.

Sanatorium de Ver-sur-Mer (Calvados) fondé en 1891.

Sanatorium marin de l'île d'Oléron (en construction, sera inauguré dans quelques mois) appartient à l'œuvre nationale des hôpitaux marins qui a reçu pour cet objet sur les fonds du pari mutuel une somme de 600.000 francs.

La campagne si active menée par le Dr Armaingaud devait l'amener tout naturellement à fonder une *Ligue contre la tuberculose*.

On voit le lien étroit qui rattache cette œuvre à celle des sanatoria dont elle est le complément. L'enseignement populaire de l'hygiène fondé par le Dr Armaingaud en est le trait d'union.

Dans la phase actuelle du développement des *Hôpitaux marins* et étant donné qu'il y en a déjà 11, en comptant Berck et Cannes, ce qui importe avant tout, ce n'est pas d'en créer de nouveaux, mais d'assurer le fonctionnement de ceux qui existent.

La propagande actuelle doit par conséquent avoir principalement pour but d'intéresser et d'associer de plus en plus le public et les diverses administrations (municipales, départementales, Etat) à cette œuvre et à les décider à consacrer le plus de fonds possible à l'envoi d'enfants dans ces établissements

A l'heure actuelle, malgré l'insistance de l'*Œuvre nationale des hôpitaux marins* et de son fondateur le Dr Armaingaud, malgré l'insistance du ministre de l'Intérieur, de M. Monod, directeur de l'hygiène à ce ministère, malgré celle du Directeur de l'assistance publique auprès des Préfets et des Inspecteurs des enfants assistés des départements, on n'est pas encore arrivé à occuper pendant toute l'année tous les lits dans tous les établissements.

Il importe donc, avant de créer de nouveaux établissements, d'attendre que ceux qui existent soient en possession de ressources suffisantes pour fonctionner complètement.

L'*Œuvre nationale des hôpitaux marins* a pour but de régulariser et de rendre méthodiques les fondations existantes, mais elle n'y réussit qu'en partie, car à chaque instant des médecins perdent leurs temps et leurs soins à créer de nouveaux sanatoria, au lieu d'appliquer leurs efforts à trouver des ressources pour l'envoi de leurs petits compatriotes dans ceux qui fonctionnent déjà.

Il faut donc se liguer contre la tuberculose et se rappeler ce qu'écrivait récemment Nocard : « A l'heure actuelle, sur 100 parisiens qui meurent, 23, près d'un quart, meurent d'une maladie tuberculeuse. Et parmi les 77 qui meurent d'une maladie autre que la tuberculose, combien avaient des lésions tuberculeuses. »

CHAPITRE XXXII

MARCHÉS

166. — Les marchés sont des endroits publics où on vend.

Ils sont de plusieurs sortes : Les marchés alimentaires; les marchés spéciaux.

Le type le plus parfait des marchés alimentaires est donné par les *Halles centrales* à Paris. Ces halles sont divisées en plusieurs corps de bâtiments, dans lesquels on vend : du poisson, de la viande de boucherie, du gibier et de la volaille, des légumes et des fruits, etc.

Les marchés alimentaires sont couverts ou découverts. Ils ont lieu à des jours fixes et à des emplacements déterminés :

Les marchés spéciaux sont :

La halle aux blés. — Le marché aux bestiaux. — La boucherie en gros. — Le charbon de bois. — Le marché aux chevaux, ânes et mulets. — Le marché aux chiens. — Le marché aux fleurs. — Le marché aux fourrages. — Le marché aux cuirs. — Le marché aux fruits. — Le marché aux oiseaux. — Celui des plantes médicinales et celui du vieux linge.

Le plus important de tous les marchés de Paris est à coup sûr, au point de vue de l'hygiène, le *marché aux bestiaux de la Villette*.

Il a fait l'objet d'une note intéressante parue dans le

Bulletin municipal officiel de la ville de Paris, du 4 novembre 1889, que nous allons analyser.

Tous les emplacements du marché sont nettoyés et désinfectés deux fois par semaine :

Ils comprennent :

Les halles d'une superficie de 70,000 mètres ; les bâtiments (bergeries, bouveries, porcheries ; 50,000 mètres ; les voies de circulation 60,000 mètres ; soit ensemble 180,000 mètres auxquels il y a lieu d'ajouter la surface verticale des murs, jusqu'à la hauteur où peuvent atteindre les animaux, les barrières fixes, mobiles, les clôtures, séparations, rateliers. mangeoires, poteaux, lisses d'attache, etc. Cette surface a un développement d'environ 33,500 mètres, ce qui porte à 213,500 mètres le développement superficiel total à désinfecter à chaque opération. Comme le balayage et la désinfection ont lieu après le marché, c'est-à-dire deux fois par semaine, il faut assainir chaque semaine 427,000 mètres carrés.

Au début on employait l'acide phénique, mais son odeur permanente, la difficulté de le mélanger à l'eau, et la couche grasse qu'il laissait sur le pavé, amenèrent à chercher un autre désinfectant, et à partir du 1er août 1888 on employa le Crésyl-Jeyès. produit extrait du goudron de houille, qui n'est toxique à aucun degré, que les animaux peuvent impunément lécher et dont l'odeur nullement désagréable disparait rapidement.

L'éminent professeur de l'école d'Alfort, M. Nocard, membre de l'Académie de médecine, qui l'a longuement étudié et expérimenté, a publié en 1888 le résultat de ses travaux sur ce précieux antiseptique :

Le Crésyl, dit-il dans ce rapport, est un produit très complexe, mais surtout riche en acide crésytique (50 0/0) et en naphtaline (20 0/0) : il est éminemment antiseptique, et comme il est miscible à l'eau dans toutes proportions, comme il coûte moins cher que l'acide phénique, comme surtout il n'est pas toxique, il semble destiné à remplacer la plupart des antiseptiques utilisés jusqu'ici en médecine et en chirurgie.

Frohner, de Berlin ; Esmarh et Lisemberg, Lichtwitz, Delplanque, etc., ont également reconnu ses propriétés antiseptiques puissantes.

Au marché des bestiaux de la Villette, on l'emploie à la dose de

1/2 0/0 pour les voies de circulation et de 1 0/0 pour la porcherie et les parquets de vente. Ces doses suffisent en temps ordinaire pour assurer la désinfection : elles seraient augmentées si des indices de contamination ou d'épidémie venaient à se manifester.

Pour combattre les dégagements d'ammoniaque et pour assainir les bouveries, on fait usage du chlorure de zinc à 45° Baumé, que l'on mélange à l'eau dans la proportion de 3 0/0.

Le lavage et la désinfection des voies de circulation, places et rues, se font au moyen de tonneaux d'arrosage attelés et à bras, et de machines balayeuses du système Sohy.

Pour toutes les autres parties du marché, on se sert d'appareils divers appropriés à la nature même des objets à nettoyer, tuyaux en caoutchouc, raccords, lances, machines rotatives aspirantes et foulantes, grattoirs de toutes formes, arrosoirs, seaux, voitures à bras, balais divers, brosses, éponges, etc.

Pour nettoyer les 3,600 claies de séparation, placées sous la halle aux moutons, on emploie une machine à vapeur spéciale, construite par la maison Geneste et Herscher. Cette machine se compose essentiellement d'une chaudière multitubulaire, à vaporisation rapide, d'un réservoir de vapeur, d'un récipient destiné à contenir le désinfectant, d'un réservoir d'eau pour l'alimentation de la chaudière et de divers accessoires indispensables au fonctionnement de l'appareil, le tout porté par un train de voiture léger et facilement mobile, mesurant 2 m. 50 de longueur, 1 m. 45 de largeur et 1 m. 65 de hauteur. Par suite de la pression exercée sur le liquide désinfectant par la vapeur provenant du réservoir, ce liquide est chassé dans un petit injecteur-aspirateur spécial, où il se mélange intimement à l'eau chaude venant de la chaudière, laquelle s'échappe avec force, à une température de 111° par une lance munie à son extrémité d'un ajutage approprié au jet que l'on veut obtenir et peut être dirigée facilement sur les objets à désinfecter.

Au moyen de cet appareil les matières organiques amoncelées sur les claies sont enlevées très rapidement, et la destruction de tous les germes est assurée par la haute température et surtout par la projection du désinfectant. Aucune souillure ne résiste à cette opération.

Pour éviter que pendant l'hiver la neige puissent être un obstacle au service de la désinfection, on emploie un appareil à manivelle dont l'usage était jusque là destiné au semage des grains.

Cet appareil est placé derrière un chariot à coffre non suspendu. Ainsi disposé, le mouvement lui est transmis par un volant fixé à l'une des roues du chariot et relié à des engrenages par une chaîne Vaucanson. Le sel préalablement déposé dans le coffre du chariot, est jeté avec une pelle dans la trémie du semoir, dont la contenance est d'environ 45 litres, et tombe ensuite, par une vanne d'échappement, dans l'appareil distributeur, au pas normal d'un cheval, cet appareil fait 1,000 tours à la minute et projette le sel sur une largeur de 12 à 15 mètres.

Indépendamment des opérations effectuées par le service spécial de désinfection, diverses mesures ont été prises, tant par le ministère de l'agriculture que par la préfecture de la Seine, pour garantir contre tout danger de contamination les animaux introduits sur le marché aux bestiaux de la Villette. Les wagons de chemins de fer servant au transport des bestiaux sont nettoyés et désinfectés avec soin, ainsi que les quais de débarquement.

L'enlèvement des litières des wagons et des quais de chemins de fer a lieu au fur et à mesure de l'arrivée des trains, même pendant la nuit. Les animaux morts sont transportés immédiatement après leur sortie des wagons dans une construction n'ayant aucune issue sur le marché, d'où les équarisseurs les emportent sans passer par le marché (Voir le Chap. XXXV).

CHAPITRE XXXIII

ÉPIDÉMIES ET ÉPIZOOTIES

161. Epidémies. — Il est de toute évidence que l'on ne peut malheureusement prévenir toutes les épidémies ; aussi est-on obligé, quand l'une d'elles éclate, comme l'épidémie de choléra à Hambourg en 1892, de typhus, exanthématique en France en 1893, on est obligé, disons-nous, dès qu'elle s'est déclarée, d'agir contre elle avec la plus grande vigueur. Les préfets des départements contaminés doivent en prévenir sans le moindre retard le Ministre de l'Intérieur, qui transmet par le télégraphe les premières instructions et envoie immédiatement sur les lieux un médecin inspecteur des épidémies, muni de pleins pouvoir pour prendre telles mesures qu'il jugera utiles pour arrêter les progrès de l'épidémie.

On la combat maison par maison ; on cherche à l'étouffer partout où elle se produit, en prenant les mesures antiseptiques les plus rigoureuses.

S'il n'y a pas dans la localité d'étuve mobile à désinfecter, on en fait venir de la localité la plus proche, ou bien de Paris.

Il faut alors que tous les objets contaminés, quels qu'ils soient, soient désinfectés ou brûlés, que les locaux habités soient soumis à la désinfection, et avant tout il faut pratiquer l'isolement.

Voici comment on y procède :

Dès qu'un cas suspect est signalé, on interdit aux parents qui soignent le malade ou, en cas de mort, qui ont approché le décédé, de sortir de chez eux. Il est interdit aux habitants et voisins de venir visiter le malade.

Cette prohibition est généralement bien acceptée. Les objets contaminés n'ayant aucune valeur sont brûlés : les autres sont désinfectés. L'immeuble est lui-même soigneusement désinfecté. Grâce à ces mesures radicales et rapidement prises, l'épidémie est étouffée dans cet endroit. En la poursuivant ainsi de maison en maison, de logement en logement, on empêche qu'elle fasse la tache d'huile et puisse causer une mortalité qui pourrait être d'autant plus grande que l'épidémie n'ayant pas été enrayée se serait étendue et aurait pu gagner des départements entiers.

Ainsi, dans l'épidémie de choléra de 1892, qui a fait l'objet d'un si intéressant rapport à l'Académie de Médecine de la part de M. Monod, directeur de l'hygiène publique, on a envoyé 12 médecins sanitaires qui eurent à opérer dans 350 communes.

Rien que du 28 août au 10 octobre 1892 on expédia de Paris 4 étuves fixes, 20 étuves mobiles, 30 pulvérisateurs, 12 grandes cuves, 4 petites cuves, 3 grandes tentes, une petite tente et un injecteur Japy. Grâce à ce matériel habilement employé, l'épidémie fut circonscrite et arrêtée. Comme le dit fort bien M. Monod, la rapidité de la désinfection est la condition de l'avortement d'une épidémie (Voir le Chap. XXXIV).

405. Épizooties. — Sous le nom d'épizootie on désigne une maladie sévissant spontanément sur des animaux d'une espèce ou d'une autre, dans des conditions indéterminées, dans des lieux rapprochés ou éloignés, sous l'influence d'une cause commune, étendue, mais accidentelle et indépendante de toute action locale. (Raynal). La cause de l'épizootie est toujours *accidentelle et temporaire*.

Les maladies qui méritent exclusivement le nom d'épizootie peuvent devenir contagieuses et exiger de la part de l'autorité un concours de mesures sévères qui lèsent quelquefois les intérêts matériels des particuliers.

Aussi un décret du 24 mai 1876 a-t-il institué près du ministère de l'agriculture un comité consultatif des épizooties composé de seize membres, il est chargé de l'étude et de l'examen des questions que le Ministre lui renvoie en ce qui concerne : 1° l'application de la loi sanitaire ; 2° les modifications qu'il peut y avoir lieu d'y apporter ; 3° l'organisation et le fonctionnement du service sanitaire ; 4° les mesures propres à prévenir et à combattre les épizooties ; 5° les mesures propres à améliorer les conditions de l'hygiène des animaux.

Le Président de la République peut, par un décret, étendre les prescriptions de la loi sanitaire à des maladies et à des espèces animales non prévues par la législation actuelle ; il fixe les bureaux de douane et les ports de mer ouverts à l'importation des animaux et des viandes ; il détermine les droits de visite applicables à la frontière ; il peut interdire l'importation et prescrire toutes les mesures propres à empêcher l'introduction d'une épizootie ; il détermine les ports ouverts à la sortie des animaux et prescrit, en vue de l'exportation, les mesures propres à empêcher la sortie d'animaux atteints de maladies contagieuses.

De son côté, le ministre de l'agriculture peut, dans certains cas, et sous des conditions qu'il détermine sur l'avis du Comité des épizooties, suspendre l'application de l'abatage en cas de peste bovine, pour permettre le trailement des malades ; il peut ordonner l'abatage des animaux suspects de péripneumonie ; il reçoit les demandes d'indemnité ; il peut ordonner la révision de l'estimation, et il fixe, sauf recours devant le Conseil d'Etat, la quotité de l'indemnité ; il agrée les locaux-lazarets, fournis par les municipalités des ports de mer en vue de la mise en quarantaine des animaux malades ou suspects importés. Il réglemente la désinfection dans les divers cas où elle est exigée, il nomme le Comité consultatif des épidémies, en désigne le Président et est en relation avec ce Conseil.

Il détermine les conditions auxquelles sera permise l'utilisation des viandes provenant des animaux abattus par suspicion de peste bovine. Quand cette maladie est signalée dans une contrée d'où sa propagation en France serait à redouter, il peut prohiber, par arrêté, l'entrée des ruminants de toutes les espèces provenant des pays infectés, ainsi que l'importation de tous objets et matières pouvant servir de véhicules à la maladie. Il détermine la durée des quarantaines applicables à chaque maladie.

Lorsqu'une maladie contagieuse se déclare en pays étranger, dans le voisinage de la frontière, il peut interdire temporairement l'introduction des animaux par les bureaux de douanes de la partie de la frontière menacée. Quand une commune française, qui possède un bureau de douane ouvert à l'importation des animaux, est déclarée infectée en totalité ou en partie, il peut également interdire temporairement l'introduction des animaux par ce point de la frontière, ou déterminer les routes et chemins que devront suivre les animaux, pour éviter de traverser les communes infectées.

Conformément à l'article 2 de la loi du 21 juillet 1881, un décret du 28 juillet 1888 a ajouté à la nomenclature des maladies qui sont réputées contagieuses et qui donnent lieu à l'application de la loi : le charbon symptomatique ou emphysémateux et la tuberculose dans l'espèce bovine, le rouget et la pneumo-entérite infectieuse dans l'espèce porcine.

Un service sanitaire départemental et permanent, dit service des épizooties, doit (art. 38, loi du 21 juillet 1881) être établi dans chacun des départements, en vue d'assurer l'exécution de la législation sanitaire ; ce service comprend obligatairement un chef qui en a la direction et le contrôle, qui réside au chef-lieu de préfecture et prend le titre de *Vétérinaire délégué chef du service sanitaire du département*, tandis que ses collègues subordonnés s'appellent *vétérinaires sanitaires*.

En exécution de la loi du 21 juillet 1881, citée plus haut, le Ministre de l'Agriculture a pris, à la date du 12 mai 1883, l'arrêté suivant, relatif à la *désinfection dans le cas de maladies contagieuses des animaux*.

Le Ministre de l'Agriculture.

Vu le Rapport du Conseiller d'État, Directeur de l'agriculture ;

Vu la loi du 21 juillet 1881, sur la police sanitaire des animaux ;

Vu le décret du 22 juin 1882, portant règlement d'administration publique pour l'exécution de ladite loi :

Vu l'avis du Comité consultatif des épizooties.

Arrête :

Article premier. — Les opérations de désinfection prescrites par la loi du 21 juillet 1881 et le règlement d'administration publique rendu pour son exécution auront lieu conformément aux règles ci-après :

CHAPITRE Ier. — OBJETS A DÉSINFECTER.

Art. 2. — La désinfection doit s'appliquer à tout ce qui peut receler les germes de la contagion et notamment ; — 1° Aux locaux qui ont été habités par les animaux malades et à tout ce qui peut en provenir : fumiers, purins, litières, pailles, fourrages, ustensiles et objets divers qui ont pu être souillés par ces animaux ;

— 2° Aux ruisseaux, rigoles et conduits servant à l'écoulement des déjections liquides ; aux fosses à purin et au lieu de dépôt des fumiers ; 3° Aux cours, enclos, herbages et pâtures où ont stationné les animaux malades ; — 4° Aux rues, routes et chemins qui ont été parcourus par les animaux malades ou par les véhicules chargés de leurs cadavres ou de leurs fumiers ; — 5° Aux véhicules qui ont servi au transport des animaux atteints ou soupçonnés d'être atteints de maladies contagieuses ou de leurs cadavres, et des fumiers provenant des locaux, cours, enclos ou herbages déclarés infectés ; — 6° Aux cadavres et à leurs débris ; — 7° Aux fosses d'enfouissement ; — 8° Aux personnes qui, par suite de leurs rapports avec les animaux malades, avec leurs cadavres ou débris de cadavres, leurs fumiers, peuvent devenir les agents de la transmission des maladies contagieuses.

CHAPITRE II. — AGENTS DÉSINFECTANTS.

Art. 3. — Les agents désinfectants sont les suivants : 1° *Le feu.* — Destruction des éponges, couvertures et vêtements en mauvais état, licols, cordes d'attache, mauvaises boiseries, mangeoires et râteliers de peu de valeur, etc. etc. — Les objets en fer, tels que : pelles, fourches, chaînes d'attache, mors et anneaux de contention des taureaux, etc. etc., sont passés au feu. — Le procédé dit du « flambage » est employé, lorsque les circonstances le permettent, pour les murs, boiseries, mangeoires, séparations, planchers, etc. — 2° *Eau bouillante.* — Les couvertures, vêtements et autres objets auxquels ce moyen de désinfection peut être appliqué sont placés dans un récipient et arrosés d'eau bouillante jusqu'à ce qu'ils en soient recouverts ; après essorage, l'opération est renouvelée encore une fois. — 3° *Vapeur d'eau surchauffée.* — La vapeur d'eau surchauffée à 120 degrés peut être employée pour la désinfection des surfaces et des objets sur lesquels il est possible de la faire arriver en jet continu. — 4° *Chlorure de chaux.* — Le chlorure de chaux se répand en poudre sur le sol et dans les rigoles d'écoulement des déjections ; on le mélange avec les fumiers et avec les liquides. Délayé dans dix fois son poids d'eau, le chlorure de chaux est employé pour les lavages et les arrosements. — On emploie pour les mêmes usages : 5° *Le chlorure de zinc*, en solution à raison de 20 grammes par litre d'eau (2 p. 0/0) ; — 6° *Le sulfate et le nitro-sulfate de zinc*, en solution dans la même proportion ; — 7° *L'acide phénique* dans la même proportion. — 8° *Le bichlorure de mercure* (sublimé corrosif), à raison de 1 gramme par litre d'eau (1 p. 0/00), est employé dans le cas de morve, particulièrement pour le lavage du fond des mangeoires et de la partie des murs faisant face à la tête des animaux. Ce désinfectant, en raison de sa nature toxique, ne doit être employé que sous la direction d'un vétérinaire. — 9° *L'acide sulfurique*, étendu d'eau dans la proportion de 20 grammes d'acide par litre d'eau (2 p. 0/0), doit être employé pour la désinfection des fumiers et litières et des matières de balayage et pour le lavage des rigoles et des sols en terre, etc. etc. — 10° *L'essence de térébenthine*, dilué dans la proportion de 250 grammes d'essence par litre d'eau, doit être employée pour le lavage dans le cas de charbon. — 11° *L'huile lourde de gaz*, mélangée avec le goudron dans la proportion d'une partie d'huile lourde contre dix parties de goudron, est employée comme enduit. — 12° *Le chlore gazeux* est employé en fumigations dans les espaces hermétiquement clos (1). — 13° *L'acide sulfureux* s'emploie pour le même usage (2).

CHAPITRE III. — RÈGLES A SUIVRE DANS LA DÉSINFECTION DES LOCAUX, COURS, ENCLOS, HERBAGES ET PATURES, DES FUMIERS ET PURINS, DES ROUTES ET CHEMINS, DES VÉHICULES ET DES PERSONNES.

Art. 4. — Les opérations de désinfection, en ce qui concerne les locaux, doivent être adaptées à la nature des maladies contagieuses : elles ont lieu conformément aux prescriptions du chapitre IV, ci-après.

Art. 5. — La désinfection des cours, enclos, herbages et pâtures consiste : 1° Dans l'enlèvement des déjections qui sont mises en tas, arrosées avec un liquide désinfectant, puis enfouies ; — 2° Dans le lavage à grande eau des cours et l'arrosage avec un liquide désinfectant des places où se trouvaient les déjections ; — 3° Pour les pâtures, herbages et enclos, dans l'arrosage avec un liquide désinfectant des places où se trouvaient les déjections.

(1) Le chlore gazeux s'obtient en chauffant dans une terrine 100 parties de bioxyde de manganèse en poudre avec 450 parties d'acide chlorhydrique : avec 1 kilogramme de bioxyde de manganèse et 4k,500 d'acide chlorhydrique, on produit 300 litres de gaz.

(2) L'acide sulfureux s'obtient en faisant brûler sur un plat de terre un mélange de fleur de soufre et de nitrate de potasse.

Art. 6. — Le fumier extrait des locaux infectés et celui qui a pu être souillé de matières contagieuses sont arrosés abondamment avec un des liquides désignés à l'article 3 et recouverts ensuite d'une couche de terre.

Art. 7. — Les ruisseaux, rigoles et conduits d'écoulement des purins sont lavés à grande eau et arrosés avec un liquide désinfectant.

Art. 8. — La désinfection des fosses à purin se fait en y versant une dissolution de sulfate de zinc ou de nitro-sulfate de zinc représentant en quantité un deux centième de la contenance des fosses.

Art. 9. — Les fumiers et purins désinfectés comme il vient d'être dit sont employés de préférence pour la fumure des jardins et des terres arables.

Art. 10. — Pour la désinfection des routes et chemins parcourus par des animaux atteints de maladies contagieuses, les déjections sont ramassées avec soin, mises en tas dans un endroit écarté et traitées comme les fumiers (art. 6). L'emplacement des déjections est saupoudré de chlorure de chaux ou arrosé avec un liquide désinfectant. Les objets qui ont servi au ramassage et au transport des déjections sont ensuite lavés avec un liquide désinfectant.

Art 11. — Les voitures devant servir au transport des animaux atteints de maladies contagieuses ou de leurs cadavres, ainsi que des fumiers provenant d'étables infectées, doivent être disposées de façon à ne laisser tomber ou écouler sur le chemin parcouru aucune matière solide ou liquide. — Elles sont suivies par un homme muni de pelle, balai et brouette pour le ramassage des matières qui pourraient s'en échapper pendant le trajet. Ces matières sont traitées comme il est dit à l'art. précédent. Les voitures, après déchargement, sont grattées, balayées, puis lavées à grande eau et, après qu'elles se sont ressuyées, arrosées avec un liquide désinfectant. Les pelle, balai et brouette sont traités de la même manière.

Art. 12. — Toute personne qui a été en contact avec des animaux atteints de maladies contagieuses, soit avec leurs cadavres, leurs débris, leurs fumiers, et dont les vêtements, les chaussures, les mains, peuvent être souillés de matières contagieuses, est tenue de se soumettre aux mesures de désinfection suivantes : 1° Lavage et savonnage des mains et des bras, immédiatement après chaque contact avec les animaux malades, leurs cadavres ou débris, leurs fumiers, etc. ; — 2° Lavage des chaussures. — Les eaux de lavage sont versées dans la fosse à purin ou désinfectées directement par l'addition de la proportion convenable de sulfate de zinc ; — 3° Lavage et lessivage des vêtements de toiles. Fumigation au chlore dans un endroit clos des vêtements de laine et autres objets qui ne pourraient être lavés sans être altérés.

Art. 13. — Avant le chargement pour le transport à la fosse d'enfouissement ou à l'atelier d'équarrissage, les cadavres sont désinfectés par le lavage, avec un liquide désinfectant, des orifices : bouche, cavités nasales, yeux, anus, organes génitaux, ainsi que des parties du corps souillées par les matières excrémentitielles, puis par le saupoudrage des mêmes parties avec du chlorure de chaux.

Art. 14. — Dans tous les cas où la vente des peaux provenant d'animaux atteints de maladies contagieuses est permise, après désinfection, la désinfection a lieu par l'immersion complète dans la solution de sulfate de zinc à 2 p. 0/0.

CHAPITRE IV. — RÈGLES DE DÉSINFECTION SPÉCIALES A CHACUNE DES MALADIES CONTAGIEUSES.

PESTE BOVINE.

Art. 15. — Les opérations de nettoyage et de désinfection sont effectuées dans l'ordre et d'après les procédés suivants : 1° Enlèvement de l'étable et destruction par le feu des pailles et fourrages provenant des râteliers et mangeoires ; des litières et fumiers ; — Les litières et fumiers trop humides pour être brûlés, sont arrosés sur place avec un liquide désinfectant, puis enlevés, mis en tas et traités comme il est dit à l'article 6. — 2° Lavage énergique avec un liquide désinfectant du sol. des murs, plafonds, mangeoires, râteliers, séparations, portes, fenêtres, etc.. par projection avec la pompe foulante : lavage avec le même liquide des seaux, barbotoirs, etc. ; — Grattage des mangeoires et râteliers, des séparations, du sol et des murs, etc. ; — Balayage avec un balai dur de toutes les surfaces et nouveau lavage. — 3° Réfection du sol des étables lorsqu'il est déformé ; — Les sols en terres sont défoncés à 0m,20 de profondeur ; la terre enlevée est mise en tas et traitée comme du fumier. Le nouveau sol est formé de terre nouvelle à laquelle on incorpore 10 p. 0/0 d'huile lourde de gaz ou de goudron. — Lorsque le sol est en pavé mal jointoyé, le pavé est défait et la forme défoncée désinfectée et remplacée par de la terre ou du sable neuf auquel on incorpore du goudron ou de l'huile lourde de gaz. — L'aire des étables constituée par des pièces de bois est refaçonnée avec des matériaux nouveaux, après enlèvement et désinfection de la couche superficielle sous-jacente. Les anciennes pièces de bois sont brûlées ou flambées jusqu'à carbonisation. — 4° Fumigation au chlore ou à l'acide sulfureux prolongée pendant quarante-huit heures, puis ventilation pendant huit jours ; — 5° désinfection des ruisseaux, rigoles, conduits d'écoulement des purins, aussi bien à l'extérieur qu'à l'intérieur des bâtiments de ferme ; 6° Destruction par le feu de la couche de fourrage reposant directement sur le plancher des greniers à claire-voie et aération du reste. Ces fourrages sont réservés, autant que possible, pour l'alimentation des chevaux ; — 7° Destruction par le feu des éponges, licols, cordes d'attache de peu de valeur, flambage des chaines d'attache, étrilles, et autres objets en fer.

PÉRIPNEUMONIE CONTAGIEUSE.

Art. 16. — Dans le cas de péripneumonie contagieuse, la désinfection a lieu de la manière suivante : 1° Arrosage sur place avec un liquide désinfectant des litières et fumiers contenus dans l'étable et des restes de fourrages laissés dans les mangeoires et râteliers, puis enlèvement et enfouissement au tas de fumier commun ; 2° Lavage énergique avec un liquide désinfectant du sol, des murs, plafonds, mangeoires, et râteliers, seaux, barbottoirs, etc. ; — Grattage des mangeoires et râteliers, des séparations, du sol et des murs, etc. ; — Balayage avec un balai dur de toutes surfaces et nouveau lavage ; — 3° Fumigation au chlore ou à l'acide sulfureux prolongée pendant quarante-huit heures, puis ventilation pendant huit jours. — 4° Désinfection des ruisseaux, rigoles et conduits d'écoulement des purins aussi bien à l'extérieur qu'à l'intérieur des bâtiments de ferme : — 5° Destruction par le feu des éponges, cordes d'attache de peu de valeur, flambage des chaines d'attache, étrilles et autres objets en fer.

CLAVELÉE.

Art. 17. — Dans le cas de clavelée, on applique les dispositions des paragraphes, 1, 2 et 3 de l'article précédent.

Art. 18. — Lorsque la saison le permet, les moutons guéris sont tondus et les toisons lavées immédiatement dans une eau de savon. — Si la tonte ne peut avoir lieu, il est procédé à un lavage à dos dans un baquet avec une eau de savon. — Les eaux de lavage sont désinfectées par l'addition convenable d'une proportion d'acide phénique ou de sulfate de zinc.

GALE.

Art. 19. — Dans le cas de gale, la désinfection a lieu de la manière suivante : 1° Les litières, les fumiers existant dans la bergerie et les fourrages laissés dans les crèches sont fortement arrosés avec un liquide désinfectant, puis extraits de la bergerie et transportés immédiatement dans les champs. Si le transport ne peut avoir lieu, les matières extraites de la bergerie sont mélangées au tas de fumier, lequel est ensuite recouvert d'une couche de terre tassée de 0^m,10 ; — 2° Le sol, les crèches, ainsi que toutes les parties de murs et de boiseries jusqu'à une hauteur de 1^m,50, sont lavés à grande eau et nettoyés puis aspergés avec un liquide désinfectant ; — 3° Il est ensuite procédé à une fumigation comme il a été dit précédemment.

FIÈVRE APHTEUSE.

Art. 20. — Dans le cas de fièvre aphteuse, la désinfection a lieu de la manière suivante : 1° Arrosage sur place, avec un liquide désinfectant, des litières et fumiers contenus dans l'étable et des restes de fourrages laissés dans les mangeoires et râteliers, puis enlèvement et enfouissement au tas de fumier commun ; — 2° Lavage énergique, avec un liquide désinfectant, du sol, des murs jusqu'à une hauteur de 2^m,50, des mangeoires, râteliers, séparations, seaux, barbottoirs et de tous les objets qui ont pu être souillés par la bave des animaux malades ou la sérosité qui s'écoule des vésicules de leurs pieds ; — Grattages des mangeoires et râteliers, des séparations, du sol et des murs ; — Balayage avec un balai dur de toutes les surfaces et nouveau lavage ; — 3° Fumigation au chlore ou à l'acide sulfureux prolongée pendant quarante-huit heures, puis ventilation pendant huit jours ; — 4° Désinfection des ruisseaux, rigoles et conduits d'écoulement des purins, aussi bien à l'extérieur qu'à l'intérieur des bâtiments de ferme ; — 5° Saupoudrage du sol avec du chlorure de chaux.

MORVE ET FARCIN.

Art. 21. — Dans le cas de morve et de farcin, la désinfection a lieu ainsi qu'il suit : 1° Arrosage sur place, avec un liquide désinfectant, des litières, fumiers et restes de fourrages, puis enfouissement au tas de fumier commun ; — 2° Grattage à fond des mangeoires, râteliers, bas-flancs, murs de face, seaux, barbottoirs et de toutes les surfaces sur lesquelles les matières contagieuses ont pu être déposées ; — 3° Lavage de ces parties et de ces objets avec un liquide désinfectant très énergique, tel que la solution de sublimé corrosif ; — 4° Lavage du sol, des murs et de toutes les boiseries avec une solution phéniquée ; — 5° Destruction par le feu des éponges, brosses, licols, harnais de tête, corde d'attache, etc., qui ont servi aux animaux malades ; — 6° Flambages des objets en fer, tels que mors, chaînes d'attache, étrilles, etc. — 7° Nettoyage des harnais à l'eau bouillante phéniquée, avec savon et brosse et remise à neuf des parties rembourrées ; — 8° Immersion dans l'eau bouillante phéniquée et lessivage des couvertures ; — 9° Vidange des auges qui servent d'abreuvoir commun et lavage à la brosse des margelles de ces auges ; même opération pour les réservoirs destinés aux bains communs et nettoyage de leur fond avec un balai dur.

DOURINE.

Art. 22. — Dans le cas de dourine, la désinfection comporte les opérations suivantes : 1° Enlèvement des litières et fumiers sur lesquels les matières contagieuses ont pu se répandre ; — 2° Lavage à grande eau des places occupées par les malades et des murs, boiseries, bas-flancs, etc., autour d'eux jusqu'à une hauteur de 2 mètres ; 3° Après balayage, arrosage des mêmes parties avec un liquide désinfectant.

RAGE.

Art. 23. — Dans le cas de rage, la désinfection a lieu de la manière suivante :

Pour les carnivores. — 1° Lavage à l'eau bouillante phéniquée des surfaces sur lesquelles les animaux enragés ont pu répandre leur bave et particulièrement de l'intérieur des niches, des colliers, chaînes d'attache, couvertures, etc. — 2° Destruction par le feu des restes d'aliments et des litières.

Pour les herbivores. — 1° Destruction par le feu des litières, fumiers et restes d'aliments trouvés dans les mangeoires et râteliers ; — 2° Lavage à l'eau bouillante phéniquée du sol, des murs et des bas-flancs, des mangeoires, râteliers, seaux, barbottoirs et de toutes les surfaces et objets sur lesquels la bave a pu être déposée ; — 3° Flambage, après lavage et grattage, des boiseries aux points où elles ont été entamées par la dent des animaux pendant leurs accès ; — 4° Destruction par le feu des éponges, des licols et cordages d'attache ; — 5° Immersion dans l'eau bouillante phéniquée et lessivage des couvertures ; 6° Vidange et nettoyage à l'eau bouillante phéniquée des auges servant d'abreuvoir commun dans lesquelles les animaux ont pu boire au début de leur maladie, alors qu'elle n'était pas encore reconnue.

CHARBON.

Art. 24. — Dans le cas de charbon, la désinfection des locaux qui ont été occupés par les animaux malades comporte les opérations suivantes : 1° Arrosage à fond des litières, fumiers et déjections avec la dilution d'essence de térébenthine ; — 2° Enlèvement des litières, et fumier désinfectés qui sont déposés dans une fosse spéciale, saupoudrés de chlorure de chaux et recouverts d'une épaisse couche de terre ; — 3° Lavage du sol de l'étable ou de la bergerie avec le même liquide, après l'enlèvement des litières et fumiers ; — 4° Les cadavres des animaux morts de maladies charbonneuses sont arrosés avec de l'essence de térébenthine ; les orifices naturels en sont baignés et l'on prend les précautions nécessaires pour qu'il ne s'en échappe rien pendant le transport soit à la fosse d'enfouissement, soit à l'atelier d'équarissage.

Art. 25. — Les préfets des départements sont chargés, chacun en ce qui le concerne, de l'exécution du présent arrêté.

Paris, le 12 mai 1883. J. MÉLINE.

Nous allons maintenant passer en revue les maladies épizootiques non transmissibles des animaux à l'homme, celles qui sont transmissibles faisant le sujet du chapitre XXII.

Peste bovine. — Les symptômes qui la caractérisent sont, dit Galtier, la fièvre, une élévation de température dès le début, des frissons, des tremblements, un état congestionnel des téguments, du larmoiement qui est vite remplacé par de la chassie, du jetage, une salivation plus abondante qu'à l'état normal, un boursoufflement de l'épithélium buccal suivi de la desquamation des éléments superficiels et de la chute par places d'amas épithéliaux, une diarrhée fétide, et enfin de la prostration, de la stupeur et un amaigrissement très rapide. — Cette maladie, que l'on nomme encore typhus contagieux, est, comme son nom l'indique, extrêmement contagieuse pour le gros bétail. Elle peut guérir seule, sans aucun traitement. Il faut cependant abattre les animaux au fur et à mesure qu'ils tombent malades, afin de faire disparaître les foyers de contagion, et cela en vertu de l'article 6 de la loi sanitaire du 21 juillet 1881 et de l'article 6 du décret du 12 novembre 1887.

Péripneumonie contagieuse. — Au début, les animaux sont moins gais, moins vifs, la peau devient plus sèche, les poils se piquent et sont moins luisants, le mufle est plus chaud, plus sec, l'appétit diminue, la soif est vive, la respiration se modifie, s'accélère, devient irrégulière, anxieuse. La toux est petite, faible, courte, pénible.

Plus tard, raideur générale, hypéresthésie dorso-lombaire plus accusée. Symptômes plus ou moins nets de pleurésie, de pneumonie, de broncho-pneumonie, de pleuro-pneumonie. Dyspnée très marquée.

Cette affection est très redoutable. Elle se termine souvent par la mort. Elle est ordinairement incurable. Elle est éminemment contagieuse, même quand elle semble guérie.

M. Arloing a démontré que le *pneumobacillus liquefaciens* est bien l'élément essentiel du virus de la péripneumonie contagieuse du bœuf. Les influences qui favorisent la contagion sont : la cohabitation, la fréquentation des mêmes lieux et des mêmes pâturages, et surtout le commerce. Elle s'attache surtout aux grands ruminants. Elle est considérée comme ne se transmettant ni à l'homme, ni au mouton, ni au cheval, ni au chien, ni au porc, ni au lapin, ni aux oiseaux de basse-cour.

M. Willems, de Hasselt, a eu l'honneur d'être le premier à tenter de faire pour la péripneumonie ce qu'on faisait déjà pour la clavelée, c'est-à-dire l'inoculation préventive.

Ce n'est pas dans un ouvrage comme celui-ci que nous pouvons nous étendre sur la manière de préparer le virus. Disons cependant que le lieu d'élection choisi pour faire l'injection sous-cutanée, est l'extrémité de la queue. Elle ne donne l'immunité qu'aux animaux non contaminés. M. Leblanc a proposé les modifications suivantes à la législation sanitaire touchant la péripneumonie : inoculation préventive dans toute commune ou portion de commune, à tous les bovins, quand il y a plusieurs foyers d'infection ; abatage des malades et des suspects de la ferme infectée quand il s'agit d'un arrondissement où la péripneumonie s'est introduite accidentellement etc., etc. En résumé on ne connaît pas encore suffisamment le virus péripneumonique. Le mode d'inoculation adopté, outre qu'il est parfois dangereux, est trop lent dans son action préservatrice.

L'abatage général des malades et des contaminés est le moyen souverain d'arriver à l'extinction de la péripneumonie.

Clavelée. — Spéciale aux petits ruminants, elle est parfois très grave, elle se termine cependant le plus souvent par la guérison et confère l'immunité, contre une seconde atteinte aux animaux qui se rétablissent.

On donne le nom de *clavelisation* à l'inoculation expérimentale du claveau, pratiquée dans le but de produire une maladie localisée et bénigne chez les animaux qu'on veut ainsi préserver de la clavelée naturelle. La maladie règne en permanence dans certains pays, en Algérie par exemple, où elle est ordinairement tout à fait bénigne, en Allemagne, en Hongrie, en Italie, en Espagne, et dans certaines régions de la France.

La clavelée est caractérisée par l'apparition d'une pustule, dite pustule claveleuse, qui fait suite à une ecchymose à la surface du derme.

Cette pustule est recouverte par une pellicule grisâtre, épidermique, imbibée de sérosité qui la gonfle et qui parfois suinte au dehors à travers cette membrane protectrice. Si on enlève l'épiderme qui recouvre la pustule, on obtient un suintement de lymphe plus ou moins abondant parfois strié de sang ou sanguinolent, mais bientôt limpide et clair. Le claveau est produit par tous les points de la pustule. Une croûte se forme. C'est le moment qu'il faut choisir pour recueillir le claveau.

Au bout de deux, trois ou quatre jours, dit Galtier, la pustule se modifie, s'affaisse, se déprime, devient moins riche en produit virulent, plus sèche ; le claveau se trouble, s'épaissit, devient moins abondant, blanchâtre, grisâtre, puriforme, sans cesser pourtant d'être virulent ; la croûte elle-même renferme du virus.

L'évolution complète d'une postule claveleuse peut exiger dix-huit, vingt et même plus de trente jours.

Un seul animal suffit pour introduire la clavelée dans un troupeau, de là aux troupeaux même des localités plus ou moins éloignées, grâce au déplacement des animaux infectés (transhumance), grâce au commerce et à l'importation dans les localités non infectées d'animaux venant des localités infectées.

D'après Nocard, les moutons bretons jouiraient, à l'égard de la clavelée, d'une véritable immunité naturelle qui leur permettrait de vivre avec des malades sans se contaminer, et de recevoir une inoculation, sans contracter la maladie. La variole du mouton est transmissible à la chèvre.

Il y a trois sortes de clavelisation : la clavelisation de nécessité, la clavelisation de précaution, et la clavelisation de préservation.

On se sert d'un bistouri, d'une lancette, d'un instrument piquant. On fait une piqûre sous-épidermique ou une fente à travers l'épiderme et la partie superficielle du derme et on y insère le claveau.

Le lieu d'élection est l'extrémité des oreilles, ou l'extrémité de la queue, après avoir rasé les poils ou la laine et nettoyé la région si cela est nécessaire.

M. Galtier attend le développement complet des piqûres à l'extrémité d'une ou des deux oreilles : elle a lieu du dixième au quinzième jour, puis on ampute la partie de l'oreille qui les supporte et on cautérise légèrement la plaie avec de l'eau forte ou autrement, ou bien on la laisse en l'état. De la sorte on confère aux animaux clavelisés une maladie bénigne, et on prévient tout danger de propagation par les bêtes inoculées.

L'amputation de la région inoculée ne doit, sous peine d'une généralisation possible de l'éruption, être pratiqué que 4, 5, 6, 7 jours après l'inoculation.

Gale du mouton et de la chèvre.— Trois espèces de gales pour le mouton : gale psoroptique qui est la plus grave, gale sarcoptique et gale symbiotique.

La chèvre ne paraît pas contracter la gale psoroptique.

Rouget et *pneumo-entérite infectieuse du porc.* — C'est une maladie microbienne infectieuse et contagieuse caractérisée principalement par des rougeurs à la surface du corps, par des modifications fonctionnelles plus ou moins accusées, par des lésions des voies digestives, des séreuses, du système ganglionnaire, etc. et par la virulence des produits morbides, des lésions du sang, etc. Il est déterminé par la pullulation d'un bacille particulier, il attaque spécialement le porc, surtout après les premiers mois de la vie et il est principalement grave sur les individus des races perfectionnées (Galtier).

Il existe encore la *pneumo-entérite infectieuse des four-*

rages décrite par MM. Violet et Galtier, le *choléra des oiseaux* encore appelé *choléra des poules*, la *maladie des jeunes chiens*, la *gourme du cheval*, le *piétin*, le *horsepox*, le *cowpox*, la *vaccine* sur lesquels nous ne pouvons nous appesantir ici.

Nous devons, avant de terminer, parler d'une maladie qui rentre dans le cadre des épizooties, nous voulons parler du tétanos.

Tétanos. — L'origine du tétanos est encore obscure. Les uns attribuent à cette maladie une origine équine, d'autres la nient. Nicolaïer, a bien réussi, en 1884, à développer chez les animaux une tétanie infectieuse, un tétanos expérimental, par les injections d'eau de lavage de certaines terres.

Il a découvert un bacille spécial à qui l'on a donné son nom ; ce bacille affecte la forme d'un très fin bâtonnet long, d'une baguette de tambour ou d'une épingle. Son inoculation à l'âne donne naissance au cortège habituel des symptômes typiques du tétanos des équidés. Rosenbach a confirmé en 1866 les assertions de Nicolaïer, mais n'a pu obtenir le bacille à l'état de pureté, ce qu'est arrivé à faire le premier Kitasato en 1889.

Le professeur Verneuil émit la théorie suivante qu'il exposa brillamment à l'Académie de médecine : *Si le tétanos peut être regardé comme étant de provenance équine, c'est que le cheval constitue la voie de propagation la plus fréquente des germes de cette affection, qui est d'origine tellurique*, ce qui équivalait à dire que le *tétanos est d'origine tellurique*. D'autres auteurs considèrent le tétanos comme pouvant éclore spontanément. Les avis sont également partagés pour savoir si c'est le *bacille tétanique* ou sa *toxine* qui est l'agent actif des cultures inoculées : Selon MM. Delamotte et Charron, qui ont fait du tétanos une étude extrêmement intéressante, le tétanos s'inocule à presque tous les animaux : le cobaye, la souris et le lapin conviennent plus spécialement pour les expériences. Ils supposent que le bacille de Nicolaïer emprunte toute son action nocive au poison très violent qu'il secrète, poison qui offre beaucoup d'analogie avec la strychnine.

La concomitance du tétanos et de la septicémie est assez fréquemment observée.

La prophylaxie est de nature hygiénique et médicale : hygiénique parce qu'il faut d'abord éviter les souillures ; médicale par l'emploi des germicides appropriés, parmi lesquels figure en première ligne le mélange de la solution de bi-chlorure de mercure et d'acide chlorhydrique avec l'alcool éthylique pour neutraliser la toxine.

Comme traitement interne, le trichlorure d'iode, les injections de sang ou de serum des lapins vaccinés suivant le procédé de Kitasato, ou les injections avec une substance spéciale extraite au moyen de la précipitation par l'alcool et la dessication dans le vide du serum des chiens ou des lapins rendus réfractaires.

Dourine. — La dourine ou maladie du coït se transmet, comme l'indique son nom, par l'acte de la génération. Cette maladie n'attaque que les étalons et les juments ayant eu des rapports sexuels. Nous ne pouvons l'étudier ici en détail, disons qu'elle est grave, car la maladie entraine souvent la mort des animaux.

CHAPITRE XXXIV

HYGIÈNE PUBLIQUE INTERNATIONALE

C'est la peste d'Orient qui, en 901, a été la première maladie d'origine exotique contre laquelle ont été appliquées des mesures sanitaires.

Venise, à elle seule, en six siècles, eut soixante-trois fois la peste. C'est en 1348 qu'on y créa le premier lazaret. On en créa un à Marseille en 1526.

La première loi de police sanitaire promulguée en France le fut le 3 mars 1822 : elle fut complétée par le règlement qui parut le 7 avril de la même année.

Des conférences sanitaires eurent lieu en 1852, 1874 et enfin un décret qui a encore force de loi aujourd'hui a paru le 22 février 1876.

Il serait trop long d'en donner ici la teneur. Nous donnons plus loin le règlement qui définit les mesures à l'arrivée relativement aux navires. Il nous paraît également inutile de nous étendre très longuement sur les principales maladies épidémiques : nous dirons seulement quelques mots de chacune d'elles.

160. Choléra. — C'est des bords du Gange, dans l'Inde, que part en 1817, pour la première fois le choléra épidémique.

Il commence par dévaster presque toute l'Asie, il prend ensuite la direction de l'Occident, à travers la Syrie, la Perse l'Arabie et l'Afrique. Là il s'arrête et fait une halte de plusieurs années. Puis, sans cause connue, il envahit la Pologne, la Prusse, l'Autriche et la Hollande. En 1831, il sévit en Angleterre ; en 1832, il décime la France où il entre par Calais.

Dans la seconde épidémie, sa marche n'est pas moins nettement tracée. On le voit de nouveau en 1846, renaître dans les marais du Gange, et il s'avance jusqu'à Samarkand ; il moissonne ensuite à la Mecque un grand nombre de pèlerins venus pour faire leurs dévotions au tombeau du prophète. Il envahit l'Afghanistan, la Perse, la partie nord-ouest de la Turquie d'Asie et vient s'arrêter quelque temps dans l'Asie-Mineure. De là sa marche se dédouble : tandis que d'une part il ravage les ports de la Mer-Noire, de l'autre il gagne la Georgie, la Circassie, le sud de la Russie, la Finlande, la Suède. Par ces deux routes le fléau converge ensuite vers l'Angleterre et vers la France.

De 1849 à 1853 l'épidémie semble éteinte, mais elle reparait en 1854, avec une nouvelle intensité et fait de nombreuses victimes. En 1865, c'est à la Mecque que l'épidémie prend son point de départ. Elle avait été apportée dans cette ville par des navires venant des Indes. L'Egypte fut le premier pays attaqué. Le *Sydney*, navire anglais, transporte la maladie à Suez, les habitants effrayés fuient dans la direction de l'Europe ; Marseille d'abord, Paris ensuite reçoivent les premiers émigrants et le fléau se déclare.

467. Peste. — Née le plus souvent en Egypte, elle se propage rapidement à travers l'Europe, et vient produire les terribles épidémies de Nimègue (1635), de Londres (1665), de Marseille (1720), d'Egypte (1798 à 1800).

Fièvre jaune. — Elle a fait plusieurs apparitions dans

nos contrées, et en particulier à Cadix (1730-1810-1819), à Malaga, à Barcelone en 1821 et en 1870, etc., etc.

Nous donnons maintenant le texte du règlement sanitaire dont il a été parlé plus haut :

108. Mesures à l'arrivée des navires suspects. — La libre pratique n'est accordée qu'après une inspection sanitaire qui établit qu'il n'y a à bord ni malades, ni suspects de peste, de fièvre jaune et de choléra et que les mesures d'assainissement et de désinfection ont été exécutées d'une façon rigoureuse au moment du départ et pendant la traversée.

1. *Passagers.* La quarantaine sera déterminée par le règlement de police sanitaire maritime, toutefois elle pourra être diminuée, supprimée même, si le navire présente des conditions de garantie particulières (présence à bord d'un médecin nommé par l'administration sanitaire, existence sur le navire d'une étuve à désinfection par la chaleur, mesures d'assainissement et de désinfection au moment du départ et pendant la traversée) et s'il n'y a à bord aucun individu atteint, ni suspect de maladie pestilentielle exotique. — 2. S'il en est autrement, la quarantaine se fera à bord, ou mieux dans un lazaret et on agira à l'égard des quarantenaires, comme il sera dit plus tard lorsqu'il sera traité des quarantenaires en cas de navires infectés. — 3. *Navires.* Au retour d'un voyage pendant lequel le navire a fréquenté des ports contaminés, même lorsqu'il n'y a pas eu de cas d'affection pestilentielle à bord pendant la traversée, des mesures d'assainissement et de désinfection doivent être prises à l'égard des logements des passagers, de l'équipage et des cales (lavage des logements avec solution de chlorure de zinc, désinfection des lieux d'aisances avec le sulfate de cuivre, le chlorure de chaux, etc. L'exécution de ces prescriptions est du reste un bon moyen de préservation pour le voyage suivant. — 4. Dès qu'une cale est vide, les fonds et les anguillers sont largement lavés avec de l'eau de mer lancée par une pompe foulante. Les parois sont lavées avec une solution de chlorure de zinc. — 5. Si la cale a contenu des matières animales ou végétales ayant subi un commencement de fermentation ou décomposition, les lavages indiqués à l'article précédent seraient insuffisants ; il faudrait alors procéder à une fumigation sulfureuse avec les précautions déjà indiquées de fermeture her-

metique pendant vingt-quatre heures, et ensuite d'aération à l'aide de manchons à vent ou de ventilateurs.

169. Navires infectés. — 1. *Malades.* Les malades sont immédiatement débarqués dans un lazaret et isolés ; leurs déjections seront reçues dans un vase dans lequel on aura préalablement placé une solution désinfectante. Ces injections ainsi désinfectées sont jetées dans des fosses d'aisances, qui sont elles-mêmes rigoureusement désinfectéses.

Les linges souillés sont plongés dans l'eau bouillante ou dans une solution désinfectante, les vêtements sont placés dans une étuve à désinfection par la chaleur ou, à défaut d'étuve, dans un espace clos, dans lequel on dégagera de l'acide sulfureux.

Les cadavres sont enterrés dans un bref délai.

2. *Quarantenaires.* — Les passagers sont débarqués immédiatement au lazaret. Ils sont divisés par groupes, peu nombreux, de façon que si des accidents se montraient dans un groupe, la durée de la quarantaine ne fût pas augmentée pour tous les passagers.

Le linge sale des quarantenaires est lavé le jour même, après avoir été plongé dans l'eau bouillante ou dans une solution désinfectante. Au moment de l'arrivée et avant la libre pratique, les vêtements seront placés dans une étuve à désinfection par la chaleur, ou, à défaut d'étuve, dans un endroit clos dans lequel on dégagera de l'acide sulfureux.

Des bains ou des douches sont donnés aux quarantenaires : chacun d'eux doit prendre au moins un bain pendant la durée de la quarantaine : il reçoit à la sortie du bain du linge propre, son linge sale est immédiatement passé à l'eau bouillante.

Navires. — Les parois et les parquets des cabines dans lesquelles ont été placés les malades sont grattés, brossés et lavés au moyen d'une solution désinfectante. Les cabines sont ensuite soumises à une fumigation sulfureuse pendant vingt-quatre heures, puis largement aérées pendant le jour et pendant la nuit.

Le navire est entièrement repeint au lait de chaux : les marchandises et objets susceptibles sont passés à l'étuve ; les peaux, si le chargement en comporte, sont exposées aux vapeurs nitreuses. Toutes les opérations de désinfection du navire sont faites en présence et sous la responsabilité du directeur de la santé.

Eau. — Chaque lazaret doit être pourvu d'eau d'une pureté irréprochable ; si la nécessité contraignait d'avoir recours à une eau sur la pureté de laquelle quelques doutes pourraient être émis, elle serait bouillie.

Fosses d'aisances. — Les puits perdus sont absolument interdits Des tinettes mobiles sont placées dans des fosses fixes parfaitement étanches : elles reçoivent chaque jour des liquides désinfectants, et elles sont, après chaque quarantaine, visitées et désinfectées de nouveau.

Etuve à désinfection. — Chaque lazaret doit être pourvu d'une ou de plusieurs étuves à désinfection par la chaleur.

Le type le plus parfait et le plus employé d'étuve à désinfection par l'action de la vapeur directe sous pression est celui de Geneste et Herscher, dont voici le dessin.

170. Description des appareils Geneste et Herscher. — L'étuve proprement dite est essentiellement formée d'un corps cylindrique, avec porte en avant pour l'introduction des objets à désinfecter et porte de sortie en arrière · deux rails intérieurs formant voie ferrée pour un chariot ; enveloppe isolante à l'extérieur ; batteries de chauffes spéciales additionnelles placées intérieurement en haut et en bas de la chambre d'épuration, tuyauterie spéciale de l'étuve avec robinetterie, manomètres, boîtes de séparation d'eau condensée et de vapeur et soupapes de sûreté.

Deux voies ferrées extérieures pour l'avant et l'arrière et un chariot forment le complément normal de l'étuve.

Corps cylindrique de l'étuve. — L'étuve se compose d'un cylindre de 1 m. 300 de diamètre, en tôle de 6 mm. d'épaisseur. Aux deux extrémités de ce cylindre sont fixées deux fortes cornières en fonte munies d'oreillons disposés pour recevoir les axes de boulons articulés et de deux saillies traversées par les axes des charnières des portes. De plus, les faces extérieures de ces cornières portent une rainure circulaire dans laquelle s'encastre l'anneau en caoutchouc formant joint hermétique.

Enveloppe isolante. — Pour combattre les condensations, ce cylindre est recouvert sur toute sa surface extérieure d'une enveloppe isolante en bois verni

Portes. — Le cylindre formant le corps de l'étuve est fermé par deux portes en tôle de 7 mm. d'épaisseur embouties en forme de calotte sphérique ayant environ 15 centimètres de flèche.

Le bord de ces portes est armé du côté extérieur d'un cercle en fer plat de 18 mm. d'épaisseur et de 80 mm. de largeur rivé sur la tôle et formant une saillie ayant le même diamètre moyen que la rainure réservée dans la cornière en fonte. Ce cercle forme la partie mobile du joint. Sur ces portes sont encore fixées deux fortes charnières en acier. De plus, sur ce bord on a réservé seize échancrures pour le passage des boulons à bascule dont les écrous à oreilles s'encastrent dans une alvéole évitant tout glissement pendant le serrage et la mise en pression.

Pour faciliter l'ouverture des portes, un galet en fonte dont l'axe traverse une chape boulonnée au bas de la porte, roule sur un rail courbe formé à une barre de fer plat fixée sur le sol par des pattes en fer scellées dans une petite maçonnerie.

Voie. — A l'intérieur de l'étuve, deux rails en fer plat solidement boulonnés, ayant la même longueur que l'étuve, guident et supportent le chariot. Des voies extérieures sont placées à distance convenable, c'est-à-dire en réservant un intervalle suffisant pour permettre l'ouverture des portes.

Ces voies extérieures portent des rails à charnières qui en se rabattant complètent la voie et se raccordent avec les rails intérieurs.

Batteries de chauffe additionnelles. — A l'intérieur du corps cylindrique, deux batteries de chauffe dont l'une est placée en haut et l'autre en bas, sont constituées chacune par onze tubes en fer rivés et mandrinés dans des boîtes de distribution en fonte.

Ces batteries de chauffe sont fixées dans le corps cylindrique par des supports en fer plat, boulonnés sur la tôle. Une boîte de distribution du haut communique avec le tuyau de vapeur venant de la chaudière, la deuxième boîte du haut communique avec la boîte du bas placée directement au-dessous, par deux tuyaux en cuivre.

Enfin la dernière boîte placée en bas communique avec le tuyau de purge. Un écran en cuivre étamé est fixée sous la batterie supérieure de chauffe et sur toute la longueur de l'étuve.

Arrivée de vapeur directe dans l'étuve. — Un tuyau en cuivre rouge percé de trous de 4 mm. de diamètre est fixé à l'intérieur du cylindre, un peu au-dessus de l'axe par des brides en fer; ce tuyau communique par une bride de raccord avec les appareils de distribution de vapeur placés à l'extérieur.

Un écran en cuivre étamé est placé devant ce tuyau sur toute sa longueur.

Arrivée de vapeur. — Un tuyau en cuivre partant de la chaudière amène la vapeur près de l'étuve où il se divise en deux branches. La première branche se raccorde avec la boîte de distribution des batteries de chauffe placée à l'intérieur et dans le haut de l'étuve.

Cette conduite porte un robinet de réglage, une soupape de sûreté, un manomètre, et se raccorde enfin avec le tuyau d'arrivée de vapeur directe dans l'étuve.

Echappement. — Sur le haut de l'étuve se trouve branché un tuyau portant une valve; ce tuyau sert à faire échapper la vapeur pendant les différentes phases des opérations, de manière à assurer la parfaite pénétration de la vapeur au centre des objets perméables les plus épais.

Purgeur d'air. — Un robinet purgeur d'air est placé extérieurement près des appareils de distribution de vapeur, il communique avec l'intérieur par un tuyau en cuivre de gros diamètre qui descend jusqu'à la partie la plus basse de l'étuve où une rampe percée de trous permet l'évacuation complète de l'air pendant l'introduction de vapeur, cet air est conduit jusque sous le foyer de la chaudière où il est brûlé.

Purgeurs d'eau condensée. — Pour purger l'eau condensée des surfaces de chauffe servant au séchage, la quatrième boîte de distribution des surfaces de chauffe placées à l'intérieur de l'étuve se termine par un tuyau de purge d'eau condensée, à l'extrémité duquel est fixé un robinet de purge réglable à la main.

Pour purger l'eau condensée provenant de la vapeur directe. Sous l'étuve deux tuyaux de purge se réunissant en un seul terminé par un robinet, partent des deux extrémités basses du corps cylindrique. Enfin pour purger l'eau condensée avant son entrée dans l'étuve. Deux tuyaux terminés aussi par des robinets servent à purger les bouteilles de séparation.

Tous ces tuyaux de purge sont réunis pour déverser l'eau dans un même réseau d'écoulement des eaux.

Séchage. — Le séchage est obtenu sans ouvrir les portes de l'étuve par un ajecteur agissant dans le tuyau d'échappement et par rentrée d'air placée au bas de l'étuve et diagonalement opposée à l'échappement.

Chariot. — Le chariot formé de fer U et de cornières cintrées suivant les formes intérieures de l'étuve est porté par quatre roues en fonte, maintenues dans des chapes fixées sur des plaques en tôle. Le chariot est galvanisé et les parties susceptibles de toucher les objets à désinfecter sont recouvertes de cuivre jaune étamé.

Ce chariot porte des claies en fer cornière galvanisé avec gaine en cuivre jaune étamé qui peuvent s'enlever facilement suivant les besoins. Enfin, toute la partie inférieure du chariot est enveloppée d'un grillage en cuivre étamé.

Enclenchement des portes. — Afin d'éviter l'ouverture simultanée des portes, elles seront enclenchées sur demande au moyen de leviers calés sur un axe longitudinal à l'étuve.

Peinture. — Toutes les parties intérieures et extérieures de l'étuve sont recouvertes à deux couches d'un enduit pour éviter l'oxydation.

Contrôleur des opérations. — L'étuve sera mise en communication avec un enregistreur permettant de s'assurer du nombre d'opérations faites dans la journée, de leur durée et de la façon dont elles ont été faites.

171. Fonctionnement des appareils Geneste et Herscher. — Pour des objets épais, comme les matelas, quinze minutes suffisent pour la désinfection, vingt minutes pour le séchage, plus quelques minutes encore pour les manœuvres d'entrée et de sortie ; il y a inconvénient à précipiter davantage l'opération. Pendant tout ce

temps le chauffage des batteries additionnelles est continu. La période de quinze minutes d'exposition à la va-

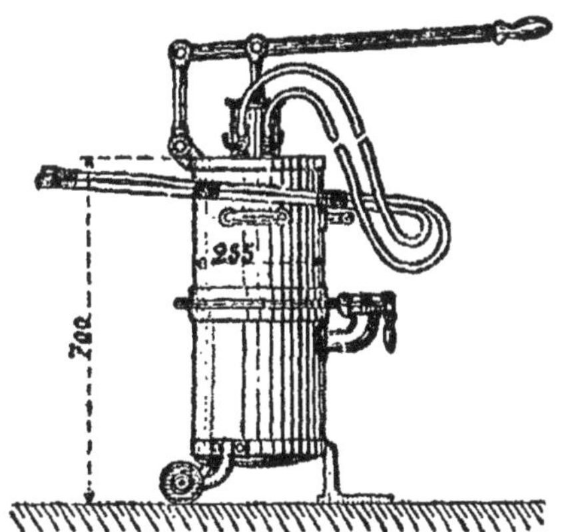

peur directe est très utilement coupée par un arrêt de trente à soixante secondes après les cinq premières minutes. Le séchage s'effectue dans l'étuve même en entre-baillant simplement la porte de sortie.

Le modèle ci-dessus représente une étuve locomobile. Elle est destinée aux localités non pourvues d'étuves fixes et pour éteindre sur place les foyers contagieux.

Enfin les mêmes ingénieurs ont inventé le pulvérisateur suivant pour désinfecter les murs, cloisons, planchers, carrelages et plafonds, ainsi que le mobilier, les peaux, cuirs, fourrures et objets caoutchoutés qui ne peuvent supporter l'action de la chaleur.

CHAPITRE XXXV

QUALITÉ DES ALIMENTS MIS EN VENTE

Nous avons à traiter, au point de vue pratique surtout, des matières suivantes :

1° Les farines et le pain ;

2° Les viandes de boucherie, la charcuterie, les volailles, le gibier ;

3° Le poisson, les crustacés et les mollusques ;

4° Les conserves, les champignons, les légumes et les fruits.

178. Le pain. — Nous commencerons par l'aliment toujours considéré comme le premier de tous, comme le plus indispensable à l'existence même, comme le moins sujet à provoquer le dégoût, malgré son usage quotidien : c'est le pain. La farine qui lui sert de base doit être, d'après les documents du Laboratoire municipal, d'un blanc jaunâtre, d'un éclat vif sans points rougeâtres, gris ou noirs, douce au toucher ; elle doit adhérer aux doigts et former une espèce de pelote quand on la serre dans la main.

Actuellement, la farine sort des blutoirs de plus en plus pure, à cause de la mouture pratiquée au moyen de laminoirs en fonte tournant en sens inverse et plus ou moins rapprochés. Dès les premiers passages du grain, tout le rouge, comme on dit dans le métier, en est parti. L'on comprend qu'au 30e ou 40e passage, il ne soit extrait que de la farine très blanche, du cœur même du grain. Les farines au cylindre, selon la méthode hongroise, rendent 72 à 73 0/0 de pur froment et sont avantageuses pour le boulanger, parce qu'elles absorbent plus d'eau que les autres. Mais si le blé livre plus de farine, par contre le son est plus sec. La perfection des procédés a augmenté les rendements en gruaux ou semoules, de façon que le pain, chez tous les peuples, tend de plus en plus vers la blancheur idéale. Mais le pain des villes contient moins de gluten ou de matière azotée que celui de la campagne ; il a cet avantage d'être plus facile à digérer ; plus on met de levûre pour le faire lever, plus sa pâte est fine. Le pain doit se garder à la lumière, et non dans les huches humides et obscures des campagnes où il moisit parfois.

Le pain bis de nos paysans se conserve 12 à 14 jours, grâce à la farine de seigle qui, comme importance, est la seconde, et se trouve plus grasse que la farine de froment. On les mélange par moitié.

Aucune farine ne doit sentir le relent ou quelque odeur suspecte, ni être infestée de parasites ou de substances étrangères (nielle, ergot, ivraie). L'ergot est surtout dangereux dans le seigle, qu'il infeste dans les années humides. C'est un champignon très vénéneux. (*Sclerotium clavus*). Les farines sont vieilles après trois ou quatre ans, et à cet âge elles sont sujettes à prendre de l'humidité et à se pelotonner dans les sacs où on les conserve (marrons).

Le meilleur pain se fera toujours avec une farine de cinq à six mois et beaucoup de levure. Certains pains riches, le français, le viennois, sont fort légers, et doivent être vite consommés. De même ceux où l'eau est additionnée de lait : la raison en est qu'ils deviennent vite rassis.

Des autres farines, peu de chose à dire. Nous signalerons en passant celle de sarrasin qui sert, ainsi que celle de châtaigne, à la nourriture de certaines provinces pauvres (Bretagne, Gascogne, Pyrénées). Le maïs mérite une mention spéciale, parce que, altéré, il cause aux populations qui le mangent, en Italie surtout, une affreuse maladie ne valant guère mieux que l'ergotisme et appelée la pellagre.

173. La viande. — On sait que la viande est, après le pain, l'aliment principal des villes, et le plus utile au développement et à l'entretien des énergies. Il a l'avantage d'un pouvoir nutritif sans égal sous un petit volume. On pourrait juger de la puissance et de la combativité d'un peuple à la quantité de viande par lui digérée. Geoffroy Saint-Hilaire a écrit ceci : « La viande, voilà donc l'élé-« ment indispensable au complet développement des hommes et

« des peuples, indispensable entre tous, et en plus grande propor-
« tion aux hommes et aux peuples du Nord, et à égalité de climat
« aux classes laborieuses, et surtout à celles des villes. »

En principe, il faut admettre que les bouchers dignes de ce nom, respectent assez leur étal pour tenir des viandes de bonne qualité marchandes, et que les municipalités des villes font inspecter les abattoirs et les tueries particulières. Cette garantie doit être offerte au public qui n'a plus qu'à choisir les qualités, selon sa bourse. Un conseil en passant : on a intérêt à ne se servir que chez des bouchers sérieux où les viandes sont de première qualité, car les derniers morceaux, ou *la basse viande* de ces bêtes, sont préférables aux premiers morceaux d'un animal de mauvaise qualité : la poitrine d'un bœuf gras vaut plusieurs fois le filet même d'une vache maigre.

Il est trois grandes divisions dans les viandes de boucherie, si on considère leur couleur : 1° les viandes blanches ou grises, avec un peu de rose, le veau, l'agneau, le chevreau, le porc : 2° les viandes rouges, bœuf, taureau, mouton, cheval, chèvre : 3° les viandes saigneuses en terme de métier, et non pas saignantes, sont celles d'animaux morts sans avoir été saignés dans les abattoirs, ou après avoir été imparfaitement saignés. Nous allons les passer successivement en revue. Dans leur jeunesse les viandes sont pâles et ne prennent leur vrai coloris qu'à l'âge adulte. De plus, la viande des mâles est plus foncée que celle des femelles et des animaux châtrés. Il y a là une gradation à laquelle l'œil doit s'habituer. Il y a loin, en effet, du veau presque blanc à l'intense rouge-brun du taureau. Mais la couleur doit être franche avec un brillant particulier qui, par place, et selon l'angle de lumière, produit l'apparence d'un vernis. Quand on juge un morceau présenté, il est rare que l'on n'ait pas à examiner en même temps un fragment de graisse. Or, celle-ci a des caractères fort importants, selon son degré de fermeté ou de mollesse, après refroidissement bien entendu : jamais la graisse n'est trop dure à la pression du doigt. Quand elle a infiltré la viande, et a gagné les interstices des faisceaux musculaires, la viande est dite persillée, chez les bœufs d'étable principalement. La graisse molle, jaune et diffluente est un signe accusateur des dernières qualités. La graisse farineuse ou bise ou grisâtre, donnant la sensation de la cendre écrasée sous les doigts, marque un dépérissement de l'animal ou bien une jeunesse extrême, comme celle des veaux, des agneaux, des chevreaux qui n'ont pas quinze jours d'existence.

Toute viande sale à la coupe, peu nette, montrant des tons divers, surtout dans le gris couleur pavé, est à suspecter. Un autre caractère auquel tout le monde doit faire attention, est la mollesse ou la fermeté, l'état mouillé ou l'état sec de la viande à sa superficie. L'eau qui suinte d'une viande comme d'une éponge dénote un sujet ou mal nourri ou incapable de bien digérer les aliments qui lui sont donnés. Le mouton quand il est pâle — jamais il n'est trop rouge vif naturellement — indique la cachexie fatale dans les années humides, avec l'envahissement des parasites du foie et des poumons. Les vaches usées par la vieillesse et par la lactation prolongée offrent les mêmes caractères, avec de la pâleur dans la coloration.

Le muscle parfois, devient brunâtre, élastique, semblable à du caoutchouc; de sa coupe aucune humidité même ne s'exhale comme à l'état naturel; la fibre et les faisceaux sont noyés dans une sorte de matière gommeuse; c'est la fièvre de fatigue. Le surmenage, la poursuite des animaux fuyards dans les abattoirs — tel le gibier forcé — sont la cause de cette lésion qui, trop accentuée, confine à la maladie même, et entraine la saisie. Ces différents états ont été bien décrits dans les opuscules de M. Villain, intitulé la *Viande saine et la Viande malade*, ainsi que l'odeur dégagée par la viande salubre, odeur difficile à décrire, même par comparaison; c'est l'odeur laiteuse et douce qui se dégage des étables, fraiche aussi, ni aigre, ni acide, et ne rappelant jamais l'haleine des bêtes ou des gens fiévreux.

Les viandes saigneuses sont celles où, par endroits, le sang a laissé tantôt des caillots, tantôt des infiltrations plus ou moins colorées selon que son sérum s'est plus ou moins séparé de lui. Dans le muscle, les veines et les veinules en contiennent encore. Ces viandes ont un aspect dégoûtant, et ressemblent à du gibier tué au fusil; elles n'ont point le coloris franchement carminé des autres viandes. Ces altérations se remarquent mieux encore sur les viandes naturellement blanches ou grises. Les animaux malades, saignés *in extremis* fournissent une viande pareille, parce qu'ils ne peuvent verser tout leur sang, la circulation étant chez eux fort affaiblie.

Les viandes vertes ou verdâtres, corrompues, molles, putréfiées même, se décèlent aisément à la vue et à l'odeur. En été, et surtout par les temps d'orage, il sera prudent de contrôler sévèrement ses achats.

La viande de cheval, dont l'usage se répand, étant donnée la cherté du bœuf et du mouton, se reconnait à sa couleur terre de Sienne, à son brillant comme si sa surface était huilée, mais surtout à la friabilité de sa substance que l'on écrase facilement sous les doigts. D'ailleurs certains écriteaux doivent prévenir l'acheteur qui, d'après les vendeurs n'achèterait jamais que du mulet et de l'âne. Or, ces deux derniers sont très rares à obtenir comme viande de boucherie, et les écriteaux ne mentionnent jamais le mot cheval, trop vulgaire assurément. Tous les saucissons à bas prix (20 à 30 sous la livre) sont composés avec de la viande chevaline.

A quel moment la viande tuée peut-elle être vendue? La viande est marchande, sitôt le sacrifice, a écrit M. Villain. C'est le bœuf ou la vache ainsi livrés qui font le meilleur pot-au feu. Pour les rôtis il est préférable que les viandes soient rassises A ce propos, il faut savoir que l'hiver ces dernières sont plus tendres, étant conservées sept ou huit jours. Il ne faut pas s'effrayer de la teinte noirâtre qu'elles prennent à leur surface (bœuf) : au-dessous, si on épluche quelque peu, on verra la substance intacte et normale.

La charcuterie, on le sait, a pour base le porc travaillé de mille façons, et attisé par les condiments les plus variés. Mais comme cette cuisine a pour but la conservation des pièces, et qu'il y faut beaucoup de soin, les altérations en sont fréquentes. De plus, comme le porc ainsi transformé double ou triple son prix premier, on conçoit que certains préparateurs peu scrupuleux osent falsifier la marchandise. Nous citons dans le *Manuel de l'Inspecteur des viandes* (1) ce passage de M. Cartier : « Un saucisson, pour être bien fait, doit être ferme, lourd, sec au toucher, son odeur et sa saveur rappelant la nature des condiments employés. Pour bien apprécier sa qualité il faut le couper ou le briser; la coupe lui donne souvent un aspect séduisant. Cette coupe doit être nette, brillante) sans cavités, et d'une couleur bien franche... La sonde, moins utile que le bistouri ou le couteau, ne doit être employée que comme procédé sommaire, la coupe est un procédé bien plus efficace pour asseoir son jugement .. Que penser du fabricant peu scrupuleux qui ne craint pas de faire entrer dans la chair à saucissons toutes sortes de débris plus ou moins moisis ou avariés? » S'il n'y ajoutait que du cheval, il n'y aurait que demi-mal (on peut déceler scientifiquement cette addition). Que penser d'un saucisson âcre au goût, prenant à la gorge, piqué, selon le mot consacré, à cassure non uniforme, à odeur forte

(1) Librairie Carré, rue Racine.

allant jusqu'à l'odeur ammoniacale? Ces lésions y existent quand ils ont été mal tassés, et que l'air y a introduit des microbes. Les saucissons trop vieux et secs se creusent et deviennent gris sales avec des points jaunes ou verdâtres qui sentent le rance et qui sont les morceaux de gras intercalés. Toutes ces maladies les font justiciables de la saisie. D'autres fois, ce sont les féculents ajoutés qui fermentent. Mais les plus mauvais résultats de leur corruption sont les ptomaïnes, poison du saucisson fréquent en Allemagne et en Belgique. Des familles presque entières y ont succombé. Les chaleurs de l'été ne sont pas étrangères à la formation de ces substances toxiques. Le fromage d'Italie mal préparé est dangereux pour les mêmes motifs; nous en dirons autant des andouilles et des andouillettes dont la confection et la mise au fumoir exigent de l'adresse et du temps.

Les salaisons du commerce doivent être examinées à la sonde et n'avoir aucune mauvaise odeur. On doit piquer la sonde près des os qui sont les premiers atteints par l'avarie. Une bonne saumure doit rougir au papier tournesol, être renouvelée après l'usage, ne pas fermenter avec écume blanchâtre à la surface, n'être ni trouble ni alcaline. Un charcutier ingénieux doit éviter ces graves inconvénients. Le fumage ou boucanage ne se pratique qu'après l'opération de la saumure. Les fumées de plantes aromatiques enveloppent les jambons d'une couche imputrescible d'acide pyroligneux. de créosote, etc. Les jambons se jugent comme les saucissons, ils sont sujets aux mêmes altérations, sans compter que certaines moisissures, sans leur nuire d'ailleurs, peuvent les recouvrir on les essuiera simplement.

La volaille doit avoir été saignée pour qu'elle soit marchande, et non morte de maladie ou d'accident. Sa couleur doit être claire, nette, uniforme, sans tache, sans tendance à tourner aux tons verts. Par les temps chauds il faut se méfier des volailles qui sentent le relent. goût détestable s'il en fut.

Bien que les compteurs mireurs fassent leur office dans les grandes villes, il sera bon de veiller sur les œufs qu'on achète, et de ne pas en verser le contenu précipitamment sans les avoir regardés et sentis. Tant d'altérations peuvent en corrompre la fraîcheur et la pureté! L'opération du mirage, a écrit M. Gillain, est simple et très facile. Elle consiste à regarder les œufs en les interposant. dans un endroit très sombre, entre la flamme d'une bougie et l'œil de l'observateur. Quand les œufs sont bons, on voit très bien que la lumière traverse uniformément le blanc, et que le jaune ou *vitellus* apparait d'une seule teinte mobile et roulant au centre de l'albumine ! On aperçoit aussi la chambre à air qui augmente de grandeur à mesure que l'œuf vieillit. Parmi les altérations fort ennuyeuses, citons l'œuf à la paille qui contagionne de son goût toute une omelette ; il est l'effroi des cuisiniers.

Les divers gibiers nous arrêteront fort peu : ils ne se mangent pas frais, en général et pour cause; mais il est regrettable que les amateurs les préfèrent presque pourris, dans un état où toute viande de boucherie serait impitoyablement saisie. C'est vouloir se nourrir de vibrions septiques. Heureusement la cuisson combat tous ces poisons; malgré tout, ces gibiers corrompus peuvent causer de graves entérites.

Doit-on s'en étonner, puisque les blessures causées par les gibiers, avant leur mise à la broche, sont souvent redoutables, témoin les piqures de lièvre auxquelles sont exposés les porteurs aux Halles. D'ailleurs nous recommandons la prudence dans les manipulations des cadavres, quels qu'ils soient.

174. Poisson. — Les poissons de mer ou d'eau douce offrent un aliment très utile, en ce qu'il est *cérébral* et *phosphoré* : de plus, les espèces variées sont capables de contenter tous les goûts. Une remarque : les poissons sans écailles sont les plus indigestes de tous, le merlan excepté. Sauf la raie, et encore, jamais le poisson n'est trop frais ; la netteté brillante de sa peau, l'éclat magnifique de ses yeux, *la dureté de sa substance* sur qui le doigt appuie, sont les signes de sa fraicheur. Gardez-vous de sentir jamais un poisson pour le juger ; la vue et le toucher suffiront au vrai connaisseur. Si votre index laisse une empreinte sur sa chair, si ses ouïes sont bleuâtres ou plombées, si ses orbites sont caves et sans couleur franche, n'achetez point. Se méfier des piqûres de la perche, de la vive, de la raie bouclée; ne pas manger les œufs de brochet ni de barbeau qui sont *vénéneux parfois, sinon toujours.* Nous conseillerons une juste réserve, pour passer à une autre classe d'aliments, vis-à-vis des homards et des langoustes fort lourds à digérer, et surtout vis-à-vis des moules dont certains gourmands abusent ; c'est que les moules grossies dans les eaux de mer croupissantes deviennent malades et secrètent des poisons. Or, dans un lot il peut s'en trouver dont l'origine soit mauvaise. Les huitres fort heureusement accessibles même aux petites bourses sous forme de Portugaises, sont meilleures que les moules et n'ont aucun des dangers de celles-ci : Mortes ou putréfiées, elles sont rejetées avec dégoût avant d'être avalées, tandis que les moules, quoique cuites, gardent leur poison avec toute son activité.

175. Conserves. — Les modes les plus anciens de conserves ont été probablement la salure, le fumage et l'exposition au soleil. (carne seca). L'idée de soustraire radicalement les aliments à l'influence de l'air, et à leur éviter ainsi tout ensemencement de microbes, et par conséquent la fermentation, n'est venue que plus tard. Depuis le triomphe des doctrines nouvelles, on a pu faire des conserves de toutes choses, depuis les substances animales jusqu'aux substances végétales, avec un égal succès. On a renfermé en des boites bien soudées à l'étain, sans plomb, certains aliments qui, en certaines saisons, nous font défaut absolument à l'état frais. On a pu nous apporter de fort loin ainsi maints produits qui nous manquent ou qui ne sont pas assez abondants en Europe, viandes, gibier, fruits rares, poissons, etc .. A propos de ces derniers, nous nous étonnons que l'on ne mette pas en boite comme on le fait pour les harengs, les filets de morue, qui, bien que salés, n'en sont pas moins sujets à la maladie du rouge. La morue rouge est dangereuse, et par conséquent invendable. Un champignon est la cause de cette altération. Les conserves travaillées aseptiquement, devraient se garder indéfiniment. Malgré tout, la vieillesse leur fait perdre certaines qualités de goût, sans nuire à leur pouvoir nutritif. Si l'on ouvre une boite avariée, l'odeur seule avertira le consommateur du danger, avant même qu'il n'y ait porté la dent. On a vu des boites de conserves, qui, normalement sous la pression atmosphérique, doivent produire certains creux sur une de leurs faces, se déformer en sens contraire sous la pression des gaz putrides accumulés dans leur intérieur. Avis à la marine.

Depuis que les chimistes sont arrivés à produire artificiellement un froid intense et continu, on a pu congeler des bœufs entiers et des moutons. Après de long mois on les a mangés avec plaisir. Un siège, comme celui de Paris, devrait profiter de ces expériences acquises. Actuellement on consomme en France de fortes quantités de mérinos de la Plata, qui, par les temps froids, diffèrent fort peu de nos moutons d'abattoirs, sitôt qu'ils ont pris la température ambiante.

Leur goût est parfait, et les bouchers les vendent fort bien pour des moutons frais, sans que le client s'en aperçoive. En été, ce n'est plus la même chose, et ces viandes frigorifiées doivent être vite livrées et vite cuites. Cela tombe sous le sens. Elles sont et seront fort utiles dans les temps de disette, pour combler les vides de notre production qui, parfois, font la viande française à un prix si élevé.

Est-il utile de recommander les plus rigoureuses précautions dans la recherche et dans la consommation des champignons ? A Paris il en est peu d'espèces admises sur le marché, et toutes y sont contrôlées avant la vente. D'ailleurs, en général, le profane lui-même serait capable de les reconnaitre et de les juger ; car tout le monde a vu et mangé le champignon de couche, le cèpe, la morille, la chanterelle ou girole. En d'autres villes, près des montagnes et des grands bois, on admet volontiers beaucoup plus d'espèces ; mais un inspecteur examine avec soin les paniers, à mesure qu'ils sont apportés sur les marchés. Somme toute, on peut acheter avec confiance les champignons exposés dans les villes, mais il ne faut qu'à bon escient se constituer chercheur de champignons.

Quelques mots seulement sur les légumes et les fruits qui, en général, sont rejetés, quand ils n'ont plus la fraîcheur ou la conservation voulues, et qui ne causent pas d'accidents ; l'homme, en effet, n'y ajoute rien et ne peut les sophistiquer. Nous regretterons seulement que certains légumes sont poussés à l'excès, forcés en un mot par la chaleur artificielle et par une humidité trop abondante. Près des villes les maraîchers ne peuvent nous procurer d'aussi bons légumes que ceux produits en pleine campagne. Ils sont aqueux, inodores, sans saveur, et peut-être ont-ils trempé leurs feuilles dans une eau douteuse ou microbienne. Donc laver sérieusement, surtout les salades.

Nous tenons à remercier M. E. Pion, vétérinaire sanitaire, dont nous avons mis à profit les lumières pour la rédaction de cet article.

CHAPITRE XXXVI

ÉTABLISSEMENTS D'EAUX MINÉRALES

176. Loi du 14 juillet 1865. — Cette loi, sur la conservation et l'aménagement des sources d'eaux minérales, est ainsi conçue :

TITRE 1er. — *De la déclaration d'intérêt public des sources, des servitudes et des droits qui en résultent.*

Article premier. Les sources d'eaux minérales peuvent être déclarées d'intérêt public, après enquête, par un décret impérial délibéré en Conseil d'Etat. — *Art. 2.* Un périmètre de protection peut être assigné, par un décret rendu sous les formes établies en l'article précédent, à une source déclarée d'intérêt public. — Ce périmètre peut être modifié si de nouvelles circonstances en font reconnaître la nécessité. — *Art. 3.* Aucun sondage, aucun travail souterrain ne peuvent être pratiqués dans le périmètre de protection d'une source minérale déclarée d'intérêt public, sans autorisation préalable. — A l'égard des fouilles, tranchées, pour extraction de matériaux ou pour un autre objet, fondation de maisons, caves ou autres travaux à ciel ouvert, le décret qui fixe le périmètre de protection peut exceptionnellement imposer aux propriétaires l'obligation de faire, au moins un mois à l'avance, une déclaration au préfet, qui en délivre récépissé. — *Art. 4.* Les travaux énoncés dans l'article précédent et entrepris soit en vertu d'une autorisation régulière, soit après une déclaration préalable peuvent, sur la demande du propriétaire de la source, être interdites par le préfet, si leur résultat constaté est d'altérer ou de diminuer la source. Le propriétaire du terrain sera préalablement entendu. — L'arrêt du préfet est exécutoire par provision, sauf recours au Conseil de préfecture et au Conseil d'Etat par la voie contentieuse. — *Art. 5.* Lorsque, à raison de sondages ou de travaux souterrains entrepris en dehors du périmètre et jugés de nature à altérer ou diminuer une source minérale déclarée d'intérêt public, l'extension du périmètre parait nécessaire, le préfet peut, sur la demande du propriétaire de la source, ordonner provisoirement la suspension des travaux. — Les travaux peuvent être repris, si dans le délai de six mois, il n'a pas été statué sur l'extension du périmètre. — *Art. 6.* Les dispositions de l'article précédent s'appliquent à une source minérale, déclarée d'intérêt public, à laquelle aucun périmètre n'a été assigné. — *Art. 7.* Dans l'intérieur du périmètre de protection, le propriétaire d'une source déclarée d'intérêt public a le droit de faire dans le terrain d'autrui, à l'exception des maisons d'habitation et des cours attenantes, tous les travaux de captage et d'aménagement nécessaires pour la conservation, la conduite et la distribution de cette source, lorsque ces travaux ont été autorisés par arrêté du Ministre de l'agriculture, du commerce et des travaux publics. — Le propriétaire du terrain est entendu dans l'instruction. — *Art. 8.* Le propriétaire d'une source d'eau minérale déclarée d'intérêt public peut exécuter, sur son terrain, tous les travaux de captage et d'aménagement nécessaires pour la conservation, la conduite et la distribution de cette source, un mois après la communication faite de ses projets au préfet. — En cas d'opposition par le préfet, le propriétaire ne peut commencer ou continuer les travaux qu'après autorisation du Ministre de l'agriculture, du commerce et des travaux publics. A défaut de décision dans le délai de trois mois, le propriétaire peut exécuter les travaux. — *Art. 9.* L'occupation d'un terrain compris dans le périmètre de protection pour l'exécution des travaux prévus par l'article 7, ne peut avoir lieu qu'en vertu d'un arrêt du préfet, qui en fixe la durée. — Lorsque l'occupation d'un terrain compris dans le périmètre par le propriétaire de la jouissance du revenu au-delà du temps d'une année, ou lorsque après les travaux le terrain n'est plus propre à l'usage auquel il était employé, le propriétaire dudit terrain peut exiger du propriétaire de la source l'acquisition du terrain occupé ou dénaturé. Dans ce cas, l'indemnité est réglée suivant les formes prescrites par la loi du 3 mai 1841. Dans aucun cas l'expropriation ne peut être provoquée par le propriétaire de la source. — *Art. 10.* Les dommages dus par suite de suspension, interdiction ou destruction des travaux dans les cas prévus aux articles 4, 5 et 6, ainsi que ceux dus à raison de travaux exécutés en vertu des articles 7 et 9, sont à la charge du propriétaire de la source. L'indemnité est réglée à l'amiable ou par les tribunaux. — Dans les cas prévus par les articles 4, 5 et 6, l'indemnité due par le propriétaire de la source ne peut excéder le montant des pertes matérielles qu'a éprouvées le propriétaire du terrain, et le prix des travaux devenus inutiles, augmenté de la somme nécessaire pour le rétablissement des lieux dans leur état primitif. — *Art. 11.* Les décisions concernant l'exécution ou la destruction des travaux sur le terrain d'autrui, ne peuvent être exécutés qu'après le dépôt d'un cautionnement dont l'importance est fixée par le tribunal et qui sert de garantie au payement de l'indemnité dans les cas énumérés en l'article précédent. — L'État, pour les sources dont il est propriétaire, est dispensé de cautionnement. — *Art. 12.* Si une source d'eau minérale déclarée d'intérêt public, est exploitée d'une manière qui en compromette la conservation, ou si l'exploitation ne satisfait pas aux besoins de la santé publique, un décret impérial délibéré en Conseil d'État, peut autoriser l'expropriation de la source et de ses dépendances nécessaires à l'exploitation, dans les formes réglées par la loi du 3 mai 1841.

TITRE II. — *Dispositions pénales.*

Art. 13. L'exécution, sans autorisation, ou sans déclaration préalable, dans le périmètre de protection des travaux mentionnés dans l'article 5, la reprise des travaux interdits ou suspendus administrativement, en vertu des articles 4, 5 et 6, est punie d'une amende de cinquante francs à cinq cents francs. — *Art. 14.* Les infractions aux règlements d'administration publique prévus au dernier paragraphe de l'article 19 de la présente loi sont punies d'une amende de seize francs à cent francs. — *Art. 15.* Les infractions prévues par la présente loi sont constatées, concurremment, par les officiers de police judiciaire, les ingénieurs des mines et les agents sous leurs ordres ayant droit de verbaliser. — *Art. 16.* Les procès-verbaux dressés en vertu des articles 13 et 14 sont visés pour timbre et enregistrement en débet. — Les procès-verbaux dressés par les garde-mines ou agents de surveillance assermentés doivent, à peine de nullité, être affirmés dans les trois jours devant les juges de paix ou le maire, soit du lieu du délit, soit de la résidence de l'agent. — Les dits procès-verbaux font foi jusqu'à preuve du contraire. — *Art. 17.* L'article 463 du Code pénal est applicable aux condamnations prononcées en vertu de la présente loi.

TITRE III. — *Dispositions générales et transitoires.*

Art. 18. La somme nécessaire pour couvrir les frais d'inspection médicale et de surveillance des établissements d'eaux minérales autorisés est perçue sur l'ensemble de ces établissements. — Le montant en est déterminé tous les ans par la loi de finances. — La répartition en est faite entre les établissements, au prorata de leurs revenus. — Le recouvrement a lieu, comme en matière de contributions directes, sur les propriétaires, régisseurs ou fermiers de ces établissements. — *Art. 19.* Des règlements d'administration publique déterminent : les formes et les conditions de déclaration, de la fixation du périmètre de protection de l'autorisation mentionnée à l'article 2, et de la constatation mentionnée à l'article 4 ; l'organisation de l'inspection médicale et de la surveillance des sources et des établissements d'eaux minérales naturelles ; les bases et le mode de répartition énoncé en l'article 18 ; les conditions générales d'ordre, de police et de salubrité auxquelles tous les établissements d'eaux minérales naturelles doivent satisfaire. — *Art. 20.* L'article 9 de l'arrêté consulaire du 6 nivôse an XI est abrogé — Sont également abrogées toutes dispositions des lois, décrets, ordonnances et règlements antérieurs qui seraient contraires aux dispositions de la présente loi. — *Art. 21.* Le décret du 8 mars 1848 continuera d'avoir son effet jusqu'au 1er janvier 1857, pour tous les établissements qui n'auraient pas été déclarés d'intérêt public avant cette époque.

Le 12 février 1883 parut une loi ayant pour objet la modification suivante à celle du 14 juillet 1856 sur les établissements d'eaux minérales naturelles : « L'emploi de médecin-inspecteur des établissements d'eaux minérales naturelles ne donne droit à aucune rétribution soit de la part de l'État, soit de la part des propriétaires de ces établissements » (art. 1er).

CHAPITRE XXXVII

HYGIÈNE. ASSAINISSEMENT

TEXTES OFFICIELS

CONSEILS D'HYGIÈNE PUBLIQUE ET DE SALUBRITÉ, INSTITUÉS PAR UN ARRÊTÉ DU 18 DÉCEMBRE 1848

TITRE Ier. — *Des institutions d'hygiène publique et de leur organisation.*

Art. 1er.— Dans chaque arrondissement il y aura un Conseil d'hygiène publique et de salubrité. Le nombre des membres de ce Conseil sera de sept au moins et de quinze au plus. — Un tableau dressé par le ministre de l'agriculture et du commerce règlera le nombre des membres et le mode de composition de chaque conseil. — *Art. 2.* Les membres du Conseil d'hygiène d'arrondissement seront nommés pour quatre ans par le préfet, et renouvelés par moitié tous les deux ans. — *Art. 3.* Des commissions d'hygiène publique pourront être instituées dans le chef-lieu de canton par un arrêté spécial du préfet, après avoir consulté le Conseil d'arrondissement. — *Art. 4.* Il y aura au chef-lieu de la préfecture un Conseil d'hygiène publique et de salubrité du département. Les membres de ce Conseil sont nommés pour quatre ans par le préfet, et renouvelés par moitié tous les deux ans. — Un tableau dressé par le ministre de l'agriculture et du commerce règlera le nombre des membres et le mode de composition de chaque conseil. — Ce nombre sera de sept au minimum et de quinze au plus. Il réunira les attributions des conseils d'hygiène d'arrondissement, aux attributions particulières qui sont énumérées à l'article 12. — *Art. 5.* Les conseils d'hygiène seront présidés par le préfet ou le sous-préfet, et les commissions de canton par le maire du chef-lieu. Chaque conseil élira un vice-président et un secrétaire, qui seront renouvelés tous les deux ans.— *Art. 6.* Les conseils d'hygiène et les commissions se réuniront au moins une fois tous les trois mois, et chaque fois qu'ils seront convoqués par l'autorité.— *Art. 7.* Les membres des commissions d'hygiène de canton pourront être appelés aux séances du conseil d'hygiène d'arrondissement ; ils ont voix consultative. — *Art. 8.* Tout membre des conseils ou des commissions de cantons qui, sans motifs d'excuses approuvés par le préfet, aura manqué de se rendre à trois séances consécutives sera considéré comme démissionnaire.

Titre II. — *Attributions des conseils et des commissions d'hygiène publique.*

Art. 9. Les conseils d'hygiène d'arrondissement sont chargés de l'examen des questions relatives à l'hygiène publique de l'arrondissement qui leur seront renvoyées par le préfet ou le sous-préfet. Ils peuvent être spécialement consultés sur les objets suivants : 1° L'assainissement des localités et des habitations ; 2° Les mesures à prendre pour prévenir et combattre les maladies endémiques, épidémiques et transmissibles ; 3° Les épizooties et les maladies des animaux ; 4° La propagation de la vaccine ; 5° L'organisation et la distribution des secours médicaux aux malades indigents ; 6° Les moyens d'améliorer les conditions sanitaires des populations industrielles et agricoles ; 7° La salubrité des ateliers, écoles, hôpitaux, maisons d'aliénés, établissements de bienfaisance, casernes, arsenaux, prisons, dépôts de mendicité, asiles, etc. ; 8° Les questions relatives aux enfants trouvés ; 9° La qualité des aliments, boissons, condiments et médicaments livrés au commerce; 10° L'amélioration des établissements d'eaux minérales appartenant à l'État, aux départements, aux communes et aux particuliers, et les moyens d'en rendre l'usage accessible aux malades pauvres ; 11° Les demandes en autorisation, translation ou révocation des établissements dangereux, insalubres ou incommodes ; 12° Les grands travaux d'utilité publique, construction d'édifices, écoles, prisons, casernes, ports, canaux, réservoirs, fontaines, halles, établissements des marchés, routoirs, égouts, cimetières, la voirie, etc., sous le rapport de l'hygiène publique. — *Art. 10.* Les conseils d'hygiène publique d'arrondissement réuniront et coordonneront les documents relatifs à la mortalité et à ses causes, à la topographie et à la statistique de l'arrondissement, en ce qui touche la salubrité publique. Ils adresseront régulièrement ces pièces au préfet, qui en transmettra une copie au Ministre du commerce. — *Art. 11.* Le conseil d'hygiène publique et de salubrité du département aura pour mission de donner son avis : 1° Sur toutes les questions d'hygiène publique qui lui seront renvoyées par le préfet ; 2° Sur les questions communes à plusieurs arrondissements ou relatives au département tout entier. — Il sera chargé de centraliser et coordonner, sur le renvoi du préfet, les travaux des conseils d'arrondissement. — Il fera chaque année au préfet un rapport général sur les travaux des conseils d'arrondissement. — Ce rapport sera immédiatement transmis par le préfet, avec les pièces à l'appui au Ministre du commerce.

LOI RELATIVE A L'ASSAINISSEMENT DES LOGEMENTS INSALUBRES

(19 janvier, 7 mars et 13 avril 1850, promulguée le 22 avril 1850).

Article premier. — Dans toute commune où le Conseil municipal l'aura déclaré nécessaire par une délibération spéciale, il nommera une commission chargée de rechercher et indiquer les mesures indispensables d'assainissement des logements et dépendances insalubres mis en location ou occupés par d'autres que le propriétaire, l'usufruitier ou l'usager. — Sont réputés insalubres les logements qui se trouvent dans des conditions de nature à porter atteinte à la vie ou à la santé de leurs habitants. — *Art. 2.* La commission se composera de neuf membres au plus, et de cinq au moins. — En feront nécessairement partie un médecin et un architecte, ou tout autre homme de l'art, ainsi qu'un membre du bureau de bienfaisance et du conseil des prud'hommes, si ces institutions existent dans la commune — La présidence appartient au maire ou à l'adjoint. — Le médecin et l'architecte pourront être choisis hors de la commune. — La commission se renouvelle tous les deux ans par tiers ; les membres sortants sont indéfiniment rééligibles. — A Paris, la commission se compose de douze membres — *Art. 3.* La commission visitera les lieux signalés comme insalubres. Elle déterminera l'état d'insalubrité, et en indiquera les causes, ainsi que les moyens d'y remédier. Elle désignera les logements qui ne seraient pas susceptibles d'assainissement. — *Art. 4.* Les rapports de la commission sont déposés au secrétariat de la mairie, et les parties intéressées mises en demeure d'en prendre communication et de produire leurs observations dans le délai d'un mois. — *Art. 5.* A l'expiration de ce délai, les rapports et observations seront soumis au Conseil municipal, qui déterminera : 1° Les travaux d'assainissement et les lieux où ils devront être entièrement ou partiellement exécutés, ainsi que les délais de leur achèvement ; 2° Les habitations qui ne sont pas susceptibles d'assainissement. — *Art. 6.* Un recours est ouvert aux intéressés contre ces décisions devant le Conseil de préfecture, dans le délai d'un mois, à dater de la notification de l'arrêté municipal. Ce recours sera suspensif. — *Art. 7.* En vertu de la décision du Conseil municipal ou de celle du Conseil de préfecture, en cas de recours, s'il a été reconnu que les causes d'insalubrité sont dépendantes du fait du propriétaire ou de l'usufruitier, l'autorité municipale lui enjoindra, par mesure d'ordre et de police, d'exécuter les travaux nécessaires. — *Art. 8.* Les ouvertures pratiquées pour l'exécution des travaux d'assainissement seront exemptées, pendant trois ans, de la contribution des portes et fenêtres. — *Art. 9.* En cas d'inexécution, dans les délais déterminés, des travaux jugés nécessaires, et si le logement continue d'être occupé par un tiers, le propriétaire ou l'usufruitier sera passible d'une amende de 16 francs à 100 francs. Si les travaux n'ont pas été exécutés dans l'année qui aura suivi la condamnation et si le logement insalubre a continué d'être occupé par un tiers, le propriétaire sera passible d'une amende égale à la valeur des travaux et pouvant être élevée au double. — *Art. 10.* S'il est reconnu que le logement n'est pas susceptible d'assainissement et que les causes d'insalubrité sont dépendantes de l'habitation elle-même, l'autorité municipale pourra, dans le délai qu'elle fixera, en interdire provisoirement la location à titre d'habitation. — L'interdiction absolue ne pourra être prononcée que par le Conseil de préfecture, et, dans ce cas, il y aura recours de sa décision devant le Conseil d'État. — Le propriétaire ou l'usufruitier qui aura contrevenu à l'interdiction prononcée sera condamné à une amende de 16 à 100 francs, et, en cas de récidive dans l'année, à une amende égale au double de la valeur locative du logement interdit. — *Art. 11.* Lorsque, par suite de l'exécution de la présente loi, il y aura lieu à résiliation des baux, cette résiliation n'emportera en faveur du locataire aucuns dommages intérêts. — *Art. 12.* L'article 564 du Code pénal sera applicable à toutes les contraventions ci-dessus indiquées. — *Art. 13.* Lorsque l'insalubrité est le résultat de causes extérieures et permanentes, ou lorsque ces causes ne peuvent être détruites que par des travaux d'ensemble, la commune pourra acquérir, suivant les formes et après l'accomplissement des formalités prescrites par la loi du 3 mai 1841, la totalité des propriétés comprises dans le périmètre des travaux. — Les portions de ces propriétés qui, après l'assainissement opéré, resteraient en dehors des alignements arrêtés par les nouvelles constructions, pourront être revendues aux enchères publiques, sans que, dans ce cas, les anciens propriétaires ou leurs ayants droit puissent demander l'application des articles 60 et 61 de la loi du 3 mai 1841. — *Art. 14.* Les amendes prononcées en vertu de la présente loi seront attribuées, en entier, au bureau ou établissement de bienfaisance de la localité où sont situées les habitations à raison desquelles ces amendes auront été encourues.

Loi du 25 Mai 1864.

Article unique. Sont substituées au dernier paragraphe de l'article 2 de la loi du 13 avril 1850 les dispositions suivantes : Dans les communes dont la population dépasse 50 000 âmes, le Conseil municipal pourra, soit nommer plusieurs commissions, soit porter jusqu'à vingt le nombre des membres de la Commission existante. A Paris, le nombre des membres pourra être porté jusqu'à trente.

COMITÉ CONSULTATIF D'HYGIÈNE PUBLIQUE DE FRANCE

Décret du 30 septembre 1884 (1)

Article premier. Le comité consultatif d'hygiène publique de France institué près du ministère du commerce est chargé de l'étude

(1) En ce qui concerne le département de la Seine, la nomination des membres du *Conseil d'hygiène publique et de la salubrité du département* est faite par le préfet de police, sous l'approbation du Ministre de l'agriculture et du commerce (art. 1er du décret du 7 juillet 1850). — Ce conseil est chargé, dans tout le ressort de la préfecture de police, des attributions déterminées par les art. 9, 10 et 12 de l'arrêté du 18 décembre 1848 (art. 2 du même décret du 7 juillet 1850).

et de l'examen de toutes les questions qui lui sont renvoyées par le ministre, spécialement en ce qui concerne la police sanitaire maritime, les quarantaines et les services qui s'y rattachent ; — Les mesures à prendre pour prévenir et combattre les épidémies, et pour améliorer les conditions sanitaires des populations manufacturières et agricoles ; — La propagation de la vaccine ; — Le régime des établissements d'eaux minérales et les moyens d'en rendre l'usage accessible aux malades pauvres ou peu aisés ; — Les titres des candidats aux places de médecins-inspecteurs des eaux minérales ; — L'institution et l'organisation des conseils et des commissions de salubrité ; — La police médicale et pharmaceutique ; — La salubrité des logements, manufactures, usines et ateliers ; — Le régime des eaux au point de vue de la salubrité ; — Le comité indique au ministre les questions à soumettre à l'académie de médecine ; — Il est publié chaque année un recueil des travaux du comité et des actes de l'administration sanitaire. — *Art. 2.* Le comité consultatif d'hygiène publique est composé de vingt-trois membres. — Sont de droit membres du comité : 1° Les directeurs des affaires commerciales et consulaires au ministère des affaires étrangères ; 2° Le président du conseil de santé militaire ; 3° L'inspecteur général, président du conseil supérieur de santé de la marine ; 5° Le directeur de l'administration générale de l'assistance publique : 6° Le directeur du commerce intérieur au ministère du commerce ; 7° L'inspecteur général des services sanitaires ; 8° L'inspecteur général des écoles vétérinaires ; 9° L'architecte-inspecteur des services extérieurs du ministère du commerce. — Le ministre nomme les autres membres, dont huit au moins sont pris parmi les docteurs en médecine. En cas de vacance parmi les membres nommés par le ministre, la nomination est faite sur une liste de trois candidats, présentée par le comité. — *Art. 3.* Le président et le vice-président, choisis parmi les membres du comité, sont nommés par le ministre. — *Art. 4.* Un secrétaire ayant voix délibérative est attaché au comité. Il est nommé par le ministre. — Un secrétaire-adjoint peut, si les besoins du service l'exigent, être attaché au comité ; il est également nommé par le ministre ; ses fonctions sont gratuites. — Le chef du bureau de la police sanitaire et industrielle assiste avec voix consultative à toutes les séances du comité et de la commission. — *Art. 5.* Le ministre peut autoriser à assister aux séances du comité, avec voix consultative et à titre temporaire, soit les fonctionnaires dépendant ou nom de son administration, soit les docteurs en médecine ou toutes autres personnes dont la présence serait reconnue nécessaire pour les travaux du comité. — *Art. 6.* Des auditeurs peuvent être attachés au comité, avec voix consultative. Ils sont nommés par le ministre sur les propositions du comité et pour une période de trois ans, toujours renouvelables. Leurs fonctions sont gratuites. — *Art. 7.* Le ministre peut nommer membres honoraires du comité les personnes qui en font partie. — *Art. 8.* Le comité se réunit en séance au moins une fois par semaine. — Il se subdivise pour l'étude préparatoire des affaires, en commissions dont le nombre et la composition sont arrêtés par le président. Ces commissions se réunissent sur la convocation du président. — *Art. 9.* Il est institué près du ministre du commerce un comité de direction des services de l'hygiène composé du président du comité consultatif d'hygiène publique, de l'inspecteur général des services sanitaires et du directeur du commerce extérieur. — Le chef du bureau de la police sanitaire et industrielle assiste avec voix consultative aux séances de ce comité. — *Art. 10.* Les membres du comité consultatif d'hygiène publique et du comité de direction des services d'hygiène ont droit, pour chaque séance à laquelle ils assistent, à un jeton de présence d'une valeur de quinze francs. — Le secrétaire du comité consultatif ne reçoit pas de jeton de présence ; il touche une indemnité annuelle qui est fixée par arrêté du ministre.

BUREAUX D'HYGIÈNE ET DE SALUBRITÉ DES ADMINISTRATIONS MUNICIPALES

Les bureaux d'hygiène et de salubrité des administrations municipales sont actuellement au nombre de 14, dont 12 en France et deux à l'étranger. Ces bureaux sont établis dans les villes suivantes : Amiens, Besançon, Grenoble, le Havre, Lyon, Nancy, Nice, Pau, Reims, Rouen, Saint-Étienne et Toulouse. — Les deux bureaux existant à l'étranger sont établis à Bruxelles et à Turin.

Le bureau fondé à Bruxelles en 1874, est de date plus récente que celui de Turin, qui remonte à 1856, mais le premier a, sous l'habile direction de M. Janssens, médecin de l'administration communale de Bruxelles, acquis une telle importance et une telle perfection, qu'il a servi de modèle à tous les bureaux d'hygiène qui se sont créés depuis. Le docteur A. J. Martin lui a consacré un intéressant article que nous allons analyser.

Depuis le 6 août 1889, le service du bureau d'hygiène de Bruxelles est devenu partie intégrante de l'administration centrale de la ville et constitue la quatrième division comprenant le service de santé, l'hygiène et la salubrité publique qui se subdivisent ainsi qu'il suit : Service médical de l'état civil ; statistique démographique et médicale ; état sanitaire de la ville ; — Soins médicaux au personnel de la police. des fontainiers, des inhumations et des anciens employés des taxes communales (octroi) ; certificats d'exemption pour le personnel enseignant, les fonctionnaires et agents communaux et certificats de mise à la pension de retraite ; examen des postulants à certains emplois de l'administration; secours en cas d'accident ou de maladie subite : service médical public de nuit ; service sanitaire des mœurs ; aliénés ; surveillance hygiénique et médicale permanente des écoles communales et médication préventive ; Examen des plans de construction au point de vue de l'hygiène ; inspection de la voirie, des impasses et des habitations, mesures techniques et administratives au point de vue de la salubrité publique ; Prophylaxie officielle contre la propagation des maladies contagieuses ; vaccinations gratuites ; Constatation de la qualité des eaux potables, des aliments, etc. ; Laboratoire de chimie, vérification et analyse des boissons, aliments, examen de matériaux à la demande de l'administration ; Etablissements dangereux, insalubres ou incommodes : théâtres. mesures de sécurité, cabarets. débits de boisson et maisons de logement ; police sanitaire ; épidémies, épizooties : abatage ; boucheries et poissonneries à domicile ; abattoirs ; halles et marchés ; indemnités sur le fonds de non-valeur.

Le personnel comprend : 1° pour le service médical, un médecin inspecteur chef de service, un médecin-inspecteur adjoint, cinq médecins divisionnaires, des médecins auxiliaires, deux médecins du service sanitaire, un médecin adjoint du service sanitaire, un chirurgien dentiste (service des écoles) : 2° Pour le service administratif, deux chefs de bureau, un sous-chef, cinq commis : — 3° Pour le service technique, un agent de la salubrité, deux agents chargés de la désinfection. assimilés tous trois aux conducteurs des travaux, un inspecteur en chef et quatre experts-inspecteurs du service de la vérification des viandes, un expert de la volaille et du gibier, quatre experts du poisson, deux experts du beurre et un messager ; — 4° Pour le laboratoire de chimie, un chimiste chef de service, un chimiste préparateur et un aide-préparateur. La partie la plus intéressante de ce service est celle qui concerne la déclaration des maladies.

Dès que l'avis émanant d'un médecin parvient au bureau d'hygiène, un médecin-inspecteur divisionnaire est envoyé à l'adresse du malade ou du décédé, afin de se rendre compte des causes permanentes d'insalubrité existant dans la maison, ainsi que des circonstances qui peuvent avoir contribué au développement et à la propagation de la maladie. Le médecin s'assure s'il existe d'autres cas de même affection dans l'immeuble ; il s'enquiert des écoles fréquentées par les enfants de la maison, afin de prendre éventuellement les précautions nécessaires pour prévenir la contamination des écoles elles-mêmes ; il indique les mesures de désinfection qu'il juge les plus utiles dans l'occurrence et dont l'exécution est confiée soit à la famille, soit à un agent spécial. Dans le cas où le malade doit être porté à l'hôpital, la voiture spéciale pour le transport des contagieux, remisée au bureau d'hygiène, vient le prendre ; si une voiture quelle qu'elle soit, avait par mégarde et contrairement aux règlements de police, servi à ce transport, celle-ci est, comme la première, soumise à une désinfection complète.

Une seconde enquête, ajoute le docteur J. Martin, est faite simultanément par les soins d'un conducteur des ponts et chaussées, directement placé sous le contrôle du directeur du bureau d'hygiène. Il visite la maison pour s'assurer tout spécialement de l'état des latrines, des égouts, des coupe-air hydrauliques, etc. En même temps un avis est adressé à l'ingénieur du service des égouts, lequel fait procéder par les employés de la voirie, à la désinfection des égouts publics situés dans le voisinage de la maison contaminée ainsi que des latrines et branchements d'égouts qui existent dans l'habitation même. L'état de ces latrines, urinoirs, puisards, branchements d'égouts, fait l'objet d'une enquête spéciale qui porte principalement sur le degré d'immersion des coupe-air destinés à intercepter toute communication entre le gaz de l'égout public et l'air de l'habitation ; un bulletin, signé par le conducteur, visé par l'ingénieur de service et constatant cet état, est envoyé immédiatement au docteur du bureau d'hygiène.

Une troisième enquête est également faite au point de vue de la composition de l'air et des eaux servant à l'alimentation. Des échantillons sont prélevés dans toute les maisons contaminées et l'analyse en est faite par le laboratoire communal.

Dès que les résultats de cette triple enquête sont parvenus au bureau d'hygiène, le directeur qui, dès la première information, a pointé, sur un plan de la ville, avec des épingles à tête de couleur, les maisons où se sont produits les divers cas de maladies transmissibles constatés dans la journée, fait rédiger les pièces régularisant les mesures prophylactiques qu'il a fallu prendre. Tous les soirs, il présente ce plan de la ville au bourgmestre ou à l'un des échevins, et soumet à sa signature les documents qui lui permettent de préciser, par voie d'arrêté, les travaux à faire, de sanctionner ceux qui ont déjà été faits, et de mettre les dépenses à la charge de qui de droit.

Il est donc à désirer, eu égard aux résultats énormes obtenus et qui ont eu pour Bruxelles celui d'une diminution très grande de la mortalité, il est à désirer, disons-nous, que toutes les grandes villes soient dotées à bref délai d'un bureau d'hygiène, qui rendra les plus grands services.

ETABLISSEMENTS INSALUBRES, DANGEREUX OU INCOMMODES. — TABLEAU

Le classement de ces établissements remonte à un décret de 1866 et à quelques décrets postérieurs. Le tableau correspondant est déposé dans les préfectures et on le trouve dans les ouvrages de droit industriel. — Mais un dernier décret, en date du 3 mai 1886, a ajouté un certain nombre d'établissements à la nomenclature, et une circulaire ministérielle du 10 mai 1886 a fait ressortir ces additions, en en donnant un tableau séparé. Comme le lecteur pourrait n'avoir sous la main que des documents antérieurs à 1886, nous reproduisons ici ce dernier tableau :

Tableau des industries non classées par le décret de 1866 et les décrets ultérieurs et qui sont comprises dans la nomenclature ci-dessus.

DÉSIGNATION DES INDUSTRIES	INCONVÉNIENTS	CLASSES
Acide fluorhydrique (Fabrication de l').	Émanations nuisibles......	2e
Alizarine artificielle (Fabrication de l') au moyen de l'anthracène..........	Odeur et danger d'incendie.	2e
Bleu d'outremer (*Fabrication du*) :		
1° Lorsque les gaz ne sont pas condensés........................	Émanations nuisibles......	1re
2° Lorsque les gaz sont condensés..	Émanations accidentelles..	2e
Briqueteries flamandes..............	Fumée....................	2e
Chicorée (Torréfaction en grand de la)	Odeur et fumée...........	3e
Crayons de graphite pour éclairage électrique (Fabrication des).........	Bruit et fumée............	2e
Encres d'imprimerie (Fabrication des)(1)		
1° Avec cuisson d'huile à feu nu....	Odeur et danger d'incendie.	1re
2° *Sans cuisson* d'huile à feu nu....	*Idem*......................	2e
Épaillage des laines et draps (par la voie humide)......................	Danger d'incendie.........	3e
Gravure chimique sur verre, avec application de vernis aux hydrocarbures.	Odeur, danger d'incendie..	2e
Huiles oxydées par exposition à l'air (Fabrication et emploi des) :		
1° Avec cuisson préalable..........	*Idem*......................	1re
2° Sans cuisson...................	*Idem*......................	2e
Malteries..........................	Altération des eaux.......	3e
Mèches de sûreté pour mineurs (Fabrication des) :		
1° Quand la quantité manipulée ou conservée dépasse 100 kilogrammes de poudre ordinaire.........	Danger d'incendie ou d'explosion.................	1re
2° Quand la quantité manipulée ou conservée est inférieure à 100 kilogramme de poudre ordinaire.....	*Idem*......................	2e
Peaux salées non séchées (Dépôts de).	Odeur.....................	3e
Peaux sèches (Dépôts de) conservées à l'aide de produits odorants.........	*Idem*......................	3e
Porcheries comprenant plus de six animaux adultes (2) :		
1° Lorsqu'elles ne sont point l'accessoire d'un établissement agricole.	Odeur et bruit............	2e
2° Lorsque, dépendant d'un établissement agricole, elles sont situées dans les agglomérations urbaines de 5.000 âmes et au-dessus..........	*Idem*......................	2e
Verdet ou vert-de-gris (*Fabrication du*) au moyen de l'acide pyroligneux...	Odeur.....................	3e

(1) Cette fabrication était rangée, par le décret de 1866, dans la première classe sans distinction des procédés employés.

(2) Les porcheries étaient rangées, par le décret de 1866, dans la première classe.

ANNEXE. — Statistique des Accidents de l'année 1892.

Association pour prévenir les accidents de fabrique. — Mulhouse (Alsace).

CLASSES d'après les machines qui les ont produits.	D'APRÈS LES							
	Fonderies et forges	Ateliers de constructions.	Filatures de coton	Filatures de laine cardée	Filatures de laine peignée	Filatures de jute	Retorderies	Tissages mécaniques
Pompes alimentaires	—	—	—	—	—	—	—	—
Moteurs à vapeur	—	—	—	—	—	—	—	—
Transmission	1	3	7	—	—	—	—	—
Appareils de levage	9	7	1	—	—	—	—	—
Scies alternatives	—	1	—	—	—	—	—	—
Scies circulaires	—	10	—	—	—	—	—	—
Scies à rubans	—	3	—	—	—	—	—	—
Machines à blanchir le bois	—	5	—	—	—	—	—	—
Fours	—	39	—	—	—	—	—	—
Machines à percer	—	8	—	—	—	—	—	—
» à raboter le fer	—	9	—	—	—	—	—	—
» à fraiser » »	1	5	—	—	—	—	—	—
Mortaiseuses	—	2	—	—	—	—	—	—
Poinçonneuses	—	1	—	—	—	—	—	—
Machines à limer	—	1	—	—	—	—	—	—
» à dresser les boulons	—	1	—	—	—	—	—	—
» à faire les vis	—	1	—	—	—	—	—	—
Calandres à toiles métalliques	—	1	—	—	—	—	—	—
Machines à canneler les cylindres	—	1	—	—	—	—	—	1
Laminoirs	1	—	—	—	—	—	—	—
Cisailles	3	—	—	—	—	—	—	—
Machines à forger	1	1	—	—	—	—	—	—
Marteaux pilons	6	—	—	—	—	—	—	—
Meules à aiguiser, polissoirs, etc.	1	11	—	—	—	—	—	—
Machines à denter les scies	—	1	—	—	—	—	—	—
Moulins à sable	1	—	—	—	—	—	—	—
Machines à tailler le caoutchouc	2	—	—	—	—	—	—	—
Batteurs, loups, ouvreuses et effilocheuses	—	—	18	1	—	—	—	—
Cardes	—	—	19	6	3	1	—	—
Machines à aiguiser les chapeaux de cardes	—	—	1	—	—	—	—	—
Réunisseuses	—	—	1	—	1	—	—	—
Etirages	—	—	5	—	16	—	—	—
Peigneuses	—	—	2	—	1	—	—	—
Bancs à broches	—	—	25	—	—	—	—	—
Bobiniers et gill boks	—	—	—	—	21	—	—	—
Métiers continus	—	—	5	—	—	—	—	—
» renvideurs	—	—	55	2	14	—	—	—
» à retordre	—	—	—	—	—	—	4	—
Bobinoirs	—	—	1	—	—	—	1	5
Machines à doubler	—	—	—	—	—	—	1	—
Encolleuses	—	—	—	—	—	—	—	1
Lisseuses	—	—	—	—	1	—	—	—
Machines à parer	—	—	—	—	—	—	—	1
Métiers à tisser	—	—	—	—	—	—	—	46
Dévidoirs	—	—	—	—	—	—	—	2
Ourdissoirs	—	—	—	—	—	—	—	1
Cannetenses	—	—	—	—	—	—	—	2
Machines à laver	—	—	—	—	—	—	—	—
» à gratter	—	—	—	—	—	—	—	—
Foulards	—	—	—	—	—	—	—	—
Essoreuses	—	—	—	—	—	—	—	—
Hot-flue	—	—	—	—	—	—	—	—
Machines à imprimer	—	—	—	—	—	—	—	—
» à moletter	—	—	—	—	—	—	—	—
Rames	—	—	—	—	—	—	—	—
Presses hydrauliques	—	—	—	—	—	—	—	—
Machines à sécher	—	—	—	—	—	—	—	—
Calandres	—	—	—	—	—	—	—	—
Machines à apprêter	—	—	—	—	—	—	—	—
Beetles	—	—	—	—	—	—	—	—
Machines à glacer	—	—	—	—	—	—	1	—
Pompes	—	—	—	—	—	—	—	—
Ventilateurs	—	2	—	—	—	—	—	—
Machines à découper les papiers	—	—	—	—	—	—	1	—
» à coller	—	—	—	—	—	—	1	—
Machines à battre	—	—	—	—	—	—	—	—
» à retourner le malt	—	—	—	—	—	—	—	—
Appareil à rouler les tonneaux	—	—	—	—	—	—	—	—
Chaudières à bière	—	—	—	—	—	—	—	—
Total	25	116	113	9	57	1	9	59

Accidents de machines seuls (*Renvoi de la page 454*).

INDUSTRIES								TOTAL	D'APRÈS LES BLESSURES — Fractures et contusions								
									aux mains		aux bras		aux jambes		à la tête		
Blanchiments	Teintureries	Impressions	Apprêts	Brasseries et malteries	Autres locaux mécaniques	Cours et magasins	Hors de l'usine		Simples	Perte de phalanges	Simples	Perte d'un bras	Simples	Perte d'une jambe	Simples	Aux yeux	Aux autres parties du corps
—	—	—	—	—	2	—	—	2	—	1	1	—	—	—	—	—	—
—	—	3	—	—	14	—	—	17	8	7	2	—	—	—	—	—	—
1	—	4	—	1	—	—	—	14	7	—	4	—	—	—	1	—	2
—	1	3	—	5	3	1	1	31	14	1	2	—	7	—	1	2	4
—	—	—	—	—	—	—	—	1	1	—	—	—	—	—	—	—	—
—	—	—	—	—	1	—	—	11	6	4	—	—	—	—	1	—	—
—	—	—	—	—	—	—	—	3	3	—	—	—	—	—	—	—	—
—	—	—	—	—	—	—	—	5	1	3	—	—	—	—	—	—	1
—	—	—	—	—	—	—	—	30	20	4	2	1	1	—	—	2	—
—	—	—	—	—	—	—	—	8	6	—	1	—	—	—	—	—	1
—	—	—	—	—	—	—	—	9	7	2	—	—	—	—	—	—	—
—	—	—	—	—	—	—	—	6	4	—	—	—	—	—	—	1	1
—	—	—	—	—	—	—	—	2	1	—	—	—	1	—	—	—	—
—	—	—	—	—	—	—	—	1	1	—	—	—	—	—	—	—	—
—	—	—	—	—	—	—	—	1	1	—	—	—	—	—	—	—	—
—	—	—	—	—	—	—	—	1	—	1	—	—	—	—	—	—	—
—	—	—	—	—	—	—	—	1	—	1	—	—	—	—	—	—	—
—	—	—	—	—	—	—	—	1	—	—	1	—	—	—	—	—	—
—	—	—	—	—	—	—	—	2	2	—	—	—	—	—	—	—	—
—	—	—	—	—	—	—	—	1	—	—	—	—	—	—	—	—	1
—	—	—	—	—	—	—	—	3	1	2	—	—	—	—	—	—	—
—	—	—	—	—	—	—	—	2	1	1	—	—	—	—	—	—	—
—	—	—	—	—	—	—	—	6	2	2	—	—	1	—	1	—	—
—	—	—	—	—	2	—	—	17	12	1	1	—	1	—	—	2	—
—	—	—	—	—	—	—	—	1	—	—	—	—	—	—	1	—	—
—	—	—	—	—	—	—	—	2	—	1	—	—	1	—	—	—	—
—	—	—	—	—	1	—	—	1	—	—	1	—	—	—	—	—	—
—	—	—	—	—	—	—	—	19	14	4	—	—	—	—	—	—	1
—	—	—	—	—	—	—	—	29	21	3	4	—	1	—	—	—	—
—	—	—	—	—	—	—	—	1	1	—	—	—	—	—	—	—	—
—	—	—	—	—	—	—	—	5	5	—	—	—	—	—	—	—	—
—	—	—	—	—	1	—	—	22	16	3	1	—	—	—	1	—	1
—	—	—	—	—	—	—	—	3	3	—	—	—	—	—	—	—	—
—	—	—	—	—	—	—	—	25	17	5	1	—	1	—	1	—	—
—	2	—	—	—	—	—	—	23	18	4	1	—	—	—	—	—	—
—	—	—	—	—	—	—	—	5	3	1	1	—	—	—	—	—	—
—	—	—	—	—	—	—	—	71	36	7	6	1	12	—	7	—	2
—	—	—	—	—	—	—	—	4	2	1	1	—	—	—	—	—	—
—	—	—	—	—	—	—	—	7	6	1	—	—	—	—	—	—	—
—	—	—	—	—	—	—	—	1	1	—	—	—	—	—	—	—	—
—	—	—	—	—	—	—	—	1	—	1	—	—	—	—	—	—	—
—	—	—	—	—	—	—	—	1	1	—	—	—	—	—	—	—	—
—	—	—	—	—	—	—	—	1	—	—	1	—	—	—	—	—	—
—	—	—	—	—	—	—	—	46	26	—	3	—	2	—	7	7	1
—	—	—	—	—	—	—	—	2	2	—	—	—	—	—	—	—	—
—	—	—	—	—	—	—	—	1	1	—	—	—	—	—	—	—	—
—	—	—	—	—	—	—	—	2	1	1	—	—	—	—	—	—	—
2	—	—	—	—	—	—	—	2	1	—	—	—	—	—	—	—	1
1	—	—	—	—	—	—	—	1	1	—	—	—	—	—	—	—	—
—	5	1	—	—	—	—	—	6	4	1	1	—	—	—	—	—	—
—	1	—	—	—	—	—	—	1	1	—	—	—	—	—	—	—	—
—	1	—	—	—	—	—	—	1	1	—	—	—	—	—	—	—	—
—	—	12	—	—	—	—	—	12	7	1	4	—	—	—	—	—	—
—	—	2	—	—	—	—	—	2	1	—	—	—	1	—	—	—	—
—	—	1	3	—	—	—	—	4	3	1	—	—	—	—	—	—	—
—	—	1	—	—	—	—	—	1	—	—	—	—	1	—	—	—	—
—	—	—	1	—	—	—	—	1	1	—	—	—	—	—	—	—	—
—	—	—	6	—	—	—	—	6	5	1	—	—	—	—	—	—	—
—	—	—	1	—	—	—	—	1	1	—	—	—	—	—	—	—	—
—	—	—	2	—	—	—	—	2	2	—	—	—	—	—	—	—	—
—	—	—	1	—	—	—	—	2	1	—	1	—	—	—	—	—	—
—	—	1	—	—	—	—	—	1	1	—	—	—	—	—	—	—	—
—	—	—	—	—	—	—	—	2	1	—	1	—	—	—	—	—	—
—	—	—	—	—	—	—	—	1	—	—	—	—	—	—	1	—	—
—	—	—	—	—	—	—	—	1	1	—	—	—	—	—	—	—	—
—	—	—	—	—	—	—	3	3	1	—	—	1	—	1	—	—	—
—	—	—	—	1	—	—	—	1	—	—	—	—	1	—	—	—	—
—	—	—	—	—	—	1	—	1	—	—	—	—	1	—	—	—	—
—	—	—	—	1	—	—	—	1	—	—	—	—	1	—	—	—	—
4	10	25	14	8	24	2	4	510	314	65	41	3	32	1	22	14	16

ERRATA

Page 4, fin du 2e paragraphe, *après* : de nos jours ? *supprimer* le point d'interrogation et mettre un point.

Page 46, *au lieu de* 47.4°, *lire* 47°,4.

Page 63, 3e paragraphe, *au lieu de* opthalmies. *lire* ophtalmies.

— 5e avant dernière ligne, *au lieu de* hemeralogie, *lire* hemeralopie.

Page 151, 9e ligne, *au lieu de* puerpérale, *lire* puerpuérale.

Page 193, 6e ligne, *au lieu de* mètres, *lire* litres.

Page 252, 3e paragraphe, *au lieu de* . Qu'il, *lire* qu'il.

Page 258, 3e paragraphe 8e ligne, *au lieu de* 0 m. 010 d'épaisseur, *lire* d'une grosseur moyenne de 0 m.010 de diamètre.

Page 260, 3e paragraphe, 6e ligne, *au lieu de* impossible, *lire* possible.

Page 271, 3e ligne, *au lieu de* 2 mois, *lire* 3 mois.

Page 284. mettre au premier paragraphe 1°, 2°, 3°. Il y a seulement 1°.

Page 311, avant-dernière ligne, *au lieu de* graine, *lire* graisse.

Page 371, 3e paragraphe, avant-dernière ligne, *au lieu de* sience. *lire* science.

Page 400. 12e ligne, *supprimer* où l'on cul.

Laval. — Imprimerie et stéréotypie. E. JAMIN, 8, rue Ricordaine.

ENCYCLOPÉDIE INDUSTRIELLE

Directeur: **M.-C. LECHALAS**, 12, rue Alphonse de Neuville, Paris.

OUVRAGES PARUS :

Architecture navale. Construction pratique des navires de guerre, par A. Croneau, ingénieur des Constructions navales, professeur à l'École du génie maritime. 2 vol. gr. in-8° avec 664 fig. dans le texte et un atlas. . . . . 33 fr.

Traité des Machines à vapeur. par Alheilig et C. Roche, ingénieurs de la Marine, 2 volumes avec près de 700 figures. . . . . 38 fr.

(Cet ouvrage a été rédigé conformément au programme du cours de machines à vapeur de l'École Centrale).

Verre et Verrerie, par Léon Appert, président de la Société des ingénieurs civils et J. Henrivaux, directeur de la manufacture de glaces de St Gobain. 1 vol. avec 130 fig. dans le texte et 1 atlas. . . . . 20 fr.

Éléments et organes des machines. par A. Gouilly, répétiteur de mécanique appliquée à l'École centrale. 1 vol. avec 710 fig. dans le texte. 12 fr.

Blanchiment et apprêts, teinture et impression. matières colorantes, par C.-E. Guignet, directeur des teintures aux Gobelins. F. Dommer, professeur à l'École de physique et de chimie appliquées, et E. Grandmougin, ingénieur chimiste (de l'École de Mulhouse). 1 vol. avec 368 figures et échantillons de tissus imprimés. . . . . 30 fr.

Résistance des trains. Traction. par E. Deharme, professeur du cours de Chemins de fer à l'École centrale et A. Pulin, ingénieur de l'Atelier central des chemins de fer du Nord, 1 vol. avec 95 fig. dans le texte et 1 planche . . . . 15 fr.

Le Vin et l'Eau-de-vie de vin. avec 112 fig. et 28 cartes dans le texte, par H. de Lapparent, inspecteur général de l'agriculture . . . . 12 fr.

Chimie organique appliquée, par A. Joannis, docteur ès-sciences, professeur à la faculté des sciences de Paris, 2 volumes.

OUVRAGES EN PRÉPARATION :

Analyse infinitésimale à l'usage des Ingénieurs. par Eugène Rouché, examinateur de sortie à l'École polytechnique, professeur au Conservatoire des arts et métiers.

Cours de géométrie descriptive de l'École centrale. par C. Brisse.

Les Chaudières de locomotives, par E. Deharme et A. Pulin.

Etc., etc.

Laval. — Imprimerie et Stéréotypie E. JAMIN, rue Ricordaine, 8.

www.ingramcontent.com/pod-product-compliance
Ingram Content Group UK Ltd.
Pitfield, Milton Keynes, MK11 3LW, UK
UKHW031043260726
13965UKWH00006B/36

9 782013 416030